CAX工程应用丛书

国土空间规划

计算机辅助设计综合实践

使用AutoCAD 2020/ArcGIS/SketchUp/Photoshop

聂康才 周学红 编著

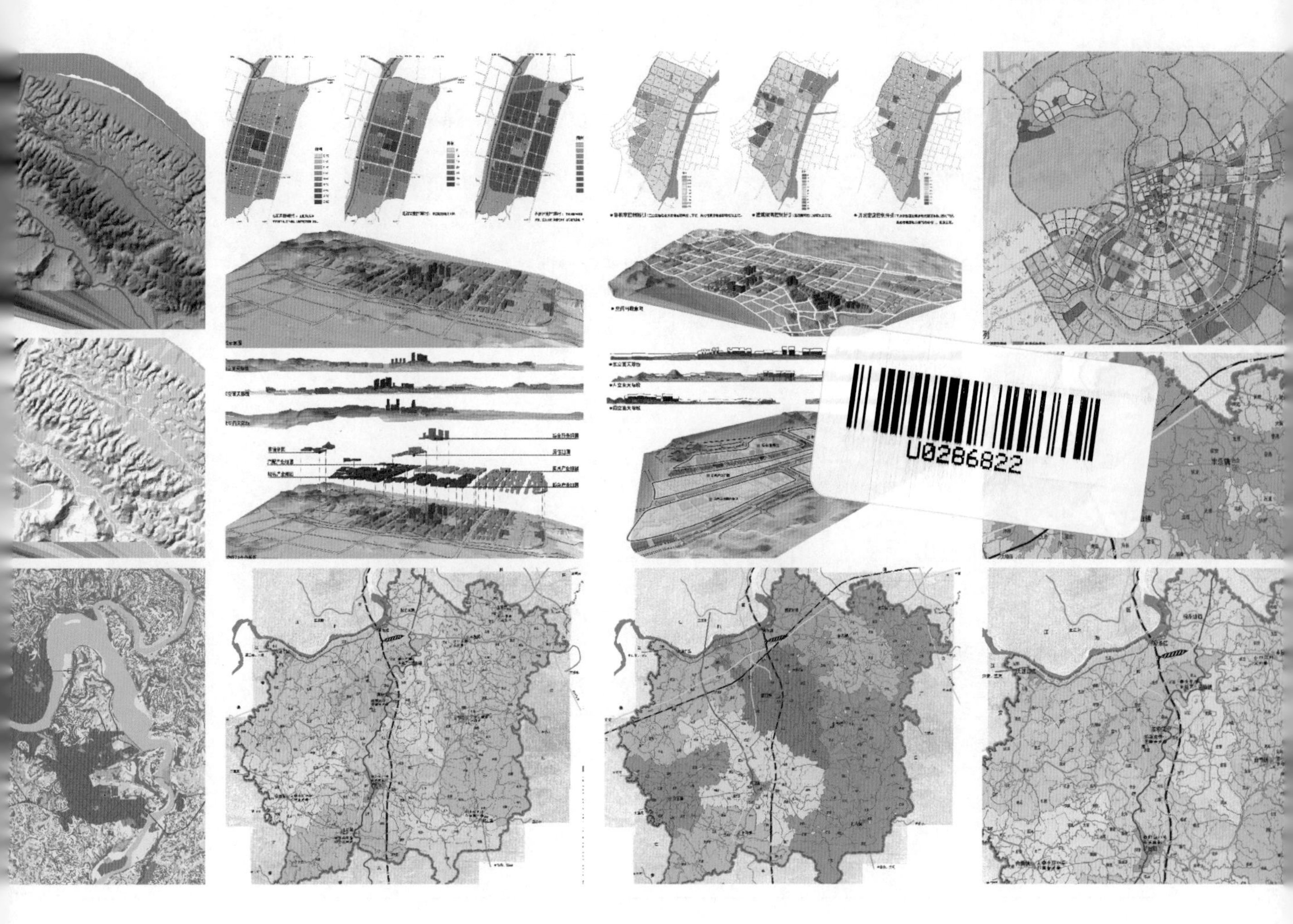

清華大學出版社
北京

内容简介

本书按照国土空间规划与设计的深度与内容要求详细介绍地形图及CAD处理的技术方法，地类图斑及其可视化分析，利用GIS进行地形分析，国土空间的生态环境承载与适宜性评价分析方法，标准制图与地图输出，ArcScene三维场景模拟，市县国土空间总体规划数据准备与底图制作、国土空间规划分区、用途分类，规划“一张图”制作，城镇集中建设区规划，控制性详细规划，居住区规划设计，AutoCAD三维设计，SketchUp与城市设计，Photoshop后期处理与图纸集发布管理等内容。本书以国土空间规划与设计编制技术操作实践运用为出发点，以大量实践项目国土空间规划与设计方案编制过程为例，可使读者轻松掌握国土空间规划与设计方案编制所必需的软件综合运用技术。

本书内容全面，结构合理，语言通俗易懂，适合国土空间规划、城乡规划、建筑设计、风景园林、环境设计等行业从业人员使用，也可作为具有一定技术基础的从事国土空间规划与设计的技术人员的参考资料，还可作为大、中专院校规划类、土地类、建筑类、地理类专业计算机辅助设计课程的教材或参考书。

图书在版编目（CIP）数据

国土空间规划计算机辅助设计综合实践：使用AutoCAD 2020/ArcGIS/SketchUp/Photoshop / 聂康才，周学红编著.—北京：清华大学出版社，2020.9（2024.7 重印）
（CAX工程应用丛书）
ISBN 978-7-302-56394-5

Ⅰ.①国… Ⅱ.①聂… ②周… Ⅲ.①国土规划－计算机辅助设计－应用软件 Ⅳ.①TU98-39

中国版本图书馆CIP数据核字（2020）第170534号

责任编辑： 王金柱
封面设计： 王　翔
责任校对： 王　叶
责任印制： 丛怀宇

出版发行： 清华大学出版社
网　址： https://www.tup.com.cn，https://www.wqxuetang.com
地　址： 北京清华大学学研大厦A座　　**邮　编：** 100084
社 总 机： 010-83470000　　**邮　购：** 010-62786544
投稿与读者服务： 010-62776969，c-service@tup.tsinghua.edu.cn
质 量 反 馈： 010-62772015，zhiliang@tup.tsinghua.edu.cn
印 装 者： 涿州市般润文化传播有限公司
经　销： 全国新华书店
开　本： 203mm×260mm　　**印　张：** 24　　**字　数：** 691千字
版　次： 2020年11月第1版　　**印　次：** 2024年7月第4次印刷
定　价： 99.00元

产品编号：087729-01

前 言 FOREWORD

近年来，随着计算机辅助设计技术、地理信息技术应用的普及，计算机制图与空间信息运用已成为工程领域的基础性技能。AutoCAD 是目前国内外使用最广泛的计算机绘图软件之一，其强大的绘图、编辑功能和良好的用户界面深受广大用户的欢迎，特别是该软件提供的各种编程工具与接口，为用户进行二次开发创造了便利条件。同时，与 AutoCAD 相配合的 ArcGIS、SketchUp、Photoshop 等软件也广泛应用于规划设计行业。

改革开放以后，我国城市建设取得了举世瞩目的成就，城市基础设施建设和居住环境条件得到了极大改善，城市面貌日新月异，但随之也出现了很多城市问题。经济社会发展与城乡建设面临的资源匮乏、环境污染、生态破坏、粮食安全的风险越来越大。2018 年自然资源部的成立标志着国土空间规划时代的到来，基于国土空间规划编制的综合性与复杂性特征，传统的规划行业迎来了重大的机遇，也面临着巨大的挑战。

按照自然资源部基于“五级三类”的国土空间规划编制指南中的技术要求，从事国土空间规划与设计编制工作的技术团队包括城乡规划专业、风景园林专业、土地规划专业、测绘专业、地理专业、生态专业、环境专业等多专业的技术人员。为了优质完成国土空间规划与设计方案的编制工作，AutoCAD、Photoshop、ArcGIS、SketchUp 等软件的综合应用成为国土空间规划与设计工作人员必须掌握的基本技能。专业技术人员需要基于传统的 AutoCAD、SketchUp、Photoshop 等软件的运用，学习并掌握 ArcGIS 软件及可视化工具软件，使国土空间规划与设计技术成果为管理者提供更为直观、更为高效的统一管理与决策支持服务。AutoCAD 作为通用平台，其强大的制图功能仍将在一定时期发挥重要的基础性作用，ArcGIS 软件将会进一步普及应用，Photoshop 和 SketchUp 作为后期制作与三维可视化展示依然具有不可替代的作用。

本书融合了 AutoCAD、ArcGIS、Photoshop、SketchUp 四类软件在国土空间规划与设计方面的具体操作以及它们之间的数据转换方法。为了强化本书的实用性和针对性，以国土空间规划与设计实践案例作为软件的操作对象，在讲解了 AutoCAD 2020 中文版的制图基础以后，结合市县国土空间总体规划、中心城区规划、城镇集建区规划介绍 ArcGIS 10.5 在数据库处理、空间分析与评价、地图制图等方面的实际操作方法。

本书包括三大部分内容，共 11 章。第 1 部分（第 1~3 章）主要介绍 AutoCAD 2020 的工作界面和应用环境、二维图形绘制的基本命令、规划地形图的准备；ArcMap10.5 界面与基本操作、国土空间评价、三维实体创建与修改、图纸的打印与发布。第 2 部分（第 4~9 章）结合市县域国土空间总体规划、集中建设区总体规划、控制性详细规划、居住小区详细规划及城市设计（引入 SketchUP 的城市设计）等具体实例介绍 AutoCAD 2020、ArcMap 10.5 在具体案例中的综合应用。第 3 部分（第 10、11 章）介绍 AutoCAD 2020 与 ArcMap 10.5 的数据转换、后期处理、图纸渲染、规划设计展板制作（引入 Photoshop 的后期处理）等相关内容。

本书结构清晰，语言简练，叙述深入浅出，每个章节均融入了大量工程实例，而且将 AutoCAD 2020 的新功能融合在国土空间规划与设计制图当中，为设计者提供一个最佳的制图设计融合技术平台。另外，本书通过介绍具体的工程制图流程，为初级、中级用户提供了一个能直接接触工程实例的机会。

读者可扫描下述二维码下载本书配套素材：

如果下载有问题，请联系 booksaga@126.com，邮件主题为“国土空间规划计算机辅助设计综合实践”。

当前，我国国土空间规划与设计工作尚处于起步阶段，国土空间规划的理论、方法与技术路径仍处于探索阶段，加之作者水平有限，文中若有不当之处，恳请读者谅解并批评指正。实践案例中使用的各类数据受来源渠道限制，其正确性有待进一步勘核。在使用本书的过程中如有什么疑问和建议，欢迎读者联系作者邮箱 niekangcai@163.com。

西南民族大学建筑学院 聂康才

四川省国土空间规划研究院 周学红

2020 年夏于成都

目 录 CONTENTS

第1章 AutoCAD 2020 制图基础

第2章 AutoCAD 规划地形图与 ArcGIS 10.5

第 3 章 ArcMap 国土空间分析与评价

第 4 章 市（县）国土空间总体规划

第5章 城市集中建设区总体规划

第 6 章 控制性详细规划

第7章 居住区详细规划与设计

第8章 AutoCAD 与三维设计基础

第 9 章 SketchUp 与城市设计

第10章 规划设计图后期处理与扩展

第11章 AutoCAD图纸设置管理与发布

第 1 章

AutoCAD 2020 制图基础

导言

本章将介绍 AutoCAD 的发展历史、AutoCAD 2020 的新功能和新特点，以及 AutoCAD 2020 的安装过程，为系统学习 AutoCAD 2020 做好环境准备。在这一章中还将介绍 AutoCAD 2020 的工作环境，包括对 AutoCAD 2020 菜单、命令、状态栏等的认识。其中对绘图过程中使用频率最高的“修剪”“对象设置”和“标注”等操作命令进行了深入细致的介绍。

1.1 AutoCAD 2020 功能概述

AutoCAD 是美国 Autodesk 企业开发的一个交互式绘图软件，是用于二维及三维设计、绘图的系统工具，用户可以使用它来创建、浏览、管理、打印、输出、共享富含信息的设计图形。

虽然 AutoCAD 本身的功能集已经足以协助用户完成各种设计工作，但是用户还可以通过 Autodesk 以及数千家软件开发商开发的 5000 多种应用软件把 AutoCAD 改造成为满足建筑、机械、测绘、电子以及航空航天等各专业领域的专用设计工具。

AutoCAD 具有良好的用户界面，通过交互式菜单或命令行方式便可以进行各种操作。多文档设计环境对于非计算机专业人员也能很快学会使用并在不断实践的过程中更好地掌握它的各种应用和开发技巧，从而提高工作效率。

1.1.1 AutoCAD 2020 的全新功能

AutoCAD 最近的一次版本更新是 2019 年 3 月推出的 AutoCAD 2020 简体中文版，最新版本的 AutoCAD 中引入了包含行业专业化工具组合，改进了跨桌面、跨各种设备的工作流的全新功能，主要包括全新的暗色主题显示、“快速测量”功能、“块”选项板、DWG 文件比较、强化的“清除”功能等。

（1）“暗色主题显示”功能。该功能通过现代的深蓝色界面、扁平的外观、改进的对比度和优化的图标，为用户提供了更柔和的视觉和更清晰的视界。

（2）“快速测量”功能。该功能便于用户快速测量距离，只需将鼠标悬停即可测量 2D 工程图。在将鼠标移到对象上方和对象之间时，尺寸、距离和角度会动态显示。

（3）“块”选项功能。该功能不但使插入具有视觉画廊的块更加容易，而且能够根据要查找的确切块进行过滤。只需将块从“当前图形”“最近的图形”或“其他图形”选项卡中拖放到图形中即可。此选项可提高查找和插入多个图块和最近使用的图块的效率，包括添加“重复放置”选项以保存步骤。

（4）“DWG 文件比较”功能。该功能便于进行图形快速打开和关闭比较。用户可以在不离开当前窗口的情况下比较图形的两个版本，并将所需的更改实时导入到当前图形中。

（5）强化的“清除”功能。该功能便于用户更轻松地进行图形清理。用户易于选择并具有可视预览区域，可一次删除多个不需要的对象。查看“可能的原因”部分中的“查找不可清除的物品”按钮，以了解为什么无法清除某些物品的原因。

（6）AutoCAD 与 Microsoft 和 Box 合作。如果你已经将文件存储在 Microsoft OneDrive 或 Box 中，则可简化工作流程，并可以利用 AutoCAD 随时访问任何 DWG 文件。与 Microsoft 和 Box 的合作为平滑、高效的工作流程铺平了道路，以实现更高的生产率。用户可以在 AutoCAD 中在线完成，并直接存储在云中。只需按一下按钮，即可使用 AutoCAD Web 应用程序快速打开存储在 Microsoft OneDrive 和 Box 中的任何 DWG 文件。AutoCAD Web 应用程序可以在任何计算机上的 Web 浏览器中运行，用户甚至不需要在计算机上安装 AutoCAD 就可以打开、查看和编辑工程图。

1.1.2 AutoCAD 2020 的主要特性和优势

1. 出色的文档编制功能

AutoCAD 被视为出色的文档编制软件，借助 AutoCAD 中强大的文档编制工具，用户可以加速项目从概念到完成的进程，使用自动化、管理和编辑工具可以最大限度地减少重复性任务，并加快项目完成速度。近年来，AutoCAD 在以创新方式编制文档方面一直处于领先地位，无论项目的规模与范围有多大，都能帮助用户应对各种挑战。

2. 高效的数据共享能力

AutoCAD Web 随时随地在 AutoCAD 中工作。使用 AutoCAD Web 应用程序随时随地快速访问 CAD 工程图，并在任何计算机上的 Web 浏览器中编辑、创建和查看 CAD 图。在需要获取 AutoCAD 时，该 Web 应用程序可在 Web 浏览器中在线运行，而无须在计算机上安装 AutoCAD，只需访问 web.autocad.com 并登录即可开始工作。

3. 广阔的创意空间

AutoCAD 具备强大的三维功能，支持用户探索各种创新造型。AutoCAD 与一张白色的画布极为相似，能够帮助用户以二维和三维方式探索设计构想，并且提供了直观的工具帮助用户实现创意。

4. 灵活的工作环境

AutoCAD Web 应用程序与领先的云存储提供商的合作大大简化了工作流程。如果已经将 DWG 文件存储在 Microsoft OneDrive、Box 和 Dropbox 中，则现在可以直接在 AutoCAD Web 应用程序中打开它们。

用户可以随时随地使用 AutoCAD 打开和编辑 DWG 文件。

1.2 认识 AutoCAD 2020 的工作界面

打开 AutoCAD 2020 应用程序后，进入如图 1-1 所示的 AutoCAD 2020 的工作界面。

图 1-1 AutoCAD 2020 的工作界面

要熟练掌握 AutoCAD 2020 的各种绘图工具，快速准确地进行工程图设计，必须先认识 AutoCAD 2020 的工作界面。

1.2.1 快速访问工具栏

工作界面顶端为“快速访问工具栏”，用户可通过访问形式执行各种命令，如新建、打开或保存文件、另存为、从 AutoCAD Web 或 Mobile 中打开、保存到 Web 或 Mobile 中以及打印、放弃等工具。

“快速访问工具栏”是为了方便使用常用的工具，所以它还有下面的功能。

（1）添加命令和控件

可以向快速访问工具栏添加无限多的工具，超出工具栏最大长度范围的工具会以弹出按钮显示。

若要向快速访问工具栏中添加功能区的按钮，可在功能区单击鼠标右键，然后在弹出的快捷菜单中选择“添加到快速访问工具栏”命令，按钮就会添加到快速访问工具栏中默认命令的右侧。

（2）移动快速访问工具栏

使用“自定义”按钮可将快速访问工具栏放置在功能区的上方或下方。

1.2.2 功能区

在创建或打开文件时会自动显示功能区，提供一个包括创建文件所需的所有工具的小型选项板。

功能区包含许多 AutoCAD 低版本在面板上提供的相同命令。例如，DIMLINEAR 命令 AutoCAD 低版本在面板的“标注”控制面板上提供。在功能区上，DIMLINEAR 位于“注释”选项卡的“标注”面板中。

功能区可水平显示，也可垂直显示。水平功能区在文件窗口的顶部显示，可以将垂直功能区固定在应用程序窗口的左侧或右侧。垂直功能区也可以在文件窗口或另一个监控器中浮动。

（1）功能区选项卡和面板

功能区由许多面板组成，这些面板被组织到按任务进行标记的选项卡中。功能区面板包含的很多工具和控件与工具栏和对话框中的相同。功能区选项卡和面板如图 1-2 所示。

图 1-2 功能区选项卡和面板

有些功能区面板会显示与该面板相关的对话框。单击这些面板右下角的图标就会显示相应对话框。

若只想显示某些功能区选项卡和面板，可在功能区上单击鼠标右键，然后在快捷菜单中选择或清除选项卡或面板的名称。

如果用户从功能区选项卡中拖曳出了面板，然后将其放入了绘图区域或另一个监控器中，则该面板将在放置的位置浮动。浮动面板将一直处于打开状态，直到被放回功能区（即使在切换了功能区选项卡的情况下也是如此），如图 1-3 所示。

图 1-3 浮动面板

面板标题右侧的箭头表示用户可以展开该面板以显示其他工具和控件。默认情况下，在单击其他面板时，展开的面板会自动关闭。若要使面板处于展开状态，则单击展开的面板左下角的图钉图标，如图 1-4 所示。

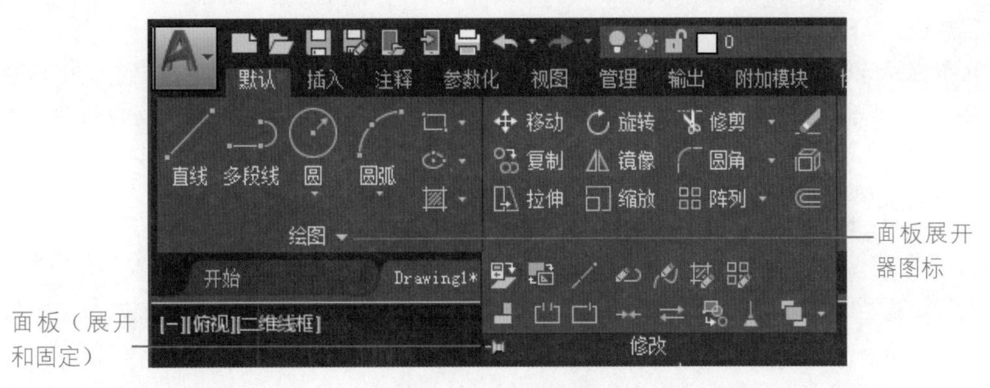

图 1-4　展开的面板

（2）上下文功能区选项卡

执行某些命令时，将显示一个特别的上下文功能区选项卡，而非工具栏或对话框。结束命令后，将关闭上下文选项卡，如图 1-5 所示。

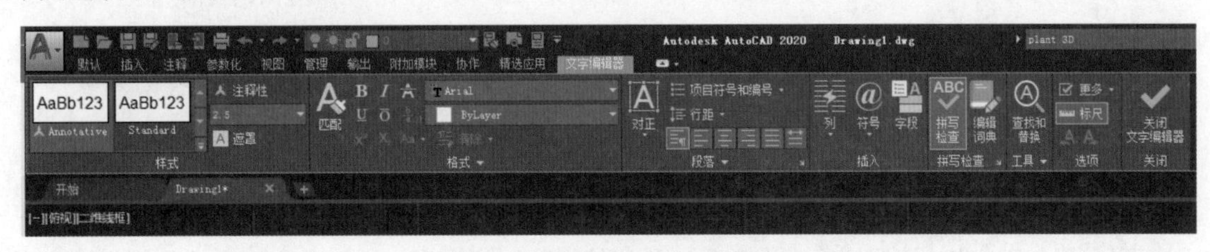

图 1-5　上下文功能区选项卡

1.2.3 其他工具栏

（1）经典菜单栏

可以使用几种方法从图 1-6 所示的经典菜单栏中显示下拉菜单。在快速访问工具栏上，单击下拉扩展菜单中的“显示菜单栏”，此时经典菜单栏就可以显示出来了。用户可以通过自定义 CUI 文件为工作空间指定显示在菜单浏览器中的菜单。

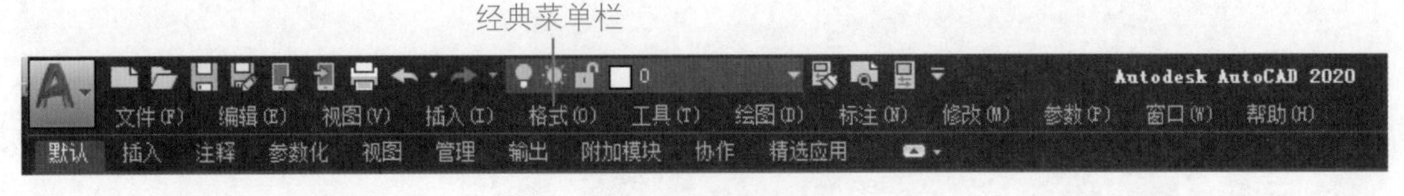

图 1-6　经典菜单栏

（2）工具栏

使用工具栏上的按钮可以启动命令以及显示弹出工具栏和工具提示，还可以显示或隐藏工具栏、锁定工具栏和调整工具栏大小。

工具栏包含启动命令的按钮，将鼠标或定点设备移到工具栏按钮上时，工具提示将显示按钮的名称。右下角带有小白三角形的按钮是包含相关命令的弹出工具栏。当光标停在图标上时，可按住鼠标左键直至显示弹出工具栏。

用户可以显示或隐藏工具栏，并将所做选择另存为一个工作空间，也可以创建自定义工具栏。

工具栏以浮动或固定方式显示。浮动工具栏可以显示在绘图区域的任意位置，可以将浮动工具栏拖曳至新位置、调整其大小或将其固定。固定工具栏附着在绘图区域的任意边上，固定在绘图区域上边界的工具栏位于功能区下方。

（3）状态栏

应用程序状态栏如图 1-7 所示，包含显示图形栅格、绘图工具、工作空间、隔离对象和注释工具、硬件加速等。

用户可以以图标或文字的形式查看图形工具按钮。通过捕捉工具、极轴追踪、对象捕捉工具和三维对象捕捉工具的快捷菜单，用户可以轻松更改这些绘图工具的设置。

用户可以预览打开的图形和图形中的布局，并在其间进行切换；也可以使用导航工具在打开的图形之间进行切换，以及查看图形中的模型；还可以显示用于缩放注释的工具。

图 1-7 状态栏

用户可以通过工作空间按钮切换工作空间，隔离按钮可隔离图形中任一对象，要展开图形显示区域，可单击“全屏显示”按钮。

用户可以通过状态栏的快捷菜单向应用程序状态栏添加按钮或删除按钮。

图形状态栏显示缩放注释的工具，如图 1-8 所示。对于模型空间和图纸空间，显示不同的工具。图形状态栏打开后，将显示在绘图区域的底部。图形状态栏关闭时，图形状态栏上的工具移至应用程序状态栏。图形状态栏打开后，可以使用“图形状态栏”菜单选择要显示在状态栏上的工具。

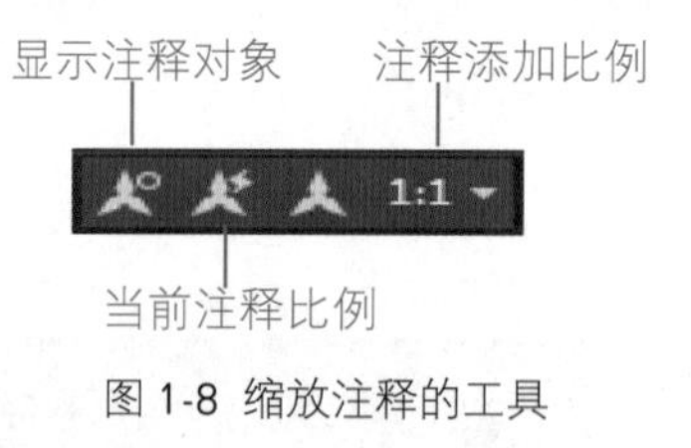

图 1-8 缩放注释的工具

（4）按键提示

使用键盘访问应用程序菜单、快速访问工具栏和功能区。

按 Alt 键可以显示应用程序窗口中常用工具的快捷键，再按如图 1-9 所示中相应提示按键后，会针对该工具显示更多按键提示，如图 1-10 所示。根据功能区的提示，输入相应的快捷字母，可以运用相应命令（注：为了使用按键提示，menubar 系统变量必须设置为 1）。

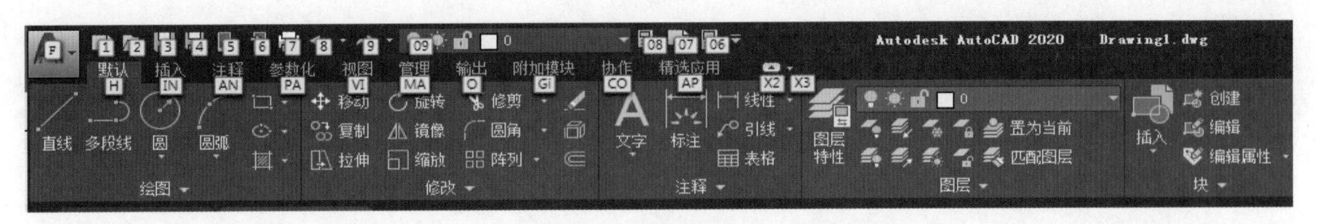

图 1-9　按键提示 1

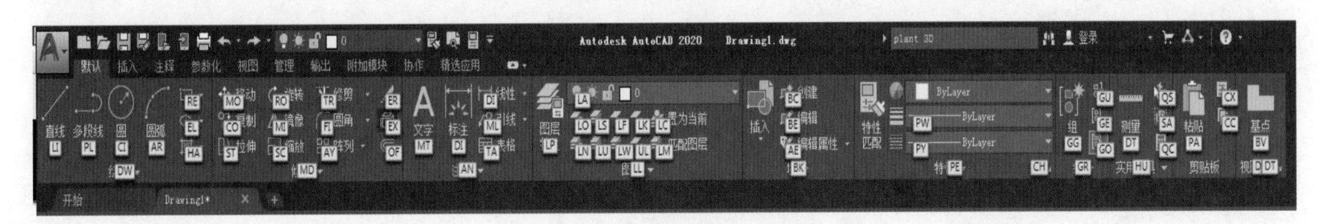

图 1-10　按键提示 2

（5）命令窗口

可以在可固定并可调整大小的窗口（称为命令窗口）中显示命令、系统变量、选项、信息和提示。

①在命令行中输入命令。要使用键盘输入命令，可在命令行中输入完整的命令名称，然后按 Enter 键或空格键。

注　意　如果启用了“动态输入”并设置为显示动态提示，就可以在光标附近的工具提示中输入多个命令。

某些命令还有缩写名称。例如，除了通过输入“line”来启动“直线”命令之外，还可以输入“l”。缩写的命令名称为命令别名，可在 acad.pgp 文件中定义。

在命令行中输入一个字母并按 Tab 键，就可以浏览查阅以该字母开头的所有命令，按 Enter 键或空格键选择所需操作的命令。在命令行上单击鼠标右键，可以重新启动最近使用过的命令。

②指定命令选项。在命令行中输入命令时，将显示一组选项或一个对话框。例如，在命令提示下输入“circle”命令时，将显示以下提示：

```
指定圆的圆心或 [三点(3P)/两点(2P)/相切、相切、半径(T)]:
```

可以通过输入（X,Y）坐标值或通过使用定点设备在屏幕上单击点来指定圆心。要选择不同的选项，可输入括号内的一个选项中的大写字母（大写或小写均可）。例如，要选择“三点（3P）”选项，就输入“3P”。

③执行命令。要执行命令，可按空格键或 Enter 键，或在输入命令名或相应提示后单击定点设备右键。

④重复和取消命令。如果要重复刚刚使用过的命令，既可以按 Enter 键或空格键，也可以在命令提示下在定点设备上单击鼠标右键，还可以通过输入“multiple”命令来重复命令，如下所示：

```
命令: multiple
输入要重复的命令名: circle
指定圆的圆心或 [三点(3P)/两点(2P)/切点、切点、半径(T)]:
```

要取消进行中的命令，请按 Esc 键。

⑤使用另一个命令或系统变量中断命令。许多命令可以透明使用，即可以在使用另一个命令时在命令行中输入这些命令。透明命令经常用于更改图形设置或显示，例如 grid 或 zoom 命令。在《命令参考》中，透明命令通过在命令名的前面加一个单引号来表示。

（6）快捷菜单

在屏幕的不同区域内单击鼠标右键时，可以显示不同的快捷菜单。快捷菜单上通常包含以下选项：

- 重复选项。
- 最近的输入。
- 剪贴板。
- 重做。
- 隔离。
- 平移。
- 缩放。

可以将单击鼠标右键行为自定义为计时，如图 1-11 所示，以便使快速单击鼠标右键与按 Enter 键的效果一样，而使长时间单击鼠标右键显示快捷菜单。

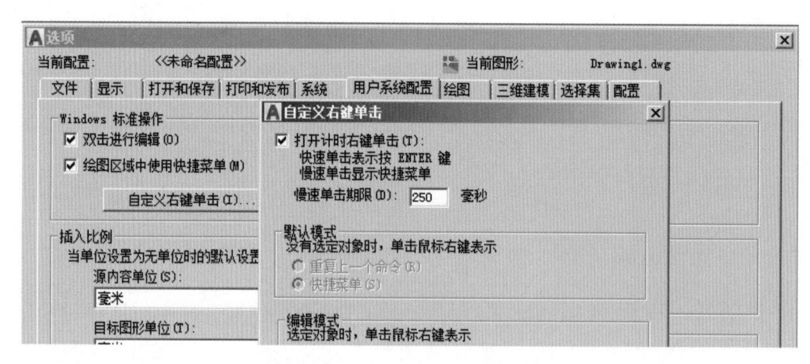

图 1-11　自定义右键单击

（7）工具选项板

工具选项板是“工具选项板”窗口中的选项卡形式区域，它们提供了一种用来组织、共享和放置块、图案填充及其他工具的有效方法，具体如下：

- 从对象与图像创建及使用工具。
- 创建和使用命令工具。
- 更改工具选项板设置。
- 控制工具特性。
- 自定义工具选项板。
- 整理工具选项板。
- 保存和共享工具选项板。

（8）设计中心

使用设计中心可以管理块参照、外部参照和其他内容（例如图层定义、布局和文字样式）。

通过设计中心，用户既可以组织对图形、块、图案填充和其他图形内容的访问，也可以将源图形中的任何内容拖动到当前图形中，还可以将图形、块和填充拖动到工具选项板上。源图形可以位于用户的计算机、网络位置或网站上。另外，如果打开了多个图形，则可以通过设计中心在图形之间复制和粘贴其他内容（如图层定义、布局和文字样式）来简化绘图过程。

1.3 AutoCAD 2020 规划设计的绘图环境

在命令行单击鼠标右键，从弹出的快捷菜单中选择“选项”命令，如图 1-12 所示，也可以在命令行中输入“options”命令，调出“选项”对话框，如图 1-13 所示。然后在弹出的“选项”对话框中进行 AutoCAD 2020 界面和图形环境的设置。

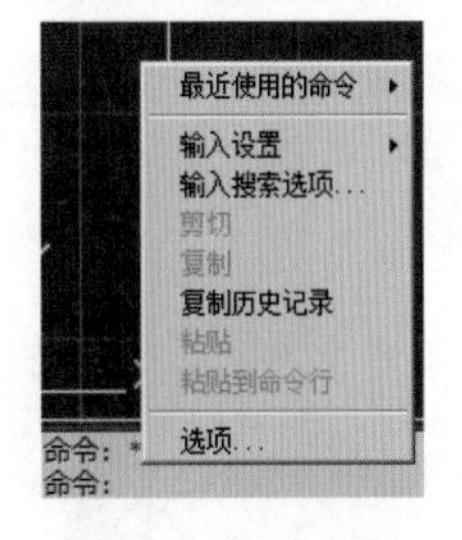

图 1-12　快捷菜单

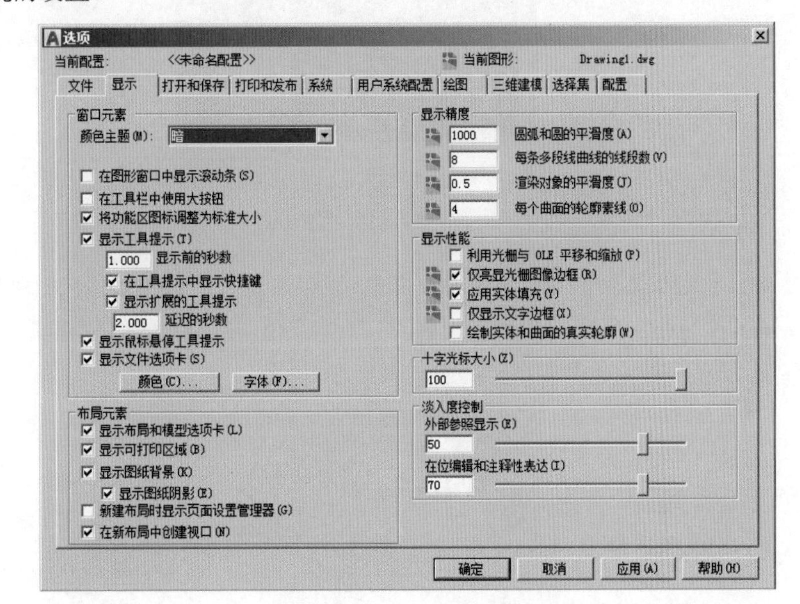

图 1-13　“选项”对话框

某些设置会影响用户在绘图区域中的工作方式，主要列举如下：

- 配色方案：可以为整个用户界面指定暗或明配色方案。这些设置可影响窗口边框背景、状态栏、标题栏、菜单浏览器边框、工具栏和选项板。
- 在图形窗口中显示滚动条：在绘图区域的底部和右侧显示滚动条。
- 在工具栏中使用大按钮：以 32×32 像素的更大格式显示按钮，默认显示尺寸为 16×16 像素。
- 将功能区图标调整为标准大小：当它们不符合标准图标的大小时，将功能区小图标缩放为 16×16 像素，将功能区大图标缩放为 32×32 像素。
- 显示工具提示：将光标移至功能区、菜单浏览器、工具栏、“图纸集管理器”对话框和“外部参照”选项板上的按钮上时，显示工具提示（TOOLTIPS 系统变量值为 1 时）。
- 在工具提示中显示快捷键：在工具提示中显示快捷键（Alt + 按键，Ctrl + 按键）。

- 显示鼠标悬停工具提示：控制当鼠标悬停在对象上时鼠标悬停工具的提示信息。

单击“颜色”按钮，弹出“图形窗口颜色”对话框，如图 1-14 所示。在该对话框中设置应用程序中每个上下文界面元素的显示颜色。上下文是指一种操作环境，例如模型空间。界面元素是指此上下文中的可见项，例如十字光标指针或背景色。

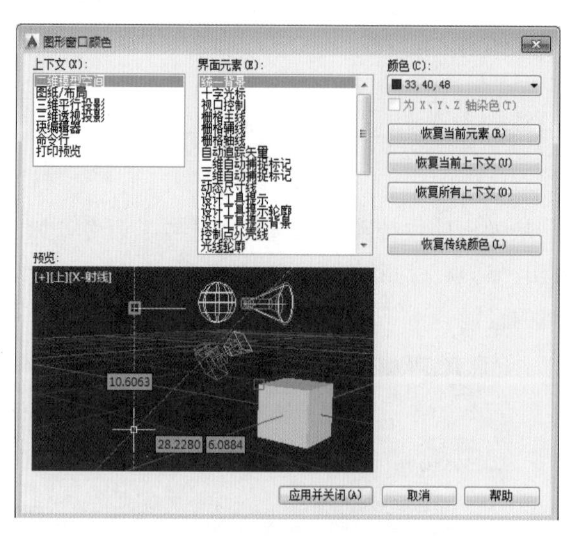

图 1-14 “图形窗口颜色”对话框

X 轴、Y 轴和 Z 轴的颜色指定：在三维视图中，与 UCS 的 X 轴、Y 轴和 Z 轴关联的所有界面元素均使用特殊的颜色指定。默认 X 轴为红色，Y 轴为绿色，Z 轴为蓝色。可以在“图形窗口颜色”对话框中勾选“为 X、Y、Z 轴染色”复选框，如图 1-15 所示。

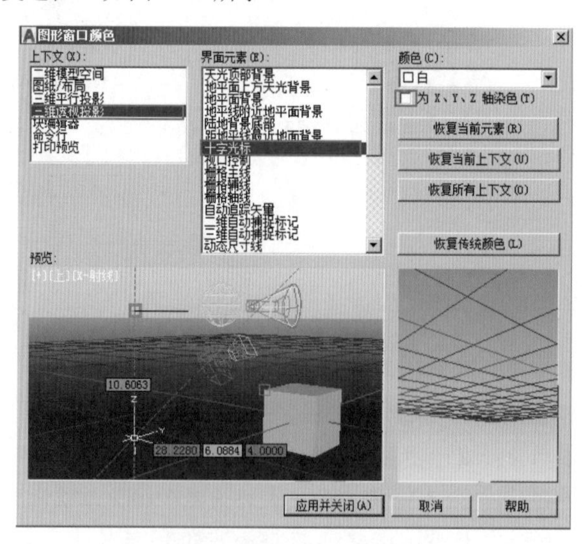

图 1-15 X 轴、Y 轴和 Z 轴的颜色指定

此外，单击应用程序状态栏上的“全屏显示”按钮，可以将图形显示区域展开为仅显示菜单栏、状态栏和命令窗口，再次单击该按钮可恢复先前设置。

三维建模设置为使用透视视图时，通过“图形窗口颜色”对话框（见图 1-15）可以指定以下选项。

- 地平面背景：当打开透视投影时，UCS 的 X、Y 面将显示为具有渐变色的地平面。地平面将从地面水平线到地面原点显示渐变色。
- 天光顶部背景：地平面未覆盖的区域即为天空，天空将从天空水平线到天空顶点显示渐变色。
- 地平线附近地平面背景：如果从地面下查看地平面，则地平面将从地球水平线到地球方位角显示渐变色。
- 平面网格（栅格主线、栅格辅线、栅格轴线）：当打开透视投影时，网格将显示为平面网格。系统会为主网格线、辅网格线和轴线设置颜色。

在 AutoCAD 2020 中，右键单击“特性”选项板、工具选项板和设计中心等窗口的标题栏，均可以打开窗口设置的快捷菜单，如图 1-16 所示。

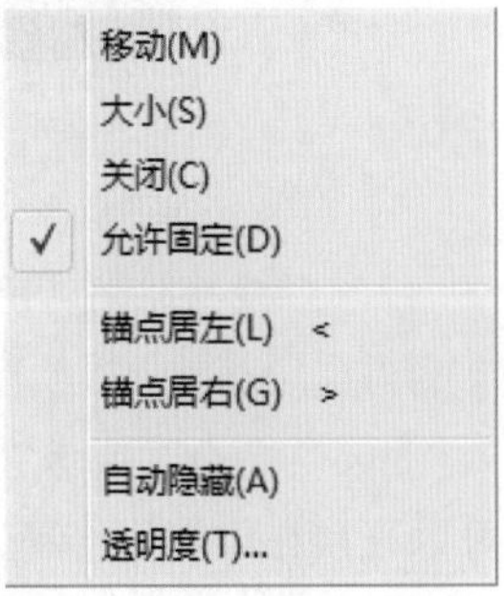

移动(M)
大小(S)
关闭(C)
✓ 允许固定(D)
锚点居左(L) <
锚点居右(G) >
自动隐藏(A)
透明度(T)...

图 1-16　窗口设置快捷菜单

选项设置的部分说明如下：

- 大小：拖动窗口的边可改变其大小。如果窗口中有多个窗格，拖动窗格之间的分隔栏可改变窗格的大小。
- 允许固定：如果要固定或锚定某个可固定窗口，就选择此选项。已固定窗口附着在应用程序窗口的一边，因而可以调整绘图区域的大小。
- 锚定（锚点居左、锚点居右）：将可固定窗口或选项板附着或固定在绘图区域左侧或右侧。当光标移至被锚定的窗口时，该窗口将展开，移开时则会隐藏。当打开被锚定的窗口时，其内容将与绘图区域重叠。无法将被锚定的窗口设置为保持打开状态。必须选择“允许固定”选项才能锚定窗口。
- 自动隐藏：光标移至浮动窗口时，该窗口打开，移开时则关闭。如果清除此选项，窗口将持续保持打开状态。具有自动隐藏功能的固定窗口显示为应用程序中的一栏。
- 透明度：设定鼠标悬停时窗口的透明度。窗口变为透明，不会遮挡其下面的对象。此选项并不适用于所有窗口。

1.4 AutoCAD 规划设计中高频率绘图命令

1.4.1 基本绘图命令

（1）点的绘制（point）

在命令窗口中输入“point”命令，即可在绘图区中绘制一个点。但是这样每使用一次命令只能绘制一个点，如果需要不断重复输入多个点，一般不使用这种方式，而是通过“默认”选项卡下的“绘图”面板展开器中的“点”选项在绘图区绘制任意多个点，如图 1-17 所示。使用完点命令后按 Esc 键可以退出 point 命令。

通过上述操作所绘制的点不明显，可以通过在命令栏中输入“ddptype”命令改变所绘制点的样式，这样更有利于用户绘图。AutoCAD 2020 中提供了 20 种点的类型，可根据个人喜好任意选择点的类型，如图 1-18 所示。

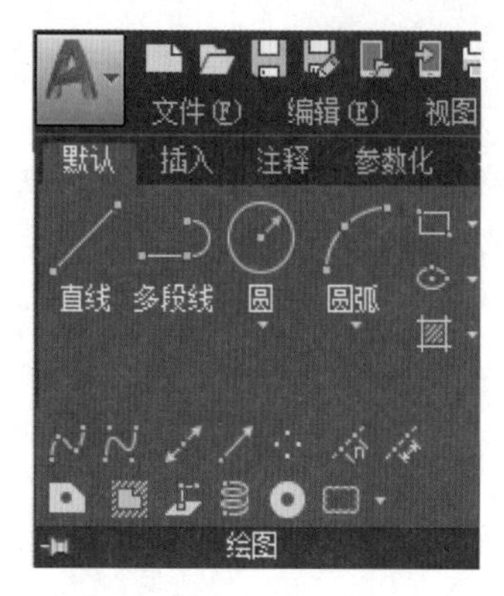

图 1-17 “绘图”面板

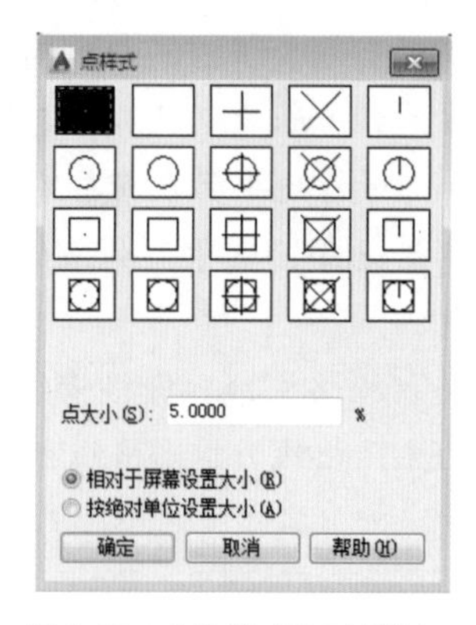

图 1-18 “点样式”对话框

（2）直线的绘制（line）

直线是 AutoCAD 绘图中最基本的图形元素，也是城市规划工程图中最常用的图形元素。在命令窗口输入“line”命令，或者在“绘图”下拉菜单中选择“直线”选项，或者单击工具条上的“直线”按钮，都可以直接在绘图区绘制直线。

在绘制直线的过程中，一般会用到“绝对坐标”和“相对坐标”两个坐标系，在非正交的情况下一般使用“绝对坐标”更准确，而在正交的情况下一般使用“相对坐标”更便捷。

城市规划工程图对于直线类型的选择上都有很严格的规定，例如道路红线线型为 Continuous，颜色为 Red；道路中线线型为 Center，颜色为 White，线型比为 10K；地块界线线型为 Dashedx2，颜色为 White，线型比为 10K，线宽为 0.8K 等。因此，需要在制图过程中按规范对直线类型进行修改。首先，选择需要修改的图层，单击 ByLayer，选择“其他”选项，弹出如图 1-19 所示的“线型管理器”对话框。

提 示

用户自定义设置的界面与工作环境不尽相同，如绘图空间背景色的选择等，因此图形显示通常也会有所区别，用户应根据实际情况按照制图规范完成图形要素的设置。

单击 加载(L)... 按钮，弹出“加载或重载线型”对话框，如图 1-20 所示，在对话框中选择所需线型，然后单击“确定”按钮，这样在“线型管理器”对话框中就会增加刚才加载的线型。在绘图区中框选需要修改线型的直线，然后在“线型”下拉菜单中选择所需线型即可。如果在直线的色彩上有特殊要求，可以通过“颜色控制”按钮 ByLayer 进行修改。

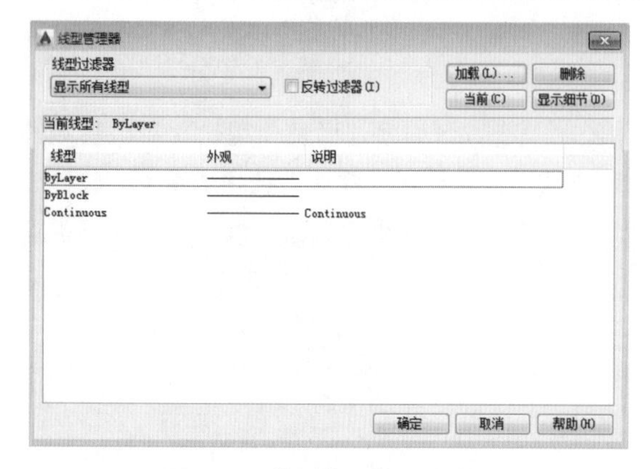

图 1-19 “线型管理器”对话框

图 1-20 “加载或重载线型”对话框

（3）圆的绘制（circle）

在命令窗口中输入“circle”命令或单击“绘图”面板中的按钮，本例绘制命令窗口的提示如下：

```
命令：_circle
指定圆的圆心或 [三点(3P)/两点(2P)/切点、切点、半径(T)]: t
指定对象与圆的第一个切点：
指定对象与圆的第二个切点：
指定圆的半径 <244.1198>: 50
```

最终得到的图形如图 1-21 所示，所绘制圆与圆及直线相切。

- 圆心：基于圆心和直径（或半径）绘制圆。
- 半径：定义圆的半径。输入值，或指定点 (2)。此点与圆心的距离决定圆的半径。
- 直径：使用中心点和指定的直径长度绘制圆。
- 三点（3P）：基于圆周上的三点绘制圆。
- 两点（2P）：基于圆直径上的两个端点绘制圆。
- T（切点、切点、半径）：基于指定半径和两个相切对象绘制圆。

图 1-21 圆的绘制

有时会有多个圆符合指定的条件。AutoCAD 以指定的半径绘制圆，其切点与选定点的距离最近。

（4）圆弧的绘制（arc）

在命令窗口中输入“arc”命令或单击“绘图”面板中的按钮即可在绘图区进行圆弧的绘制，在“圆弧”选项的展开器中有不同形式的圆弧绘制方法。本例绘制的圆弧如图 1-22 所示，命令窗口提示如下：

```
命令：_arc
指定圆弧的起点或 [圆心(C)]:
指定圆弧的第二个点或 [圆心(C)/端点(E)]: c
指定圆弧的圆心：
指定圆弧的端点或 [角度(A)/弦长(L)]:
```

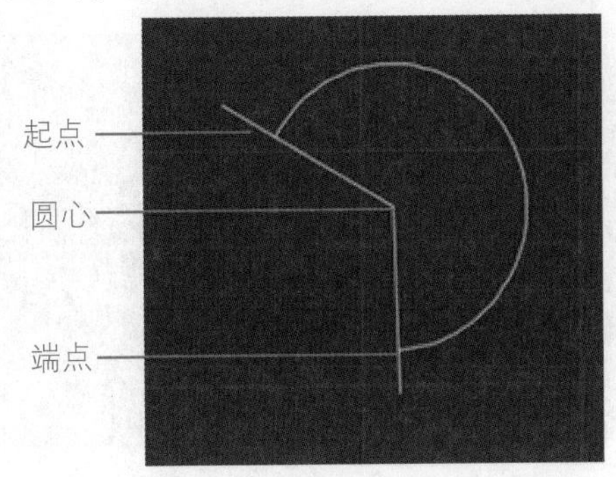

图 1-22 圆弧的绘制

- 起点：指定圆弧的起点。需要注意的是：如果未指定点就按 Enter 键，AutoCAD 将把最后绘制的直线或圆弧的端点作为起点，并立即提示指定新圆弧的端点。这将创建一条与最后绘制的直线、圆弧或多段线相切的圆弧。

- 第二个点：绘制圆弧需要使用圆弧周线上的 3 个指定点。其中，第一个点 (1) 为起点，第三个点为端点（3），第二个点（2）是圆弧周线上的一个点。
- 中心：指定圆弧所在圆的圆心。
  - 端点：使用圆心（2），从起点（1）向端点逆时针绘制圆弧。端点将落在从第三点 (3) 到圆心的一条假想射线上。
  - 角度：使用圆心（2），从起点（1）按指定包含角逆时针绘制圆弧。如果角度为负，AutoCAD 将顺时针绘制圆弧。
  - 弦长：基于起点和端点之间的直线距离绘制劣弧或优弧。如果弦长为正值，AutoCAD 将从起点逆时针绘制劣弧。如果弦长为负值，AutoCAD 将逆时针绘制优弧。

绘制圆弧可以根据圆弧的各种特性进行绘制。在 AutoCAD 中一共提供了 11 种绘制圆弧的方式，使用其他的绘制方式可以在命令窗口输入相应的命令，或者在“绘图”选项卡中选择“圆弧”选项的展开器，直接选择自己所需要的绘制方法。

在不同的绘图条件下，选择相应的绘制圆弧的方法，这样能够在绘图工作中带来便捷，当然也需要大量的练习和积累经验才能做出正确的选择。

（5）椭圆和椭圆弧的绘制（ellipse）

椭圆和椭圆弧主要用于建筑特殊构件和相关节点大样图的绘制，如网架结构的建筑施工图等。在命令窗口中输入“ellipse”命令或在绘图下拉菜单中选择“椭圆”选项或单击绘图工具条中的按钮，然后根据命令窗口中的提示或在“绘图”选项卡中选择与绘图环境相适应的绘制方法就可以完成椭圆和椭圆弧的绘制了。本例绘制的椭圆如图 1-23 所示，命令窗口提示如下：

```
命令： _ellipse
指定椭圆的轴端点或 [ 圆弧 (A) / 中心点 (C) ]： c
指定椭圆的中心点：
指定轴的端点：
指定另一条半轴长度或 [ 旋转 (R) ]：
```

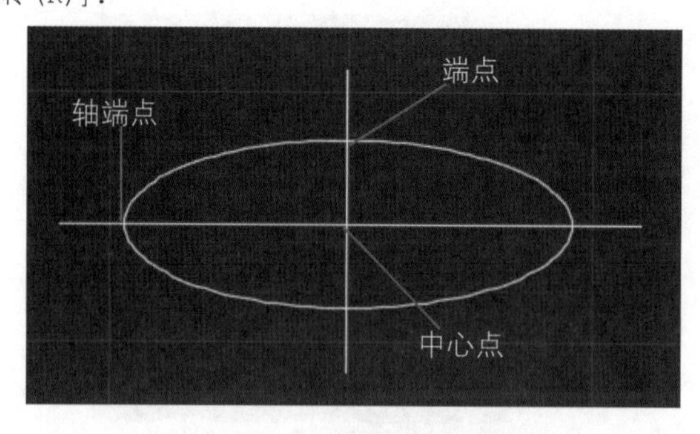

图 1-23 椭圆的绘制

- 轴的端点：根据两个端点定义椭圆的第一条轴。第一条轴的角度确定了整个椭圆的角度。第一条轴既可定义椭圆的长轴也可定义短轴。
  - 另一条半轴长度：使用从第一条轴的中点到第二条轴的端点的距离定义第二条轴。

  - 旋转：通过绕第一条轴旋转圆来创建椭圆。绕椭圆中心点移动十字光标并单击，输入值越大，椭圆的离心率就越大，输入 0 将定义圆。
- 圆弧：创建一段椭圆弧。
  - 轴端点：定义第一条轴的起点。
  - 中心点：用指定的中心点创建椭圆弧。
  - 另一条半轴长度：定义第二条轴为从椭圆弧的中心点（第一条轴的中点）到指定点的距离。
  - 起始角度：定义椭圆弧的第一端点。“起始角度”选项用于从“参数”模式切换到“角度”模式。
- 中心点：通过指定的中心点来创建椭圆。
- 等轴测圆：在当前等轴测绘图平面绘制一个等轴测圆（注意：“等轴测圆”选项仅在 SNAP 的“样式”选项设置为“等轴测”时才可用）。
  - 半径：用指定的半径创建一个圆。
  - 直径：用指定的直径创建一个圆。

如果要绘制一个标准椭圆，可以在命令窗口中输入“pellipse”（椭圆参数）命令并将参数设置为 0。

绘制好的圆或椭圆还可以进行编辑。先选择绘制好的圆或椭圆，夹点出现在圆心和 4 个正方向的端点上，移动圆心可以将圆或椭圆整体移动，而移动 4 个端点中的任意一个点都可以改变圆或椭圆的大小（椭圆还可以改变长轴与短轴）。

椭圆弧的绘制与椭圆的绘制相似，需要注意的是，椭圆弧的角度方向是逆时针方向。

（6）矩形的绘制（rectang）

在绘图区绘制一个矩形，首先在命令窗口中输入“rectang”命令，或在绘图下拉菜单中选择“矩形”选项或单击绘图工具条中的按钮，本例绘制的矩形如图 1-24 所示，命令窗口提示如下：

```
命令： _rectang
指定第一个角点或 [倒角(C)/标高(E)/圆角(F)/厚度(T)/宽度(W)]:
指定另一个角点或 [面积(A)/尺寸(D)/旋转(R)]: d
指定矩形的长度 <10.0000>: 300
指定矩形的宽度 <10.0000>: 200
指定另一个角点或 [面积(A)/尺寸(D)/旋转(R)]:
```

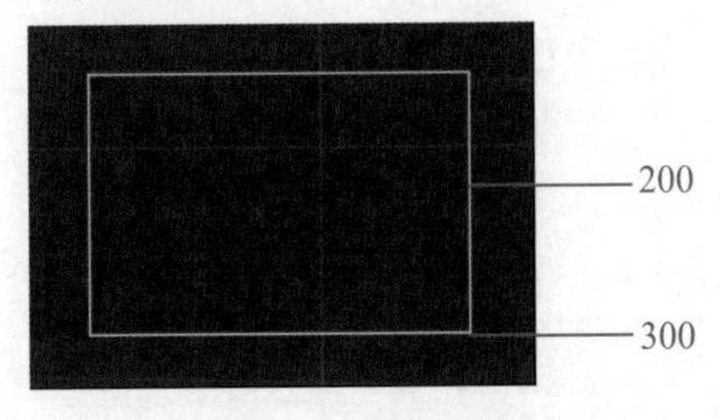

图 1-24　矩形的绘制

根据提示，第一个角点可以用鼠标在绘图区内确定，也可以直接在命令窗口中直接输入坐标值，第二个角的点可以用同样的方法确定，也可以根据提示输入长边和短边的长度，从而确定矩形的大小。如果选择输入“T”（厚度），绘制出的矩形就成了在 Z 轴方向有长度的立方体。如果选择输入“W”（宽度），矩形的 4 条边与多段线（pline）绘制的效果相同。图 1-25 为矩形命令绘制的图例图框。

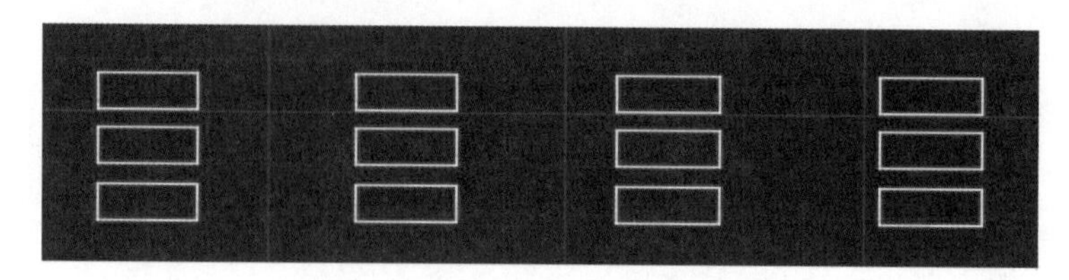

图 1-25 矩形命令绘制的图例图框

（7）多线的绘制（mline）

多线在规划和建筑的工程图绘制中都有着非常广泛的应用，特别是在建筑平面施工图中，建筑墙体的绘制基本都是使用多线完成的。在命令窗口中输入“mline”命令或选择绘图下拉菜单的“多线”选项，命令窗口提示如下：

```
命令： _mline
当前设置： 对正 = 上，比例 = 20.00，样式 = STANDARD
指定起点或 [ 对正 (J) / 比例 (S) / 样式 (ST) ]:
```

如果选择对正（J），命令窗口会给出进一步提示：选择上（T），则以多线的上边为基线；选择下（B），则以多线的下边为基线；选择无（Z），则以多线的中线为基线。具体的选择要视绘图条件而定，在建筑平面绘制中，多以多线的中线为基线，沿建筑墙体轴线绘制墙体。

如果选择比例（S），可以通过命令窗口直接输入多线中直线与直线之间的距离，用户可以根据实际情况输入所需的距离，如建筑外墙一般设为 240 等。

如果选择样式（ST），则可以直接输入已经设置好的多线样式的名称。

如果需要新的多线样式，则退出 mline 命令，在命令窗口中输入“mlstyle”命令，弹出如图 1-26 所示的“多线样式”对话框。

①单击“新建”按钮，弹出如图 1-27 所示的“创建新的多线样式”对话框。在这个对话框中输入新样式名。

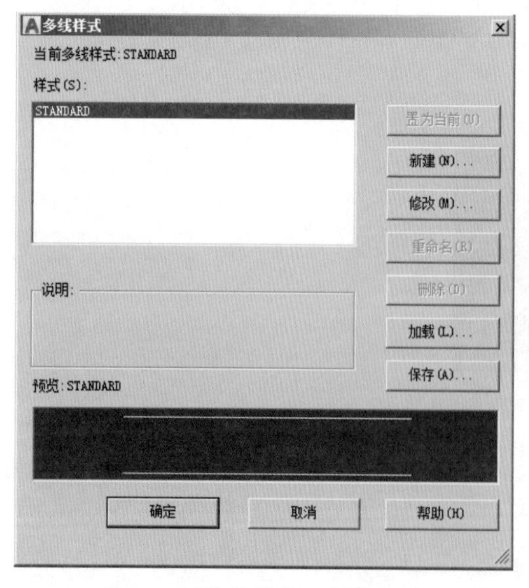

图 1-26 “多线样式”对话框

图 1-27 “创建新的多线样式”对话框

②单击“继续”按钮，弹出如图 1-28 所示的“新建多线样式：R”对话框，在这个对话框中可以改变多线的数量，输入新直线的偏移量（样式中的每个直线元素都相对于多线原点（0.0）偏移），同时可以修改元素的颜色和线型属性等。

提　示　mlstyle 命令不能编辑图形中已使用的任何多线样式的元素和多线特性，要编辑现有的多线样式，就必须在用此样式绘制多线之前进行。

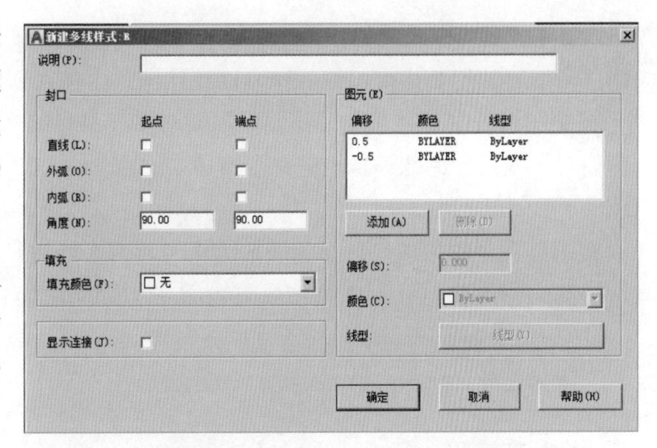

图 1-28　“新建多线样式：R”对话框

在该对话框中可以修改其多线的其他特性。对多线特性的修改前后效果对比如图 1-29 所示。

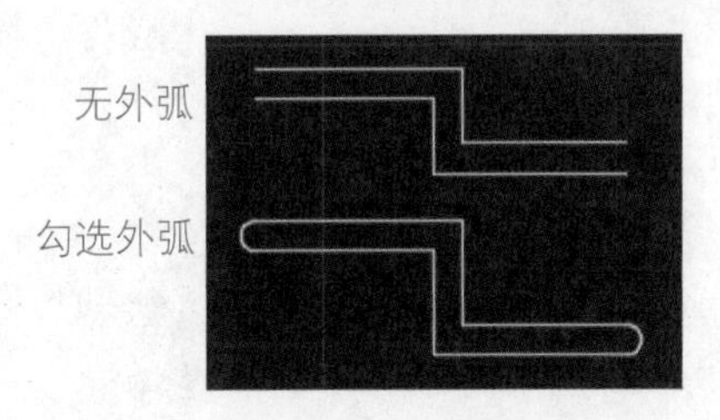

图 1-29　多线特性的修改效果

③完成所需效果后，单击“确定”按钮，退出“新建多线样式：R”对话框，进入“保存多线样式”对话框，可以对新创建的多线重命名，然后单击“保存”按钮，如图 1-30 所示。

④完成保存操作后在“多线样式”对话框中单击“加载”按钮，弹出“加载多线样式”对话框，如图 1-31 所示。

图 1-30　“保存多线样式”对话框

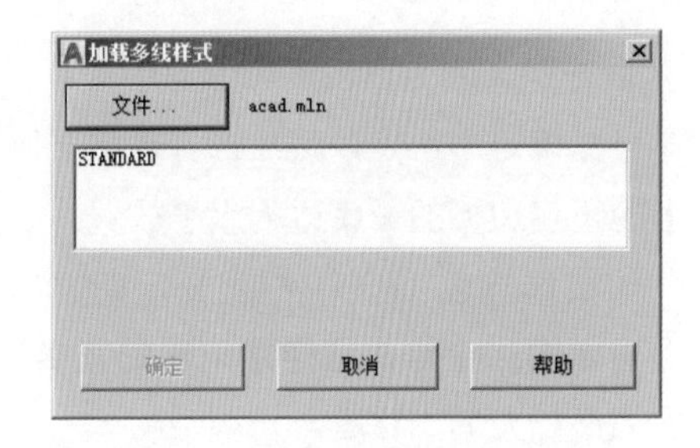

图 1-31　“加载多线样式”对话框

⑤单击“文件”按钮，弹出“从文件加载多线样式”对话框，双击刚刚保存的文件，或单击“打开”

按钮，则完成多线样式的加载操作，在“多线样式”对话框中选择所需的多线样式，单击“置为当前”按钮，关闭“多线样式”对话框，然后就可以在绘图区内使用新的多线样式绘制图形了。

在制图过程中有时需要根据实际需要对多线进行编辑修改，如十字闭合、T形打开、添加顶点等，因此需要对多线进行特殊编辑。在命令窗口中输入“mledit”命令，弹出“多线编辑工具”对话框，如图 1-32 所示。

根据绘图中的需求，选择相应的编辑工具对多线进行有针对性的编辑修改，这样可以节约大量绘图时间，提高绘图效率。图 1-33 为使用双线命令绘制的道路红线。

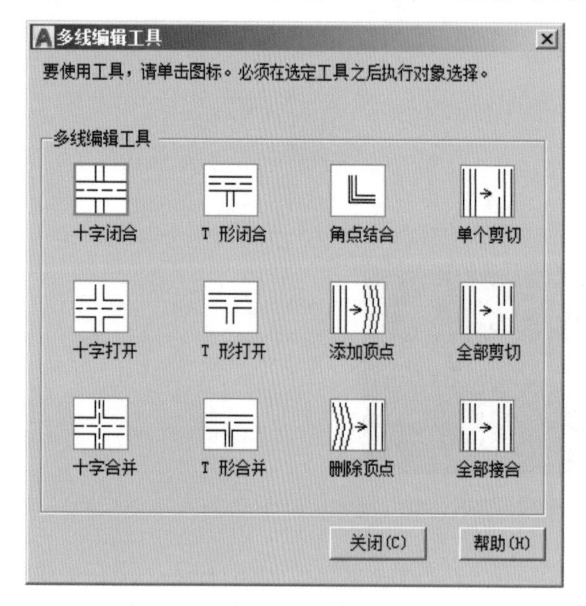

图 1-32 “多线编辑工具”对话框

图 1-33 使用双线命令绘制的道路红线

（8）规则多边形的绘制（polygon）

在命令窗口中输入“polygon”命令或在“绘图”中单击按钮，都可以在绘图区进行多边形的绘制。在使用绘制命令后，要在命令窗口中输入多边形边的边数（默认边数是 4，边数数值可在 3~1024 之间任意选择），系统会提供两种多边形的绘制方法，命令窗口提示如下：

```
命令： _polygon
输入边的数目 <8>: 6
指定正多边形的中心点或 [ 边 (E)]:
```

系统默认值是指正多边形的中心点，此时既可以用鼠标箭头确定中心点位置也可以在命令窗口中输入绝对坐标确定中心点，然后选择内接于圆或外切于圆（默认选择内接于圆），最后输入圆的半径，这样绘制出的正多边形的最底边为水平放置。

如果选择边（E），根据提示确定第一个点，同样可以用鼠标确定和输入绝对坐标值两种方法确定，之后确定第二个点，这样绘制出的正多边形是两点确定的那条边逆时针方向绘制出的。图 1-34 所示为用正六边形填充的人行道。

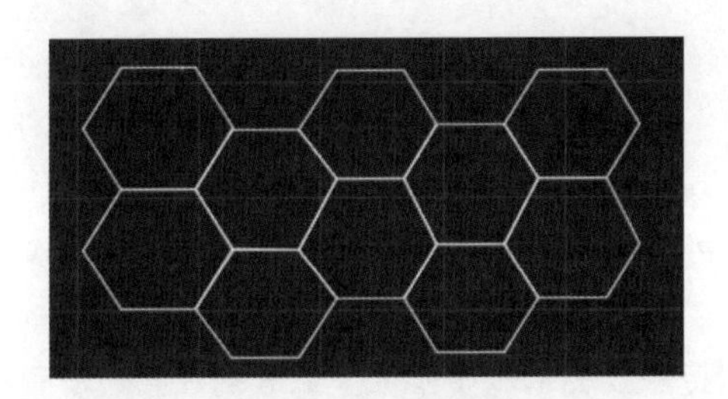

图 1-34 人行道填充

（9）圆环的绘制（donut）

圆环的效果与两个同心圆填充环形部分的效果相似，但操作更简便、准确。在命令窗口中输入“donut”命令或在绘图选项卡中选择“圆环”选项，根据命令窗口提示，输入圆环的内环直径，然后输入圆环的外环直径，最后指定中心点，可以在命令窗口直接输入中心点的绝对坐标值，也可以用鼠标箭头在绘图区内任意指定中心点。另外，圆环的内外直径还可以用鼠标光标在画图区内任意指定两个点或输入两个点的绝对坐标，系统会自动将两点间的距离作为圆环的内直径或外直径。另外，圆环是特殊的多段线，因此可以用编辑多段线的命令对圆环进行编辑修改，如 pedit 命令等，以得到所需要的绘制效果。

（10）样条曲线的绘制（spline）

样条曲线命令在规划建筑工程图中使用得不多，但是因为样条曲线有很大的随意性，在不需要精确制图的时候，利用样条曲线的随意性和简单的修改能给用户带来诸多方便。

在命令窗口中输入“spline”命令或在绘图选项卡扩展器中单击按钮，在命令窗口中输入第 1 点的绝对坐标值，或用鼠标光标在绘图区内指定，用相同的方法确定第 2 点、第 3 点……在确定第 2 点之后，命令窗口给出提示“拟和公差”（F），拟和公差的数值越大，样条曲线随坐标的改变曲线弧度越大，反之越小。输入合理的拟和公差，在样条曲线的绘制中非常重要，因为这样可以减少样条曲线的修改量，给绘图工作带来便利。图 1-35 所示为使用 spline 命令绘制的室外石景的平面图。

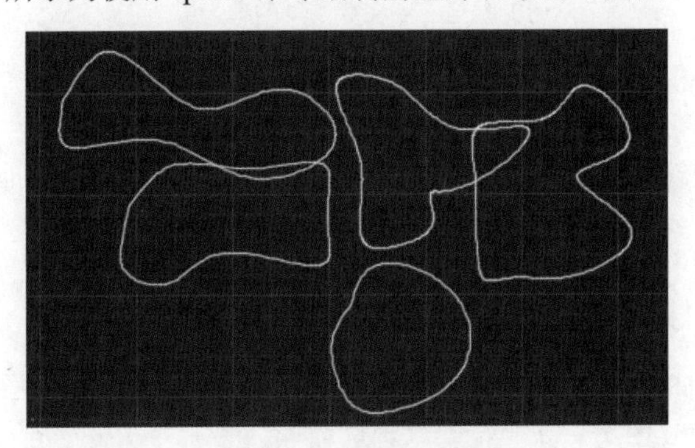

图 1-35 室外石景平面图

（11）修订云线（revcloud）

修订云线命令在绘图过程中使用得不多，但是在一些特殊效果的处理上是其他线型绘制命令无法替代的，如绿地的意向表达。

在命令窗口输入“revcloud”命令或单击绘图选项卡扩展器中的按钮，命令窗口提示如下：

```
命令： _revcloud
最小弧长： 15    最大弧长： 15    样式： 普通
指定起点或 [ 弧长 (A) / 对象 (O) / 样式 (S) ] < 对象 >:
```

- 弧长（A）：指定云线中弧线的长度（分最大弧长和最小弧长）。在绘图区内沿云线路径引导十字光标，完成云线（可以按下 Enter 键，也可以将十字光标移动到云线起点附近，云线将自动闭合完成）绘制。其中，最大弧长不能大于最小弧长的 3 倍。
- 对象（O）：指定要转换为云线的对象，即选择要转换为云线的闭合对象。根据提示可以将已选择的云线反转方向 [是 (Y)/ 否 (N)]：输入“Y”以反转云线中的弧线方向，或按 Enter 键保留弧线的原样。
- 样式（S）：指定修订云线的样式。根据提示选择修订云线的样式：[普通 (N)/ 绘制 (C)]< 默认 / 最后 >。

绘制完成的云线对象是多段线，具有多段线的各种特性，可以使用 pedit 多段线编辑命令对云线进行编辑修改。

图 1-36 为使用修订云线命令绘制的某居住小区绿地意向。

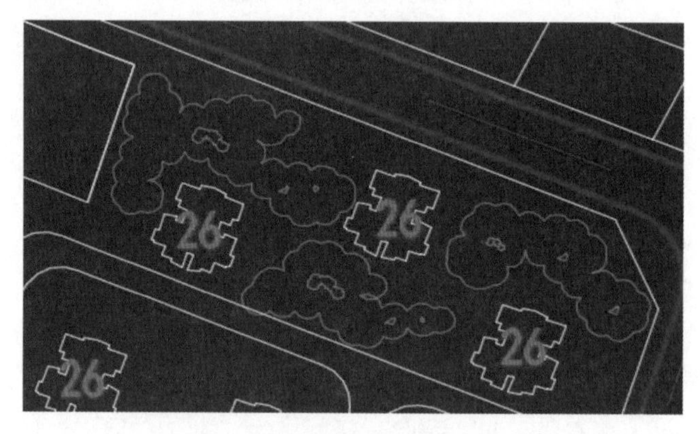

图 1-36 修订云线命令绘制的小区绿地意向

（12）图案填充（hatch）

图案填充命令在规划建筑工程图的绘制中有非常重要的作用，比如规划地块的分类填充，建筑平面、立面的填充等。

填充图案命令可以使用预定义的填充图案、当前的线型定义简单的直线图案，或者创建更加复杂的填充图案。

在命令窗口中输入“hatch”命令或在绘图选项卡中单击按钮。工具栏中就会弹出“图案填充创建”栏，如图 1-37 所示，其中有“图案”和“特性”等选项卡。

图 1-37 “图案填充创建”栏

可以使用多种方法指定图案填充的边界，并可以控制图案填充是否随边界的更改而自动调整（关联填充）。如果要填充边界不封闭的区域，可以将 HPGAPTOL 系统变量设置为某个大小的桥接间隙，并将边界视为封闭。HPGAPTOL 仅适用于指定直线和圆弧之间的间隙，经过延伸后两者将连接在一起。可以使用多种方法向图形中添加填充图案。使用工具选项板，可以更快、更方便地工作。在命令窗口中输入“toolpalettes”命令，或选择“工具”菜单“选项板”子菜单的“工具选项板”命令，系统将弹出如图 1-38 所示的“工具选项板”窗口。

在“工具选项板”窗口中直接使用鼠标拖动需要填充的图案，在需要填充的区域单击鼠标左键则可以完成图案填充。有些图案（如方砖、斜线等）需要调整图案特性，选择图案后单击鼠标右键，选择“特性”选项，弹出“特性”选项板，如图 1-39 所示，主要是对图案比例进行适当调整，从而使填充图案更能表达用户的意图，表现的质感更准确。如果创建高密度的图案填充，AutoCAD 可能拒绝此图案填充并显示指示填充比例太小或虚线太短的信息。可以通过使用（setenv MaxHatch *n*）设置 MaxHatch 系统注册表变量来改变填充直线的最大数目，其中 *n* 是 100~10 000 000（1000 万）之间的数字。AutoCAD 提供了实体填充及 50 多种行业标准填充图案，可以使用它们区分对象的部件或表示对象的材质。AutoCAD 还提供了 14 种符合 ISO（国际标准化组织）标准的填充图案。当选择 ISO 图案时，可以指定笔宽，笔宽决定了图案中的线宽。

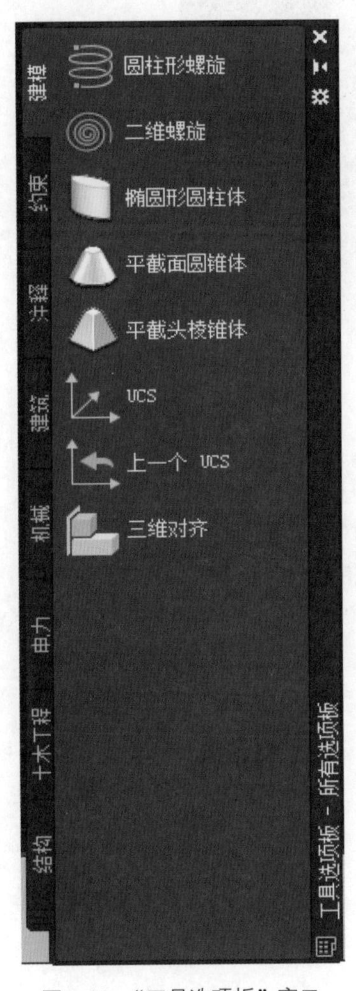

图 1-38　“工具选项板”窗口

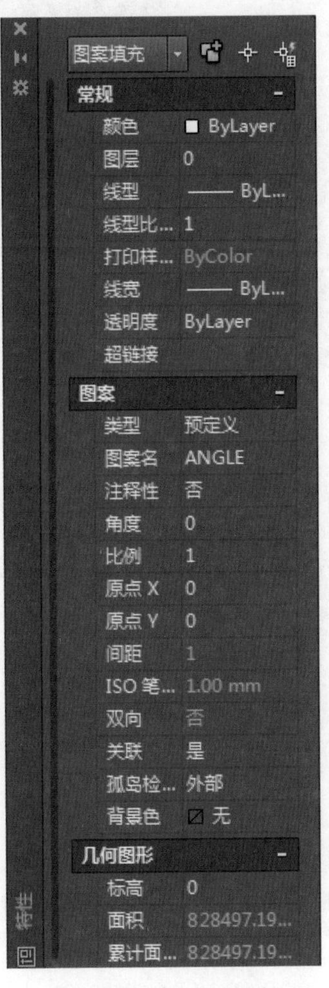

图 1-39　“特性”选项板

可填充的对象组合非常多，所以在编辑填充图案时可能会产生不可预料的结果。如果创建了不需要的图案填充，可以放弃操作、修剪或删除图案填充以及重新填充区域。在“边界图案填充”对话框的“高级”选项中，还提供了多种选项对填充命令进行补充，其中在“允许的间隙”栏中输入数值，可以调整非封闭图形在填充时允许的最大间隙值。

利用“边界图案填充”对话框中的“渐变”选项，可以创建渐变填充。渐变填充在一种颜色的不同灰度之间或两种颜色之间使用过渡。渐变填充可用于增强演示图形的效果，使其呈现光在对象上的反射效果，也可以用作徽标中的有趣背景。例如，在规划图中，河流、湖泊等的填充用渐变色填充，可以使效果更美观，具体操作将在后面的章节中做详细介绍。

AutoCAD 2020 拥有对填充对象的修剪功能，可以按照修剪其他任何对象的方法来修剪填充对象。要想填充出效果比较理想的图案，在 AutoCAD 过去的版本中是比较耗费时间和精力的工作，通常需要不断修改填充边界来重新填充对象，甚至需要将填充对象分解，再修改逐个元素。AutoCAD 2020 就能很方便、迅速地填充出用户需要的图案效果。图 1-40 所示就是某居住小区休闲区的硬地铺装，填充对象经过了修剪。

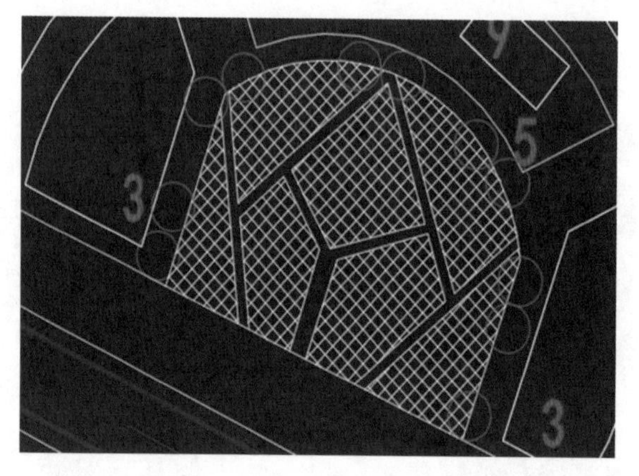

图 1-40 经过修剪的硬地铺装填充

（13）面域（region）

面域是使用形成闭合环的对象创建的二维闭合区域。环可以是直线、多段线、圆、圆弧、椭圆、椭圆弧和样条曲线的组合。组成环的对象必须闭合或通过与其他对象共享端点而形成闭合的区域。面域可用于应用填充和着色、使用 MASSPROP 分析特性（例如面积）、提取设计信息，例如形心等。

可以通过多个环或者端点相连形成环的开曲线来创建面域。不能通过非闭合对象内部相交构成的闭合区域构造面域，例如相交的圆弧或自交的曲线。

在命令窗口中输入“region”命令或在绘图下拉菜单中选择“面域”选项，也可以单击绘图工具条中的按钮。选择创建面域的对象，按 Enter 键即可。同时命令窗口显示出检测到了多少个环以及创建了多少个面域。

（14）构造线（xline）

在绘图面板控制器中单击按钮或在命令窗口中输入“xline”命令，创建构造线。命令窗口提示如下：

```
命令： _xline
指定点或 [ 水平 (H) / 垂直 (V) / 角度 (A) / 二等分 (B) / 偏移 (O) ]:
```

具体说明如下：

- 点：用无限长直线所通过的两点定义构造线的位置。
- 水平：创建一条通过选定点的水平参照线。
- 垂直：创建一条通过选定点的垂直参照线。
- 角度：用两种方法中的一种创建构造线。或者选择一条参考线，指定那条直线与构造线的角度，或者通过指定角度和构造线必经的点来创建与水平轴成指定角度的构造线。
- 二等分：创建一条参照线，它经过选定的角顶点，并且将选定的两条线之间的夹角平分。
- 偏移：创建平行于另一个对象的参照线。

（15）射线的绘制（ray）

在绘图面板控制器中单击按钮或者输入“ray”命令创建射线。命令窗口提示如下：

```
命令：_ray
指定起点：
指定通过点：
```

起点和通过点定义了射线延伸的方向，射线在此方向上延伸到显示区域的边界。重新显示输入通过点的提示以便创建多条射线。按 Enter 键结束命令。

无限长线不会改变图形的总面积，因此，它们的无限长标注对缩放或视点没有影响，并被显示图形范围的命令所忽略。和其他对象一样，无限长线也可以进行移动、旋转、复制、修剪等操作。

（16）区域覆盖（wipeout）

在绘图面板控制器中单击按钮或输入“wipeout”命令，创建多边形区域，该区域将用当前背景色屏蔽其下面的对象，如图 1-41 所示。此区域覆盖区域以线框为边界，用户可以打开该线框进行编辑，也可以关闭该线框进行打印。

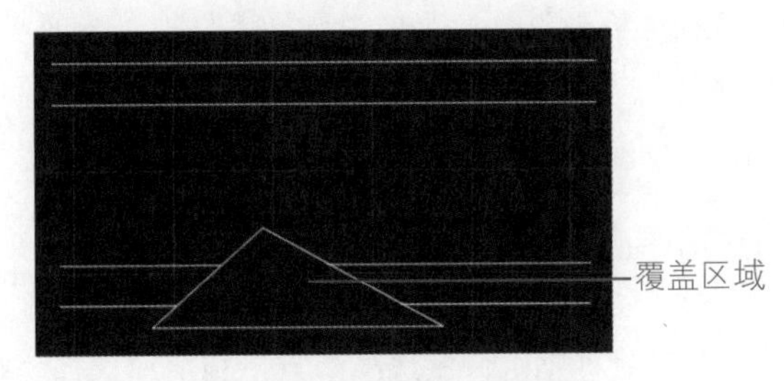

图 1-41　区域覆盖效果对比

在命令窗口中输入“wipeout”命令，提示如下：

```
命令：_wipeout
指定第一点或 [边框(F)/多段线(P)] <多段线>:
```

- 第一点：根据一系列点确定区域覆盖对象的多边形边界。
- 边框：确定是否显示所有区域覆盖对象的边，提示“输入模式 [开 (ON)/ 关 (OFF)]:”，输入“ON”

或“OFF”。输入“ON”将显示所有区域覆盖边框，输入“OFF”将不显示所有区域覆盖边框。

- 多段线：根据选定的多段线确定区域覆盖对象的多边形边界。提示“选择闭合多段线：”，使用对象选择方法选择闭合的多段线；提示“是否要删除多段线？ [是 / 否] < 否 >: ”，输入“Y”将删除用于创建区域覆盖对象的多段线，输入“N”将保留多段线。

1.4.2 基本编辑命令

（1）删除（erase）

在命令窗口中输入“erase”命令或在修改面板中单击按钮，然后选择绘图区内选择任意已经绘制的图形，按 Enter 键或单击鼠标右键，被选择的图形信息就被删除了。也可以选中要删除的图形对象，然后按 Delete 键，效果与 erase 命令的效果相同。

如果想恢复刚刚删除的对象，则可以在命令窗口中输入“oops”命令，按 Enter 键恢复上一步删除的对象。也可以使用回退命令（Ctrl+Z 组合键），此命令每使用一次，就将恢复前一步命令的操作，这个命令在绘图过程中非常常用。

（2）移动（move）

“move”命令在制图过程中使用的频率非常高，可以将对象元素移动到坐标系内任意位置。在命令窗口中输入“move”命令或在修改面板中单击按钮。选择对象元素后，根据提示指定基点，可以直接输入绝对坐标也可以用鼠标光标在绘图区内任意指定基点，但是一般是指定对象元素中的特殊点为基点（如端点、终点等），然后可以用同样的方法确定定位点，即已指定基点需要移动到的地方；或在命令窗口输入需要移动的位移，然后用鼠标确定需要移动的方向（移动方向一般为水平或竖直方向），按 Enter 键或单击鼠标右键，这样可以把一些分开绘制的图形元素重新排列布置，在符合规范的前提下尽可能使图面美观、整洁。

（3）复制（copy）

“copy”命令用于复制所选的对象，与 move 命令不同的是，对象元素的位置和性质都保持不变。在命令窗口中输入“copy”命令，或在“修改”下拉菜单中选择“复制”选项，或在修改面板中单击按钮，选择对象后，操作与 move 命令的操作过程相似，不同的是“copy”命令可以复制出多个对象。

（4）镜像（mirror）

“mirror”命令主要用于对称的图形，只需要绘制出对称轴一边的图形即可，然后用镜像命令完成图形的全部，如单元式住宅平面设计等。在命令窗口中输入“mirror”命令或在修改面板中单击按钮，选择对象后按 Enter 键，根据提示，再对称轴上任意选择两点，视情况选择“是否删除源对象”。

如果在镜像后有重合的元素，可根据实际情况进行适当的修改。

（5）偏移（offset）

“offset”命令可以对直线、多段线、样条曲线、圆等进行平行移动（源对象不变），偏移后的新对象与源对象相似。在命令窗口中输入“offset”命令或在修改面板中单击按钮，使用命令后，命令窗口会出现输入偏移距离的提示，如下所示：

```
命令： _offset
当前设置： 删除源 = 否   图层 = 源   OFFSETGAPTYPE=0
指定偏移距离或 [ 通过 (T) / 删除 (E) / 图层 (L)] <818.6194>:
```

按 Enter 键，用鼠标选择要偏移的对象，再选择要偏移的方向（偏移方向只能是 X 轴或 Y 轴方向）。如果在命令窗口中输入“T”（通过），则选择需要偏移的对象后，再确定需要偏移到的点的位置（该点可能是在 X 轴或 Y 轴上的投影点）。offset 命令只能对二维单个对象（如直线、构造线、椭圆、圆弧、矩形等）进行偏移，而对其他对象（如块等）无法偏移，如使用“偏移”命令会提示“Cannot offset that obiect”（无法偏移该对象）的信息。

（6）阵列（array）

AutoCAD 2020 中的阵列有矩形、路径和环形三种方式，单击 阵列 按钮右边的下三角形，会出现如图 1-42 所示的下拉列表。沿当前捕捉旋转角定义的基线建立矩形阵列。该角度的默认设置为 0，因此矩形阵列的行和列与图形的 X 轴和 Y 轴正交。默认角度 0 的方向设置可以在“units”命令中修改。创建环形阵列时，阵列按逆时针或顺时针方向绘制，这取决于设置填充角度时输入的是正值还是负值，阵列的半径由指定中心点与参照点或与最后一个选定对象上的基点之间的距离决定。可以使用默认参照点（通常是与捕捉点重合的任意点），或指定一个要用作参照点的新基点。AutoCAD 也可以进行三维阵列，使用“3darray”命令可以在三维空间中创建对象的矩形阵列或环形阵列。除了指定列数（X 方向）和行数（Y 方向）以外，还要指定层数（Z 方向）。

在命令窗口中输入“array”命令或在修改面板中单击 阵列 按钮，选择要阵列的对象后工具栏会弹出如图 1-43 所示的“阵列”选项卡。

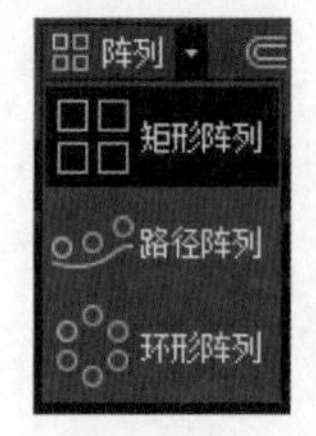

图 1-42　阵列下拉列表

图 1-43　“阵列”选项卡

在“阵列”选项中的“列数”和“行数”框中输入阵列中的列数和行数。

在“阵列”工具中选中“路径阵列”，选择要阵列的对象后再选择路径即能绘出路径阵列图形。在“阵列”列表中选中“环形阵列”，选择要阵列的对象后命令栏会显示 ARRAYPOLAR 指定阵列的中心点或 [基点(B) 旋转轴(A)]:，单击阵列中心点或基点则绘出环形阵列图形。

提　示

默认情况下，可以由一个命令生成的阵列元素数目限制在 100 000 个。此限制由注册表中的 MaxArray 设置控制。可以通过输入命令“setenv MaxArray n”设置 MaxArray 系统注册表变量来修改限制（其中 n 代表 100 ～ 10 000 000 间的数值）。

（7）旋转（rotate）

AutoCAD 中的旋转就是绕指定点旋转对象。在命令窗口中输入“rotate”命令或在修改面板中单击 旋转 按钮，命令窗口给出提示“UCS 当前的正角方向：ANGDIR= 逆时针　ANGBASE=0”，系统设置正角度的方向。从相对于当前 UCS 方向的 0 角度测量角度值，0 为逆时针，1 为顺时针。

选择对象后指定基点（旋转对象绕行的点），可在绘图区内点选，也可在命令窗口中输入基点绝对坐标值。命令窗口提示“指定旋转角度，或 [复制 (C)/ 参照 (R)] <40>:”。

输入旋转角度值（正值为逆时针旋转，负值为顺时针旋转），还可以按弧度、百分度或勘测方向输入值。选择复制（C），创建要旋转的选定对象的副本；如果选择参照（R），就将对象从指定的角度旋转到新的绝对角度。

指定参照角的方向正好与系统默认旋转方向相反，即正角度为顺时针方向，负角度为逆时针方向，而指定新角度的方向与系统默认方向相同。因此，如果指定参照角的数值与指定新角度的数值相同，则所选对象无旋转变化。

（8）缩放（scale）

scale 命令可以调整对象大小，使其在一个方向上或者按比例增大或缩小，但是被调整对象的内部各个元素间的比例不变。在命令窗口中输入“scale”命令或在修改面板中单击缩放按钮，根据提示选择对象以及指定基点，命令窗提示如下：

```
指定基点：
指定比例因子或 [复制 (C)/参照 (R)] <1.0000>:
```

按提示直接输入比例因子（比例因子：按指定的比例放大选定对象的尺寸，大于 1 的比例因子使对象放大，介于 0 和 1 之间的比例因子使对象缩小）。如果选择参照（R），则命令窗口提示如下：

```
指定比例因子或 [复制 (C)/参照 (R)] <2.0000>:  r
指定参照长度 <1.0000>: 2
指定新的长度或 [点 (P)] <2.0000>:  30
```

参照长度与新长度的比值可以看作是比例因子，用数学公式表示为：缩放后对象尺寸 = 对象源尺寸 ×（新长度 / 参照长度），一般参照长度需要用“dist”（查询距离）命令得出。要将边长为 2 的直线缩放为边长为 30 的直线，则设置参照长度为 2，新长度为 30，即可完成该操作。参照选项主要在无法得出准确的比例因子时使用，因此同样可以精确绘制图形。

（9）拉伸（stretch）

“stretch”命令可以通过移动端点、顶点或控制点来拉伸某些对象，拉伸的对象只是针对被框选点，因此同一图形元素（块、矩形等）如果没有框选的点，就不在被修改之列，需要注意的是框选方法，必须使用交叉选择选择对象。

在命令窗口中输入“stretch”命令，或在修改面板中单击拉伸按钮。选择对象及指定基点，在命令窗口输入拉伸距离，或在绘图区内点选，如下所示：

```
选择对象：
指定基点或 [位移 (D)] <位移>:  100
指定第二个点或 <使用第一个点作为位移>:
```

（10）拉长（lengthen）

lengthen 命令可以更改圆弧等包含角和某些对象的长度，可以修改开放直线、圆弧、开放多段线、椭圆弧和开放样条曲线的长度。结果与延伸和修剪相似，可以使用多种方法改变长度：

- 动态拖动对象的端点。
- 按总长度或角度的百分比指定新长度或角度。
- 指定从端点开始测量的增量长度或角度。
- 指定对象的总绝对长度或包含角。

在命令窗口中输入“lengthen”命令，或在修改面板扩展器中单击 按钮，命令窗口提示如下：

```
命令：_lengthen
选择对象或 [增量(DE)/百分数(P)/全部(T)/动态(DY)]:
```

- 选择对象：显示对象的长度和包含角（如果对象有包含角）。
- 增量：以指定的增量修改对象的长度，该增量从距离选择点最近的端点处开始测量。增量还以指定的增量修改弧的角度，该增量从距离选择点最近的端点处开始测量。正值扩展对象，负值修剪对象。
- 长度增量：以指定的增量修改对象的长度。
- 角度：以指定的角度修改选定圆弧的包含角。
- 百分数：通过指定对象总长度的百分数设置对象长度。百分数也按照圆弧总包含角的指定百分比修改圆弧角度。
- 全部：通过指定从固定端点测量的总长度的绝对值来设置选定对象的长度。“全部”选项也按照指定的总角度设置选定圆弧的包含角。其中，“总长度”将对象从离选择点最近的端点拉长到指定值，“角度”设置选定圆弧的包含角。
- 动态：打开动态拖动模式。通过拖动选定对象的端点之一来改变其长度。其他端点保持不变。

（11）修剪（trim）

“trim”命令在规划建筑工程图绘制过程中使用非常广泛。该命令可以修剪对象，使它们精确地终止于由其他对象定义的边界。选择的剪切边或边界边无须与修剪对象相交，可以将对象修剪或延伸至投影边或延长线交点，即对象延长后相交的地方。在命令窗口中输入“trim”命令或在修改面板中单击 修剪 按钮，命令窗口提示如下：

```
命令：_trim
当前设置：投影=UCS，边=无
选择剪切边...
选择对象或 <全部选择>:  指定对角点：找到 6 个
选择对象：
选择要修剪的对象，或按住 Shift 键选择要延伸的对象，或
[栏选(F)/窗交(C)/投影(P)/边(E)/删除(R)/放弃(U)]:
```

根据提示选择作为剪切边的对象（剪切边可以是直线、圆弧、圆、多段线、椭圆、样条曲线、参照线、射线、块和射线，也可以是图纸空间的布局视口对象），按回车键（或单击鼠标右键），然后选择要修剪的对象。如果在输入“trim”命令后不选择剪切边，而直接按回车键，则所有对象都将成为可能的边界（这称为隐含选择。要选择块内的几何对象作为边界，必须使用单一、交叉、栏框或隐含边界）。

如果在选择修剪边后在命令窗口中输入“F”命令，那么该命令用于修剪修剪边一侧或两条修剪边之间的多个图形元素，即栏选点形成区域内的所有元素都将被修剪。

“trim”命令除了能修剪图形外，还可以对图形延伸，根据命令窗口提示，使用 Shift 键辅助操作完成。

延伸（extend）命令与修剪的操作方法相同。可以延伸对象，使它们精确地延伸至由其他对象定义的边界边。

修剪和延伸宽多段线使中心线与边界相交。因为宽多段线的末端与这个片段的中心线垂直，如果边界不与延伸线段垂直，则末端的一部分延伸时将越过边界。如果修剪或延伸锥形的多段线线段，延伸末端的宽度将被更改，以将原锥形延长到新的端点。如果此修剪给该线段指定一个负的末端宽度，则末端宽度被强制为 0。

（12）打断于点（break）

在修改面板中单击按钮，根据提示选择对象，再指定打断点，对象就被此点分为两个图形元素。

（13）打断（break）

在命令窗口中输入“break”命令或在修改下拉菜单中选择“打断”选项，也可以在修改面板中单击按钮，如果使用定点设备选择对象，AutoCAD 将选择对象，同时把选择点作为第一个打断点。在下一个提示下，可以继续指定第二个打断点或替换第一个打断点（在命令窗口输入“F”即可指定第一个打断点）。要将对象一分为二，并且不删除某个部分，输入的第一个点和第二个点应相同。通过输入 @ 指定第二个点即可实现此过程。

直线、圆弧、圆、多段线、椭圆、样条曲线、圆环以及其他几种对象类型都可以拆分为两个对象或将其中的一端删除。AutoCAD 按逆时针方向删除圆上第一个打断点到第二个打断点之间的部分，从而将圆转换成圆弧。

此命令与“trim”命令有相似之处，但在不同的绘图条件下需要使用不同的命令，让用户灵活运用。

提　示

AutoCAD 删除对象在两个指定点之间的部分。如果第二个点不在对象上，则 AutoCAD 将选择对象上与之最接近的点。因此，要删除直线、圆弧或多段线的一端，就在要删除的一端以外指定第二个打断点。

（14）分割（divide）

“divide”命令通过沿对象的长度或周长放置点对象或块，在选定对象上标记相等长度的指定数目。可定数等分的对象包括圆弧、圆、椭圆、椭圆弧、多段线和样条曲线。

在命令窗口输入“divide”命令，命令窗口提示如下：

```
命令： _divide
选择要定数等分的对象：
输入线段数目或 [块(B)]:
```

根据提示输入分割数量，则沿选定对象等间距放置点对象。如果选择输入“块”，则沿选定对象等间距放置块。根据提示输入要插入的块名。

（15）倒角（chamfer）

使用“chamfer”命令是在两条非平行线之间创建直线的快捷方法，通常用于表示角点上的倒角边。在规划工程图的绘制中有着非常重要的作用，因为各种规划红线多为倒角转角，因此熟练使用倒角命令将有助于我们迅速而准确地绘制规划工程图。使用倒角命令，可以在命令窗口中输入“chamfer”命令，或在修改面板中单击倒角按钮，本例倒角前后对比如图 1-44 所示，命令窗口提示如下：

```
命令：_chamfer
（“修剪”模式）当前倒角距离 1 = 0.0000，距离 2 = 0.0000
选择第一条直线或 [放弃(U)/多段线(P)/距离(D)/角度(A)/修剪(T)/方式(E)/多个(M)]: d
指定第一个倒角距离 <0.0000>: 10
指定第二个倒角距离 <10.0000>: 10
选择第一条直线或 [放弃(U)/多段线(P)/距离(D)/角度(A)/修剪(T)/方式(E)/多个(M)]:
选择第二条直线，或按住 Shift 键选择要应用角点的直线
```

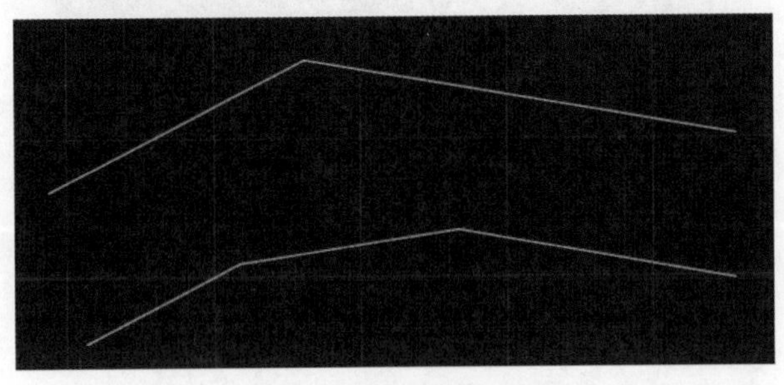

图 1-44 倒角前后效果对比

- 倒角距离的初始值为 0，AutoCAD 将延伸或修剪相应的两条线，以使二者终止于同一点。在命令窗口输入距离（D），设置倒角至选定边端点的距离，分别输入第一倒角和第二倒角的距离。选择第一条直线，即指定定义二维倒角所需的两条边中的第一条边，或要倒角的三维实体边中的第一条边。然后选择第二条直线，如果选中的两条直线是多段线线段，那么它们必须相邻或者被最多一条线段分开。如果它们被一条直线或弧线段分开，AutoCAD 将删除此线段并代之以倒角线。
- 如果在命令窗口中输入多段线（P），AutoCAD 将对多段线每个顶点处的相交直线段倒角，倒角成为多段线的新线段。如果多段线包含的线段过短，以至于无法容纳倒角距离，则不对这些线段倒角。
- 如果在命令窗口中输入角度（A），则用第一条线的倒角距离和第二条线的角度设置倒角距离。
- 如果在命令窗口中输入修剪（T），则控制 AutoCAD 是否将选定边修剪到倒角线端点。
- 如果在命令窗口中输入方式（M），则控制 AutoCAD 使用两个距离还是一个距离一个角度来创建倒角。
- 如果在命令窗口中输入多个（U），则是给多个对象集加倒角。AutoCAD 将重复显示主提示和“选择第二个对象”提示，直到用户按 Enter 键结束命令。如果在主提示下输入除“第一个对象”之外的其他选项，则显示该选项的提示，然后再次显示主提示。单击“放弃”时，所有用“多个”选项创建的倒角将被删除。

（16）圆角（fillet）

圆角就是通过一个指定半径的圆弧来光滑地连接两个对象。内部角点称为内圆角，外部角点称为外圆角。该命令的作用与倒角命令的作用很相似，在规划建筑的工程图绘制中同样有很广泛的运用。

在命令窗口中输入“fillet”命令或在修改下拉菜单中选择“圆角”选项，也可以在修改面板中单击圆角按钮，命令窗口提示如下：

```
命令： _fillet
当前设置： 模式 = 修剪，半径 = 0.0000
选择第一个对象或 [ 放弃 (U) / 多段线 (P) / 半径 (R) / 修剪 (T) / 多个 (M)]: R
指定圆角半径 <0.0000>: 10
选择第一个对象或 [ 放弃 (U) / 多段线 (P) / 半径 (R) / 修剪 (T) / 多个 (M)]:
选择第二个对象，或按住 Shift 键选择要应用角点的对象
```

最终倒圆角前后对比效果如图 1-45 所示。

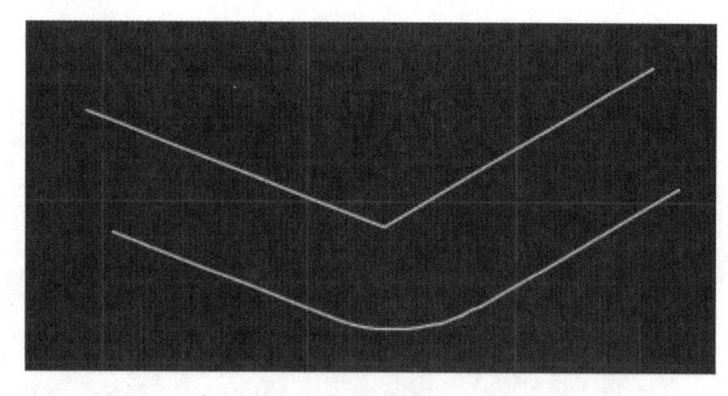

图 1-45 倒圆角前后效果对比

- 在命令窗口输入半径（R），定义圆角弧的半径（输入的值将成为后续“fillet”命令的当前半径，修改此值并不影响现有的圆角弧），然后选择第一个对象，它是用来定义二维圆角的两个对象之一（或是要加圆角的三维实体的边）。如果选定了直线、圆弧或多段线，那么 AutoCAD 将延伸这些直线或圆弧直到它们相交，或者在交点处修剪它们。只有当两条直线端点的 Z 值在当前用户坐标系（UCS）中相等时，才能给拉伸方向不同的两条直线加圆角。如果选定对象是二维多段线的两个直线段，则它们可以相邻或者被另一条线段隔开。如果它们被另一条多段线线段分隔，则“fillet”命令将删除此分隔线段并用圆角代替它。在圆之间和圆弧之间可以有多个圆角存在。AutoCAD 选择端点最靠近选中点的圆角，“fillet”命令不修剪圆，圆角弧与圆平滑地相连。
- 如果输入多段线（P），则在多段线中两条线段相交的每个顶点处插入圆角弧。如果一条弧线段隔开两条相交的直线段，那么 AutoCAD 删除该弧线段而替代为一个圆角弧。
- 如果输入修剪（T），则控制 AutoCAD 是否修剪选定的边，使其延伸到圆角弧的端点。若为修剪（T），则修剪选定的边到圆角弧端点；若为不修剪（N），则不修剪选定边。

图 1-46 所示为使用圆角命令和倒角命令绘制的道路缘石线和红线。

图 1-46 用圆角命令和倒角命令绘制的道路缘石线和红线

（17）创建块（block）

创建块能够使多个无联系的图形元素组合在一起，从而更便于其他命令的编辑和修改。“block”命令在规划建筑工程图的绘制中有着不可替代的作用，比如在小区规划设计中，各户型平面多以块的形式被使用，便于选取、移动等。

每个块定义都包括块名、一个或多个对象、用于插入块的基点坐标值和所有相关的属性数据。

在命令窗口中输入“block”命令或在“绘图”菜单中选择“块”命令，也可以在“块”面板中单击创建按钮，将弹出“块定义”对话框，如图 1-47 所示。

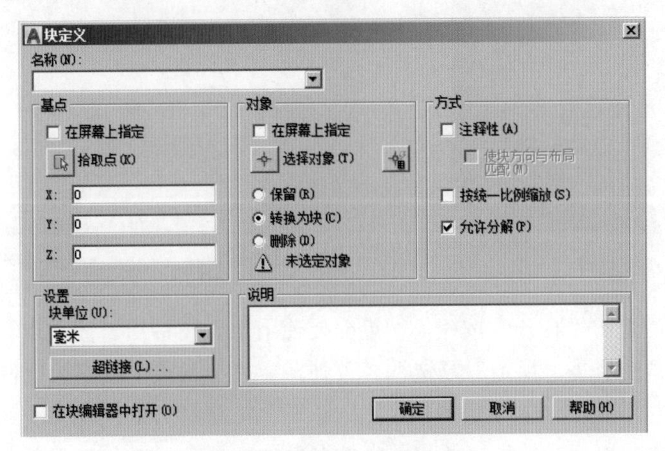

图 1-47　“块定义”对话框

在“块定义”对话框中的“名称”文本框中输入块名（如果 EXTNAMES 系统变量设置为 1，则块名最长可达 255 个字符，可以包括字母、数字、空格以及 Microsoft® Windows® 和 AutoCAD 中的特殊字符）。然后在“对象”区域选中“转换为块”选项，如果需要在图形中保留用于创建块定义的原对象，就确保未选中“删除”选项。如果选择了该选项，就将从图形中删除原对象。如果必要，就使用“oops”恢复它们。单击“选择对象”拾取器，使用定点设备选择要包括在块定义中的对象。按 Enter 键完成对象选择。在块定义对话框的“基点”设置区域单击“拾取点”按钮，使用定点设备指定一个点，或在对话框中直接输入该点的坐标值 X、Y、Z。在“说明”文本框中输入块定义的说明。此说明显示在设计中心（ADCENTER）中。单击“确定”按钮即完成对块的创建操作。

（18）插入块（insert）

在插入块时，需要确定块的位置、比例因子和旋转角度。可以使用不同的 X、Y 和 Z 值指定块参照的比例。插入块操作将创建一个称作块参照的对象，因为参照了存储在当前图形中的块定义。

在命令窗口中输入“insert”命令，或在“插入”菜单中选择“块”命令，也可以在“块”面板中单击按钮，将弹出如图 1-48 所示的“插入”界面。

单击“浏览”按钮，进入“选择图形文件”对话框，如图 1-49 所示。

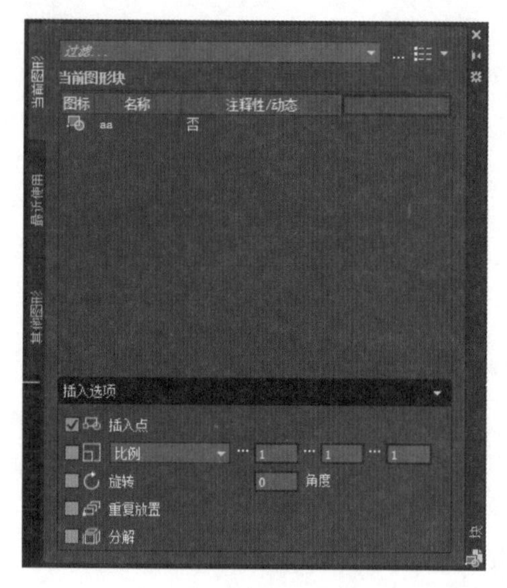

图 1-48 “插入”界面

图 1-49 “选择图形文件”对话框

选择需要的块文件，单击“打开”按钮，如果需要使用定点设备指定插入点、比例和旋转角度，就勾选“插入”对话框中的“在屏幕上指定”复选框。否则，在“插入点”“缩放比例”和“旋转”框中分别输入值（在缩放比例栏中，如果勾选“统一比例”，则 X、Y、Z 轴方向的比例会统一变化；如果不勾选，则可以单独变化某一方向的比例）。如果要将块中的对象作为单独的对象而不是单个块插入，就勾选“分解”复选框。

（19）分解（explode）

在命令窗口中输入“explode”命令，或在“修改”菜单中选择“分解”命令，也可以在修改面板中单击按钮，根据提示直接选择要分解的对象，按 Enter 键。

在使用“explode”命令后，任何分解对象的颜色、线型和线宽都可能会改变，其他结果取决于所分解的合成对象的类型。以下为各种图形对象被分解后的结果。

- 二维和优化多段线：放弃所有关联的宽度或切线信息。对于宽多段线，AutoCAD 沿多段线中心放置所得的直线和圆弧。图 1-50 所示为一个用多段线绘制的建筑单体轮廓以及使用分解命令后的效果。

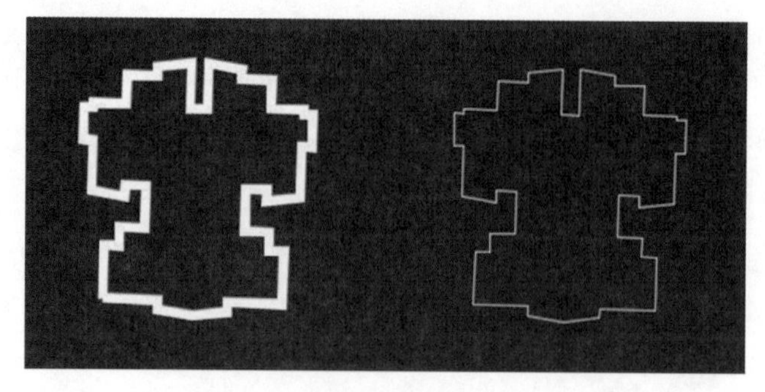

图 1-50 分解多段线

- 圆和圆弧：如果位于非一致比例的块内，则分解为椭圆弧。

- 块：一次删除一个编组级。如果一个块包含一个多段线或嵌套块，那么对该块的分解就首先显露出该多段线或嵌套块，然后分别分解该块中的各个对象。具有相同 X、Y、Z 比例的块将分解成它们的部件对象，具有不同 X、Y、Z 比例的块（非一致比例块）可能分解成意外的对象。当非一致比例块包含有不能分解的对象时，这些不能分解的对象将被收集到一个匿名块（以“*E”为前缀）中并且以非一致比例缩放进行参照。如果这种块中的所有对象都不可分解，则选定的块参照不能分解。非一致缩放块中的体、三维实体和面域图元不能分解。分解一个包含属性的块将删除属性值并重显示属性定义。不能分解用 MINSERT 和外部参照插入的块以及外部参照依赖的块。
- 引线：根据引线的不同，可分解成直线、样条曲线、实体（箭头）、块插入（箭头、注释块）、多行文字或公差对象。
- 多行文字：分解成文字对象。
- 多线：分解成直线和圆弧。
- 面域：分解成直线、圆弧或样条曲线。

分解命令也可以对三维图形进行修改，例如：

- 三维多段线：分解成线段。为三维多段线指定的线型将应用到每一个得到的线段。
- 三维实体：将平面表面分解成面域，将非平面表面分解成体，等等。

（20）表格（table）

表格是在行和列中包含数据的对象。创建表格对象时，首先创建一个空表格，然后在表格的单元中添加内容。表格的制作对于规划建筑工程图的绘制有很重要的作用，许多专业数据都要通过表格的形式表达在图面上，这样可以使图纸更规范，并能非常简明、准确地给出各类专业数据。

在命令窗口中输入“table”命令或在“绘图”菜单中选择“表格”命令，也可以在“注释”面板中单击表格按钮，系统弹出“插入表格”对话框，如图 1-51 所示。

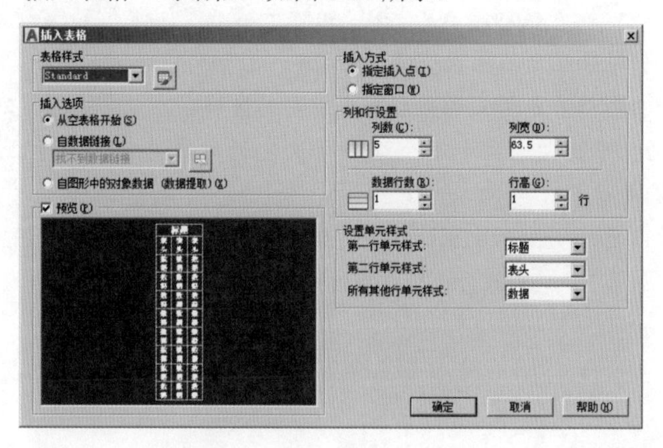

图 1-51　“插入表格”对话框

在该对话框中对表格的行数、行高、列数及列高进行设置，然后选中“指定插入点”选项，使用定点设备在绘图区内选取插入点，同时功能区会弹出如图 1-52 所示的“文字编辑器”选项卡，在该上下文功能区选项卡内修改表格内文字输入属性。

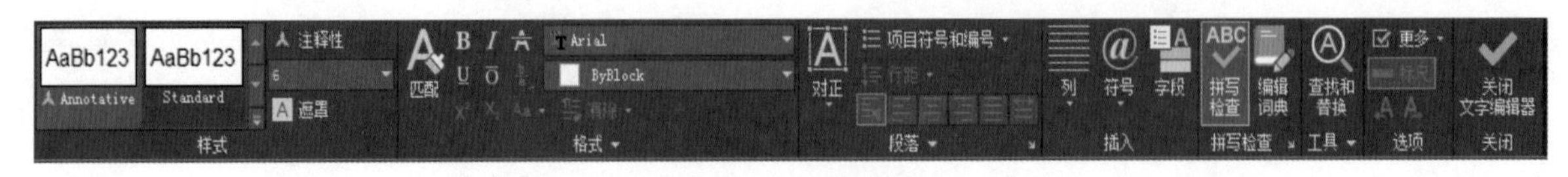

图 1-52 文字编辑器

如果选中“指定窗口”选项，那么用户可以选择列数或列宽，但是不能同时选择两者（行数与行高也只能选一个）。

（21）视窗缩放（zoom）

在命令窗口中输入“zoom”命令，命令窗口提示如下：

```
命令： _zoom
指定窗口的角点，输入比例因子 (nX 或 nXP)，或者
[ 全部 (A) / 中心 (C) / 动态 (D) / 范围 (E) / 上一个 (P) / 比例 (S) / 窗口 (W) / 对象 (O)] < 实时 >:
```

- 全部：在当前视口中缩放显示整个图形。在平面视图中，AutoCAD® 将图形缩放到栅格界限或当前范围两者中较大的区域中。在三维视图中，zoom 命令的“全部”选项与它的“范围”选项等价，即使图形超出了栅格界限也能显示所有对象。
- 中心：缩放显示由中心点和放大比例（或高度）所定义的窗口。高度值较小时增加放大比例，高度值较大时减小放大比例。
- 动态：缩放显示在视图框中的部分图形。视图框表示视口，可以改变它的大小，或在图形中移动。移动视图框或调整它的大小，将其中的图像平移或缩放，以充满整个视口。
- 范围：缩放以显示图形范围并使所有对象最大显示。
- 上一个：缩放显示上一个视图。最多可恢复此前的十个视图。
- 比例：以指定的比例因子缩放显示。提示“输入比例因子 (nX 或 nXP):”，输入值后跟 X，根据当前视图指定比例；输入值后跟 XP，指定相对于图纸空间单位的比例。例如，输入“0.5X”，则使屏幕上的每个对象显示为原大小的二分之一。
- 窗口：缩放显示由两个角点定义的矩形窗口框定的区域。
- 对象：缩放以便尽可能大地显示一个或多个选定的对象并使其位于视图的中心。可以在启动 zoom 命令前后选择对象。
- 实时：交互缩放以更改视图的比例。按 Esc 键或 Enter 键退出，或单击鼠标右键显示快捷菜单。光标将变为带有加号（+）和减号（–）的放大镜。

1.4.3 辅助命令

（1）控制点标记（blipmode）

在选择对象元素或对象定位时，标记点是一种起辅助作用的临时标记。blipmode 命令控制标记点的生成。在默认状态下，使用直线、圆、圆弧等命令绘制图形时，并没有标记点跟随，但是有些时候却需要对一些特殊点进行标记，如圆心、圆形起点等，这就需要 blipmode 命令控制标记点的状态。

在命令窗口中输入“blipmode”命令，命令窗口提示如下：

```
命令：_blipmode
输入模式 [开(ON)/关(OFF)] <关>:
```

AutoCAD 的初始默认设置为 OFF，在需要控制点标记的时候将其设置为 ON，这样在绘制图形的时候图形的相应点上都会出现标记点。当使用 zoom、pan、redraw 和 regen 命令时，标记点自动被擦除。

blipmode 命令用于透明使用，所谓透明使用就是在使用其他命令的过程中，可以同时使用该命令，如 zoom 等命令。

（2）重画（redraw）

重画命令 redraw 可以非常迅速地擦除当前显示的图形对象，并重画图形，而且可以同时擦除标记点。

在命令窗口中输入“redraw”命令或在“视图”下拉菜单中选择“重画”命令，即可完成重画作业。

（3）重新生成（regen）

重新生成命令 regen 与重画命令 redraw 相似，可以清除图形屏幕内图形并重新生成全部图形。当缩放图形中的特定部分时，“regen”命令重新生成的图形不包括不可见部分的全部图形。

在命令窗口中输入“regen”命令或在“视图”菜单中选择“重生成”命令，即可完成重生成作业。

重新生成命令 regen 还可以提高圆形对象、圆弧对象等的显示分辨率。当放大图形对象时，图形对象常常显示为折线，重新生成命令 regen 对于平滑此类对象无效。

当宽多段线和圆环、实体填充多边形（二维填充）、图案填充、渐变填充和文字以简化格式显示时，显示性能将得到提高。简化显示也可以增加创建测试打印的速度。

（4）全部重新生成（regenall）

全部重新生成命令 regenall 让所有视口中重生成整个图形并重新计算所有对象的屏幕坐标。还重新创建图形数据库索引，从而优化显示和对象选择的性能。

在有多个视窗的情况下，全部重新生成命令 regenall 可以让全部视窗内的图形重新生成，同时所有视窗中的标记点都被擦除。

在命令窗口中输入“regenall”命令，或在“视图”菜单中选择“全部重生成”命令，即可完成该操作。

（5）自动重生成（regenauto）

AutoCAD 图形在开关 regenauto 设置为“开”时自动重生成。如果用户正在处理一个很大的图形，可能需要将 regenauto 设置为“关”以节省时间。

在命令窗口中输入“regenauto”命令，命令窗口提示如下：

```
命令：_regenauto
输入模式 [开(ON)/关(OFF)] <开>:
```

- 开：如果队列中存在被抑制的重新生成操作，则立即重新生成图形。无论何时执行需要重新生成的操作，图形都将自动重新生成。
- 关：在使用 regen 或 regenall 命令或将 regenauto 设为“开”前抑制重新生成图形。

如果执行的操作需要重新生成且此操作不能被取消（如解冻图层），则 AutoCAD 将在命令行显示：重生成被排入队列。

如果执行的操作需要重新生成且此操作可被取消，此时 AutoCAD 将显示信息：准备重生成——是否继续？

如果选择“确定”，AutoCAD 将重新生成图形；如果选择“取消”，AutoCAD 将取消上一次执行的操作且不重新生成图形。

1.4.4 查询命令

使用 AutoCAD 绘制图形时，经常需要获取图形中各个元素的信息。查询命令可以查询 AutoCAD 绘制的图形的相关信息。其中可以是点与点之间的距离、图形元素的面积、点的坐标值等。查询命令可以获得查询对象的相关信息，但是不产生任何新的附加元素，也不会修改所选对象，因此不会对所选对象产生任何影响。对于一般的查询命令，系统都会提示选择对象，一旦选择对象完成，系统就会从图形模式切换到文本模式，并显示相关信息。有些命令则是在命令窗口中显示相关信息，如“查询”下的“距离”命令。

AutoCAD 是一个单屏幕系统，使用这些命令打开 CAD 文本窗口时，用户既可以关闭文本窗口后回到图形窗口继续图形绘制，也可以按 F2 键在文本窗口与图形窗口之间相互切换。单击“工具”菜单的“查询”选项，弹出如图 1-53 所示的下拉菜单。

图 1-53 “查询”下拉菜单

（1）距离（dist）

在工程图的绘制过程中可以使用“dist”命令确定任意两点间的距离。在命令窗口中输入“dist”命令，或在“实用工具”选项卡中单击按钮。根据提示，用定点设备分别指定第一点和第二点，系统分别给出两个点在 X、Y、Z 轴方向的位移和两点之间的距离和倾角。本例在命令窗口中得出的信息如下：

```
命令： _dist
指定第一点：
指定第二个点或 [多个点(M)]：
距离 = 253.8487，X、Y 平面中的倾角 = 152，   X、Y 平面的夹角 = 0
X 增量 = -224.5183，   Y 增量 = 118.4512，    Z 增量 = 0.0000
```

AutoCAD 2020 测量几何图形选项：快速测量；使用 MEASUREGEOM 命令的新“快速”选项，测量速度变得更快。使用此选项，可以快速查看二维图形中的尺寸、距离和角度。

如果此选项处于活动状态，则在对象之上和之间移动鼠标时，该命令将动态显示二维图形中的标注、距离和角度。显示在图示左侧的橙色方块精确地表示 90 度角度。

（2）面积（area）

“area”命令可以计算和显示点序列或任意几种类型对象的面积和周长。如果需要计算多个对象的组合面积，可在选择集中每次加减一个面积时保持总面积。不能使用窗口框选或窗交选择来选择对象。该命令计算一个图形的面积，尤其是形状复杂的封闭图形时，可以节省很多时间。“area”命令对于计算对象不一定是由多段线命令绘制的图形，也不一定是封闭的图形，在这种情况下可以使用对象捕捉功能完成查询作业。

在命令窗口中输入“area”命令，或在“实用工具”选项卡中单击面积按钮，命令窗口提示如下：

```
命令： _area
指定第一个角点或 [ 对象 (O)/ 增加面积 (A)/ 减少面积 (S)] < 对象 (O)>:
```

用户需要在不同的环境中选择不同的子命令，具体操作在后面实例中详细介绍。

（3）确认点坐标（id）

使用 id 命令可以查询得到图形中任何点对象的三维坐标。查询得到的坐标值显示在命令窗口中。

在命令窗口中输入“id”命令，或在“实用工具”选项卡中单击点坐标按钮，根据命令选取对象，命令窗口给出相应坐标值，如下所示：

```
命令： _id
指定点： X = -29549.9897     Y = -7585.8283     Z = 0.0000
```

也可以利用 id 命令显示已知点的位置。在命令窗口中输入“id”命令后，根据提示在命令窗口输入坐标值，例如输入坐标值（1,1），则坐标（1,1）处的点显示一个标记点（必须首先打开标记点系统变量）。

（4）质量特性（massprop）

massprop 命令用于计算二维和三维对象的特性，这些特性在分析图形对象的特点时非常重要。massprop 命令的对象必须是面域或实体，该命令打开的文本框也可以显示对象的面积等信息。

使用 bo 命令，可以为闭合的多段线创建面域，在弹出的对话框中，“对象类型”选择“面域”，从而创建面域，在命令窗口中输入“massprop”命令，根据提示选择对象，按 Enter 键，打开文本框，如图 1-54 所示。

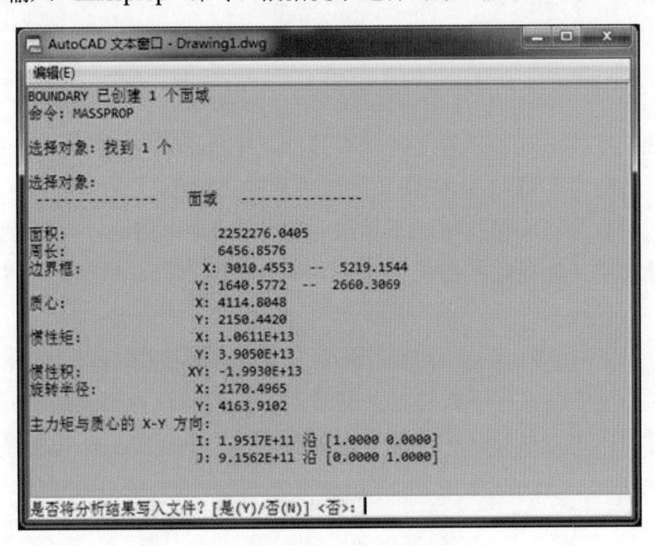

图 1-54 AutoCAD 文本窗口

（5）信息列表（list）

list 命令可以列出对象类型、对象图层，相对于当前用户坐标系（UCS）的 X、Y、Z 位置以及对象是位于模型空间还是图纸空间。

如果颜色、线型和线宽没有设置为 Bylayer，list 命令将列出这些项目的相关信息。如果对象厚度为非零，则列出其厚度。Z 坐标的信息用于定义标高，如果输入的拉伸方向与当前 UCS 的 Z 轴（0,0,1）不同，list 命令也会以 UCS 坐标报告拉伸方向。

list 命令还报告与特定的选定对象相关的附加信息。

在命令窗口中输入“list”命令，或在特性选项卡中单击 列表 按钮，根据命令窗口提示选择对象，本例选择一个矩形对象，按 Enter 键，打开文本框，如图 1-55 所示。

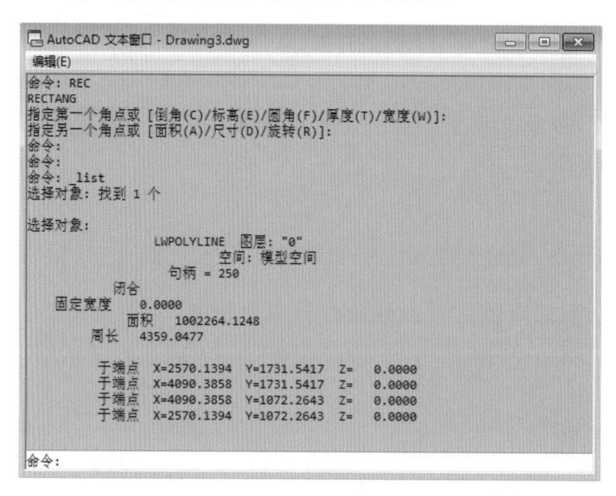

图 1-55 AutoCAD 文本窗口

熟练运用各种查询命令，在 AutoCAD 绘图过程中可以给用户带来许多方便，有效提高绘图效率。

1.4.5 文本输入与标注

（1）文字样式（style）

文字的大多数特征由文字样式控制。文字样式设置默认字体和其他选项，如行距、对正和颜色，可以使用当前文字样式或选择新样式。STANDARD 文字样式是默认设置。

在多行文字对象中，可以通过将格式（如下划线、粗体和不同的字体）应用到单个字符来替代当前文字样式，还可以创建堆叠文字（如分数或形位公差）并插入特殊字符，包括用于 TrueType 字体的 Unicode 字符。

在命令窗口中输入“style”命令，或在“注释”选项卡中单击 A 按钮，弹出如图 1-56 所示的“文字样式”对话框，用户可以在该对话框中对文字样式进行调整修改，直到满意为止。通过修改设置，可以在“文字样式”对话框中修改现有的样式，也可以更新使用该文字样式的现有文字来反映修改的效果。

某些样式设置对多行文字和单行文字对象的影响不同。例如，修改“颠倒”和“反向”选项对多行文字对象无影响，修改“宽度因子”和“倾斜角度”对单行文字无影响。

可以使用 PURGE 从图形中删除未参照的文字样式，也可以通过从“文字样式”对话框中删除文字样式来执行此操作。不能删除 STANDARD 文字样式。

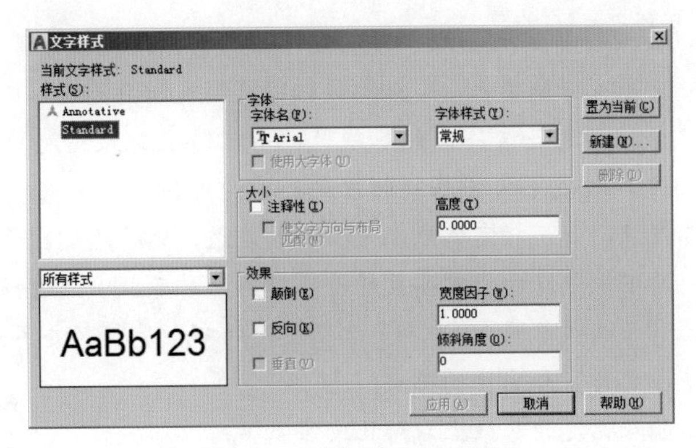

图 1-56 “文字样式”对话框

（2）单行文字（text）

对单行文字可以进行旋转、对正和调整大小等操作。在命令窗口中输入“text”命令，或在“注释”选项卡中单击A按钮，命令窗口提示如下：

```
命令： _text
当前文字样式： "Standard"  文字高度： 7.1642  注释性： 否
指定文字的起点或 [对正(J)/样式(S)]:
指定高度 <7.1642>: 10
指定文字的旋转角度 <10>: 30
```

具体选项如下：

- 起点：定义文字对象的起点。
- 指定高度＜当前值＞：指定点 (1)，输入值或按 Enter 键（只有当前文字样式没有固定高度时才显示“指定高度”提示）。
- 指定文字的旋转角度＜当前值＞：指定角度或按 Enter 键。
- 输入文字：输入文字时，要结束一行并开始另一行，可在“输入文字”提示下输入字符后按 Enter 键。要结束 text 命令，可直接按 Enter 键，而不用在“输入文字”提示下输入任何字符。

如果选择输入样式（S），则需要指定文字样式（文字样式决定文字字符的外观）。创建的文字使用当前文字样式。输入“?”列出当前文字样式、关联的字体文件、文字高度及其他参数。如果选择输入对正(J)，则会出现提示，如下所示：

```
指定文字的起点或 [对正(J)/样式(S)]: j
输入选项
[对齐(A)/布满(F)/居中(C)/中间(M)/右对齐(R)/左上(TL)/中上(TC)/右上(TR)/左中(ML)/正中(MC)/右中(MR)/左下(BL)/中下(BC)/右下(BR)]:
```

各命令的具体含义如下：

- 对齐：通过指定基线端点来指定文字的高度和方向。字符的大小根据其高度按比例调整。文字字符串越长，字符越矮。
- 布满：指定文字按照由两点定义的方向和高度值布满一个区域，只适用于水平方向的文字。高度以图形单位表示，是大写字母从基线开始的延伸距离。指定的文字高度是文字起点到用户指定的点之间的距离。文字字符串越长，字符越矮。字符高度保持不变。

- 居中：从基线的水平中心对齐文字，此基线是由用户给出的点指定的。旋转角度是指基线以中点为圆心旋转的角度，决定了文字基线的方向。可通过指定点来决定该角度。文字基线的绘制方向为从起点到指定点。如果指定的点在中心点的左边，则将绘制出倒置的文字。
- 中间：文字在基线的水平中点和指定高度的垂直中点上对齐。中间对齐的文字不保持在基线上。"中间"选项与"正中"选项不同，"中间"选项使用的中点是所有文字包括下行文字在内的中点，而"正中"选项使用大写字母高度的中点。
- 右：在由用户给出的点指定的基线上右对正文字。
- 左上：在指定为文字顶点的点上左对正文字，只适用于水平方向的文字。
- 中上：以指定为文字顶点的点居中对正文字，只适用于水平方向的文字。
- 右上：以指定为文字顶点的点右上对正文字，只适用于水平方向的文字。
- 左中：在指定为文字中间点的点上靠左对正文字，只适用于水平方向的文字。
- 正中：在文字的中央水平和垂直居中对正文字，只适用于水平方向的文字。"正中"选项与"居中"选项不同，"正中"选项使用大写字母高度的中点，而"居中"选项使用的中点是所有文字包括下行文字在内的中点。
- 右中：以指定为文字的中间点的点右中对正文字，只适用于水平方向的文字。
- 左下：以指定为基线的点靠左对正文字，只适用于水平方向的文字。
- 中下：以指定为基线的点居中对正文字，只适用于水平方向的文字。
- 右下：以指定为基线的点靠右对正文字，只适用于水平方向的文字。

（3）多行文字（mtext）

在命令窗口中输入"mtext"命令，或在"注释"选项卡中单击A按钮。根据提示指定文字边框的对角点，文字边框用于定义多行文字对象中段落的宽度。多行文字对象的长度取决于文字量，而不是边框的长度，可以用夹点移动或旋转多行文字对象。

多行文字编辑器显示一个顶部带标尺的边框和"文字格式"工具栏。该编辑器是透明的，因此用户在创建文字时可看到文字是否与其他对象重叠。操作过程中要关闭透明度，就单击标尺的底边。也可以将已完成的多行文字对象的背景设置为不透明，并设置其颜色（在文字输入区内单击鼠标右键，弹出编辑菜单供用户选择）。可以设置制表符和缩进文字来控制多行文字对象的外观并创建列表，也可以在多行文字中插入字段，字段是设置为显示可能会修改的数据的文字。字段更新时，将显示最新的字段值。在"特性"选项中可以对文字部分特性进行修改，其中包括仅适用于文字的特性：

- 对正：设置确定文字相对于边框的插入位置，以及输入文字时文字的走向。
- 高度：控制文字行之间的空间大小。
- 宽度：定义边框的宽度，因此控制文字自动换行到新行的位置。

在 AutoCAD 2020 中提供了更多的文字编辑功能，其中"背景遮罩"功能应用比较广泛。在编辑多行文字时选择"背景遮罩"命令，弹出如图 1-57 所示的"背景遮罩"对话框。

在对话框中勾选"使用背景遮罩"复选框，直接输入"边界偏移因子"的值（该值是基于文字高度的。

偏移因子 1.0 非常适合多行文字对象，偏移因子 1.5（默认值）会使背景扩展文字高度的 0.5 倍）。在“填充颜色”下拉菜单中选择背景颜色（如果勾选了“使用图形背景颜色”复选框，则背景颜色与图形背景的颜色相同），单击“确定”按钮即可。图 1-58 为使用背景遮罩的文字效果。

图 1-57 “背景遮罩”对话框

图 1-58 使用背景遮罩的文字效果

AutoCAD 2020 还提供了多种特殊符号供用户在文字编辑时选择。在上下文功能区选项卡中选择“符号”命令，选择所需的符号或选择“其他”选项，弹出“字符映射表”窗口，如图 1-59 所示，在该窗口中列出了更多符号供用户选择。

图 1-59 字符映射表

（4）标注样式（dimstyle）

标注是城市规划和建筑工程图的重要组成部分，同时各种规范也对标注做了非常严格的要求，因此用户要想准确地完成工程图的绘制，就必须充分了解 AutoCAD 中标注的各种特性。

在命令窗口中输入“dimstyle”命令，弹出“标注样式管理器”对话框，如图 1-60 所示。

该对话框中列出所有标注样式供用户选择，如果用户需要创建新的标注样式，则单击“新建”按钮，进入“创建新标注样式”对话框，在该对话框中输入新标注样式名，并选择新样式用于标注的对象（如线性标注、角度标注等），再单击“继续”按钮，则弹出“新建标注样式”对话框，如图 1-61 所示。

“新建标注样式”对话框详细列出了标注样式的各种属性，用户可根据需要对标注样式进行修改。下面将介绍部分标注样式属性及含义：

- “线”选项卡：设置尺寸线、延伸线、箭头和圆心标记的格式和特性。
- “符号和箭头”选项卡（见图 1-62）：设置尺寸线、尺寸界线、箭头和圆心标记的格式和特性。主要改变标注样式的外观，对规范标注尺寸、美化图面效果有重要作用。

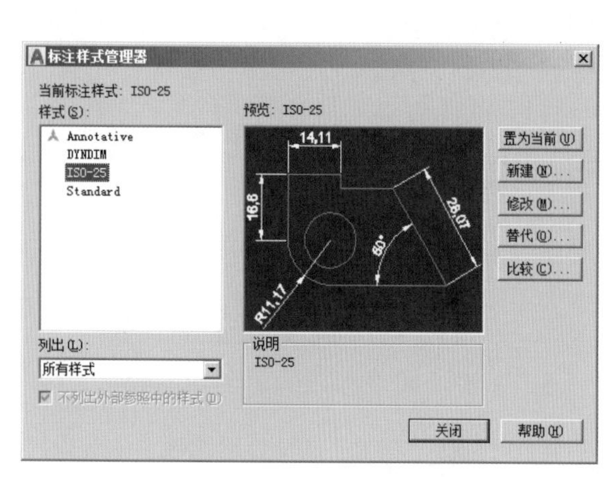

图 1-60 “标注样式管理器”对话框

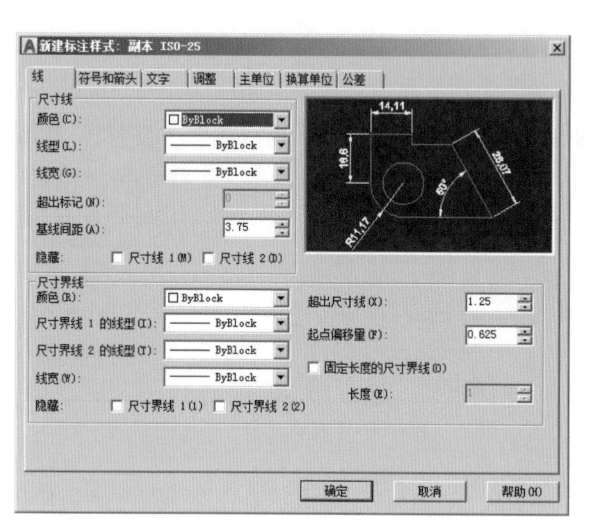

图 1-61 “新建标注样式”对话框

➢ 箭头：控制标注箭头的外观。

➢ 圆心标记：控制直径标注和半径标注的圆心标记和中心线的外观。DIMCENTER、DIMDIAMETER 和 DIMRADIUS 命令使用圆心标记和中心线。对于 DIMDIAMETER 和 DIMRADIUS 命令，只有将尺寸线置于圆或圆弧之外时，AutoCAD 才绘制圆心标记。

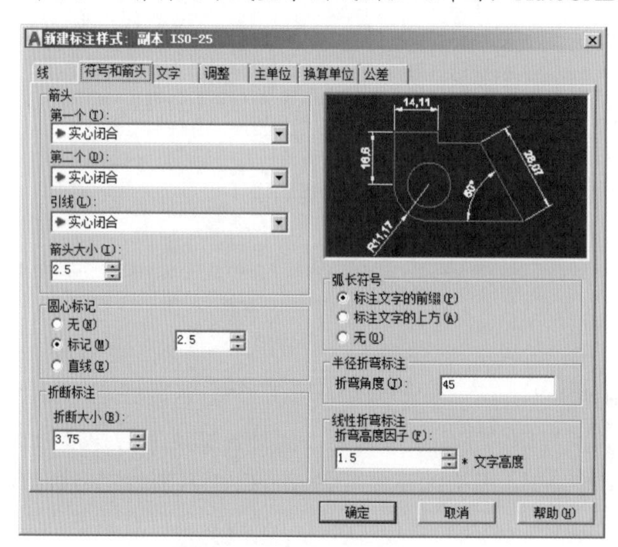

图 1-62 “符号和箭头”选项卡

- “文字”选项卡：设置标注文字的格式、放置和对齐。
  - ➢ 文字外观：控制标注文字的格式和大小。
  - ➢ 文字位置：控制标注文字的位置。
  - ➢ 文字对齐：控制标注文字放在尺寸界线外边或里边时的方向是保持水平还是与尺寸界线平行。
- “调整”选项卡：控制标注文字、箭头、引线和尺寸线的放置，如图 1-63 所示。

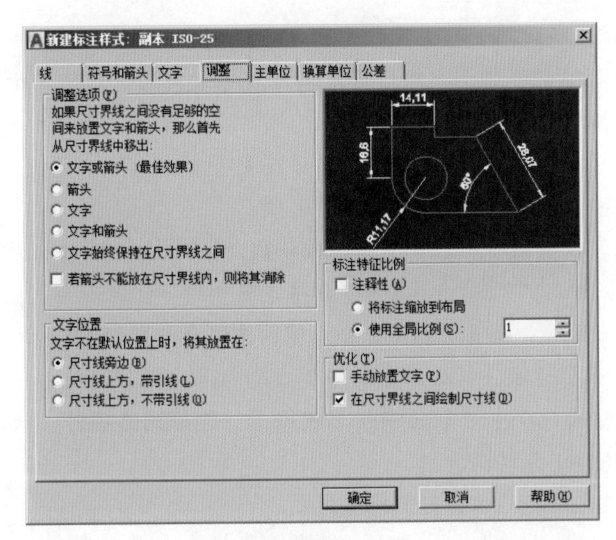

图 1-63　“调整”选项卡

➢　调整选项：控制基于尺寸界线之间可用空间的文字和箭头的位置。其中“文字或箭头（最佳效果）”按照下列方式放置文字和箭头：

★ 当尺寸界线间的距离足够放置文字和箭头时，文字和箭头都放在尺寸界线内。否则，AutoCAD 将按最佳布局移动文字或箭头。

★ 当尺寸界线间的距离仅够容纳文字时，将文字放在尺寸界线内，而箭头放在尺寸界线外。

★ 当尺寸界线间的距离仅够容纳箭头时，将箭头放在尺寸界线内，而文字放在尺寸界线外。

★ 当尺寸界线间的距离既不够放文字又不够放箭头时，文字和箭头都放在尺寸界线外。

➢　文字位置：设置标注文字从默认位置（由标注样式定义的位置）移动时标注文字的位置。

➢　标注特征比例：设置全局标注比例值或图纸空间比例。

➢　优化：设置其他调整选项。

- “主单位”选项卡：设置主标注单位的格式和精度，并设置标注文字的前缀和后缀，如图 1-64 所示。

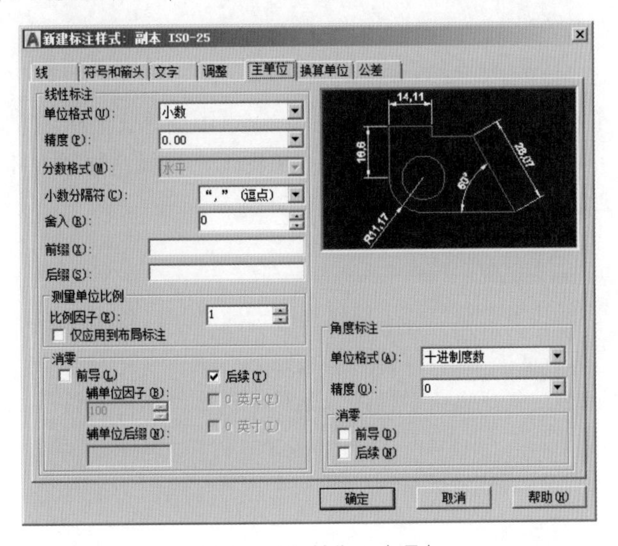

图 1-64　“主单位”选项卡

  - 线性标注：设置线性标注的格式和精度。
    - ★ 前缀：为标注文字指示前缀。可以输入文字或用控制代码显示特殊符号。例如，输入控制代码 %%c 显示直径符号。当输入前缀时，将覆盖在直径和半径 (R) 等标注中使用的任何默认前缀。该值存储在 DIMPOST 系统变量中。
  - 测量单位比例：定义如下测量单位比例选项。
    - ★ 比例因子：设置线性标注测量值的比例因子。AutoCAD 将标注测量值与此处输入的值相乘。例如，输入“2”，AutoCAD 会将 1 英寸的标注显示为 2 英寸。该值不应用到角度标注，也不应用到舍入值或者正负公差值。该值存储在 DIMLFAC 系统变量中。
    - ★ 仅应用到布局标注：仅对在布局中创建的标注应用线性比例值。这使长度比例因子可以反映模型空间视口中对象的缩放比例因子。选择此选项时，长度缩放比例值将以负值存储在 DIMLFAC 系统变量中。
  - 角度标注：设置角度标注的当前角度格式。
- “换算单位”选项卡：指定标注测量值中换算单位的显示并设置其格式和精度。
  - 勾选“显示换算单位”栏。
  - 换算单位：设置除“角度”之外的所有标注类型的当前换算单位格式。
  - 换算单位乘法：指定一个乘数，作为主单位和换算单位之间的换算因子。AutoCAD 用线性距离（用标注和坐标来测量）与当前线性比例值相乘来确定换算单位的值。
  - 长度缩放比例会改变默认的测量值。此值对角度标注没有影响，而且 AutoCAD 不将其用于舍入或者加减公差值。该值存储在 DIMALTF 系统变量中。
- “公差”选项卡：控制标注文字中公差的格式及显示。

用户修改完毕后，单击“确定”按钮，新标注样式将保存于系统中，供用户选择使用。

如果需要对所选择标注样式进行修改，则单击“标注样式管理器”中的“修改”按钮。进入“修改标注样式”对话框。要替换当前标注样式，则单击“替代”按钮，进入“替代当前样式”对话框，具体操作与新建标注样式相同。

1.4.6 标注命令

在“注释”选项卡中单击线性按钮，也可以在扩展菜单中选择其他标注方式。

确定了标注方式后，可以在绘图区内标注相应对象图形，在标注过程中还可以根据提示对标注做一些属性修改，以达到标注要求。

（1）快速标注（qdim）

使用 qdim 命令可以一次标注多个对象或者编辑现有标注。但是，使用这种方式创建的标注是无关联的，修改标注尺寸的对象时，无关联标注不会自动更新。

在命令窗口中输入“qdim”命令或在“标注”菜单中选择“快速标注”命令。根据提示选择对象，按 Enter 键，命令窗口提示如下：

```
命令： _qdim
关联标注优先级 = 端点
选择要标注的几何图形： 找到 1 个
```

```
选择要标注的几何图形：
指定尺寸线位置或 [连续(C)/并列(S)/基线(B)/坐标(O)/半径(R)/直径(D)/基准点(P)/编辑(E)/设置(T)]
<连续>:
```

- 连续：创建一系列连续标注。
- 并列：创建一系列并列标注。
- 基线：创建一系列基线标注。
- 坐标：创建一系列坐标标注。
- 半径：创建一系列半径标注。
- 直径：创建一系列直径标注。
- 基准点：为基线和坐标标注设置新的基准点。
- 编辑：编辑一系列标注。AutoCAD 提示在现有标注中添加或删除点。
- 设置：为指定尺寸界线原点设置默认对象捕捉。

（2）线性标注（dimlinear）

根据提示指定第一条尺寸界线的原点之后，将提示指定第二条尺寸界线的原点，选中第二点后，提示如下：

```
指定尺寸线位置或
[多行文字(M)/文字(T)/角度(A)/水平(H)/垂直(V)/旋转(R)]:
```

其中具体选项如下：

- 指定尺寸线位置：AutoCAD 使用指定点定位尺寸线并且确定绘制尺寸界线的方向。指定尺寸线位置之后，AutoCAD 绘制标注。
- 多行文字：显示“多行文字编辑器”，可用它来编辑标注文字。AutoCAD 用尖括号（< >）表示生成的测量值。要给生成的测量值添加前缀或后缀，就在尖括号前后输入前缀或后缀。
- 文字：在命令行自定义标注文字。AutoCAD 在尖括号中显示生成的标注测量值。
- 角度：修改标注文字的角度。
- 水平：创建水平线性标注。
- 垂直：创建垂直线性标注。
- 旋转：创建旋转线性标注。
- 对象旋转：在选择对象之后，自动确定第一条和第二条尺寸界线的原点。

（3）对齐标注（dimaligned）

对齐标注模式的尺寸线平行于两个尺寸界线定位点之间的连线。这种标注一般用于需要标注的对象与绘图边界不平行时的标注对象。

在命令窗口中输入“dimaligned”命令，或在“标注”菜单选择“对齐”命令，命令窗口给出提示，如下所示：

```
命令：_dimaligned
指定第一条延伸线原点或 <选择对象>:
指定第二条延伸线原点：
指定尺寸线位置或
[多行文字(M)/文字(T)/角度(A)]:
```

- 选择对象：对多段线和其他可分解对象，仅标注独立的直线段和圆弧段。不能选择非一致缩放块参照中的对象。如果选择直线或圆弧，其端点将用作尺寸界线的原点。尺寸界线偏移端点的距离在“新建标注样式”“修改标注样式”和“替代标注样式”对话框的“线”选项卡上的“起点偏移量”中指定。如果选择一个圆，直径端点将用作尺寸界线的原点。用来选择圆的那个点定义了第一条尺寸界线的原点。
- 尺寸线位置：指定尺寸线的位置并确定绘制尺寸界线的方向。指定位置之后 dimaligned 命令结束。
- 多行文字：显示多行文字编辑器，可用来编辑标注文字。AutoCAD 用尖括号（< >）表示生成的测量值。要给生成的测量值添加前缀或后缀，就在尖括号前后输入前缀或后缀。用控制代码和 Unicode 字符串来输入特殊字符或符号。
- 文字：在命令行自定义标注文字。输入标注文字或按 Enter 键接受生成的测量值。要包括生成的测量值，就使用尖括号（< >）表示生成的测量值。如果标注样式中未打开换算单位，可以通过输入方括号（[ ]）来显示换算单位。标注文字特性在“新建标注样式”“修改标注样式”和“替代标注样式”对话框的“文字”选项卡上进行设置。
- 角度：修改标注文字的角度。

（4）坐标标注（dimordinate）

坐标点标注沿一条简单的引线显示指定点的 X 或 Y 坐标。这些标注也称为基准标注。AutoCAD 使用当前用户坐标系（UCS）确定测量的 X 或 Y 坐标，并沿与当前 UCS 轴正交的方向绘制引线。按照通行的坐标标注标准，采用绝对坐标值。

在命令窗口中输入“dimordinate”命令或在“标注”菜单中选择“坐标”命令，命令窗口提示如下：

```
命令： _dimordinate
指定点坐标：
指定引线端点或 [X 基准 (X)/Y 基准 (Y)/多行文字 (M)/文字 (T)/角度 (A)]：
```

- 指定引线端点：使用点坐标和引线端点的坐标差可确定它是 X 坐标标注还是 Y 坐标标注。如果 Y 坐标的坐标差较大，标注就测量 X 坐标，否则就测量 Y 坐标。
- X 基准：测量 X 坐标并确定引线和标注文字的方向。AutoCAD 显示“引线端点”提示，从中可以指定端点。
- Y 基准：测量 Y 坐标并确定引线和标注文字的方向。AutoCAD 显示“引线端点”提示，从中可以指定端点。

（5）半径标注（dimradius）

半径标注由一条具有指向圆或圆弧的箭头的半径尺寸线组成。如果 DIMCEN 系统变量不为零，AutoCAD 就将绘制一个圆心标记。

在命令窗口中输入“dimradius”命令，或在“标注”菜单选择“半径”命令，根据提示选择对象，再利用光标引导标注引线。其他设置与其他标注设置相同。

直径标注命令与半径标注命令相似，这里不再详细介绍。

（6）角度标注（dimangular）

角度标注是测量两条直线或三个点之间的角度。要测量圆的两条半径之间的角度，可以选择此圆，然后指定角度端点。对于其他对象，需要选择对象然后指定标注位置。还可以通过指定角度顶点和端点标注角度。创建标注时，可以在指定尺寸线位置之前修改文字内容和对齐方式。

需要注意的是，可以相对于现有角度标注创建基线和连续角度标注。基线和连续角度标注小于或等于 180 度。要获得大于 180 度的基线和连续角度标注，就使用夹点编辑拉伸现有基线或连续标注的尺寸界线的位置。

在命令窗口中输入“dimangular”命令，或在“标注”菜单中选择“角度”命令，命令窗口提示如下：

```
命令：_dimangular
选择圆弧、圆、直线或 <指定顶点>:
选择第二条直线：
指定标注弧线位置或 [多行文字 (M)/文字 (T)/角度 (A)/象限点 (Q)]:
```

- 选择圆弧：使用选定圆弧上的点作为三点角度标注的定义点。圆弧的圆心是角度的顶点，圆弧端点成为尺寸界线的原点。AutoCAD 在尺寸界线之间绘制一条圆弧作为尺寸线。AutoCAD 从角度端点到与尺寸线的交点绘制尺寸界线。
- 选择圆：将选择点 (1) 作为第一条尺寸界线的原点，圆的圆心是角度的顶点。
- 选择直线：用两条直线定义角度。

AutoCAD 通过将每条直线作为角度的矢量（边）并将直线的交点作为角度顶点来确定角度。尺寸线跨越这两条直线之间的角度。如果尺寸线不与被标注的直线相交，AutoCAD 将根据需要通过延长一条或两条直线来添加尺寸界线。该尺寸线（弧线）张角始终小于 180 度。

角度顶点可以同时为一个角度端点。如果需要尺寸界线，那么角度端点可用作尺寸界线的起点。

（7）基线标注（dimbaseline）

dimbaseline 命令可创建自相同基线测量的一系列相关标注。AutoCAD 使用基线增量值偏移每一条新的尺寸线并避免覆盖上一条尺寸线。基线增量值在“新建标注样式”“修改标注样式”和“替代标注样式”对话框“线”选项卡上的“基线间距”中指定。

在命令窗口中输入“dimbaseline”命令，或在“标注”菜单中选择“基线”命令，根据提示选择对象（如果在当前任务中未创建标注，AutoCAD 将提示用户选择线性标注、坐标标注或角度标注，以用作基线标注的基准）。如果选择的对象是线性标注或角度标注，则命令窗口给出如下提示：

```
命令： _dimbaseline
指定第二条延伸线原点或 [放弃 (U)/选择 (S)] <选择>:
```

默认情况下，AutoCAD 使用基准标注的第一条尺寸界线作为基线标注的尺寸界线原点。可以通过显式地选择基准标注来替换默认情况，这时作为基准的尺寸界线是离选择拾取点最近的基准标注的尺寸界线。选择第二点之后，AutoCAD 将绘制基线标注并再次显示“指定第二条尺寸界线原点”提示。要结束此命令，就按 Esc 键。要选择其他线性标注、坐标标注或角度标注作为基线标注的基准，就按 Enter 键。

如果选择的对象是坐标标注，则命令窗口给出如下提示，根据提示完成对对象坐标的标注。

```
命令： _dimbaseline
指定点坐标或 [放弃(U)/选择(S)] <选择>:
```

（8）连续标注（dimcontinue）

连续标注指从上一个标注或选定标注的第二条尺寸界线处创建线性标注、角度标注或坐标标注。

dimcontinue 绘制一系列相关的尺寸标注，例如添加到整个尺寸标注系统中的一些短尺寸标注。连续标注也称为链式标注。

创建线性连续标注时，第一条尺寸界线将被禁止，并且文字位置和箭头可能会包含引线。

在命令窗口中输入“dimcontinue”命令或在“标注”菜单中选择“连续”命令，系统会自动跟随上一次标注形式进行连续标注操作。命令窗口提示如下：

```
命令： _dimcontinue
指定第二条延伸线原点或 [放弃(U)/选择(S)] <选择>:
选择连续标注：
指定第二条延伸线原点或 [放弃(U)/选择(S)] <选择>:
```

- 如果在命令窗口中输入子命令“选择”，那么根据提示在视图区内选择任意标注，系统会自动跟随所选标注进行连续标注命令。
- 第二条延伸线原点：使用连续标注的第二条尺寸界线原点作为下一个标注的第一条尺寸界线原点。当前标注样式决定文字的外观。

选择了连续标注后，AutoCAD 将重新显示“指定第二条延伸线原点”提示。要结束此命令，可按 Esc 键。要选择其他线性标注、坐标标注或角度标注作为连续标注的基准，可按 Enter 键。

如果选择的是点坐标，则将基准标注的端点作为连续标注的端点，系统将提示你指定下一个点坐标。选择点坐标之后，AutoCAD 将绘制连续标注并再次显示“指定点坐标”提示。要结束此命令，按 Esc 键。要选择其他线性标注、坐标标注或角度标注作为连续标注的基准，按 Enter 键。

（9）引线（qleader）

引线对象是一条线或样条曲线，其一端带有箭头，另一端带有多行文字对象。引线与多行文字对象相关联，因此在重定位文字对象时，引线相应拉伸。当打开关联标注并使用对象捕捉确定引线箭头的位置时，引线与附着箭头的对象相关联。如果重定位该对象，那么箭头也会重定位，并且引线相应拉伸。在命令窗口中输入“qleader”命令，命令窗口给出如下提示：

```
命令： _qleader
指定第一个引线点或 [设置(S)] <设置>:
```

根据提示，选择第一点和第二点，设置文字宽度（如果文字的宽度值设置为 0.00，则多行文字的宽度不受限制），之后在命令窗口输入文本内容。按 Enter 键输入另一行文字，或者再次按 Enter 键完成该命令。如果在命令窗口中选择输入“设置”子命令，则打开“引线设置”对话框，如图 1-65 所示。

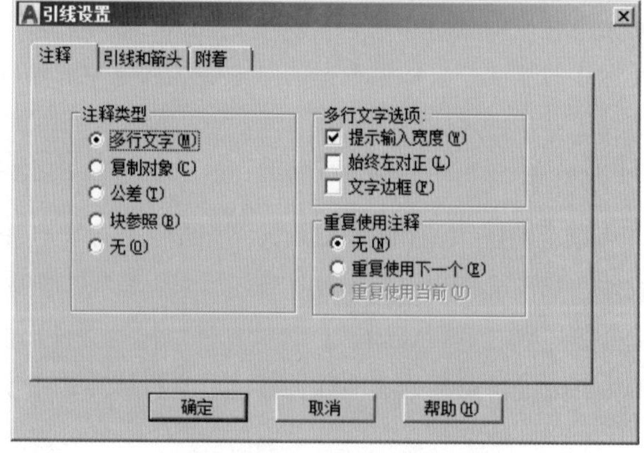

图 1-65 “引线设置”对话框

“注释”选项卡用于设置引线注释类型、指定多行文字选项，并指明是否需要重复使用注释。

注释类型栏选项组：设置引线注释类型，选择的类型将改变 qleader 引线注释提示。

- 多行文字：提示创建多行文字注释。
- 复制对象：提示复制多行文字、单行文字、公差或块参照对象。
- 公差：显示“公差”对话框，用于创建将要附着到引线上的特征控制框。
- 块参照：提示插入一个块参照。
- 无：创建无注释的引线。
- 多行文字选项选项组：设置多行文字选项，只有选定了多行文字注释类型时该选项才可用。
  - 提示输入宽度：提示指定多行文字注释的宽度。
  - 始终左对正：无论引线位置在何处，多行文字注释应靠左对齐。
  - 文字边框：在多行文字注释周围放置边框。
- 重复使用注释选项组：设置重新使用引线注释的选项。
  - 无：不重复使用引线注释。
  - 重复使用下一个：重复使用为后续引线创建的下一个注释。
  - 重复使用当前：重复使用当前注释。选中“重复使用下一个”之后重复使用注释时，则 AutoCAD 自动选择此选项。

“引线和箭头”选项卡用于设置引线和箭头格式，如图 1-66 所示。

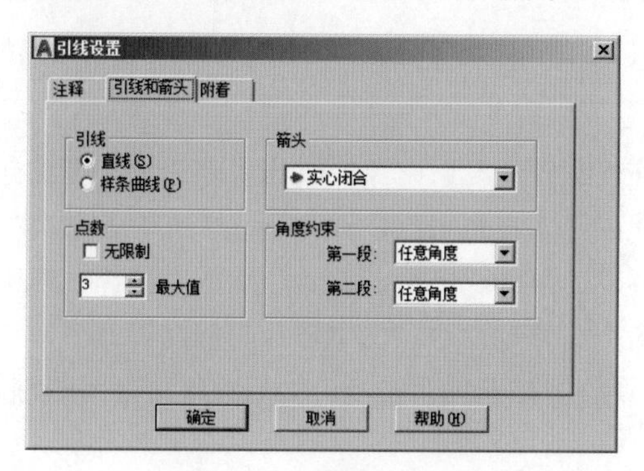

图 1-66 “引线和箭头”选项卡

- 引线选项组：设置引线格式。
  - 直线：在指定点之间创建直线段。
  - 样条曲线：用指定的引线点作为控制点创建样条曲线对象。
- 箭头选项组：定义引线箭头。从“箭头”下拉列表中选择箭头。这些箭头与尺寸线中的可用箭头一样。
- 点数选项组：设置引线的点数，提示输入引线注释之前，qleader 命令将提示指定这些点。
- 角度约束选项组：设置第一条与第二条引线的角度约束。
  - 第一段：设置第一段引线的角度。
  - 第二段：设置第二段引线的角度。

“附着”选项卡设置引线和多行文字注释的附着位置。只有在“注释”选项卡上选定“多行文字”

时此选项卡才可用，如图 1-67 所示。

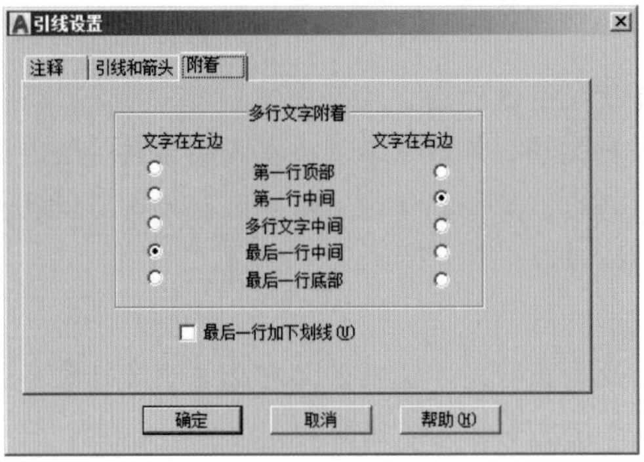

图 1-67 “附着”选项卡

- 第一行顶部：将引线附着到多行文字的第一行顶部。
- 第一行中间：将引线附着到多行文字的第一行中间。
- 多行文字中间：将引线附着到多行文字的中间。
- 最后一行中间：将引线附着到多行文字的最后一行中间。
- 最后一行底部：将引线附着到多行文字的最后一行底部。
- 最后一行加下划线 (U)：给多行文字的最后一行加下划线。

1.5 小结

本章内容主要是运用 AutoCAD 从事规划设计制图的基础知识，重点介绍了 AutoCAD 2020 的主要功能、独特的工作界面及绘图环境的基本设置方法，详细阐述了点、各种类型的线、圆弧、多边形、填充、面域、射线等基本绘图命令，移动、复制、阵列、旋转、缩放、拉伸、修剪、分割、倒角、圆角、块、表格等编辑命令以及绘图的辅助命令、查询命令、文本输入与标注等命令，通过学习及反复练习，用户可掌握 AutoCAD 规划设计制图命令操作方法及使用技巧，为后续学习打下基础。

1.6 习题

1. AutoCAD 2020 的工作界面主要包括________、________、________、________、________5 个部分；同时，AutoCAD 2020 也可以通过___________方法调用类似于之前版本的经典菜单栏。

2. 如何调整修改 AutoCAD 2020 的绘图工作环境？

3. 指出多线的基本绘制方法及类型加载过程。

4. 如何将某一样条曲线按规划长度等分？

5. 如何进行距离、面积、坐标的查询？如何对选定的若干对象进行列表查询？

6. 如何定义和修改 AutoCAD 2020 中的文字类型与绘制多行文字？

7. 引线标注时，如何进行引线的基本设置？

8. 如何快速测量光标附近各图形的相关数据？

第 2 章

AutoCAD 规划地形图与 ArcGIS 10.5

导言

对于从事国土空间总体规划与详细规划设计的人员来说，经常要面对地形图。一直以来，作为AutoCAD 通用平台级软件，对地形图的处理显得有些力不从心。本章针对规划设计中地形图的常见处理方法进行简要介绍，可形成要求不是特别精细的地形分析图纸。在地形分析方面，ArcGIS 粉墨登场了，本章的后半部分在简要介绍 ArcGIS 10.5 的工作界面后进行规划地形图的分析处理阐述。

2.1 地形图的基本知识

地球表面极为复杂，有高山、平原，河流、湖泊，还有各种人工建造的物体。在大比例尺地形图测绘工作中，习惯上把它们分为地物和地貌两大类。有明显轮廓的自然形成的物体或人工建筑物，如江河 、湖泊、房屋、道路等，统称为地物。地面高低起伏的自然形态，如高山、丘陵、平原、洼地等，统称为地貌。地物和地貌总称为地形。

将地面上各种地物、地貌垂直投影到水平面上，然后按照规定的比例尺测绘到图纸上，这种表示地物平面位置和地貌情况的图称为地形图。它是城乡建设和各项建筑工程进行规划、设计、施工时必不可少的基本资料。

地物和地貌常用各种专用的符号和注记表示在图纸上。为了把使用的符号和注记统一起来，国家测绘局制定并颁发了各种比例尺的地形图图式，供测图和读图时使用。

2.1.1 地形图的比例尺

1. 比例尺

地形图上任一线段 l 的长度与地面上相应线段的水平距离 L 之比称为地形图的比例尺。

比例尺常用分子为 1、分母为整数的分数式来表示。例如，图上长度为 1，相应的实地水平距离为 L，则比例尺为：

$$\frac{l}{L}=\frac{1}{L/l}=\frac{1}{M}$$

M 为比例尺分母。显然，M 愈小，比例尺愈大。反之，M 愈大，比例尺就愈小。

城乡建设和建筑工程中所使用的大比例尺地形图，是指 1:10000、1:5000、1:2000、1:1000 和 1:500 比例尺地形图。其中，1:5000 以上的图纸通常是实地测绘而成，1:10000 的图纸可利用实测资料缩绘成图。

2. 比例尺精度

通常人眼能分辨出的图上最小距离是 0.1 毫米，小于 0.1 毫米的线段难以画到图上。因此，地形图上 0.1 毫米所代表的实地水平距离称为比例尺精度，以 ε 表示，即

$$\varepsilon(m)=0.1m\times M$$

常用的几种大比例尺地形图的比例尺精度如表 2-1 所示。

表2-1 比例尺精度表

比例尺	1:500	1:1000	1:2000	1:5000
比例尺精度（m）	0.05	0.10	0.20	0.50

根据比例尺精度，可以确定测图时测量距离的精度。例如，测绘 1:2000 比例尺的地形图时，距离测量的精度只需达到 0.2m 即可，测的再精确，在图上也表示不出来。

不同的测图比例尺，有不同的比例尺精度。比例尺愈大，所表示的地形变化状况愈详细，精度也愈高，但测图所需要的人力、费用和时间也将随之增加。因此，在规划设计中，应从实际需要出发，恰当地选择测图比例尺。

2.1.2 地形图的图名、图号和图廓

1. 图名和图号

图名即本图幅的名称，一般以本图幅的主要地名命名，如图 2-1 所示。有些大比例尺地形图因所代表的实地面积较小，可不命名，只给编号。

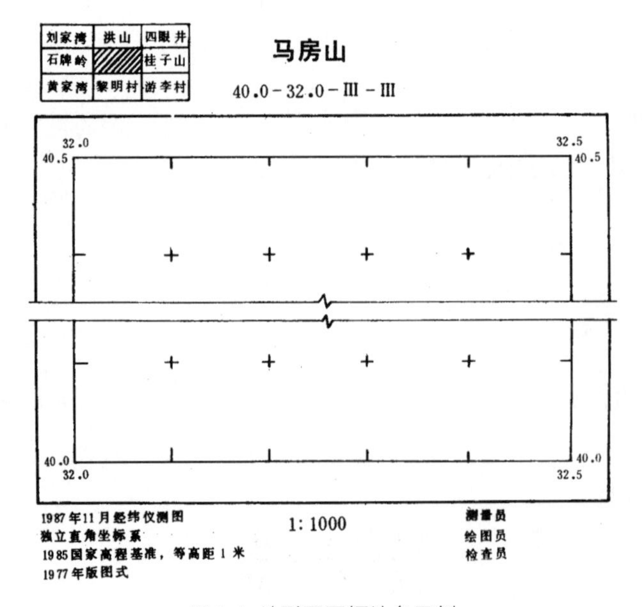

图 2-1 地形图图幅地名示例

当测区范围较大时，应将地形图进行分幅。同时为了便于拼接、保管和使用，每幅地形图应进行统一编号，大比例尺地形图常采用正方形分幅。图幅的大小如表 2-2 所示。

表2-2 地形图的图幅大小一览表

比例尺	图幅大小 cm×cm	每幅相应实地面积 /km^2	每平方千米幅数	一张1:5000图幅包括本图幅的数目
1:5000	40×40	4	1/4	1
1:2000	50×50	1	1	4
1:1000	50×50	0.25	4	16
1:500	50×50	0.0625	16	64

地形图的分幅编号可采用下列方法：

（1）以 1:5000 比例尺地形图为基础的分幅编号法。以 1:5000 比例尺地形图的西南角坐标值的千米数为基础编号。如图 2-1 所示，西南角的纵坐标为 x=40.0km、横坐标为 y=32.0km，则它的图号为 40-32。1:2000、1:1000 和 1:500 比例尺地形图的编号是在基础图号后面分别加罗马数字 I、II、III、IV。一幅 1:5000 的地形图，可分成 4 幅 1:2000 的地形图，其编号分别为：40-32-I 至 40-32-IV。同理，可继续对 1:1000 和 1:500 的地形图进行编号。例如，在图 2-2 中，A 点所在的几种大比例尺图幅的编号如表 2-3 所示。

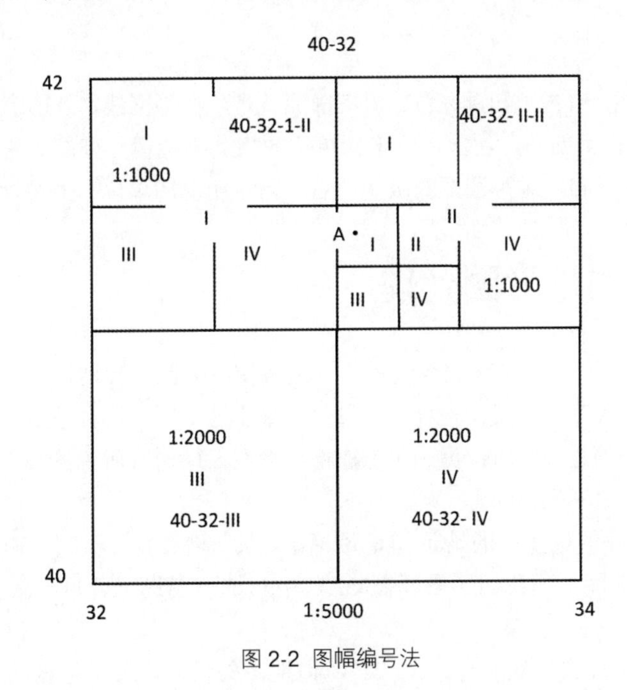

图 2-2　图幅编号法

表2-3 图幅编号法列表

比例尺	A点所在图幅编号
1:5000	40-32
1:2000	40-32-II
1:1000	40-32-II-III
1:500	40-32-II-III-I

（2）数字顺序编号法。在独立地区测图，图幅数量少，可采用如图 2-3 所示的数字顺序编号法。

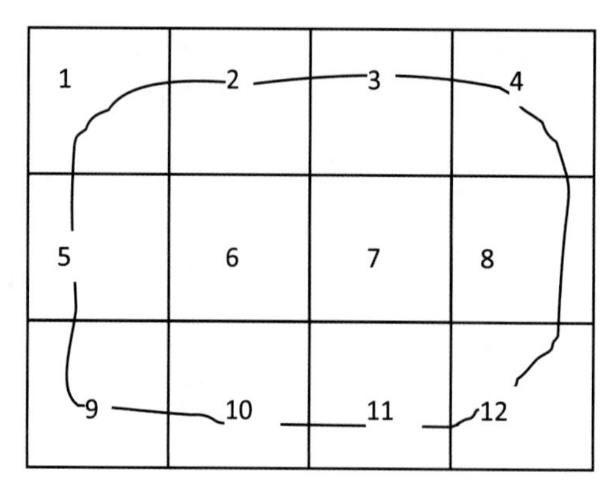

图 2-3 数字顺序编号法

2. 接合图幅

为了说明本图幅与相邻图幅的联系，便于索取相邻图幅，通常在图幅的左上角列出相邻图幅的接合图表（见图 2-1），或在图的四边图廓上标出相邻图幅的图号。

3. 图廓和注记

图廓是地形图的边界线，有内外图廓之分。内图廓线就是坐标格网线，外图廓线用 0.5 毫米粗线画出。内外图廓线相距 12 毫米，在其四角，注上以千米为单位的格网坐标值。外图廓左下角注明测图方法、坐标系统、高程系统、测图年月日、地形图图式版别，右下角注明测图单位、人员姓名（见图 2-1）。

2.2 AutoCAD 中的地形图处理

在国土空间规划与详细设计的 CAD 制图过程中，通常使用大比例尺地形图。当前委托方所提供的计算机文档形式的地形图有两种基本格式：一种是矢量化的数字地形图，这种地形图上的地形、地物是独立的实体，可以对地形、地物等进行编辑；另一种是栅格地形图，即通常所说的图片，这种格式地形图中的地形、地物实体是不能进行编辑操作的。

规划设计项目委托方提供矢量化的地形图是最标准、最理想的情况，但有时并没有向我们提供这种格式的文档，只有纸制地图，而我们又需要在 CAD 中对地形图进行分析，就会涉及地形图的矢量化问题。

地图矢量化是重要的地理数据获取方式之一。所谓地图矢量化，就是把栅格数据转换成矢量数据的处理过程。当纸质地图经过计算机、图像系统转化为点阵数字图像，经图像处理和曲线矢量化，或者直接进行手工描绘数字矢量化后，生成可以为地理信息系统显示、修改、标注、漫游、计算、管理和打印的矢量地图数据文件，这种与纸质地图相对应的计算机数据文件称为矢量化电子地图。

基于矢量化的电子地图，当放大或缩小显示地图时，地图信息不会发生失真，并且用户可以很方便地在地图上编辑各个地物，将地物归类，以及求解各地物之间的空间关系，有利于地图的浏览、输出。矢量图形在规划设计、工业制图、土地管理部门等行业都有广泛的应用。AutoCAD 的图形是基于矢量化的图形格式，可以通过下列三种方法将栅格数据矢量化。

1. 屏幕矢量化

将纸制地图通过拍照或扫描存储为 JPG 格式，然后使用 CAD 的插入光栅图像功能将 JPG 图片导入到软件中，然后用 Line 或 PLine 线条描绘地形图，最后完成一张 DWG 格式的地形图。这种方法叫“屏幕矢量化”，优点是修改方便、准确，缺点是工作量大、耗时长。

2. 使用 TIF 格式

将纸制地图存为 JPG 以后，导入 Photoshop 软件中进行修改，方法如下：

（1）将图像改为“位图”模式。选择“图像”菜单“模式”子菜单的“灰度”选项，进入“图像”菜单下的“调整”选项，选中下拉菜单中的“阈值”，弹出“阈值”对话框，根据情况调整阈值，如图 2-4 所示。然后重新进入“图像”菜单的“模式”选项，选中下拉菜单中的“位图”。

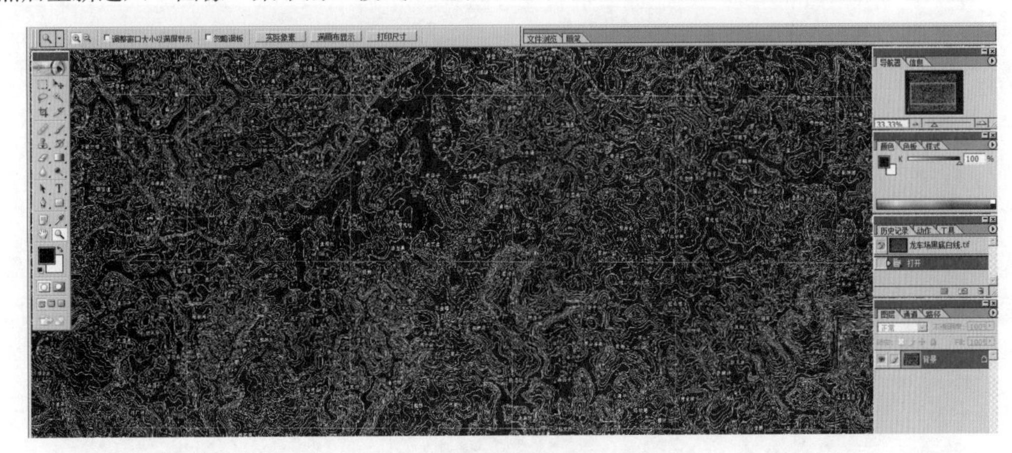

图 2-4 阈值调整

（2）另存为 TIF 格式。

（3）将 TIF 格式图片作为光栅图像插入到 CAD 文件中，如图 2-5 所示。

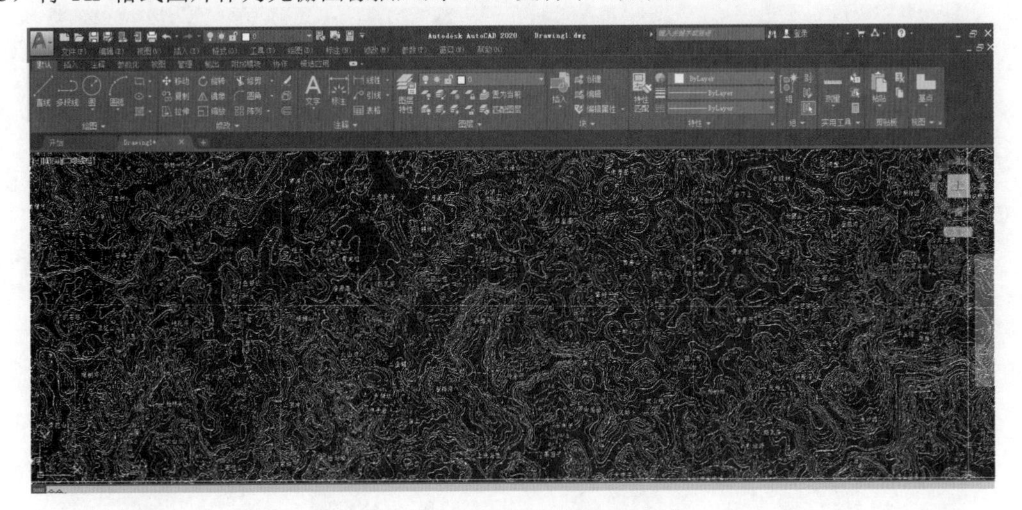

图 2-5 在 AutoCAD 中插入 TIF 图像

这种方法的优点是简单，质量取决于图片的清晰度，但无法修改线形、线宽等，用于不太严格的图形绘制。

3．使用矢量化软件

目前市场上可以用来进行矢量化处理的软件很多，比如 CorelTrace、CoreDraw、WiseImage、MapInfo、SuperMapGIS、ArcGIS 等，都可以用来进行地图的矢量化处理。

2.3 认识 AutoCAD 中的矢量地形图

在 AutoCAD 中打开矢量化的电子地形图，如图 2-6 所示。这是一张标准分层矢量数字地形图，图中要素有粉色线条的建筑物（见图 2-7），红色的高程点及其标高、黄色的等高线（见图 2-8），绿色的植被园林（图 2-6 中多为水稻田和旱地）、蓝色的水系及青色的道路线等。

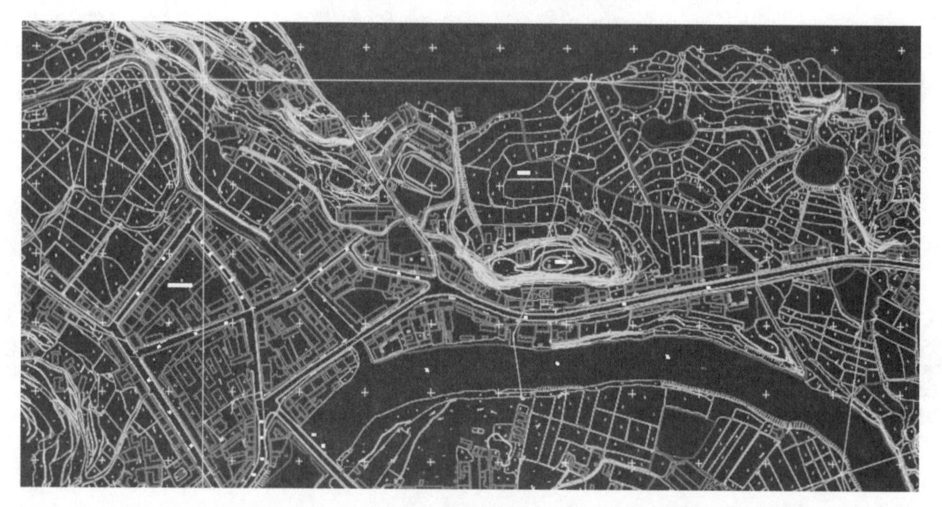

图 2-6 在 AutoCAD 2020 中打开的矢量化地形图

图 2-7 地形图中的建筑物

图 2-8 高程点及等高线

在 AutoCAD 2020 中可以运用“图层漫游”功能快速了解观察地形图不同图层的内容与要素，从而获得对规划设计地块地形地物的整体印象。单击“图层”按钮，选择“图层漫游”选项，如图 2-9 所示。也可以在命令行中输入“laywalk”命令。图 2-10、图 2-11 为运用图层漫游观察的地形图的道路、地貌图层要素。

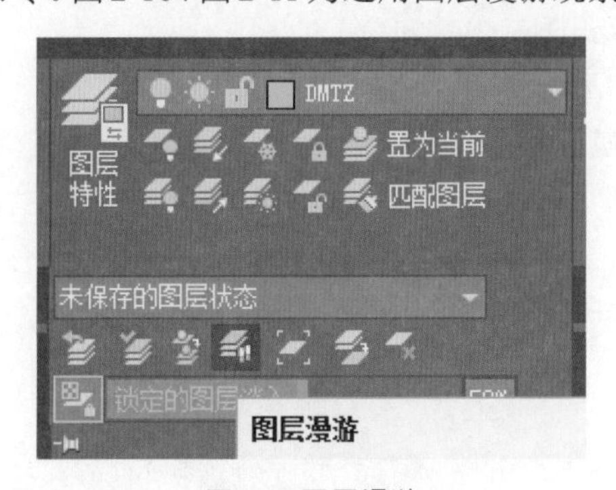

图 2-9 图层漫游

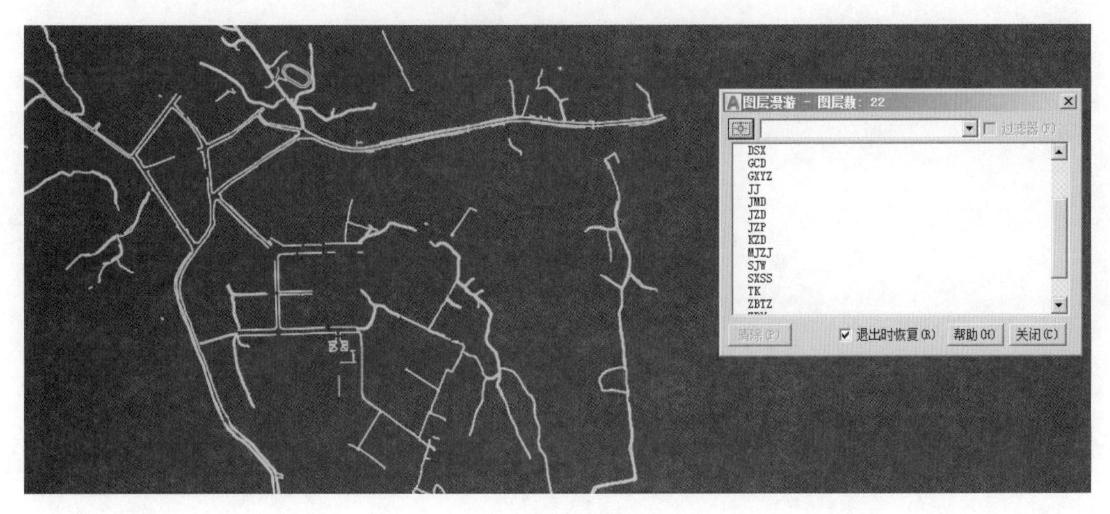

图 2-10 现状道路

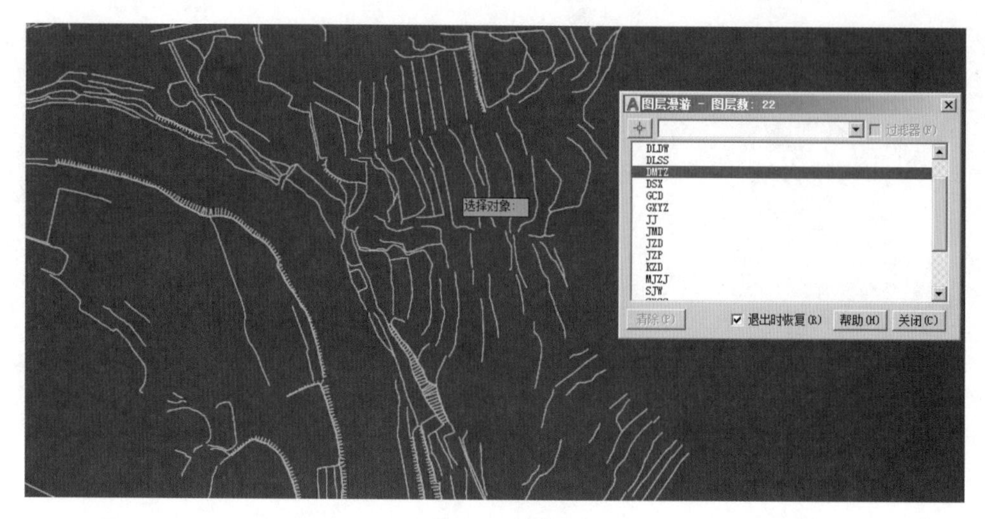

图 2-11 地貌

2.4 高程分析图的绘制

在规划设计中，为了能够比较形象直观地了解规划设计地块的地形、地貌，尤其是对那些地形相对复杂的区域，通常要进行高程分析。在 AutoCAD 2020 中，高程分析图的绘制没有形成专门的工具模块，因此其绘制过程会比较费时。在绘制过程中，应根据实际设计需要选择合适的精度，以节省人力、物力。

高程分析图的绘制步骤可分为以下几个阶段：

（1）整理等高线。

打开地形图后，设计人员会看到密密麻麻的地形等高线和高程数据，如图 2-12 所示。其中，高程最高点为 1099，最低点为 1009。为了能够较清晰形象地反映地形空间关系，需要对复杂的等高线进行整理。

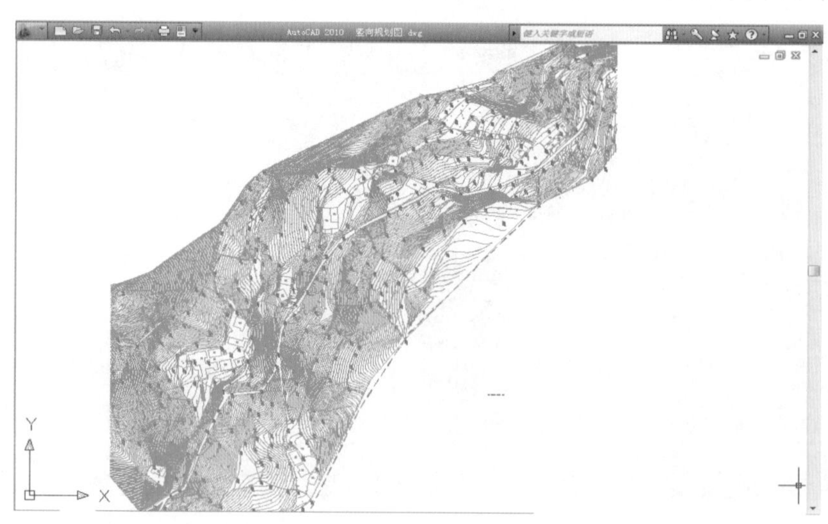

图 2-12 AutoCAD 中打开的等高线图

（2）分析绘制等高线，并对重要等高线进行跟踪描绘，形成闭合区域。

本例中，地形高差达到 90 米，根据规划设计要求，我们选择了以 10 米作为等高线高差进行描绘。新建图层 高程分析-等高线 红 CONTIN... ——，并设置为当前层，从图中找到高程最低的等高线，然后使用 pline 命令绘制多段线，进行跟踪描绘。图 2-13 为绘制好的 1019 高程的等高线，用同样的方法，分别绘制 1029、1039、1049、1059、1069、1079、1089、1099 高程的等高线。

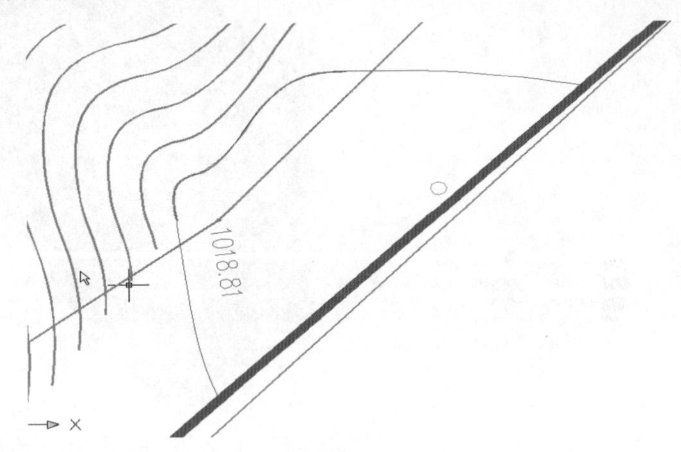

图 2-13　绘制等高线

（3）填充渲染等高线区域。

绘制或转化好的等高线，要保证其符合填充的条件，然后使用 hatch 命令进行填充渲染。如图 2-14 所示为 1019 与 1029 两等高线区域的填充渲染。

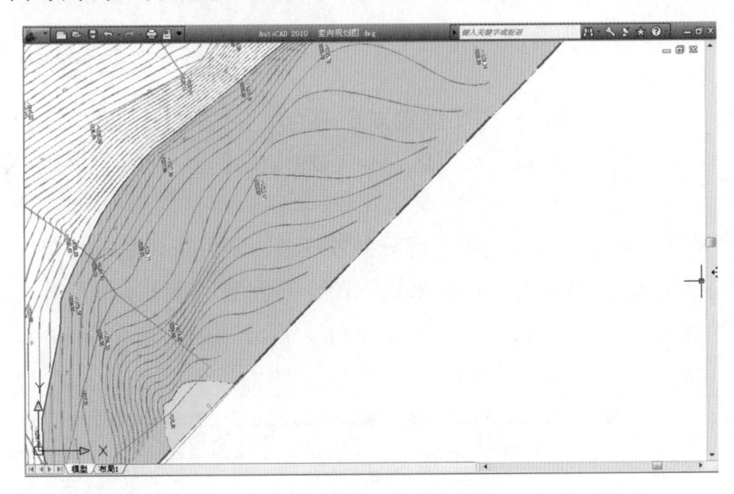

图 2-14　等高线间的填充

采用同样的方法，填充全部等高线区域，效果如图 2-15 所示。

另外，由于 AutoCAD 软件在地形分析模块方面的局限，目前在很多情况下规划设计单位也采用 GIS 软件（如 ArcGIS、MapGIS 等）进行地形分析。图 2-16 所示为使用 ArcGIS 进行渲染的高程分析图（第 3 章将详细介绍）。

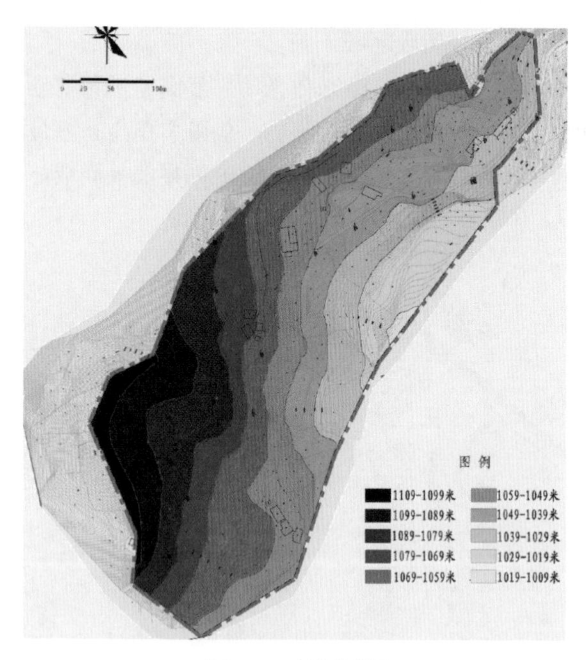

图 2-15 高程分析图

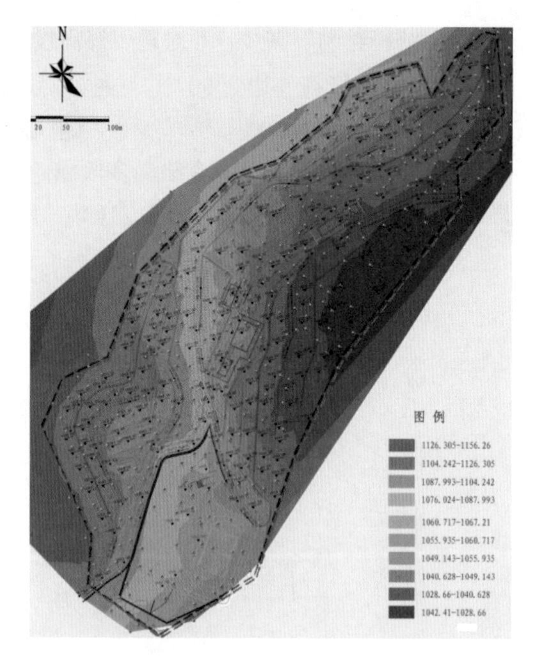

图 2-16 GIS 软件生成的高程分析图

2.5 坡度分析图的绘制

在规划设计中，对场地各部分的平缓陡斜状况进行分析了解，有助于规划设计的用地选择和总体构思，坡度分析图能形象直观地反映出场地各部分的坡度变化情况。坡度分析图的绘制是在整理好的等高线基础上进行的。

在 AutoCAD 中绘制坡度分析图，首先要确定需反映的坡度的精细程度，在本例中选择区分坡度为 10%、20%、30%、40%，并分成 10% 以下坡度区、10%~20% 坡度区、20%~30% 坡度区、30%~40% 坡度区，40% 以上坡度区。

为了在 CAD 图中量算出两等高线区间内各部分的坡度值，我们可以先以规定的坡度值算出对应的水平距离，如对于两等高线高差为 10 米的高程图来说，10% 的坡度对应于水平距离应为 100 米，则在图上先画一个直径为 100 米的圆，再依次以 20%、30%、40% 为准分别画出直径为 50 米、33.333 米、25 米的几个圆，如图 2-17 所示。

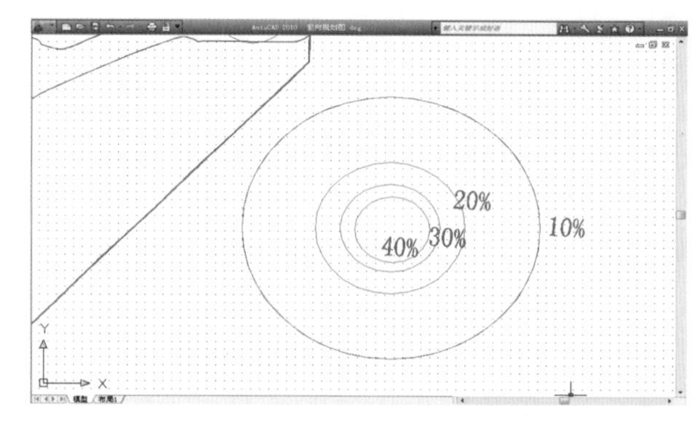

图 2-17 测量等高距的标准圆

然后以绘制的圆为度量尺寸，移动复动圆至两等高线之间，从而确定出不同坡度值的区域边界。然后，以圆所在位置垂直于两等高线作直线，直线即为各坡度区的分界线，如图 2-18 所示。最后，以等高线和不同坡度区域的分界线为边界进行色块填充，如图 2-19 所示。

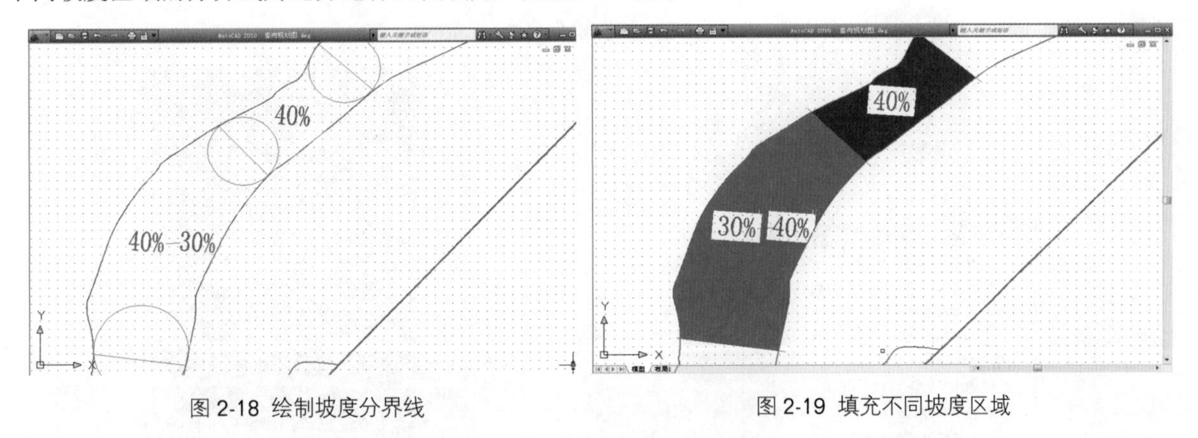

图 2-18　绘制坡度分界线　　　　图 2-19　填充不同坡度区域

按此方法依次确定各等高线间坡度区域，并用相应颜色进行填充，完成的坡度分析图如图 2-20 所示。

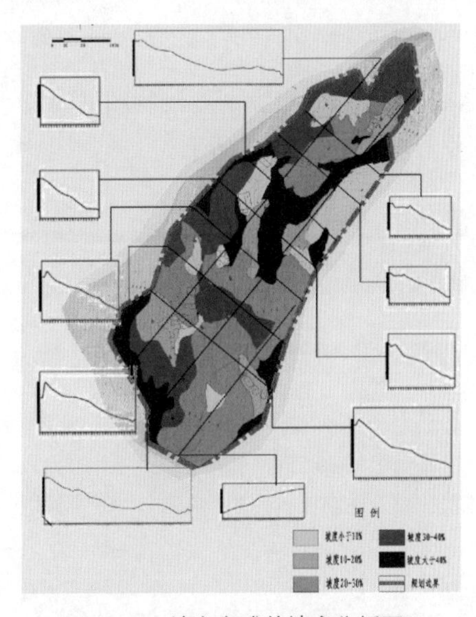

图 2-20　填充完成的坡度分析图

此外，与高程分析图一样，坡度分析图的绘制也比较多地采用 GIS 等相关专业分析软件进行，我们将在第 3 章中介绍。

2.6 ArcGIS 与 ArcMap 10.5 工作界面

GIS（地理信息系统）是在地理学、地图学、测量学和计算机科学等学科基础上发展起来的一门学科，具有独立的学科体系。ArcGIS 是 GIS 界最有名的专业软件，是 ESRI 公司所研发的一系列软件的总称，主要包括 ArcGIS Desktop 桌面系统、服务端 GIS（ArcSDE、ArcIMS 和 ArcGIS Server）、ArcGIS Engine（为定制开发 GIS 应用的嵌入式开发组件）、ArcGIS Server（一个应用服务器的几组软件系统）。其中，

ArcGIS Desktop 桌面系统包含了一套带有用户界面组件的 Windows 桌面应用（ArcMap、ArcCatalog、ArcToobox、ArcSence 以及 ArcGlobe）。本书基于 ArcGIS Desktop 10.5 进行实践操作。

ArcGIS Desktop 10.5 安装完成后，在主菜单“开始→所有程序→ ArcGIS”中可以查看系列软件，如图 2-21 所示。同时，在电脑桌面上也会显示 3 个主要软件图标，如图 2-22 所示。

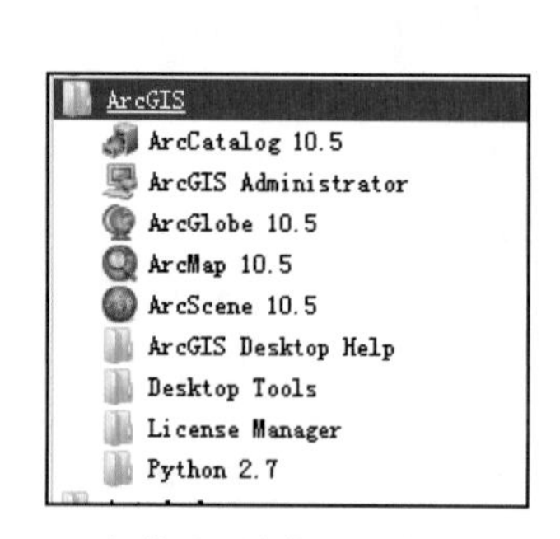

图 2-21 安装后开始菜单中的 ArcGIS 软件

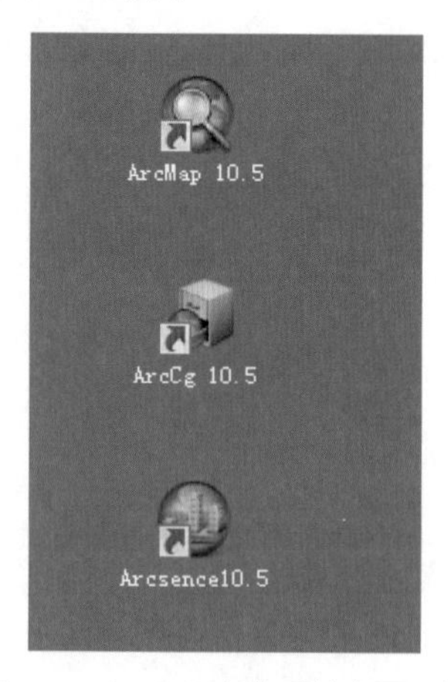

图 2-22 ArcGIS 安装后的桌面图标

在桌面上双击图标，打开 ArcMap 10.5，根据所要绘制图纸的尺寸选择制图模板。这里选择默认的“我的模板”“空白地图”进入工作界面，如图 2-23 所示。

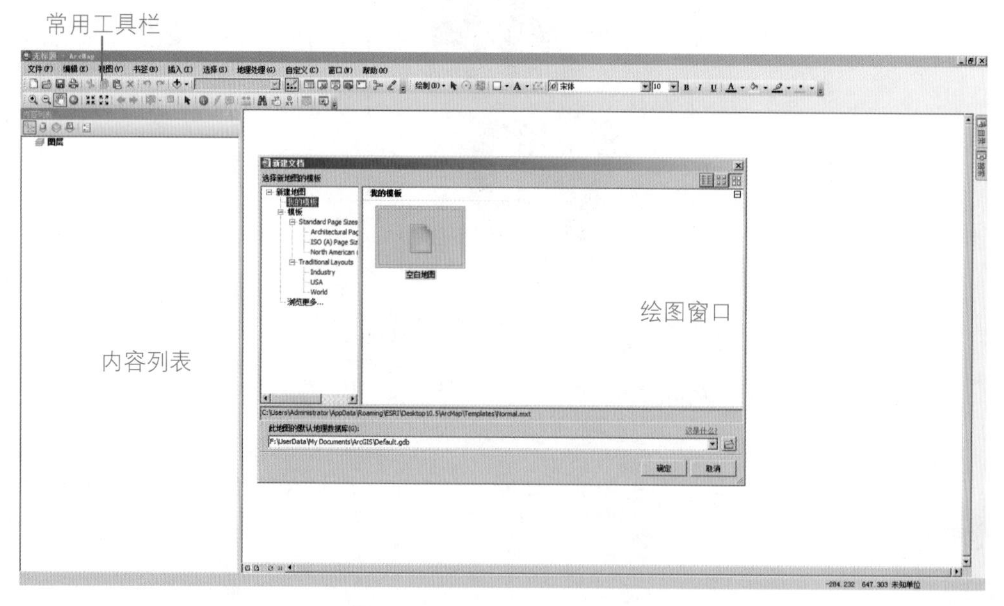

图 2-23 ArcMap 10.5 工作界面

2.7 用 ArcMap 10.5 添加土地调查数据并分类表达

根据国家和省市的有关要求，国土空间规划编制工作应以第三次全国国土调查成果为基础，综合水资源、土壤资源、矿产资源、地质环境、森林资源和基础测绘等调查评价成果，采用 2000 国家大地坐标系和 1985 国家高程基准，在统一的标准规划底图上开展工作。

因此，编制国土空间规划首先需要处理第三次全国国土调查数据。本章中我们先简单介绍三调数据库的基本情况和重要数据项，学习 ArcMap 在数据库调用和显示方面的功能。

在 ArcMap 中单击工具栏 + 添加数据工具，弹出“添加数据”对话框，如图 2-24 所示。双击对话框中的 lz.gdb ，在展开的数据列表中再双击 土地调查数据集，此时可以看到若干扩展名为 .shp 的数据图层，选择其中一个，单击“添加”按钮，即可在 ArcMap 中添加数据，效果如图 2-25 所示。

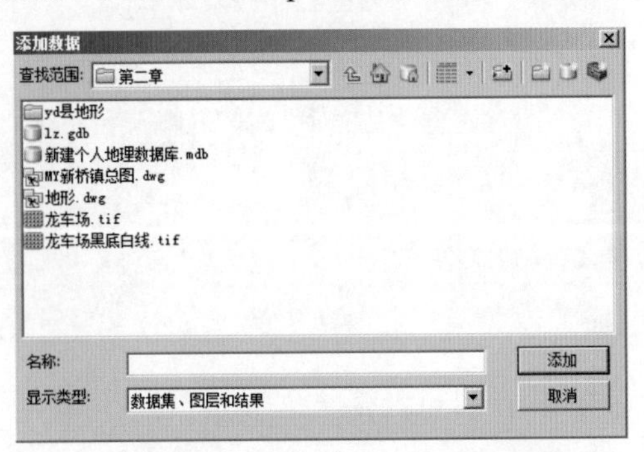

图 2-24　“添加数据”对话框

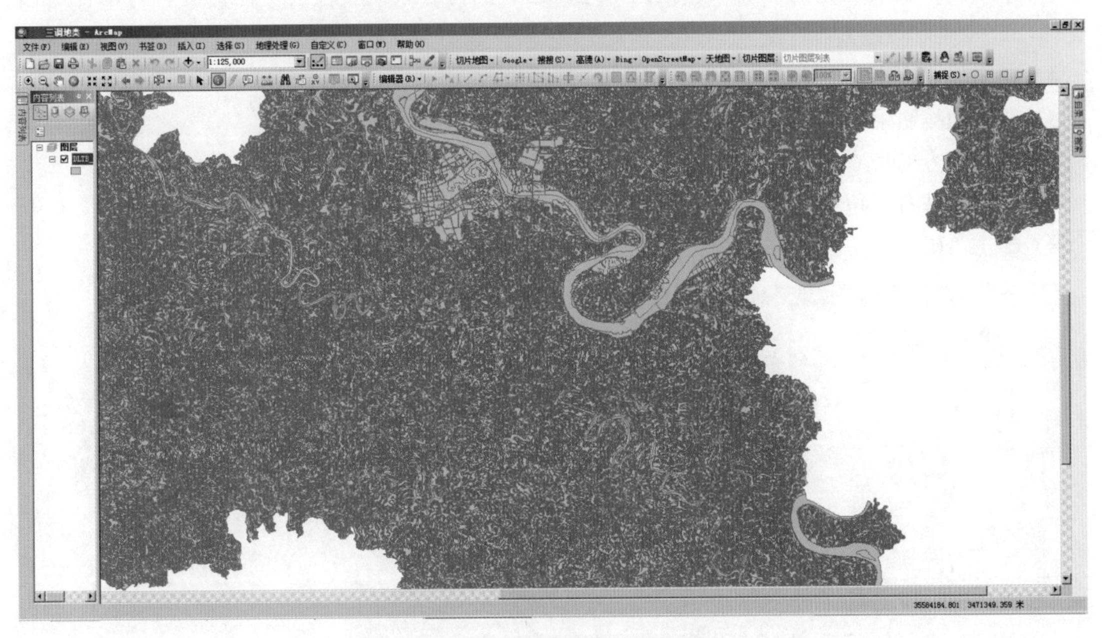

图 2-25　某县的地类数据图斑

刚添加的地类数据图层在屏幕上显示的是同一个颜色，黑色的线条是地类图斑的边界线，如果要想区分不同地类的显示色彩，在内容列表中双击“DLTB”图层，弹出“图层属性”对话框，如图 2-26 所示。可按如下步骤操作（见图 2-27）：

图 2-26 “图层属性”对话框

图 2-27 分类显示地类图斑操作顺序图

（1）在“图层属性”对话框中打开“符号系统”选项卡。

（2）在左侧显示窗中选择“类别→唯一值”。

（3）单击对话框右上角的“导入”按钮，导入已有的符号系统文件（文件扩展名为 .lyr；如果没有这类文件，此步可以跳过）。

（4）在中间“值字段”中选择“DLMC”。

（5）在下面按钮中单击“添加所有值”。

（6）在右上方单击“色带”下三角按钮，选择色彩配置方案。

（7）在对话框右下角单击“应用”按钮。

（8）单击“确定”按钮，完成的显示结果如图 2-28 所示。

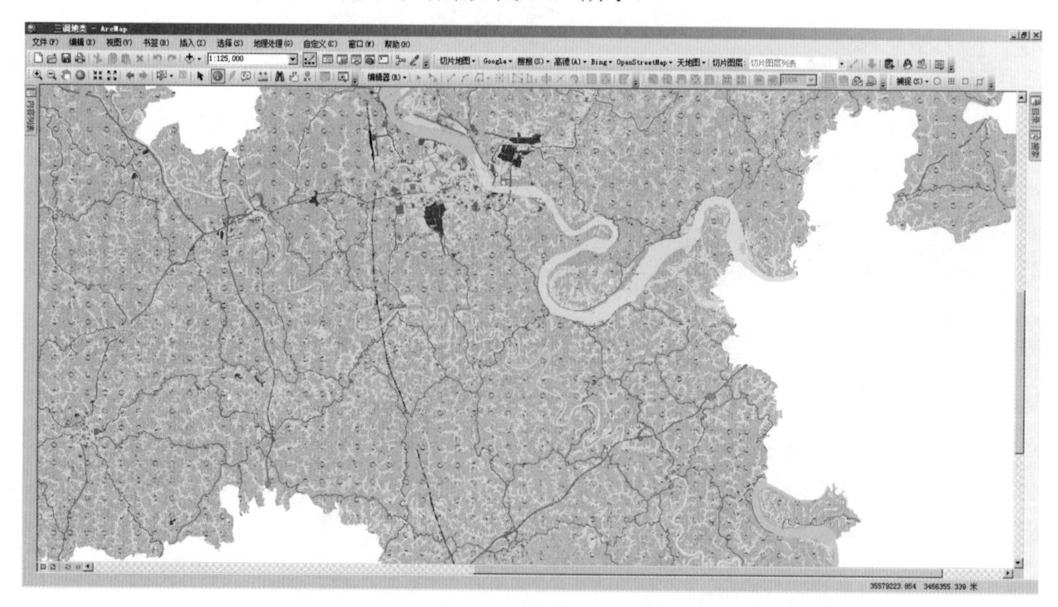

图 2-28 用不同的色彩直观显示不同的地类图斑结果

2.8 小结

本章首先从地形图的比例尺、图名、图号、图廓等方面简要介绍了地形图的基础知识，然后介绍了地形图的数据格式及其矢量化方法，最后简要介绍了 ArcMap 10.5 的工作界面，并利用 ArcMap 打开土地调查数据图层，介绍分类显示不同地类图斑的方法。

2.9 习题

1．地形图上任一线段 *l* 的长度与地面上相应线段的水平距离 *L* 之比称为 ________。

2．通常人眼能分辨出的图上最小距离是 0.1 毫米，小于 0.1 毫米的线段难以画到图上。因此，地形图上 0.1 毫米所代表的 ________ 称为 ________。

3．什么叫地形图的矢量化，如何进行地形图的矢量化？

4．简要叙述 ArcGIS 的主要构成软件。

5．简要叙述 ArcMap 10.5 加载土地调查数据图层并差别化显示的过程。

第 3 章 ArcMap 国土空间分析与评价

导言

在国土空间与详细设计中，对国土空间的地形、资源、环境、气候、农业、城镇建设等的评价是合理配置与布局国土空间生产、生活、生态空间的重要条件。尽管 AutoCAD 2020 可以对规划区的高程、坡度、坡向等单因素进行分析，但是缺少叠加运算这一工具，无法较好地形成空间分析与评价结果。本章首先简要介绍 ArcMap 的地形分析能力，然后针对评价目标架构空间数据并进行单因子评价，最后运用集成叠加分析技术，形成相对较优的分析与评价结果。受相关数据的公开性与完整性限制，本章案例选取了几个不同层次与范围的国土空间区域，重点放在分项的单因子分析评价上，最后介绍加权叠加的方法。

3.1 ArcMap 10.5 基本操作

ArcMap 10.5 通过地图文档来管理数据处理结果，一个地图文档中的数据可以通过相对路径的方式存储在不同的磁盘位置，如果数据的存储位置发生改变，则地图文档中的数据需要重新加载后才能显示。

3.1.1 创建地图文档并加载数据

打开 ArcMap 10.5 程序后，根据所要绘制图纸的尺寸选择制图模板。这里我们选择默认的“我的模板”进入工作界面，如图 3-1 所示。

用 AutoCAD 2020 的“图层漫游”功能将地形图中等高线和离散点单独显示，并单独将离散点和等高线用 wblock 命令另存为“地形 2.dwg”；将规划边界同样用“图层漫游”和 wblock 命令单独另存为“边界 .dwg”（注意存储为 AutoCAD 低版本数据）。将准备好的地形数据通过工具栏中的“添加数据”工具加载到 ArcMap 中，准备进行地形分析，如图 3-2 所示；加载的 CAD 地形数据如图 3-3 所示。

图 3-1 ArcMap 10.5 工作界面（数据视图）

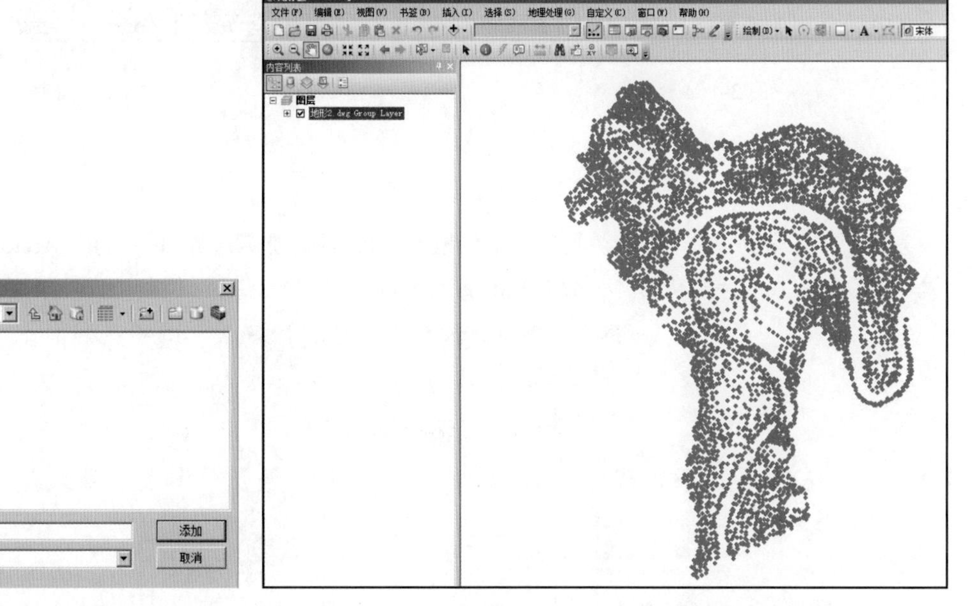

图 3-2 添加 CAD 地形数据　　　　图 3-3 加载到 ArcMap 中的地形离散点数据

3.1.2 创建 GIS 数据

ArcGIS 通过矢量数据、栅格数据和属性数据组成地理信息数据，而矢量数据由点要素、线要素和面要素组成。在 ArcMap 中进行用地分析首先需要将 DWG 格式的数据转换成 GIS 格式的数据。

1. 创建点要素

打开 Arctoolbox 窗口，选择“数据管理工具→要素→要素转点”，将地形图 .dwg Polyline 转换为点要素，得到“高程点 .shp”，如图 3-4 所示。

2. 创建线要素

打开 Arctoolbox 窗口，选择“数据管理工具→要素→要素转线”，将边界 .dwg Polyline 转换为线要素，得到“边界 .shp”，如图 3-5 所示。

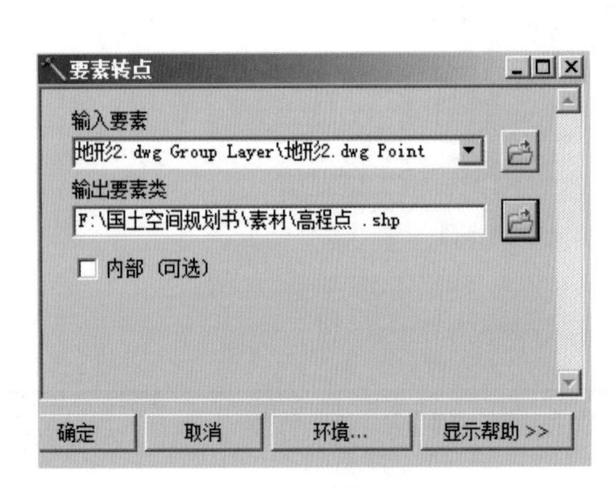

图 3-4 创建点要素

图 3-5 创建线要素

3. 创建面要素

为了使接下来创建的 TIN 边界适应我们的地形分析范围，加载边界 .dwg。打开 Arctoolbox 窗口，选择“数据管理工具→要素→要素转面”，将边界 .dwg Polyline 转换为面要素，得到“边界面 .shp”，如图 3-6 所示。

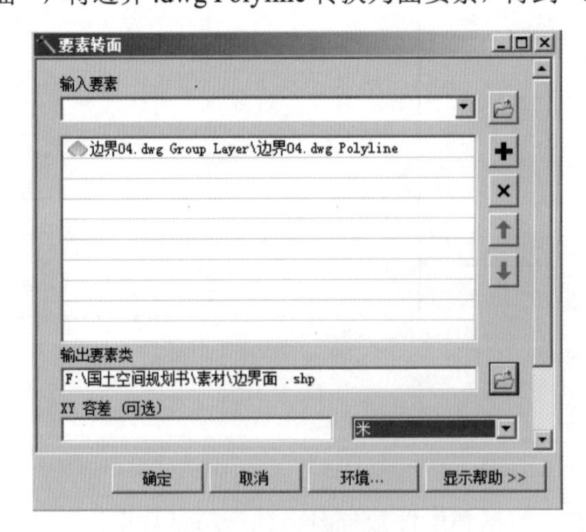

图 3-6 创建面要素

3.2 地形地貌分析

3.2.1 地形高程分析

1. 创建 TIN

打开 Arctoolbox 窗口，选择“3D Analyst 工具→ TIN 管理→创建 TIN”，选择 TIN 的存储位置并输入名称，输入高程点 .shp 和边界面 .shp。在“创建 TIN”对话框中，指定高程点 .shp 中的 Elevation 作为高度字段（height-field）、表面类型（SF Type）为离散多点（Mass_Points）；指定边界面 .shp 的高度字段（height-field）为 <None>、表面类型（SF Type）为软裁剪（Soft_Clip）。可以选定某一个值的字段作为属性信息（可以为 None），如图 3-7 所示。

2. 高程因素分析

在 TOC（内容列表）中关闭除 TIN 之外的其他图层的显示，在“图层属性”对话框中，进入“符号系统”选项卡，取消勾选边类型，单击“分类”，如图 3-8 所示设置 TIN 的分类方法为“自然间断点分级法（Jenks）”、类别为“21”，单击“确定”按钮后选择显示色带，最后应用得到高程分析结果，如图 3-9 所示。

图 3-7 “创建 TIN”对话框

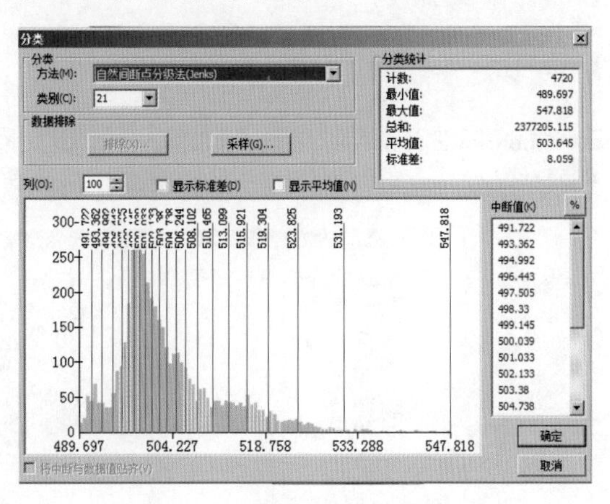

图 3-8 高程分类设置

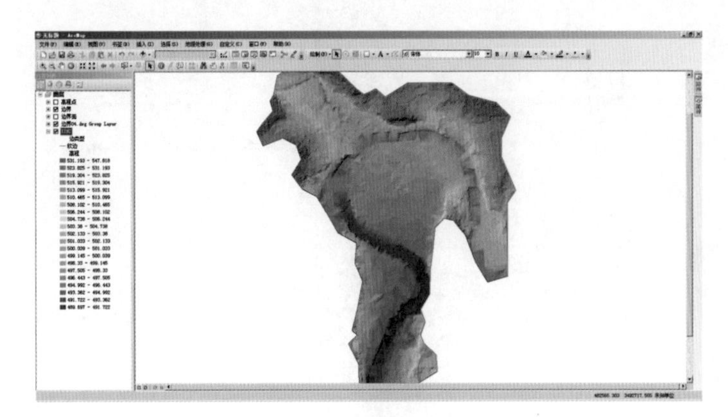

图 3-9 高程分析结果

3.2.2 地形坡度分析

进入 TIN 属性对话框，选择“符号系统”选项卡，取消勾选“高程显示”，单击“添加”按钮，添加“具有分级色带的表面坡度”，单击“分类”按钮，如图 3-10 所示设置分类方法为“手动”、类别为“4”，并手动输入坡度分类的中断值（K）。单击“确定”按钮后选择色带，应用得到坡度因素分析结果，如图 3-11 所示。

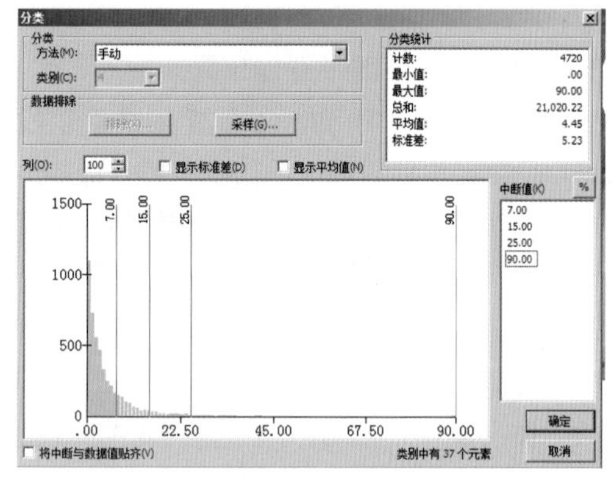

图 3-10 坡度分类设置

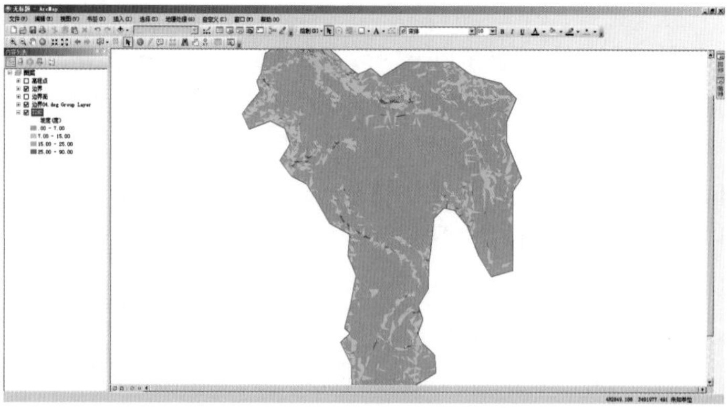

图 3-11 坡度分析结果

3.2.3 地形坡向分析

进入 TIN 属性对话框，选择“符号系统”选项卡，取消勾选“高程、坡度显示”，单击“添加”按钮，添加“具有分级色带的表面坡向”。应用默认的色带，得到坡向因素分析结果，如图 3-12 所示。

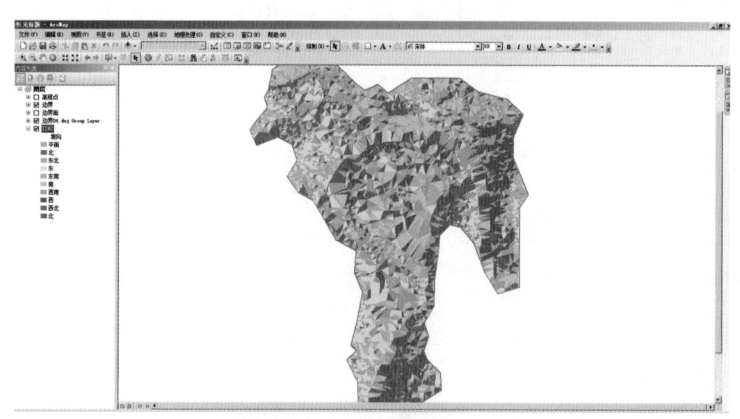

图 3-12 坡向因素分析结果

3.3 地形因子栅格重分类

1. 生成 DEM 数据

执行工具栏“3D Analyst 工具”中的命令“转换→ TIN 转换到栅格”打开“TZN 转栅格”对话框，如图 3-13

所示，指定输出栅格的位置和名称（TinGrid），确定后得到 DEM 数据 TinGrid，如图 3-14 所示。

图 3-13 TIN 转栅格

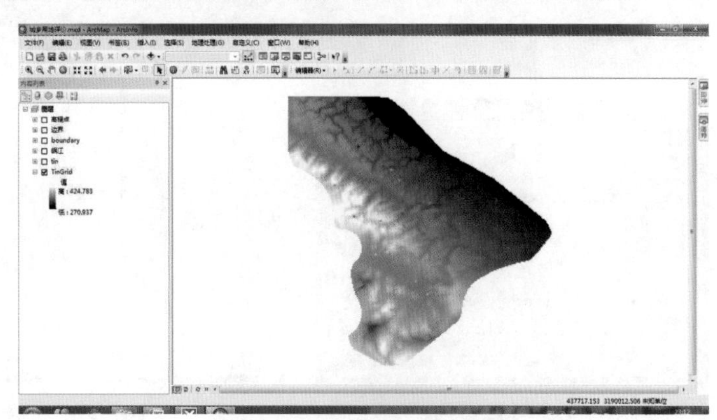

图 3-14 DEM 数据显示结果

2. 创建栅格坡度

执行工具栏“3D Analyst 工具”中的命令“栅格表面→坡度”，打开“坡度”对话框。如图 3-15 所示指定输出栅格的位置和名称（Slope_TinGri1），单击“确定”按钮后得到栅格坡度 Slope_TinGri1，采用默认的分类方法和色带（见图 3-16）。

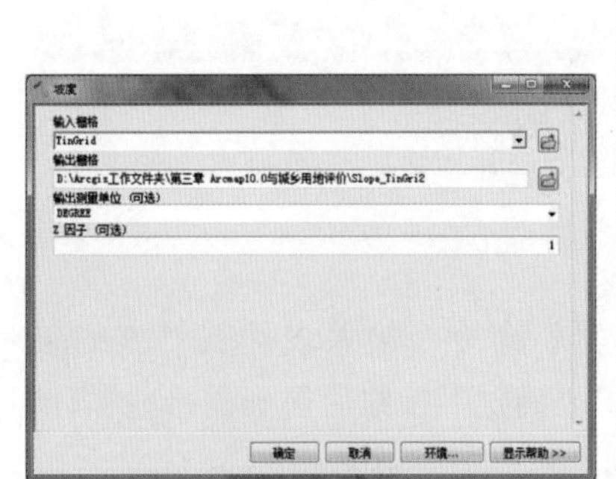

图 3-15 创建栅格坡度

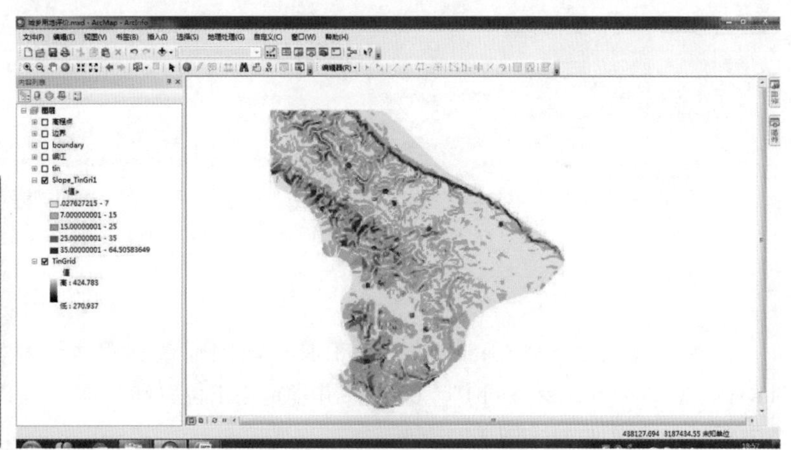

图 3-16 栅格坡度显示结果

3. 栅格重分类

结合用地评价研究范围的常年洪水位、浅丘等因素，执行工具栏中的“3D Analyst→栅格重分类→重分类”命令，输入“TinGrid”，将 Value 字段分为小于 285m、285~315m、315~355m、355~365m 和大于 365m 五类，并依次赋予新值 25、75、100、50、25，指定输出栅格重分类位置和名称，如图 3-17 所示。

单击“确定”按钮后得到高程因素栅格重分类结果 Reclass_TinG1，显示效果如图 3-18 所示。

用同样的方法对栅格坡度进行重分类。将栅格坡度分为小于 7 度、7~15 度、15~25 度、25~35 度、大于 35 度五类，依次指定新值为 100、75、50、25、0，如图 3-19、图 3-20 所示。

图 3-17 栅格高程重分类

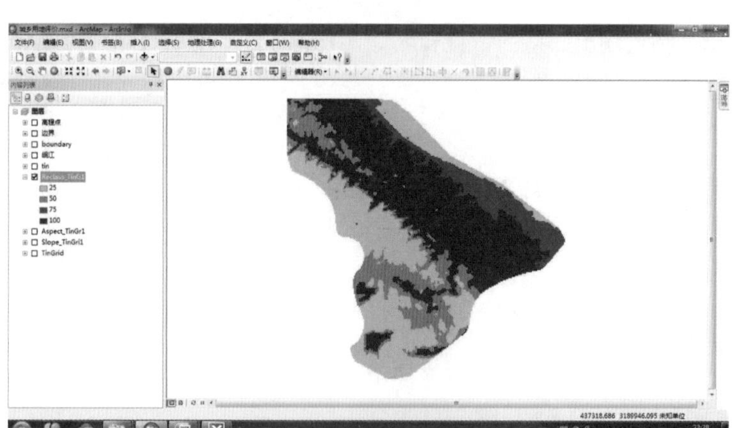

图 3-18 栅格高程因素重分类结果

图 3-19 栅格坡度重分类

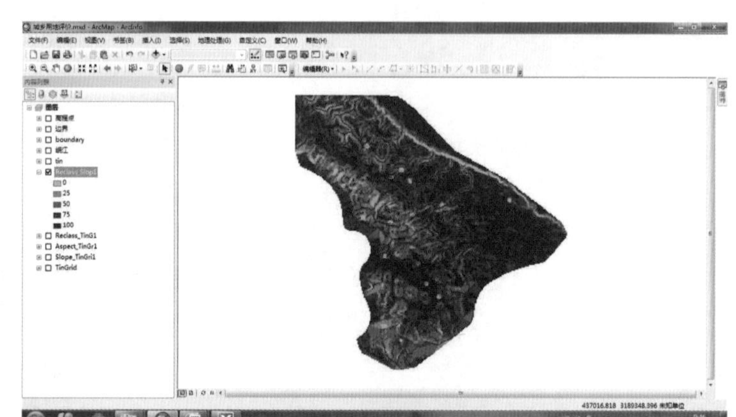

图 3-20 栅格坡度因素重分类结果

4. 栅格叠加

执行工具箱中的“Spatial Analyst 工具→地图代数→栅格计算器”命令，输入表达式“"Reclass_TinG1" * 0.4 + "Reclass_Slop1" * 0.6”，并指定输出位置和名称，单击“确定”按钮后得到栅格叠加计算结果 raster，如图 3-21、图 3-22 所示。

图 3-21 栅格叠加计算

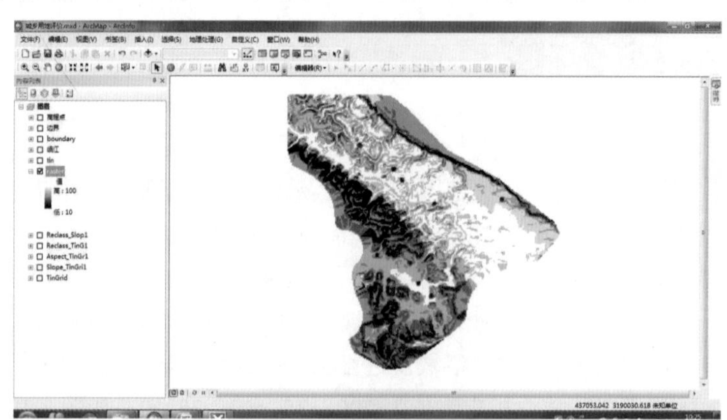

图 3-22 栅格叠加计算结果

3.4 用地坡度等级划分

前面通过对高程、坡度因素的栅格重分类，赋予权重后进行栅格计算，得到用地建设适宜性评价栅格。结合研究范围规划城乡建设用地类型，将用地适宜性等级划分为“适宜建设”“较适宜建设”“适宜性较差”“不适宜建设”4 个等级。

进入 raster 图层属性对话框，选择“符号系统”选项卡，单击“已分类”，按照建设等级划分将用地适宜性栅格 raster 分为 80~100、60~80、40~60、10~40 四类，选择色带后单击“应用”按钮。

关闭除 raster、边界 .shp、岷江 .shp 外的所有图层显示，经分析可知，规划边界内大部分用地是适宜和较适宜建设用地，适宜性较差和不适宜建设区主要集中在岷江沿岸高差较大和边界内两处较大的自然冲沟和少数浅丘，整体建设适宜性良好，如图 3-23 所示。

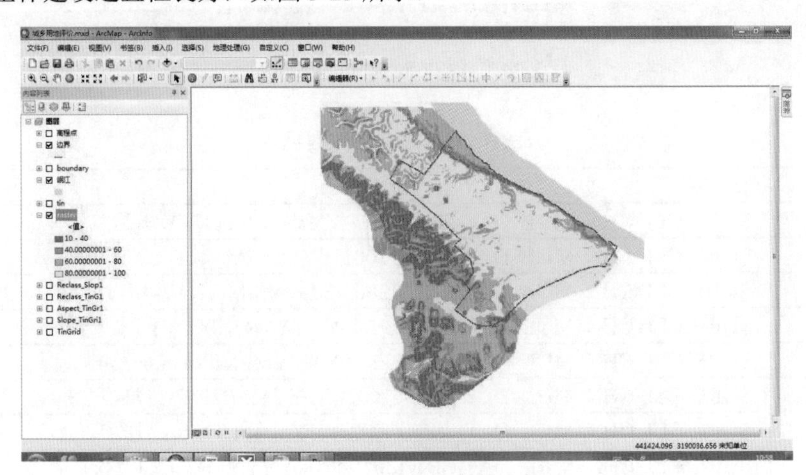

图 3-23　用地坡度等级划分结果

3.5 水源涵养功能分析

3.5.1 气象站点数据分析

1. 分析气象站点数据并导入 Excel 数据表

降水量站点原始数据可以通过相关网站获得，通常获得的数据类型为 *.TXT 文件。图 3-24 所示为气象站文件数据示意图。

气象站点文件数据的命名如表 3-1 所示。

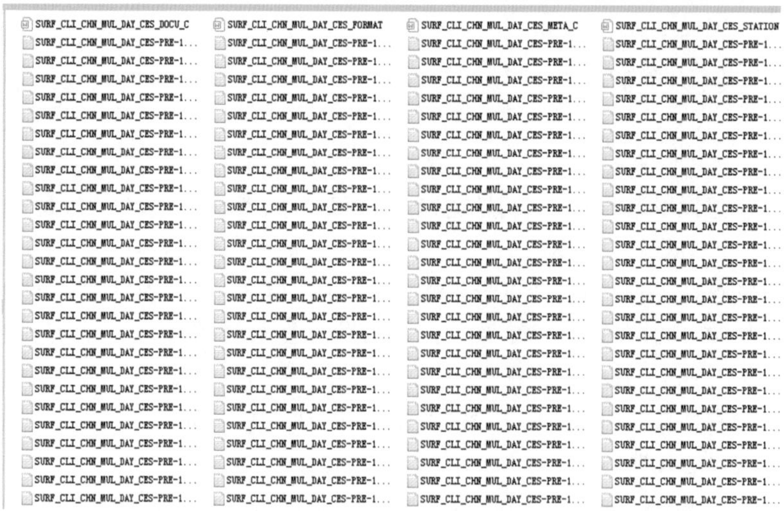
SURF_CLI_CHN_MUL_DAY_CES_DOCU_C
SURF_CLI_CHN_MUL_DAY_CES_FORMAT
SURF_CLI_CHN_MUL_DAY_CES_META_C
SURF_CLI_CHN_MUL_DAY_CES_STATION
SURF_CLI_CHN_MUL_DAY_CES-PRE-1...

图 3-24 气象站点文件数据示意图

表3-1 气象站点文件数据

1级目录	文件名
PRS	SURF_CLI_CHN_MUL_DAY-PRS-10004-YYYYMM.TXT（本站气压）
TEM	SURF_CLI_CHN_MUL_DAY-TEM-12001-YYYYMM.TXT（气温）
RHU	SURF_CLI_CHN_MUL_DAY-RHU-13003-YYYYMM.TXT（相对湿度）
PRE	SURF_CLI_CHN_MUL_DAY-PRE-13011-YYYYMM.TXT（降水）
EVP	SURF_CLI_CHN_MUL_DAY-EVP-13240-YYYYMM.TXT（蒸发）
WIN	SURF_CLI_CHN_MUL_DAY-WIN-11002-YYYYMM.TXT（风向风速）
SSD	SURF_CLI_CHN_MUL_DAY-SSD-14032-YYYYMM.TXT（日照）
GST	SURF_CLI_CHN_MUL_DAY-GST-12030-0cm-YYYYMM.TXT（0cm地温）

双击打开 SURF_CLI_CHN_MUL_DAY-PRE-13011-YYYYMM.TXT（降水）降水量文件。用记事本打开文件后，可以看到一个以空格分隔的文本文件如图 3-25 所示（部分）。其中，第一列至第十三列的数据分别为：气象区站号、纬度、经度、海拔高度、年、月、日、20—8 时降水量、8—20 时降水量、20—20 时累计降水量、20—8 时降水量质量控制码、8—20 时累计降水量质量控制码、20—20 时降水量质量控制码。其中，气象区站号、经纬度、海拔高度为位置信息，是进行空间分析的基础；20—20 时累计降水量是站点的降水数据，这五项数据是进行后期分析的重要内容。

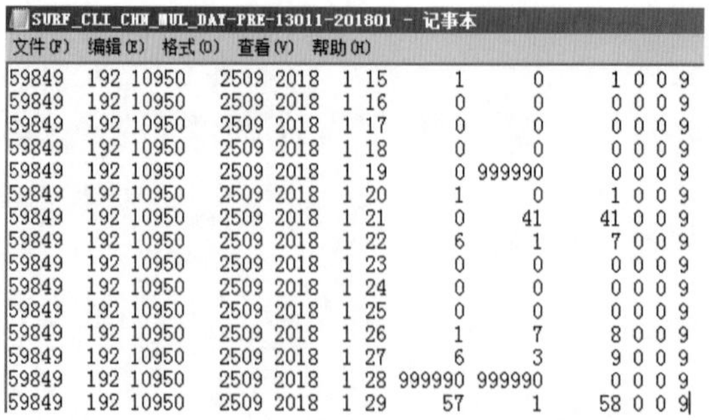
SURF_CLI_CHN_MUL_DAY-PRE-13011-201801 - 记事本
文件(F) 编辑(E) 格式(O) 查看(V) 帮助(H)
59849 192 10950 2509 2018 1 15 1 0 1 0 0 9
59849 192 10950 2509 2018 1 16 0 0 0 0 0 9
59849 192 10950 2509 2018 1 17 0 0 0 0 0 9
59849 192 10950 2509 2018 1 18 0 0 0 0 0 9
59849 192 10950 2509 2018 1 19 0 999990 0 0 0 9
59849 192 10950 2509 2018 1 20 1 0 1 0 0 9
59849 192 10950 2509 2018 1 21 0 41 41 0 0 9
59849 192 10950 2509 2018 1 22 6 1 7 0 0 9
59849 192 10950 2509 2018 1 23 0 0 0 0 0 9
59849 192 10950 2509 2018 1 24 0 0 0 0 0 9
59849 192 10950 2509 2018 1 25 0 0 0 0 0 9
59849 192 10950 2509 2018 1 26 1 7 8 0 0 9
59849 192 10950 2509 2018 1 27 6 3 9 0 0 9
59849 192 10950 2509 2018 1 28 999990 999990 0 0 0 9
59849 192 10950 2509 2018 1 29 57 1 58 0 0 9

图 3-25 记事本打开的气象站点文件内容（部分）

打开 Excel 软件，单击“数据”菜单 数据 ，在切换的工具栏中选择“自文本”工具 自文本 ，弹出“文本导入向导”对话框，如图 3-26 所示，直接单击“下一步”按钮，直至完成，即可完成文本文件的导入工作。导入后的数据如图 3-27 所示。

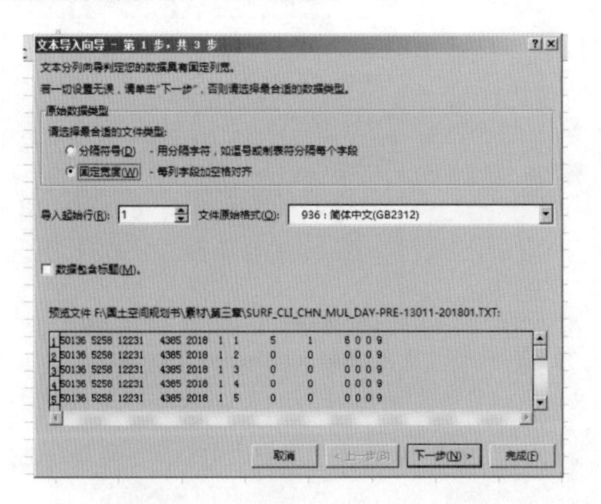

图 3-26 “文本导入向导”对话框

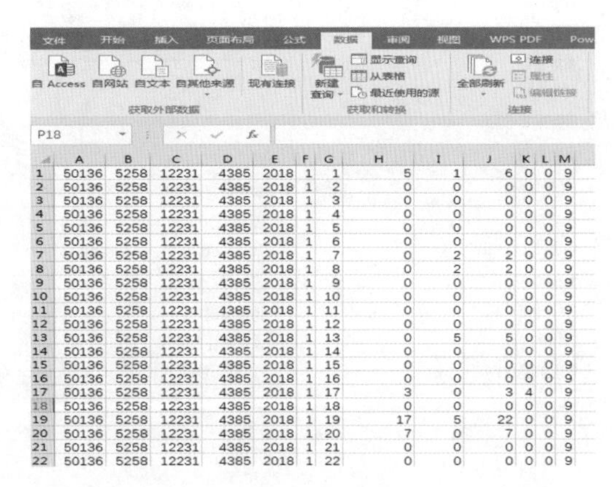

	A	B	C	D	E	F	G	H	I	J	K	L	M
1	50136	5258	12231	4385	2018	1	1	5	1	6	0	0	9
2	50136	5258	12231	4385	2018	1	2	0	0	0	0	0	9
3	50136	5258	12231	4385	2018	1	3	0	0	0	0	0	9
4	50136	5258	12231	4385	2018	1	4	0	0	0	0	0	9
5	50136	5258	12231	4385	2018	1	5	0	0	0	0	0	9
6	50136	5258	12231	4385	2018	1	6	0	0	0	0	0	9
7	50136	5258	12231	4385	2018	1	7	0	2	2	0	0	9
8	50136	5258	12231	4385	2018	1	8	0	2	2	0	0	9
9	50136	5258	12231	4385	2018	1	9	0	0	0	0	0	9
10	50136	5258	12231	4385	2018	1	10	0	0	0	0	0	9
11	50136	5258	12231	4385	2018	1	11	0	0	0	0	0	9
12	50136	5258	12231	4385	2018	1	12	0	0	0	0	0	9
13	50136	5258	12231	4385	2018	1	13	0	5	5	0	0	9
14	50136	5258	12231	4385	2018	1	14	0	0	0	0	0	9
15	50136	5258	12231	4385	2018	1	15	0	0	0	0	0	9
16	50136	5258	12231	4385	2018	1	16	0	0	0	0	0	9
17	50136	5258	12231	4385	2018	1	17	3	0	3	4	0	9
18	50136	5258	12231	4385	2018	1	18	0	0	0	0	0	9
19	50136	5258	12231	4385	2018	1	19	17	5	22	0	0	9
20	50136	5258	12231	4385	2018	1	20	7	0	7	0	0	9
21	50136	5258	12231	4385	2018	1	21	0	0	0	0	0	9
22	50136	5258	12231	4385	2018	1	22	0	0	0	0	0	9

图 3-27 导入 Excel 的气象站点数据（部分）

将数据导入 Excel 后，还可以添加表头，删除不需要的列。用同样的方法导入获得的近 20~30 年的数据，通过汇总、求和、平均等一系列操作得到气象站点的多年平均降水量数据，这个数据即可作为降水量空间分析的基础数据，如图 3-28 所示。

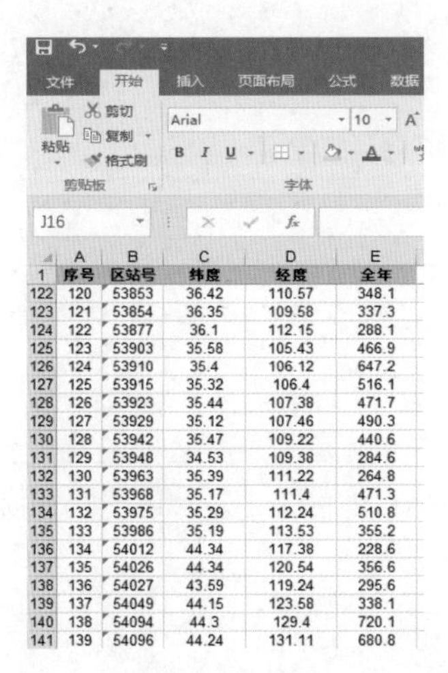

1	序号	区站号	纬度	经度	全年
122	120	53853	36.42	110.57	348.1
123	121	53854	36.35	109.58	337.3
124	122	53877	36.1	112.15	288.1
125	123	53903	35.58	105.43	466.9
126	124	53910	35.4	106.12	647.2
127	125	53915	35.32	106.4	516.1
128	126	53923	35.44	107.38	471.7
129	127	53929	35.12	107.46	490.3
130	128	53942	35.47	109.22	440.6
131	129	53948	34.53	109.38	284.6
132	130	53963	35.39	111.22	264.8
133	131	53968	35.17	111.4	471.3
134	132	53975	35.29	112.24	510.8
135	133	53986	35.19	113.53	355.2
136	134	54012	44.34	117.38	228.6
137	135	54026	44.34	120.54	356.6
138	136	54027	43.59	119.24	295.6
139	137	54049	44.15	123.58	338.1
140	138	54094	44.3	129.4	720.1
141	139	54096	44.24	131.11	680.8

图 3-28 Excel 中经过整理后的气象站点数据（部分）

2. 在 ArcMap 中添加 Excel 数据表

启动 ArcMap，新建地图文档，单击菜单中的“文件” 文件(F) ，单击“添加数据”右侧的按钮，在弹出的菜单中单击“添加 XY 数据”，如图 3-29 所示。在弹出的“添加 XY 数据”对话框中，在“从地图中选择一个表或浏览到另一个表”右侧的“打开”按钮 ，加载之前整理好的气象站点数据，并将“经度”“纬度”“全年”分别指定给 X、Y、Z 字段，如图 3-30 所示。

将气象站点数据 Excel 表格加载到 ArcMap 后，数据框图形窗口中会显示出若干离散点（如果未显示，可以单击该图层，选择“缩放至图层”），这些离散点即为气象站点的点要素图形，如图 3-31 所示。

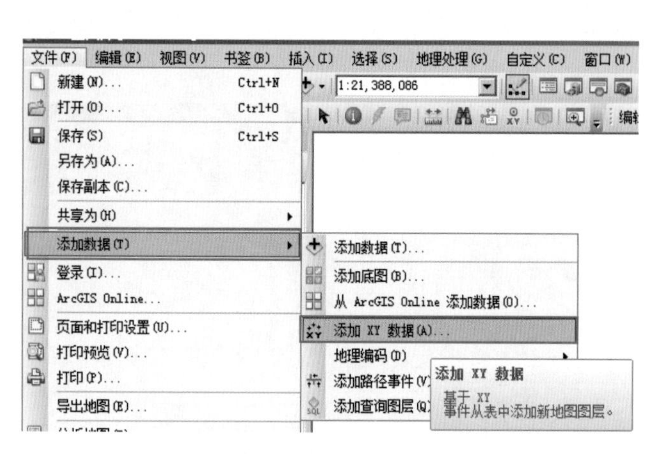

图 3-29 选择添加气象站点数据命令

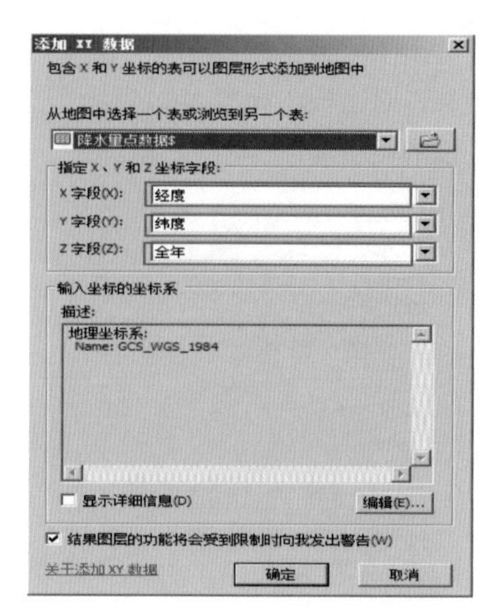

图 3-30 添加气象站点的空间信息与属性数据

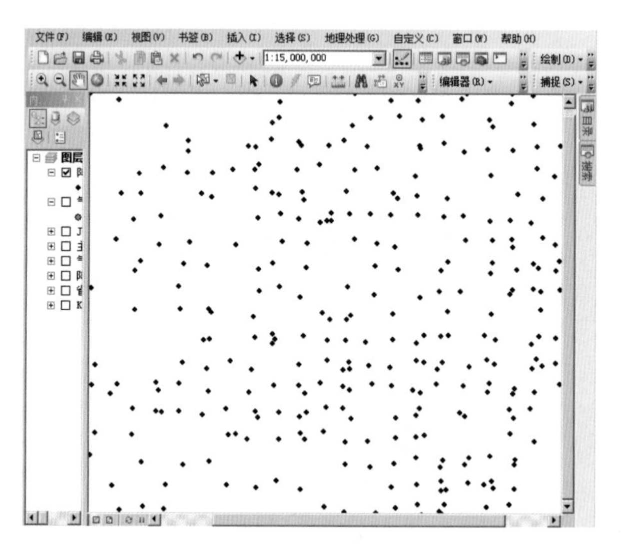

图 3-31 将 Excel 数据成功导入 ArcMap

3. 对气象站点数据进行插值分析

根据气象属性的空间特征，对于空间数据的插值分析可以选择克里金法。克里金法是通过一组具有 z 值的分散点生成估计表面的高级地统计方法。该方法基于包含自相关（测量点之间的统计关系）的统计模型，具有产生预测表面的功能，能够对预测的确定性或准确性提供某种度量。克里金法假定采样点之间的距离或方向可用于说明表面变化的空间相关性。克里金法工具可将数学函数与指定数量的点或指定半径内的所有点进行拟合以确定每个位置的输出值。克里金法是一个多步过程，包括数据的探索性统计分析、变异函数建模和创建表面，还包括研究方差表面。

在 ArcMap 中选择“系统工具箱→空间分析工具箱”中的“插值”工具集，双击“克里金”工具，弹出“克里金法”对话框，在“输入点要素”下拉列表中选择刚才导入的站点要素数据，在“Z 值字段”选择“全年”数据，可根据分析评价需要设置“输出像元大小”，此处选择 50m×50m 栅格，单击“确定”按钮，如图 3-32、图 3-33 所示。

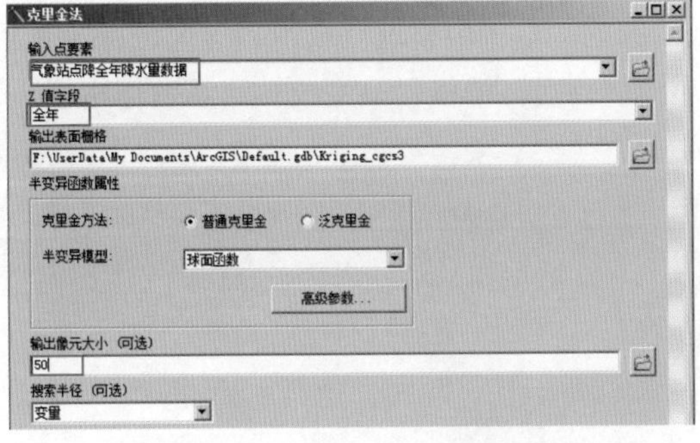

图 3-32 克里金法参数设置

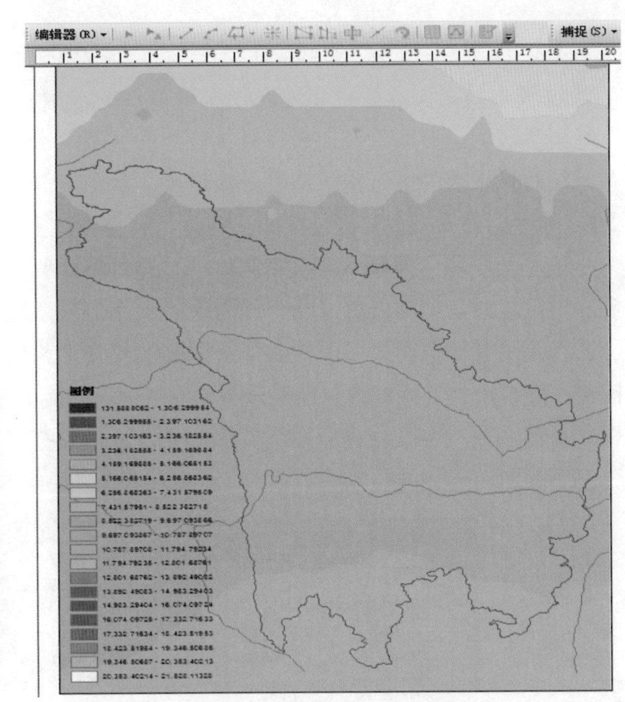

图 3-33 克里金法分析结果

蒸发量分析的方法与降水量分析相同，首先从相关网站与气象部门获取气象站点的中长期数据，然后对数据进行预处理，对相关数据进行分类、汇总、平均等操作，形成结构化的针对分析使用的数据文件，导入至 ArcMap 中，形成点要素类，最后选择空间插值方法进行插值分析。蒸发量的分析结果如图 3-34 所示。

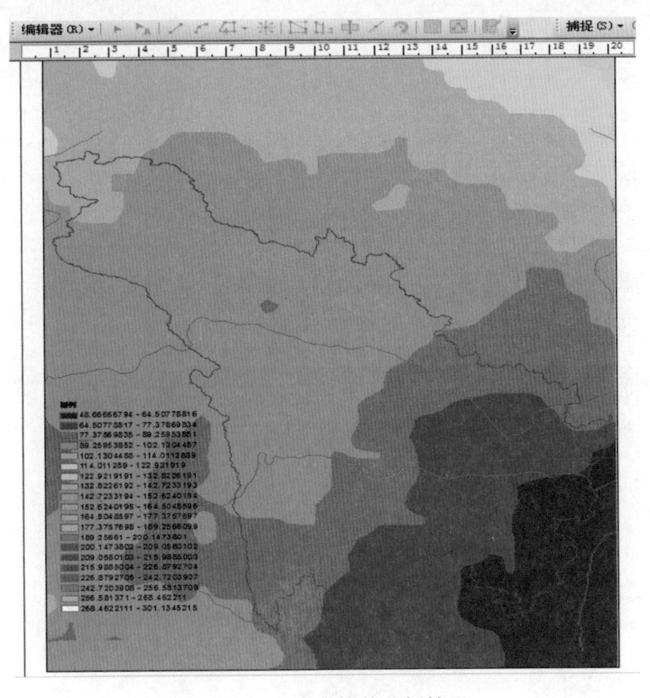

图 3-34 蒸发量插值分析结果

3.5.2 水源涵养功能分析

通过降雨量减去蒸散量和地表径流量得到的水源涵养量，评价生态系统水源涵养功能的相对重要程度。降雨量较大、蒸散量及地表径流量较小的区域，水源涵养功能重要性较高。森林、灌丛、草地和湿地生态系统质量较高的区域由于地表径流量小，水源涵养功能相对较高。一般地，将累积水源涵养量最高的前 50% 区域划分为极重要区。在此基础上，结合大江大河源头区、饮用水水源地等边界进行适当修正。

地表径流量指的是降水或融雪强度一旦超过下渗强度，超过的水量可能暂时留于地表，当地表贮留量达到一定限度时，即向低处流动，成为地表水而汇入溪流的水量。地表径流系数是指任意时段内的径流深度（或径流总量）与同一时段内的降水深度（或降水总量）的比值。径流系数说明了降水量转化为径流量的比例，综合反映了流域内自然地理要素对降水 - 径流关系的影响。本例中整理获取得到该区域径流系数，并以“径流系数”字段为符号系统显示分类表达，并打开工具“要素转栅格”，生成径流系数栅格图，如图 3-35 所示。

GZ地类

FID	Shape *	Shape_A	径流
24989	面 ZM	.012417	.600000
14862	面 ZM	.106902	.300000
30465	面 ZM	.195732	.600000
22722	面 ZM	.415911	.600000
22711	面 ZM	.693360	.700000
7545	面 ZM	.75	.5
24948	面 ZM	.900607	.700000
24999	面 ZM	.929609	.700000
4550	面 ZM	1.3125	.5
4547	面 ZM	1.770469	.5
7505	面 ZM	4.692109	.5
25083	面 ZM	5.461578	.5
21023	面 ZM	7.811936	.5
25005	面 ZM	10.29245	.5
4545	面 ZM	11.61167	.700000
25121	面 ZM	13.56895	.600000
134	面 ZM	13.6305	.700000
24866	面 ZM	14.54087	.600000
15304	面 ZM	15.75073	.5
14486	面 ZM	16.31619	.5
7541	面 ZM	16.81519	.700000
15286	面 ZM	17.86573	.600000
24961	面 ZM	18.94668	.600000
7540	面 ZM	19.11981	.700000
22643	面 ZM	19.6309	.600000
24953	面 ZM	20.69162	.600000

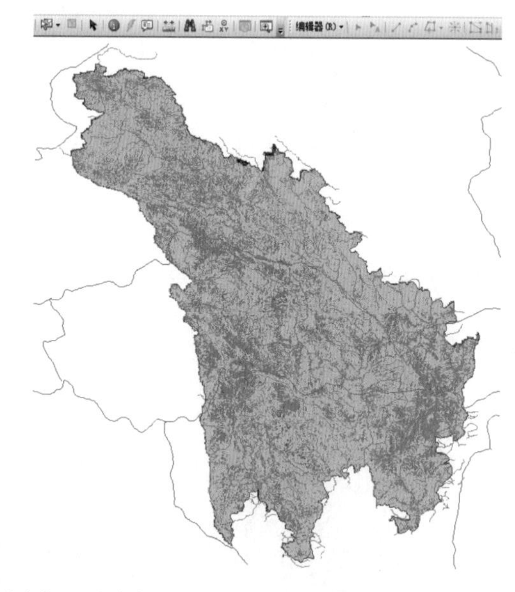

图 3-35 地表径流系数表格与栅格

单击“空间分析工具箱→栅格计算器”，在弹出的“栅格计算器”对话框中进行栅格计算，得到栅格计算结果即为水源涵养功能栅格，如图 3-36、图 3-37 所示。

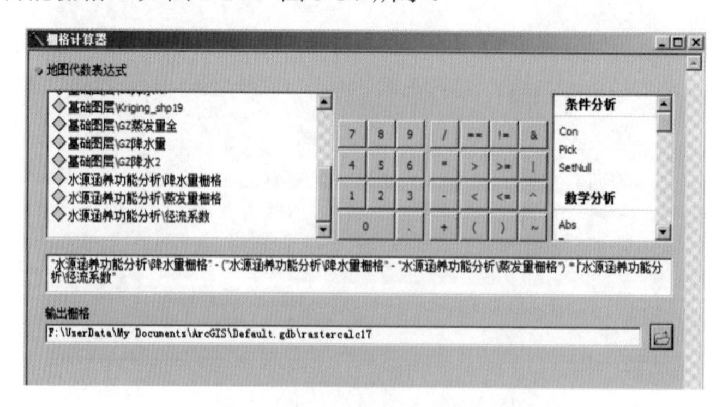

图 3-36 栅格计算器中的计算过程

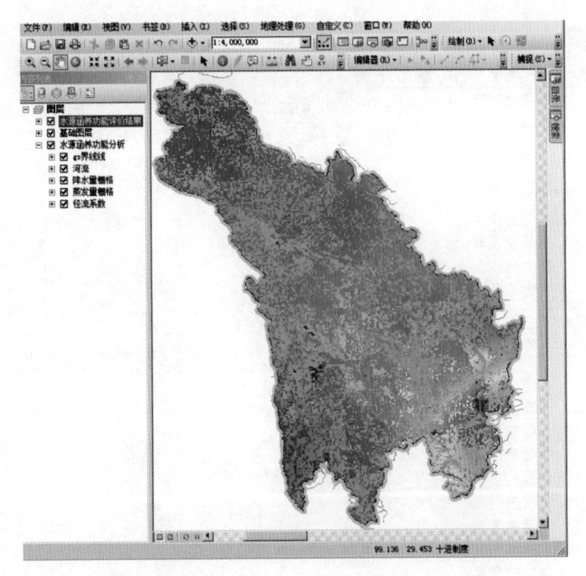

图 3-37 栅格计算后生成的水源涵养功能图

3.5.3 水土保持功能分析

通过生态系统类型、植被覆盖度和地形特征的差异，评价生态系统土壤保持功能的相对重要程度。一般地，森林、灌丛、草地生态系统土壤保持功能相对较高，植被覆盖度较高、坡度较大的区域土壤保持功能重要性较高。将坡度不小于 25 度且植被覆盖度不小于 80% 的森林、灌丛和草地提取为水土保持极重要区域；此范围外，坡度不小于 15 度且植被覆盖度不小于 60% 的森林、灌丛和草地确定为水土保持重要区域。结合水土保持相关规划和专项成果对结果进行适当修正。

（1）添加评价值字段并计算评价值。

打开地表覆盖植被类型及覆盖度图层，单击图层，打开该图层属性表，如图 3-38 所示，查看植被类型和地表覆盖度数据，并根据数据进行分段整理。单击属性表左上角的表选项按钮，在下拉菜单中选择“添加字段”，弹出“添加字段”对话框，在对话框中添加“评价值”字段，设置类型为“短整型”，然后单击“确定”按钮，可以看到属性表中添加了新的“评价值”字段。

单击“评价值”字段，右击，在弹出的快捷菜单中选择“字段计算器”，在弹出的“字段计算器”对话框中进行设置，并输入相关的 Python 代码（Python 的相关知识可参考相关书籍或网络教程）。

（2）根据计算好的属性表评价值字段生成栅格图层。

双击上面计算好的带评价值字段的数据图层，在弹出的属性对话框中进行如下设置（见图 3-39）。

① 在弹出的属性对话框中打开“符号系统”选项卡。

② 在“显示”组合框中选择“类别→唯一值”。

③ 在“值字段”下拉列表框中选择刚才计算好的“评价值”字段。

④ 单击“添加所有值”按钮。

⑤ 在“色带”下拉列表框中选择合适的渲染色带。

GZ地类-覆盖度-覆盖地类

FID	DDMM	类名	覆盖度
0	32	中覆盖度草	.70
1	41	河渠	1
2	12	旱地	.70
3	12	旱地	.70
4	66	裸岩石质地	.10
5	32	中覆盖度草	.70
6	31	高覆盖度草	.70
7	21	有林地	.80
8	66	裸岩石质地	.10
9	22	灌木林	.5
10	32	中覆盖度草	.70
11	22	灌木林	.5
12	12	旱地	.70
13	32	中覆盖度草	.70
14	33	低覆盖度草	.5
15	32	中覆盖度草	.70
16	32	中覆盖度草	.70
17	33	低覆盖度草	.5
18	33	低覆盖度草	.5
19	22	灌木林	.5
20	32	中覆盖度草	.70

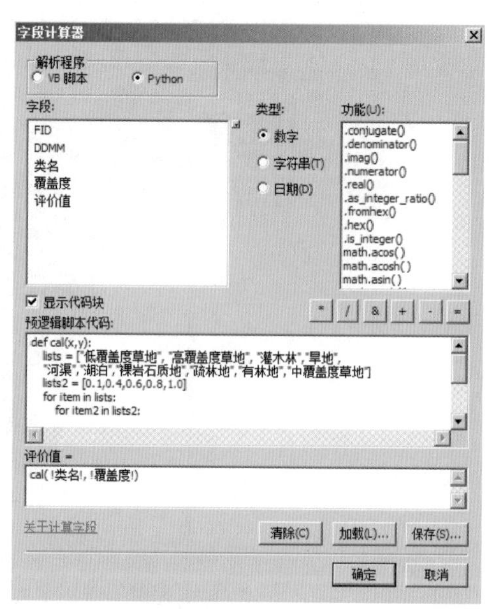

图 3-38 属性表及字段计算器示意图

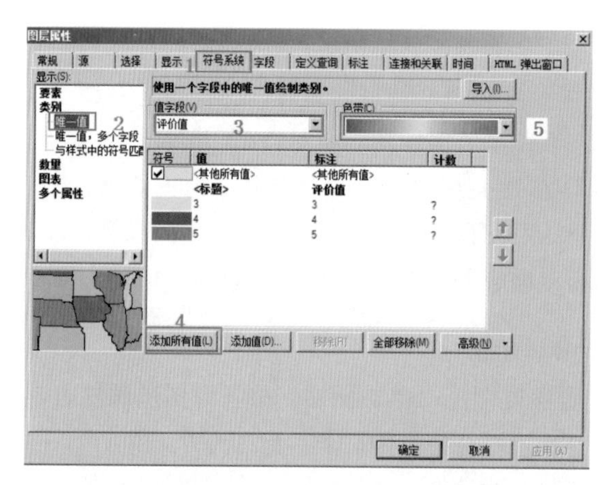

图 3-39 在“图层属性”对话框中设置评价值的可视化表达

同时按下 Ctrl+F 键，弹出“搜索”对话框，在输入框中输入“面转栅格”，单击右侧的“搜索”按钮，在下方搜索出的工具中单击选择“面转栅格”，弹出“面转栅格”对话框，设置“输入要素”“值字段”等（见图 3-40），生成评价栅格，如图 3-41 所示。

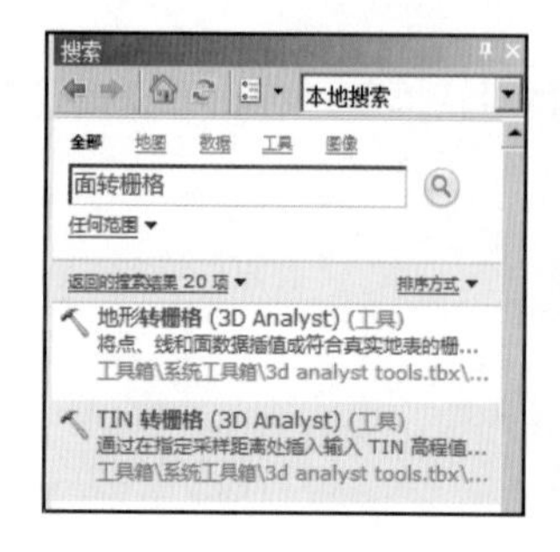

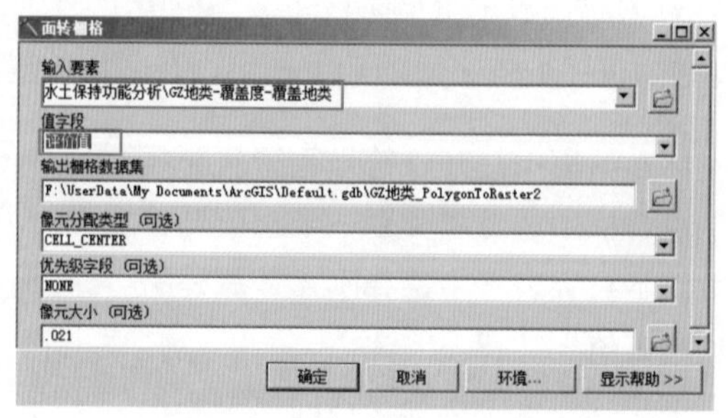

图 3-40 设置面转栅格参数

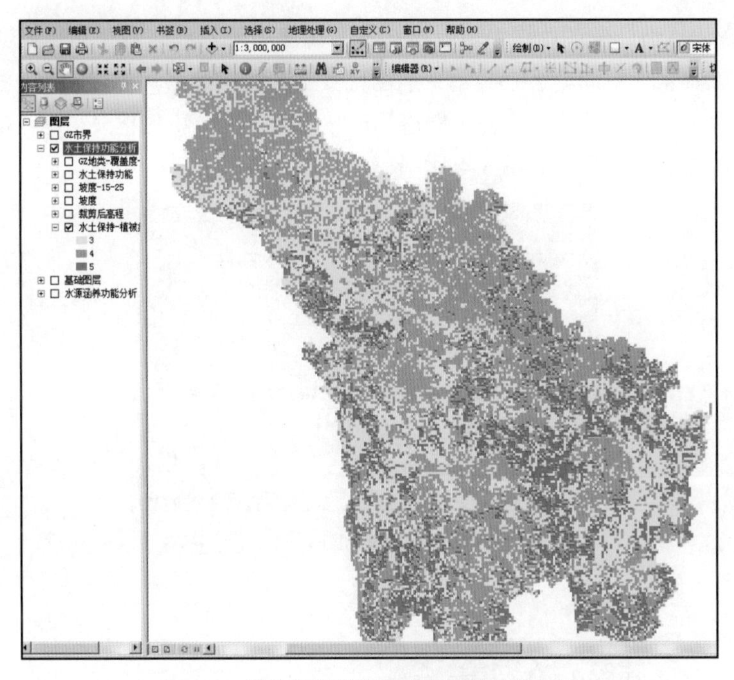

图 3-41　地表植被状况的水土保持功能分析

（3）进行地形坡度分析，并叠加到前面已经生成的“地表植被水土保持功能分析”栅格。

地形分析的方法参见 3.2 节，也可以从卫星图中下载 30m 精度的高程数据，本例中处理数据来源于卫星图下载的高程地形栅格“高程 .TIF”，直接加载高程栅格，再利用 Ctrl+F 快捷键调出“搜索”菜单，输入“坡度”关键词，找到“坡度”工具，在弹出的“坡度”对话框中，指定“高程”栅格，进行输出设置，单击“确定”按钮，生成坡度图，在生成的坡度栅格上按照 15、25 进行栅格重分类，完成坡度栅格的分析，如图 3-42 所示。

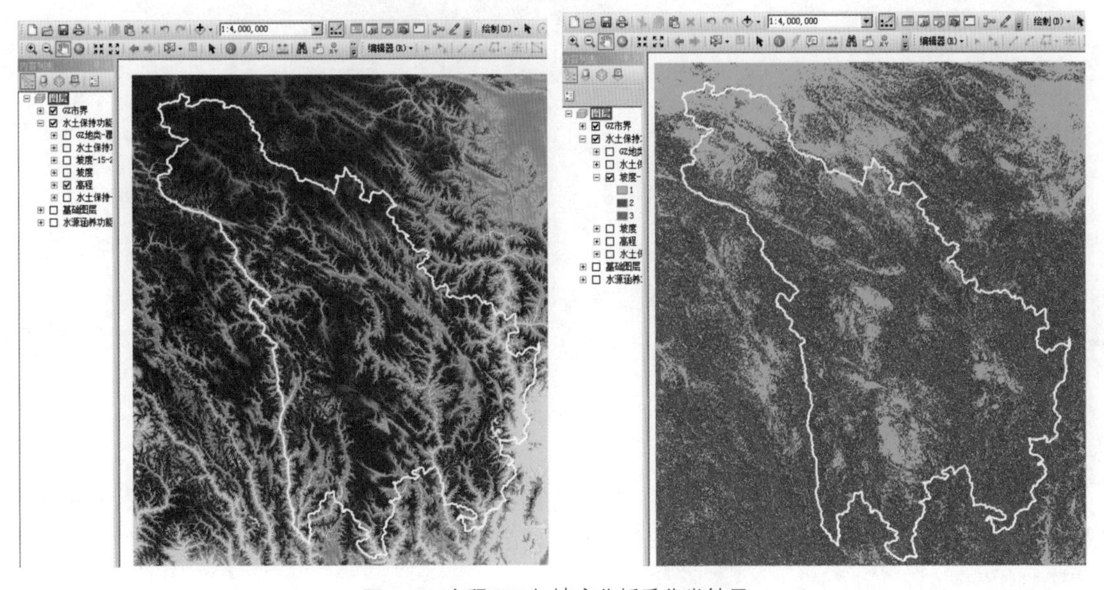

图 3-42　高程 TIF 与坡度分析重分类结果

（4）利用“栅格计算器”叠加计算“地表植被水土保持功能分析栅格”和“坡度栅格”。

依次单击“系统工具箱→空间分析工具箱→地图代数工具集→栅格计算器工具”，弹出“栅格计算器”对话框，在文本框中输入前面生成的坡度分析栅格和植被与覆盖度分析栅格（见图 3-43），再单击“确定”按钮，得到水土保持功能分析结果，如图 3-44 所示。

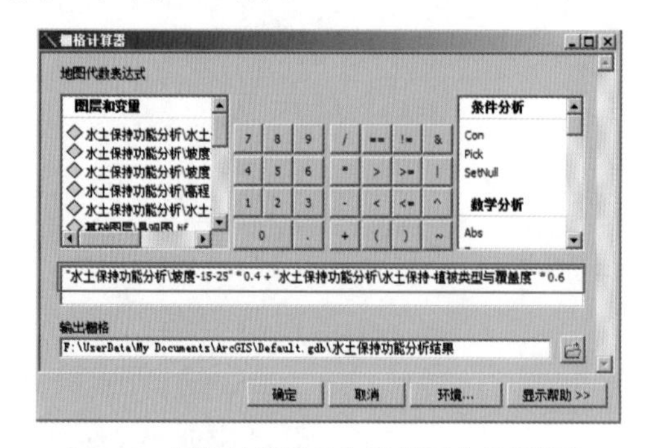

图 3-43 栅格计算器叠加计算两个分析栅格

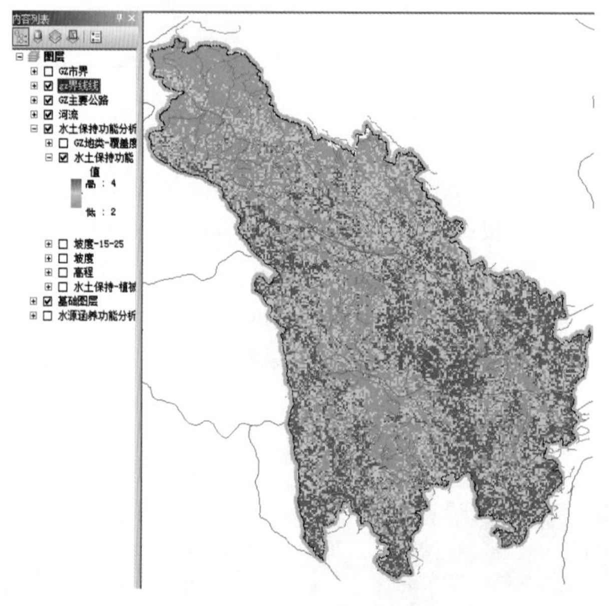

图 3-44 水土保持功能分析结果

3.6 生态敏感性评价

3.6.1 数据准备与生态因子

生态敏感性分析通常情况下可以从地形、植被、水体三个方面开展分析研究。数据需求主要有两类，一是某地区的数字高程模型 TIF 格式或高程数据信息，二是该地区植被覆盖的相关信息 TIF 格式或者要素类。

生态因子的赋值，如表 3-2~ 表 3-4 所示。

表3-2 生态因子及其影响范围所赋属性值表

<table>
<tr><th>生态因子</th><th>二级因子</th><th>分类</th><th>敏感性等级</th><th>权重</th></tr>
<tr><td rowspan="15">地形因子</td><td rowspan="5">坡度（单位：度）</td><td>大于60</td><td>极高敏感</td><td rowspan="5">0.2</td></tr>
<tr><td>45~60</td><td>高敏感</td></tr>
<tr><td>25~45</td><td>中敏感</td></tr>
<tr><td>10~25</td><td>低敏感</td></tr>
<tr><td>0~10</td><td>非敏感</td></tr>
<tr><td rowspan="5">高程（单位：米）</td><td>大于3000</td><td>极高敏感</td><td rowspan="5">0.1</td></tr>
<tr><td>2500~3000</td><td>高敏感</td></tr>
<tr><td>1500~2500</td><td>中敏感</td></tr>
<tr><td>1000~1500</td><td>低敏感</td></tr>
<tr><td>小于1000</td><td>非敏感</td></tr>
<tr><td rowspan="5">坡向</td><td>正北</td><td>极高敏感</td><td rowspan="5">0.1</td></tr>
<tr><td>东北、西北</td><td>高敏感</td></tr>
<tr><td>正东、正西</td><td>中敏感</td></tr>
<tr><td>东南、西南</td><td>低敏感</td></tr>
<tr><td>平地、正南</td><td>非敏感</td></tr>
<tr><td rowspan="2">植被因子</td><td rowspan="2">植被</td><td>0（有植被）</td><td>高敏感</td><td rowspan="2">0.3</td></tr>
<tr><td>-1（裸地）</td><td>非敏感</td></tr>
<tr><td rowspan="7">水体因子</td><td rowspan="2">水系</td><td>1（河流）</td><td>高敏感</td><td rowspan="2">0.2</td></tr>
<tr><td>0（无）</td><td>非敏感</td></tr>
<tr><td rowspan="5">河流缓冲（单位：米）</td><td>大于150</td><td>极高敏感</td><td rowspan="5">0.1</td></tr>
<tr><td>100~150</td><td>高敏感</td></tr>
<tr><td>50~100</td><td>中敏感</td></tr>
<tr><td>25~50</td><td>低敏感</td></tr>
<tr><td>小于25</td><td>非敏感</td></tr>
</table>

表3-3 敏感性量化

敏感性等级	敏感性数值
极高敏感	5
高敏感	4
中敏感	3
低敏感	2
非敏感	1

表3-4 敏感性等级分类方法

敏感性数值区间	敏感性等级
大于4，小于等于5	极高敏感
大于3，小于等于4	高敏感
大于2，小于等于3	中敏感
大于1，小于等于2	低敏感
大于等于0，小于等于1	非敏感

3.6.2 生态单因子评价

生态敏感性评价首先对地形因子、植被因子和水体因子进行单因子评价，具体步骤如下。

（1）加载区域地形数据、植被数据和水体数据。本例中加载高程 .tif、GZ 土地利用 .shp 和河流 .shp 三个数据，如图 3-45 所示。

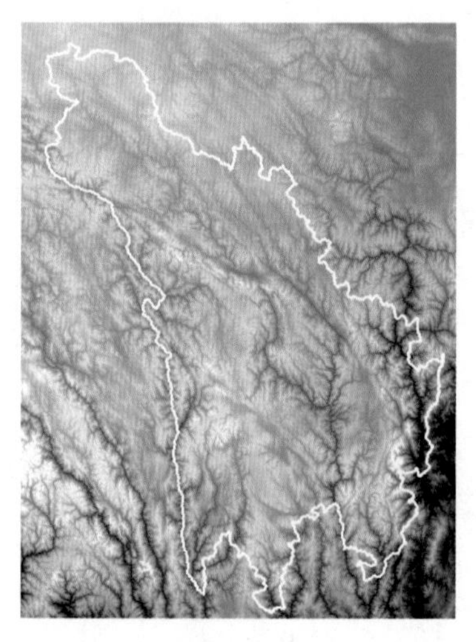
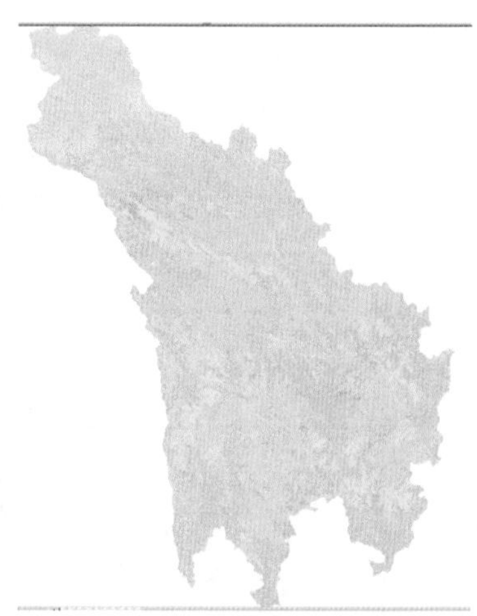

图 3-45 高程、植补和水系数据加载

（2）坡度因子敏感性分级。在“空间分析工具箱”中找到“表面分析”工具集下的“坡度”工具，双击弹出坡度工具对话框，在“输入栅格”中选择刚才加载的高程 .tif 文件，指定输出栅格，单击“确定”按钮，即生成坡度栅格图。接下来，对生成的坡度栅格图进行重分类，在“3D 分析工具箱”中找到“栅格重分类”工具集下的“重分类”工具，双击弹出重分类对话框，按照表 3-2 所示的坡度分级进行设置（见图 3-46），单击“确定”按钮，生成坡度敏感值栅格图层，如图 3-47 所示。

（3）高程和坡向敏感性分级。利用同样的方法，对高程 .tif 栅格按照表 3-2 中对高程和坡向的分级进行重分类，得到高程敏感值栅格和坡向敏感值栅格，如图 3-48、图 3-49 所示。

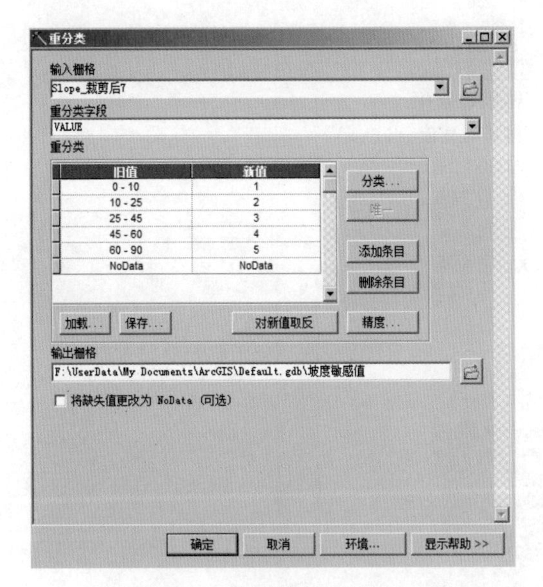

图 3-46 “重分类”对话框

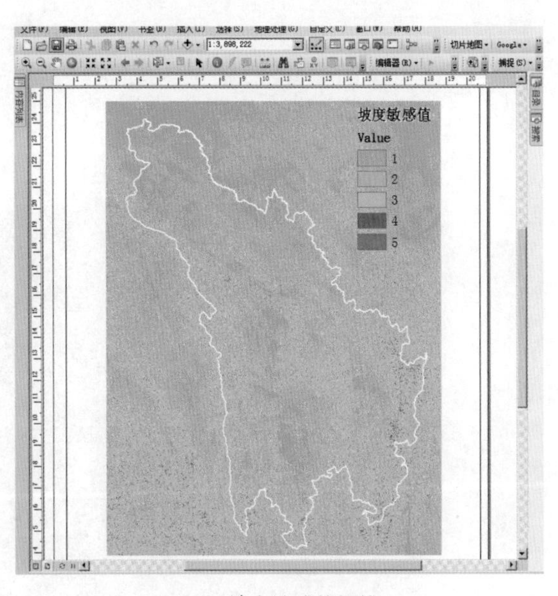

图 3-47 坡度敏感值栅格

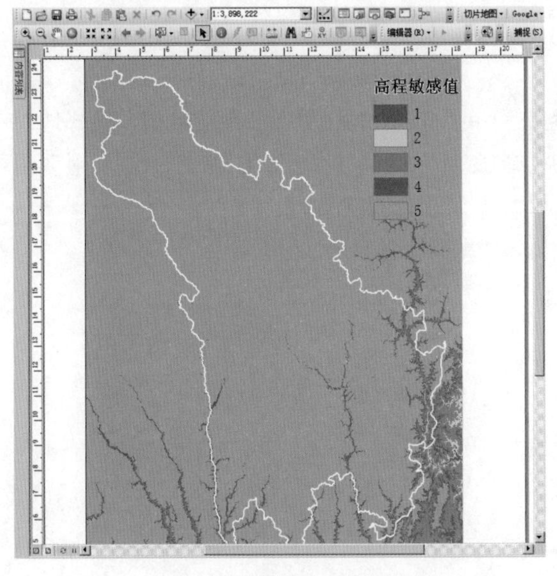

图 3-48 高程敏感值栅格

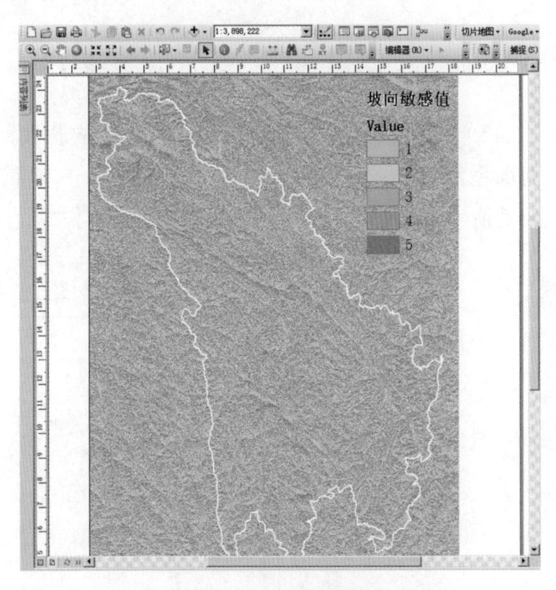

图 3-49 坡向敏感值栅格

（4）地表植被敏感性分级。右击已加载的“GZ 土地利用”图层，打开属性表，添加“生态敏感因子”字段。单击“按属性选择”按钮，选择所有有植被覆盖的图斑，单击“应用”按钮退出按属性选择对话框。右击“生态敏感因子”字段，选择字段计算器，在弹出的字段计算器对话框中输入“高敏感”。再在“GZ 土地利用”图层属性表中选择无植被覆盖的图斑，用字段计算器赋值为“非敏感”（此处字段计算器操作，也可以使用 VB 脚本和 Python 语言代码块进行赋值）。赋值完成后，使用“要素转栅格”工具将“GZ 土地利用”按照“生态敏感因子”字段转为评价栅格，转换结果如图 3-50 所示。

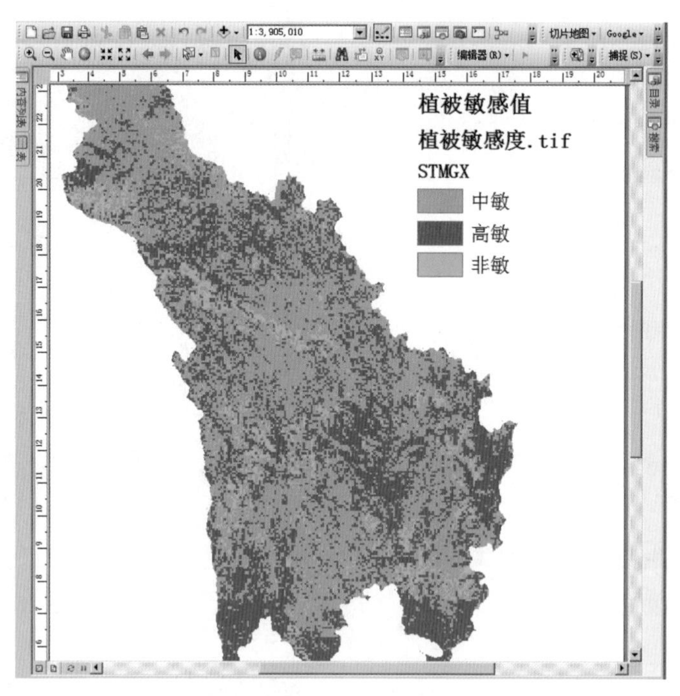

图 3-50 植被敏感值栅格

（5）水系水体敏感性分级。水系水体敏感性分析也是利用“GZ 土地利用”面图层数据，选择地表覆盖为水系水体的图斑，赋值为“高敏感”，其他赋值为“非敏感”。再将赋好值的“GZ 土地利用”图层按照赋值字段转换为栅格数据，得到如图 3-51 所示的结果。

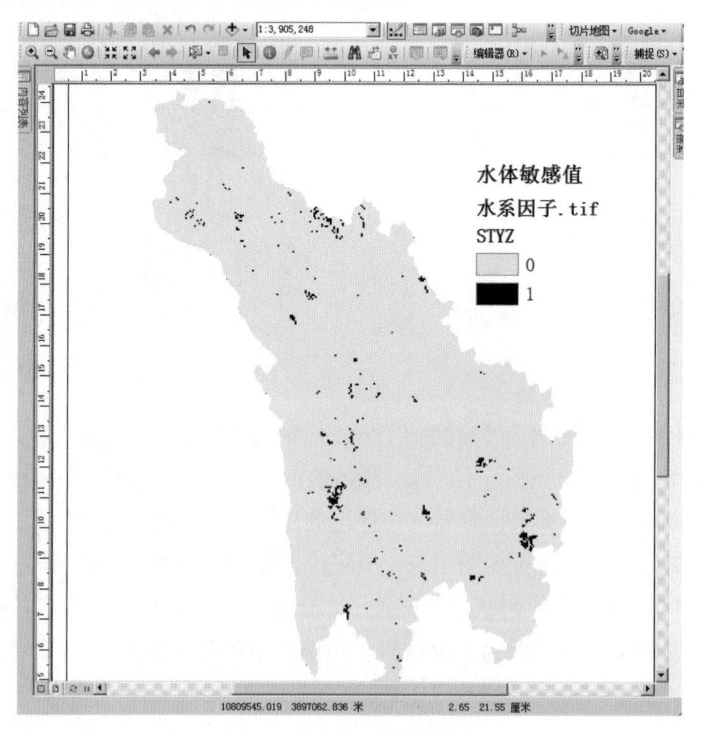

图 3-51 水体敏感值栅格

（6）河流缓冲分级。本例中已获得了河流要素类，如果没有河流要素类，就需要进行水文分析，生成河流要素类。找到“分析工具箱”中的“邻域分析”工具集下的“多环缓冲区”工具，双击弹出“多环缓冲区”对话框，按照表 3-2 中的缓冲分级距离设置多环缓冲距离，如图 3-52 所示。然后根据表 3-2 设定的值对缓冲得到的要素类添加值字段，并赋值，之后以值字段进行要素转栅格，得到河流缓冲分级栅格，如图 3-53 所示。

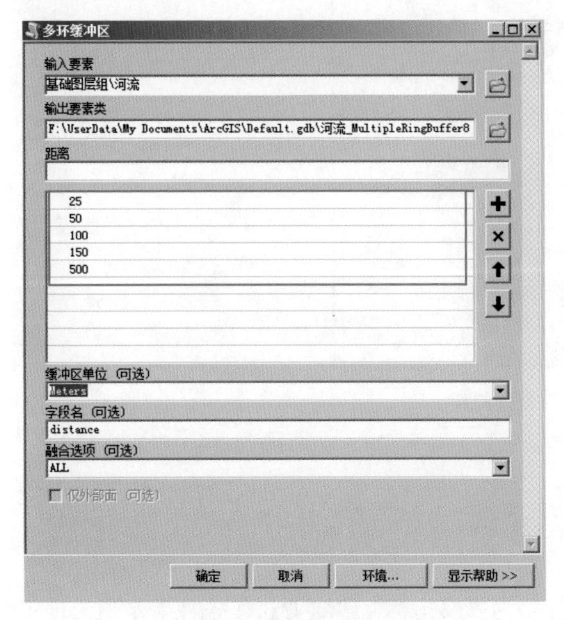

图 3-52　河流多环缓冲设置

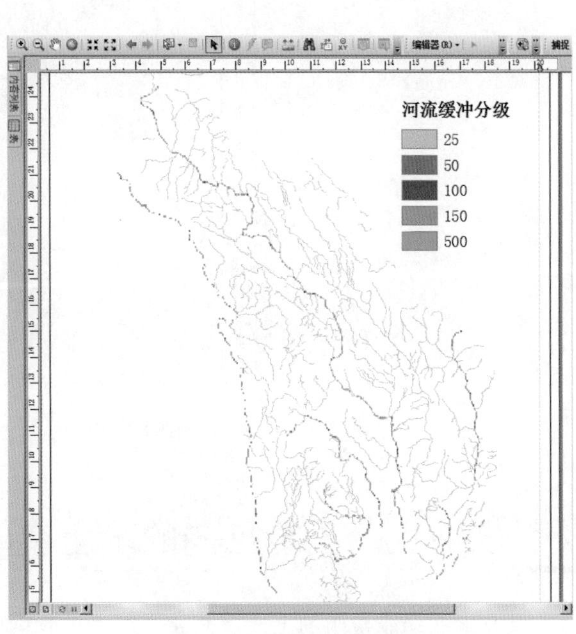

图 3-53　河流缓冲分级栅格

3.6.3　多因子集成评价

将前面单因子分析的栅格按照表 3-3 设定的值进行加权叠加（栅格计算器中的设置如图 3-54 所示），叠加生成的集成栅格再按照表 3-4 设定的值进行栅格重分类，最终得到生态敏感性评价栅格，如图 3-55 所示。

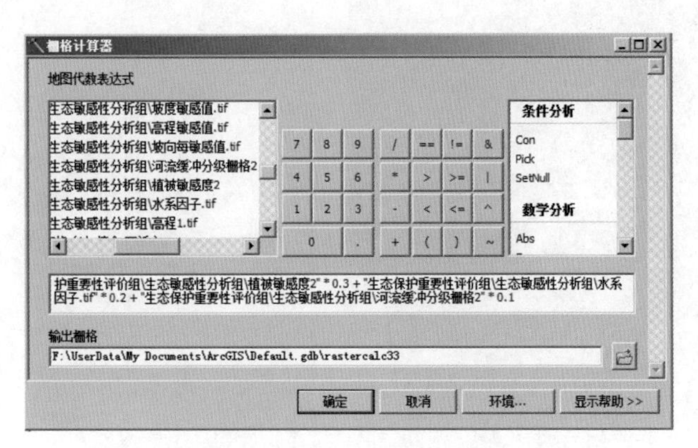

图 3-54　多因子集成参数设置

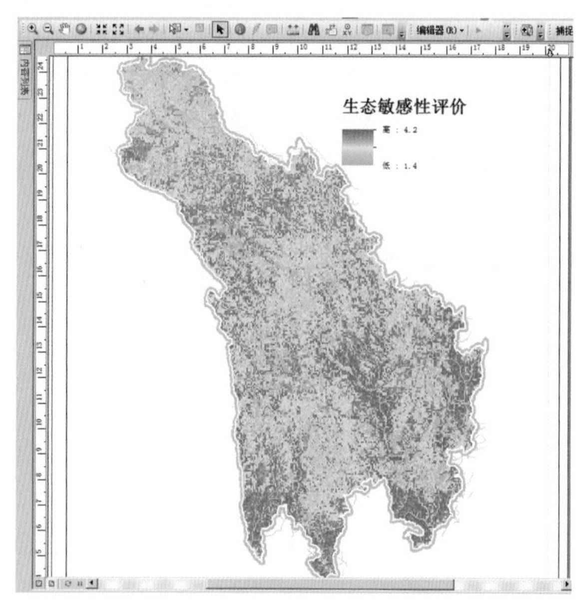

图 3-55 生态敏感性评价最终结果

3.7 农业生产功能指向的国土空间评价

农业生产功能指向的土地资源评价以“农业耕作条件”为主要指标，“农业耕作条件”是指土地资源用于农业生产的适宜开发利用程度，需满足一定的坡度、土壤质地等条件。评价时需扣除河流、湖泊及水库水面区域。评价公式为：农业耕作条件 = f（坡度，土壤质地）。

（1）第一步：导入数据，某区域 DEM（数字高程模型）和土壤质地数据，如图 3-56 所示。

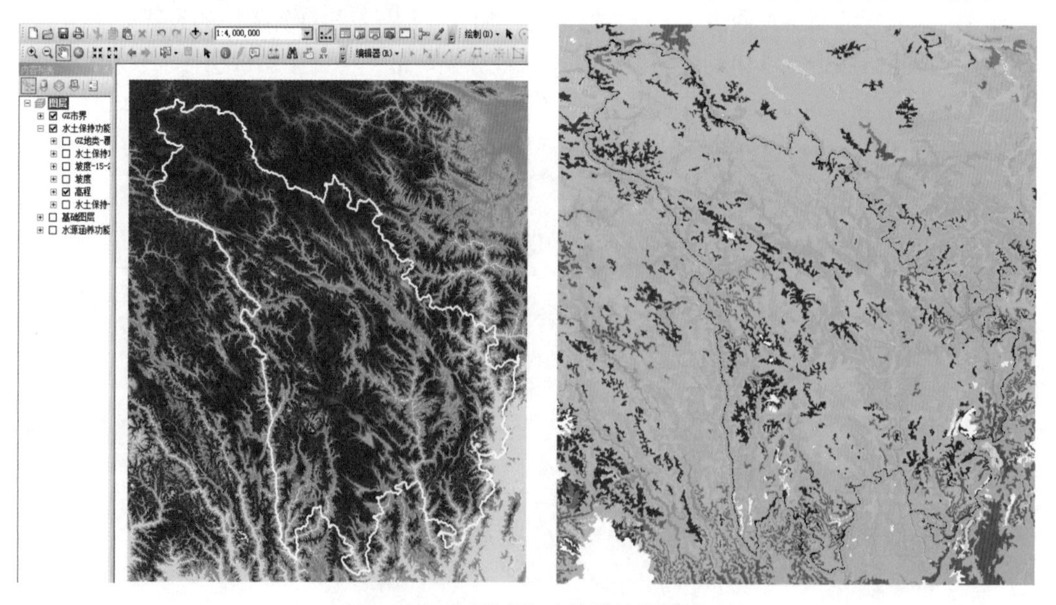

图 3-56 DEM 数据与土壤质地数据图

（2）第二步：坡度要素分析。

利用 DEM 计算地形坡度，按小于等于 2°、2°~6°、6°~15°、15°~25°、大于 25° 划分为平地、平坡地、缓坡地、缓陡坡地、陡坡地 5 个等级，生成坡度分级图。打开“空间分析工具箱→表面分析→坡度分析”，生成坡度分析图，调整符号化系统，分为 5 级，如图 3-57 所示。

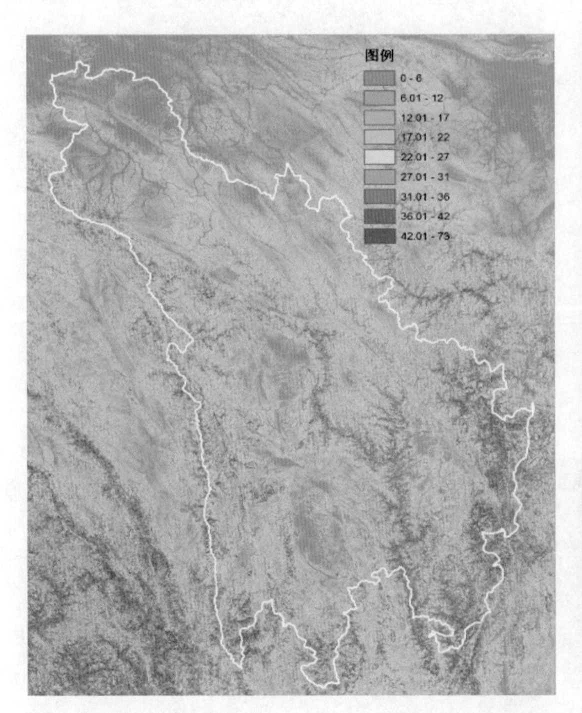

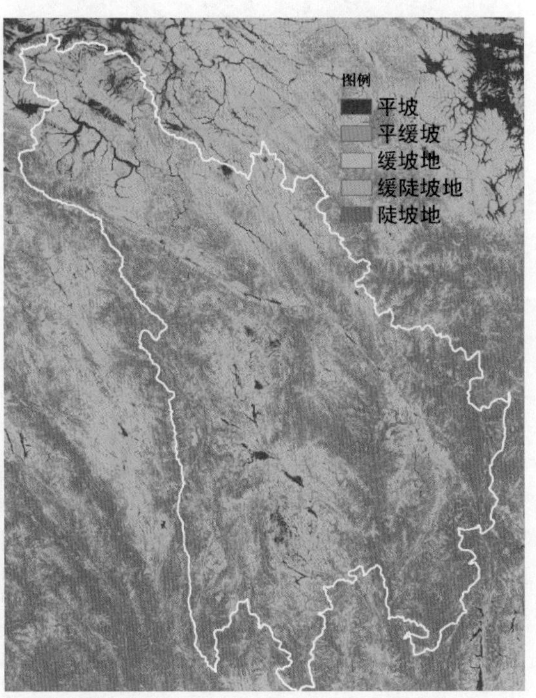

图 3-57 自然坡度图与重分类坡度图

（3）第三步：基于坡度要素进行评价。

以坡度分级结果为基础，结合土壤质地，划分农业耕作条件高、较高、中等、较低、低 5 个等级。将土壤的粉砂含量大于等于 80% 区域的农业土地资源直接取最低等；对于粉砂土含量大于等于 60% 而小于 80% 的区域，将坡度分级降 1 级作为农业土地资源等级。首先，将坡度分级结果分为 1~5，平地值为 1、陡坡地值为 5，命名为“坡度分级图”，如图 3-58 所示。

要根据土壤的粉尘含量来对坡度分级进行调整，就需要“叠加分析计算”。根据要求，利用栅格重分类工具将土壤质地数据分为 3 类：粉尘含量大于 80% 的土地值为 -1，粉砂土含量大于等于 60% 而小于 80% 的区域值为 0，粉尘含量小于 60% 的区域值为 1，命名为“土壤质地重分类”，如图 3-58 所示。

然后，将“坡度分级图”和“土壤质地重分类”进行相乘运算，结果命名为“叠加计算”，如图 3-59 所示。在所得结果中，小于 0 的值即为坡度数据中粉尘含量大于 80% 的区域，直接定为最低级，5 级；值等于 0 的区域，即为坡度数据中粉尘含量在 60% 到 80% 之间的区域，应相应降一级；值大于 0 的数据，即为坡度数据中粉尘含量小于 60% 的区域，不做调整。

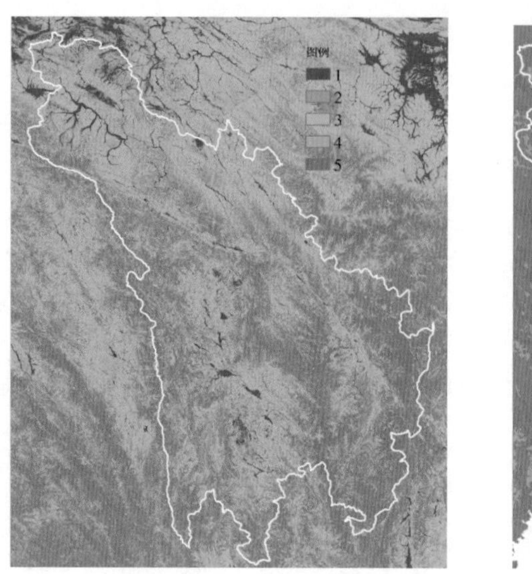

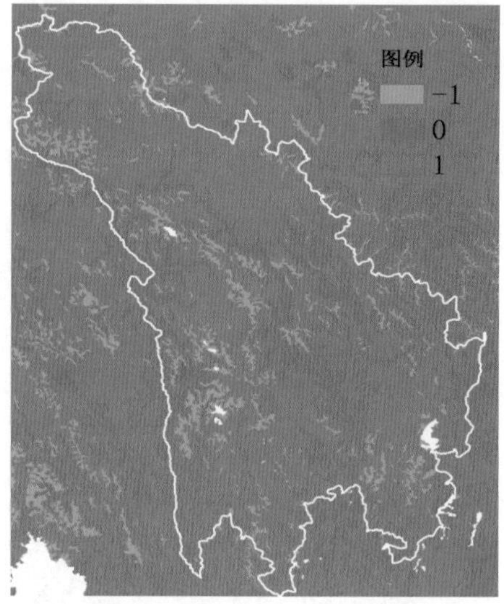

图 3-58 坡度分级图与土壤质地重分类图

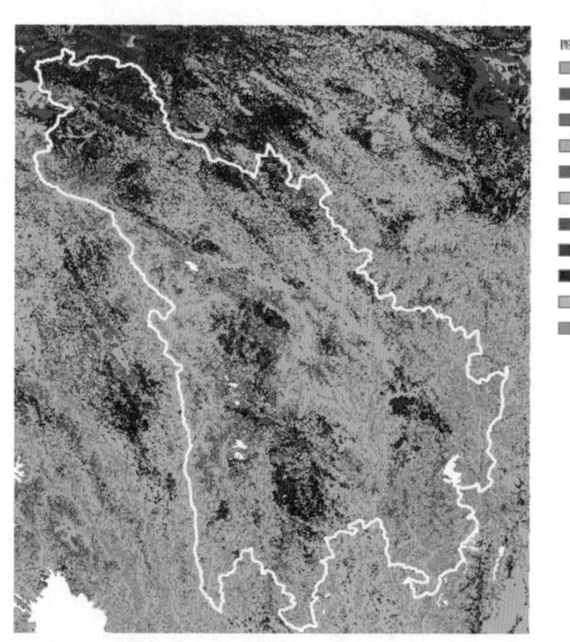

图 3-59 土壤质地与坡度相乘结果图

接下来，利用栅格计算器或栅格重分类工具提取出“叠加计算”中值小于 0 的数据，结果命名为“最低级”，直接赋值为“5”，如图 3-60 所示。

继续进行叠加计算分析，利用栅格计算器或栅格重分类工具提取出“叠加计算”中值为 0 的区域，命名为“零值区域”，赋值为 1，如图 3-61 所示。

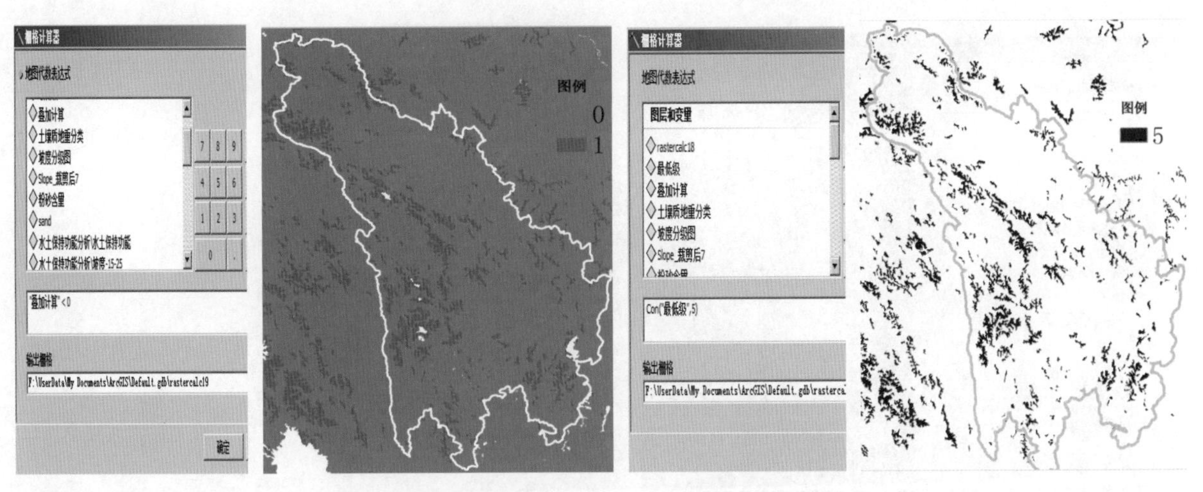

图 3-60 提取小于 0 的栅格数据并赋值为 5

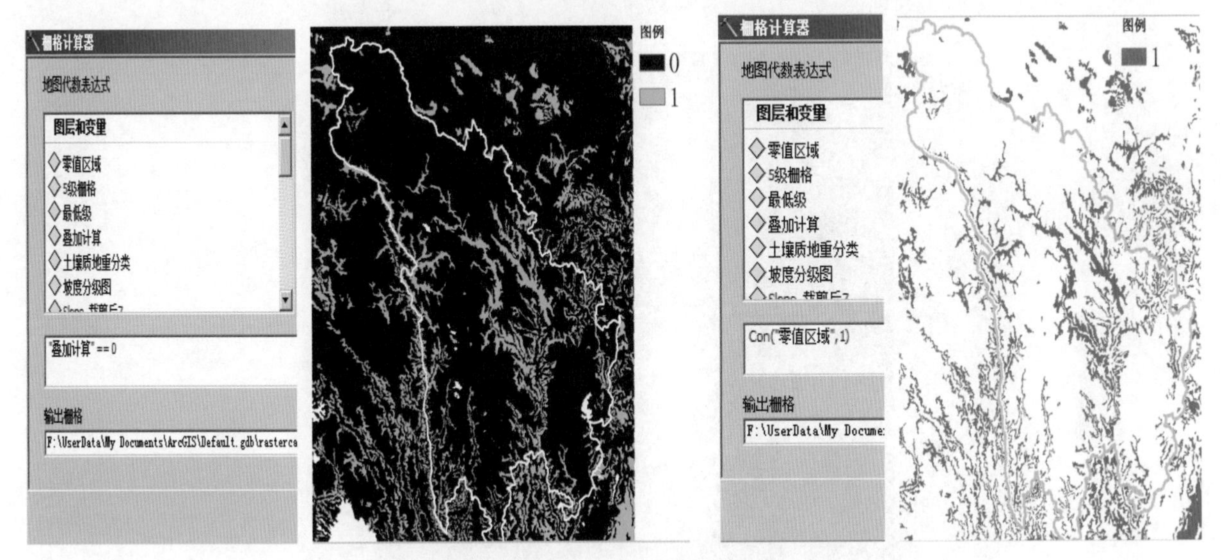

图 3-61 提取等于 0 的栅格数据并赋值为 1

然后，将“零值区域”与“坡度分级图”相加，得到需要降级的坡度数据，命名为“降级区域”。再将“降级区域”数据中的值“6”调整为“5”（因为“5”是最低级），命名为“降级区域 1”，如图 3-62 所示。

接下来，将之前“叠加计算”中大于 0 的值提取出来，命名为“未降级区域”，这样就得到了三组数据，分别是未降级区域、降级区域、最低级区域。

通过多次的“叠加分析计算”到这一步，“土壤条件评价”已经赋值完成，接下来把 3 张栅格数据合并到一起，进行结果输出。合并栅格的方法很多，这里使用“镶嵌数据集”进行合并，结果如图 3-63 所示。

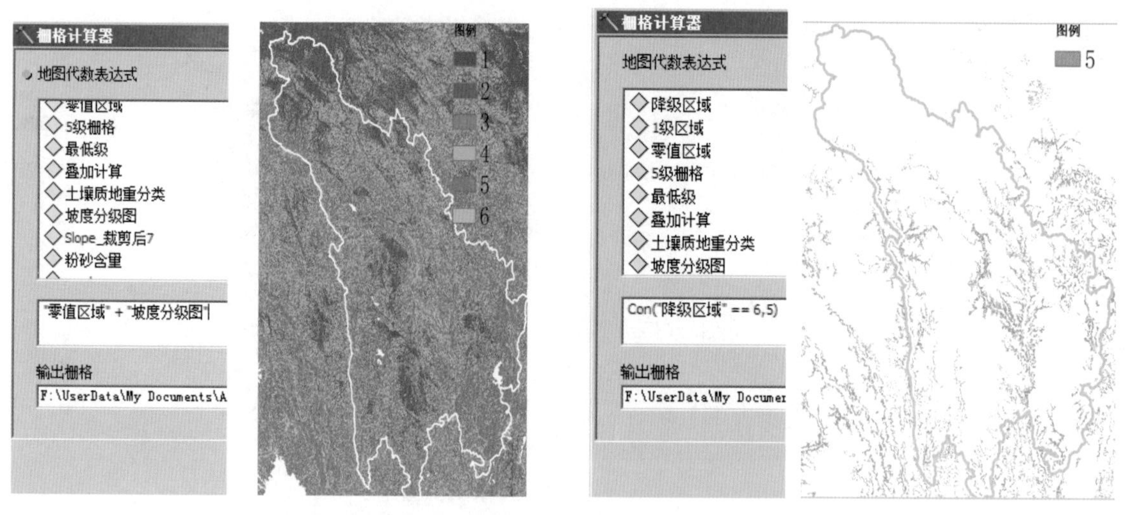

图 3-62 降级区域与降级处理过程图

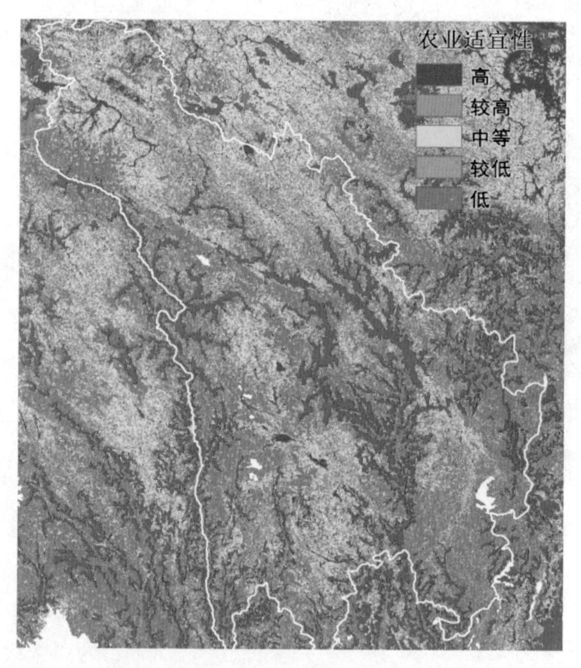

图 3-63 使用“镶嵌数据集”合并后的结果

3.8 城镇建设功能指向的国土空间评价

城镇建设功能指向的国土空间资源评价主要考虑“城镇建设条件”。“城镇建设条件”是指城镇建设的土地资源适宜建设程度，需满足一定的坡度、高程条件。对于地形起伏剧烈的地区（如西南地区），还应考虑地形起伏度指标。计算公式为：城镇建设条件 = f（坡度，高程，地形起伏度）。

第一步同样是进行坡度要素分析，利用 DEM 计算地形坡度，一般按小于等于 3°、3°~8°、8°~15°、

15°~25°、大于 25° 生成坡度分级图。

第二步是土地资源评价与分级。以坡度分级结果为基础，结合高程，划分城镇建设条件为高、较高、中等、较低、低 5 个等级。将高程大于等于 5000m 区域的城镇土地资源等级直接取最低等级；高程在 3500~5000m 之间的，将坡度分级降 1 级，作为城镇土地资源等级。（如果高程没达到这个高度，可以不考虑。）

第三步是地形复杂地区评价结果修正。在地形起伏剧烈的地区，进一步通过地形起伏度指标对城镇土地资源等级进行修正。利用 DEM 邻域分析功能计算地形起伏度，邻域范围通常采用 20 公顷左右（如 50m×50m 栅格建议采用 9×9 邻域，30m×30m 栅格建议采用 15×15 邻域），对于地形起伏度大于 200m 的区域，将评价结果降 2 级，作为城镇土地资源等级；地形起伏度在 100~200m 之间的，将评价结果降 1 级作为城镇土地资源等级。

总体来讲，城镇建设条件的评价方法与农业耕作条件的评价方法基本一致，核心技术就是“叠加分析计算”（前面章节已经进行详细的阐述）。掌握了这种方法，在国土空间规划分析评价的工作中就可以大显身手了。

3.9 标准制图与地图输出

3.9.1 为图面添加文字注记

将标注转换为注记时，要做出的主要选择是将注记存储在地图文档中还是地理数据库中。当处理文本数量少、GIS 工作环境单一时，适合将注记存储在地图文档中，而存储在地理数据库的注记要素类则适应相反的情况。下面以在 ArcGIS 中制作规划图为例介绍标注制图与地图输出。

1. 从湘源控规 6.0 中提取文字

在湘源控规 6.0 中打开用地布局图，单击“指标→提取文字”，选择用地代码为提取内容。生成地块线，整理用地代码的位置，尽量使用地代码在地块线居中放置，再将地块线和用地代码单独另存为“规划图 .dwg”，如图 3-64 所示。

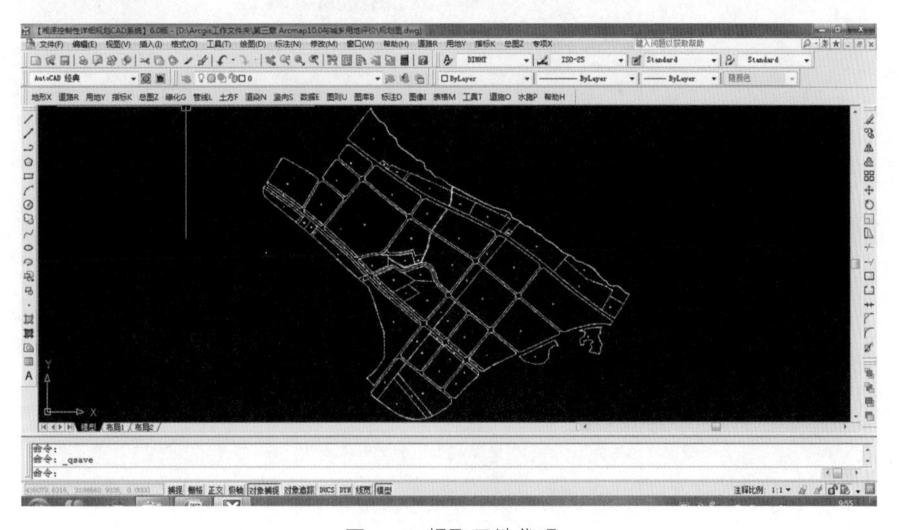

图 3-64 提取用地代码

2. 在 ArcMap 创建用地

打开 ArcMap，加载“规划图 .dwg”，将“规划图 .polyline”转换为面。

在上一步的基础上右击该面要素，选择“连接和关联→连接”，接着选择“另一个基于空间位置的图层的连接数据”，并将“规划图 .dwg Annotation”作为要连接的图层，再选中指定与边界最近点的所有属性对应的单选项，得到连接标注字段的面要素“规划用地 .shp”，如图 3-65、图 3-66 所示。

图 3-65 选择连接菜单

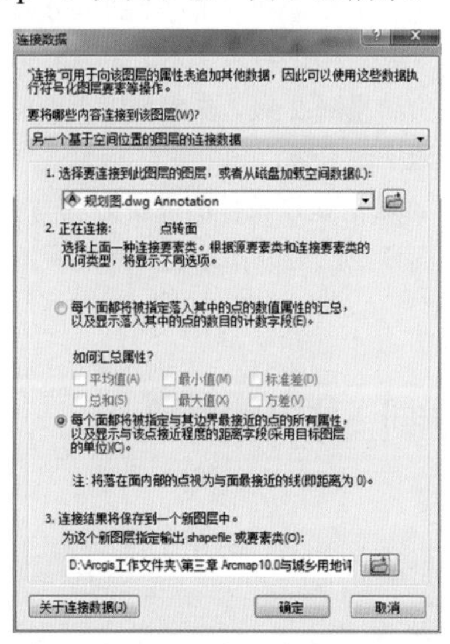

图 3-66 连接标注字段所在图层到图层

3. 将注记存储在地图文档中

将标注转换为注记之前需要注意 3 个比例：当前地图比例、数据框比例和注记参考比例。

缩放图纸到合适的比例，右击绘图区空白处，选择“属性”，在“常规”选项卡中设置地图单位为米、数据框比例为当前比例，在“数据框”选项卡设置范围为固定范围，如图 3-67 所示。

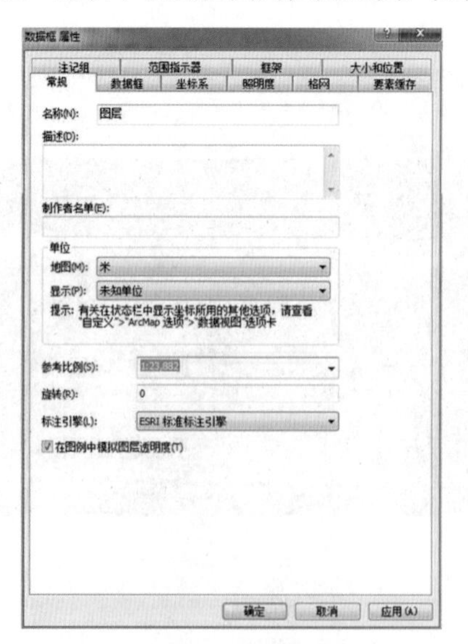

图 3-67 设置地图比例和数据框参考比例

右击“规划用地 .shp”，选择“属性→标注”，选择“标注规划用地 .shp”的 RefName 字段，并设置标注大小、位置和外观（所创建的注记的大小和位置与转换的标注相同）。在内容列表中右击该要素，选择将标注转换为注记。转换后可双击放置好的注记进行大小、位置和外观的调整，如图 3-68 所示。

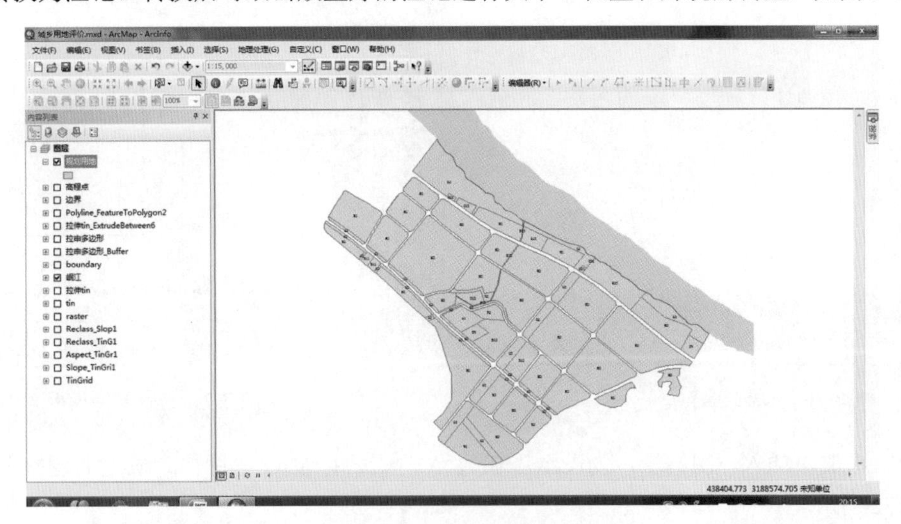

图 3-68 将标注转换为注记

3.9.2 符号化表达数据的内容

右击“规划用地 .shp”，单击“属性”，打开“符号系统”选项卡，单击“类别→唯一值”，选择 RefName 为值字段并添加所有值。按照《城市规划制图标准》修改对应用地的显示颜色，确定后得到规划用地符号化显示结果，继续加载道路和电力线等要素，完善用地布局图，如图 3-69 所示。

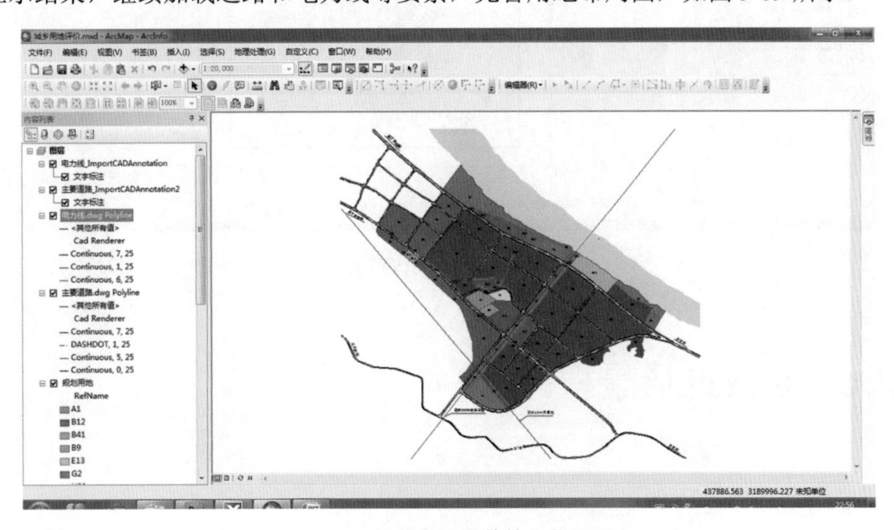

图 3-69 用地布局图的符号化显示

3.9.3 制作完整的图纸

单击进入绘图窗口左下角的布局视图，选择布局工具条中的“更改布局”，打开“Traditional

Layouts”选项卡，选择 LetterLandscape.mxd 模板，单击“确定”按钮，如图 3-70、图 3-71 所示。

图 3-70 布局工具条

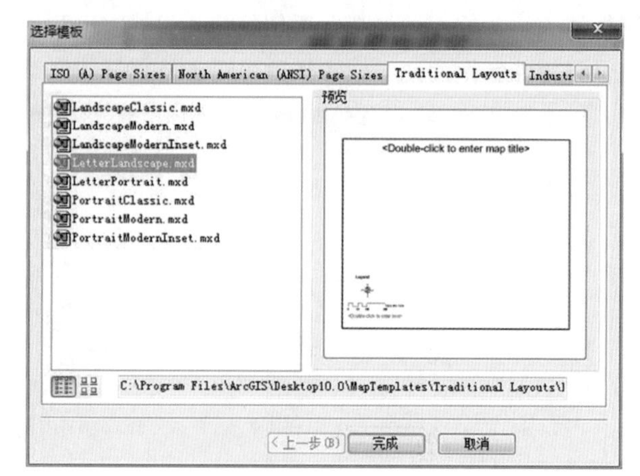

图 3-71 选择制图模板

单击菜单栏中的“插入→图例”，为图纸添加边界、岷江和 raster 等图例，确定后调整图例的位置和大小，如图 3-72 所示。

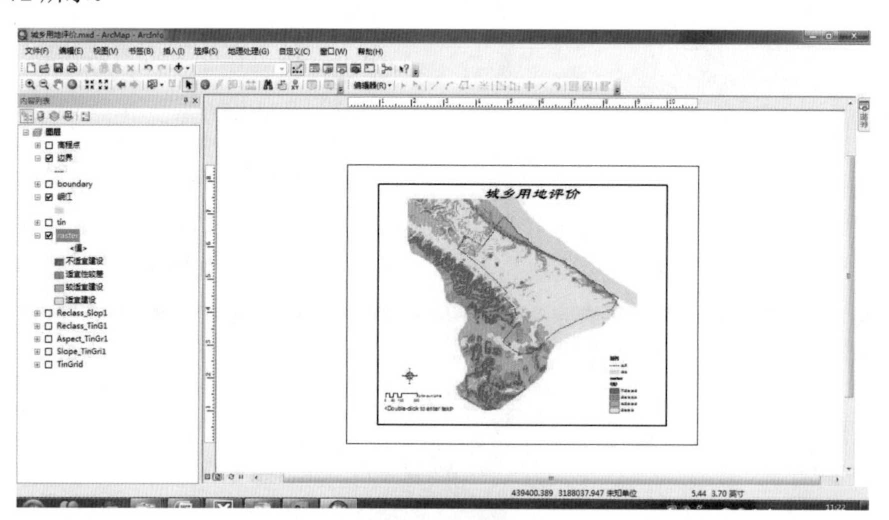

图 3-72 制作完整的图纸

3.10 ArcScene 三维场景模拟

3.10.1 创建地表面

打开 ArcScene，添加 tin 数据，使用导航工具选择合适的视角显示，如图 3-73 所示。

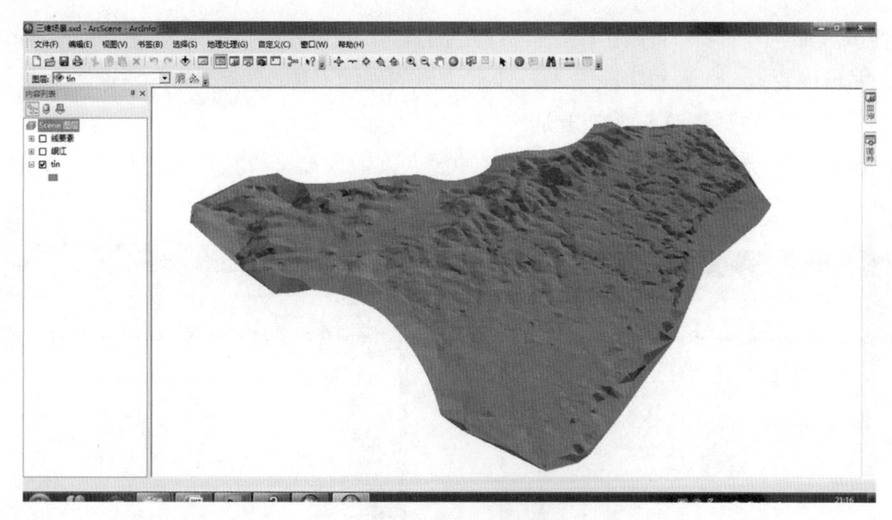

图 3-73　创建地表面

3.10.2 地表面的可视化

添加“岷江 .shp”和“边界 .shp”等要素，在内容列表中右击该要素，选择“属性”命令，打开“基本高度”选项卡，选择“浮动在自定义表面上”和“没有基于要素的高度”，获取地表面的高程，使地表面内容更加丰富直观，如图 3-74 所示。

图 3-74　地表可视化

3.10.3 制作 3D 规划图

前面所创建的地表面不是 3D 立体的地表面，制作 3D 规划图需要创建多面体。

单击“Arctoolbox→转换工具→转出至地理数据库（Geodatabase）→要素类至要素类”，输入 tin 软裁剪要素 boundary.shp，创建新文件地理数据库作为输出位置，输出要素类名称指定为“拉伸多边形”，禁用环境设置中的 Z 值，如图 3-75 所示。

打开“拉伸多边形”属性表，新建字段，命名为“高程”，并设置类型为双精度。单击编辑器工具下“开始编辑”菜单，编辑该要素，在高程字段输入拉伸多边形的底面高程 270.8。单击编辑器工具下“停止编辑”菜单，弹出“是否保存”对话框时，再单击是。

单击“Arctoolbox →分析工具→邻域分析→缓冲区”，输入要素“拉伸多边形”，指定要素输出位置并设定缓冲距离为 1 米，如图 3-76 所示。

图 3-75 “要素类至要素类”对话框

图 3-76 “缓冲区”对话框

单击“Arctoolbox → 3D Analyst 工具→ TIN 管理→创建 TIN”，输入要素“拉伸多边形 _Buffer”，设置 height_field 字段为“高程”、SF_type 为“硬断线”；输入要素“boundary”，设置 height_field 字段为“None”、SF_type 为“软裁剪”；设置输出 TIN 为“拉伸 tin”。

单击“Arctoolbox → 3D Analyst 工具→ Terrain 和 TIN 表面→在两个 TIN 之间拉伸”，输入两个要拉伸的 TIN，并输入面要素“拉伸多边形 _buffer”，得到拉伸多面体，如图 3-77 所示。

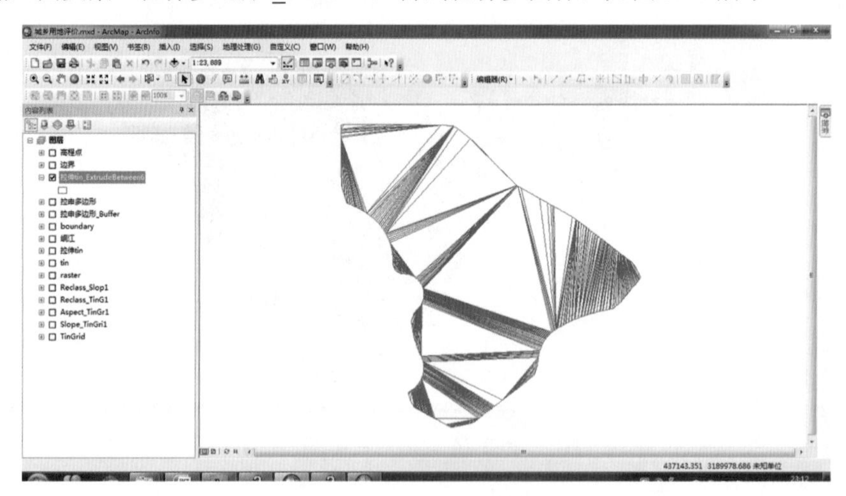

图 3-77 生成拉伸多面体

打开 ArcScene，加载拉伸多面体“拉伸 tin_ExtrudeBetween6”，打开“图层属性→基本高度”选项卡，选择“没有从表面获取的高程值”和“使用图层要素中的高程值”。打开“渲染”选项卡，设置拉伸多面体的绘制优先级低于地表面 TIN 的绘制优先级，以使地表面贴合在拉伸多面体之上。

添加含有用地性质属性的“规划用地”面要素图层（添加含有用地性质属性的用地要素的方法参考 3.10.4 小节）。右击“规划用地”，打开“图层属性”选项卡，再切换到“基本高度”选项卡，选择“浮动在自定义表面上”和“没有基于要素的高度”。

切换到“符号系统”选项卡，单击“类别”，选择“唯一值”，再选择值字段“用地代码”，然后单击“添加所有值”按钮，并按照制图规范选择各类用地的颜色，效果如图 3-78 所示。

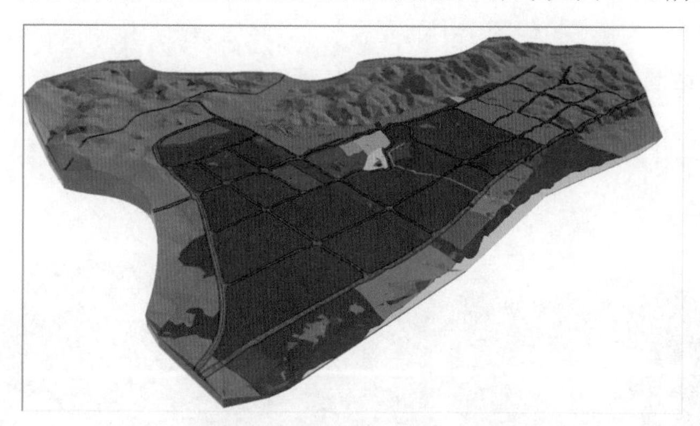

图 3-78　3D 规划图显示结果

3.10.4　创建三维建筑和场景

ArcGIS 可以根据建筑外轮廓线和建筑高度快速生成建筑立体模型（简称二维半模型）。在模拟大型城市场景时，由于建筑数量众多，工作量很大，ArcGIS 二维半建模方式速度快、效率高，非常适合大范围的城市建筑环境模拟和整体景观的分析。

打开 ArcMap，加载标注有层数的 DWG 文件“建筑轮廓”，将建筑外轮廓转换为面要素“建筑平面”。

右击“建筑平面”，先选择“连接和关联”和“另一个基于空间位置的图层的连接数据”，再选择“建筑轮廓 .dwg Annotation”作为要连接到建筑平面层的图层（建筑轮廓注记层），然后选择与边界最接近的点的所有属性对应的连接方式，将建筑层数标注连接到建筑平面图层，并命名为“建筑平面（层数）”。

因为上一步连接的层数字段类型为“文本”，不适于后面需要计算的步骤，所以需要新建一个“建筑层数”字段，并设置字段类型为“短整型”，如图 3-79 所示。

右击新建的“建筑层数”字段，选择“字段计算器”，在弹出的“字段计算器”对话框中设置“建筑层数”等于“Text”，如图 3-80 所示。

图 3-79　添加字段

图 3-80　字段计算器

在前面的基础上，打开 ArcScene，加载 TIN 图层和“建筑平面（层数）”图层。

右击“建筑平面（层数）”图层，选择“属性”，显示“图层属性”对话框。切换到“基本高度”选项卡，选择“浮动在自定义表面上”和“没有基于要素的高度”，使房屋浮动到地表面上。

切换到“拉伸”选项卡，勾选“拉伸图层中的要素…”，然后单击“拉伸值或表达式”栏的计算机按钮，显示“表达式构建起”对话框，在“表达式”栏中输入“[建筑层数]*3.5”（3.5 作为建筑层高的大致高度），单击“确定”按钮。

切换到“渲染”选项卡，勾选“相对于场景的光照位置为面要素创建阴影”，单击“确定”按钮，得到的效果如图 3-81 所示。

图 3-81 拉伸出二维半建筑的效果

添加河流水系、规划道路、规划范围线等要素图层，并为这些图层设置基准标高。打开这些图层的“图层属性”对话框，切换到“基本高度”选项卡，选择“浮动在自定义表面上”和“没有基于要素的高度”，使这些要素浮动在地表面上，效果如图 3-82 所示。

图 3-82 添加河流水系、道路后的效果

利用 ArcScene 这种便捷的建筑拉伸与地形场景匹配能力，通过即时的三维场景白模可视化表达推敲建筑不同方位的天际线与山体、地形的高度关系，从而对建筑模块进行高度属性的调整与优化，本例优化效果如图 3-83 所示，地块建筑控制高度与开发强度属性调整后的可视化表达效果如图 3-84 所示。

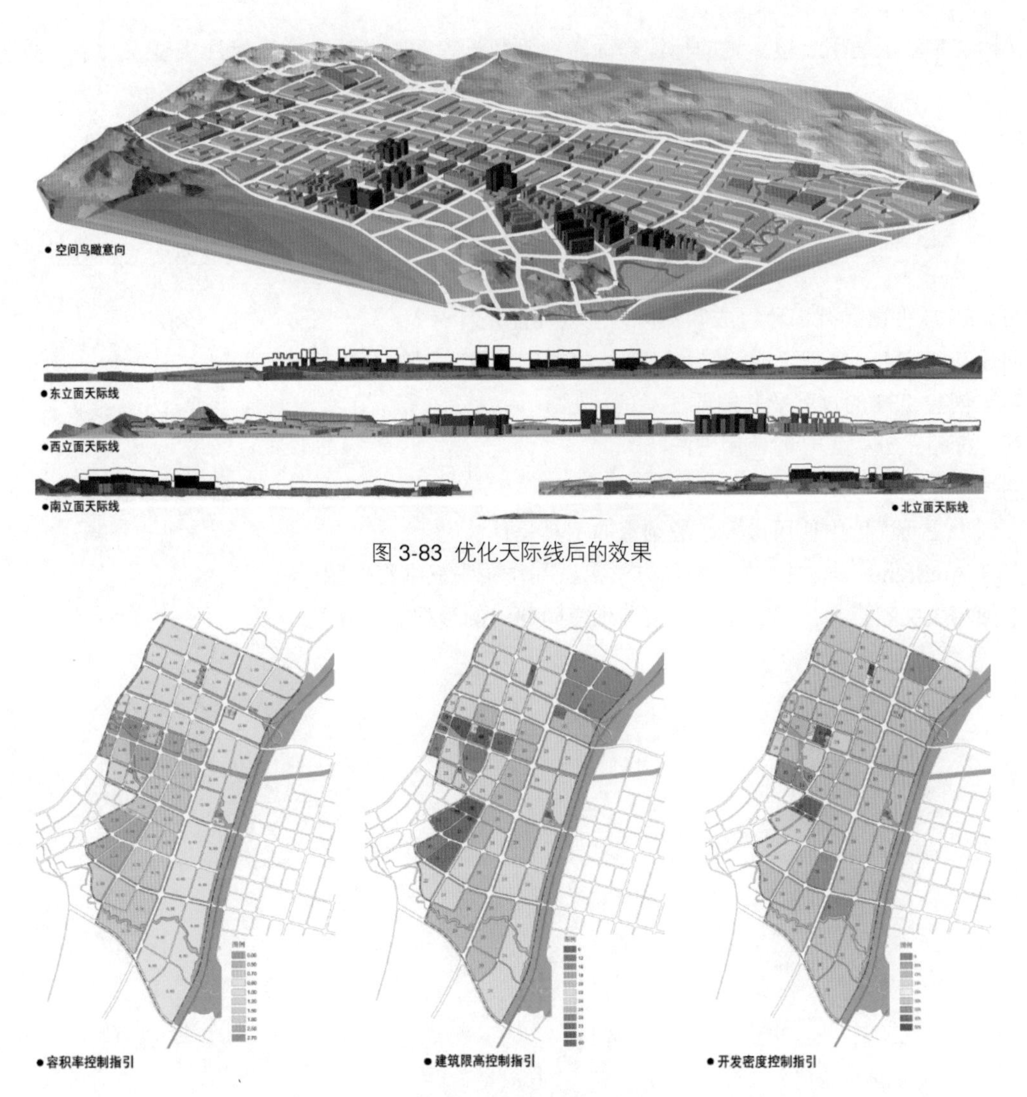

图 3-83 优化天际线后的效果

图 3-84 地块高度与开发强度属性调整后的表达效果

3.11 小结

本章首先介绍了 ArcMap 10.5 的工作界面、基本操作，利用 ArcMap 进行地形地貌分析，地形因子栅格重分类，坡度等级划分的方法；之后对生态服务功能做了水源涵养功能分析、水土保持分析、生态敏感性评价、农业生产指向的适宜性评价、城镇建设功能指向的适宜性评价的操作过程与方法；最后讲述了 ArcMap 制图输出和 ArcScene 三维场景模拟的方法。

基于 ArcMap 的国土空间评价的步骤为：首先确定评价因子及其权重；然后对各个单因子做适宜性评价，统一划分级别，并转换成栅格数据；接着对栅格进行加权叠加运算，每个栅格代表的地块将得到一个评价数值；最后对综合评价的栅格进行重分类，得到国土空间评价图。

为地图文档添加文字标注时，有在地图文档添加注记和在数据库里添加文字注记两种方式。在地图文档中转换文字注记适用于较少量的标注，而转换到数据库的方式适合文字标注类型、大小、数量繁杂的情况。

ArcScene 在快速高效地创建三维场景方面具有很大的优势，是方案比较分析的强大工具。

3.12 习题

1. ArcGIS 软件由哪几部分组成？各自的主要功能是什么？
2. 简述在 ArcMap 中创建地图文档、创建数据、加载数据的方法。
3. 简述创建 TIN 的过程及其需要注意的问题。
4. 简述栅格重分类工具的使用方法。
5. 阐述栅格计算器工具的原理与操作过程。
6. 在国土空间评价中使用最多、最频繁的工具是什么？
7. 参考 ArcScene 三维规划图的制作方法，试制作一张三维影像图。
8. 查阅相关文献资料，了解学习有关国土空间评价的数据获取途径。

第4章

市（县）国土空间总体规划

导言

国土空间规划是国家空间发展的指南、可持续发展的空间蓝图，是各类开发保护建设活动的基本依据。国土空间总体规划是行政辖区内国土空间保护开发利用修复的总体部署和统筹安排，是各类开发保护建设活动的基本依据，是详细规划的依据、相关专项规划的基础。

本章将以某县域国土空间总体规划的具体实例为线索，详细介绍通过 AutoCAD 2020 与 ArcMap 编制国土空间规划图纸方案的过程：规划方案部分（主要是城镇体系、结构分区、交通与设施等）主要介绍如何使用 AutoCAD 2020 制图，用地部分与成果部分主要介绍 ArcMap 的使用方法。同时讲述整个规划编制过程中两个软件之间的联合协同制图分析方法。

4.1 市（县）国土空间总体规划前期准备与制图要求

市（县）国土空间总体规划，包括市县域，即市（州）域或县（市）域国土空间总体规划，以及中心城区（县城）国土空间规划两个层级。

市（州）域国土空间总体规划范围包括所辖各区县行政区全域，县（市）域国土空间总体规划范围包括所辖各镇乡行政区全域。中心城区（县城）国土空间规划的范围为市辖区全域或县城集中建设区所涉及镇（街道办）的镇域，重点为城区（县城）集中建设区。

市县国土空间总体规划全域部分的主要内容有市县域城镇（村）体系规划（包括城镇化水平预测、城镇化发展战略、城镇（村）产业规划、城镇（村）结构规划、城镇村体系的等级体系、规模结构和职能分工）、市县域公共服务设施规划、市县域综合交通规划、市县域市政基础设施规划、防灾减灾规划、乡村振兴等内容。

市县国土空间总体规划的主要包括现状图、国土空间规划布局图、城镇（村）体系规划图、公共服务设施规划图、公用设施布局规划图等。后文主要以城镇体系规划的内容为主线（因为城镇体系规划的内容基本涵盖了全域部分规划方案的核心任务），融合当前国土空间保护与管控要求进行阐述。

4.1.1 前期准备

编制县域国土空间总体规划应具备区域城镇的历史、现状和经济社会发展基础资料以及必要的勘察测量资料。在县市域国土空间总体规划中，全域部分涉及规划范围较大，所具有的图纸资料一般为行政区划图等纸质图片资料，所以首先应将手绘和纸质资料矢量化，以便于在计算机上的应用，例如对行政区划图的输入，首先通过扫描仪保存为文件，并利用专门软件，对文件进行矢量化。在此基础上对文件进行修改、保存，得到的是可以便于计算机应用的文件，在此基础上再进行下面的工作。矢量化地图的软件有很多，可以根据精度要求灵活选用。

矢量化方法是传统的获取行政区划图的手段。目前常用的方法可以从相关网络上下载，也可以直接利用土地调查的数据库，数据库中会有精确到村一级的行政边界。

4.1.2 底图底数

1. 总体要求

规划编制工作应以第三次全国国土调查成果为基础，综合水资源、土壤资源、矿产资源、地质环境、森林资源和基础测绘等调查评价成果，采用 2000 国家大地坐标系和 1985 国家高程基准，在统一的标准规划底图上开展工作。

2. 底图底数（现状图）

以第三次全国国土调查成果为基础，按照《市县国土空间总体规划现状用地分类表》的分类要求制作规划底数和底图（现状图）。底图底数的工作应在 ArcGIS 中进行。底图的基本构成主要包括地形高程 + 现状地物 + 地类图斑 + 现状区划 + 现状交通 + 文字及统一的坐标系，如图 4-1 所示，市域现状土地用途的底数如表 4-1 所示。

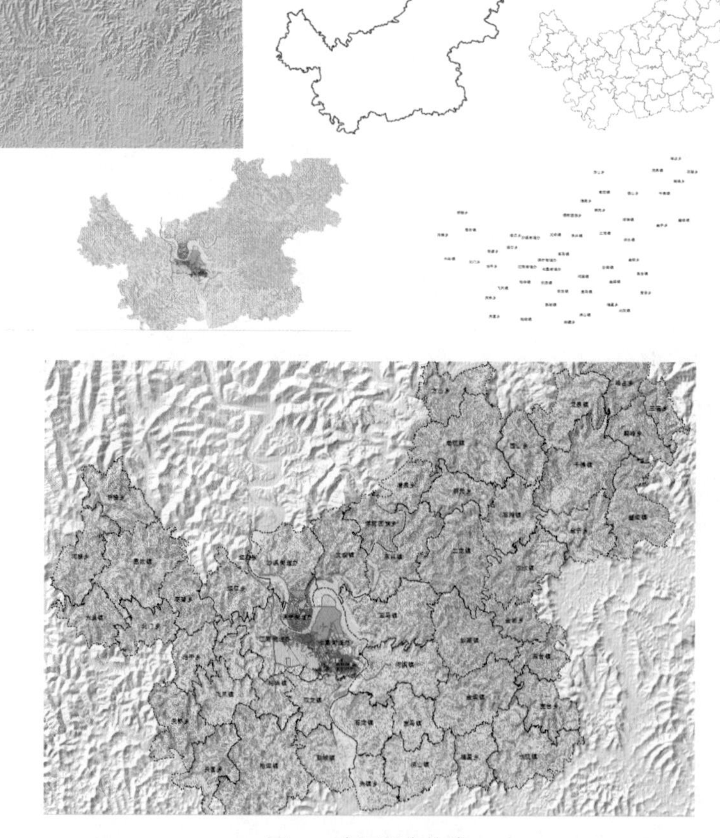

图 4-1 底图要素构成

表4-1　***市市域土地用途现状统计表

用地类型			规划基期年	
			面积（hm^2）	比例
农林用地	01 耕地		93795.74	52.29%
	02 园地		1311.32	0.73%
	03 林地		70440.72	39.27%
	04 牧草地		111.05	0.06%
	05 其他农用地		1582.44	0.88%
	合计		167241.27	93.23%
建设用地	城乡建设用地	06 居住用地	3091.68	1.72%
		07 公共设施用地	666.17	0.37%
		08 工业用地	207.2	0.12%
		09 仓储用地	5.64	0.00%
		10 道路与交通设施用地	743.38	0.41%
		11 公用设施用地	198.13	0.11%
		12 绿地与广场用地	300.25	0.17%
		13 留白用地	0	0.00%
		合计	5212.45	2.91%
	其他建设用地	14 区域基础设施用地	69.65	0.04%
		15 特殊用地	21.79	0.01%
		16 采矿盐田用地	160.09	0.09%
	合计		251.53	0.14%
自然保护与保留	17 湿地		1122.24	0.63%
	18 其他自然保留地		86.71	0.05%
	19 陆地水域		5478.29	3.05%
	合计		6687.24	3.73%
总计			179392.49	100.00%

4.1.3 具体制作图纸和要求

1. 国土空间总体格局图

以评价评估为基础，结合规划战略与目标，统筹“山水林田湖草”等保护要素和城乡、产业、交通等发展要素布局，构建山水为脉、中心引领、多点支撑、网络联动，体现生态、农业、城镇全域全要素的国土空间开发保护总体格局。

（1）生态保护格局。优先保护以国家公园为主体的各类自然保护地体系及其他重要生态功能区和生态敏感区，通过划定生态廊道等方法，构建完整、连续、网络化的生态保护系统。

（2）农业发展格局。以稳定现有粮食生产功能区、重要农产品生产保护区和牧区为基础，结合农业现代化和绿色、智慧农业发展布局，构建农业发展格局。

（3）城镇发展格局。根据资源环境承载能力和国土空间开发适宜性评价，统筹协调人口、城镇、交通和产业等布局，构建市县域中心集聚、轴带串联的城镇空间发展格局。

图纸主要表达涵盖生态、农业、城镇的国土空间总体格局，可分为生态、农业、城镇格局图。

2. 国土空间规划布局图

主要表达生态保护红线、永久基本农田和城镇开发边界。落实上位规划要求，统筹划定生态保护红线、永久基本农田和城镇开发边界，明确提出底线约束内容和实施保障措施。生态保护红线原则上按禁止开发区域的要求进行管理，严禁任意改变用途。永久基本农田一经划定，任何单位和个人不得擅自占用或者擅自改变用途，坚决防止永久基本农田"非农化"。城镇开发边界原则上不得调整，边界内实行"详细规划＋规划许可"的管制方式。

按照《市县国土空间规划分区表》的要求对国土空间进行分区。采用保护与修复、开发与利用两大类的分区体系，对国土空间进行细分，明确各分区的管控目标、政策导向和准入规则。

按照《市县国土空间总体规划现状用地分类表》的分类形成市县国土空间布局"一张图"。

3. 城镇（村）体系规划图

深入分析人口和城镇化现状特征，充分研究人口变化趋势与变动因素，厘清人口发展面临的重大问题，综合运用环境容量法、综合增长法、相关分析法和劳动平衡法等多种预测方法，科学合理预测市县总人口、城镇人口及城镇化率。

结合市县发展的优势、劣势、机遇与挑战，依据市县发展定位，科学确立城镇化发展战略，明确质量并重、特色彰显和可持续的城镇化发展路径。有序引导人口向城镇集聚，提高城镇化发展质量和水平。

围绕国家及区域产业发展导向，统筹协调市县域经济社会发展规划，明确产业发展方向和重点，明确产业布局控制要求，划定产业控制区。坚持产城融合、创新引领，确定产业空间布局方案，预留产业发展空间。

以建设现代化经济体系、推进城乡统筹发展和区域协调发展为目标，构建有利于促进城乡要素平等交换和公共资源均衡配置的行政区划方案，提出撤县设市、撤县设区、撤乡设镇、撤乡并镇等行政区划调整建议，县（市）应提出行政村撤并建议。市（州）应明确市（州）域城镇体系的等级体系、规模结构和职能分工，县（市）域应明确县（市）域镇村体系的等级体系、规模结构和职能分工。

图纸主要表达城镇（村）等级体系、规模结构和职能分工等内容；产业布局规划图主要表达产业分区、产业空间布局和 产业控制线等内容。

4. 公共服务设施规划图

主要表达各级各类公共服务设施布局。坚持保障民生，按照集约共享、绿色开放的基本原则，推进城乡基本公共服务均等化，合理配置公共文化、教育、体育、医疗卫生和社会福利等公共服务设施。按照城镇（村）等级、规模、职能统筹服务人口和服务范围，结合自然环境条件、经济社会发展水平和文化习俗，明确公共服务设施的分级分类配置标准，构建高效服务、普惠公平的公共服务设施体系。

5. 综合交通体系规划图

坚持绿色和可持续交通发展理念，按照市县国土空间开发与保护的总体要求，统筹多元交通需求，制定市县域综合交通发展目标与体系，明确交通资源配置策略和规划措施。

加强区域衔接，优化多种运输方式空间布局，提高资源配置效率，落实上位规划要求，确定市县域城乡交通线网（铁路、高速公路、国省道及主要公路、航道等）、综合交通枢纽（铁路及公路站场与枢纽、港口、航空港等）、物流等主要交通基础设施布局和控制要求。

图纸主要表达市县域城乡交通线网（铁路、高速公路、国省道及主要公路、航道等）、综合交通枢纽（铁路及公路站场与枢纽、港口、航空港等）、物流等主要交通基础设施布局。

6. 公用设施布局规划图

按照共建共享、城乡均等的原则，构建系统完善、绿色循环、智慧高效的市政基础设施体系。按照市县国土空间开发与保护的总体要求，合理确定市政基础设施系统建设目标，明确各类市政基础设施配置策略和规划指标。

落实上位规划相关要求，提出市县域供水、污水处理、电力、燃气、通信、环境卫生等重大基础设施布局模式，明确重要市政基础设施廊道控制要求。城乡密集发展地区的城市还应当提出基础设施共建共享的具体要求。

图纸主要表达各类公用设施布局和重要控制廊道。

4.1.4 后期处理

最终的图纸效果，后期的处理是相当重要的。在完成以上要求的前提下，利用软件对制作的图纸进行处理，使图面的表达更加生动和形象。利用一些平面图像处理软件可以方便地在图面加上生动的配景，美化图纸，使图面饱和，并可以进行特殊的图面效果表达处理。在图纸后期处理中，Photoshop 是一款应用范围较广与较多的软件，可以满足我们对平面图制作的要求。

4.2 市（县）国土空间总体规划现状图——底图绘制

4.2.1 图域、尺寸、比例的设置

采用 AutoCAD 进行国土空间规划图的绘制，首先应确定工作的图域范围以及图形的度量单位。使用图形界限 limits 命令和单位 units 命令进行设置，对于县域国土空间总体规划来说，一般采用米为单位，即 1unit=1m。在 AutoCAD 系统中首先输入“units”，设数值为十进制，数值精确度设为小数点后一位，角度以逆时针为正方向。图形界限 limits 命令的参数设置应根据规划区域的真实坐标系采用国家 2000 大地坐标系，比如设置左下为（35564600, 3471600）；右上为（35634700, 3526600）；将图形边界 limits 命令的参数设置为 On，则超出图域的图形数据就不予接受了。最后选用缩放 zoom 命令重绘全图（子命令参数设置为 E），整个图域范围将显示在屏幕中。

4.2.2 图层、线型、颜色的设置

使用 layer 命令打开“图层特性管理器”选项板，单击按钮，创建“行政区划图”图层，单击按钮，使图层置为当前图层。在该对话框中，规划人员需要对不同的图层对象根据相关规范进行不同的图层信息设置，如图层颜色、线型等，本例设置如图 4-2 所示。

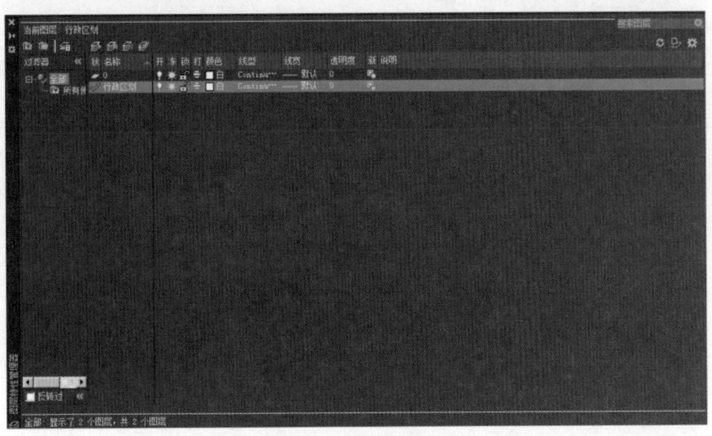

图 4-2 图层设置窗口

4.2.3 行政区划图的输入

县域国土空间总体规划区域范围一般按行政区划划定，因此首先将前期准备获得的行政区划图的图片文件导入 AutoCAD 软件中，具体操作步骤如下。

提　示

方法一，对行政区划图的图片文件，在导入 AutoCAD 之前，可以在图像处理软件中进行裁剪、拼贴等处理，使图像在导入 AutoCAD 之后能够更加方便、快捷地处理与运用，以提高绘图效率。

方法二，在 ArcMap 中找到包含行政区划图的图层，右击，选择“数据→导出至 CAD”，在弹出的对话框中选择输出类型为 DWG 格式。

（1）运行 AutoCAD 2020 后，在菜单栏中打开“插入”选项，如图 4-3 所示。单击“附着”选项，弹出“选择参照文件”对话框，在该对话框中单击相应文件找到行政区划图图像文件，此时在预览窗口中可以预览到选定的图像文件，如图 4-4 所示。确认图像文件无误后，单击“打开”按钮，弹出“附着图像”对话框（见图 4-5），可以为图像设置插入点，以及调整图像的缩放比例、旋转角度。

图 4-3 插入菜单

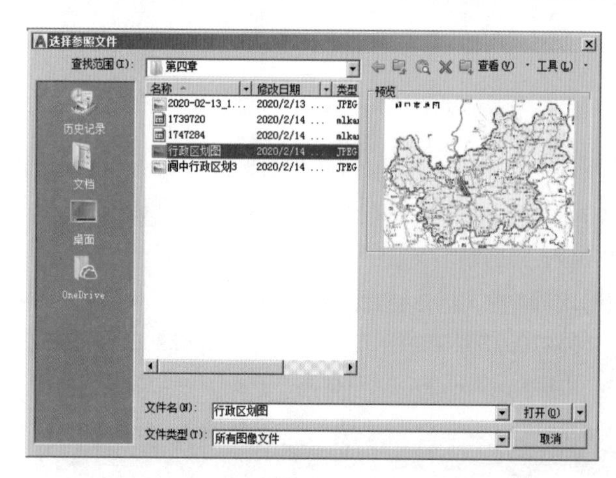

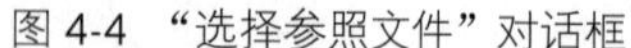

图 4-4 “选择参照文件”对话框

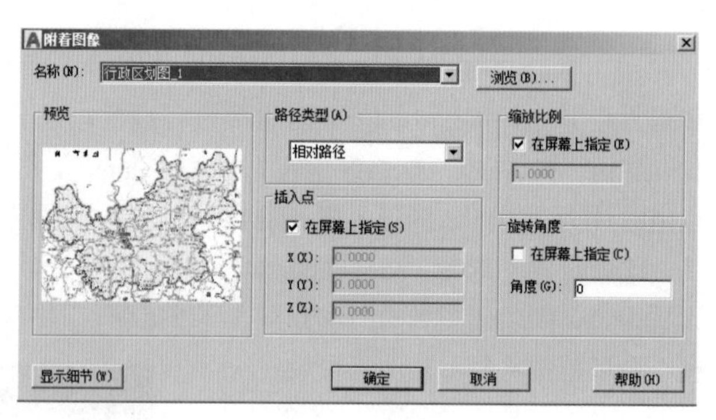

图 4-5 “附着图像”对话框

（2）对图像插入点、大小、旋转角度设置完毕后，单击“确定”按钮，本例采用图 4-5 的默认值。在屏幕界面中指定插入点后，将行政区划图导入 AutoCAD 中，如图 4-6 所示。

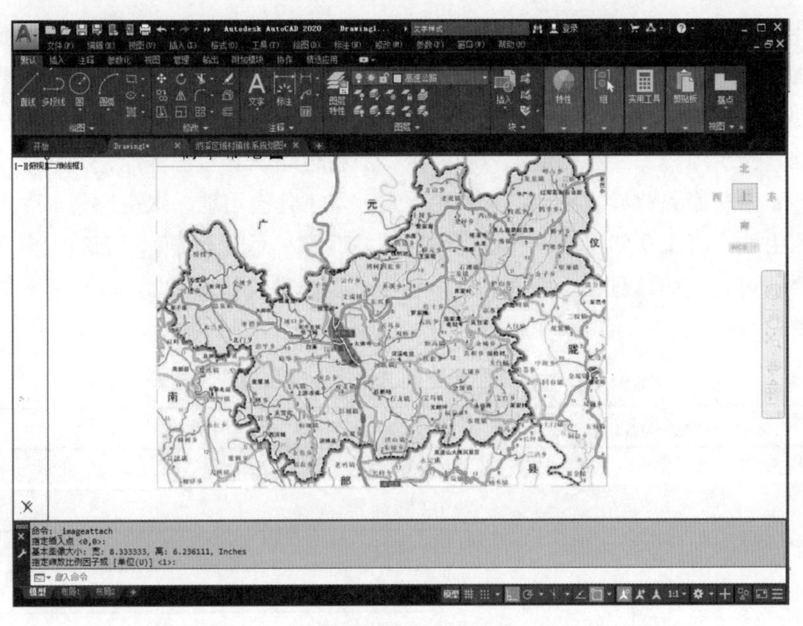

图 4-6 导入行政区划图

4.2.4 地类底图的制作

通常情况下，土地调查的地类图斑数量非常大，无论是在 ArcMap 中还是在 CAD 中加载土地调查数据对计算机性能要求都非常高。事实上，在规划编制过程中，未必需要实时读取图斑数据，因此我们可以将图斑数据经过符号化后转化成地类底图图片格式，再将此地类底图加载或插入到 ArcMap 和 CAD 中，配准后即可作为规划编制的地类底图参考。

1. 用 ArcMap 导出地类底图图片

打开 ArcMap，加载土地调查数据（三调数据）DLTB 图层，如图 4-7 所示。

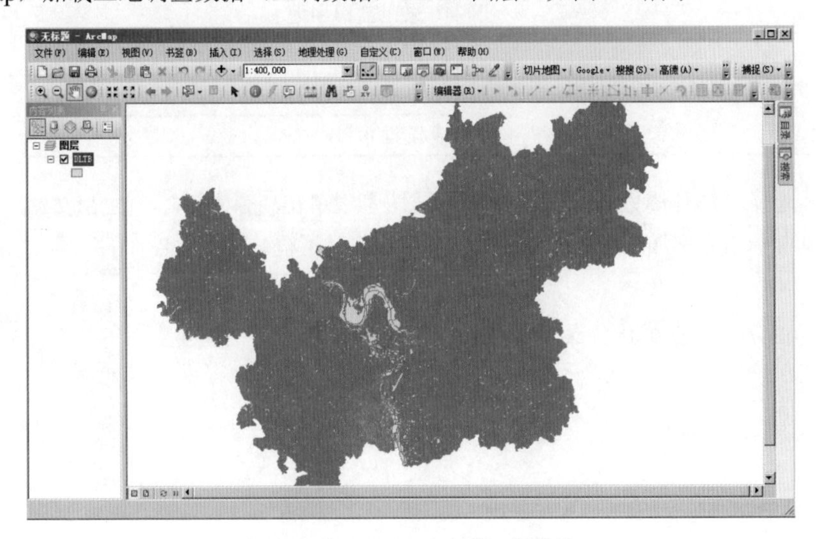

图 4-7 在 ArcMap 中加载三调数据

由于三调数据与国土空间规划的地类精度要求不同，三调数据的分类有采矿用地、城镇村道路用地、城镇住宅用地、工业用地、公路用地、公用设施用地、公园与绿地、沟渠、管道运输用地、灌木林地、广场用地、果园旱地、河流水面、湖泊水面、机关团体新闻出版用地、交通服务场站用地、科教文卫用地、坑塘水面、空闲地、裸土地、裸岩石砾地、内陆滩涂、农村道路、农村宅基地、其他草地、其他林地、其他园地、乔木林地、商业服务业设施用地、设施农用地、水工建筑用地、水浇地、水库水面、水田、特殊用地、田坎、铁路用地、物流仓储用地、养殖坑塘、竹林地等，而国土空间规划的地类分类精度（市县域部分）达到一级类即可，比如市县国土空间总体规划中地类分类表如表 4-2 所示，因此需要对 DLTB 中的地类进行归并调整。

表4-2 市（县）国土空间总体规划现状用地分类表

<table>
<tr><th colspan="2">分类原则</th><th>分类</th></tr>
<tr><td colspan="2" rowspan="5">农林用地</td><td>01 耕地</td></tr>
<tr><td>02 园地</td></tr>
<tr><td>03 林地</td></tr>
<tr><td>04 牧草地</td></tr>
<tr><td>05 其他农用地</td></tr>
<tr><td rowspan="11">建设用地</td><td rowspan="8">城乡建设用地</td><td>06 居住用地</td></tr>
<tr><td>07 公共设施用地</td></tr>
<tr><td>08 工业用地</td></tr>
<tr><td>09 仓储用地</td></tr>
<tr><td>10 道路与交通设施用地</td></tr>
<tr><td>11 公用设施用地</td></tr>
<tr><td>12 绿地与广场用地</td></tr>
<tr><td>13 留白用地</td></tr>
<tr><td rowspan="3">其他建设用地</td><td>14 区域基础设施用地</td></tr>
<tr><td>15 特殊用地</td></tr>
<tr><td>16 采矿盐田用地</td></tr>
<tr><td colspan="2" rowspan="3">自然保护与保留</td><td>17 湿地</td></tr>
<tr><td>18 其他自然保留地</td></tr>
<tr><td>19 陆地水域</td></tr>
</table>

右击 DLTB，选择“打开属性表”，在打开的属性表中单击按钮，在弹出的下拉菜单中单击“添加字段”，弹出“添加字段”对话框，按图 4-8 所示进行设置。

右击刚才添加的字段，在弹出的菜单中选择“字段计算器”，按图 4-9 所示进行设置。

图 4-8 在 DLTB 中添加字段

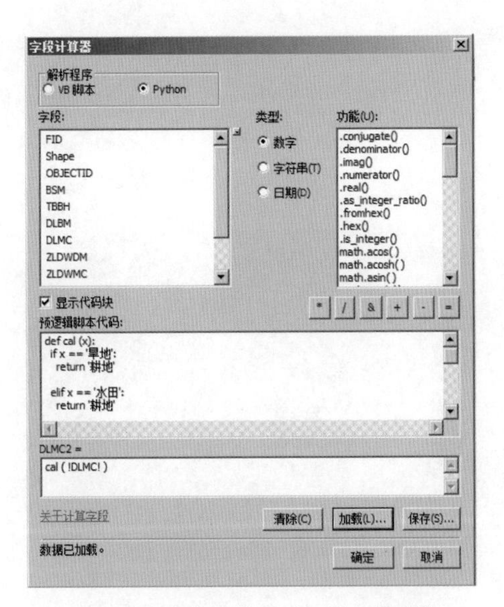

图 4-9 用字段计算器对新增字段赋值

在“字段计算器”对话框中，可以选择 VB 脚本和 Python 语言进行代码块的编写。本例中使用 Python 语言编写，在代码块中需要先用 def 定义函数，然后用条件语句 if 进行逻辑判断，然后用 return 返回值。如果不会编写代码块，也可以手动为“一级类”字段赋值，赋值方法为：按属性选择图斑，如“水田”，在选取的图斑中，右击“一级类”字段，选择“字段计算器”，直接在数值输入框中输入“一级类”的值，比如“耕地”，依次选择所有三调地类并赋值即可。

完成了地类的归并和整理后，对 DLTB 进行符号化表达。双击“DLTB”图层，在弹出的菜单中选择“属性”，选择“符号系统”选项卡，如图 4-10 所示进行设置，单击“确定”按钮。选择菜单栏中的“文件”，在下拉菜单中单击“导出地图”，弹出“导出地图”对话框，然后按图 4-11 所示进行设置，加载地形信息、乡镇边界并适当调整显示透明度，得到地类底图，结果如图 4-12 所示。

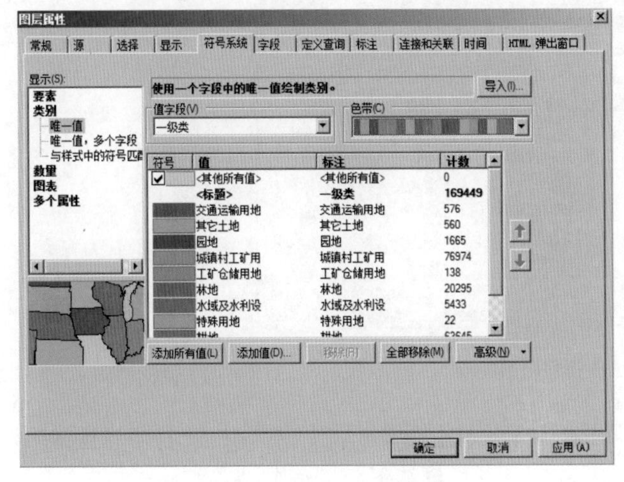

图 4-10 按一级类符号化 DLTB

图 4-11 导出地类底图

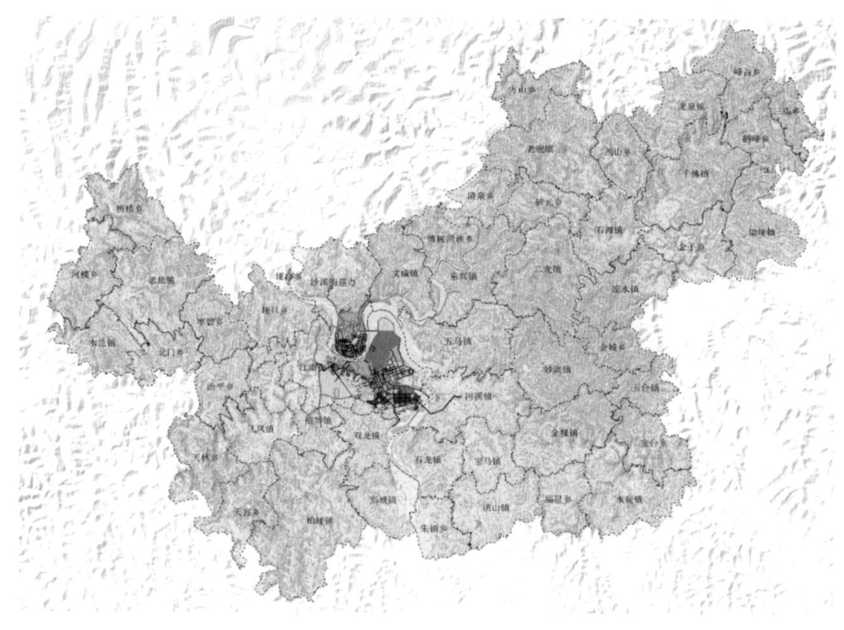

图 4-12 输出的地类底图结果

前面介绍的是彩色底图的制作，为了后期更好地表达某一地段现状地类与规划地类的变化情况，还可以输出单色底图。方法与彩色底图相似，只是在对 DLTB 图层符号化表达时，符号系统的设置用单色图示。这里以耕地单色符号制作为例进行讲解，操作步骤如下：

（1）加载经过地类归并转换的土地调查数据图层 DLTB.SHP（属性表中添加 DLMC1 和 DLMC2 字段，并按照一级地类赋值）至 ArcMap 中。

（2）选择 DLTB 图层，右击，选择“属性”，选择属性框中的“符号系统”选项，按图 4-13 所示进行操作，之后单击“确定”按钮，可以看到符号化效果。

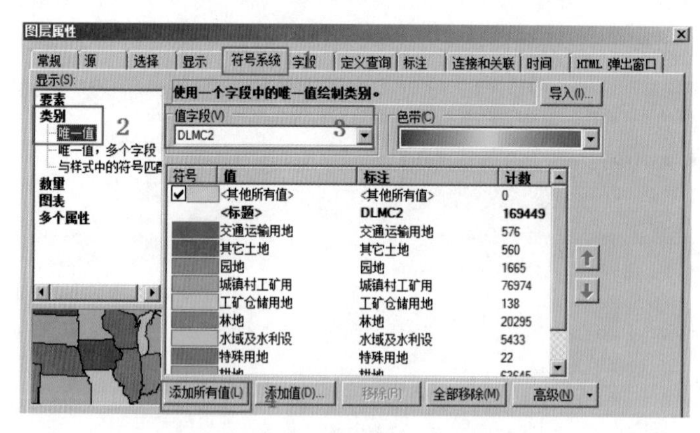

图 4-13 DLTB 符号化系统操作

（3）双击图层显示符号，在弹出的“符号选择器”对话框中单击 编辑符号(E)... 按钮，弹出“符号属性编辑器”对话框，按图 4-14 所示进行操作，不要单击“确定”按钮，还要继续下一步操作。

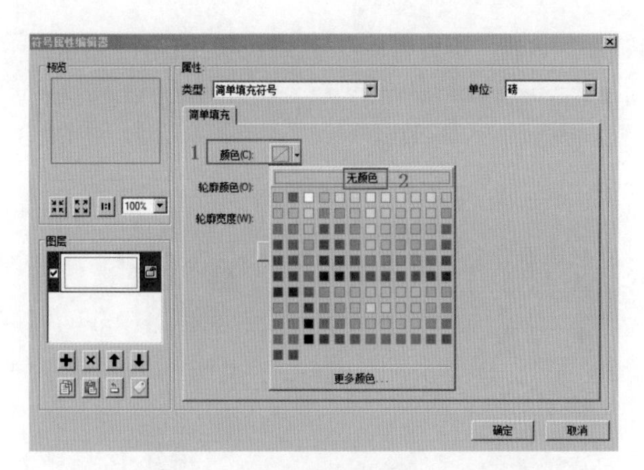

图 4-14 “符号属性编辑器”对话框

（4）上述操作完成后，继续在“符号属性编辑器”对话框中设置“属性→类型”为“字符标记符号”，在下面的“字符标记”选项卡中单击 标记... 按钮，在弹出的“符号选择器”对话框中单击 编辑符号(E)... 按钮，弹出“符号属性编辑器”对话框，按图 4-15 所示进行操作。

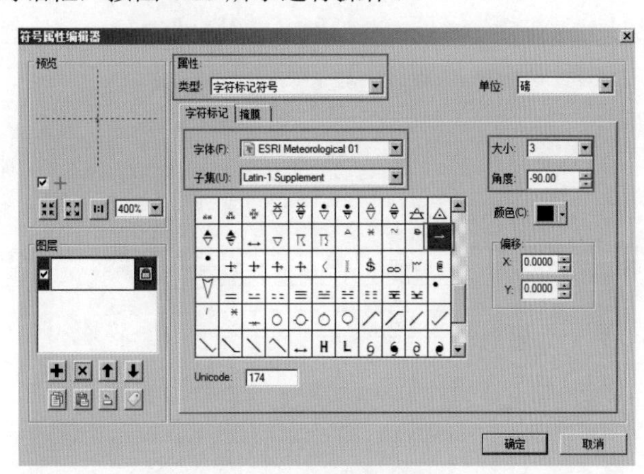

图 4-15 符号属性编辑器设置 1

（5）选择属性添加按钮 ，继续设置相关符号参数，如图 4-16 所示。

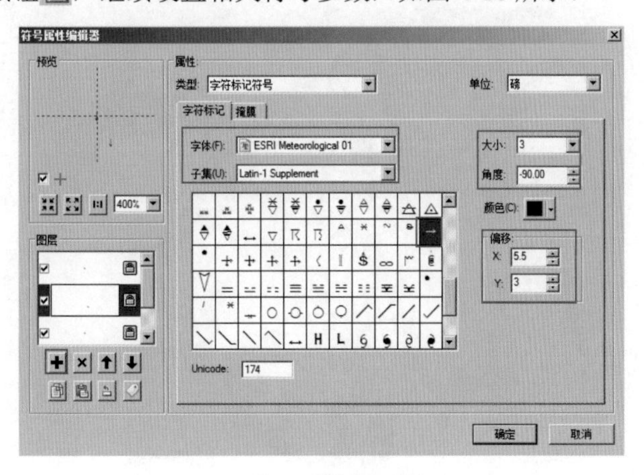

图 4-16 符号属性编辑器设置 2

（6）继续单击“属性添加”按钮，设置相关符号参数，如图 4-17 所示。

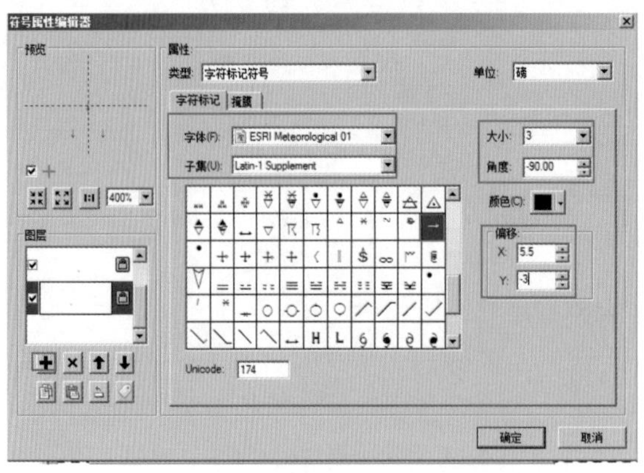

图 4-17 符号属性编辑器设置 3

（7）继续单击“属性添加”按钮，设置相关符号参数，如图 4-18 所示，一直单击“确定”按钮，回到“符号选择器”对话框，单击“另存为”按钮进行保存，确定后得到符号化效果，如图 4-19 所示。其他地类的符号编辑绘制与耕地方法一致，本例中叠加地形后得到的最终单色地类底图如图 4-20 所示。

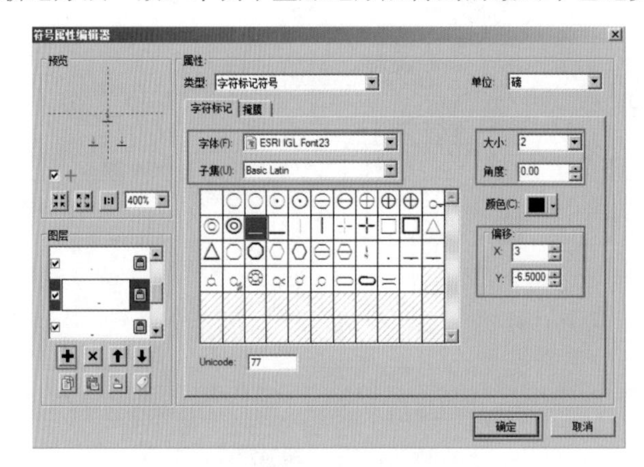

图 4-18 符号属性编辑器设置 4

图 4-19 耕地符号化后的效果

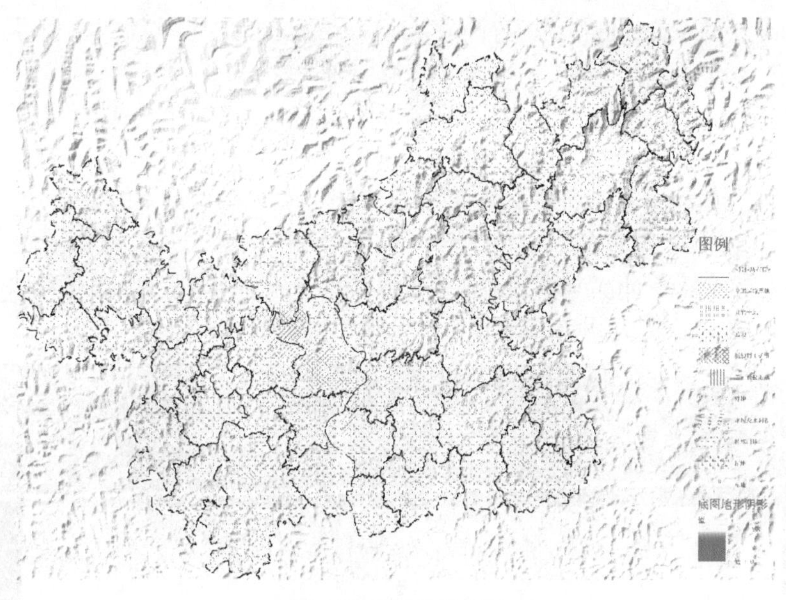

图 4-20　单色地类底图

2. 在 ArcMap 中加载地类底图

地类底图 JPGE 文件生成以后，可以直接加载到 ArcMap 中，如图 4-21 所示。因为我们在“导出地图”对话框中勾选了“写入坐标文件”，所以加载进来的坐标系与 DLTB 坐标系是一致的，均为 CGCS2000。加载地类底图后，在 ArcMap 进行规划方案编制时，若不需要读取计算分析 DLTB 数据，则可不打开 DLTB 图层，同时还能基于底图的地类进行工作，较大地提高了显示与操作的效率。

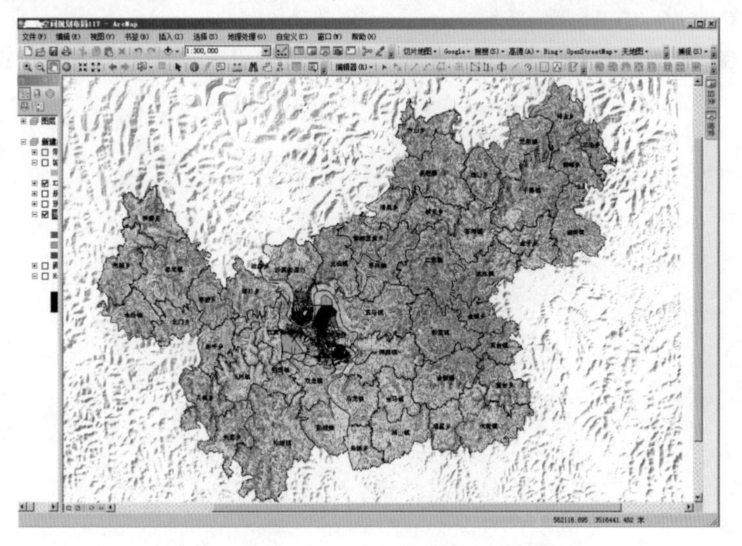

图 4-21　在 ArcMap 中加载地类底图的效果

3. 在 CAD 中插入地类底图并进行配准

在 CAD 中插入地类底图主要使用 dist、scale、move/align 命令，步骤如下：

（1）在 ArcMap 中将 shapefile 格式的行政边界线导出为 CAD 文件 A，在 ArcMap 选择两点，使用测量两点之间的距离（b）。打开 AutoCAD，将地类底图插入到 A 中。

（2）在 AutoCAD 中使用 dist 命令测量出地类底图上之前已经测量的两点之前的距离（a）。

（3）在 AutoCAD 中输入“scale”命令；选择地类底图，确定基点并输入“R”，在提示输入参照长度时，输入之前测量的 a 值，按 Enter 键，在提示输入新的长度时，输入之前测量的参照长度 b，图片即缩放为实际大小（按照图上比例尺出图的大小）。

（4）使用 move 命令或者 align 命令移动地类底图与 A 中从 shapefile 导出来的行政区划图重合起来即配准成功，如图 4-22 所示，在此基础上可进行相关规划方案编制。

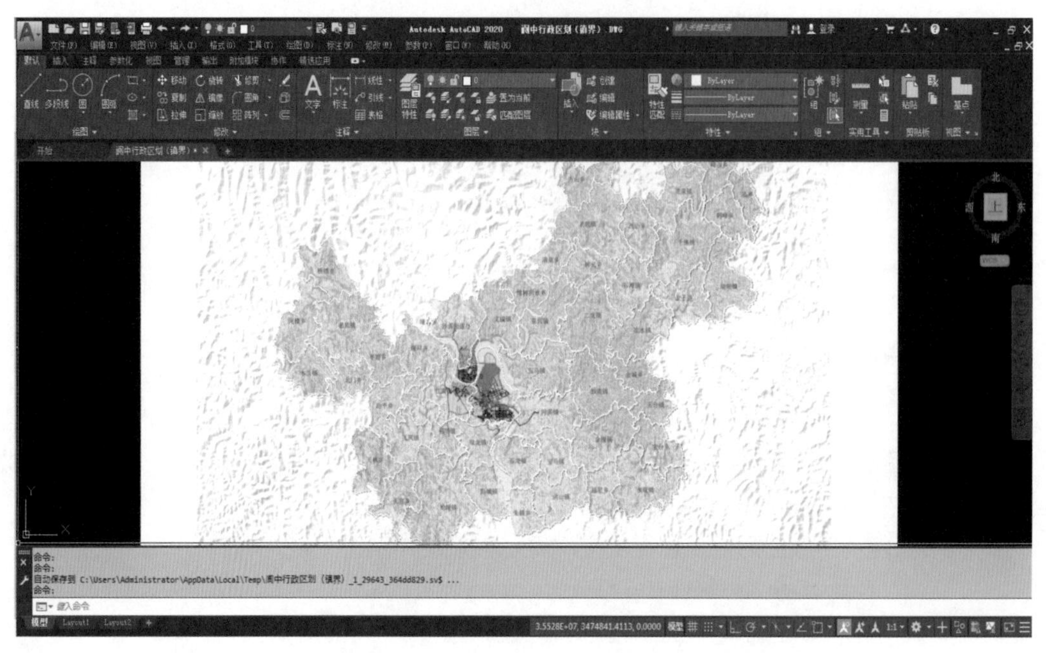

图 4-22 在 AutoCAD 中插入地类底图并配准后的效果

4.2.5 图面编辑

使用 layer 命令打开“图层特性管理器”选项板，单击按钮，创建“县域界线”图层，单击“线型 Continuous”，弹出“选择线型”对话框，如图 4-23 所示。

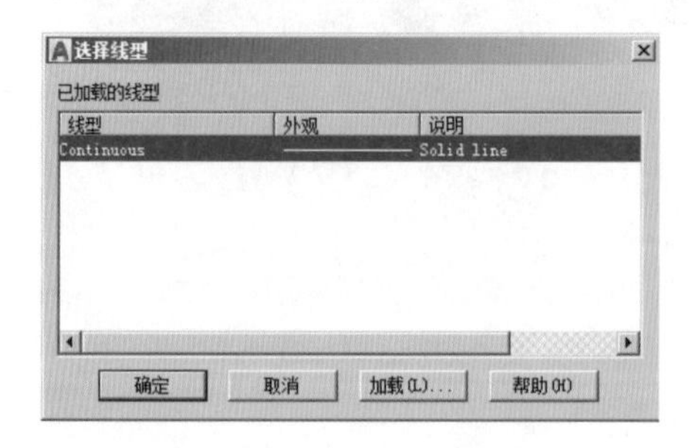

图 4-23 “选择线型”对话框

单击“加载”按钮，弹出“加载或重载线型”对话框，如图 4-24 所示，在该对话框中选择加载相应线型，单击“确定”按钮，关闭“加载或重载线型”对话框，在“选择线型”对话框中选中新加载线型，单击“确定”按钮，返回“图层特性管理器”选项板，并将“县域界线”图层置为当前图层，如图 4-25 所示。

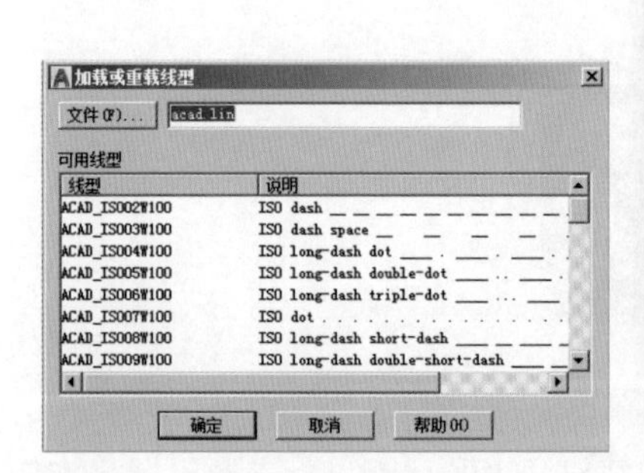

图 4-24 “加载或重载线型”对话框

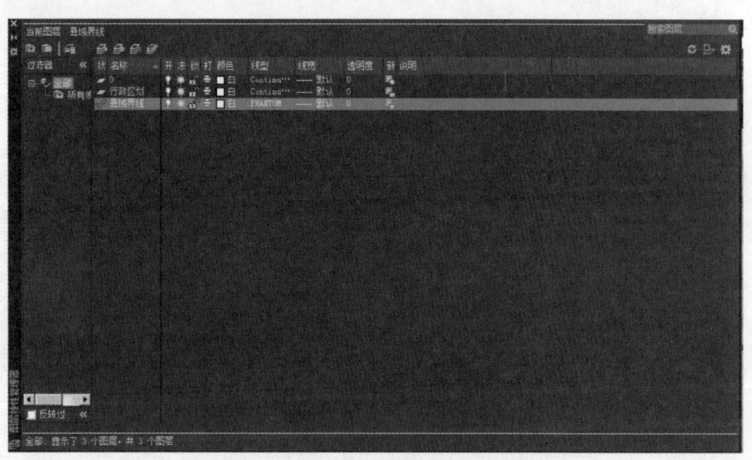

图 4-25 图层设置窗口

在绘制图形前，可根据所需绘制的图形要素统一设置相应图层的线型、颜色，为以后绘制图形要素做好准备，并可以提高绘图效率。

1. 县域界线

在进行图面编辑时，首先是对规划边界的确定与绘制。一般情况下，在县域国土空间总体规划中，规划界线多依据行政区划图确定，对规划边界不清楚的区域，应与当地政府或相关部门讨论确定。

本例中县域界线依据行政区划图确定，首先使用 pline 命令对照行政区划图在县域界线层上绘制出县域界线轮廓线。pline 命令操作如下：

```
命令： _pline
指定起点：
当前线宽为 0.0000
指定下一个点或 [圆弧 (A)/半宽 (H)/长度 (L)/放弃 (U)/宽度 (W)]:
指定下一点或 [圆弧 (A)/闭合 (C)/半宽 (H)/长度 (L)/放弃 (U)/宽度 (W)]: (W)]:
```

在绘制时应打开对象捕捉工具，即状态栏中□按钮为亮状态，以确保绘制的线段为闭合。在使用 pline 命令的时候，要特别注意，不要重复使用，要根据所画线型的轨迹和命令窗口中的提示，用圆弧（A）和长度（L）等命令不断交替使用，最后输入子命令“C”闭合多段线，将其完全封闭。

为获得更好的图面效果，对县域界线进行适当的处理是十分必要的。选中轮廓线，使用 offset 命令进行偏移操作，偏移距离应根据图纸比例、大小等实际情况确定，操作命令如下：

```
命令： _offset
当前设置： 删除源 = 否　图层 = 源　OFFSETGAPTYPE=0
指定偏移距离或 [通过 (T)/删除 (E)/图层 (L)] <通过>:  500
选择要偏移的对象，或 [退出 (E)/放弃 (U)] <退出>:
指定要偏移的那一侧上的点，或 [退出 (E)/多个 (M)/放弃 (U)] <退出>:
选择要偏移的对象，或 [退出 (E)/放弃 (U)] <退出>:  *取消*
```

使用 hatch 命令或单击工具栏中的“图案填充”按钮，弹出“图案填充”栏，如图 4-26 所示。其中，填充图案选项板如图 4-27 所示。

图 4-26 “图案填充”栏

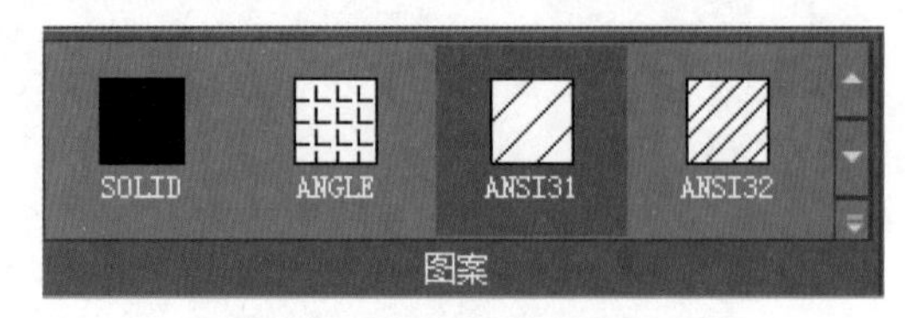

图 4-27 填充图案选项板

选择合适的图案填充，在“选项”对话框中可以根据所填充的图案对角度和比例进行参数设置，本例设置如图 4-28 所示。

图 4-28 图案填充设置

设置完毕后，单击边界栏中的拾取点按钮，在上一步偏移轮廓线所形成的闭合区域单击，按 Enter 键或空格键，返回“图案填充和渐变色”对话框，单击预览按钮，则可以预览填充效果，以确定接受或者更改填充。单击“确定”按钮，直接接受填充，填充后的效果如图 4-29 所示。

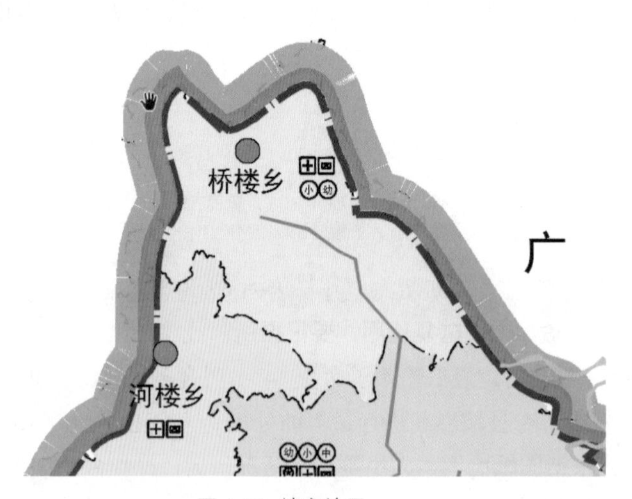

图 4-29 填充效果

选中绘制的县域界线轮廓线，单击菜单“修改”中的“特性”选项，在弹出的“特性”选项板中对线型比例、宽度等进行设置，本例选项板设置如图 4-30 所示。最后将偏移后的轮廓线删除，最终县域界线如图 4-31 所示。

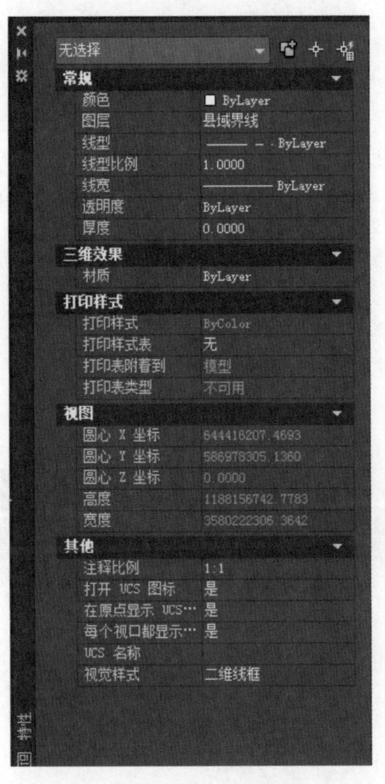

图 4-30 “特性”选项板

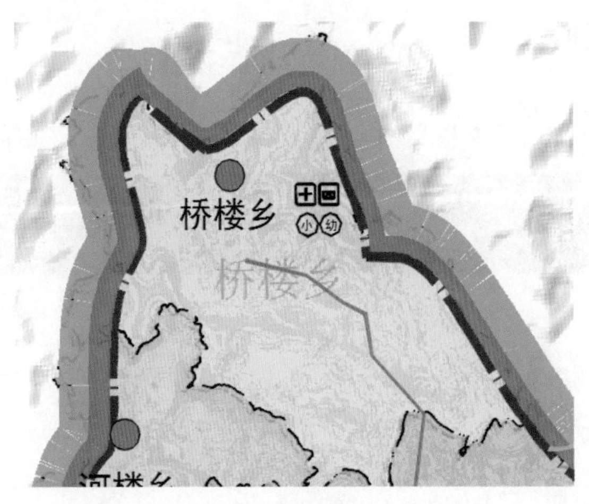

图 4-31 县域界线

2. 乡镇界线

将创建的乡镇界线图层置为当前图层，使用 pline 命令依照行政区划图描绘乡镇界线轮廓线，对于边界不清楚的区域，应与当地政府或相关部门讨论确定。

选中绘制的轮廓线，单击“修改”菜单中的“特性”选项，在弹出的“特性”选项板中对线型比例、宽度等进行设置，最终效果如图 4-32 所示。

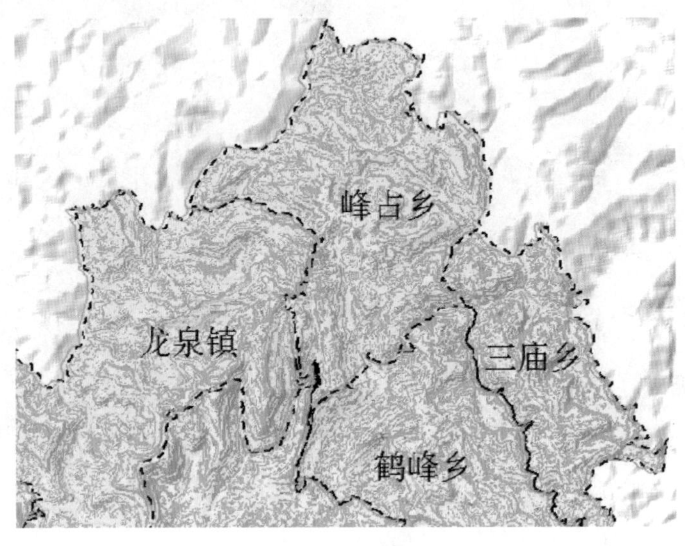

图 4-32 乡镇界线

采用同样的方法可完成村界等界线的绘制。

3. 河流水域

河流水域的轮廓线多为复杂的折线，使用 pline 命令对照行政区划图或其他专项图纸（输入方法与行政区划图相同）在河流水域图层上绘制出轮廓线，应保证轮廓线闭合，为后面进行填充操作做好准备。

重复使用 pline 命令之后，会产生多条多段线，可以使用 pedit 多段线编辑命令，按照命令窗口提示，输入“M”，选择多条多段线之后，输入子命令“J”（合并），可以将多条相连接的多段线合并为一条多段线。

然后进行图案填充。填充方法参照县域边界填充操作，本例“图案填充”设置如图 4-33 所示。

图 4-33 图案填充设置

使用编辑多段线“pedit”命令中的“宽度（W）”选项为河流的轮廓线设置合适的宽度，设置命令如下：

```
命令 : pedit
选择多段线或 [ 多条 (M)]: m
选择对象 : 指定对角点 : 找到 2 个
选择对象 :
输入选项 [ 闭合 (C)/ 打开 (O)/ 合并 (J)/ 宽度 (W)/ 拟合 (F)/ 样条曲线 (S)/ 非曲线化 (D)/ 线型生成 (L)/ 反转 (R)/
放弃 (U)]: w
指定所有线段的新宽度 : 1
输入选项 [ 闭合 (C)/ 打开 (O)/ 合并 (J)/ 宽度 (W)/ 拟合 (F)/ 样条曲线 (S)/ 非曲线化 (D)/ 线型生成 (L)/ 反转 (R)/
放弃 (U)]: * 取消 *
```

最终绘制出河流，效果如图 4-34 所示。

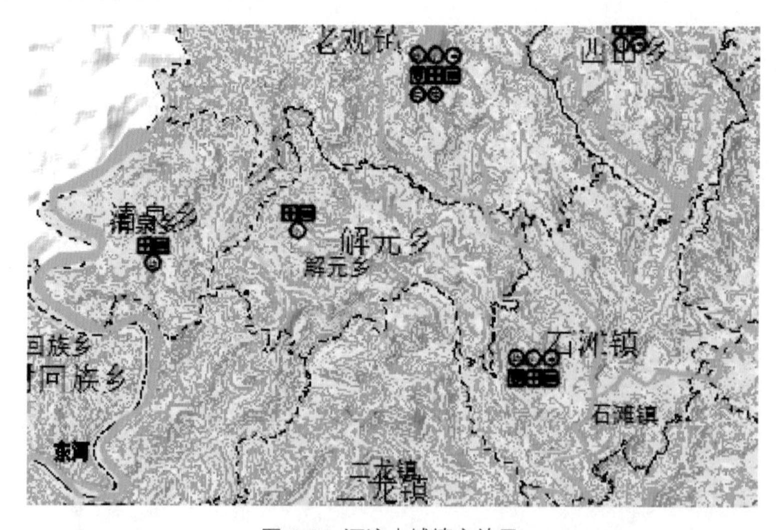

图 4-34 河流水域填充效果

对河流水域、道路等填充时，最好采用分段填充的方式，以避免多段线分析点过多或未闭合，从而影响绘图效率。

4. 箭头绘制

将创建的河流流向图层设置为当前图层，按 F8 键，打开正交模式，此时状态栏中的按钮为亮状态。

（1）使用 pline 命令绘制一段水平线段，按 F8 键关闭正交模式，再按空格键或 Enter 键，使用 pline 命令绘制出箭头的大体轮廓，然后使用 trim 命令修剪，具体设置命令如下所示：

```
命令：trim
当前设置：投影 =UCS，边 = 无
选择剪切边 ...
选择对象或 <全部选择>：  指定对角点：找到 2 个
选择对象：
选择要修剪的对象，或按住 Shift 键选择要延伸的对象，或
[栏选 (F)/ 窗交 (C)/ 投影 (P)/ 边 (E)/ 删除 (R)/ 放弃 (U)]：
选择要修剪的对象，或按住 Shift 键选择要延伸的对象，或
[栏选 (F)/ 窗交 (C)/ 投影 (P)/ 边 (E)/ 删除 (R)/ 放弃 (U)]：  * 取消 *
```

最终绘制的图形如图 4-35 所示。

（2）使用 hatch 命令或单击“默认”菜单中的“图案填充”选项，弹出“图案填充”对话框，对箭头轮廓进行填充。

（3）选中绘制的水平多段线，单击“视图”菜单中的“特性”选项或使用 pr 命令（PROPERTIES），在弹出的“特性”选项板对线型宽度进行设置，最终效果如图 4-36 所示。利用同样的方法可以绘制道路箭头、坡向等其他形式的箭头。

图 4-35 箭头轮廓线

图 4-36 流向箭头效果

（4）使用光标框选所绘箭头，单击“插入”菜单中的“创建块”按钮，弹出“块定义”对话框，如图 4-37 所示。

图 4-37 “块定义”对话框

在“块定义”对话框中单击基点选项栏中的按钮，单击所定义块的端点或中心位置，在名称栏后的输入框中输入所定义块的名称，如标注箭头、树木等，完成对图形块的定义，以后可以方便地调用、插入块。

（5）使用 copy 命令复制或单击“绘图”工具栏中的“复制”按钮，将箭头块复制至河流中心处，具体命令如下：

```
命令： copy
选择对象： 找到 1 个
选择对象：
当前设置：  复制模式 = 多个
指定基点或 [ 位移 (D)/ 模式 (O)] < 位移 >: 指定第二个点或 < 使用第一个点作为位移 >:
指定第二个点或 [ 退出 (E)/ 放弃 (U)] < 退出 >:  * 取消 *
```

（6）使用 rotate 命令对所定义的块进行旋转操作，在命令窗口中输入“rotate”命令，具体命令如下：

```
命令： rotate
UCS 当前的正角方向：  ANGDIR= 逆时针  ANGBASE=0
选择对象： 找到 1 个
选择对象：
指定基点：
指定旋转角度，或 [ 复制 (C)/ 参照 (R)] <0>:  60
```

标注流向箭头后，河流水域效果如图 4-38 所示。

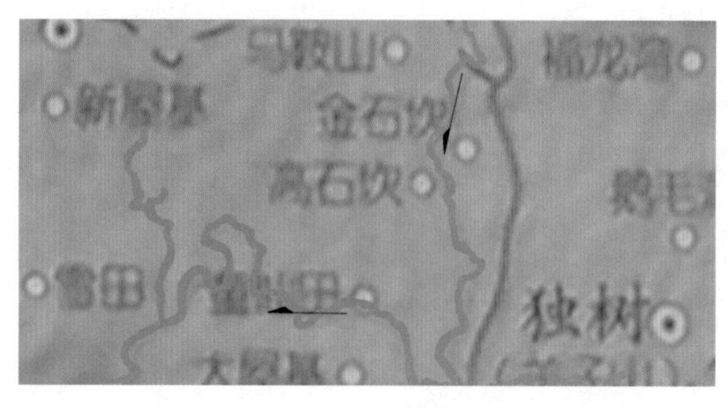

图 4-38 河流水域效果

5. 底色填充

为使图面丰富美观，可根据行政区划图对县域各乡镇进行分色填充，最终效果如图 4-39 所示。

提 示 在进行填充操作的时候，应在相对应的图层上填充与操作，并避免填充区域交叉、重叠及留有未填充区域等现象，为以后绘图及数据统计做好准备。选择填充区域时，添加拾取点与添加选择对象，应灵活运用，以提高效率。

使用 layer 命令打开“图层特性管理器”选项板，将河流水域图层设置为当前图层，按 Ctrl+A 组合键选中所有图层，单击按钮，关闭所有图层，此时弹出“图层 - 关闭当前图层”对话框，如图 4-40 所示。单击“使当前图层保持打开状态”选项，返回“图层特性管理器”窗口，如图 4-41 所示。

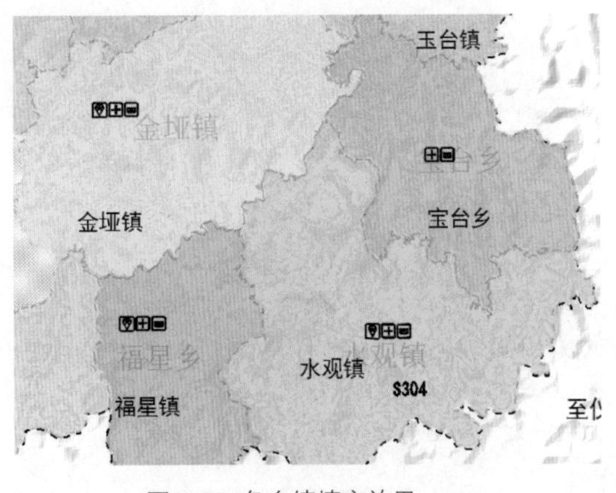

图 4-39 各乡镇填充效果

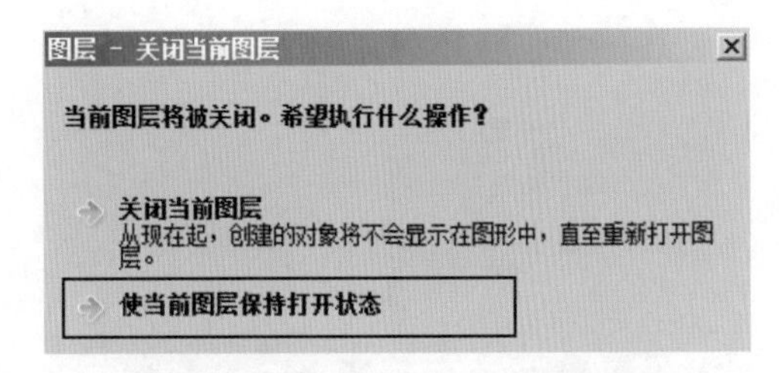

图 4-40 “图层 - 关闭当前图层”对话框

关闭“图层特性管理器”选项板，返回绘制图形的主窗口，按 Ctrl+A 快捷键选中所有河流水域图形要素，单击“修改”工具栏中的 按钮，弹出扩展菜单，如图 4-42 所示。

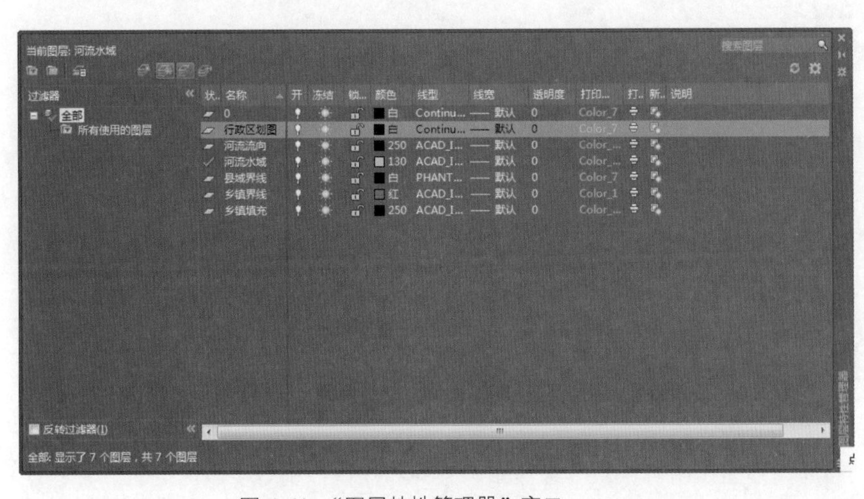

图 4-41 “图层特性管理器”窗口

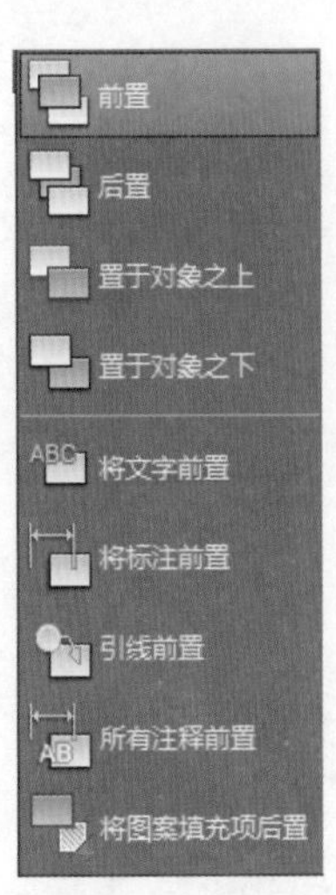

图 4-42 绘图次序选项

单击扩展选项中的“前置”选项，使河流水域图形要素置于其他所有图形要素之上。采取同样的方法，将乡镇界线、河流流向、县域界线依次前置。至此，图形绘制效果如图 4-43 所示。

提　示　在绘图过程中，常常会涉及绘图次序的调整，因此应灵活选用“前置”“后置”等命令，以提高绘图效率。此外，使用 dr 命令（Draworder），根据命令窗口提示可以方便、快捷地调整绘图次序。

在市县国土空间规划中，其他图形要素（如道路、图标等）的绘制方法也相似或相同，并且在国土空间总体规划用地布局规划图中，道路、图标等图形要素形式更加多样、全面。因此，其他图形要素的绘制将在集中建设区总体规划图中详细讲述。读者可参照用地布局规划图绘制方法完成现状图纸的绘制工作。

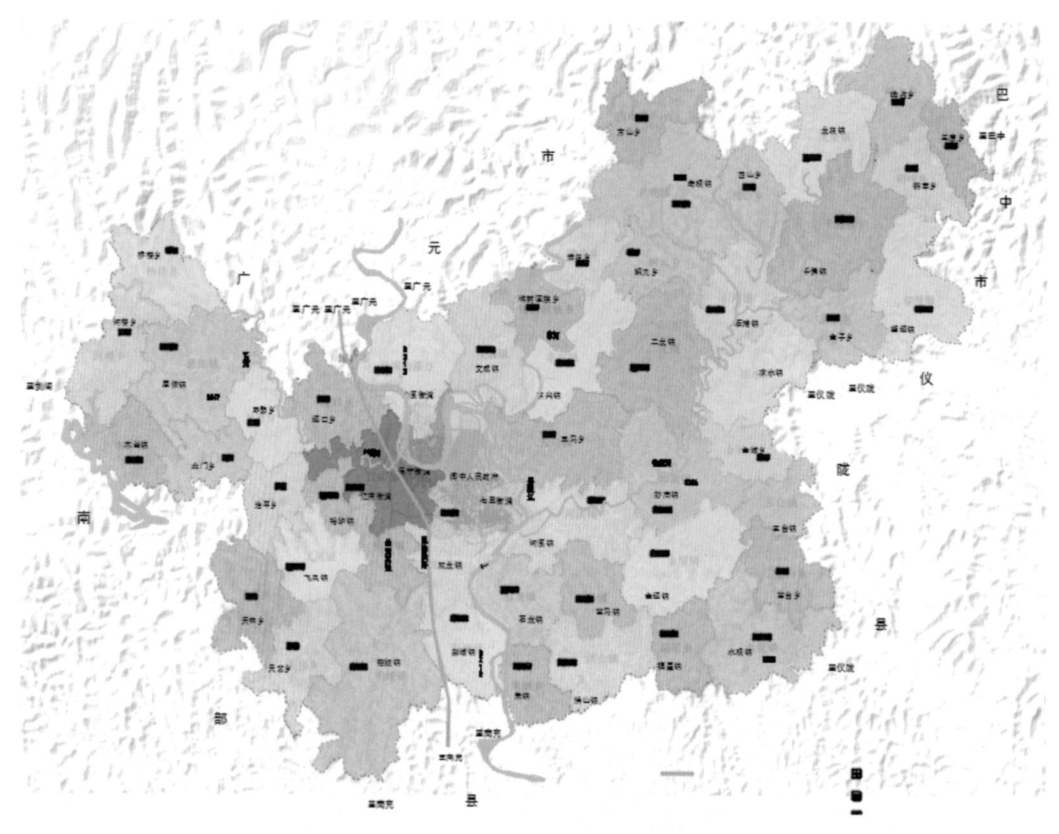

图 4-43 边界河流水域绘制效果

4.3 市（县）国土空间总体规划——城镇体系

县域国土空间总体规划布局规划图在明确城镇等级体系、空间和规模控制等要求的同时，并在现状分析基础上进行用地的划分，按照城市规划所确定的土地利用的功能和性质，对土地进行合理划分，用地分类按照《市县国土空间总体规划现状用地分类表》进行。布局规划图中对历史文化遗产的保护区、风景区等区域有明确表达，并明确生态保护红线、永久基本农田和城镇开发边界的区位和范围，进而指导下层次城乡规划的编制。

使用 AutoCAD 绘制用地布局规划图，首先应根据布局规划设计的构思草图将绘制完成的现状图另存为“布局规划图”，然后在此基础上绘制其他图形要素。

4.3.1 区域交通与道路

在城镇（市）体系用地布局规划图中，道路交通系统绘制基本上是由 pline 命令完成的，对于规划中无须调整的路网，按照乡镇界线的绘制方法描绘；对规划中调整的路网，按照设计草图的方法绘制。

使用 layer 命令打开“图层特性管理器”窗口，创建图层，如图 4-44 所示。

当前图层：高速公路

过滤器：全部　所有使…

状	名称	开	冻	锁	打	颜色	线型	线宽	透明度	新	说明
	0					白	Continu…	—— 默认	0		
✓	高速公路					50	PHANTOM	—— 默认	0		
	生态红线					20	PHANTOM	—— 默认	0		
	城镇开发…					红	PHANTOM	—— 默认	0		
	自然遗产地					74	PHANTOM	—— 默认	0		
	国家公园					绿	PHANTOM	—— 默认	0		
	国道					191	PHANTOM	—— 默认	0		
	行政区划					白	Continu…	—— 默认	0		
	河流流向					白	PHANTOM	—— 默认	0		
	河流水域					130	PHANTOM	—— 默认	0		
	省道					红	PHANTOM	—— 默认	0		
	铁路					20	PHANTOM	—— 默认	0		
	县道					20	PHANTOM	—— 默认	0		
	县域界线					白	PHANTOM	—— 默认	0		
	乡镇界线					白	PHANTOM	—— 默认	0		
	乡镇填充					白	PHANTOM	—— 默认	0		

反转过滤器

全部：显示了 16 个图层，共 16 个图层

图 4-44 “图层特性管理器”窗口

使用 pline 命令，在市级道路图层上绘制市级道路，在使用 pline 命令时，可以根据命令窗口的提示设置多段线的宽度，操作命令如下：

```
命令 : pline
指定起点 :
当前线宽为 0.0000
指定下一个点或 [ 圆弧 (A) / 半宽 (H) / 长度 (L) / 放弃 (U) / 宽度 (W)]: w
指定起点宽度 <0.0000>: 80
指定端点宽度 <80.0000>: 80
指定下一个点或 [ 圆弧 (A) / 半宽 (H) / 长度 (L) / 放弃 (U) / 宽度 (W)]:
指定下一点或 [ 圆弧 (A) / 闭合 (C) / 半宽 (H) / 长度 (L) / 放弃 (U) / 宽度 (W)]:
```

利用同样的方法绘制乡镇道路、村级道路。此时，可以使用“特性”选项板或编辑多段线 pedit 命令对所绘制的多段线宽度进行调整，以使图面协调，效果如图 4-45 所示。

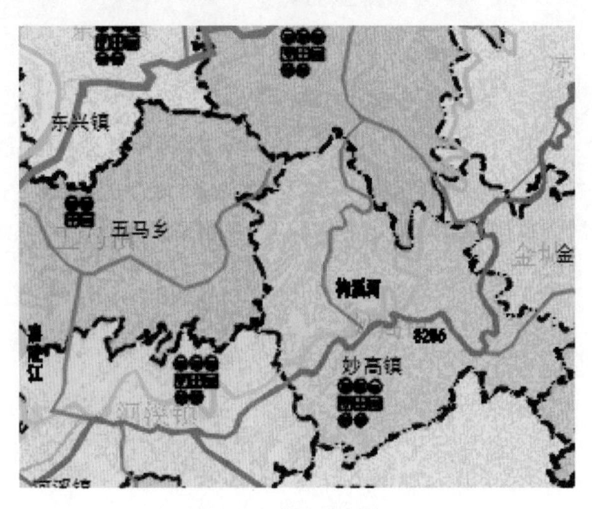

图 4-45 道路绘制效果

对于总体规划布局图中铁路的绘制，可以采用下列步骤完成。

（1）选中铁路图层，在命令窗口中输入 mline 命令，然后根据命令窗口的提示完成铁路轮廓的绘制，操作命令如下：

```
命令： MLINE
当前设置： 对正 = 无，比例 = 300.00，样式 = STANDARD
指定起点或 [ 对正 (J) / 比例 (S) / 样式 (ST)]:  j
输入对正类型 [ 上 (T) / 无 (Z) / 下 (B)] < 无 >:  Z
当前设置： 对正 = 无，比例 = 300.00，样式 = STANDARD
指定起点或 [ 对正 (J) / 比例 (S) / 样式 (ST)]:  s
输入多线比例 <300.00>:  200
当前设置： 对正 = 无，比例 = 200.00，样式 = STANDARD
指定起点或 [ 对正 (J) / 比例 (S) / 样式 (ST)]:
指定下一点：
指定下一点或 [ 放弃 (U)]:
```

（2）在使用 mline 命令绘制完成后，选中所有的多线，单击修改工具栏中的分解按钮，将其分解为直线。在命令窗口中输入 pedit 命令，根据命令窗口提示将所有分解直线转化为多段线。操作命令如下：

```
命令： pedit
选择多段线或 [ 多条 (M)]: m
选择对象： 指定对角点： 找到 8 个
选择对象：
是否将直线、圆弧和样条曲线转换为多段线？ [ 是 (Y) / 否 (N)]? <Y> y
```

（3）使用 offset 命令对转化的多段线进行偏移操作，偏移后的效果如图 4-46 所示。

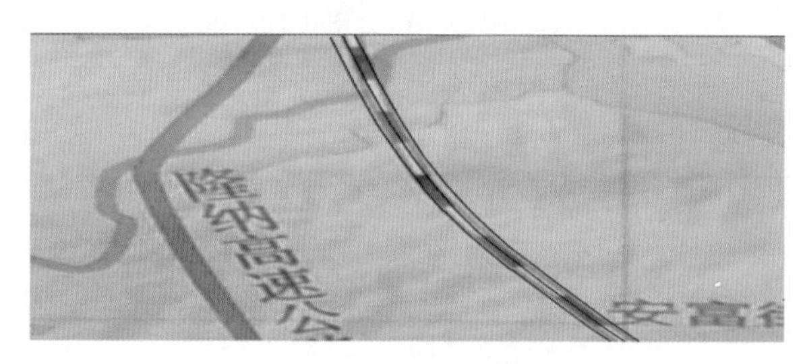

图 4-46 偏移的效果

选中偏移之后的多段线，单击“视图”菜单中的“特性”选项或使用 pr（PROPERTIES）命令，在弹出的“特性”选项板（见图 4-47）中调整偏移后的多段线的线性比例、宽度等属性，效果如图 4-48 所示。

按照县域国土空间总体规划布局方案草图，可以使用同样的方法勾画县（镇）区主要道路轮廓线，并可以为规划河流水域绘制绿化带，只是河流水域使用 pline 命令勾画轮廓，其他操作步骤相同，最终效果如图 4-49 所示。

为更能准确地反应市（镇）区的道路体系结构，可以将下层次规划路网叠加到县域国土空间总体规划布局图中，应特别注意图纸比例与坐标点的确定。

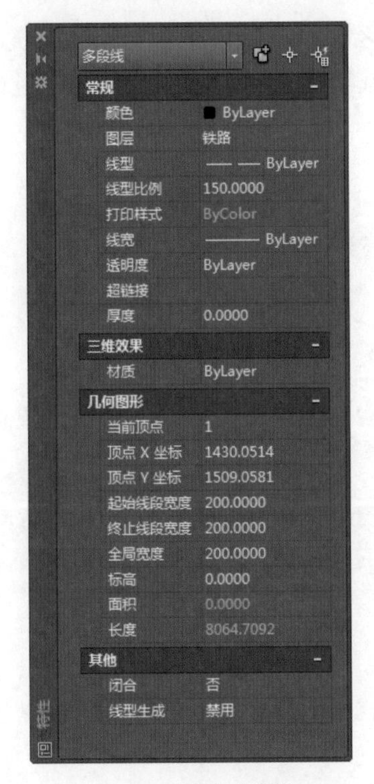

图 4-47　特性选项板

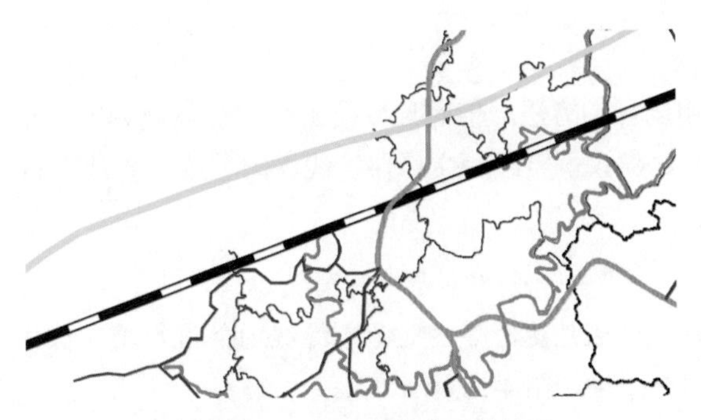

图 4-48　调整偏移后的效果

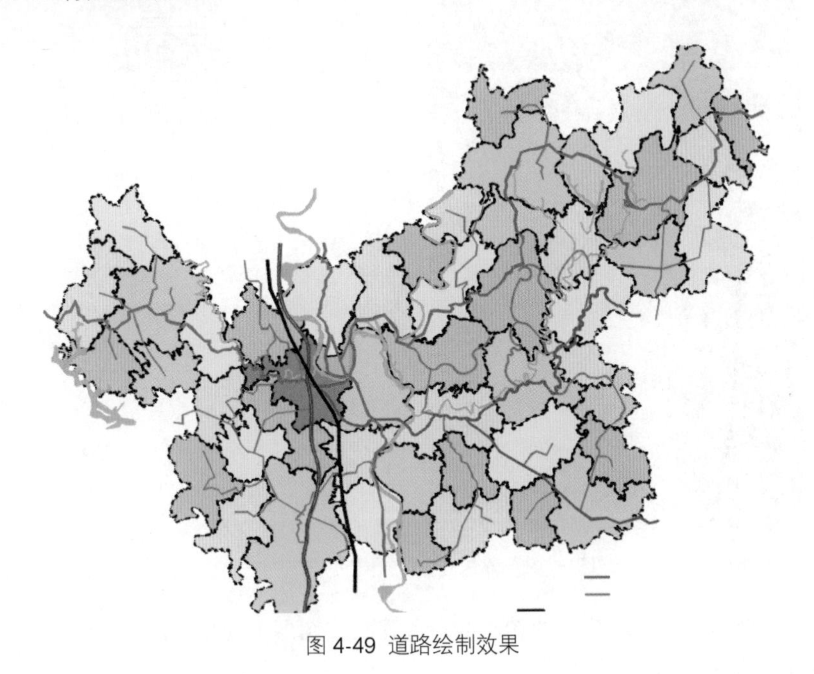

图 4-49　道路绘制效果

4.3.2 区域重要界线

在县域国土空间总体规划布局图中，各种范围界线的确定是其重要组成部分，对下层次规划具有重要的指导作用。下面以乡镇建设开发边界线为例，介绍用地范围界线的绘制方法。

依照县域国土空间总体规划方案草图，使用 pline 命令描绘出乡镇建设开发边界的轮廓线，选中绘制的轮廓线，单击“修改”菜单中的“特性”选项，在弹出的“特性”选项板中对线型比例、宽度等进行设置，最终效果如图 4-50 所示。

图 4-50 乡镇建设开发边界线

采用同样的方法，依照县域国土空间总体规划方案草图绘制出其他范围界线，如生态保护红线、永久基本农田、建议调整线、文物保护线、国家公园界线、自然遗产保护界线等。

4.3.3 区界填充

为使图面表达更清楚，对范围界线内部进行填充操作，填充方法与河流水域填充方法相同。城镇开发边界线填充效果如图 4-51 所示。

图 4-51 城镇开发边界线填充效果

可以将下层次规划中的用地布局叠加到县域国土空间总体规划布局图中，城市用地分类可调整为规划分区与三区三线，并注意与道路网的对应与协调。

使用 pline 命令勾画出其他地块分区的轮廓线，并在相应图层上使用 hatch 命令进行填充操作。至此，规划分区、区界划分与填充操作完成。

在区界划分与填充操作中，需特别注意对图层的控制，填充内容应在相对应的图层上操作。使用 ma（MATCHPROP）特性匹配命令，可以方便快捷地调整对象所在图层、线宽等属性。

4.3.4 公共服务设施图标

绘制图标，应按照国家制图标准绘制。下面以省市级文物保护单位图标为例介绍图标的绘制方法。

（1）将图标图层设置为当前图层，使用 circle 命令绘制图标的外轮廓，命令如下：

```
命令 : circle
CIRCLE 指定圆的圆心或 [ 三点 (3P) / 两点 (2P) / 切点、切点、半径 (T)]:
指定圆的半径或 [ 直径 (D)] <10.0000>: 500
```

（2）按照制图标准，使用 pline 命令绘制图形，如图 4-52 所示。

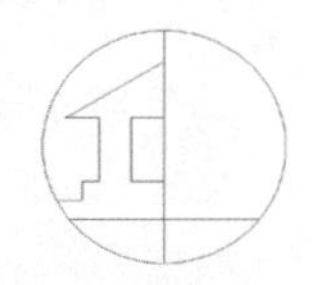

图 4-52 图标轮廓

（3）使用 mirror 镜像命令，将图标轮廓线绘制完整，命令如下：

```
命令 : mirror
MIRROR
选择对象 : 指定对角点 : 找到 5 个
选择对象 :  指定镜像线的第一点 : 指定镜像线的第二点 :
要删除源对象吗? [ 是 (Y) / 否 (N)] <N>: N
```

（4）删除多余的多段线，使用 hatch 命令或单击“默认”菜单中的“图案填充”选项对所绘制图形进行填充操作，效果如图 4-53 所示。

图 4-53 图标填充效果

（5）为使图标有更加美观清晰的效果，可以为图标添加阴影。首先使用 copy 命令复制填充色块，单击“视图”菜单中的“特性”选项，在弹出的“特性”选项板中改变填充色块颜色，如图 4-54 所示。

图 4-54 阴影制作

（6）使用光标框选所绘图标，单击“插入”工具栏中的“创建块”按钮，将图标创建成块。然后使用 move 命令将块与阴影调整到合适位置，并将图标与阴影作为一个整体创建成块，以便于应用与操作，最终效果如图 4-55 所示。

图 4-55 图标效果

本例图标中的五角星，可以采用下列步骤绘制。

（1）使用 polygon 命令，按照命令窗口提示绘制出正五边形，命令如下：

```
命令 : polygon
POLYGON 输入边的数目 <4>: 5
指定正多边形的中心点或 [ 边 (E)]:
输入选项 [ 内接于圆 (I) / 外切于圆 (C)] <I>:
指定圆的半径 : 1000
```

（2）然后依次连接各个顶点，并使用 trim 命令剪掉多余线段，绘制出五角星轮廓线，然后进行填充操作。

对于图标圆环的绘制，可以采用 pline 命令绘制，也可以输入“do”（DONUT）命令或单击“绘图”菜单下的“圆环”命令绘制，命令如下：

```
命令 : do
DONUT
指定圆环的内径 <0.5000>: 500
指定圆环的外径 <1.0000>: 1000
指定圆环的中心点或 < 退出 >:
```

（3）采用同样的绘制方法可以绘制其他类型的图标。在图标绘制过程中，应善于探索与寻求快捷方便的绘制方法，灵活选择与应用。本例部分图标效果如图 4-56 所示。

图 4-56 图标效果

4.3.5 文字标注

在图形要素主体部分绘制完毕后，使用 mtext 命令加入文字标注，使图面表达更清楚。在使用 mtext 命令之前，可以先对文字样式进行设置。单击“注释”菜单下的“文字”，如图 4-57 所示。

图 4-57 设置文字样式

单击扩展箭头，打开“文字样式”选项，弹出“文字样式”对话框，如图 4-58 所示。

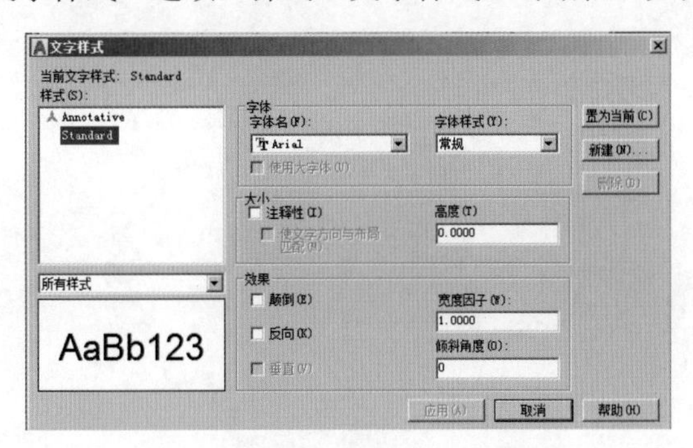

图 4-58　“文字样式”对话框

在“文字样式”对话框中，可以对当前文字样式进行字体、大小、效果修改，同样也可以新建字体样式，在修改完毕后，单击“置为当前”按钮，将修改的样式置为当前使用样式，单击“关闭”按钮即可。

文字样式设置完毕后，将文字图层置为当前图层。在命令窗口中输入“mt”（MTEXT）命令，根据命令窗口提示在合适位置选择文字区域，具体命令如下：

```
命令：mt
MTEXT 当前文字样式："Standard"　文字高度：0.2000　注释性：否
指定第一角点：
指定对角点或 [高度(H)/对正(J)/行距(L)/旋转(R)/样式(S)/宽度(W)/栏(C)]：
```

此时弹出“文字编辑器”工具栏，如图 4-59 所示。

图 4-59　“文字编辑器”工具栏

在工具栏中可以对输入的文字进行字体样式、格式等修改调整，样式、格式扩展工具如图 4-60、图 4-61 所示，设置完毕后，输入相应的文字，单击“确定”按钮，文字输入就完成了。字体标注效果如图 4-62 所示。

采用同样的方法，将图面文字部分完成。在文字输入过程中，可以改变字体、大小，以丰富图面，达到更好的效果。

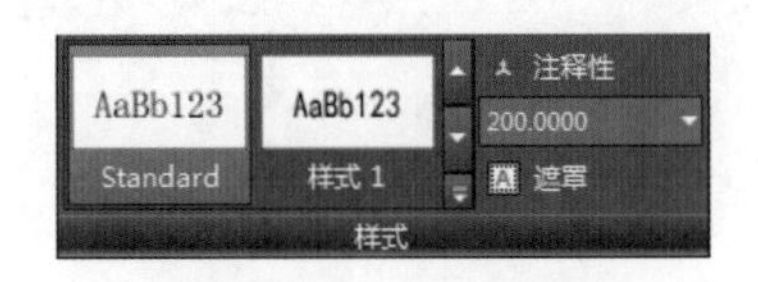

图 4-60 文字样式设置

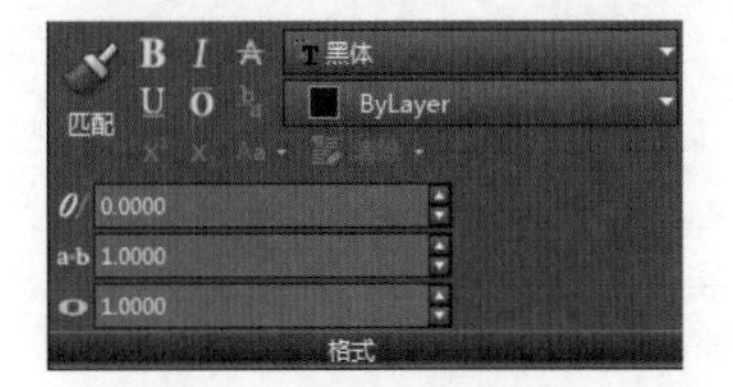

图 4-61 文字格式设置

在文字标注过程中，对于同一类别的标注，可以将文字复制到相应位置，然后双击文字，在弹出的“文字编辑器”窗口中编辑修改文字内容，快捷地完成文字标注操作。

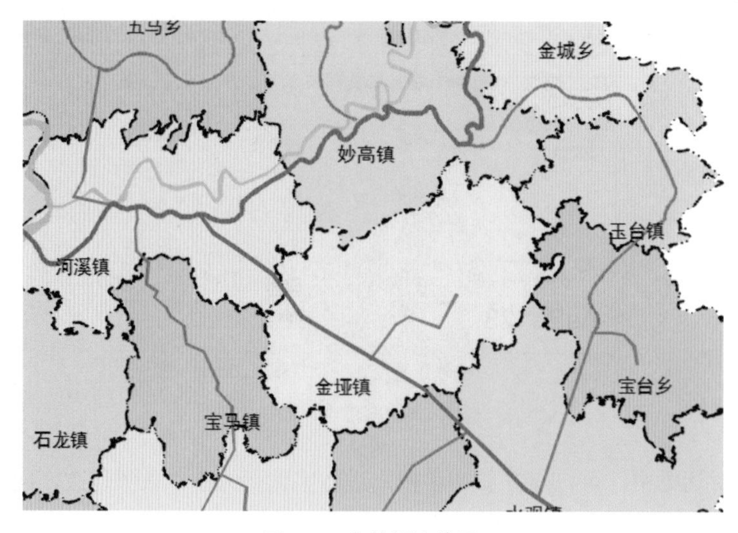

图 4-62 字体标注效果

4.3.6 面积查询

查询命令是在各类规划图纸绘制过程中常用的工具命令，各类用地的面积统计与统计表格的绘制都要用到。对用地面积进行统计时，单击菜单栏中的“默认”选项，在下拉菜单中选择“实用工具”，弹出扩展菜单，如图 4-63 所示。

选择“面积”选项，然后根据命令窗口的提示选择对象，所选对象的面积也将在命令窗口中显示出来，具体命令如下：

```
命令： _MEASUREGEOM
输入选项 [ 距离 (D) / 半径 (R) / 角度 (A) / 面积 (AR) / 体积 (V) ] < 距离 >: _area
指定第一个角点或 [ 对象 (O) / 增加面积 (A) / 减少面积 (S) / 退出 (X) ] < 对象 (O) >: o
选择对象 :
区域 = 105947.2255，周长 = 1360.7818
```

提示 在命令窗口中直接输入“area”或者“list”命令，按照命令窗口中的提示选择对象，都可以对面积进行查询，list 命令对所选对象列出的信息更加详细，包括对象所在图层、固定宽度等属性。另外，在与 ArcGIS 的联合编制中，面积统计的工作可以在 ArcMap 中进行。

图 4-63 实用工具扩展菜单

4.3.7 表格制作

AutoCAD 2020 中提供了方便的表格绘制命令，首先单击“注释”菜单中的“表格”选项，打开“插入表格”对话框，在该对话框中可根据需要设置表格的列和行的参数以及对单元格样式的设置。本例中的设置如图 4-64 所示。

单击左上角的按钮，打开“表格样式”对话框，如图 4-65 所示。

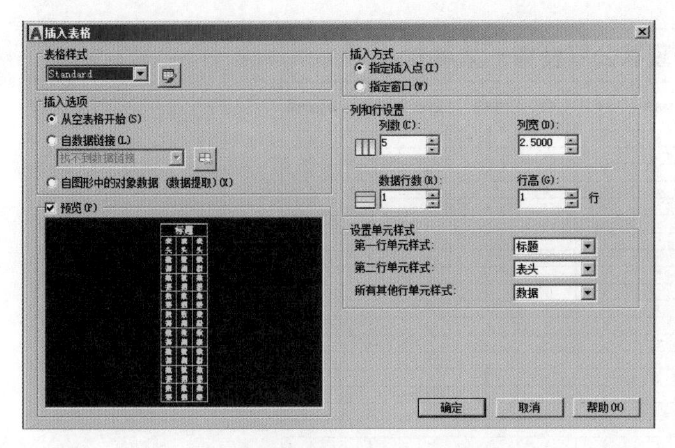

图 4-64 “插入表格”对话框

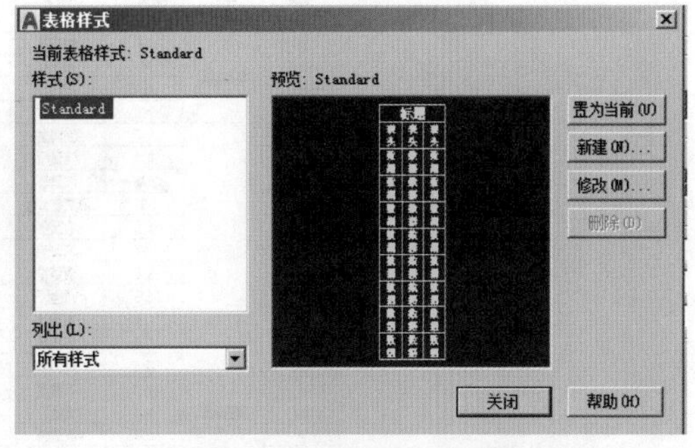

图 4-65 “表格样式”对话框

单击“修改”按钮，打开“修改表格样式”对话框，在该对话框中设置相关参数，如文字、边框等。其中主要是设置输入文字的高度，因为文字高度直接影响到表格每一行的高度，单击文字样式后的...按钮，打开“文字样式”对话框，在对话框中用户可以对字体进行设置。本例中，使用如图 4-66 所示的设置。

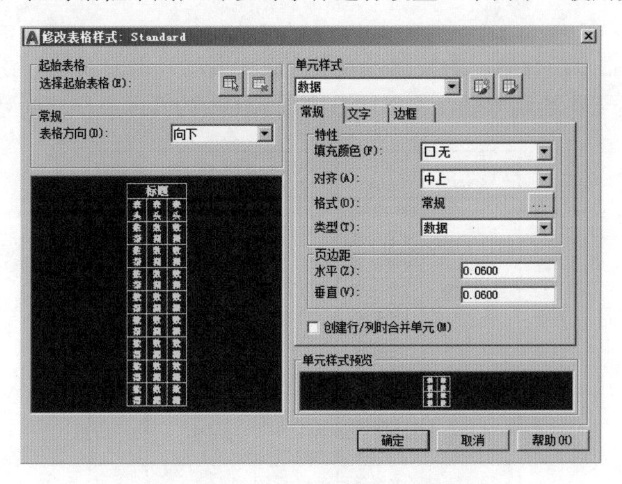

图 4-66 “修改表格样式”对话框

设置完成后，在“表格样式”对话框中将修改的表格样式置为当前，根据命令窗口提示在视图区内点取插入点。单击表格中的单元格，弹出“表格单元”工具栏，如图 4-67 所示。

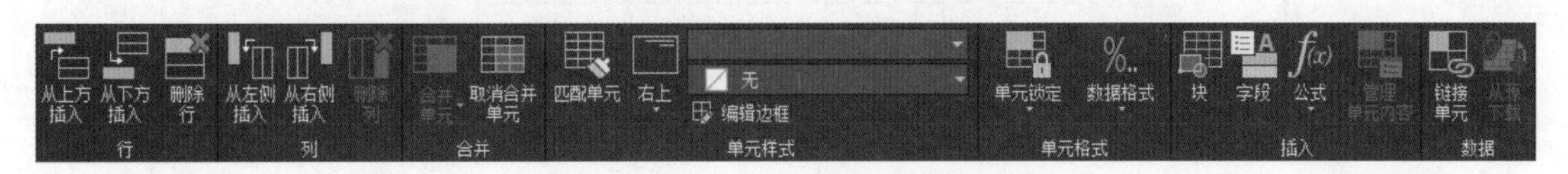

图 4-67 “表格单元”工具栏

利用“表格单元”工具栏可以方便、快捷地对表格进行插入行、列及单元格合并等操作，也可以选中单元格后右击，在弹出的右键菜单中选择相应的修改命令，对插入的表格进行详细修改。最后双击单元格输入文字及数据。为了使表格有更好的图面效果，我们可以使用 pline 命令对表格进行修饰。最后效果如图 4-68 所示。

市域综合现状公服设施一览表

镇名	等级	总人口	职能	幼儿园	小学	中学	邮政局	卫生院	派出所	加油加气站
保宁街道	中心城区	14	综合型	6	5	7	2	17	7	6
沙溪街道		4	综合型	4	3	3	1	9	5	4
七里街道		6.1	综合型	6	3	7	1	12	6	7
江南街道		3.8	综合型	5	3	2	1	14	5	8
龙泉镇	建制镇	1.7	农贸型	1	1	1	1	1	1	1
千佛镇		2.3	工贸型	2	1	1	1	1	1	1
望垭镇		1.3	农贸型	1	1	1	1	1	1	1
老观镇		3	商贸旅游型	1	1	2	1	1	1	2
石滩镇		1.2	农贸型	2	1	1	1	1	1	
庙高镇		1.7	农贸型	2	1	1	1	1	1	1
文成镇		2.5	旅游型	2	1	1	1	1	1	1
河溪镇		1.5	综合型	2	1	1	1	1	1	2
宝马镇		1.4	农贸型	2	1	1	1	1	1	1
金垭镇		1.3	农贸型	2	1	1	1	1	1	1
玉台镇		0.8	农贸型	2	1	1	1	1	1	1
二龙镇		2.1	农贸型	1	1	1	1	1	1	1
裕华镇		1.4	农贸型	1	1	1	1	1	1	
双龙镇		1.4	农贸型	1	1	1	1	1	1	1
石龙镇		1.4	农贸型	2	1	1	1	1	1	1
水观镇		2.5	农贸型	2	1	1	1	1	1	
福星镇		1.4	农贸型	1	1	1	1	1	1	1
洪山镇		2.3	农贸型	1	1	1	1	1	1	1
朱镇		1.4	农贸型	2	1	1	1	1	1	1
彭城镇		1.4	旅游型	1	1	1	1	1	1	1
柏垭镇		2.3	综合型	2	1	1	1	1	1	2
飞凤镇		1.3	农贸型	2	1	1	1	1	1	
木兰镇		0.8	农贸型	1	1	1	1	1	1	2

图 4-68 公服设施一览表

使用 mtext 命令为表格添加标题，为使图面表格有更加美观突出的效果，可添加适当的修饰，效果如图 4-69 所示。采用同样的表格绘制方法，将用地布局规划图中的其他表格绘制完成。

规划乡镇	合并乡镇	规划总人口(万人)	规划城(镇)区人口(万人)	用地规模(ha)
中心城区	保宁街道	28.50	28.50	28.50
	沙溪街道			
	七里街道			
	江南街道			
	河溪镇			
	石龙镇			
	双龙镇			
望垭镇	望垭镇	1.50	0.25	0.23
文成镇	文成镇	2.50	0.25	0.25
	东兴镇			
天宫乡	天宫乡	1.70	0.13	0.14
	天林乡			
北门乡	北门乡	1.20	0.10	0.11
	治平乡			
垭口乡	垭口乡	1.50	0.10	0.11
	枣碧乡			
彭城镇	彭城镇	2.70	0.35	0.32
	朱镇乡			

图 4-69 表格标题

在 AutoCAD 2020 中能够方便地与其他软件进行数据交换的操作，比如 Word、Excel 等文件都可以在 AutoCAD 2020 中完成交互操作，利用 AutoCAD 插入 OLE 对象的功能，将 Word、Excel 等文件作为对象插入之后，两者之间形成关联。可以利用 Excel 强大的表格编辑功能完成表格的统计与绘制。在与 ArcGIS 联合制图时，相关的统计工作与表格可以使用 ArcMap 进行。

4.3.8 图框制作

在完成上述操作之后，需要绘制图框、比例尺、图例等图形要素。本例中，根据图形的实际情况，首先绘制图框。很多时候，规划图的图形尺寸都与标准的图纸尺寸不相符，因此需要设计人员根据图形的实际尺寸绘制大小合适的图框。在绘制图框的时候，还需要统筹考虑图例、表格等其他内容的放置位置，以使规划设计图取得较好的图面效果。

先使用 pline 命令根据图形绘制图框的基本框架，再根据其他图形元素的放置位置绘制完整的图框。为了增强图面效果，可以采用不同宽度的多段线绘制，并可以对图框的部分区域进行填充，这样可以使图面更加美观。

在绘制好的图框内，使用 mtext 命令添加图纸名、编号、设计单位等内容，文字样式可以不拘一格，以取得较好的图面效果。最终效果如图 4-70 所示。

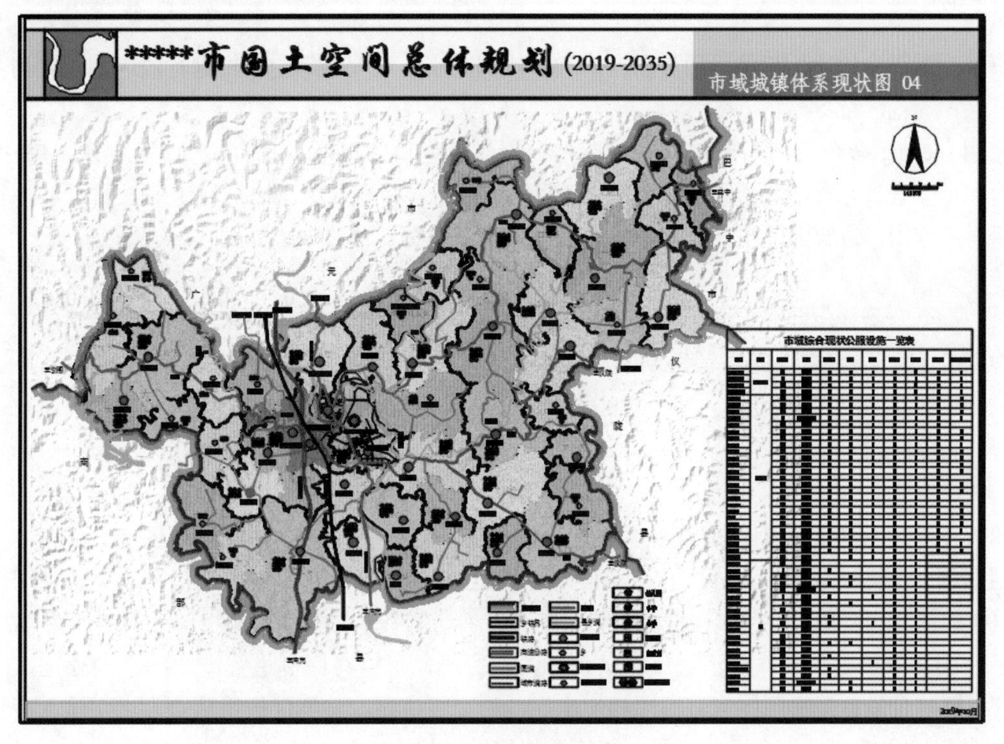

图 4-70　加入图框的效果

4.3.9 风玫瑰图

根据图框布局，在图面合适位置绘制风玫瑰图，使用 pline 命令绘制两条正交多段线，根据资料绘出风向的外围轮廓线，并沿相对方向绘制多段线，划分出风向区域，如图 4-71 所示。

然后对相隔区域进行相同颜色的填充，最终效果如图 4-72 所示。

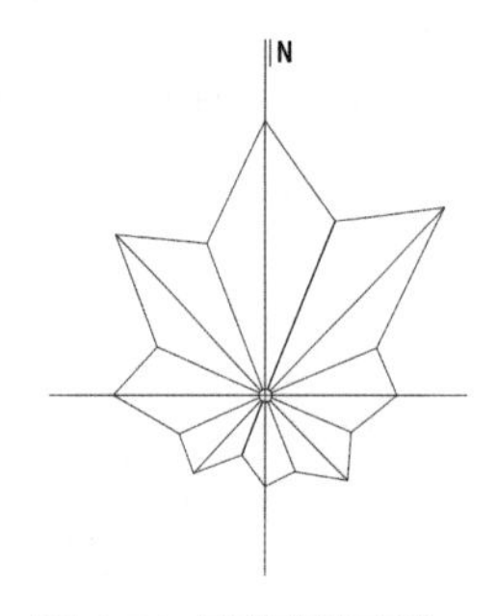

图 4-71 风玫瑰轮廓线

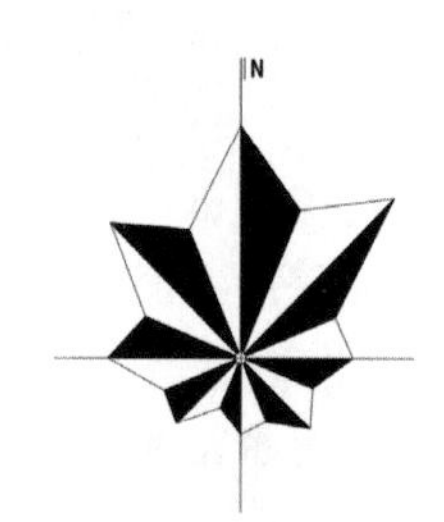

图 4-72 风玫瑰图

4.3.10 比例尺

城市规划制图中的比例尺多采用形象比例尺。比例大小与尺度的确定应根据行政区划图比例及图纸打印尺寸确定。

先使用 rectang 命令绘制比例尺外轮廓，再根据命令窗口的提示设置合适的矩形长度与宽度，使用 pline 命令绘制多段线，结合所要绘制比例尺的大小使用 offset 命令绘制出比例尺轮廓，如图 4-73 所示。

然后对所绘图形进行分段填充，并根据绘制尺度标注数据，最终效果如图 4-74 所示。

图 4-73 比例尺轮廓

图 4-74 比例尺效果

4.3.11 图例绘制

制图规范中对图例绘制有比较严格的要求，必须按规范要求绘制相对应的图形图例。

绘制图例首先需要使用 rectang 命令绘制一个尺寸合适的矩形，然后根据规范绘制出各种图形图例。绘制图例中的图形一般也是使用多段线、圆弧、偏移、剪切等基本命令。本例中部分图例如图 4-75 所示。

为了使图面效果更美观，在不违反相关规范的前提下，可以对图例进行一些细小的处理，如图例外框采用双线框等。最后是在图例旁边标注相应文字，如市级道路、文物保护用地等，文字输入后需要使用 move 命令将图例文字移动到合适的位置。图例绘制的最终效果如图 4-76 所示。

图 4-75 部分图例

图 4-76 图例绘制效果

至此，图形绘制部分已经全部完成，为取得统一协调美观的图面效果，需要根据图框及图面整体布局对图形进行整体协调，如字体大小、表格大小与位置、图例的统一、指北针位置的确定等内容以及对图形绘图次序的调整。在规划图纸绘制过程中，对图面要素的整体把握与协调是非常重要的。

4.4 市（县）国土空间总体规划——规划分区

4.4.1 生态保护区

优先保护以国家公园为主体的各类自然保护地体系及其他重要生态功能区和生态敏感区，通过划定生态廊道等方法构建完整、连续、网络化的生态保护系统。

生态保护区是指具有特殊生态功能或生态环境敏感脆弱、必须保护的陆地和海洋自然区域，包括陆域生态保护红线、海洋生态保护红线集中区域，以及需进行生态保护与生态修复的其他陆地和海洋自然区域。

生态保护区的划定可参照国家、省相关规定进行，本例结合城市发展特点及其自然人文景观体系中山水融合的经典范型，考虑到水系对于区域环境与特色的高度重要性，因此对水系、水体环境进行了着重的保护，同时将上一层次确定的规划红线纳入进来，从而形成区域生态保护区，具体步骤如下：

（1）打开 ArcMap，加载行政区划、地类底图（单色带地形）、卫星图等基础要素。

（2）根据生态保护格局、自然资源保护利用、国土空间生态修复、自然人文魅力景观体系等方案草图，基于 DLTB 图层与水系、山形分布采用“缓冲区”“按属性选择”“高程坡度”等方法初步划定保护区。

（3）本例介绍基于水系缓冲的保护区划定过程。首先将市域水系要素从中提取出来（可以从三调数据中提取，也可以通过卫星图提取），并加载到 ArcMap 中，如图 4-77 所示。根据水系对于生态与景观体系的重要性分别对各级水系水岸进行缓冲区分析（同一水系的不同河段保护的纵深可能会不一样，需要分河段进行选择），选择的部分水系如图 4-78 所示，针对选择河段进行的缓冲分析如图 4-79（a）（b）（c）所示。

（4）缓冲分析完成后，需要结合地形地貌、地类等情况进行调整，之后加载上位规划确定的“生态保护红线”，得到生态保护区的基本划定范围，如图 4-79（d）所示。

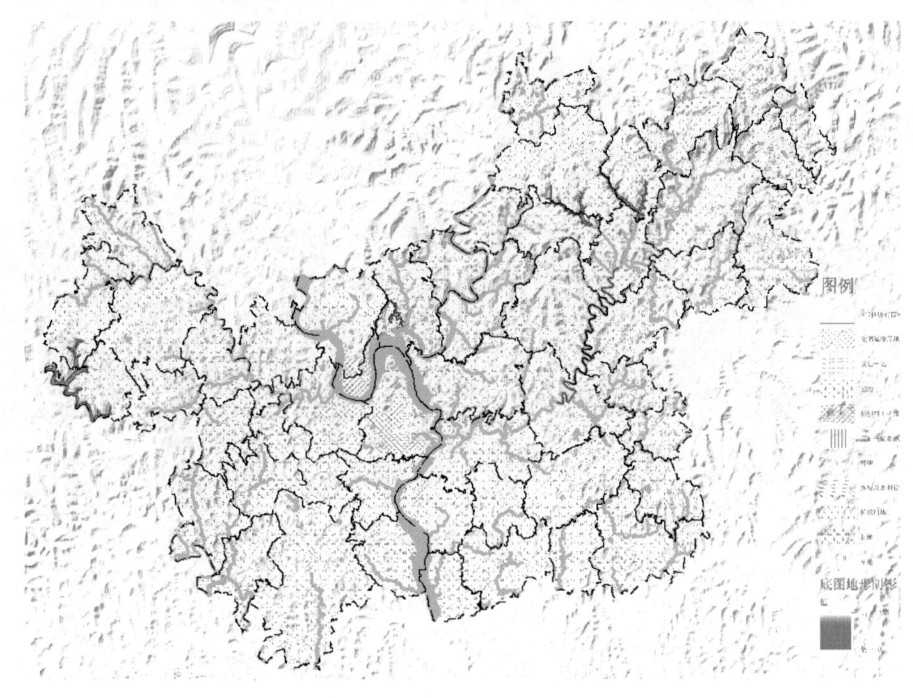

图 4-77　水系提取并加载后的效果

图 4-78 选择水系后效果

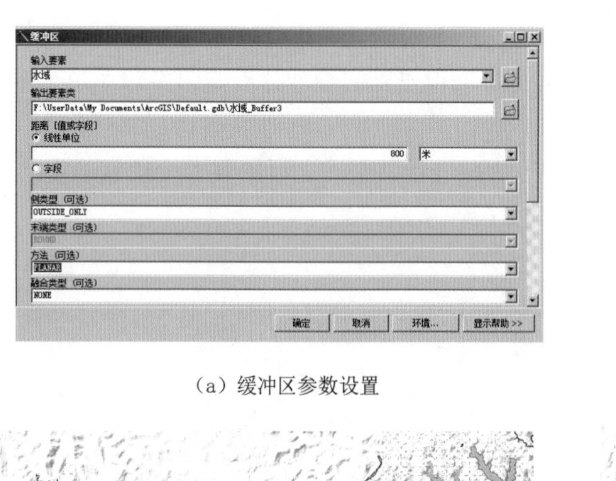

（a）缓冲区参数设置

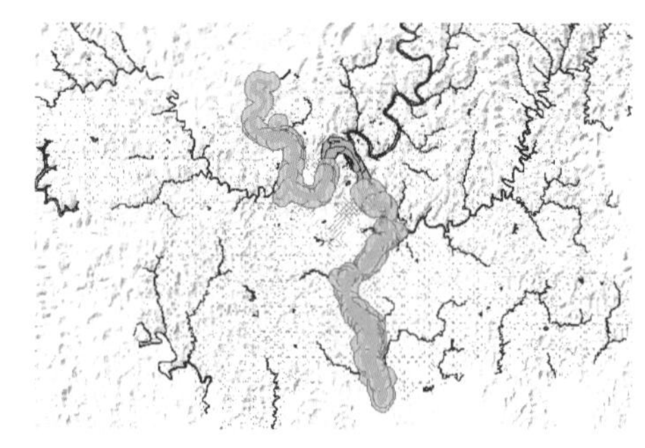

（b）缓冲分析结果

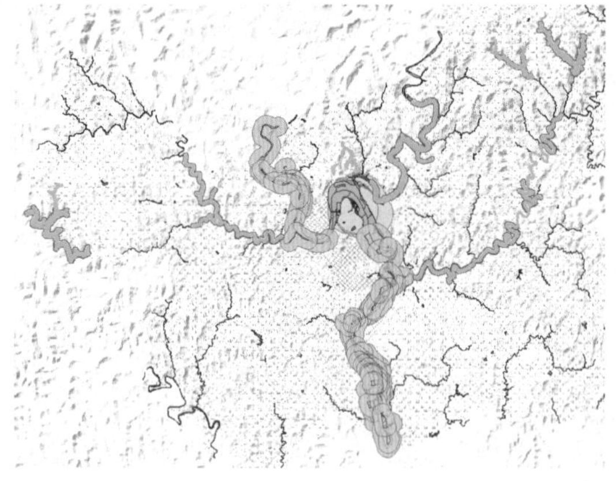

（c）分河段的缓冲分析

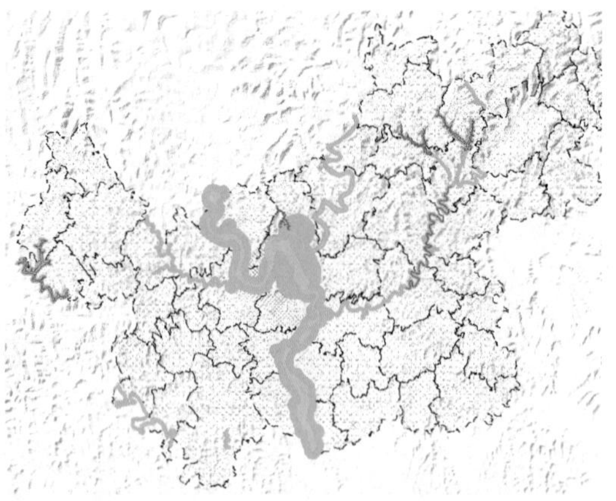

（d）调整后的河流保护范围与生态红线

图 4-79 缓冲过程及结果

4.4.2 永久基本农田集中区

永久基本农田集中区是指永久基本农田相对集中需严格保护的区域。落实永久基本农田保护面积，优化调整其规模和范围。提高耕地质量，拟定耕地占补平衡、基本农田保护的实施措施。永久基本农田集中区确定要在三调数据的基础上，结合上级规划指标分配、占补情况、重大基础设施占用情况等进行调整划定，在 ArcMap 加载三调数据 JBLTBHTB.SHP，适当调整后如图 4-80 所示。

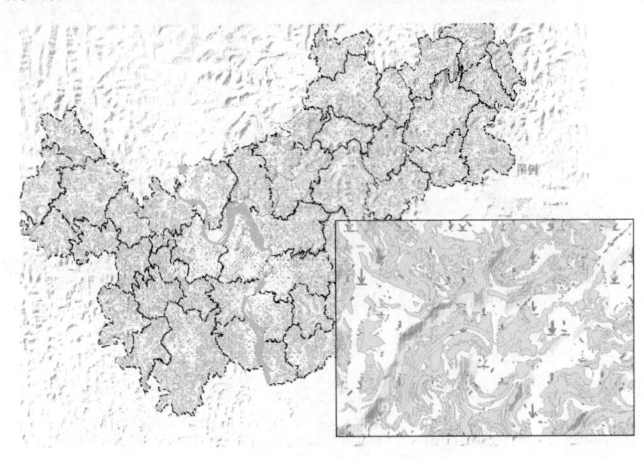

图 4-80 永久基本农田保护区

4.4.3 城镇发展区

城镇发展区是城镇集中开发建设并可满足城镇生产、生活需要的区域。城镇开发边界的范围为城镇发展区。城镇开发边界的划定依据国家、省有关规定进行。城镇发展区内又包括城镇集中建设区、城镇弹性发展区和特别用途区。

（1）城镇集中建设区。该区是为了满足城镇居民生产、生活需要集中连片建设的区域，是在城镇开发边界内允许开展城镇开发建设行为的核心区域。

（2）城镇弹性发展区。该区是为了应对未来发展的不确定性、增强规划的适应性在城镇开发边界内预留的在特定条件下城镇集中建设区可调整的范围。

（3）特别用途区。该区是为了优化城镇空间格局与功能布局，保障城镇生态功能与环境品质、居民休闲游憩、设施安全与防护隔离，提升居民生活质量等需要，划入城镇开发边界内进行管控的各类生态、人文景观等开敞空间。

（4）城镇开发边界。该边界是在国土空间规划中划定的，在一定时期内指导和约束城镇发展，在其区域可以进行城镇集中开发建设，重点完善城镇功能的区域边界。

以上 4 条边界线（区）的做法可以在 CAD 中使用 pline 命令绘制（前文已经介绍），用 CAD 绘制的线条可以导入到 ArcMap 中，然后采用“要素转面”即可。当然，也可以在 ArcMap 中绘制，绘制过程如下：

①新建面图层，如图 4-81 所示。

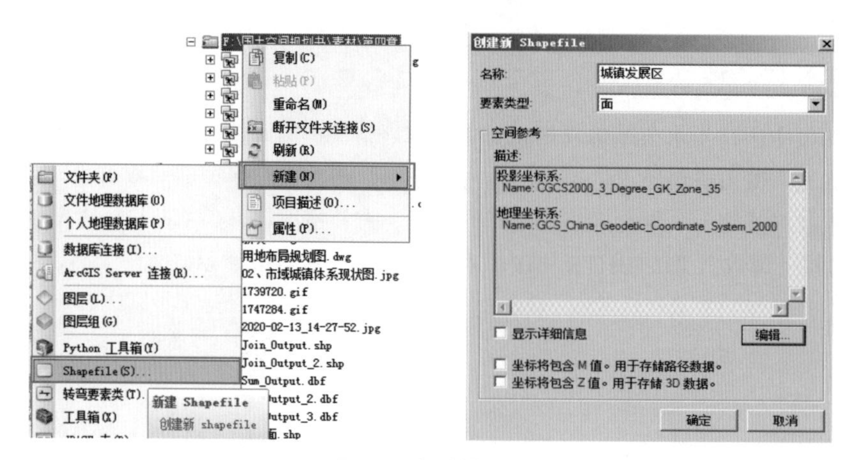

图 4-81 新建面图层

②调出编辑工具栏，单击“自定义”菜单，再将光标移至“工具条”上，在弹出的菜单中选择“编辑器”。

③开始编辑，在上面调出的“编辑器”工具条上单击编辑器(R)▾，在弹出的下拉菜单中选择“开始编辑”项，弹出“开始编辑”对话框，在此对话中选择要编辑的“城镇发展区”图层即可。

④创建要素，单击编辑工具栏中创建要素按钮，在窗口的右侧会弹出“创建要素”对话框，在对话框中选择要编辑的模板，然后在“构造工具”中选择面，之后在绘图区域绘制面。

⑤保存编辑内容，绘制完成后，单击“编辑器”工具栏上的编辑器(R)▾，在弹出的下拉菜单中选择“保存编辑内容”，绘制完成以后可进行适当的符号化处理，最终效果如图 4-82 所示。

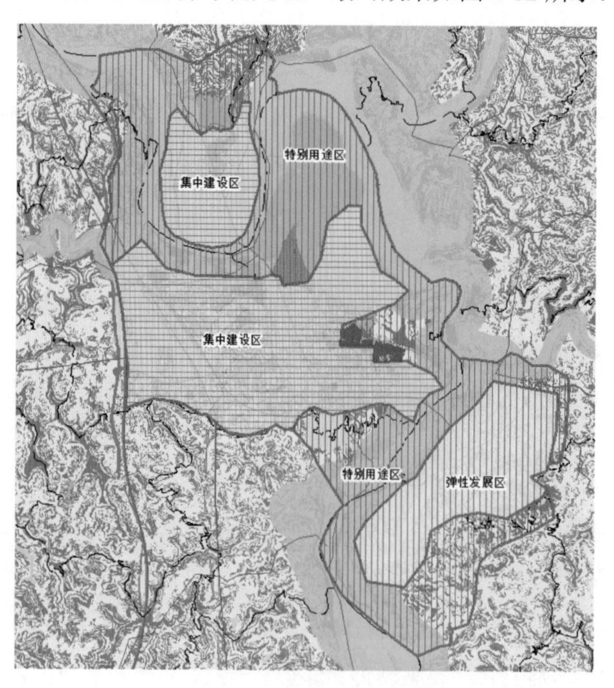

图 4-82 城镇发展区绘制效果

4.5 市（县）国土空间总体规划“一张图”

4.5.1 “一张图”及土地用途分类

国土空间规划“一张图”是以自然资源调查监测数据为基础，建立全国统一的国土空间基础信息平台，并以信息平台为底板，结合各级各类国土空间规划编制，逐步形成全国国土空间规划“一张图”，推进政府部门之间的数据共享以及政府与社会之间的信息交互。国土空间规划“一张图”的底板数据用于提供辅助国土空间规划编制的数据成果和工具，以服务于国土空间规划编制工作，提高国土空间规划编制效率与效果。

国土空间规划“一张图”是国土空间规划成果的集中体现，国土空间规划的各项工作任务最终都要落到实际的地块图斑中，因此国土空间规划“一张图”在地块图斑上综合反映的内容主要包括：各类的城乡建设用地位置范围，各类区域交通基础设施、特殊建设、采矿盐田等建设用地位置与范围，耕地、园地、林地、牧草地、其他农用地等各类农林用地的位置范围，各类湿地、自然保留地、水域等自然保护与保留地的位置与范围。市县国土空间总体规划“一张图”的土地用途分类标准可参照表 4-3 进行。

表4-3 市（县）国土空间总体规划现状用地分类表

分类原则		分类
农林用地		01 耕地
		02 园地
		03 林地
		04 牧草地
		05 其他农用地
建设用地	城乡建设用地	06 居住用地
		07 公共设施用地
		08 工业用地
		09 仓储用地
		10 道路与交通设施用地
		11 公用设施用地
		12 绿地与广场用地
		13 留白用地
	其他建设用地	14 区域基础设施用地
		15 特殊用地
		16 采矿盐田用地
自然保护与保留		17 湿地
		18 其他自然保留地
		19 陆地水域

4.5.2 “一张图”制作的基本流程

（1）制定国土空间现状底图要素。具有经过用途分类整理、合并、归并、细分的基于 CGCS2000（国家 2000 大地坐标系）、1985 黄海高程基准的国土空间现状底图，制作方法可参考 4.2.4 小节中的介绍。为便于理解与区分，本书将现状部分的图斑（地块）称为“现状图斑”，将各类规划方案经过落地处理的图斑（地块）称为“方案图斑”。

（2）制定国土空间农林用地规划方案图斑要素。国土空间农林用地图斑要素的制定依据的主要规划方案有：三区三线划定方案、永久基本农田保护方案、耕地资源与草地资源保护利用方案、农业空间发展方案、乡村振兴发展方案、土地整治规划方案。

在现状底图的基础上，制定耕地、园地、林地、牧草地、其他农用地的优化调整落地方案，形成相应的调优面状要素类，如耕地调整优化要素图层、永久基本农田保护调整方案、园地调整优化要素图层等，为后面“一张图”合并做农林用地图块要素的准备。

（3）制定国土空间规划建设用地方案图块要素。国土空间建设用地图块要素的制定依据主要包括三区三线划定方案（城镇空间、城镇开发边界）、城镇格局方案、城镇体系规划方案、市县域区域交通规划、公共设施规划、基础设施规划方案、中心城区规划方案、集中建设区规划方案等内容。建设用地方案图斑内容在现状图斑的基础上研究确定，为后期“一张图”合并做准备。

（4）自然保护与保留地规划方案图斑要素。国土空间自然保护与保留地图块要素的制定依据主要包括自然资源保护利用规划方案、国土空间生态修复方案、自然人文魅力景观体系规划方案等。方案图斑内容在现状图斑的基础上研究确定，为后期“一张图”合并做准备。

（5）各类方案图斑的校核与修正。各类方案图斑需要进行汇总、统计、比对，对相关方案进行必要的调整甚至重新制定方案。数据指标需要符合上位规划、指标要求、结构比例等的要求。

（6）用方案图斑更新现状图斑。

下面我们将以某市“一张图”叠加更新为例，重点讲述区域交通方案与集中建设区方案转化为“一张图”图斑（块）的方法。

- 打开 ArcMap，加载前面已经制作好的现状底图（也可称为现状“一张图”或者现状图斑），如图 4-83 所示。

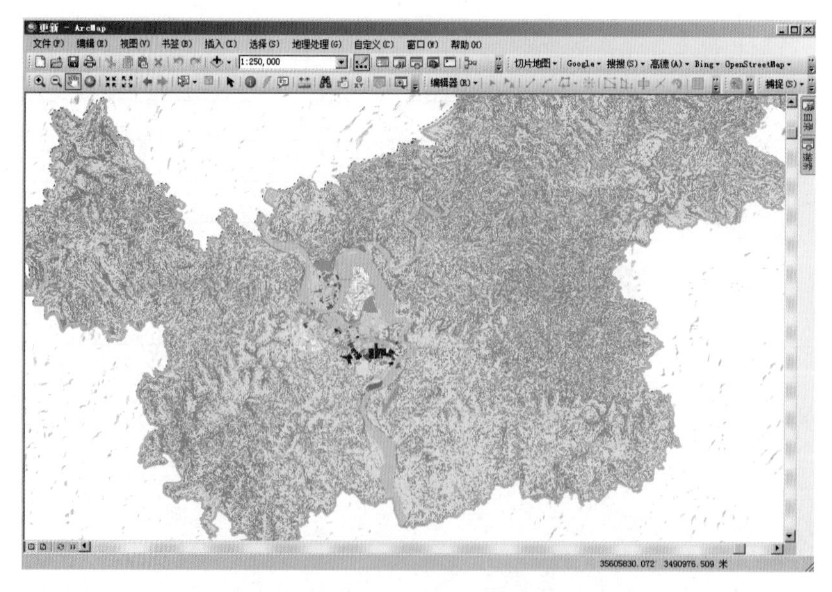

图 4-83 现状“一张图”（现状图斑）

将市（县）域交通网络规划方案转化为地类图斑（规划方案如果是在 CAD 中制作，则需要导入 ArcMap，按照规划意图添加交通线要素的宽度字段，并赋值宽度，之后按照赋值宽度生成交通线缓冲区，缓冲区生成的面要素即可作为交通线路规划方案图斑；如果规划方案是在 ArcMap 中制作，则需要按照线路宽度字段运用缓冲区工具将交通线要素转换成交通面要素，从而生成交通网络规划方案图斑），加载到地图文档中，如图 4-84 所示。

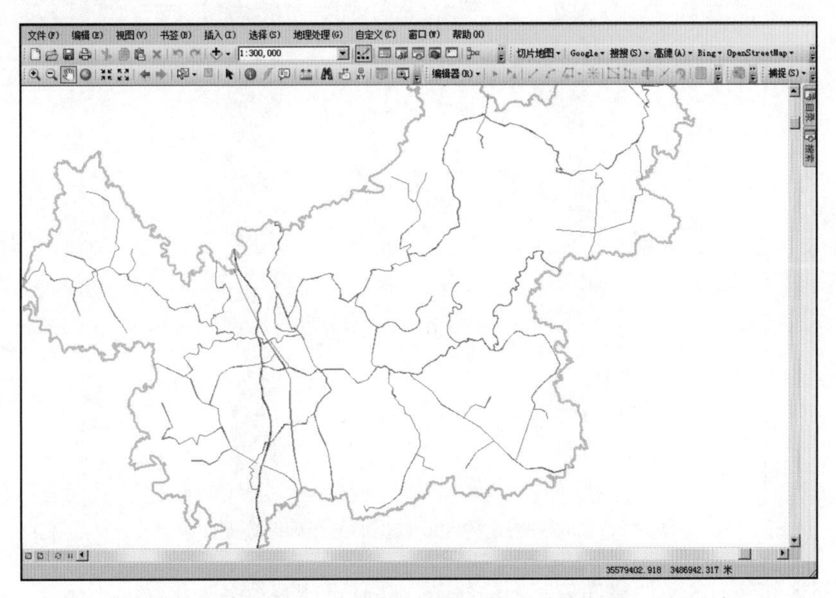

图 4-84 市（县）域交通网络规划方案图斑

执行更新工具，用交通规划方案图斑替换现状图斑相应的内容。经过数据校核、修正、比对过后的市（县）域交通网络规划方案图斑可以归并到现状图斑中去，在“分析工具箱”中找到“更新”工具，双击“更新”工具，在弹出的对话框中输入要素选择现状图斑，更新要素选择刚才加载的市（县）域交通网络规划方案图斑，单击“确定”按钮，获得交通规划方案图斑更新后的“一张图”，结果如图 4-85 所示。

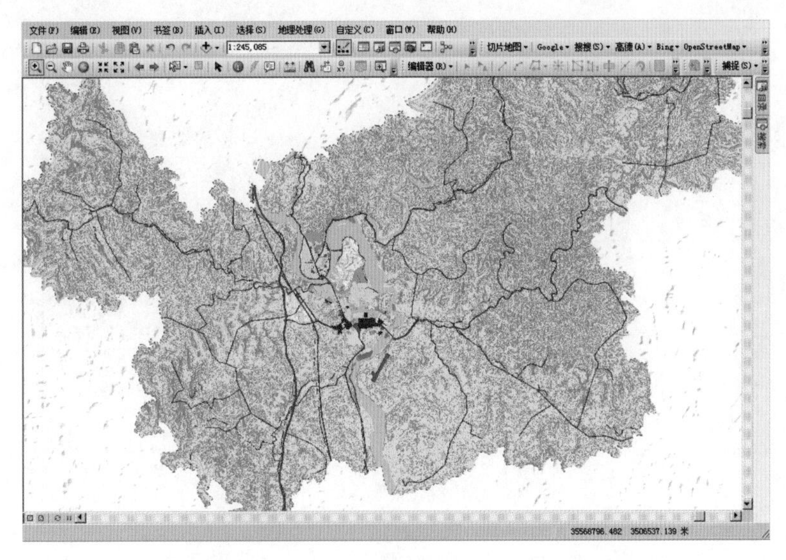

图 4-85 交通规划方案图斑更新后的“一张图”效果

加载、转换、编辑 CAD 集中建设区用地布局规划方案。将 CAD 文件导入 GIS 是绘图中常见的情况，其操作步骤较为简单。首先打开 GIS，单击图层添加数据，将之前保存好的 CAD 文件添加进来。添加时单击 CAD 文件，里面有几个数据，选择 polyline（各类用地边界线）和 point（各类用地性质的点信息）即可。将文件添加进来以后，分类型导出数据至地理数据库和要素数据集下。加载导出结果如图 4-86 所示。

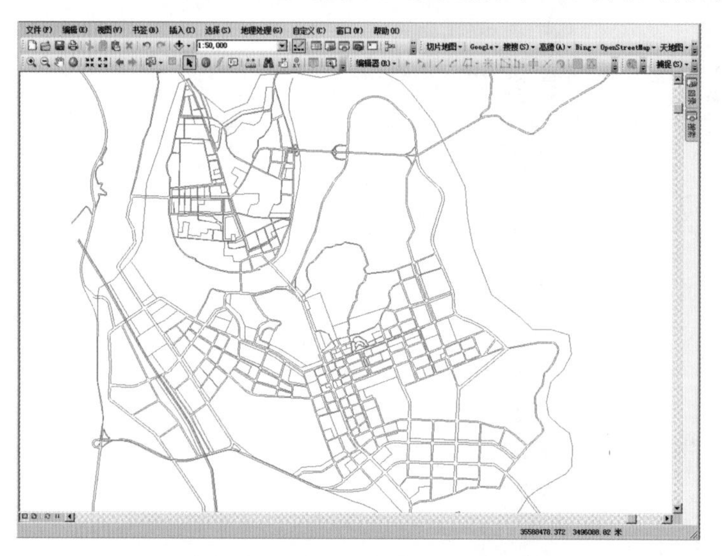

图 4-86 加载并导出为 shp 数据后的用地红线图效果

加载导出的用地红线 shp 文件有许多冗余的线条，并且可能有很多未接触、不闭合、重叠等错误（错误多少与 CAD 绘图人员的习惯有很大关系，CAD 中分层清晰、干净，线条起始点保持捕捉方式等习惯有助于减少 CAD 中的冗余数据与错误）。这些错误需要在 ArcMap 中进行修整完善，否则后期转面要素类时会出现大量问题。大的错误可以凭肉眼识别进行修改，小的错误则需要用 ArcMap 的拓扑检量与编辑来完成。拓扑检查和编辑需要在地理数据库中要素数据集上右击，然后新建拓扑、添加拓扑规则，进行拓扑验证后可得到如图 4-87 所示的错误区域。

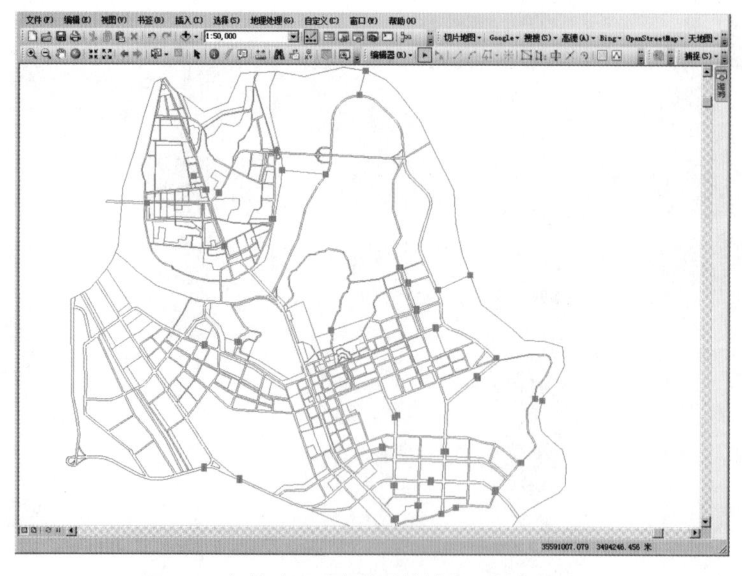

图 4-87 拓扑验证后查找到的错误（红点区域）

在 ArcMap 自定义工具条中加载拓扑工具条后开始编辑，将查找到的拓扑错误进行相应的修正（如果导入的错误较多，这个过程可能会比较烦琐，也可考虑回到 CAD 中进行必要的编辑梳理，从而减少 ArcMap 中错误处理的工作量）。

执行要素转面工具，将修正后的用地红线转为面要素类，同时加载用地性质点要素类，如图 4-88 所示。

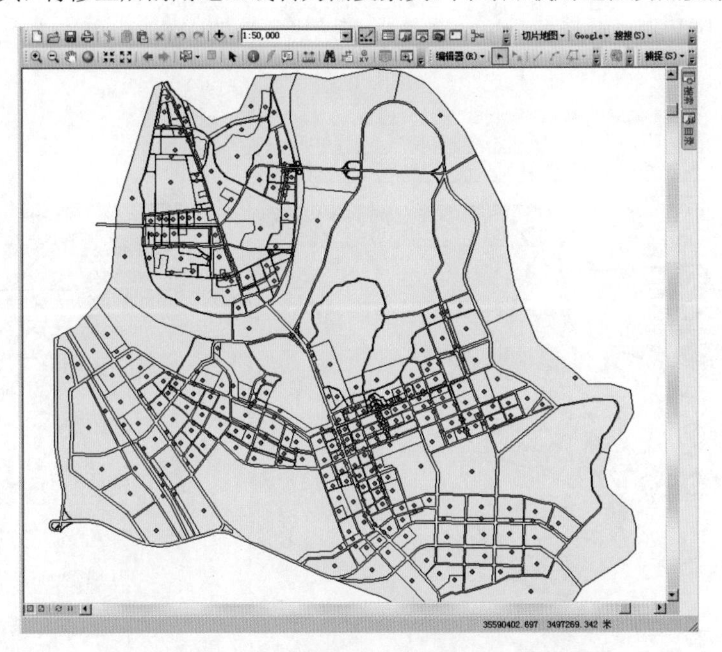

图 4-88　转换用地红线面要素与加载的用地性质点要素

新建拓扑关系，设定诸如点要素“必须完全位于内部”、面要素“不能重叠”、面要素之间“不能有空隙”、面要素“包含点”且仅“包含一个点”等拓扑规则，然后进行拓扑验证，如图 4-89 所示，可以看到图中蓝色区域有属性点要素错误（未包含点或包含一个以上的点）。

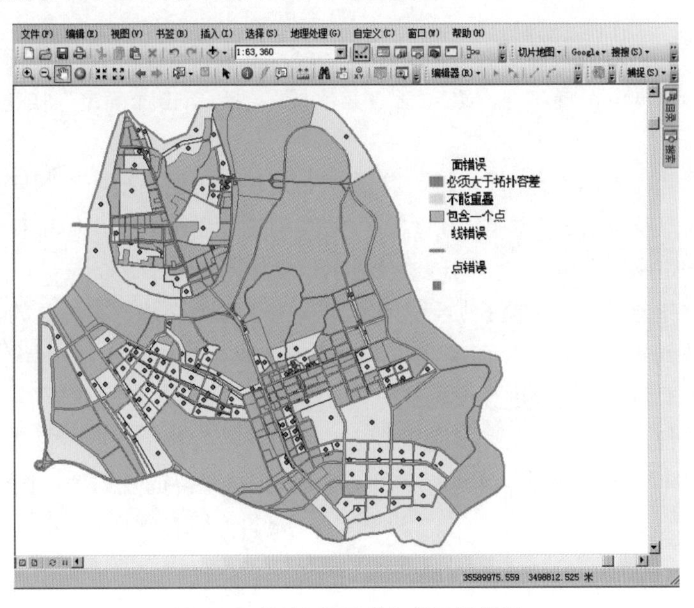

图 4-89　地块面要素的拓扑验证结果

运用拓扑编辑工具条和编辑器上的工具对上述错误进行修改，然后再进行拓扑验证，以保证每一个面要素均没有重叠，每一个面要素包含且仅包含一个用地性质属性点，修改完成后经过验证没有错误的数据如图 4-90 所示。

将地块面要素与属性点要素进行关联。右击面要素图层，在弹出的菜单中单击“连接和关联”，选择“连接”，弹出“连接数据”对话框，按如图 4-91 所示进行设置。单击“确定”按钮后，生成“带地块性质的用地面”。

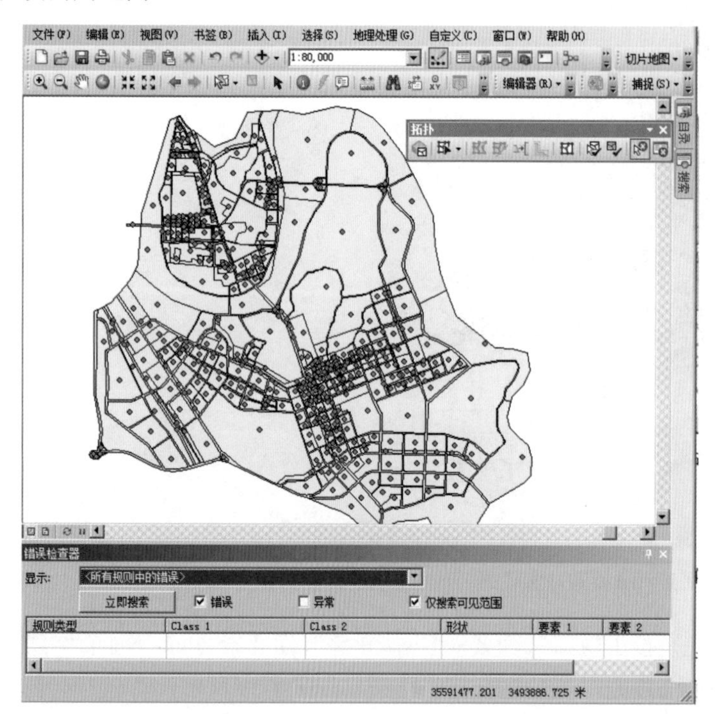

图 4-90 修改完成经验证无误的属性点和地块面要素

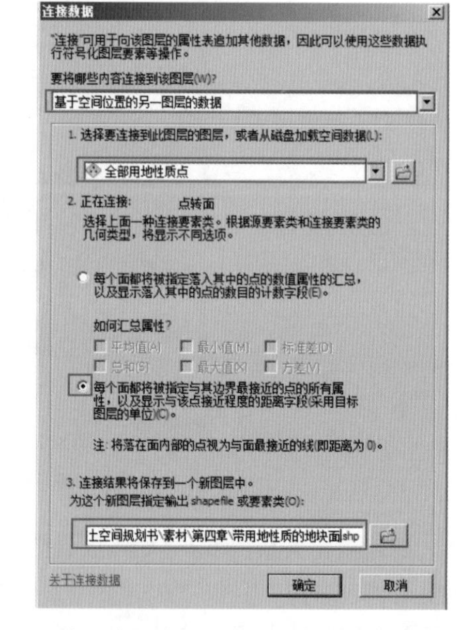

图 4-91 将地块面数据与用地性质点数据进行连接

打开“带地块性质的用地面”图层属性表，添加字段。单击“YTFLMC”字段列，右击，选择“字段计算器”，在弹出的对话框中设置 YTFLMC=LAYER 字段，然后单击“确定”按钮，将 LAYER 字段的值赋值给 YTFLMC 字段。

可视化表达“带地块性质的用地面”图层。双击“带地块性质的用地面”图层，选择“属性”菜单，在弹出的对话框中打开“符号系统”选项卡，可逐一按类型设置显示方式，如果有现成的符号系统或者图层文件，可直接导入。完成的集建区方案图斑地块显示效果如图 4-92 所示。

利用更新工具，将集建区方案图斑叠加到之前已经叠加了区域交通方案图斑的“一张图”上。在系统工具箱中打开分析工具箱下的叠加分析工具集，双击更新工具，弹出“更新工具”对话框，如图 4-93 所示对输入要素、更新要素和输出要素进行设置。

转换并叠加更新其他规划方案图斑。其他规划方案图斑的转换和叠加更新方法与前述过程基本一致，将叠加好的规划“一张图”严格按照表 4-4 进行字段的整理，形成最终的规划“一张图”数据图层，如图 4-94 所示。

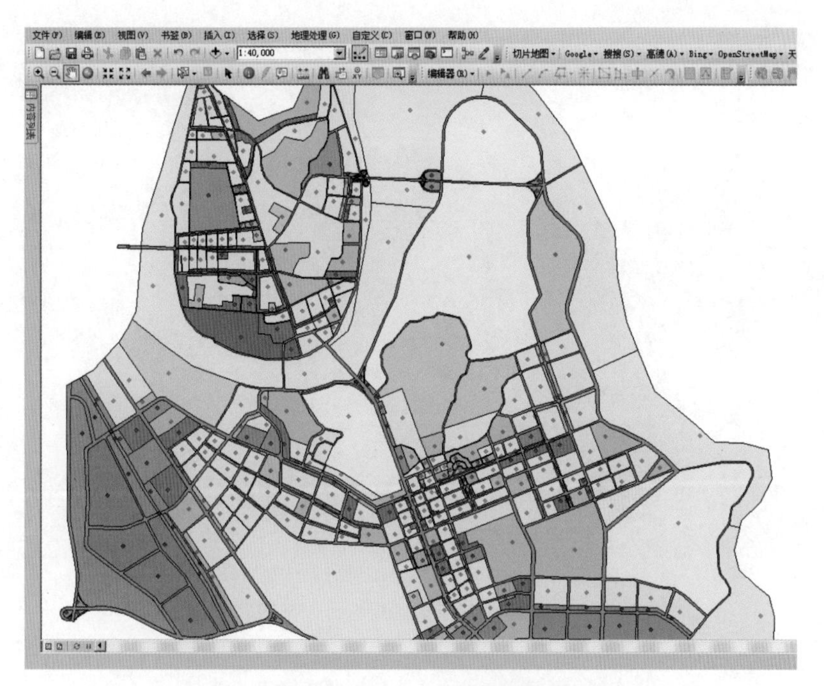

图 4-92 集建区规划转为方案图斑后的最终效果

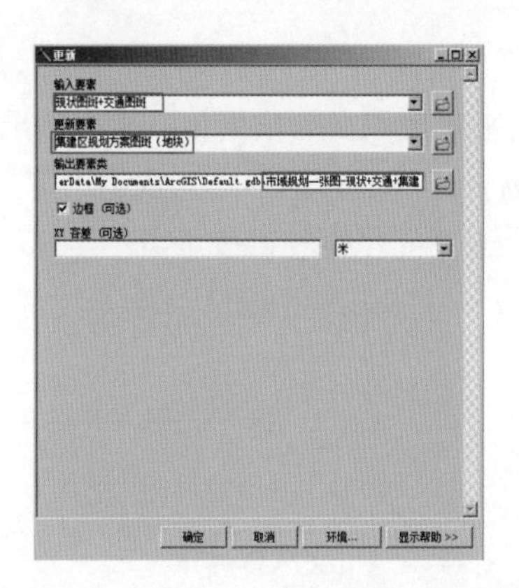

图 4-93 叠加集建区规划方案图斑更新工具参数设置

表4-4 市（县）国土空间规划用途分类属性结构描述表

序号	字段名称	字段代码	字段类型	字段长度	小数位数	值域	约束条件	备注
1	标识码	BSM	Char	18			M	
2	要素代码	YSDM	Char	10			M	
3	行政区代码	XZQDM	Char	12			M	
4	行政区名称	XZQMC	Char	100			M	
5	用途分类代码	YTFLDM	Char	10		见分类代码表相关规定，序号可从1编到9	M	集中建设区采用三级分类
6	用途分类名称	YTFLMC	Char	50			M	
7	面积	MJ	Float	16	2	大于0	M	单位：平方米
8	规划期限	GHQX	Char	20			M	
9	备注	BZ	Char	255			O	

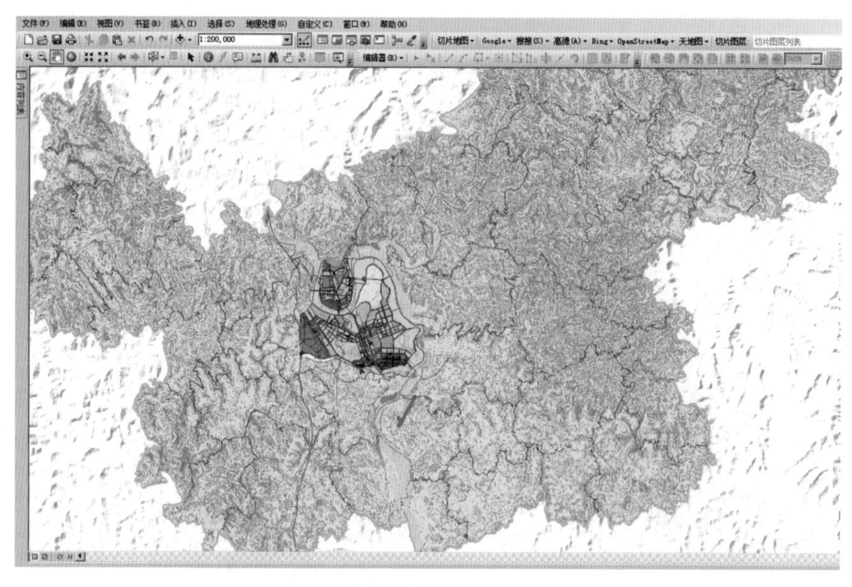

图 4-94 最终完成的规划“一张图”

4.6 小结

1. 市（县）国土空间总体规划的基础底图必须依据第三次全国土地调查成果的地类进行，规划图的方案绘制可以基于 AutoCAD，但 GIS 软件已经成为国土空间规划不可或缺的数据处理平台。

2. 本章主要在 AutoCAD 和 ArcMap 之间穿插着讲述了市（县）国土空间总体规划的底图制作，市（县）域城镇体系（含区或交通、区域设施）、规划分区图的基本绘制方法。

4.7 习题

1. 如何将栅格图片形式行政区划图导入 AutoCAD 中？
2. 使用 _______ 命令可以快速打开“特性”选项板，从而方便对所选对象属性进行修改。
3. 调整绘图次序有哪些步骤与方法？
4. 如何进行字体样式的设置？多行文字的输入步骤是什么？
5. 使用 _______ 命令可以方便地对多段线进行合并、修改线宽等操作。
6. 面积查询方式有哪些？各有什么特点？
7. 绘制圆环有哪些方法？其操作步骤怎样？有何异同？
8. 国土空间总体规划的底图是基于什么数据库的？如何生成底图并转化为图片？
9. 在 AutoCAD 中如何绘制区域交通与道路？
10. AutoCAD 绘制的图形如何转到 ArcMap 中？
11. 在 ArcMap 绘制市县国土空间规划分区应该注意哪些问题？
12. 规划一张图编辑绘制的一般流程是什么？

第 5 章

城市集中建设区总体规划

导言

本章将以某市国土空间总体规划集中建设区规划的具体实例制作流程为例，详细介绍通过 AutoCAD 2020 及 ArcMap 绘制集中建设区总体规划工程图的过程，其中针对集建区总体规划工程图中的综合现状分析图、用地评定图、用地布局规划图、道路工程规划图，介绍每张图纸中各种图形要素的安排和绘制，内容之中穿插介绍各种绘制的技巧和经验。

在市(县)域层次的空间规划完成后，进入到中心城区总体规划层次，由于中心城区总体规划的核心工作范围为城市集中建设区，因此本章主要针对集中建设区的规划展开讲述。

5.1 总体规划前期准备与制图要求

在集中建设区总体规划中可以利用计算机软件进行方案的初步构思、具体修改和具体图纸的制作，方便设计师的意图表达，节省人力和物力。当然，与市县域总体规划一样，用 ArcMap 制作地类底图也是必要的。

5.1.1 前期准备

在计算机应用初期，首先应将手绘和纸质资料矢量化（没有数字化的地形图时），便于在计算机上的应用，例如对手绘地形图的输入，首先通过扫描仪保存为文件，利用专门软件对文件进行矢量化，在此基础上对文件进行修改、保存。得到的成果是便于计算机应用的矢量文件。在此基础上再进行下面的工作。矢量化地图的软件有很多，可以根据精度要求灵活选用。

以下主要介绍使用 AutoCAD 与 ArcMap 进行图纸制作的流程。

5.1.2 具体制作图纸和要求

（1）土地利用现状图（地类底图）与综合现状图

集中建设区地类底图绘制方法与市县域部分是一致的，只是在地类深度上有所加强，可以按照《城市（县城）集中建设区国土空间用途分类表》进行细分，当然地类的细分可以以一、二级类互相补充，农林用地可分到一级类，建设用地可分至二级类。本例中为了较系统地分析与考量集中建设区的功能结构与外部环境关系，选择以城镇开发边界（城市发展区）为界进行地类底图的绘制。

打开 ArcMap，加载土地调查数据 DLTB.SHP，加载城市开发边界图层，单击“地理处理”菜单，在弹出的菜单中选择“裁剪”工具，弹出“裁剪”对话框，在对话框中“输入要素”选择 DLTB、“裁剪要素”选择城市开发边界（城市发展区），单击“确定”按钮，得到如图 5-1 所示的结果。

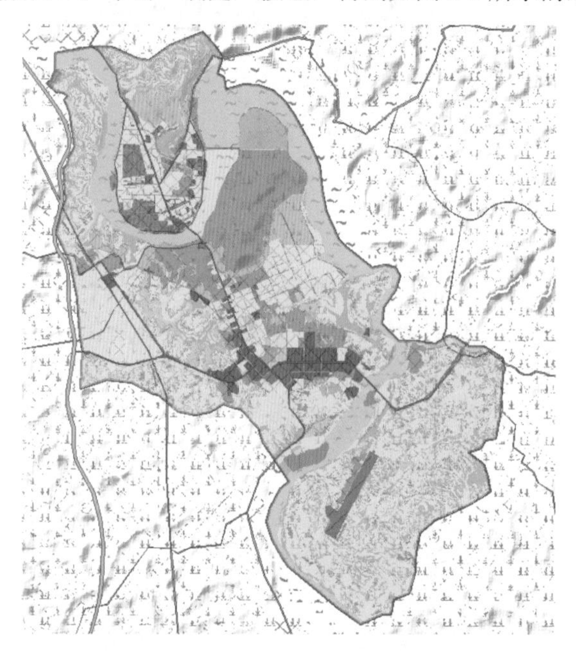

图 5-1 城市发展区用地现状图（地类底图）

进行总体规划前先导入上面得到的文件（导入方法见第 4 章），在此基础上进行规划构思和绘制所需要的分析图，进行集建区现状分析。制作出集建区现状分析图，对集建区各个方面进行分析，其中包括必要的自然条件分析、建设条件分析和社会经济构成分析，如风玫瑰图的绘制和水体的布局、与土地利用有关的外部条件分析图、人口构成及其分布密度图。必要时还可以进行坡地分析。使用 AutoCAD 根据需要制作划分出不同的布局，制作各类分析图，为以后的工作打好基础。

（2）中心城市协调管控规划图

主要表达中心城市镇（村）体系布局，生态保护红线、永久基本农田和城镇开发边界等控制性内容以及集中建设区范围和相关协调管控内容。

（3）用地评价图

根据用地坡度、坡向、高程等自然条件，结合地质灾害分布、生态保护、农业发展等要素进行综合评价，确定城市（县城）集中建设区发展方向，选择发展用地。

（4）城市（县城）集中建设区土地利用现状图

以第三次全国国土调查成果为基础，按照《城市（县城）集中建设区国土空间用途分类表》形成城市（县城）集中建设区土地利用现状图。

（5）布局结构规划图

主要表达城市（县城）集中建设区空间布局结构和功能分区。

（6）土地利用布局规划图

在现状分析基础上进行用地的划分，按照集建区规划所确定的土地利用的功能和性质，对土地进行划分，每块土地都具有一定的用途，如用于工业生产的称为工业用地，用于绿化的称为绿化用地，在图面上使用不同的图例划分不同的用地，按照《城市（县城）集中建设区国土空间用途分类表》的规定，明确各类建设用地布局，在图面上使用不同的颜色与用地代号将其划分开来，并制作表格进行规划内容的集中表达，进而完成用地布局规划图，形成城市（县城）集中建设区国土空间布局“一张图”。

在此基础上制作各类详细的规划分析图，如道路系统、工程管线系统、绿地系统、空间结构、竖向规划、景观设计等。

（7）绿地与公园体系规划图

主要表达以自然河道、湿地、山体、公园等为主体的城市生态绿地系统。

（8）历史文化保护规划图

主要表达城市（县城）集中建设区历史文化保护体系、历史文化资源位置、各类保护控制范围等内容。

（9）旧城更新规划图

主要表达旧城更新区域范围、更新项目位置、规模和建设时序等内容。

（10）风貌展示体系规划图

主要表达风貌展示要素、展示体系、展示线路等内容。在已有的图面基础上进行景观规划设计分析，图面上应表达出主要景观节点和主要景观轴线。表达方式可以有所不同，最终都需要以清晰明确的图面表达效果制作出景观分析图。

（11）住房与社区服务体系规划图

主要表达居住用地、社区布局、社区公共服务体系和社区生活图等内容。

（12）公共服务设施规划图

主要表达各级各类公共服务设施布局。

（13）综合交通体系规划图

主要表达城市（县城）集中建设区道路交通路网布局、客货运交通枢纽位置和规模、公交线网、交通廊道、停车设施和慢行交通组织等内容；在合理的集建区用地功能组织的基础上，规划出一个完整的道路系统。集建区各个组成部分通过集建区道路构成一个互相协调、有机联系的整体。根据道路系统的不同形式与功能，在绘制过程中进行道路类型、分级和宽度的表达，并用清晰的图例与符号标注各条道路的具体设计参数，达到清晰与协调的统一，最终完成道路交通规划图。

（14）公用设施布局规划图

主要表达各类公用设施的布局和规模等内容；在用地布局的基础上进行基础设施的规划，根据基础设施的类型，在图面上绘制不同的图例进行表达，如水厂、污水处理厂、变电站等，分别采用块状和图标进行表达，并标注规模、用地等内容，描绘出准确的规划设计图，并制作表格进行基础设施统计，完成基础设施指引图的表达。

（15）城市空间形态控制图

主要表达城市（县城）集中建设区空间形态格局、景观结构、风貌分区、城市设计重点控制区、开发强度分区等内容。

（16）“四线”管控规划图

主要表达城市（县城）集中建设区各类绿地范围的控制线、自然湖泊等水域范围的控制线、历史文化保护范围界线、基础设施和公共安全设施控制线等内容。

5.1.3 后期处理

在完成以上要求的前提下，利用软件对制作的图纸进行处理，使图面的表达更加生动和形象。利用一些平面图像处理软件可以方便地在图面加上生动的配景，美化图纸，使图面饱和，并对图纸进行特殊的图面效果表达处理。这样处理后的效果是非常明显的，现在市面上的这类软件较多，其中 Photoshop 是一款应用范围较广的软件，可以满足我们对平面制作的要求。

5.2 总体规划现状分析图

5.2.1 地形图的输入

将经过软件矢量化的地形图导入 AutoCAD 软件中，在一般情况下，设计委托方或勘测部门会提供地形图的 AutoCAD 文件，在进行规划制图工作前一般要先对原地形图进行一定的修改，这样会简化后面的工作。本例在原有现状图上进行补充、完善，着重讲述如何根据 ArcMap 导出的地类底图对现状进行补充完善。原有现状图打开后的效果如图 5-2 所示。

图 5-2 插入原有现状图

5.2.2 图域、尺寸、比例的设置

采用 AutoCAD 进行集建区规划设计图的绘制，首先应确定工作的图域范围以及图形的度量单位。使

用图形界限 limits 命令和单位 units 命令进行设置，对于总体规划来说，一般采用米为单位，即 1unit=1m。在 AutoCAD 系统中首先输入“units”，设数值为十进制，数值精确度设为小数点后一位，角度以逆时针为正方向。然后根据作图的需要确定比例尺，例如 1/5000、1/10000。一般总体规划设计方案中小城镇常用到 1/2000 到 1/5000，大中城市常用 1/10000。

5.2.3 图层、线型、颜色的设置

使用 layer 命令打开“图层特性管理器”选项板，在该对话框中根据相关规范对不同的图层对象进行不同的图层信息设置，如图层颜色、线型等，如图 5-3 所示。

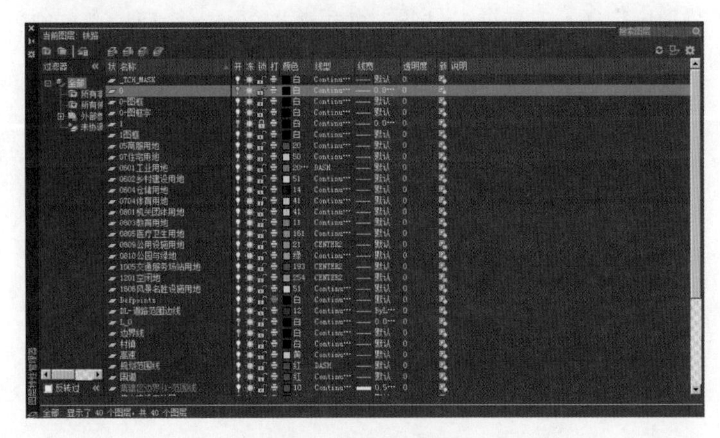

图 5-3 图层设置窗口

在设置线型前，可以首先使用 linetype 命令打开“线型管理器”对话框，单击“加载”按钮，打开“加载或重载线型”对话框，如图 5-4 所示，在该对话框中选择加载相应线型，单击“确定”按钮，关闭“加载或重载线型”对话框，“线型管理器”对话框中显示新加载线型样式。选择新加载线型，单击“显示细节”按钮，“线型管理器”对话框中显示“详细信息”栏，在“详细信息”栏中可以输入该线型的线型说明以及比例等参数，如图 5-5 所示。

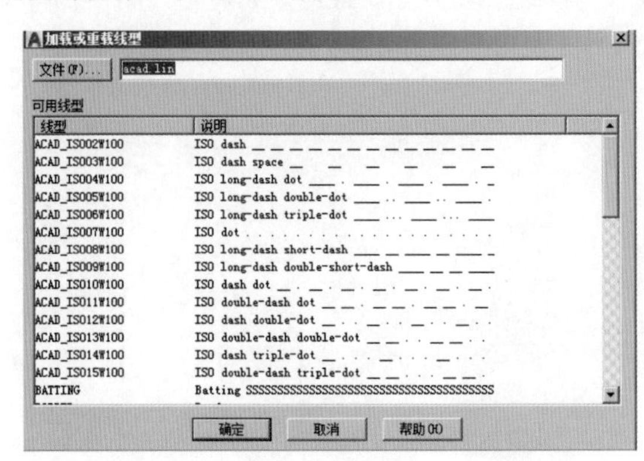

图 5-4 “加载或重载线型”对话框

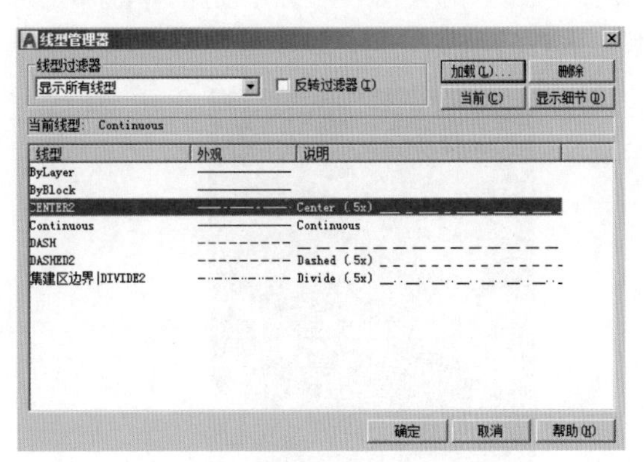

图 5-5 “线型管理器”对话框

详细信息栏提供访问特性和附加设置的其他途径，其中各选项介绍如下：

- 名称：显示选定线型的名称，可以编辑该名称。线型名称最多可以包含 255 个字符。线型名称可以包含字母、数字、空格和特殊字符（如美元符号（$）、连字符（-）和下划线（_））。线型

名称不能包含逗号（,）、冒号（:）、等号（=）、问号（?）、星号（*）、小于号和大于号（><）、斜杠和反斜杠（/\）、竖杠（|）、引号（"）或单引号（'）p 这些特殊字符。

- 说明：显示选定线型的说明，可以编辑该说明。
- 缩放时使用图纸空间单位：按相同的比例在图纸空间和模型空间缩放线型。当使用多个视口时，该选项很有用。该选项也受 PSLTSCALE 系统变量控制。
- 全局缩放比例因子：显示用于所有线型的全局缩放比例因子（LTSCALE 系统变量）。
- 当前对象缩放比例：设置新建对象的线型比例。最终的缩放比例是全局缩放比例因子与该对象缩放比例因子的乘积。该选项也受 CELTSCALE 系统变量控制。
- ISO 笔宽：将线型比例设置为标准 ISO 值列表中的一个。最终的比例是全局缩放比例因子与该对象缩放比例因子的乘积。

设置完成后，单击“确定”按钮，线型加载完成，用户在使用“图层特性管理器”选项板创建新图层时，就可以快捷地选择已经加载的线型了。

最后将栅格方式（Grids）和捕捉方式（Snap）打开，此时状态栏中的按钮为闪亮状态。这样有利于设计者在作图时有比较准确的尺寸概念。另外，字体、字型和正交方式也应该进行恰当的设置。

5.2.4 图面编辑

1. 规划边界线

在进行图面编辑时，首先是对规划边界的确定与绘制。一般情况下，在总体规划中，设计委托方或勘测部门提供的地形图 AutoCAD 文件会包括规划区域的边界线或行政区划线，对规划边界不清楚的区域，应与当地政府或相关部门讨论确定。

对于确定的规划边界线或行政区划线，首先使用 pline 命令对照地形图在规划边界层上绘制出轮廓线，然后单击“视图”菜单中的“特性”选项或使用 pro 命令，之后选中绘制的规划边界轮廓线，在弹出的“特性”选项板中对线型比例、宽度等进行设置，本例中的选项板设置如图 5-6 所示，最终规划边界如图 5-7 所示。为使图面有好的效果，可以对规划边界进行设置，具体绘制方法可参照第 4 章。

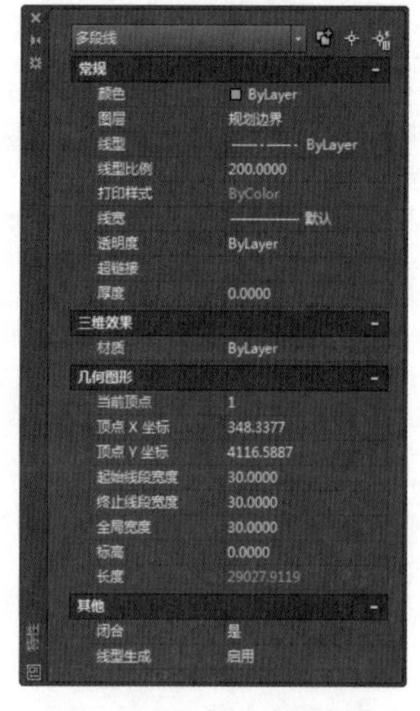

图 5-6 “特性”选项板

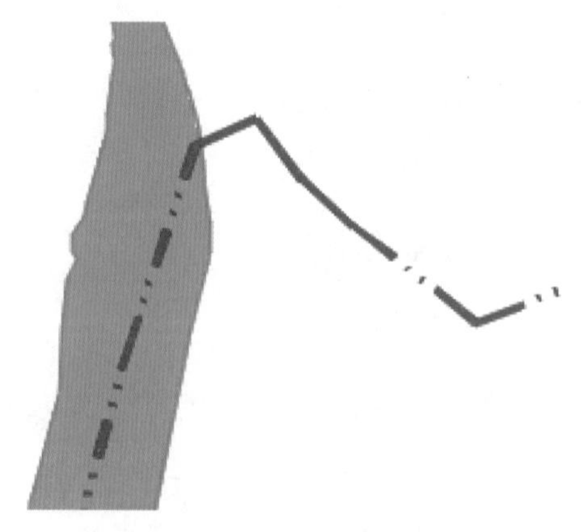

图 5-7 规划边界线

2. 河流

河流的轮廓线多为复杂的折线，使用 pline 命令对照地形图在河流图层上绘制出轮廓线，再用编辑多段线 pedit 命令中的 Width 选项为河流的轮廓线设置合适的宽度，最终绘制出河流的轮廓，然后进行图案填充。使用 hatch 命令或单击“默认”菜单“绘图”的“图案填充”选项，弹出“图案填充”工具集，如图 5-8 所示，单击“图案”按钮，弹出“图案”的扩展选项，如图 5-9 所示，选择合适的图案填充，并在“特性”工具扩展选项中调整所填充的图案的对角度和比例，同样也可以在填充完毕后进行调整。

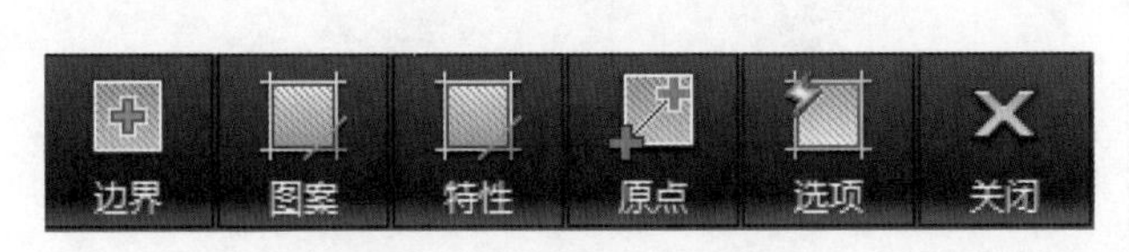

图 5-8 “图案填充”工具集

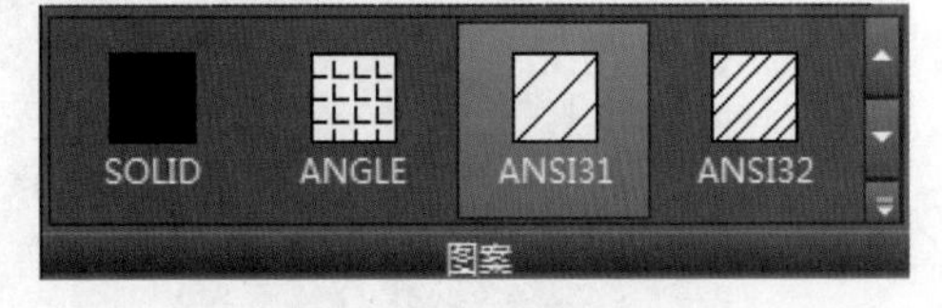

图 5-9 图案扩展选项

在绘制时应打开对象捕捉工具，确保绘制的线段为闭合。在使用 pline 命令的时候，需要特别注意的是不要重复使用，要根据所画线型的轨迹和命令窗口中的提示用圆弧（A）和长度（L）命令不断交替使用，命令窗口提示如下：

```
命令 : pline
指定起点 :
当前线宽为 0.0000
指定下一个点或 [ 圆弧 (A) / 半宽 (H) / 长度 (L) / 放弃 (U) / 宽度 (W) ]: A
指定圆弧的端点或
[ 角度 (A) / 圆心 (CE) / 方向 (D) / 半宽 (H) / 直线 (L) / 半径 (R) / 第二个点 (S) / 放弃 (U) / 宽度 (W) ]:
指定圆弧的端点或
[ 角度 (A) / 圆心 (CE) / 闭合 (CL) / 方向 (D) / 半宽 (H) / 直线 (L) / 半径 (R) / 第二个点 (S) / 放弃 (U) / 宽度 (W) ]: L
指定下一点或 [ 圆弧 (A) / 闭合 (C) / 半宽 (H) / 长度 (L) / 放弃 (U) / 宽度 (W) ]:
```

重复使用 pline 命令，在线段的拐角处会出现明显的缺角，影响图面效果，只使用一次到最后闭合，则可以避免缺角的产生，如图 5-10 所示。

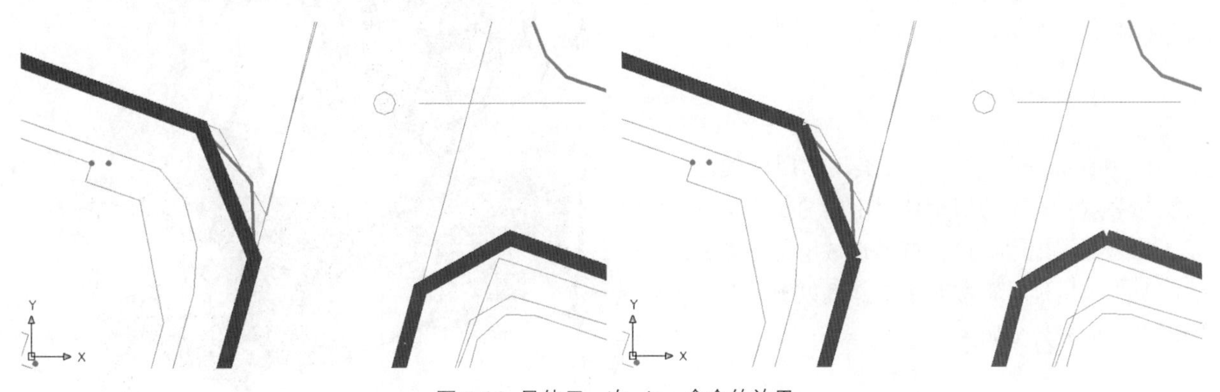

图 5-10 只使用一次 pline 命令的效果

提　示　重复使用 pline 命令之后产生多条多段线时，可以使用 pedit 命令，按照命令窗口提示，选择多段线之后，输入子命令合并(J)，可以将各条多段线合并为一条多段线，缺角也会随之消失。

在命令窗口中输入“hatch”命令，打开“图案填充”工具集，单击“边界”按钮，弹出扩展菜单，如图 5-11 所示。单击“选择”按钮 选择，选择上一步绘制的闭合多段线，按 Enter 键或空格键，完成图案填充。

在图案填充“特性”选项扩展工具中，可对渐变色、单色或者双色进行设置，选择需要的填充模式后，可以产生渐变等效果。最终单击“确定”按钮完成对水域的填充，效果如图 5-12 所示。

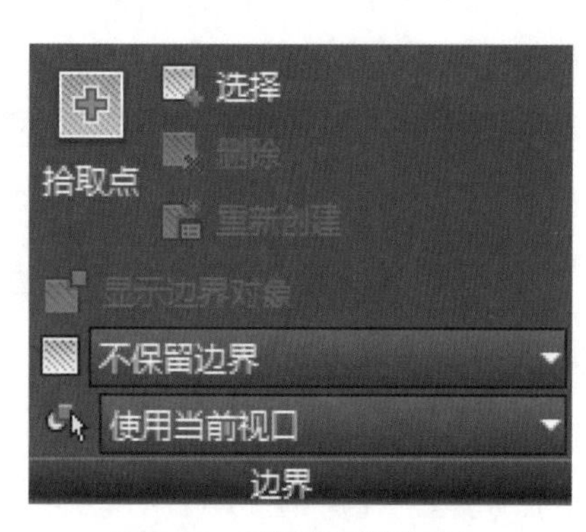

图 5-11 “边界”扩展工具

图 5-12 水域填充效果

提　示　在选择填充对象时既可以选择拾取点也可以选择拾取对象。对于简单的闭合多段线，可以任意选择其中的一种方式；对于复杂（分析点较多）的闭合多段线，多采用选择拾取对象的方式。对于道路、水域等填充时，最好采用分段填充的方式，以避免多段线分析点过多或未闭合而影响绘图效率。

在 AutoCAD 2020 中也可对不封闭的区域进行填充，在“图案填充”工具集中的“允许的间隙”中设置参数，设置该参数后任何小于等于允许的间隙中指定的值的间隙都将被忽略，并将边界视为封闭。很多时候为了选择对象方便，可以将地形图图层、其他相关图层关闭。

3. 地块填充

使用 pline 命令描绘出各类现状用地的轮廓，并依据相关规范对不同用地使用不同的颜色进行分类填充，如居住用地用黄色填充、水域用蓝色填充。对于中类及小类用地，则按照规范标准以不同颜色色号区别填充。填充效果如图 5-13 所示。

图 5-13 各类用地填充效果

提　示　在对各类用地填充的时候，应在相对应的图层上填充与操作，并避免填充区域交叉、重叠及留有未填充区域等现象，为以后绘图及数据统计做好基础。

4. 线与点

在图面上使用 pline 命令绘制电信线、电力线和等高线，使用不同的颜色进行分类表示，具体操作方法可参考规划边界线的绘制方法。

使用 circle 命令绘制出高程点，在绘图菜单中选择图案填充，对其进行单色填充，并使用文字进行标注，如图 5-14 所示。

图 5-14　高程点表示方法

5. 块

绘制图形中的箭头时，可以使用 polygon 命令绘制出一个正三角形，在命令窗口中输入“polygon”命令，命令窗口提示如下：

```
命令：polygon
输入边的数目 <4>: 3
指定正多边形的中心点或 [ 边 (E)]:
输入选项 [ 内接于圆 (I)/ 外切于圆 (C)] <I>:
指定圆的半径：300
```

使用 rectang 命令绘制出三个矩形，注意绘制时先确定所绘制矩形起点，在提示命令行中输入“D”，输入矩形长，按 Enter 键后输入矩形宽，进行矩形的精确绘制，绘制完成后，如果需要调整矩形位置，选中需要移动的图形，输入“move”命令，进行移动命令的操作，在移动命令执行过程中打开正交，选择将要移动的方向，并输入将移动的距离，完成对矩形移动的精确操作。选择图案三角形顶点，向下移动，最终绘制的箭头轮廓线如图 5-15 所示。

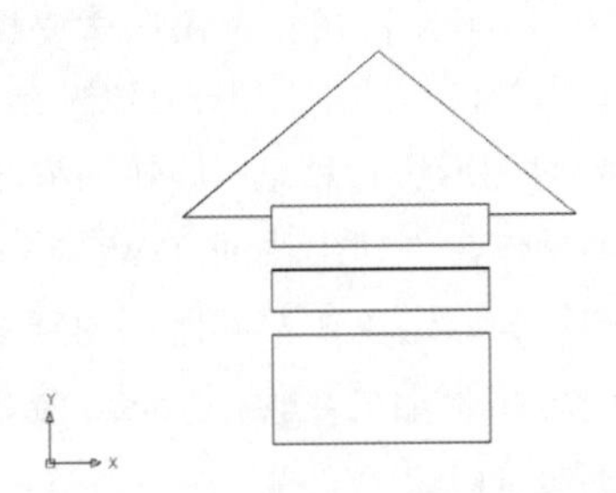

图 5-15　矩形绘制示意图

使用 trim 命令删除多余的线段，在命令行中输入“trim”命令或单击“默认”菜单“修改”工具中的“修剪”命令按钮，剪去需要删除的线段。命令窗口提示如下：

```
命令：trim
当前设置：投影 =UCS，边 = 无
选择剪切边 ...
选择对象或 < 全部选择 >:  找到 3 个
选择对象：
选择要修剪的对象，或按住 Shift 键选择要延伸的对象，或
```

```
[栏选(F)/窗交(C)/投影(P)/边(E)/删除(R)/放弃(U)]:
```

最后对所绘制的图案进行填充，最终箭头效果如图 5-16 所示。

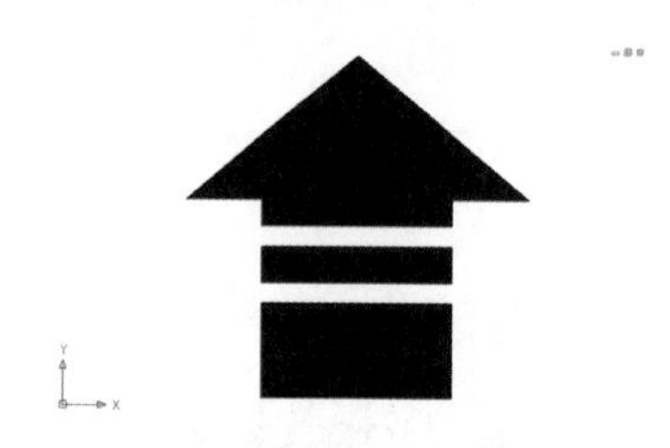

图 5-16 标注箭头的绘制

在 AutoCAD 2020 中填充图案与填充边界相关联，在修改图形时，选择填充区域的边界线对图形进行修改后，填充图案自动随填充边界修改。

使用光标框选所绘箭头，单击“默认”菜单“块”工具中的创建按钮或使用 BLOCK 命令打开“块定义”对话框，如图 5-17 所示。

图 5-17 “块定义”对话框

在“块定义”对话框中单击基点选项栏中的按钮，单击所定义块的中心位置，在名称栏下的输入框中输入所定义块的名称，如标注箭头、树木等，完成对图形块的定义。

定义块之后可以方便地插入重复图形和对图形进行移动、旋转和缩放等操作。对于在不同图纸中的块，我们可以在命令行中输入“W”进行写块的操作，创建出块的 .DWG 格式文件，方便不同图纸之间块的调用。定义块时要把握住对基点和块的单位的控制，避免在不同比例图纸中块的操作所产生的误差。

使用 move 命令将箭头图像移动至图面道路末端处，使用 rotate 命令对所定义的块进行旋转操作，在命令窗口中输入“rotate”命令，命令窗口提示如下：

```
命令: rotate
UCS 当前的正角方向: ANGDIR=逆时针 ANGBASE=0
选择对象: 找到 1 个
选择对象:
指定基点:
指定旋转角度，或 [复制(C)/参照(R)] <0>: 60
```

6. 文字标注

箭头位置调整完成后，使用 mtext 命令加入文字标注。在使用 mtext 命令之前，可以先对文字样式进行设置，具体设置方法可参考第 4 章。文字标注添加之后效果如图 5-18 所示。

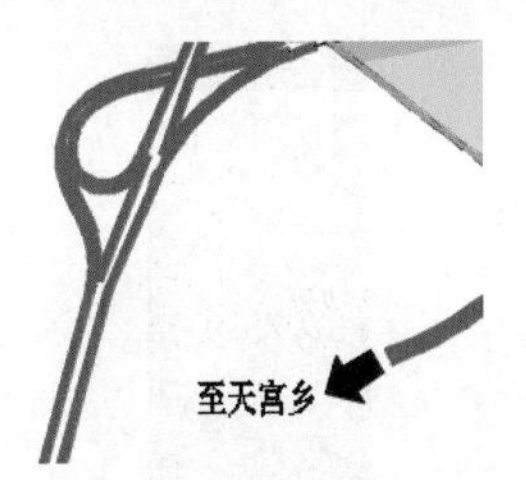

图 5-18 道路标示

7. 图标

对现状公共服务设施的分布情况在图中需要表达出来，可以单独做一张图，如现状公共服务设施分布图。也可以在所绘制的现状分析图中表达出来，应根据实际情况选择合适的表达方式。

现状公共服务设施的图面表达主要以图标标示为主。绘制图标，应按照国家制图标准绘制。首先将图标图层设置为当前图层，使用 pline 命令，绘制图标的外轮廓，如图 5-19 所示。命令如下：

```
命令 : pline
指定起点 :
当前线宽为 0.0000
指定下一个点或 [ 圆弧 (A) / 半宽 (H) / 长度 (L) / 放弃 (U) / 宽度 (W)]: w
指定起点宽度 <0.0000>: 1
指定端点宽度 <1.0000>:
指定下一个点或 [ 圆弧 (A) / 半宽 (H) / 长度 (L) / 放弃 (U) / 宽度 (W)]: a
指定圆弧的端点或
[ 角度 (A) / 圆心 (CE) / 方向 (D) / 半宽 (H) / 直线 (L) / 半径 (R) / 第二个点 (S) / 放弃 (U) / 宽度 (W)]:
指定圆弧的端点或
[ 角度 (A) / 圆心 (CE) / 闭合 (CL) / 方向 (D) / 半宽 (H) / 直线 (L) / 半径 (R) / 第二个点 (S) / 放弃 (U) / 宽度 (W)]:
指定圆弧的端点或
[ 角度 (A) / 圆心 (CE) / 闭合 (CL) / 方向 (D) / 半宽 (H) / 直线 (L) / 半径 (R) / 第二个点 (S) / 放弃 (U) / 宽度 (W)]:
```

使用 F8 键或单击状态栏中按钮，打开正交方式，绘制标准图标轮廓，然后进行图案填充，最后在“特性”选项中对图标轮廓宽度进行设置。

然后复制绘制的图标，修改中间图标部分，以制作其他图标。图标绘制完成后，使用 block 命令将每个图标定义为块。将定义的图标块移动到现状所处的位置，调整大小后，完成现状公共服务设施的表达，最终效果如图 5-20 所示。

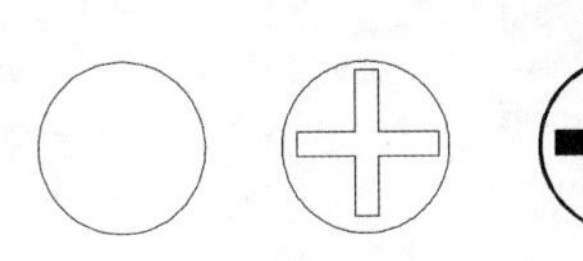

图 5-19 图标绘制流程

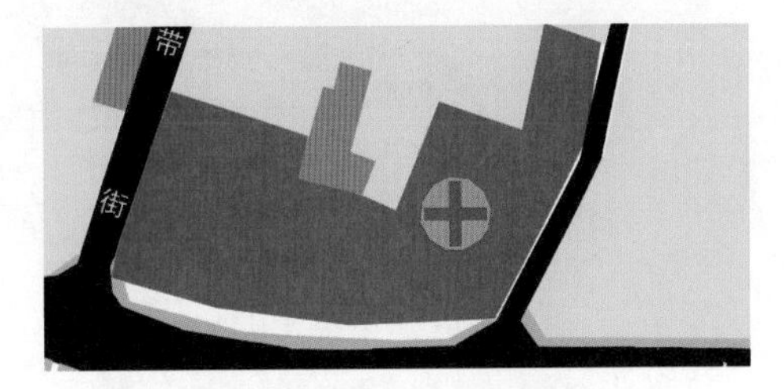

图 5-20 现状公共服务设施标示

8. 面积查询

在绘制现状分析图中还有一项重要的工作，就是现状各类用地的面积统计与统计表格的绘制。对各类用地面积统计时，单击“默认”菜单栏“实用工具”中的“测量”选项，弹出下拉菜单，如图 5-21 所示。

图 5-21 测量扩展菜单

选择“面积”选项，然后根据命令窗口的提示选择对象，所选对象的面积也将在命令窗口中显示出来，命令如下：

```
定第一个角点或 [对象 (O)/增加面积 (A)/减少面积 (S)/退出 (X)] <对象 (O)>: o
选择对象：
区域 = 333709.4644，周长 = 2490.0723
```

提 示 在命令窗口中直接输入“area”或者“list”命令，按照命令窗口中的提示选择对象，都可以对面积进行查询，list 命令对所选对象列出的信息更加详细，包括对象所在图层、固定宽度等属性。

9. 表格

AutoCAD 2020 中提供了方便的表格绘制命令，首先单击菜单栏“注释”菜单中的“表格”选项，打开“插入表格”对话框，在该对话框中可根据需要设置表格的列和行的参数以及对单元格样式的设置，如图 5-22 所示。

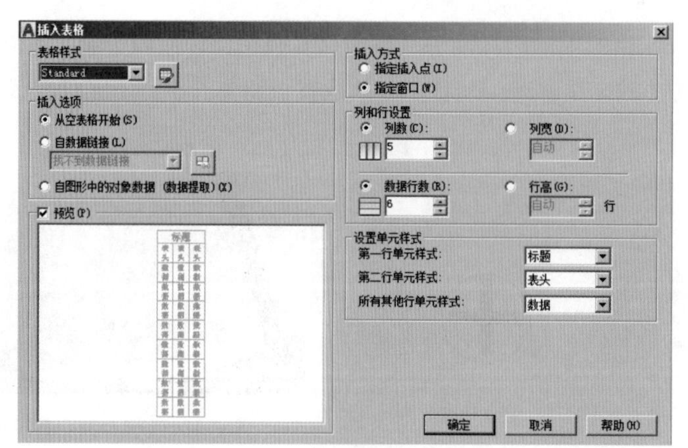

图 5-22 “插入表格”对话框

单击按钮，打开“表格样式”对话框，如图 5-23 所示。

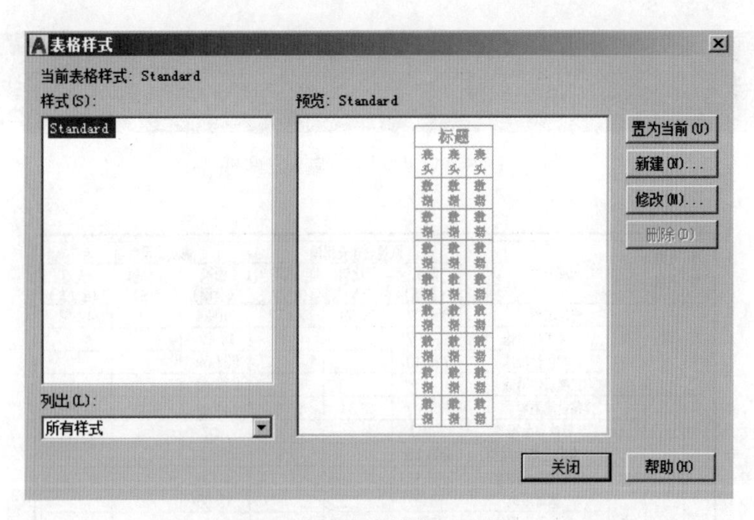

图 5-23　“表格样式”对话框

单击“修改”按钮，打开“修改表格样式”对话框，在该对话框中设置相关参数，如文字、边框等（见图 5-24）。其中主要是设置输入文字的高度，因为文字高度直接影响到表格每一行的高度，单击文字样式后的...按钮，打开“文字样式”对话框，在对话框中可以对字体进行设置。

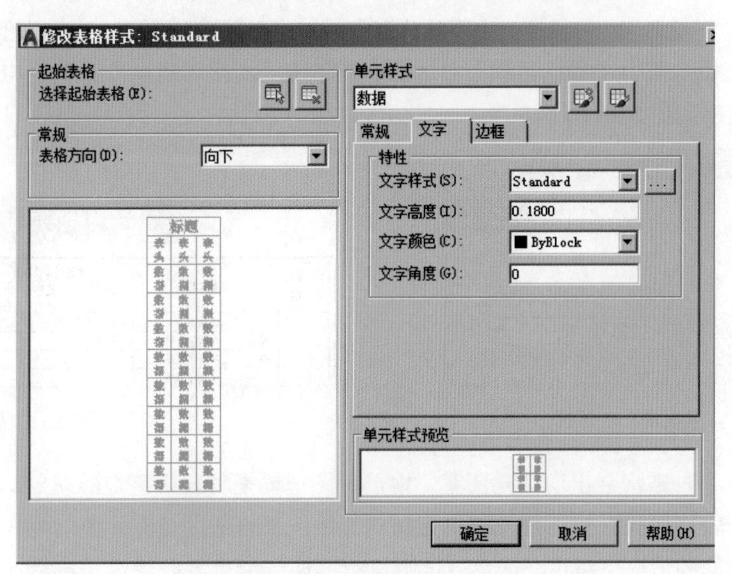

图 5-24　“修改表格样式”对话框

设置完成后，单击“确定”按钮，关闭“修改表格样式”对话框，在“表格样式”对话框中单击“关闭”按钮，在“插入表格”对话框中单击“确定”按钮，关闭“插入表格”对话框，根据命令窗口提示在视图区内点取插入点。单击表格中的单元格，弹出“表格”编辑工具，如图 5-25 所示，也可以选中单元格后右击，在弹出的快捷菜单中选择相应的修改命令，对插入的表格进行详细修改，最后双击单元格输入文字及数据。为了使表格有更好的图面效果，我们可以使用 pline 命令对表格进行修饰。最后的效果如图 5-26 所示。

图 5-25 “表格”编辑工具

序号	用地代码	用地名称		原规划建设用地			现状建设用地		
				面积（公顷）	比例（%）	人均（m²/人）	面积（公顷）	比例（%）	人均（m²/人）
1	R	居住用地		856.07	27.59	29.52	759.24	45.16	42.18
		其中	一类居住用地	127.97			14.12		
			二类居住用地	728.10			531.39		
			三类居住用地				213.73		
2	C	公共设施用地		507.07	16.34	17.49	141.82	8.43	7.87
		其中	行政办公用地	27.63			22.07		
			商业金融业用地	204.33			46.24		
			文化娱乐用地	101.11			4.72		
			体育用地	16.00			15.86		
			医疗卫生用地	36.44			5.59		

图 5-26 现状用地统计表

使用 mtext 命令为表格添加标题。在命令窗口中输入“mtext”命令，根据提示在视图区选取输入范围，同时打开“文字编辑器”工具栏，在窗口中输入表格标题“现状用地统计表”，右击，在快捷菜单中选择“背景遮罩”选项，打开“背景遮罩”对话框，在该对话框中设置多行文字的背景。本例中的设置如图 5-27 所示。

单击“确定”按钮，关闭“背景遮罩”对话框，再单击“文字编辑器”工具栏中的“关闭”按钮，文字输入操作完成，效果如图 5-28 所示。

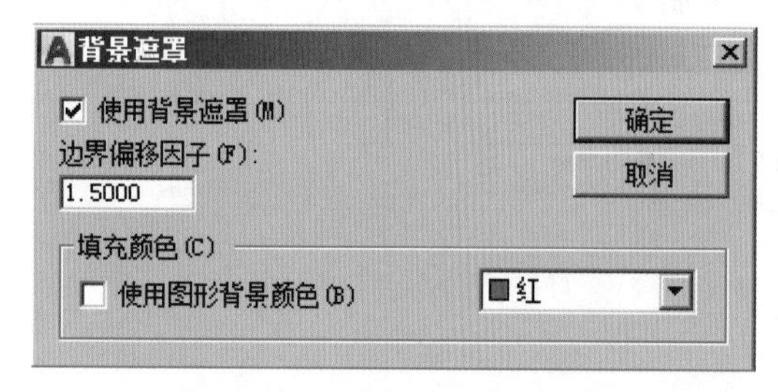

图 5-27 “背景遮罩”对话框

现状用地统计表

序号	用地代码	用地名称		原规划建设用地			现状建设用地		
				面积（公顷）	比例（%）	人均（m²/人）	面积（公顷）	比例（%）	人均（m²/人）
1	R	居住用地		856.07	27.59	29.52	759.24	45.16	42.18
		其中	一类居住用地	127.97			14.12		
			二类居住用地	728.10			531.39		
			三类居住用地				213.73		

图 5-28 背景遮罩效果

在图形绘制过程中，常常会出现填充图案、地形等图形要素与表格重叠的现象，影响了表格图面，解决方法可以在“修改表格样式”对话框或“单元样式”中选择合适的填充颜色，为表格添加背景；也可以在不影响必要图形要素的情况下对填充图案或地形进行剪切，这里可以使用 trim 命令，根据命令窗口提示即可完成剪切填充图案的操作。

10. 图框

至此，现状图的主要部分绘制完成，在此之后还要绘制图例、图框、比例尺等。在本例中，根据图形的实际情况首先绘制图框。很多时候，规划图的图形尺寸都与标准的图纸尺寸不相符，因此需要设计人员根据图形的实际尺寸绘制大小合适的图框。在绘制图框的时候，还需要考虑到图例、表格等其他内容的放置位置。图框的绘制效果以及图形、图例等的放置位置将直接影响到规划图的图面效果。

11. 风玫瑰图

在图面合适位置绘制风玫瑰图，使用 pline 命令绘制两条正交直线，根据资料绘出风向的外围轮廓，使用 line 命令沿相对方向绘制线段，划分出风向区域，对相隔区域进行相同颜色的填充，效果如图 5-29 所示。

图 5-29　绘制风玫瑰图

指北针箭头的绘制可以利用 pline 命令，根据命令窗口提示设置多段线起点宽度与端点宽度不同来完成箭头的绘制。

12. 比例尺

集建区规划制图中的比例尺多采用形象比例尺。首先使用 rectang 命令绘制比例尺外轮廓，根据命令窗口的提示设置合适的矩形长度与宽度，使用 pline 命令绘制多段线，结合所要绘制比例尺的大小使用 offset 命令绘制出比例尺轮廓，如图 5-30 所示。

然后对所绘图形进行分段填充，并根据绘制尺度标注数据，最终效果如图 5-31 所示。

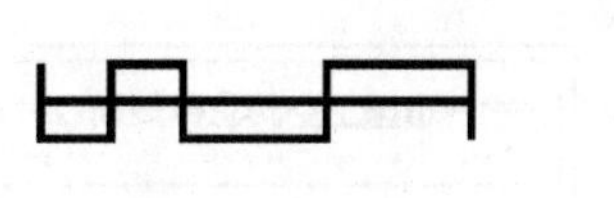

图 5-30　比例尺轮廓

0　0.1　0.2　0.4　0.6Km

图 5-31　比例尺效果

绘制比例尺、风玫瑰等图形的时候，只要不对规划图的主要图形部分产生影响，就可以由设计者任意发挥，以能够产生好的图面效果为目标。

规范中对图例绘制有比较严格的要求。用地图例分为彩色图例、单色图例两种。彩色图例应用于彩色图；单色图例应用于双色图（黑、白图），复印或晒蓝的底图或彩色图的底纹、要素图例与符号等，图例的绘制必须按规范要求绘制相对应的图形图例。

13. 图例

绘制图例首先需要使用 rectang 命令绘制一个尺寸合适的矩形，然后根据规范绘制出各种图形图例。绘制图例中的图形一般也是使用直线、圆弧、偏移、剪切等基本命令。其中，公路用地、行政办公用地、医疗卫生用地、雨水污水处理设施用地的绘制效果如图 5-32 所示。

图 5-32　部分图例

为了使图面效果更美观，在不违反相关规范的前提下也可以对图例进行一些细小的处理，如使用宽多段线绘制图例外框等。最后是在图例旁边标注相应文字，如道路广场用地、电力线等，一般是使用单行文字text命令，文字输入后需要使用move命令将图例文字移动到最合适的位置。图例绘制的最终效果如图5-33所示。

公路　行政办公用地　医疗卫生用地　雨污水处理设施用地

图 5-33 图例绘制效果

至此，图形绘制部分已经全部完成，最后可以根据需要为图纸加上简单的说明，并标注图纸名以及设计单位等其他图纸的组成部分。这些内容主要以文字输入为主，AutoCAD 中输入文字一般使用单行文字 text 或 dtext 命令和多行文字 mtext 命令。

单行文字命令输入的每行文字都是独立的对象，可以重新定位、调整格式或进行其他修改。创建单行文字时，要在命令行指定文字样式并设置对齐方式。文字样式设置文字对象的默认特征。对齐方式决定字符的哪一部分与插入点对齐。

可以在单行文字中插入字段。字段是设置为显示可能会修改的数据的文字。字段更新时，将显示最新的字段值。

用于单行文字的文字样式与用于多行文字的文字样式相同。创建文字时，通过在“输入样式名”提示下输入样式名来指定现有样式。如果需要将格式应用到独立的词语和字符，则使用多行文字而不是单行文字。

可以通过压缩在指定的点之间调整单行文字，也就是在指定的空间中拉伸或压缩文字以满足需要。

多行文字可以在文字编辑器（或其他文本编辑器）中或使用命令行上的提示创建一个或多个多行文字段落，还可以从以 ASCII 或 RTF 格式保存的文件中插入文字。

输入文字之前，应指定文字边框的对角点。文字边框用于定义多行文字对象中段落的宽度。多行文字对象的长度取决于文字量，而不是边框的长度。可以用夹点移动或旋转多行文字对象。

多行文字编辑器显示一个顶部带标尺的边框和“文字格式”工具栏。该编辑器是透明的，因此用户在创建文字时可看到文字是否与其他对象重叠。操作过程中要关闭透明度，只单击标尺的底边。也可以将已完成的多行文字对象的背景设置为不透明，并设置其颜色。

可以设置制表符和缩进文字来控制多行文字对象的外观并创建列表。也可以在多行文字中插入字段。字段是设置为显示可能会修改的数据的文字。字段更新时，将显示最新的字段值。

在图形的绘制过程中，可根据实际情况选择正确的文字输入命令，不仅可以节省时间、有利于修改，更重要的是选择正确的文字输入命令可以产生比较好的图面效果，这一点对于规划图是非常重要的，最终效果如图 5-34 所示。

图 5-34 现状分析图成图

5.3 地质与水文条件评价图

为了更好地指导用地开发建设，常常在做用地布局方案之前对规划地块进行工程地质条件评价，对建设用地进行初步的判定。其主要包括地形地貌、岩石与土的类型及其工程地质性质、地质构造、水文地质条件、物理地质作用及天然建筑材料等方面。因此，该项工作的开展必须在完备、详尽的基础资料上进行绘制，并常常借助其他软件工具，如地形分析软件。

5.3.1 地形坡度图

地形坡度的确定常常根据等高线分区、分段计算得出，然后赋予不同的颜色。等高线分区获得的方法可以通过已有的数化地形图选取，也可以通过 ArcMap 的等值线工具生成。ArcMap 生成等值线的方法步骤如下：

（1）打开 ArcMap，添加一个 DEM 图层，这里是矩形区域 .tif 图层，如图 5-35 所示。

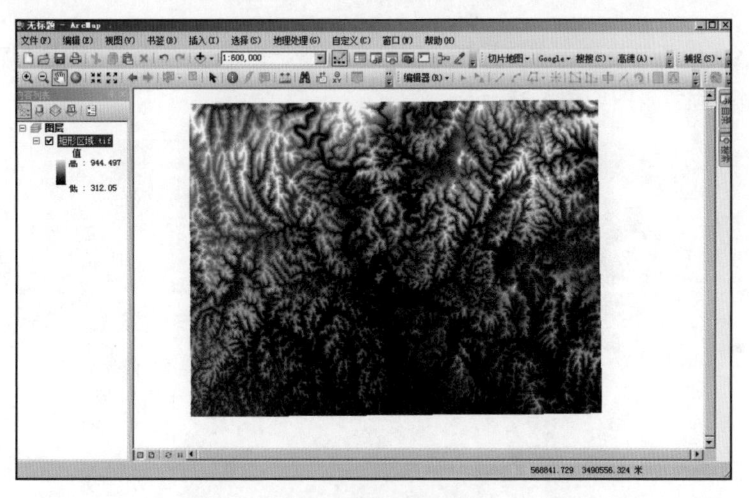

图 5-35 加载高程 TIF

（2）打开 Arctoolbox，找到空间分析工具箱，在空间分析工具箱中打开表面分析工具集，在表面分析工具集中打开“等值线”工具。双击“等值线”工具，打开“等值线”对话框，按如图 5-36 所示进行设置。

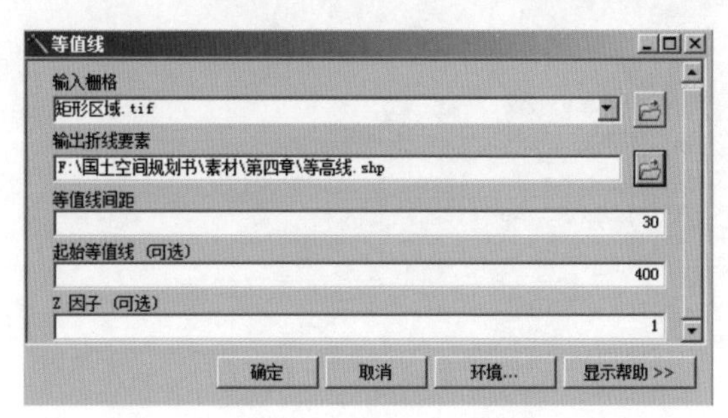

图 5-36 “等值线”对话框

（3）单击“确定”按钮，等待系统处理，待处理完成之后会生成一个等高线图层，如图 5-37 所示。

将生成的等高线图层转到 CAD 中，等待处理。

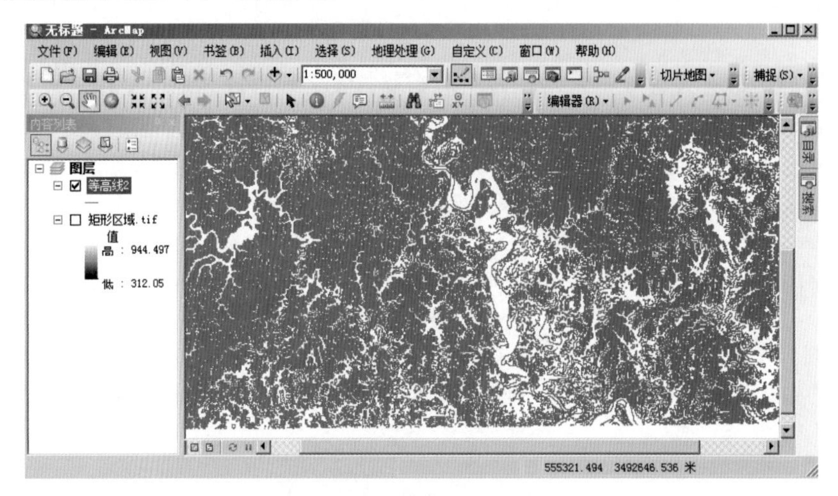

图 5-37 生成的等高线图层

（4）导入到 CAD 中的等值线可选择性地进行渲染，概括出地形特点，生成地形背景，主要用到“图案填充工具”。本例高程背景图如图 5-38 所示。

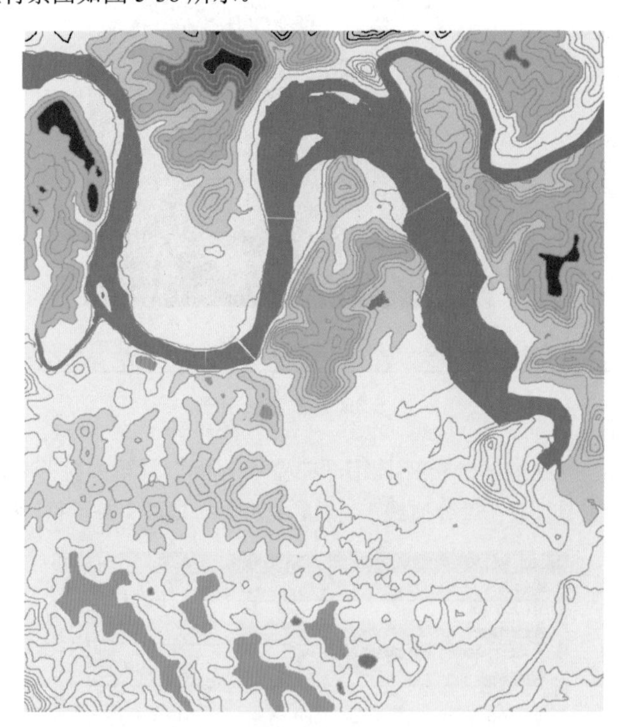

图 5-38 渲染的集建区高程背景图

5.3.2 洪水淹没区

根据地块所在集建区的防洪标准要求，确定标准为 50 年一遇。根据等高线或高程点确定洪水淹没区域。然后使用 pline 命令绘制淹没区边界，最后对淹没区进行图案填充，如图 5-39 所示。

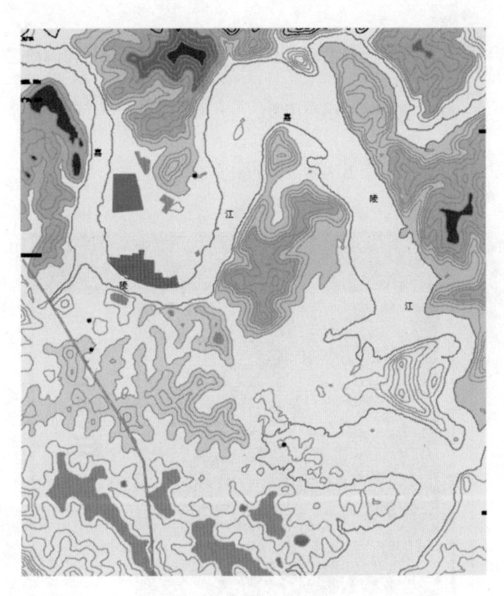

图 5-39 洪水淹没区

5.3.3 其他地质区域

根据所搜集的现状基础资料，对规划区域内的文物保护区、地质灾害点等区域进行标注或填充。如图 5-40 所示。

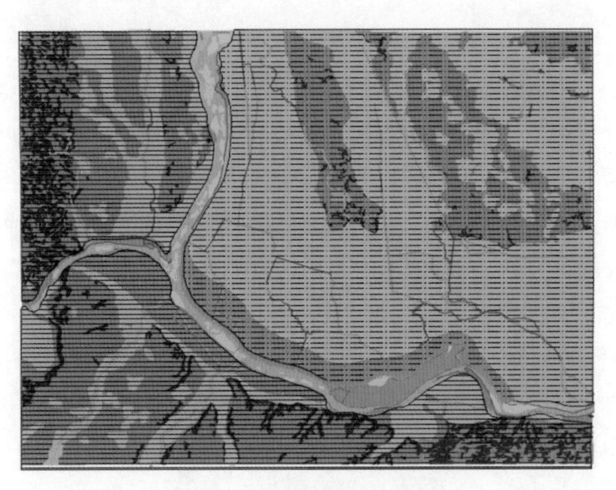

图 5-40 其他地质区域标注

5.3.4 图例及其他

接下来绘制相关图例，同样使用上文介绍的方法绘制图例。为了提高绘图效率，可以将绘制好的图例使用 block 命令定义为“块”文件，这样在以后绘制图例的时候可以使用块插入 insert 命令直接将相同的图例插入到图形中。部分图例绘制效果如图 5-41 所示。

为了丰富图面效果，使用 mtext 命令添加部分说明文字，将比例尺、指北针等内容补充完整后，最终效果如图 5-42 所示。

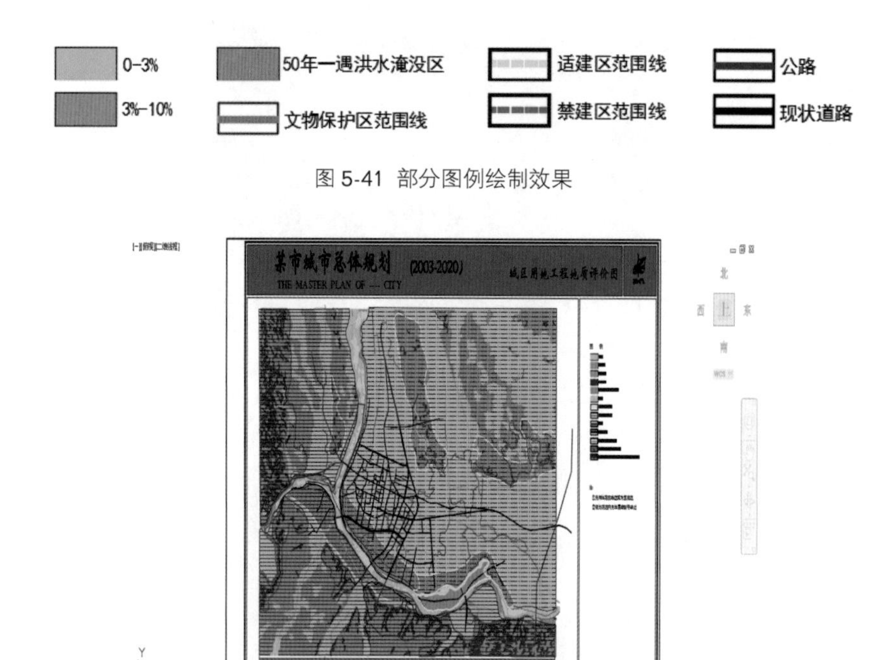

图 5-41 部分图例绘制效果

图 5-42 工程地质评价图成图

5.4 用地布局图

集建区用地的内容十分复杂，一般分为建设用地和非建设用地两个部分。建设用地分基本用地和专项用地，前者是每一个城市都必须具有、不可缺少的用地，指工业用地、仓库用地、对外交通用地、基本建设用地、市政建设用地、生活居住用地（居住用地、公共建筑用地、公共绿地、道路广场用地）等；后者根据不同城市的特点有较大的区别，不是每个城市都具有的，一般指科研机构用地、大专院校用地、非市属机关用地、特殊用地、大型市政设施用地、风景游览用地等。

使用 AutoCAD 绘制用地布局图一般是根据用地布局规划设计的构思草图，在现状图的基础上绘制而成，因此可以将绘制完成的现状图另存为“用地布局图”。

一般来说，用地布局图首先要绘制出主要的道路网络，然后进行其他图形元素的绘制。

5.4.1 绘制道路网

绘制道路最常用的有两种方法：一是绘制出道路中心线后使用 mline 命令绘制；二是先绘制出道路中心线后再使用 offset 命令绘制路缘石线。使用多线命令速度较快，但是不能绘制弧形线，使用偏移命令绘制道路，速度较慢，但是运用较灵活。如果道路为复杂的曲线，则使用 pline 命令是最佳的选择，因为多段线能够进行比较复杂的编辑，所以在绘制道路的时候用户应根据实际情况选择最合理的绘制方法。

在绘制道路前需要先创建新图层，使用 layer 命令打开“图层特性管理器”选项板。单击对话框中的新建图层按钮，新建“道路中心线”图层，在名称项输入道路中心线。单击该图层颜色选项栏，打开“选择颜色”对话框进行颜色的选择，如图 5-43 所示。

单击该图层线型选项，弹出“选择线型”对话框，单击对话框中的加载(L)...按钮，弹出“加载或重载线型”对话框，如图 5-44 所示。

图 5-43　“选择颜色”对话框

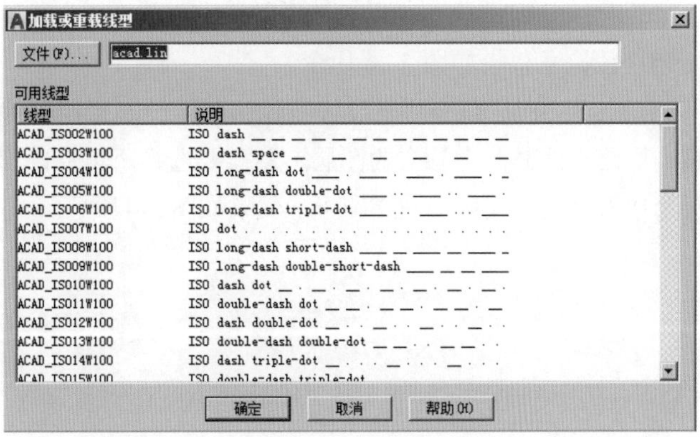

图 5-44　“加载或重载线型”对话框

设置完成后，将“道路中心线”图层置为当前图层，使用 pline 命令绘制道路中心线，然后使用 mline 命令绘制道路缘石线。绘制多行时，既可以使用包含两个元素的 STANDARD 样式，也可以指定一个以前创建的样式。开始绘制之前，可以更改多行的对正和比例。

输入“mline”命令，沿道路中心线绘制道路缘石线，命令窗口提示如下：

```
命令：mline
当前设置：对正 = 上，比例 = 20.00，样式 = STANDARD
指定起点或 [对正(J)/比例(S)/样式(ST)]:  j
输入对正类型 [上(T)/无(Z)/下(B)] <上>:  z
当前设置：对正 = 无，比例 = 20.00，样式 = STANDARD
指定起点或 [对正(J)/比例(S)/样式(ST)]:  s
输入多线比例 <20.00>:  15
当前设置：对正 = 无，比例 = 15.00，样式 = STANDARD
指定起点或 [对正(J)/比例(S)/样式(ST)]:
```

命令窗口中的“对正（J）”选项决定绘制的多线是位于所选道路中心线的上侧还是下侧，选择无（Z），多线则以道路中心线为中心轴线绘制。“比例（S）”选项决定多线的宽度，根据道路缘石线宽度输入相应的值。多行比例不影响线型比例。如果要更改多行比例，可能需要对线型比例做相应的更改，以防点或虚线的尺寸不正确。

使用 mline 命令绘制完成后，选中所有的多线，使用 explode 命令将其分解为直线，然后使用 trim 命令剪切多余的线段，剪切后的效果如图 5-45 所示。

再使用 fillet 命令绘制出道路转角处的道路缘石线，使用 fillet 命令输入圆角半径的时候，要根据设计草图以及相关设计人员计算出来的数据确定圆角半径，以保证绘制的准确性。在命令行中输入“fillet”命令，命令窗口提示如下：

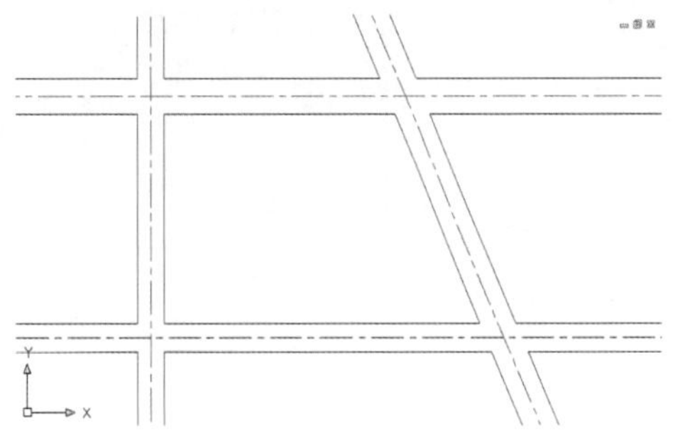

图 5-45 剪切后的道路样式

```
命令 : fillet
当前设置 : 模式 = 修剪，半径 = 0.0000
选择第一个对象或 [ 放弃 (U) / 多段线 (P) / 半径 (R) / 修剪 (T) / 多个 (M) ]: r
指定圆角半径 <0.0000>: 15
选择第一个对象或 [ 放弃 (U) / 多段线 (P) / 半径 (R) / 修剪 (T) / 多个 (M) ]:
选择第二个对象，或按住 Shift 键选择要应用角点的对象 :
```

最终倒圆角效果如图 5-46 所示。

然后使用 offset 命令将道路缘石线偏移，绘制道路红线，道路缘石线偏移的距离应根据道路设计要求偏移。道路红线是一个独立的图层，还需要选择所偏移的道路缘石线，并打开“图层”下拉菜单，将选择的对象放入道路红线所在图层即可，效果如图 5-47 所示。

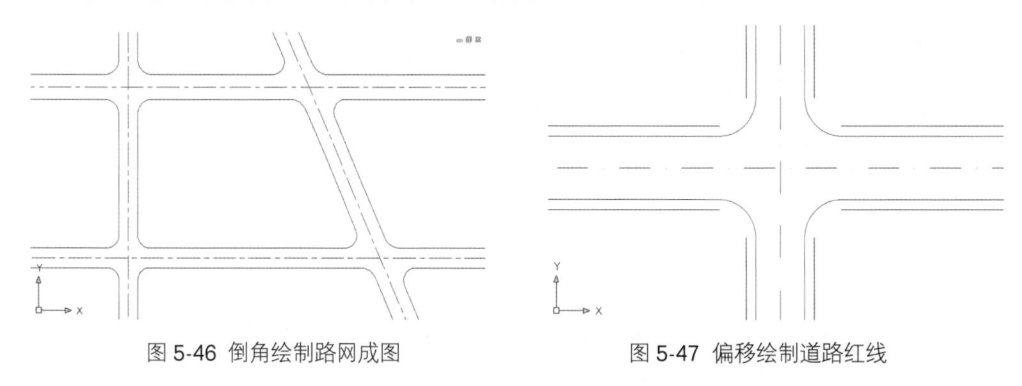

图 5-46 倒角绘制路网成图　　图 5-47 偏移绘制道路红线

然后使用 chamfer 命令对道路红线进行倒角处理，倒角的距离应根据设计人员计算出的数据来确定，倒角命令如下：

```
命令 : chamfer
(“修剪”模式 ) 当前倒角距离 1 = 8.0000，距离 2 = 10.0000
选择第一条直线或 [ 放弃 (U) / 多段线 (P) / 距离 (D) / 角度 (A) / 修剪 (T) / 方式 (E) / 多个 (M) ]:  d
指定第一个倒角距离 <8.0000>: 10
指定第二个倒角距离 <10.0000>:
选择第一条直线或 [ 放弃 (U) / 多段线 (P) / 距离 (D) / 角度 (A) / 修剪 (T) / 方式 (E) / 多个 (M) ]:
选择第二条直线，或按住 Shift 键选择要应用角点的直线 :
```

倒角之后的最终效果如图 5-48 所示。

图 5-48 道路绘制效果

重复使用上述操作，绘制出所有的规划路网，注意实际情况，选用最佳的绘制方法，绘制效果如图 5-49 所示。

图 5-49 绘制出的规划路网

5.4.2 划分地块

在图层下拉菜单中将地形图所在图层隐藏。选择地形图图层，单击地形图图层前面的 按钮，即可将地形图隐藏。

根据用地布局的设计草图，使用 line 命令划分出各个地块，并使用规范规定的颜色对相应用地性质的地块进行填充，填充的方式与方法可以参照现状分析图的绘制方法。有些地块还需要进行特殊标注，可以使用上文介绍的绘制图标的方法对用地类型进行标注。绘制和填充的操作应当分别在相应的图层中进行，以便于以后的修改。效果如图 5-50 所示。

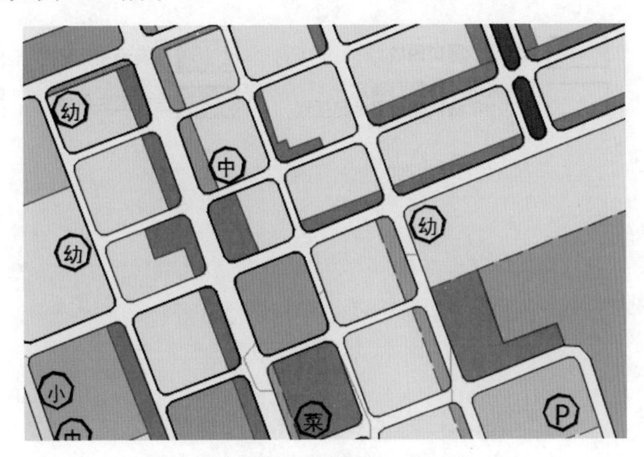

图 5-50 规划用地填充与标注

5.4.3 绘制表格

参照前面讲述的表格制作过程，绘制用地布局图中的表格。单击“注释”菜单中的“表格”选项，弹出“插入表格”对话框。在弹出的菜单中可以进行表格样式的修改，指定插入点将根据输入的数据坐标点进行表格的插入，单击表格样式后的按钮，打开“表格样式”对话框，单击“修改”按钮，打开“修改表格样式”对话框，在该对话框中可以对当前的表格样式进行修改。根据需要制作出符合需要的表格。制作完成后，根据需要对表格进行修饰，如使用 pline 命令对边线加粗等。

设置不同的列和行可以制作出需要的表格容量，设置完毕后单击“确定”按钮，在屏幕上的图纸区域选择插入点，单击鼠标左键进行表格的插入，在表格空白区域中双击鼠标进行文字的输入，并为表格添加标题，效果如图 5-51 所示。

规划建设用地平衡表

序号	用地代码	用地名称		面积（公顷）	比例（%）	人均（m²/人）
1	R	居住用地		1034.48	25.83	28.74
		其中	一类居住用地	76.42		
			二类居住用地	958.06		
		公共设施用地		408.81	10.21	11.36
			行政办公用地	40.87		
			商业金融业用地	207.22		
		其	文化娱乐用地	71.42		

图 5-51 表格绘制效果

5.4.4 图例及其他

接下来绘制相关图例，同样使用上文介绍的方法绘制图例。为了提高绘图效率，可以将绘制好的图例使用块定义 block 命令定义为“块”文件，这样在以后绘制图例的时候，就可以使用 insert 命令直接将相同的图例插入到图形中，为了防止块名称的重复，在块命令的操作中最好根据图例的具体名称命名块文件，并附上说明，这样就能够更好地使用块定义和块插入命令。部分图例的绘制效果如图 5-52 所示。

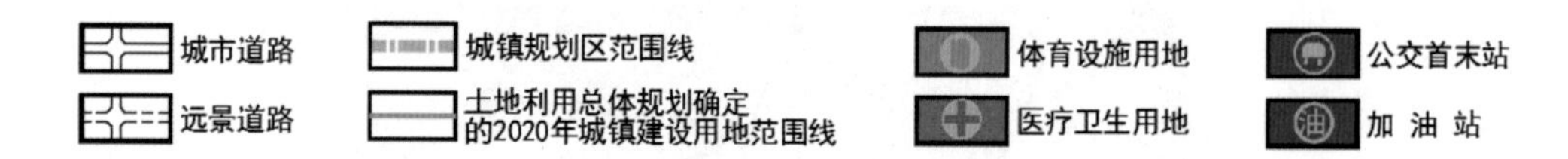

图 5-52 部分图例绘制效果

提 示 在同一套成果中，对于不同图纸的相同图形元素，如地形、图框、规划边界等，我们都可以进行复制、粘贴操作，在复制、粘贴时，我们应选择“默认”菜单下“剪贴板”工具中的“粘贴到原坐标”，以利于团队合作和保证绘图的准确性。

很多时候，如果图面上只有规划图的主要图形，就会显得很空洞，因此需要设计者绘制其他不影响规划图准确性的图形以充实图面。在本例中，将填充颜色作为背景底图，充实图面。在图纸绘制完成后，使用 DRAWORDER 命令根据绘图要求对各图形要素的绘图次序进行调整，如将规划边界、地形前置等，最终效果如图 5-53 所示。

图 5-53 用地布局规划图成图

5.5 道路工程规划图

在集建区总体规划阶段中，规划集建区道路系统时，首先要选定道路干道系统，然后根据它制定整个集建区道路网。因为影响道路系统的因素很多，集建区交通情况又很复杂，所以整个道路系统必须结合集建区的功能分区、交通运输、自然地形、特点和各种类型的建筑分布等情况进行综合规划，使不同功能的道路组成一个合理的交通运输网，以便利生产和生活。

使用 AutoCAD 绘制道路工程规划图是与用地布局图相结合绘制的，采用用地布局图所绘制的路网。

5.5.1 标注道路坡向、坡度及坡长

使用 pline 命令沿道路中心线绘制出道路规划坡度走向，并使用 mtext 命令在绘制的箭头上侧标注出道路设计坡度、箭头下侧标注出道路设计长度，如图 5-54 所示。

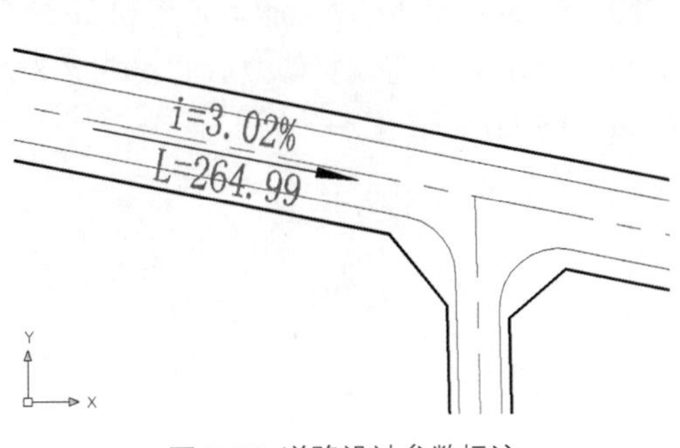

图 5-54 道路设计参数标注

在进行多行文字编辑的时候，需要输入一些特殊符号，如平方号、度数符号等，可以右击，在快捷菜单中选择“符号”选项，也可以选择“其他”选项，打开“字符映射表”窗口，在该窗口中选择需要的符号，如图 5-55 所示。

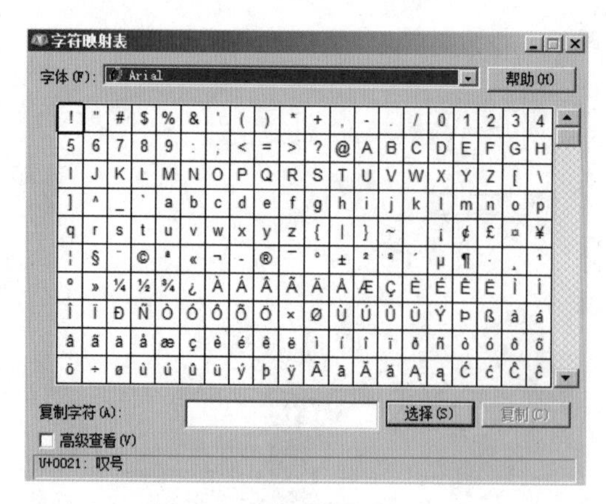

图 5-55 “字符映射表”窗口

在该窗口中拖动滚动条，可以查找到需要的符号，选择符号后单击“选择”按钮，则选择的符号显示在“复制字符”输入框中，同时系统激活“复制”按钮，单击“复制”按钮，将当前界面返回“多行文字编辑器”窗口，使用快捷键 Ctrl+V，则选择的符号复制到“多行文字编辑器”窗口中。

5.5.2 绘制地图网格

单击状态栏■按钮，打开“正交模式”。使用 line 命令绘出以合适距离（根据规划地块规模确定）为间距的地图网格，绘制过程中为保证绘制的地图网格精确，以图面为界线绘制出正交的两条网格线后使用 offset 命令对横竖网格线进行偏移操作，命令如下：

```
命令： offset
当前设置： 删除源 = 否   图层 = 源   OFFSETGAPTYPE=0
指定偏移距离或 [ 通过 (T) / 删除 (E) / 图层 (L)] <10.0000>:   500
选择要偏移的对象，或 [ 退出 (E) / 放弃 (U)] < 退出 >:
指定要偏移的那一侧上的点，或 [ 退出 (E) / 多个 (M) / 放弃 (U)] < 退出 >:
```

5.5.3 高程控制点标注

在道路高程控制点处插入标注表格，既可直接插入，也可使用 pline 命令对表格的边框进行效果处理。在此插入的表格样式比较统一，为便于操作，可将编辑修改后的表格定义成块。表格内容主要包括道路控制点坐标、设计高程及原始高程，如图 5-56 所示。

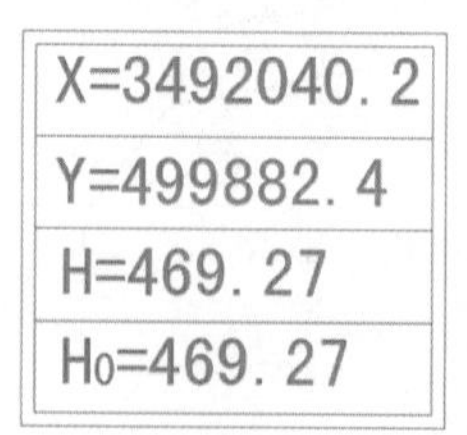

图 5-56 道路标注表格

表格制作完成后，使用 copy 命令复制移动到相应的位置，修改表格内容，效果如图 5-57 所示。

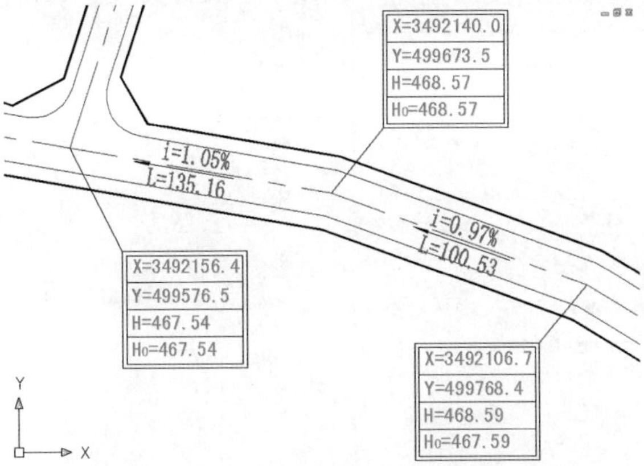

图 5-57 高程控制点设计表达

5.5.4 道路转弯半径标注

道路转弯半径的标注主要是对“标注样式”的设置。单击“注释”菜单的“标注”选项，弹出标注的扩展工具，如图 5-58 所示，单击扩展箭头，打开“标注样式管理器”对话框，如图 5-59 所示。

图 5-58 扩展工具

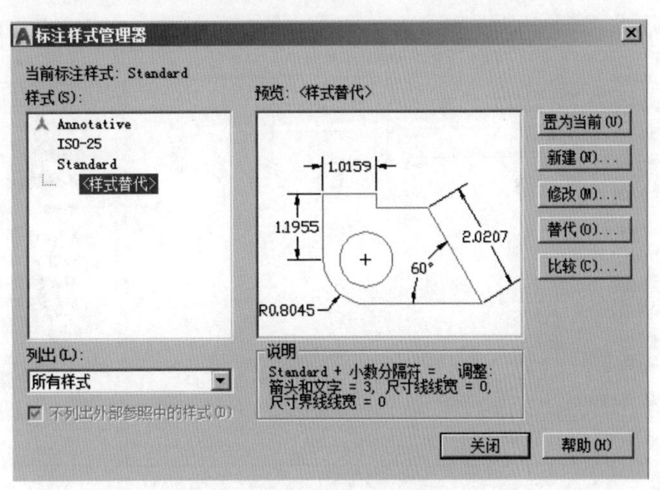

图 5-59 “标注样式管理器”对话框

单击 修改(M)... 按钮，进入“替代当前样式：Standard”对话框，如图 5-60 所示。在该对话框中可以设置“基线间距”的大小，调整标注基线与所要标注线条之间的距离，并可以对标注的延伸线进行设置。打开“符号和箭头”选项卡，选择箭头样式并设置箭头大小，效果如图 5-61 所示。

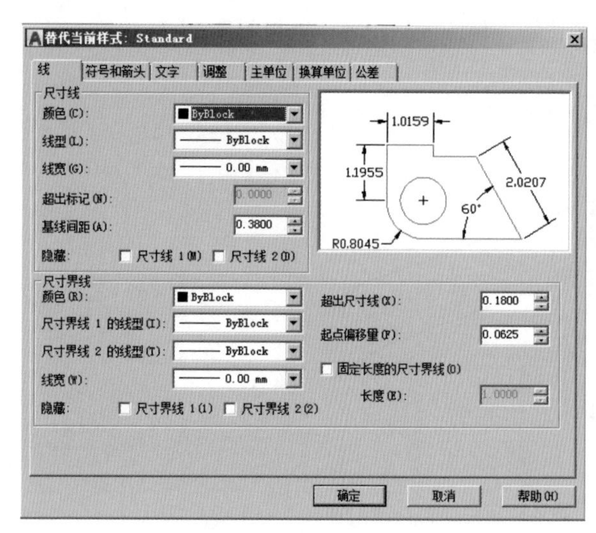

图 5-60 修改标注样式

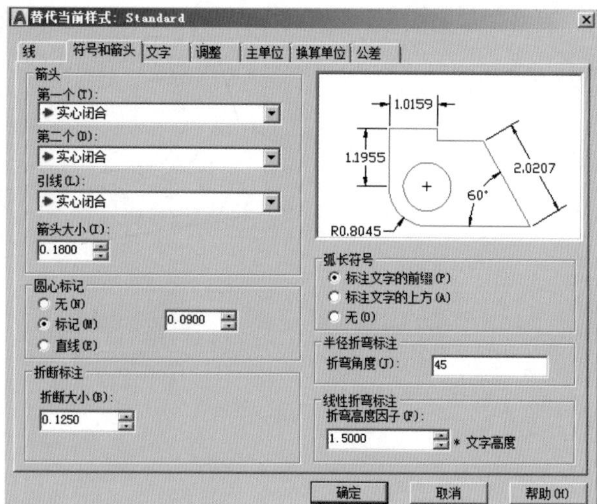

图 5-61 “符号和箭头”选项卡

打开“文字”选项卡，可以对文字外观及文字位置进行设置，设置后如图 5-62 所示。

打开“主单位”选项卡，调整标注单位的设置，根据需要可以在“后缀”选项中填写相应的内容。在“比例因子”选项中输入适当的比例因子，如图 5-63 所示。

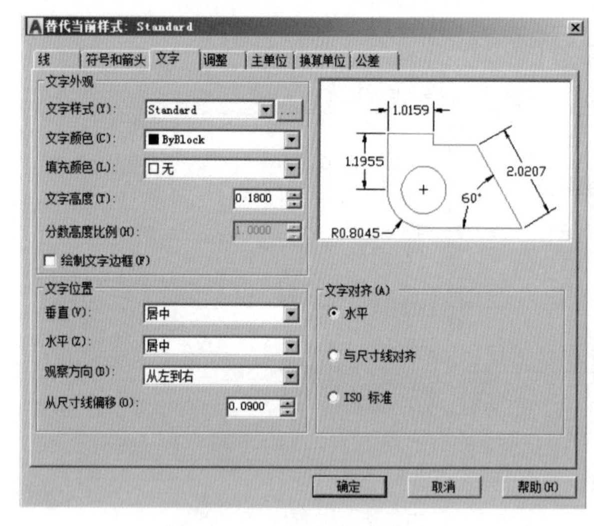

图 5-62 “文字”选项卡

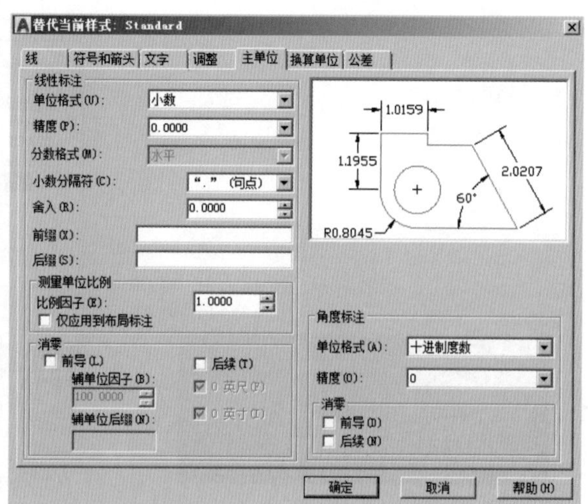

图 5-63 “主单位”选项卡

修改完毕后，单击“确定”按钮，在“标注样式管理器”对话框中将修改的样式置为当前。单击“标注”工具下的半径标注选项，然后根据命令窗口的提示进行标注，调整标注位置，效果如图 5-64 所示。

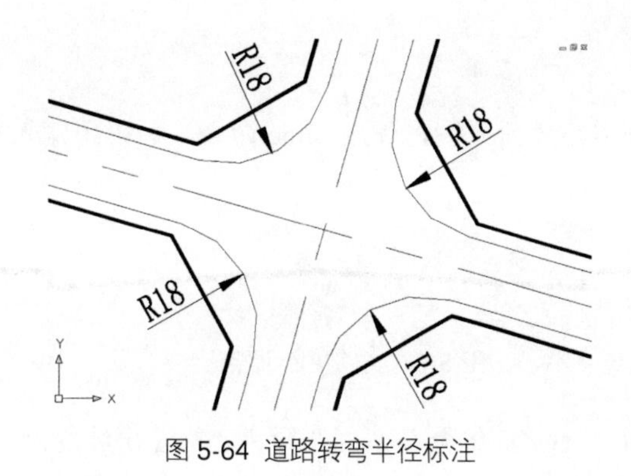

图 5-64 道路转弯半径标注

5.5.5 道路断面标示

使用 pline 命令标注道路断面剖切位置，并利用 text 命令添加断面符号，如 A、B 等字母符号，剖切方向朝向断面符号所在的位置，效果如图 5-65 所示。

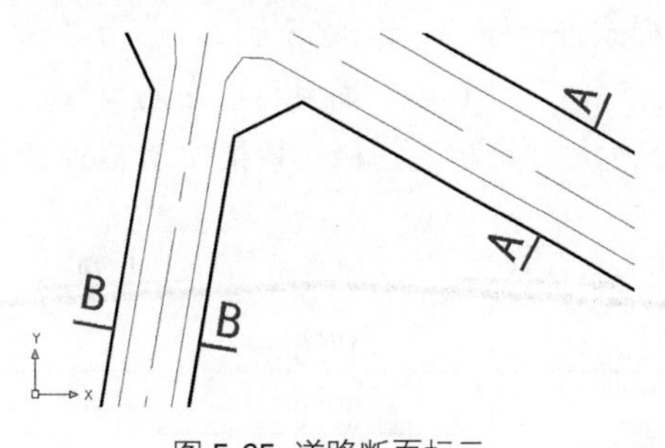

图 5-65 道路断面标示

至此，道路图面标注内容基本完成，调整各个标注内容的位置，最终效果如图 5-66 所示。

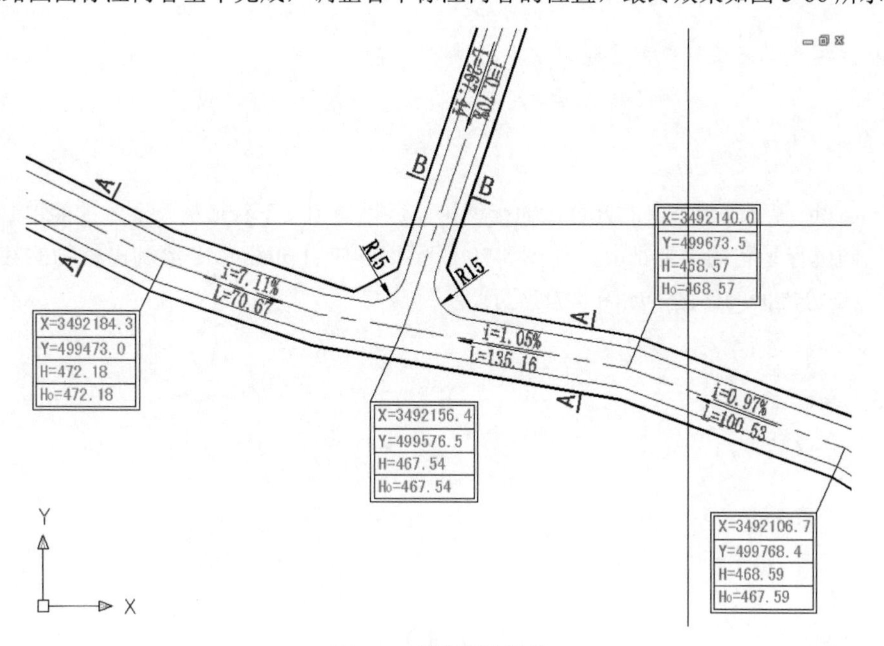

图 5-66 道路标注效果

5.5.6 绘制道路横断面图

在图面左下角空白处绘制道路横断面图，使用 pline 命令，并采用输入相对坐标的方法完成，绘制效果如图 5-67 所示。

图 5-67 道路横断面路幅绘制

然后使用 pline 命令绘制出表示坡向的箭头，并在箭头上标注出坡度值，如图 5-68 所示。

图 5-68 道路横断面坡度标注

参照上文讲述的内容对标注样式进行修改。修改完毕后，单击“标注”工具下的“线性”选项，就可以标注道路横断面了。如果需要标注的尺寸较多，而且可以在同一直线上标注，就在标注出一道尺寸后再选择“连续”标注，快捷准确地标注尺寸，标注的最终效果如图 5-69 所示。

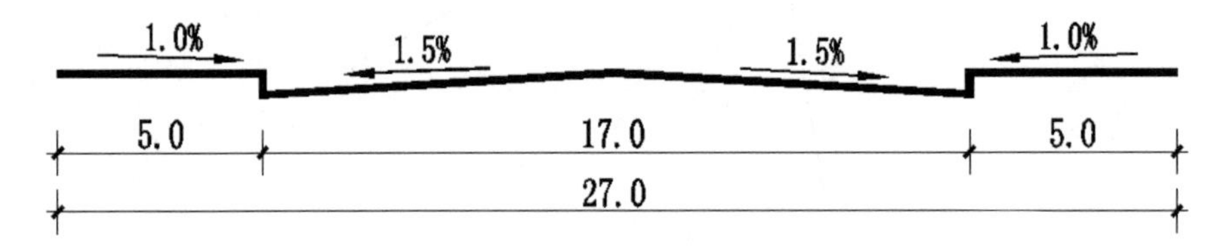

图 5-69 道路横断面标注图示

标注样式的修改可能需要经过多次修改才能达到需要的效果，可以使用“pr”（PROPERTIES）命令在弹出的“特性”选项板中对标注样式进行快捷的修改设置，并与标注样式结合操作来提高绘图效率。

最后，在人行道（分隔带）上放置合适的行道树。这里介绍一下行道树及灌木的简单制作方法。先使用 pline 命令绘制出行道树的主要部分，如图 5-70 所示。再使用 pline 命令绘制出植物的其他部分，绘制时要注意植物各部分之间的比例，如图 5-71 所示。

图 5-70 植物绘制 1

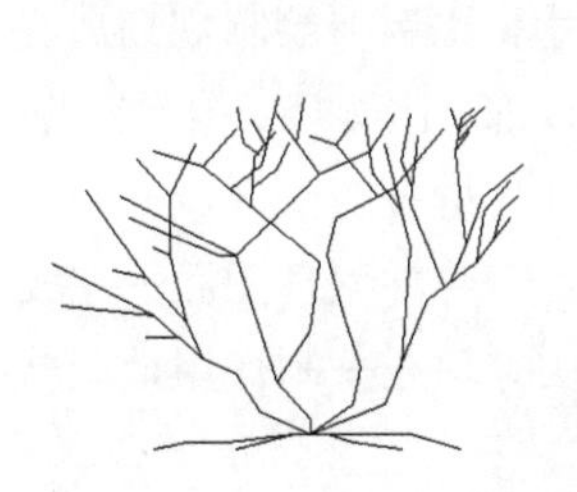
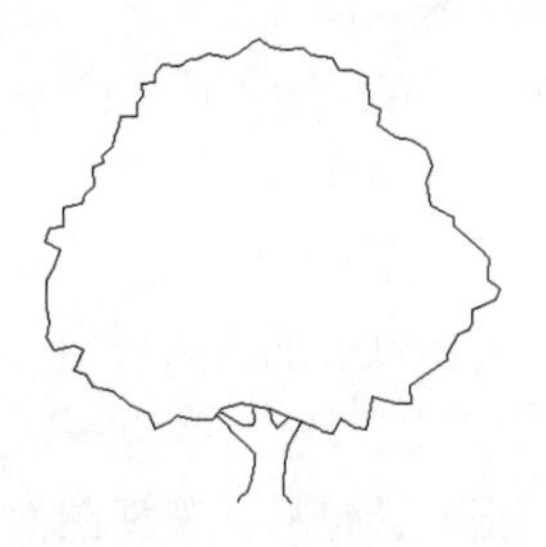

图 5-71　植物绘制 2

可以采取同样的方式绘制路灯。绘制完成后，使用块定义 block 命令将绘制好的图形创建成块，在需要时可以直接插入块。最后使用 mtext 命令添加横断面名称，绘制的最终效果如图 5-72 所示，并采用同样的方法完成其他道路横断面的绘制。

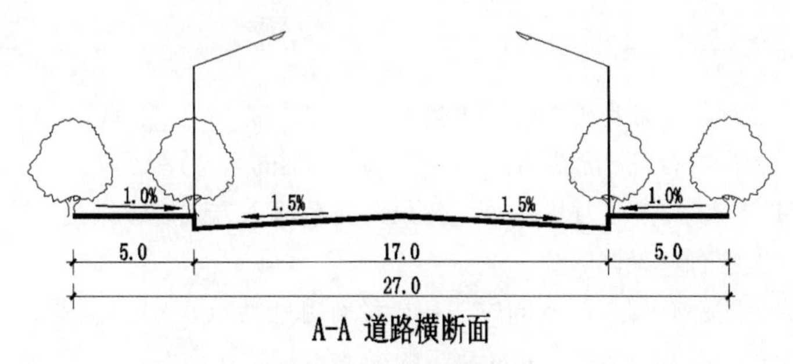

图 5-72　道路横断面图

在命令窗口中输入“adcenter”设计中心命令或按 Ctrl+2 键，打开“设计中心”窗口，按照顺序选择相应的块，直接拖动或双击完成插入操作，调整插入块的大小，就可以完成树木、路灯的绘制。

5.5.7 图例及其他

道路交通规划图的图例绘制比较复杂，图例的形式也多种多样，可参照前面所讲述的内容绘制。部分图例如图 5-73 所示。

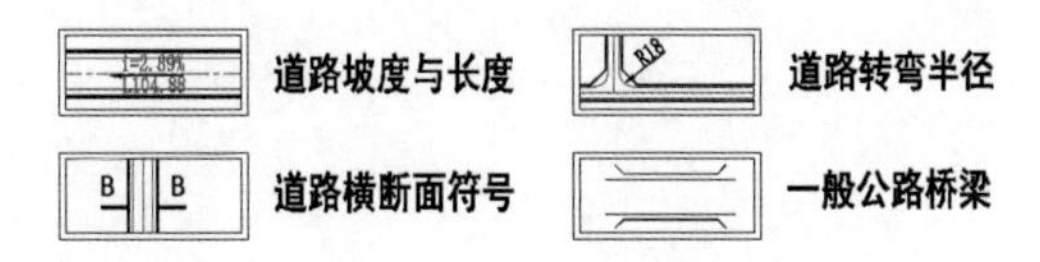

图 5-73　部分图例效果

5.6 小结

1．集建区总体规划设计图纸一般有现状分析图、用地布局规划图、道路交通规划图、绿地系统规划分析图、景观设计分析图等。

2．现状分析图制作步骤：输入地形图→设置图域、尺寸和比例→绘制规划边界→绘制河流、道路→地块填充→面积统计与绘制表格→绘制图标及图例→加入风玫瑰、比例尺、指北针符号并整理图面→完成。

3．地质条件与水文评价图制作步骤：地形图→地形坡度分析→防洪区域→防灾、文物保护区域→建设适宜评定→绘制图标及图例→加入风玫瑰、比例尺、指北针符号并整理图面→完成。

4．用地布局图制作步骤：绘制路网→划分各类用地地块并填充→制作用地表格→绘制图标及图例→加入风玫瑰、比例尺、指北针符号并整理图面→完成。

5．道路交通规划图制作步骤：在用地布局规划图的基础上保留路网→对路网进行修整→道路坡度、坡向、坡长及高程控制点坐标、道路转弯半径的表达→绘制道路横断面图→绘制图例→加入风玫瑰、比例尺、指北针符号并整理图面→完成。

5.7 习题

1．要填充非闭合图形对象，需要在“边界图案填充”对话框 ________ 选项卡中修改 ________ 栏的值。

2．在绘制表格中，表格的行高一般是由 ________ 所控制的。

3．要使用 AutoCAD 2020 文字“背景遮罩”效果，文字输入方式应该采用 ________ 方式。

4．单行文字与多行文字有何异同？

5．填充图形的方法一般都有哪些？不同方法各自都有哪些特点？

6．如何进行多线样式的设置？多线 mline 命令的操作步骤是什么？

7．箭头的绘制方法有哪些？

8．怎样调出“字符映射表”对话框？

第 6 章

控制性详细规划

导言

本章将以一个某工业园区控制性详细规划的具体实例制作流程为线索，详细介绍通过 AutoCAD 2020 绘制城市控制性规划工程图的过程，以及控制性规划工程图中每张图纸中各种图形要素的安排和绘制，在内容之中穿插各种绘制的常用技巧与处理方法。

6.1 地形图修改与整理

制作控规图纸首先从现状图开始。现状图一般是由甲方（委托方）提供的，但规划设计人员同样要进行现场勘查，为规划设计收集相关资料，并且要对现状图进行处理和分析，使其成为一张完整的规划工程图。

首先打开甲方提供的现状图，图纸比较简单，只包括现状道路、建筑、河流等，没有分图层，很多内容超出图框，不符合规划工程图要求，需要进行处理，本例中的原始现状图如图 6-1 所示。

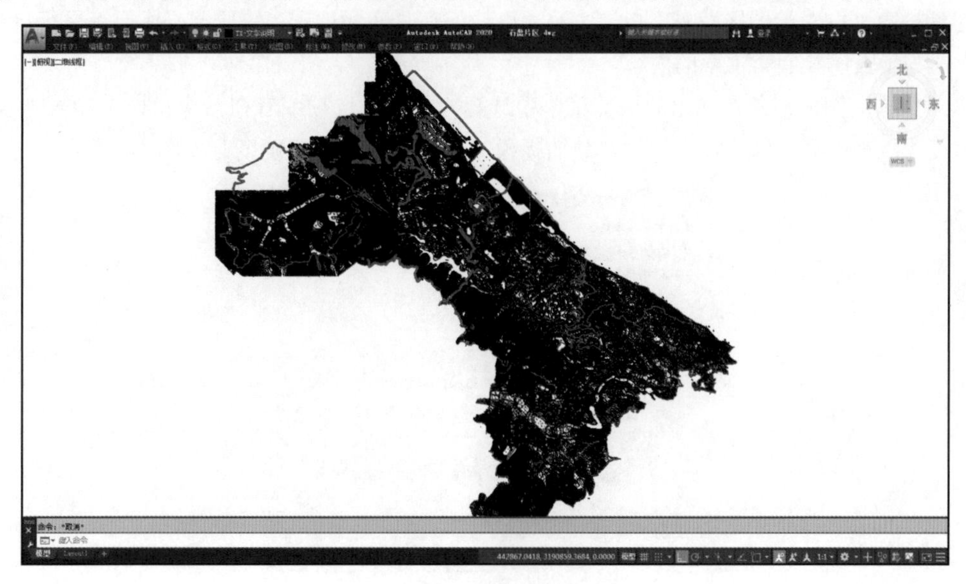

图 6-1 原始现状图

6.1.1 绘图环境设置

计算机绘图环境设置对作图人员来说十分重要，设置好 AutoCAD 2020 的作图环境，有助于提高我们的作图速率和精确性。

首先，单击应用程序菜单（见图 6-2）中的“选项”按钮，或在命令窗口中输入“options”命令，弹出“选项”对话框，如图 6-3 所示。

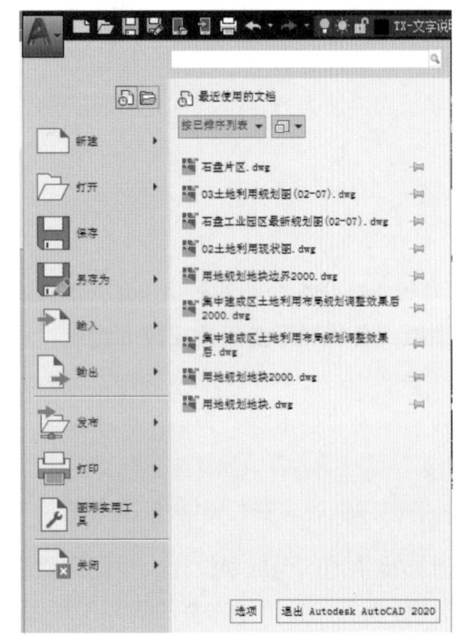

图 6-2 应用程序菜单

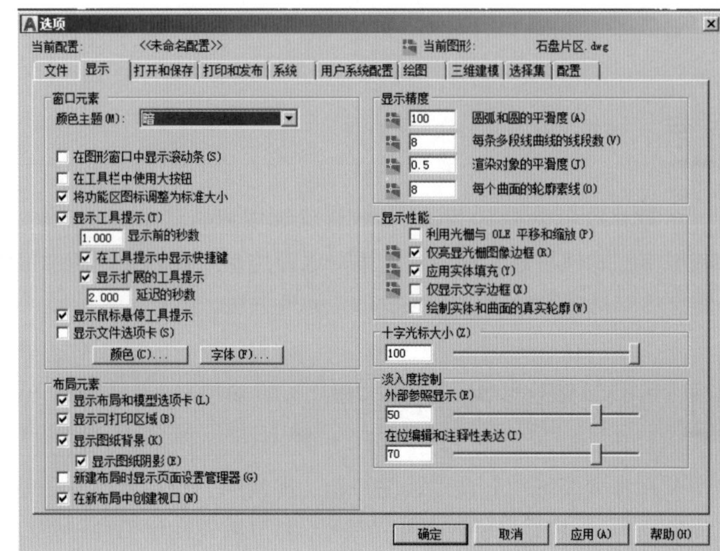

图 6-3 “选项”对话框

在该对话框中可以对绘图区背景、指针大小、自动保存时间和位置、快捷键、捕捉等进行自定义设置，具体设置方法与步骤请参阅第 1 章的内容。

右击“对象捕捉”按钮，在弹出的快捷菜单中选择“设置”选项或者在命令窗口中输入“ds”命令，弹出“草图设置”对话框，可选择需要的对象捕捉模式，提高作图的精确度，如图 6-4 所示。

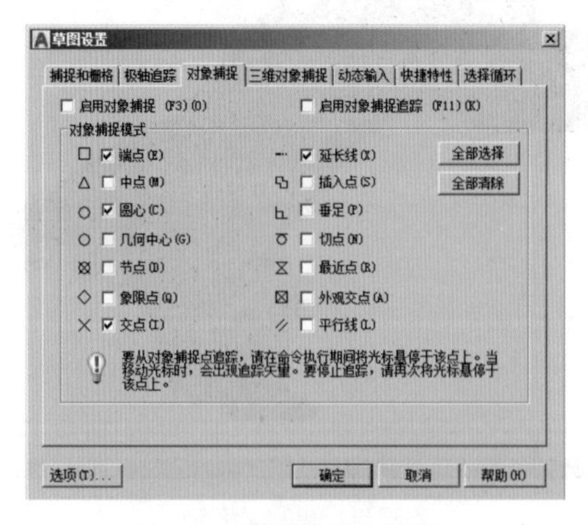

图 6-4 “草图设置”对话框

绘图环境设置基本完成，一般所给的现状图都不应该改变其大小、位置、比例和坐标系，因为它只是广大连续土地中的一部分，坐标和相临地块是连接的。从甲方给我们的地形图中可以明显地看出，这块地是从更大范围的地形图上截下来的。

提 示 使用命令操作可以提高绘图效率，很多命令并不用输入完整的英文表达，可以用前几个字母代替，比如绘圆命令可以用 circle 或 C，复制命令用 copy 或 co。在绘图过程中，学会观察命令行，对学习 CAD 十分重要。

6.1.2 地形整理

1. 查看地形图的图形单位

首先需要查看图形单位，一般 CAD 地形图都是按实际大小绘制的，线条长度单位为米，有些小地块也以毫米为单位。查看图形单位的方法很多，使用 pr 命令或单击视图标准工具栏中的调出“特性”选项板，选择规划范围，在“特性”选项板中查找面积。如图 6-5 所示，面积显示 1571892.5824，而实际面积为 1.57 平方公里，因此该 CAD 图是以米为单位的。

2. 图层设置

图框大小应根据所绘图纸最终打印出来的大小确定。如此次规划范围，长约 3000 米，宽约 2500 米，要求按比例 1:1000 出图，选择 A1 图纸比较好，因此按 A1 标准图框绘制。

单击按钮，弹出“图层特性管理器”面板，单击按钮，新建图层，命名为“图框”，如图 6-6 所示。

图 6-5 “特性”选项板

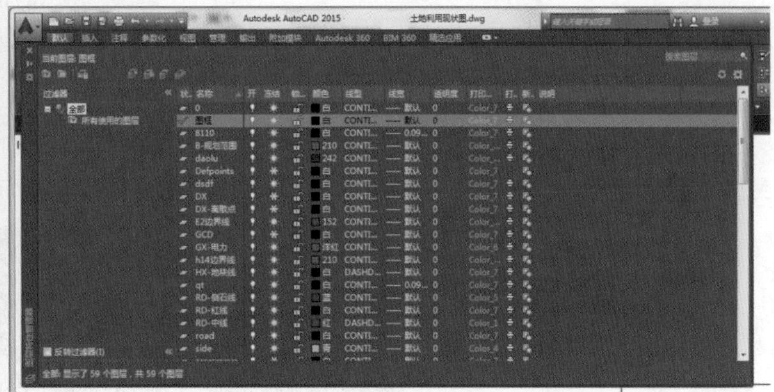

图 6-6 图层特性管理器

单击颜色方框，弹出“选择颜色”对话框，一般采用默认的索引颜色（RGB）模式，然后根据需要选择颜色，单击“确定”按钮，完成图层颜色设定，如图 6-7 所示。

单击线型，弹出“选择线型”对话框，其中显示已经加载的线型，如图 6-8 所示。

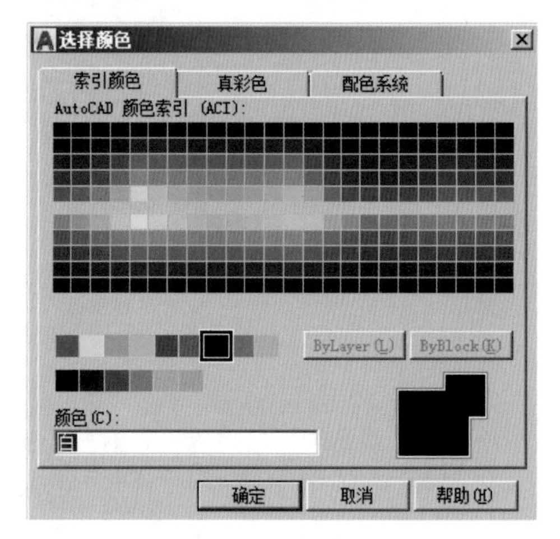

图 6-7 “选择颜色”对话框

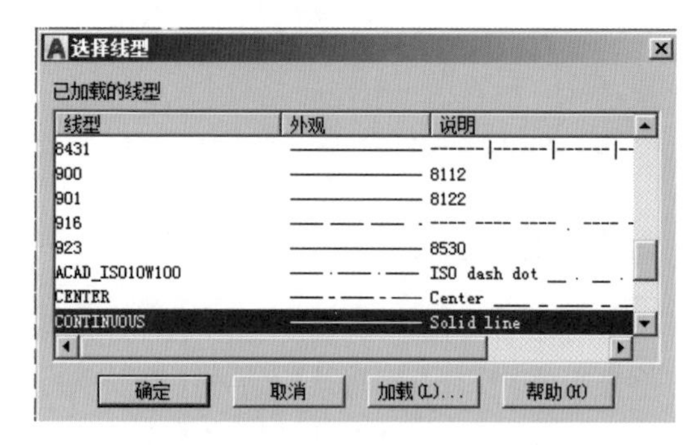

图 6-8 “选择线型”对话框

如果还需要其他线型，单击“加载”按钮，弹出“加载或重载线型”对话框，如图 6-9 所示。在该对话框中可以选择所需要的线型加载，也可以单击“文件”按钮，在弹出的“选择线型文件”对话框中，选择所需要的线型文件，如图 6-10 所示。

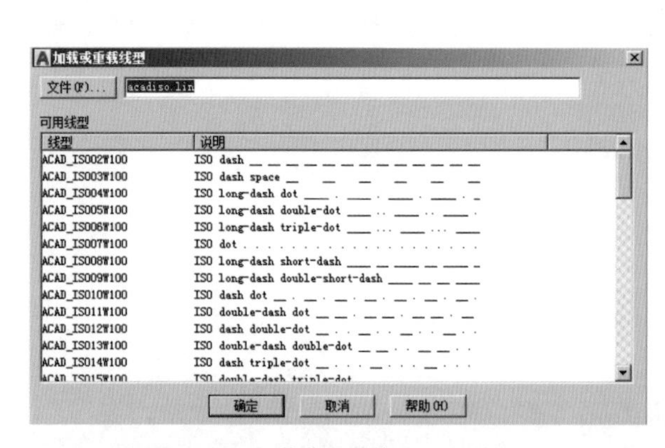

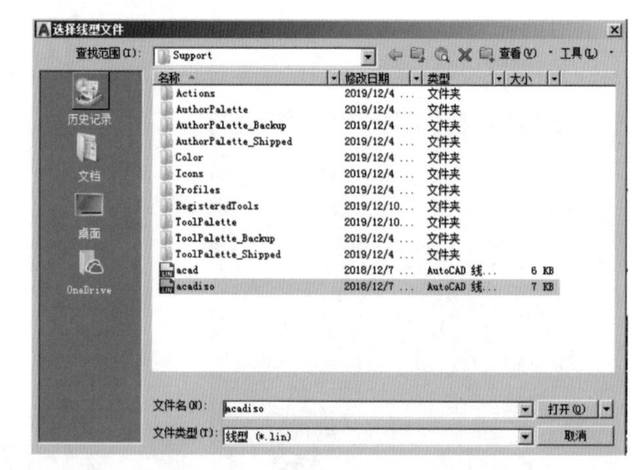

图 6-9 “加载或重载线型”对话框

图 6-10 “选择线型文件”对话框

可以在“图层特性管理器”面板中同时设置现状图需要的多个图层特性，每个图层的设置方法类似。关闭“图层特性管理器”，打开“特性”工具条，如图 6-11 所示。

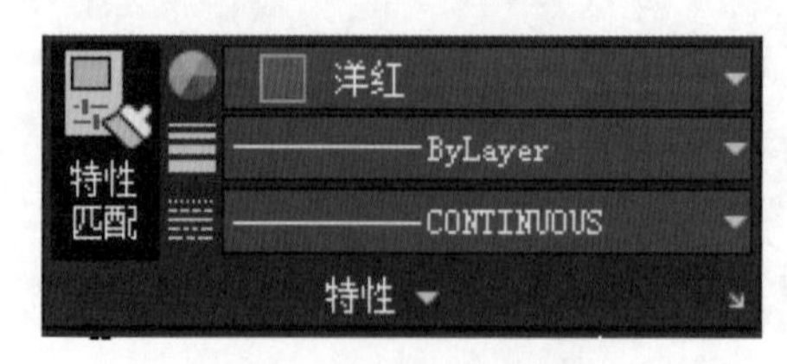

图 6-11 “特性”工具条

该工具条中的三个下拉菜单分别对应“颜色控制”（见图 6-12）、“线型控制”和“线宽控制”。

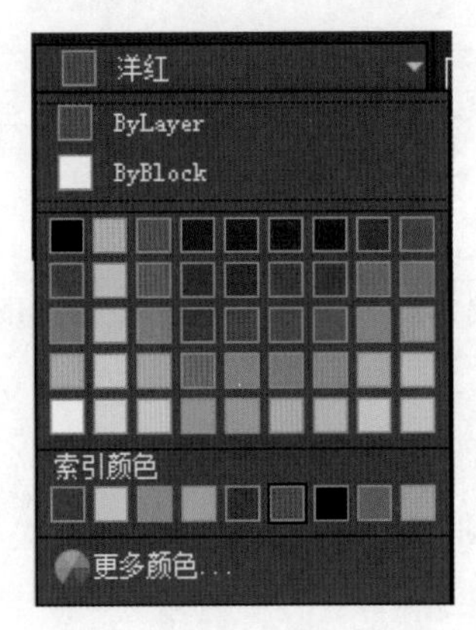

图 6-12 “颜色控制”下拉菜单

（1）ByLayer：指定新对象采用创建该对象时所在图层的指定颜色。在可用图层中使用的颜色显示在 ByLayer 按钮旁边。单击此按钮时，将选定指定给对象图层的颜色。

（2）ByBlock：指定新对象的颜色为默认颜色（白色或黑色，取决于背景色），直到将对象编组到块并插入块。当把块插入图形时，块中的对象继承当前颜色设置。在可用块中使用的颜色显示在 ByBlock 按钮旁边。一旦新对象成为块的一部分，则选定指定给块的颜色。

（3）线型、线宽特性设置与颜色特性设置相似。

3. 绘制图框

在新图层上绘制 A1 图框。按实际尺寸画出的图框比地形图小很多，因为图的尺寸也是实际的（而打印的时候图是按 1/1000 的比例放进图框中的），所以需要将图框放大 1000 倍。

首先使用 rectang 命令绘制出 A1 图框大小的矩形，命令如下：

```
命令 : rectang
指定第一个角点或 [ 倒角 (C) / 标高 (E) / 圆角 (F) / 厚度 (T) / 宽度 (W)]:
指定另一个角点或 [ 面积 (A) / 尺寸 (D) / 旋转 (R)]: d
指定矩形的长度 <10.000>: 841
指定矩形的宽度 <10.000>: 594
指定另一个角点或 [ 面积 (A) / 尺寸 (D) / 旋转 (R)]:
```

然后使用“缩放”命令调整图框大小，使用“移动”命令将图框放到合适的位置，如图 6-13 所示。

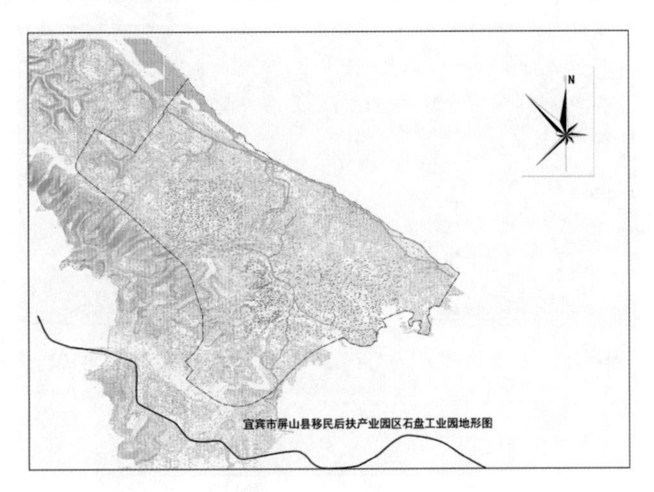

图 6-13 绘制图框

4. 清除图框外围地形

将图框以外的图形删除。首先需要选择要删除的部分，常用的有两种方法：

（1）框选：按住鼠标左键从左往右拖出实线矩形框，只有全部被包含在选择方框内的图形才能被选中。

（2）窗选：按住鼠标左键从右往左拖出虚线矩形框，凡是被选择方框挨着的图形均能被选上。选择要删除的图形后，按 Delete 键或用命令 E 完成删除。恢复上一步的方法为按 Ctrl+Z 快捷键或使用命令 U。

（3）TR 命令：对于同时位于矩形框内和矩形框外的线段，输入“TR”命令，按空格键或回车键，选择剪切边后右击，然后单击鼠标左键从右往左框选位于矩形框外的线段，再次单击鼠标左键，被框选的线段被剪切掉。

对于矢量化的地形图，可以使用上述方法对图框外部内容进行删除等操作，如果是栅格地形图（图片形式的地形图），则要使用 AutoCAD 2020 的图像裁剪功能进行。

5. 整理地形图图层

测绘地形图的图层有时会标示不清楚，对图形绘制带来不便，需要将图层合并以及将不必要的图层删除。在绘图区域中选择图形中所有同一类型的线，打开图层下拉菜单，单击相应图层，则选择的线全部拖入该图层，同时选择的对象拥有该图层的特性。

如果图层上没有任何图形要素即为空图层，就可以单击“图层特性管理器”中的按钮，将其删除。

有时图层上的图形要素仍然无法删除，需要使用 pu 命令，弹出“清理”对话框，如图 6-14 所示。如果还无法删除，就说明该图层上的图形正在被使用，比如和其他图层一起定义了块，这时需要找到图源，删除后才能最终将图层删除。

最终整理修改后的地形图，如图 6-15 所示。

图 6-14 “清理”对话框

图 6-15 整理后的地形图

6.2 现状图绘制

准备工作做好后，就可以开始绘制土地使用现状图了。通过参阅各种制图规范，按照规范的要求对图形进行分层绘制，设定图层颜色、线宽等。不同地区也可能有不同的制图规范和要求，设计师也可以根据所在地区规范绘制工程图。

1. 线性要素绘制

通过现场勘查和查阅相关资料，使用 line 或 pline 等命令，绘制出不同用地的范围界限。推荐使用 pline 命令，便于编辑与调整。描绘的现状线性要素如图 6-16 所示。

图 6-16 现状线框图

2. 填充色块

色块和相应的用地界限线框放在同一个图层中，便于修改。使用 hatch 命令打开“图案填充创建”工具栏，如图 6-17 所示；在“选项”栏中单击右侧的按钮，打开“图案填充和渐变色”对话框，在“图案”选项卡中单击按钮，打开“填充图案选项板”对话框，在“其他预定义”选项卡中选择 SOLID 选项，如图 6-18 所示。

图 6-17 “图案填充创建”工具栏

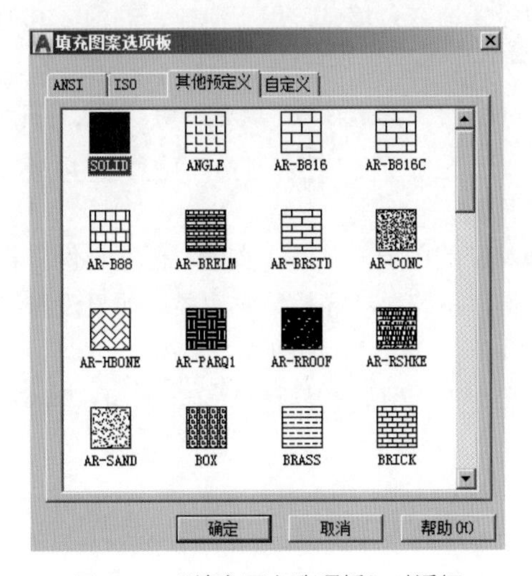

图 6-18 “填充图案选项板”对话框

双击图案或单击“确定”按钮，关闭“填充图案选项板”对话框。在“图案填充和渐变色”对话框的“颜色”下拉菜单中选择 ByLayer 选项，单击对话框右下角的按钮，打开扩展工具，在“允许的间隙”栏输入框中输入进行图案填充时边界间隙的最大值，本例中输入 5。对于没有闭合的边界，合理地设置该数值，可以减少修改边界的工作量，节约大量时间，设置如图 6-19 所示。

设置完成后，单击“拾取点”按钮，系统暂时关闭“图案填充和渐变色”对话框，在视图区内点取填充边界内部任意点，如果边界对象变成虚线则边界选区成功。如果边线未闭合但间隙在我们设置的最大值内，则系统弹出“图案填充 - 开放边界警告”对话框，如图 6-20 所示。

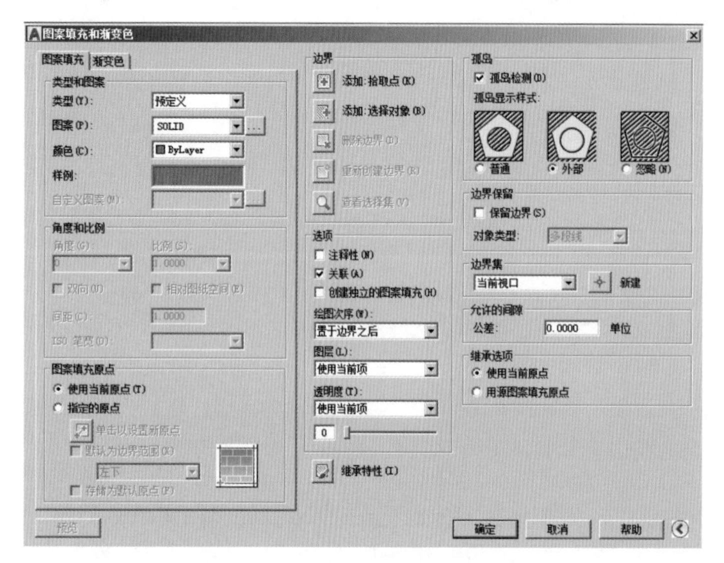

图 6-19 “图案填充和渐变色”对话框

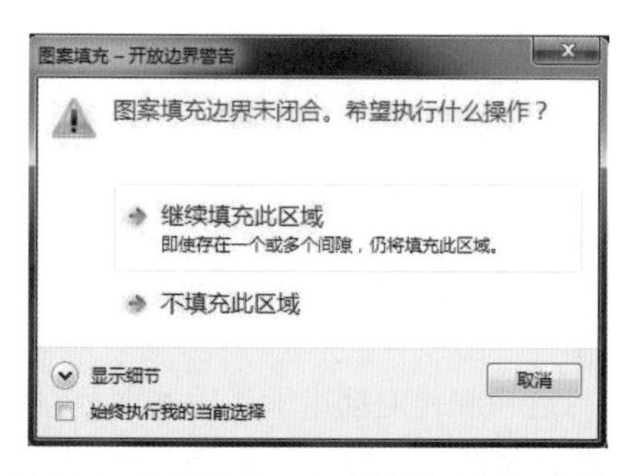

图 6-20 “图案填充 - 开放边界警告”对话框

此时如果选择“继续填充此区域”就可以忽略间隙填充上的图块，当选择“不填充此区域”时退出填充。当间隙过大，CAD 不能忽略间隙填充时，弹出“图案填充 - 边界未闭合”对话框，并在图上标明未闭合的线的端点，此时需要对边界进行闭合后才能填充。

在“图案填充和渐变色”对话框中单击“渐变色”按钮，打开“渐变色”选项卡，在“渐变色”选项卡中设置渐变色填充，用于河流、湖泊或其他需要渐变色填充边界填充。

在 AutoCAD 2020 中，还可以使用“工具选项板”填充图块。依次打开“视图”选项卡→“选项板”面板→“工具选项板”，打开“工具选项板”，选择“图案填充”栏，如图 6-21 所示。

在“图层”下拉菜单中选择相应的图层，单击“实体”图案样例，将光标移动到填充区域，单击鼠标左键，系统自动寻找填充边界，如果没有寻找到边界或边界间隙过大，命令窗口会给出提示，如图 6-22 所示。

如果边界太复杂，找到的对象太多，系统就会给出提示，如图 6-23 所示。

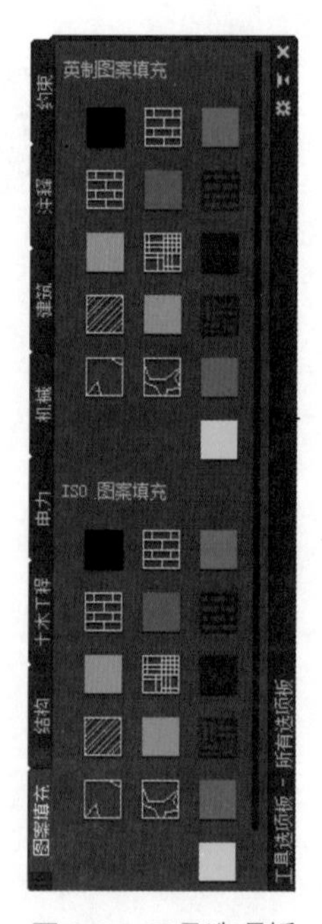

图 6-21 工具选项板

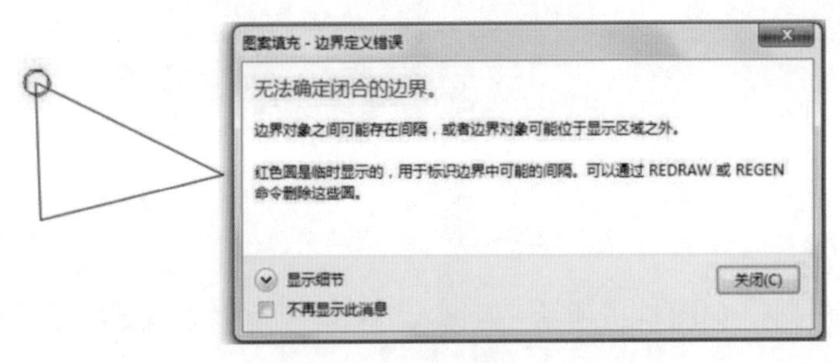

图 6-22 边界填充窗口提示

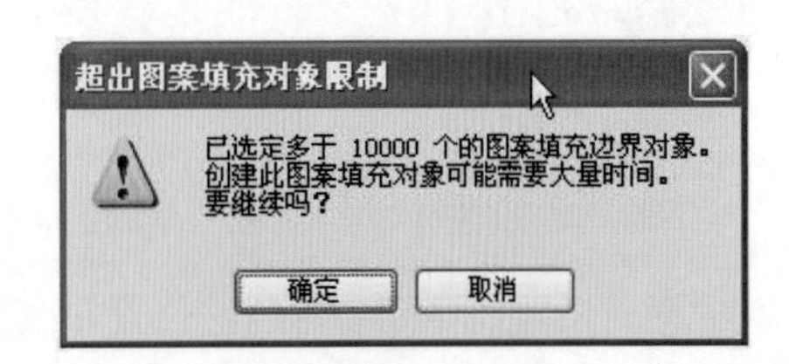

图 6-23 命令窗口提示

如果单击“取消”按钮，则退出该命令；如果单击“确定”按钮，则系统开始运算，寻找填充边界，因为运算量较大，需要一些时间，最后的结果根据图形和设置参数不一定能找到边界，如果没有找到边界就必须修改边界对象图形。

使用“工具”选项板填充图形是最简便的方法，但是同样需要在“图案填充和渐变色”对话框中设置相关参数，根据实际情况选用合适的方法可以事半功倍。

3. 插入照片

现状图往往要求插入照片作为说明。插入照片的方法如下：

单击“插入”菜单的“附着”选项，弹出“选择参照文件”对话框，如图 6-24 所示选择图片所在的位置，单击“打开”按钮，弹出“附着图像”对话框，如图 6-25 所示，可以设置在 AutoCAD 2020 绘图区的位置、大小、旋转角度，单击“确定”按钮即可插入。也可以不设置，在照片插入后根据实际需要对图片大小等进行修改。

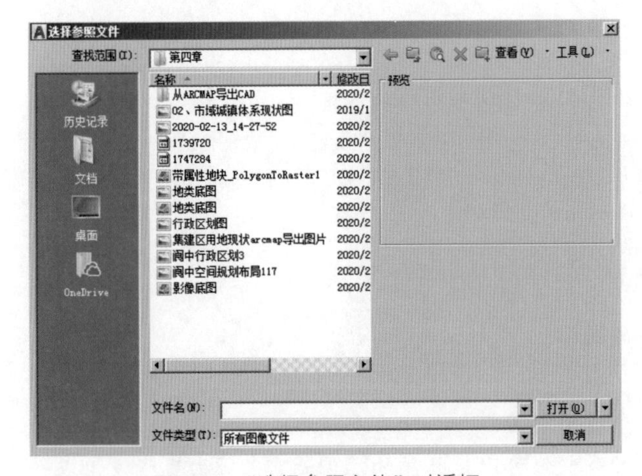

图 6-24 “选择参照文件”对话框

图 6-25 “附着图像”对话框

当不知道需要更改的比例而需要更改到指定大小时，需要用“al”（ALIGN）命令。首先画一条参照线作为图片放大后的边长，然后在命令行中输入“al”，命令行内容如下：

```
命令 : al
ALIGN
选择对象 : 找到 1 个
```

```
选择对象：
指定第一个源点：
指定第一个目标点：
指定第二个源点：
指定第二个目标点：
指定第三个源点或 <继续>:
是否基于对齐点缩放对象？[是(Y)/否(N)] <否>: y
```

此时，图片被移到参考线的位置并改变大小，如图 6-26 所示。若输入“N”，则图片在原处改变大小。

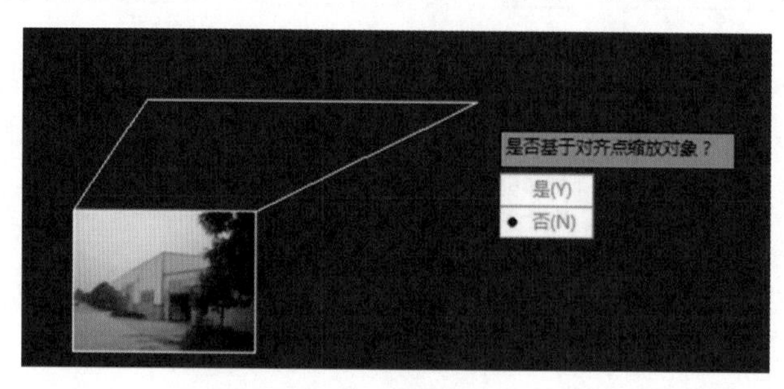

图 6-26 使用 al 命令修改图片

al 命令的实质就是实现源对象的点与目标点相联系的过程：

- 当只有一对源点和目标点时，选定对象将在二维或三维空间从源点移动到目标点。
- 当选择两对点时，可以在二维或三维空间移动、旋转和缩放选定对象，以便与其他对象对齐。
- 当选择三对点时，选定对象可在三维空间移动和旋转，使之与其他对象对齐。

当需要剪裁图像时，单击“修改”菜单“剪裁”子菜单中的“图像”选项，本例命令窗口提示内容如下：

```
命令：_imageclip
选择要剪裁的图像：
输入图像剪裁选项 [开(ON)/关(OFF)/删除(D)/新建边界(N)] <新建边界>: N
外部模式 - 边界外的对象将被隐藏。
指定剪裁边界或选择反向选项：
[选择多段线(S)/多边形(P)/矩形(R)/反向剪裁(I)] <矩形>:
指定第一角点： 指定对角点：
```

其中各选项介绍如下：

- 打开：打开剪裁并显示剪裁到以前定义边界的图像。
- 关闭：关闭剪裁并显示整个图像和边框。
- 删除：删除预定义的剪裁边界并重新显示整个原始图像。
- 选择多段线：使用选定的多段线定义边界。此多段线可以是开放的，但是它必须由直线段组成并且不能自交。
- 多边形：使用指定的多边形顶点中的三个或多个点定义多边形剪裁边界。
- 矩形：使用指定的对角点定义矩形边界。
- 反向剪裁：反转剪裁边界的模式，剪裁边界外部或边界内部的对象。

图像剪裁前后的效果对比如图 6-27 所示。

图 6-27　图片剪裁效果

如果对剪裁效果不满意，只要对该图片执行图像剪裁时在“输入剪裁选项”选项卡中选择“删除”，就可以让图片回到初始状态。

只有在删除旧的剪裁边界后才能为选定的 IMAGE 参考底图创建一个新边界。

现状图插入图片后的效果如图 6-28 所示。

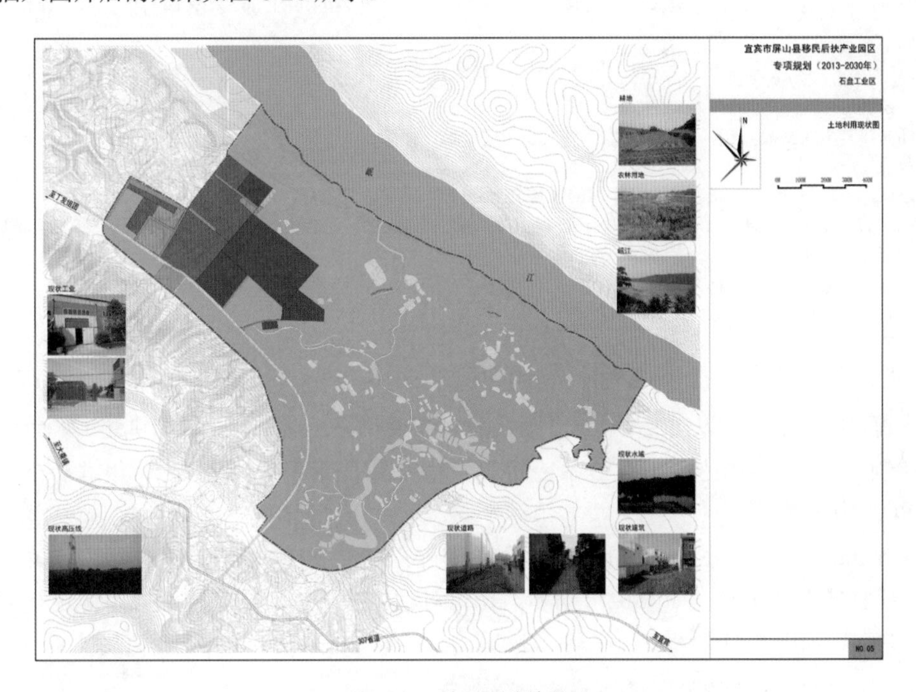

图 6-28　插入图片效果

4. 图例

首先，制作图例过程中需要使用 AutoCAD 2020 的文字编辑功能。

在命令窗口中输入“st”命令或单击“格式”菜单下的“文字样式”选项，打开“文字样式”对话框。根据规范，图例的字体使用黑体，字体大小根据图形对象大小确定，本例中设置字高为 20，“文字样式”

对话框设置如图 6-29 所示。

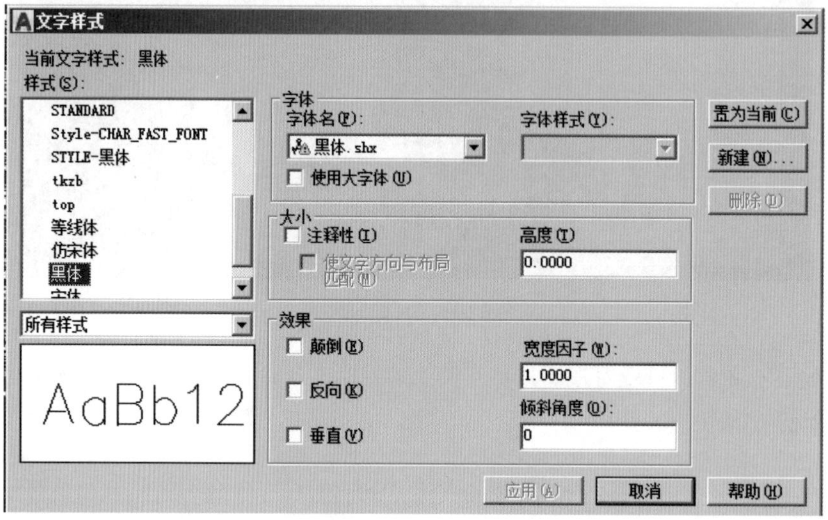

图 6-29 “文字样式”对话框

设置完成后，单击“关闭”按钮，关闭“文字样式”对话框。在命令窗口中输入“mtext”命令，命令窗口提示如下：

```
命令：mtext
当前文字样式： "Standard"  文字高度： 2.5  注释性： 否
指定第一角点：
指定对角点或 [高度(H)/对正(J)/行距(L)/旋转(R)/样式(S)/宽度(W)/栏(C)]:
命令： MTEXT 当前文字样式： "Standard"  文字高度： 2.5  注释性： 否
指定第一角点：
指定对角点或 [高度(H)/对正(J)/行距(L)/旋转(R)/样式(S)/宽度(W)/栏(C)]: j
输入对正方式 [左上(TL)/中上(TC)/右上(TR)/左中(ML)/正中(MC)/右中(MR)/左下(BL)/中下(BC)/右下(BR)]
<左上(TL)>: MC
指定对角点或 [高度(H)/对正(J)/行距(L)/旋转(R)/样式(S)/宽度(W)/栏(C)]:
```

根据命令窗口的提示，可以对文字样式进行各种需要的调整，这里不再详细讲述。

下面开始制作图例框和图例名称。在命令窗口中输入矩形快捷命令“rec”，根据命令窗口提示，绘制出尺寸合适的图例轮廓。

使用 text 或 mtext 命令，完成文字的输入，如果对输入的文字样式不满意，可以双击文字对象，此时系统弹出“文字格式”编辑栏，如图 6-30 所示，在该对话框中可以对文字间距大小等进行调整。本例文字调整前后效果对比如图 6-31 所示。

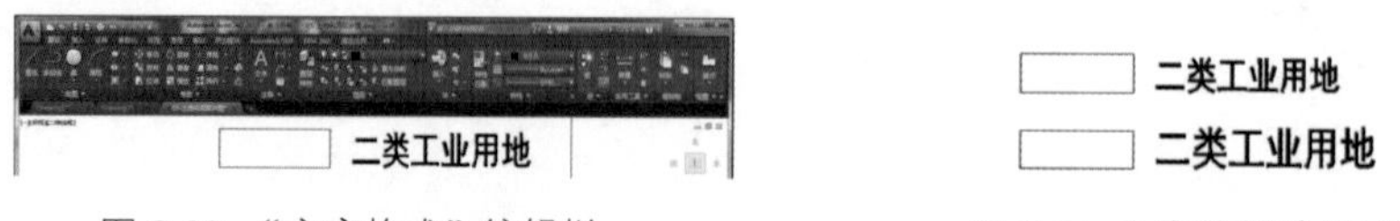

图 6-30 “文字格式”编辑栏

图 6-31 文字编辑效果对比

统计出图例数量和，并确定图例间的间距，可以使用 array 命令绘制其他图例。在命令窗口中输入“array”命令，打开“阵列”对话框，本例中共有 12 个图例，设置如图 6-32 所示。

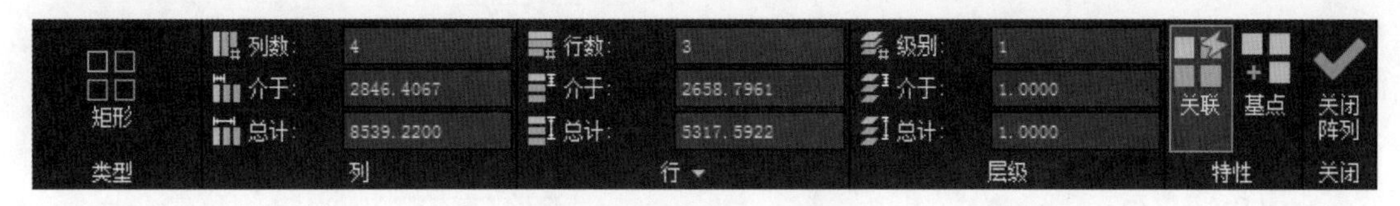

图 6-32 “阵列”对话框

单击“选择对象”按钮，暂时关闭“阵列”对话框，在视图区选择刚刚创建的矩形图框及图例名称，按 Enter 键，打开“阵列”对话框，单击“确定”按钮，阵列完成，最后删除多余阵列对象。阵列后的效果如图 6-33 所示。

双击一行文字，在弹出的“文字格式”编辑栏中可以改变“宽度比例” 0.8000 中的数值，以调整字的宽度（输入小于 1.0 的值将压缩文字，输入大于 1.0 的值则扩大文字）。本例修改后的效果如图 6-34 所示。

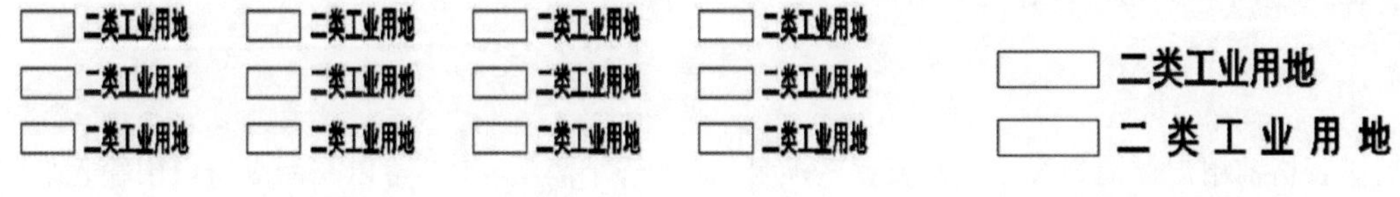

图 6-33 阵列效果　　图 6-34 文字特性修改

最后使用填充、多段线等命令将图例绘制完整，本例图例如图 6-35 所示。

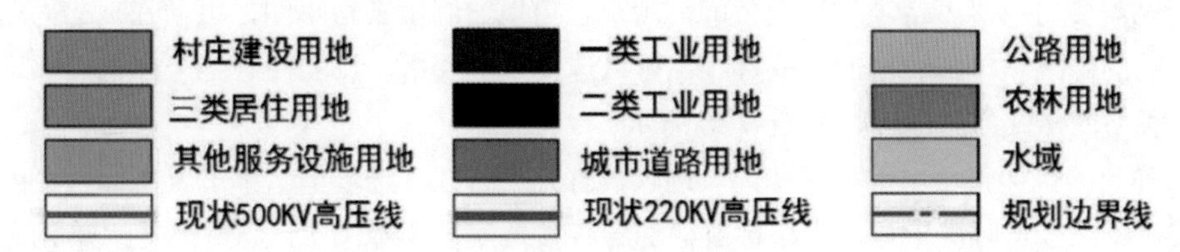

图 6-35 图例制作

绘制好的图例可以创建成块，以便以后绘制图例的时候直接调用。在命令行输入“block”命令，打开“块定义”对话框，在该对话框的“名称”栏输入块的名称，单击“选择对象”按钮，暂时关闭“块定义”对话框，在视图区内框选对象，按 Enter 键，单击“基点”栏的“拾取点”按钮，暂时关闭“块定义”对话框，在视图区内选取块的基点，一般选取图形中心点或其他常用捕捉点。本例设置如图 6-36 所示。

图 6-36 “块定义”对话框参数设置

设置完成后，单击“确定”按钮，则块创建工作完成，其他图例也可以使用相同的方法创建成块，在以后的制图工作中可以直接调用已创建的图块了。

如果需要修改图块，可以双击图块，弹出“编辑块定义”对话框，如图 6-37 所示。

单击“确定”按钮，进入块编辑对话框，可以对块进行各种修改，修改完后，单击功能面板上的“关闭块编辑器”，在询问是否保存时，单击“保存更改”按钮，块的属性被修改。

如果只想改变这张图上的块，而不希望改变块的属性，就可以使用炸开命令将块分解，对分解后的图形进行修改。单击绘图工具栏上的按钮或在命令行输入“X（EXPLODE）命令，再选择块作为对象，即可将块炸开。

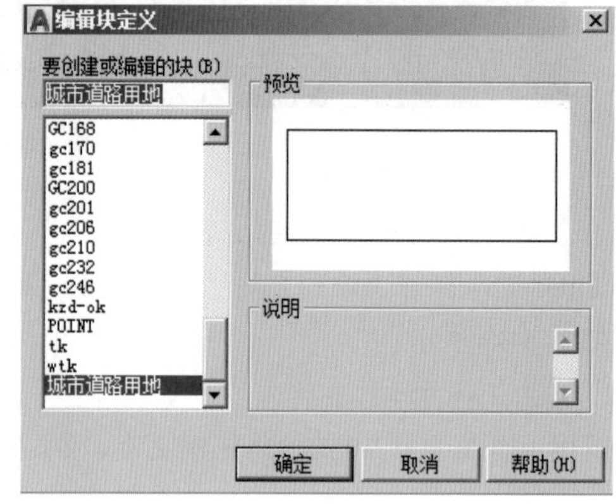

图 6-37 “编辑块定义”对话框

5. 表格

在制作表格前用户要清楚表格中需要哪些项目。制作一个简易表格，可以在命令窗口中输入“tb”命令，打开“插入表格”对话框，具体设置方法与步骤在前面章节已经讲述，这里不再赘述。

在视图区点取插入点插入表格。因为规划工程图中的表格相对比较复杂，需要对插入的表格进行比较多的修改，所以需要用户对表格项目比较了解，用户也可以绘制出表格草图，以便在 AutoCAD 2020 中对表格进行有目的的修改。单击表格的边框直线，可以选择整体表格。点取任意一个标记点都可以随意拖动到指定位置，表格的样式随之改变，如图 6-38 所示。

右击，在弹出的快捷菜单中选择“特性”选项，打开“特性”选项卡。单击表格标题栏内的空白处选择标题栏，在“特性”选项卡中显示表格标题栏的各种参数属性。本例中，将标题栏“单元高度”修改为 60，同时可以修改文字高度、颜色、表格边框等属性，还可以在“背景填充”下拉菜单中选择背景颜色。本例中的属性修改设置如图 6-39 所示。

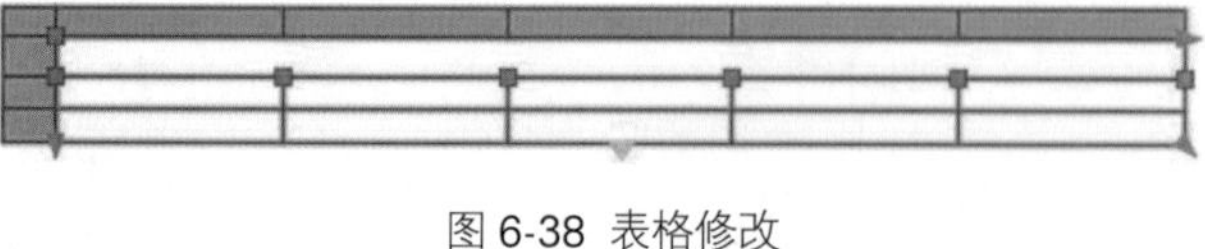

图 6-38 表格修改

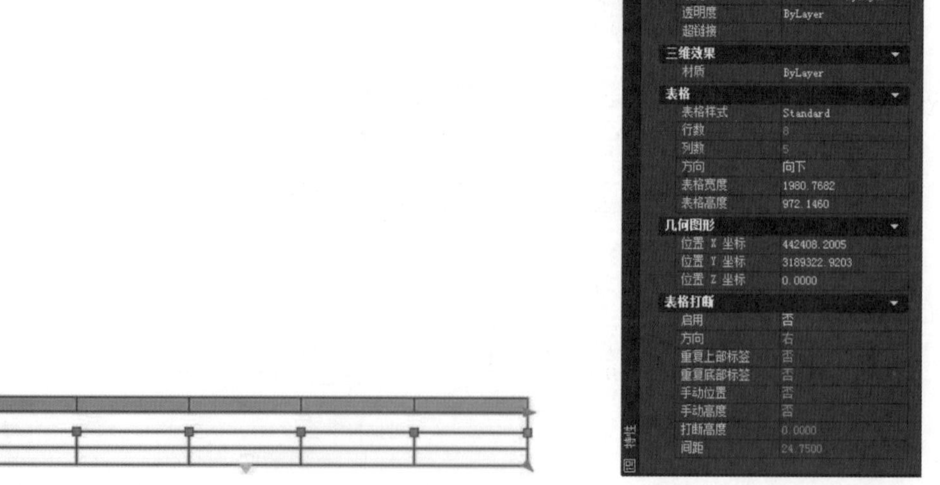

图 6-39 表格属性产设置

其他有特殊要求的表格项目可以用相同的方法修改其属性。在 AutoCAD 2020 中，还可以对表格单元格进行合并、添加、删除等比较细致的修改。其中合并单元格的方法如下：

方法一：选择一个单元格，然后按住 Shift 键，并在另一个单元格内单击，可以同时选中这两个单元格以及它们之间的所有单元格。在选定单元格内单击，拖动到要选择的单元格，然后释放鼠标。

方法二：选择需要合并的表格单元格，右击，然后在快捷菜单上选择“合并单元”选项，如图 6-40 所示。

图 6-40　表格合并快捷菜单

要创建多个合并单元格，可使用以下选项：

- 按行：水平合并单元格，方法是删除垂直网格线，并保留水平网格线不变。
- 按列：垂直合并单元格，方法是删除水平网格线，并保留垂直网格线不变。

其他修改项目相对比较简单，与合并单元格的操作相似，这里不做具体讲解。

双击表格单元格，该单元格背景颜色变为灰色，即可在表格单元格中输入文字、数据等。同时系统弹出“文字格式”窗口，如图 6-41 所示。

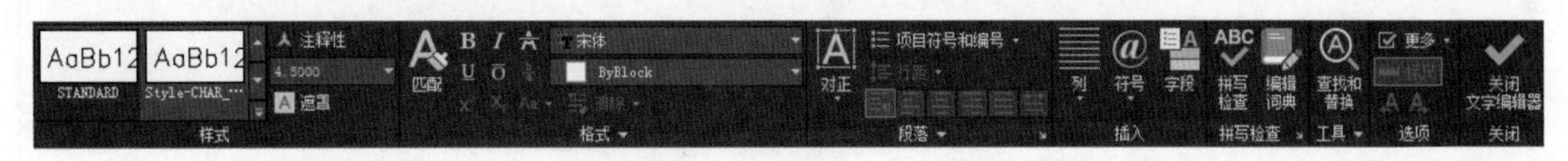

图 6-41　“文字格式”窗口

在该窗口中可以修改输入文字的样式、字体、高度等属性。输入完成后按 Enter 键，则完成该表格单元格的输入，系统将直接转入下一个表格单元格的输入。按 Esc 键则退出操作。

在 AutoCAD 2020 中提供了导入 Excel 表格的功能，在表格制作上为设计者节约了时间。

首先使用 tb 命令调出“插入表格”对话框，在“插入选项”中选中“自数据链接”单选按钮，如图 6-42 所示。

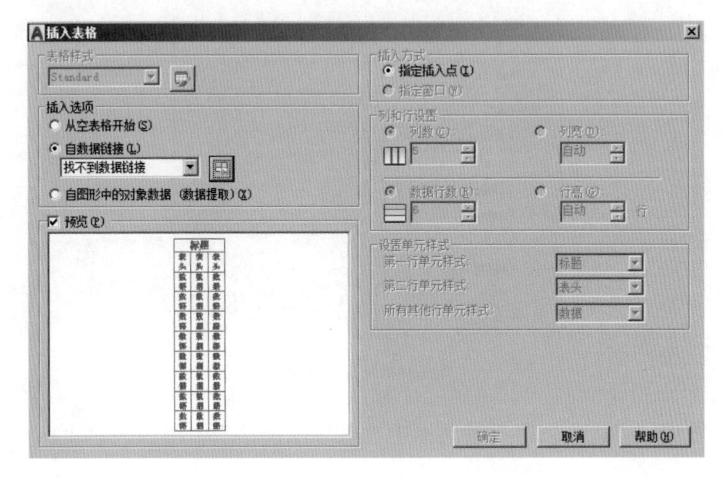

图 6-42　“插入表格”对话框

单击右侧按钮，弹出“选择数据链接”对话框，选择“创建新的 Excel 数据链接”，弹出“输入数据链接名称”对话框，为插入 AutoCAD 2020 中的表格命名，本例中命名为“1”，如图 6-43 所示。

图 6-43 “输入数据链接名称”对话框

单击“确定”按钮后，弹出“新建 Excel 数据链接：1”对话框，如图 6-44 所示。单击按钮，弹出“另存为”对话框，浏览找到预导入的 Excel 文件，如图 6-45 所示。

图 6-44 “新建 Excel 数据链接：1”对话框

图 6-45 “另存为”对话框

单击“打开”按钮后，“新建 Excel 数据链接：1”对话框中出现该文件的预览，如图 6-46 所示。单击“确定”按钮，“选择数据链接”对话框中加入“1”这个链接，并且出现预览。

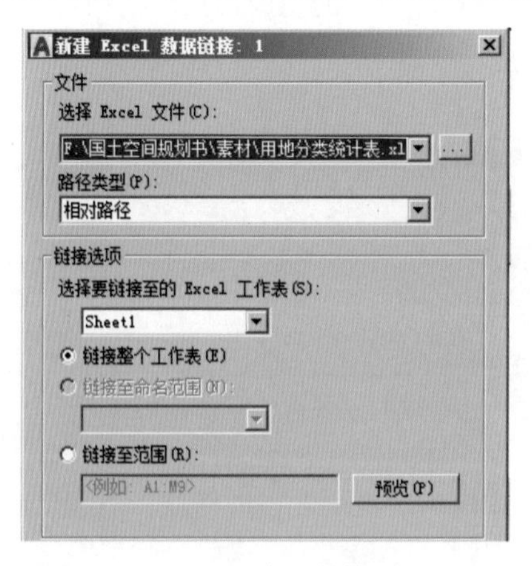

图 6-46 加入链接

再次单击“确定”按钮，“插入表格”对话框中“自数据链接”中出现表名“1”，链接完成，如图 6-47 所示。

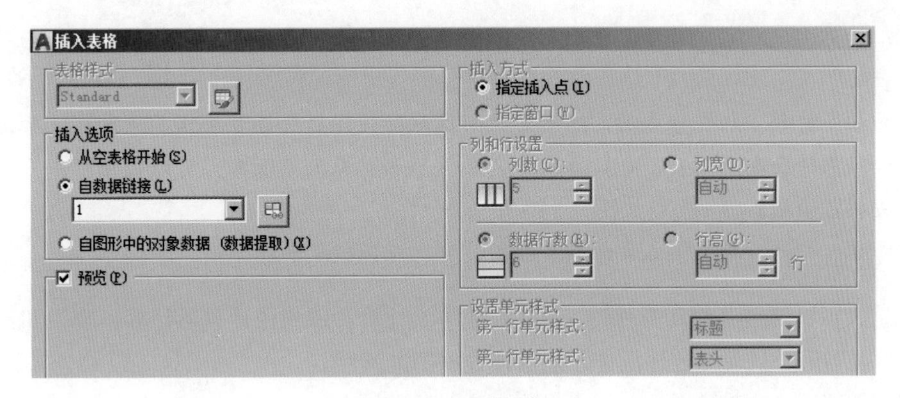

图 6-47 链接完成

回到 CAD 绘图区，单击插入点，即可将表格插入。如果改变 CAD 中表格的数据，就需要通过“特性”面板，将其“解锁”后修改。改变 CAD 中表格数据对外部 Excel 文件不造成影响，但改变 Excel 文件，CAD 会有更新表格的提示，此时单击该提示，可以完成数据的更新，如图 6-48 所示。

图 6-48 更新提示

完成相关数据的查询和计算工作后，将数据输入创建好的表格中，最后效果如图 6-49 所示。

用地代码	R	B	M	S	G	E		
用地分类	居住用地	商业服务业设施用地	工业用地	道路与交通设施用地	农林用地	水域	其它非建设用地	合计
总面积（ha）	0.18	0.34	27.28	2.49	165.62	8.59	2.64	207.14
比例（%）	0.09	0.16	13.17	1.2	79.96	4.15	1.27	100

图 6-49 表格最后效果

6. 查询

表格设置完成后，需要在 AutoCAD 2020 中统计表格中的相关数据，如地块面积、长度等。为了查询操作的方便，关闭将要查询面积的地块类型的填充图层（其他填充图层不关闭），例如居住用地等。

打开图层下拉菜单，关闭“工业用地”填充图层，在命令窗口中输入“area”面积查询命令，本例选择对象为一个闭合多边形，命令窗口提示如下：

```
命令 : area
指定第一个角点或 [ 对象 (O) / 增加面积 (A) / 减少面积 (S)] < 对象 (O)>: o
选择对象 :
面积 = 10332.8615，周长 = 460.6802
```

各选项功能介绍如下：

- 指定第一个角点：在视图区需要查询的图形对象上指定第一个角点，并依次指定点以定义多边形，然后按 Enter 键完成周长定义。

- 对象：计算选定对象（如圆、椭圆、样条曲线、多段线、多边形、面域和实体的面积等）的面积和周长。
- 增加面积：打开“加”模式后，继续定义新区域时应保持总面积平衡。“加”选项计算各个定义区域和对象的面积、周长，也计算所有定义区域和对象的总面积。可以使用“减”选项从总面积中减去指定面积。
- 减少面积：打开“减”模式后，减去指定区域时应保持总面积平衡。

查询出的结果可以通过其他计算软件（如 Excel 等）计算，或使用计算器计算。查询和计算面积是一项烦琐的工作，需要用户认真细致地操作才能保证数据的准确性。

如果选择区域不闭合，AutoCAD 2020 在计算面积时假设从最后一点到第一点绘制了一条直线。然而计算周长时，AutoCAD 2020 忽略此直线。如果选择对象是宽多段线，计算面积和周长（或长度）时将使用宽多段线的中心线。

查询面积还可以使用 bo（BOUNDARY）命令完成。在命令窗口中输入“bo”命令，打开“边界创建”对话框，如图 6-50 所示。

单击“拾取点”按钮，在视图区内点取闭合图形的内部区域，如果图形闭合，则图形线框变为虚线；如果该图形没有闭合，则无法选择该图形。这时就需要按 Esc 键退出命令，修改边界后再进行该命令操作。在使用该命令后被选择对象会生成一个置于当前图层下的新线框，有时为了便于查询，需要使用 dr（DRAWORDER）命令调整绘图次序。

选择创建的“边界”，在“特性”选项板中就可以方便地查询所选区域的面积、周长等属性了。

使用 Ctrl+8 快捷键打开 AutoCAD 2020 中的计算器，如图 6-51 所示，可以方便地进行多种计算。

图 6-50 “边界创建”对话框

图 6-51 快速计算器窗口

7. 图框、风玫瑰、比例尺

根据图形、表格和图例等的整体布局，绘制合适的图框。风玫瑰及比例尺在前面的章节已经讲述，这里不再做详细的讲解。

图框绘制完成后，现状图分析图绘制完成，如图 6-52 所示。

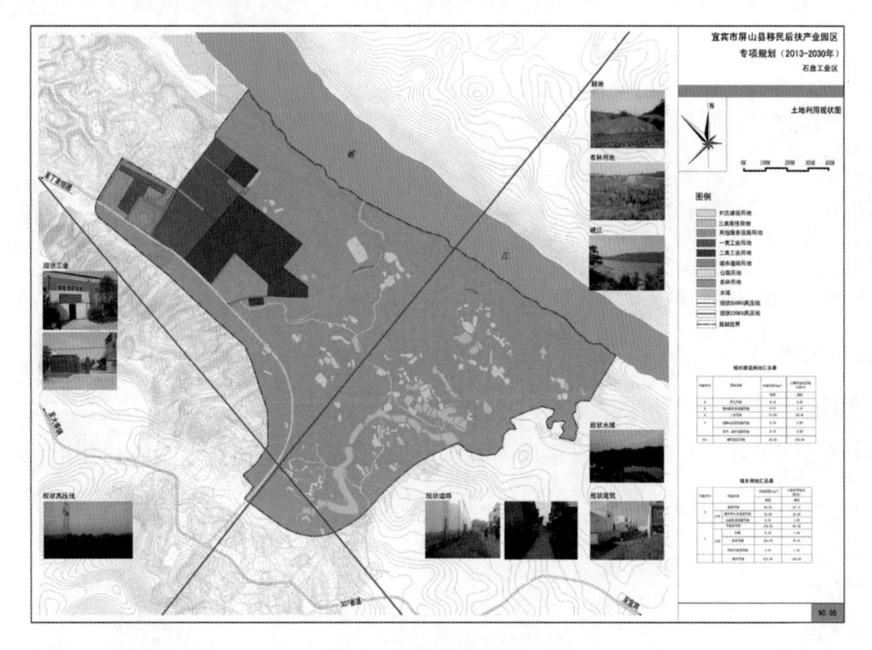

图 6-52 现状图成图

6.3 土地利用规划图绘制

控制性详细规划中的土地利用规划图的绘制方法与总体规划中的用地布局图类似，只是在用地分类等方面所达到的层次、深度有所不同。使用 AutoCAD 2020 绘制土地利用规划图，一般是根据土地利用规划设计的构思草图在现状图的基础上绘制而成，因此可以将绘制完成的现状图另存为“土地利用规划图”。

一般来说，土地利用规划图首先要绘制出主要的道路网络，然后根据设计草图进行用地布局，然后再进行其他图形元素的绘制。

6.3.1 绘制规划路网

规划道路时的控制参数一般是道路交叉点坐标、道路断面、重要平面交叉口作为平面扩大交叉口以及道路红线宽度等。

1. 道路中心线

首先根据设计草图确定每个道路交叉口的相对坐标，使用 pline 命令绘制出道路中线，如图 6-53 所示。

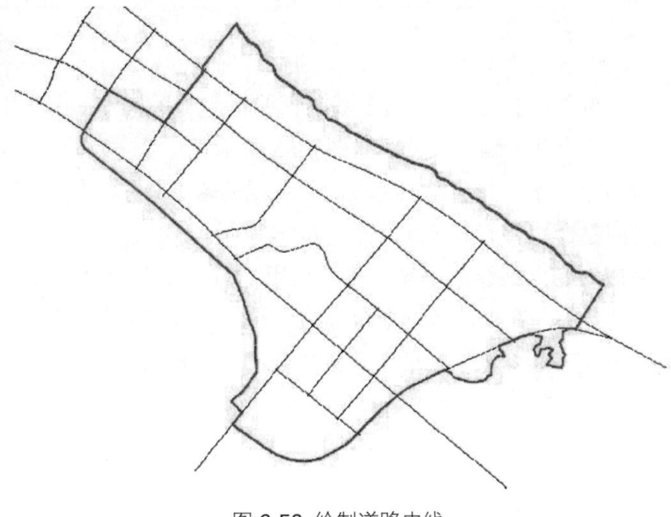

图 6-53 绘制道路中线

2. 道路红线

完成道路的中线绘制后，使用mline命令绘制道路红线。在命令窗口输入mline命令，命令窗口提示如下：

```
命令 : mline
当前设置 : 对正 = 上，比例 = 20.00，样式 = STANDARD
指定起点或 [ 对正 (J) / 比例 (S) / 样式 (ST)]:  s
输入多线比例 <20.00>:  15
当前设置 : 对正 = 上，比例 = 15.00，样式 = STANDARD
指定起点或 [ 对正 (J) / 比例 (S) / 样式 (ST)]:  j
输入对正类型 [ 上 (T) / 无 (Z) / 下 (B)] < 上 >:  z
当前设置 : 对正 = 无，比例 = 15.00，样式 = STANDARD
指定起点或 [ 对正 (J) / 比例 (S) / 样式 (ST)]:
指定下一点 :
指定下一点或 [ 放弃 (U)]:
```

使用默认“对正”设置（表示以多线的中线为基线）。在命令窗口中输入“s”，调整多线比例，即多线中直线与直线之间的距离，用户可以根据路幅宽度输入所需的距离。多线样式使用默认样式，一般在绘制道路的时候只需要根据路幅宽度调整多线比例，而其他选项使用默认值即可。绘制的道路红线如图6-54所示。

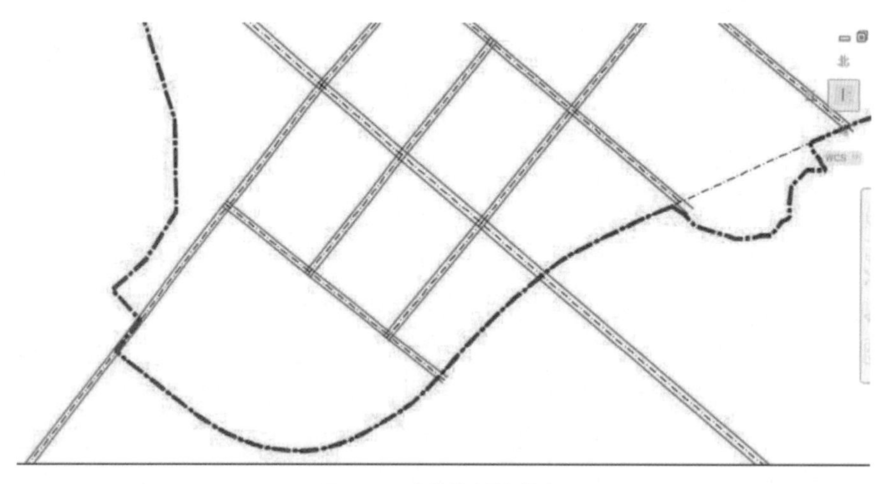

图 6-54 多线绘制的道路

道路红线绘制完成后，对多线进行编辑。在命令窗口中输入“mledit”命令，打开“多线编辑工具”窗口，选择“十字合并”编辑工具，如图 6-55 所示。

双击“十字合并”选项，关闭“多线编辑工具”窗口，在视图区内选择交叉的两条多线，则在两条多线之间创建合并的十字交点，如图 6-56 所示。

完成对道路红线的编辑，需要使用“chamfer”倒角命令绘制道路红线的转角，因此需要将编辑好的双线全部分解。在视图区选择全部的道路红线（可以关闭其他图层再选择），单击修改工具条中的分解按钮，则用多线命令绘制的道路红线全部被分解为直线。

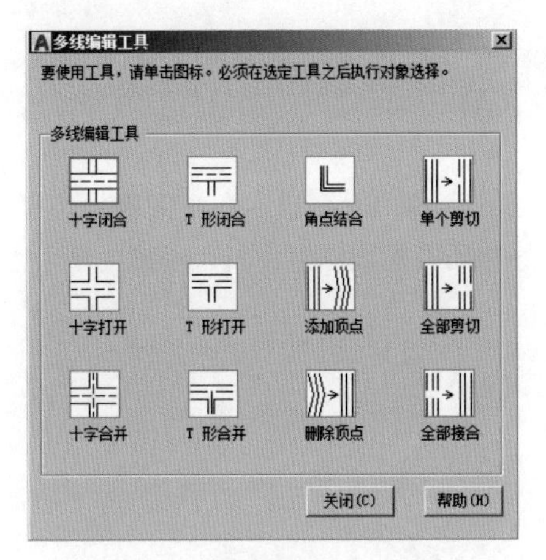

图 6-55　“多线编辑工具”窗口

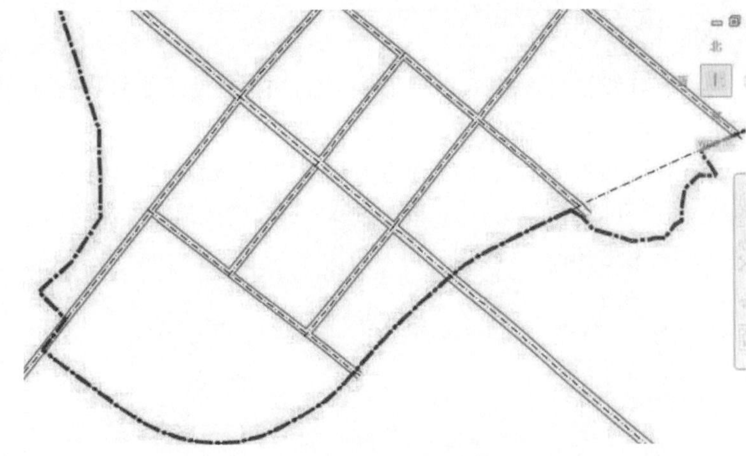

图 6-56　编辑后的双线

道路红线的倒角计算一般由专业工程人员计算，然后在 AutoCAD 2020 中绘制。在命令窗口中输入“cha”命令，命令窗口提示如下：

```
命令： cha
CHAMFER
（“修剪”模式） 当前倒角距离 1 = 0.0000，距离 2 = 0.0000
选择第一条直线或 [ 放弃 (U) / 多段线 (P) / 距离 (D) / 角度 (A) / 修剪 (T) / 方式 (E) / 多个 (M)]:  D
指定第一个倒角距离 <0.0000>: 10
指定第二个倒角距离 <10.0000>: 10
选择第一条直线或 [ 放弃 (U) / 多段线 (P) / 距离 (D) / 角度 (A) / 修剪 (T) / 方式 (E) / 多个 (M)]:
选择第二条直线，或按住 Shift 键选择要应用角点的直线 :
```

倒角距离的设定要根据专业设计数据确定，两个倒角距离既可以相等也可以不等。本例道路红线倒角之后，效果如图 6-57 所示。

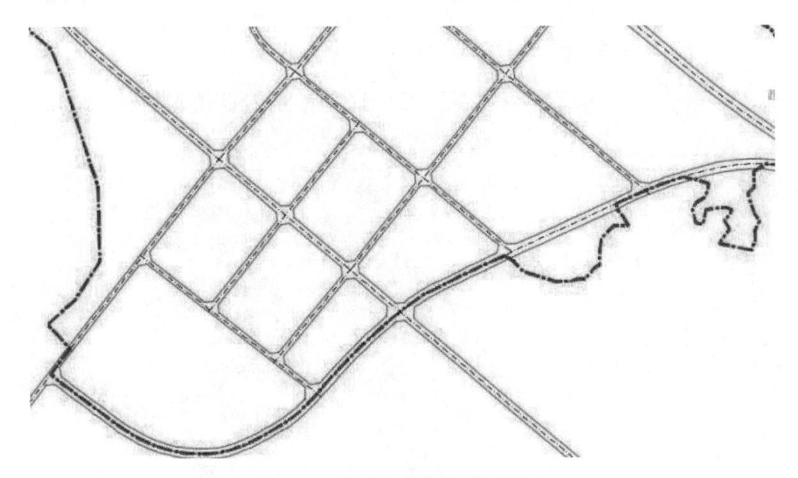

图 6-57　道路红线倒角绘制效果

如果将两个距离均设置为零，那么 chamfer 命令将延伸或修剪两条直线，以使它们终止于同一点。

3. 道路侧石线

道路红线绘制完成后，绘制道路侧石线，根据规范和各地的惯例，确定每条道路的侧石线与道路红线的距离，再使用偏移命令绘制道路侧石线。

在命令窗口中输入“o”命令，根据提示在命令窗口中输入偏移距离，按 Enter 键，在视图区内选择偏移对象，并确定偏移方向，单击鼠标左键，完成道路红线的偏移，并将所有的道路红线转入相应的图层。效果如图 6-58 所示。

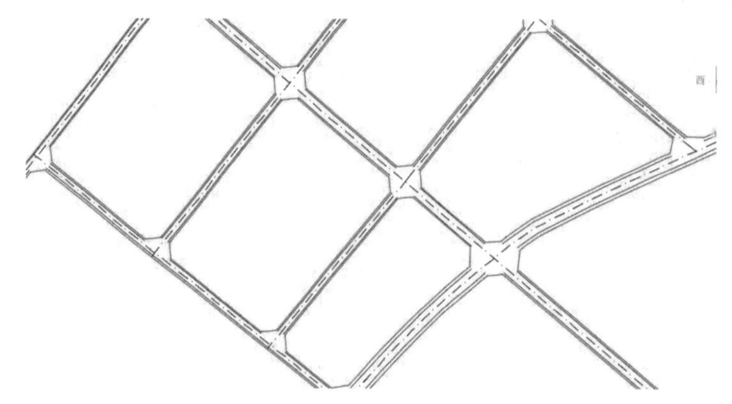

图 6-58 道路侧石线初步绘制

参照设计的道路侧石线转弯半径，使用圆角命令绘制道路侧石线圆角。在命令窗口中输入“fillet”命令，命令窗口提示如下：

```
命令：fillet
当前设置：模式 = 修剪，半径 = 0.0000
选择第一个对象或 [放弃(U)/多段线(P)/半径(R)/修剪(T)/多个(M)]: r
指定圆角半径 <0.0000>: 15
选择第一个对象或 [放弃(U)/多段线(P)/半径(R)/修剪(T)/多个(M)]:
选择第二个对象，或按住 Shift 键选择要应用角点的对象：
```

圆角半径的大小要根据道路的转弯半径需要计算，这些都由专业的设计人员完成，AutoCAD 2020 只是将计算好的道路半径在图面上表达出来，效果如图 6-59 所示。

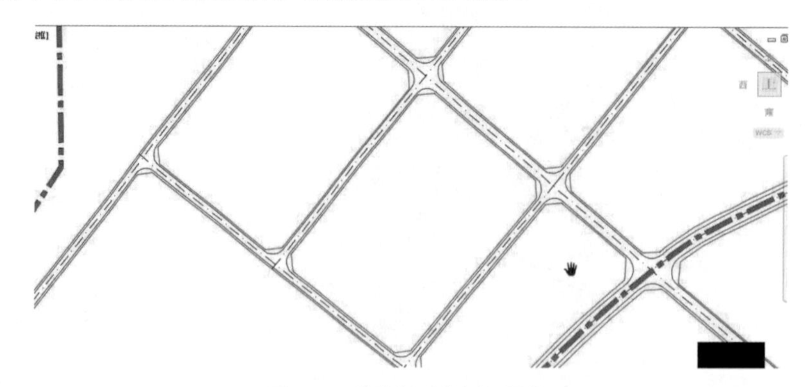

图 6-59 道路侧石线倒角操作

完成路网的绘制后，可以直接使用偏移、剪切等操作绘制道路绿化带，如主干道的绿化和过境道路的绿化。

如果道路是直线，那么绿化可以使用多段线命令绘制。在命令窗口中输入“pline”命令，根据提示选择输入“宽度”选项，在命令窗口中输入多段线的线宽，直接在道路中绘制图形。如果无法使用多段线命令绘制道路绿化，可以使用填充命令填充绿化区域。图 6-60 为绘制完成的规划道路网。

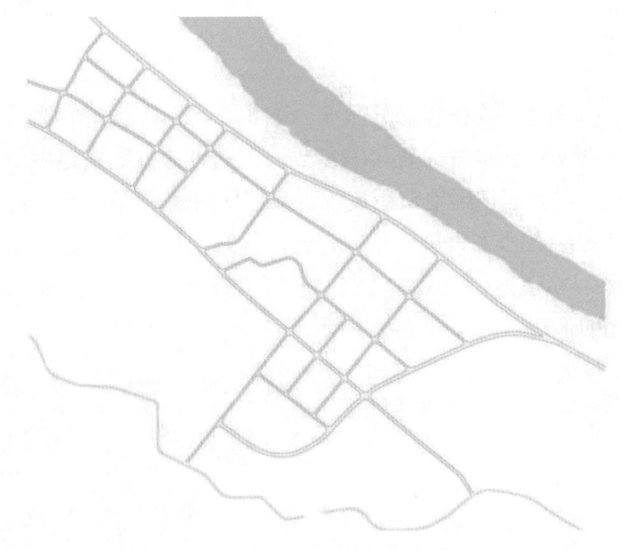

图 6-60 绘制完成的规划道路网

6.3.2 地块边界

完成道路网的绘制后，根据设计方案对各个地块进行划分，完成用地布局的线框绘制。首先创建“地块边界”图层，并将图层设置为当前图层。在命令窗口中输入“pline”命令，在视图区绘制用地布局，并使用偏移、剪切等修改命令对绘制的图形进行修改，效果如图 6-61 所示。

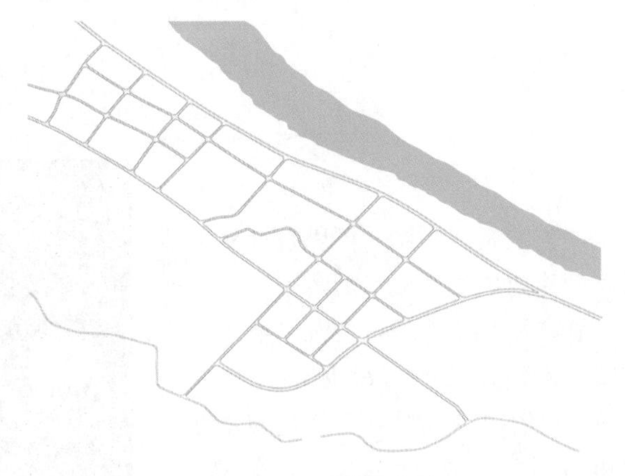

图 6-61 用地布局绘制

绘制完用地布局，既可以进行填充操作，也可以进行面积查询操作，这里我们首先进行面积查询工作。在命令窗口中输入“bo”（BOUNDARY）命令，打开“边界创建”对话框，单击“拾取点”按钮，在视图区内选择闭合图形。因为该操作可以生成新线框，所以在该操作前创建一个新图层，并将创建的新图层设置为当前图层。执行 bo 命令后，新生成的线框成为新建图层的要素，可以为以后的填充等操作提供方便。

对不同性质用地都创建一个相应图层，在使用 bo 命令后，所有不同性质用地的线框都分置于相应图层中。

完成后选择一个线框，右击，选择“特性”选项，打开“特性”选项卡，在该选项卡中显示线框特性，因为生成的线框为多段线，所以可以对线框进行多段线编辑、调整线宽等。

6.3.3 地块填充

地块边界绘制完成后，为地块填充操作做好了充分准备。在命令窗口中输入“hatch”命令，打开“图案填充和渐变色”对话框，在该对话框中设置相关参数，根据设计方案确定用地性质，按照制图标准对不同用地性质地块填充不同颜色，如居住用地使用黄色、水域使用蓝色等。图 6-62 是工业用地的填充效果。

使用同样的方法依次完成公共服务设施、工业、仓储等其他用地的填充。填充完成后，为了图面表达更清楚，需对各类用地以及特殊地块进行标注，图标的绘制方法以及文字的输入，前面章节已经详细讲述，在这里不再赘述。本例填充的最后效果如图 6-63 所示。

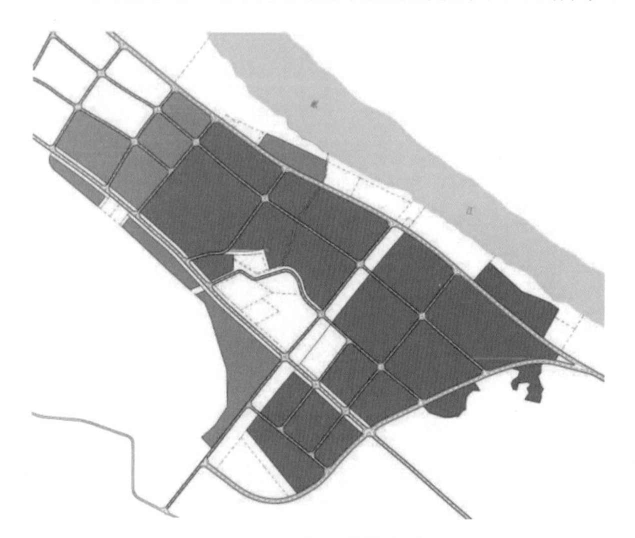

图 6-62 工业用地填充效果

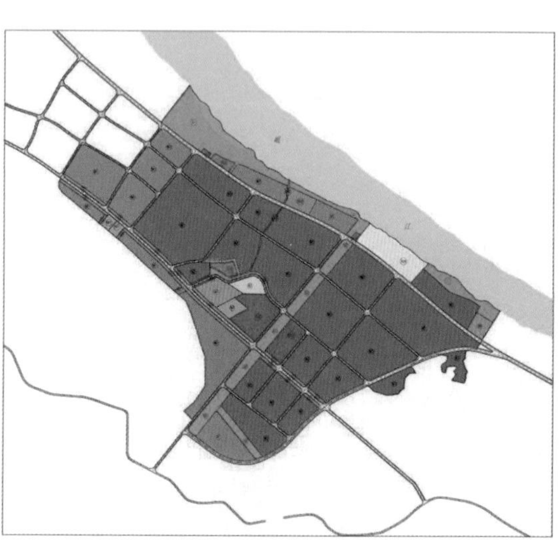

图 6-63 填充效果

6.3.4 其他图形要素

填充完成后，参照上面讲的方法制作图例，可以直接复制其他图形中的图例图形，如果有创建成块的图例图形，则可以直接调用创建好的块。在命令窗口中输入“I”命令，打开“插入”对话框，在“名称”文本框中输入图块名，如图 6-64 所示。

在该对话框中可以设置插入块的“缩放比例”“旋转角度”等参数，插入点一般是在视图区中的端点或中点选取，单击“确定”按钮，关闭插入对话框，根据提示在视图区内点取插入点。图 6-65 为绘制完成的部分图例。

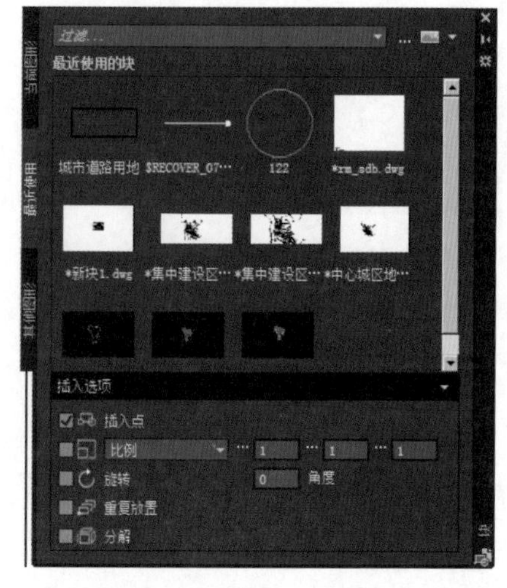

图 6-64 “插入”对话框

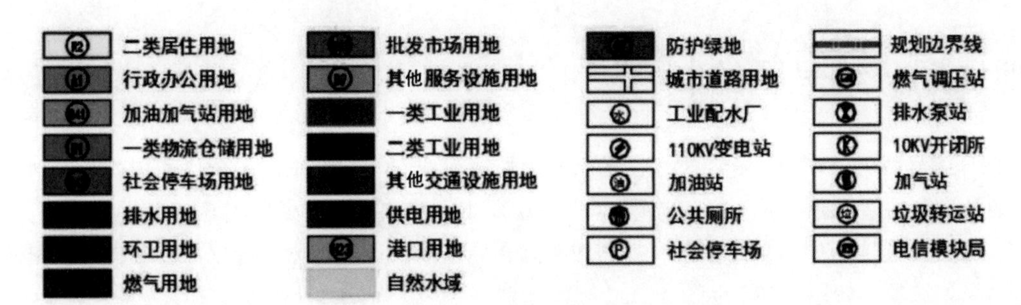

图 6-65 图例制作效果

在本例中，土地利用规划图的表格比现状分析图中的表格要详细具体，绘制方法与前面讲述的方法相同。

本例中没有要求绘制“用地布局结构示意图”，如果需要绘制，方法也非常简单：只需要绘制出城市主要道路以及主要的地块分类，使用宽多段线绘制道路和地块边界，以及其他边界，并使用相应填充图案填充图形即可。示意图比例可以根据图纸的大小而定，没有具体要求，通常放置在图纸的一角，为了图面效果，可以对用地布局结构示意图适当调整大小，只需要在最后的成图中能给人比较直观的效果即可。

土地利用规划图绘制完成，可以移动表格、图例、用地布局结构示意图的位置，使得图面效果更美观。在命令窗口中输入“tilemode”命令，命令窗口提示如下：

```
命令: tilemode
输入 TILEMODE 的新值 <1>: 0
```

在命令窗口中输入参数“0”，按 Enter 键，则视图从模型空间切换到布局空间。土地利用规划图效果如图 6-66 所示。

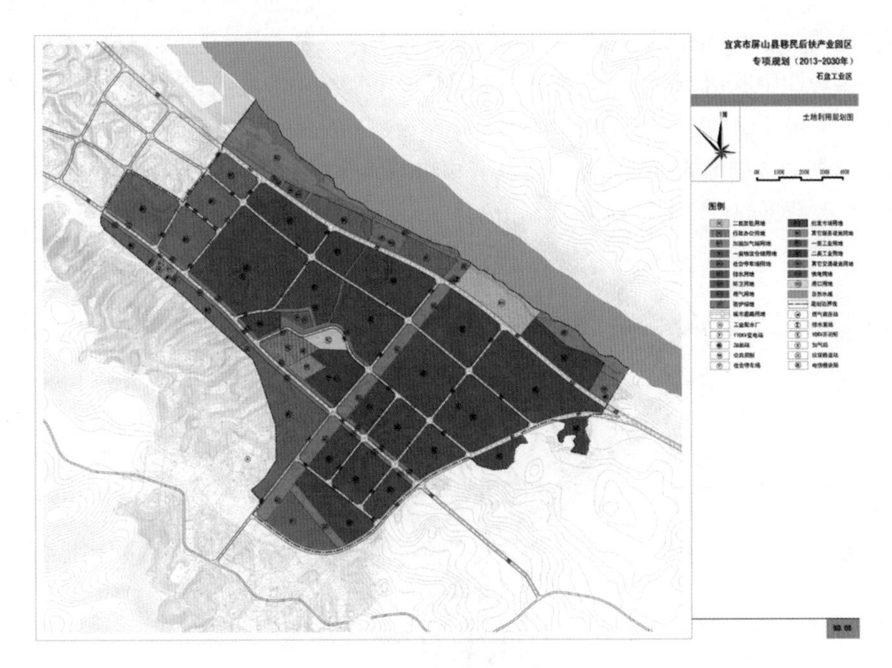

图 6-66 土地利用规划图

完成用地布局规划图的绘制后，单击标准工具条中的 按钮，保存文件。

6.4 地块划分编号图绘制

地块划分编号图可以在土地利用规划图的基础上修改而成。将填充图层、表格和图表等土地利用规划图中不需要的图形要素删除，并使用 pu 命令清理图层，本例修改后的效果如图 6-67 所示。

单击“布局”选项卡中的布局按钮，视图切换到布局空间，在“布局”选项卡上右击，在快捷菜单中选择“重命名”选项，如图 6-68 所示。

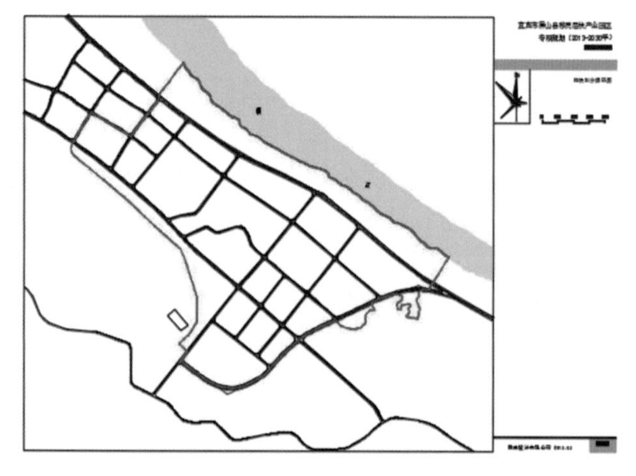

图 6-67 修改后的土地利用规划图

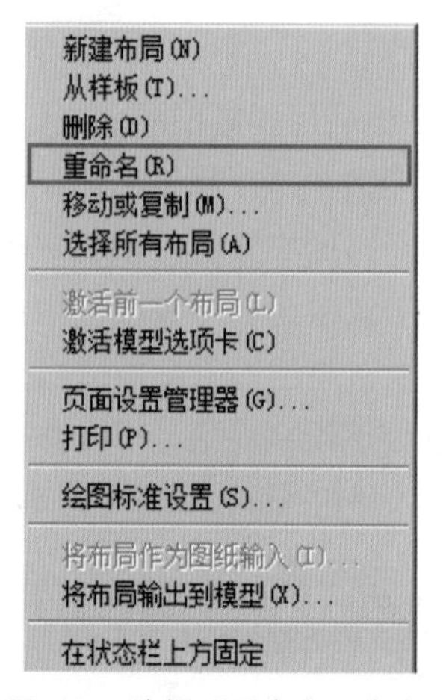

图 6-68 选择“重命名”命令

布局名改为地块划分编号图，单击“文件”菜单，选择“另存为”选项，打开“图形另存为”窗口，将文件命名为“地块划分编号图”，保存在本例图纸集的文件夹中。

在地块划分编号图中利用城市主干道或其他明显边界（如河流等）划分地块大区：首先需要确定城市主干道或其他边界，用不同的颜色标示出来并编号；然后需要对每一个小地块进行编号，这是这张图纸上最为烦琐的工作。根据数据形式创建表格，再向表格中填入数据，然后使用 co 命令复制表格和数据到每个小地块，最后修改数据即可，如图 6-69 所示。

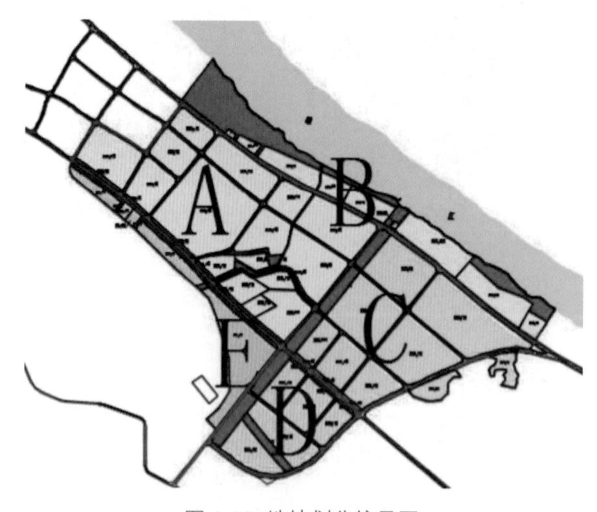

图 6-69 地块划分编号图

6.5 图则绘制

图则是整套图纸的核心，作用是对每个地块的开发强度进行指标控制，并回答允许建什么和不允许建什么、怎么建等问题，具有法律效力。

6.5.1 设计图则的表格

图则反映的内容应全面，指标体系要完整。新《城市规划编制办法》将各地块的主要用途、建筑密度、建筑高度、容积率、绿地率、基础设施和公共服务设施配套规定作为控制性详细规划中的强制性内容，另外交通出入口方位、停车泊位、建筑后退红线距离等也应该在图则上有所反映。因此，根据图的大小和内容先设计图框。

首先还是打开用地布局规划图，另存为“图则 1”，估算一下整个规划区需要做成多少张图则、多大的绘图区比较合适，本例设计并绘制出的图则图框如图 6-70 所示。

将图框移动到图形的合适位置，将绘图区域外的图形、图层删除，添加地块控制指标等内容，如图 6-71 所示。

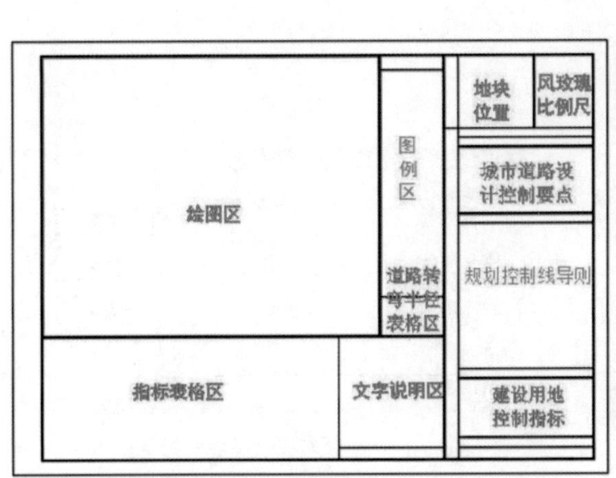

图 6-70　图则图框

图 6-71　整理后的绘图区

6.5.2 加入坐标、禁止开口线、出入口方向

1. 坐标标注

单击“标注”菜单中的“坐标”选项，命令窗口提示如下：

```
命令： _dimordinate
指定点坐标：
指定引线端点或 [X 基准 (X)/Y 基准 (Y)/ 多行文字 (M)/ 文字 (T)/ 角度 (A)]:
```

其中各选项功能介绍如下：

- 指定引线端点：使用点坐标和引线端点的坐标差可确定它是 X 坐标标注还是 Y 坐标标注。如果 Y 坐标的坐标差较大，标注就测量 X 坐标，否则就测量 Y 坐标。
- X 基准：测量 X 坐标并确定引线和标注文字的方向。将显示“引线端点”提示，从中可以指定端点。
- Y 基准：测量 Y 坐标并确定引线和标注文字的方向。将显示“引线端点”提示，从中可以指定端点。
- 多行文字：显示在位文字编辑器中，可用来编辑标注文字。
- 文字：在命令提示下自定义标注文字，生成的标注测量值显示在尖括号中。
- 角度：修改标注文字的角度。

创建坐标标注后，可以使用夹点编辑轻松地重新定位标注引线和文字。标注文字始终与坐标引线对齐。

在道路中心线交叉点单击一下，根据命令窗口提示即可标注出坐标。若需修改样式，则可以单击“标注”菜单中的“标注样式”选项，弹出“标注样式管理器”对话框，如图 6-72 所示。

单击“新建”按钮，弹出“创建新标注样式”对话框，如图 6-73 所示。

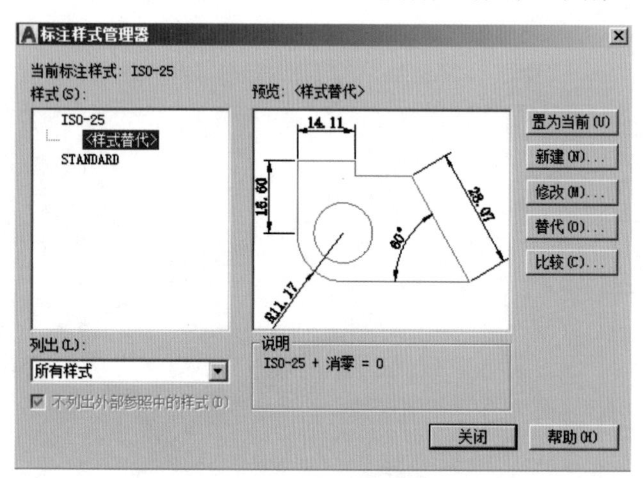

图 6-72 “标注样式管理器”对话框

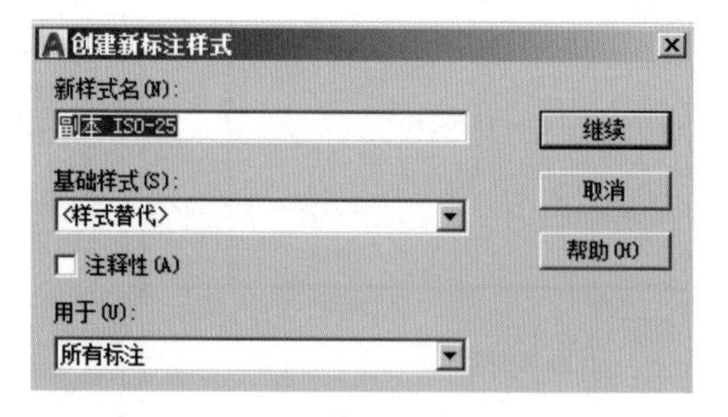

图 6-73 “创建新标注样式”对话框

单击“继续”按钮，弹出“新建标注样式”对话框，可以根据需要调整样式，如图 6-74 所示。设置完成后，单击“确定”按钮，关闭“新标注样式”对话框。在“标注样式管理器”对话框中将新建的样式“置为当前”，并关闭该对话框。

使用“标注”菜单中的“坐标”选项，只能对 X、Y 坐标分开标注，这样不方便，那么可以自己绘制坐标线、输入坐标值，坐标值在状态栏中有显示。

后退红线的宽度标注只需要单击“标注”菜单中的“快速标注”选项，然后选择两条需要标注距离的线，即可形成标注，如图 6-75 所示。

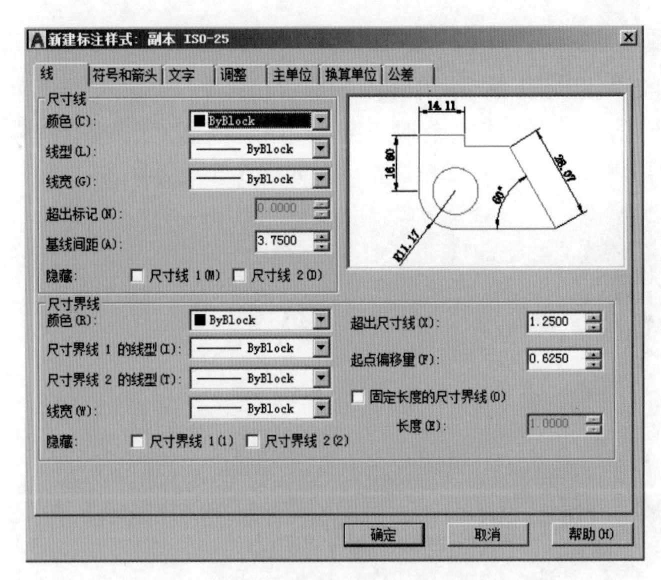

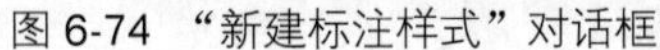
图 6-74 “新建标注样式”对话框

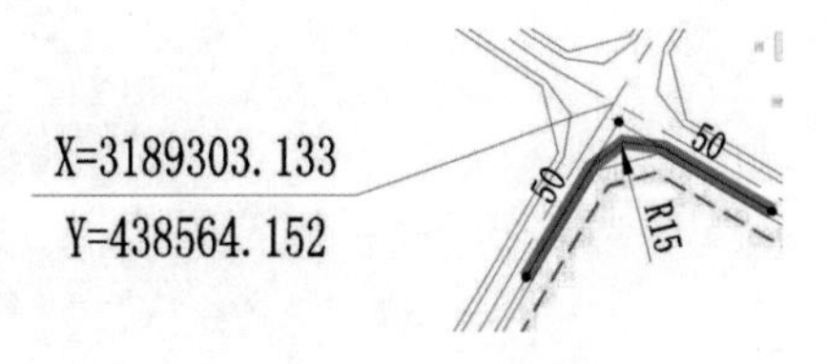

图 6-75 坐标及距离标注

如果需要修改标注上的文字，可以用炸开命令将图形炸开，然后双击文字，弹出“文字格式”编辑栏，对文字进行修改。

2. 禁止开口线

使用 pline 命令沿道路侧石线绘制禁止开口线，可以先设置宽度 W，输入起点宽度和终点宽度，命令如下：

```
命令 : pline
指定起点 :
当前线宽为 0.0000
指定下一个点或 [ 圆弧 (A) / 半宽 (H) / 长度 (L) / 放弃 (U) / 宽度 (W) ]: w
指定起点宽度 <0.0000>: 3
指定端点宽度 <3.0000>: 3
指定下一个点或 [ 圆弧 (A) / 半宽 (H) / 长度 (L) / 放弃 (U) / 宽度 (W) ]:
指定下一点或 [ 圆弧 (A) / 闭合 (C) / 半宽 (H) / 长度 (L) / 放弃 (U) / 宽度 (W) ]:
```

也可以先不设置多段线的宽度，绘制完成以后在“特性”选项板中调整“全局宽度”。

3. 出入口方向

出入口方向常用箭头表示，单击“绘图”工具条中的按钮或使用 pol 命令绘制正多边形。命令窗口提示如下：

```
命令 : pol
POLYGON 输入边的数目 <4>: 3
指定正多边形的中心点或 [ 边 (E) ]:
输入选项 [ 内接于圆 (I) / 外切于圆 (C) ] <I>:
指定圆的半径 : 10
```

也可以使用 pline 命令绘制等腰三角形，只需在调整宽度时将起点宽度设置为 0、端点宽度不为 0 即可。

当然也可以自己设计图形，以达到较好的效果。

调整三角形的朝向可以使用旋转命令。单击“修改”工具条上的按钮或者在命令行中输入“ro”命令，选择需要旋转的对象，指定基点后即可绕基点进行 360° 旋转。有时还可以使用“修改”工具条上的按钮或在命令行中输入“mi”命令来实现图像的调整操作。图则绘图区修改后如图 6-76 所示。

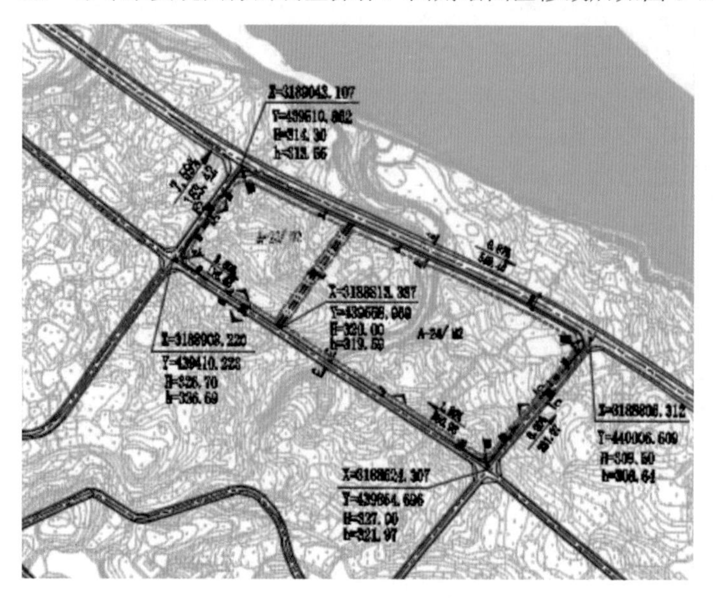

图 6-76 修改后的图则

6.5.3 完善图则制作并加入图纸集

插入表格、图例、位置示意图，以及风玫瑰、比例尺、文字，完成图则制作，如图 6-77 所示。最后加入图纸集即可。

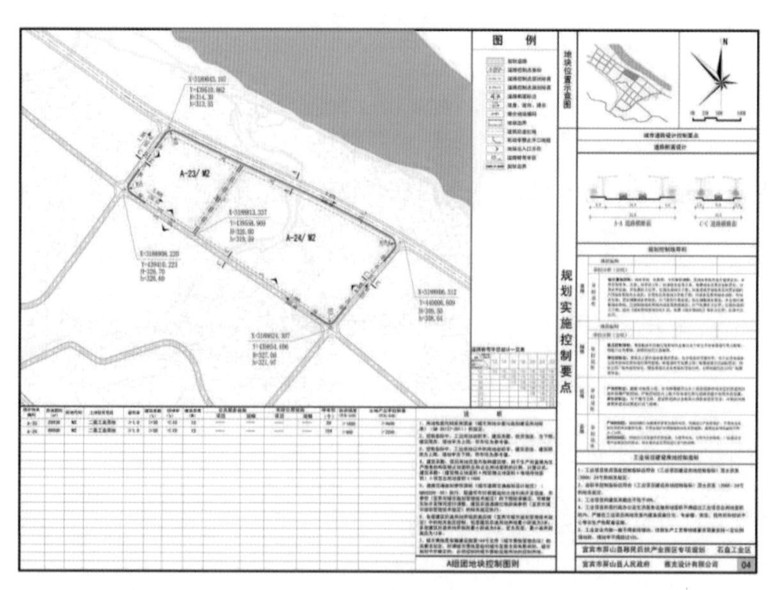

图 6-77 图则成图

6.6 小结

本章以城市控制性详细规划为例，详细地介绍了控制性规划地形图的处理过程、地形图绘图区整理、图层整理；从控规现状建筑、道路、图片插入、统计表格等绘制过程入手，详细地介绍了控制性详细规划中的土地利用规划图、地块编号图以及图则制作流程与绘制方法。

6.7 习题

1. 如何进行地形图的内容清除与图层整理？矢量图与栅格图的方法一样吗？
2. 如何了解控规划地形图的图形单位？
3. 控规中地块填充前，如何进行填充边界的定义？
4. 如何建立 CAD 表格与外部 Excel 表格的数据链接？
5. 如何从总图中分割出若干图则图形？
6. 控规中如何标注坐标、设置标注格式？
7. 简要叙述控制性详细规划图纸的绘制过程和注意事项。

第 7 章 居住区详细规划与设计

导言

本章将以一个居住区修建性详细规划的具体实例制作流程为线索，详细介绍通过 AutoCAD 2020 绘制居住区修建性详细规划工程图的过程，介绍居住区修建性详细规划中每张图纸中各种图形要素的安排与绘制，在内容之中穿插介绍各种绘制技巧与常用处理方法。

7.1 居住区详细规划的图纸准备

在控制性详细规划的基础上，应该编制修建性详细规划。修建性详细规划应包括以下内容：

- 建设条件分析及综合技术经济论证。
- 建筑、道路和绿地等的空间布局和景观规划设计，布置总平面图。
- 道路交通规划设计。
- 绿地系统规划设计。
- 工程管线规划设计。
- 竖向规划设计。
- 估算工程量、拆迁量和总造价，分析投资效益。

修建性详细规划的文件和图纸：

（1）修建性详细规划文件为规划设计说明书。

（2）修建性规划详细规划图纸包括规划地区现状图、规划总平面图、各项专业规划图、反映规划设计意图的透视图。图纸比例为 1:500~1:2000。

居住区修建性详细规划的图纸准备包含以下两种情况：

（1）没有矢量化的地形图：在计算机应用初期，首先应将手绘和纸质资料矢量化，以便于在计算机上的应用，如将手绘地形图通过扫描仪保存为图片文件，并利用专业软件对它进行矢量化，在此基础上进行修改、保存，得到便于计算机应用的文件。以此为基础再进行下面的工作。图纸矢量化的软件很多，可以根据精度要求灵活选用。

（2）已经矢量化的地形图：地形图一般是由甲方（委托方）提供的，但规划设计人员同样要进行现场勘查，为规划设计收集相关资料，并且要对地形图进行处理和分析，使其成为一张完整的规划工程图。

在编制居住区修建性详细规划前，必须要明确以下几点：

（1）规划用地现状图

在进行修建性详细规划前，先导入甲方（委托方）提供的并进行了一定修改的地形图，进行规划用地现状分析，制作出规划用地现状图。对规划用地各个方面进行分析，其中应包括自然条件分析、建设条件分析、区位分析以及与规划布局有关的外部条件分析等。使用 AutoCAD 2020 根据需要制作划分出不同的布局，制作各类现状分析图，为以后的工作打好基础。

（2）规划总平面图

规划总平面图是居住区修建性详细规划中最主要的一张图纸，因此规划总平面图的绘制显得尤为重要。一般情况下，规划总平面图在现状分析图的基础上进行总的布局，内容应包括：拟定居住建筑类型、数量、层数、布置方式；拟定公共服务设施的内容、规模、数量、标准、分布和布置方式；拟定各级道路的宽度、断面形式、布置方式，对外出入口位置，停车量和停车方式；拟定绿地、活动、休憩等室外场地的数量、分布和布置方式。

（3）道路系统规划图

道路系统规划图是在合理的总平面布局基础上规划出一个完整的道路系统。居住区内住宅、公共服务设施、绿地是通过居住区各个等级的道路构成一个互相协调、有机联系的整体。根据道路系统的不同形式与功能，在制作中进行道路类型、分级和宽度的表达，用清晰的图例标注各条道路具体的设计参数，并绘制道路横断面图，达到清晰与协调的统一，最终形成道路系统规划图。

（4）绿地景观系统规划图。

绿地景观规划图在已有的图面基础上进行绿地景观分析，图面要求表达出主要景观节点、主要景观轴线等。表达方式可以不同，但最终要以清晰明确的图面表达效果制作出绿地景观系统规划图。

7.2 地形图的输入与数字化

将矢量化的地形图导入 AutoCAD 2020 软件中（一般在设计之前委托方或勘测部门会提供地形图的 AutoCAD 文件）。甲方提供的地形图一般只包括现状道路、建筑基底、河流等，比较简单，而且没有分图层，不符合规划工程图要求，因此需要进行处理，本例中先对原始地形（见图 7-1）进行一定的修改和完善，这样会简化以后的工作。

在原始地形图基础上将所有不同类型线条分图层，并根据规划工程图的要求，添加所需的新图层，如现状道路红线等。在绘制图形过程中，应参阅各种制图规范，按照规范的要求对图形进行分层以及图层颜色、线宽等设置。

使用 layer 命令，打开“图层特性管理器”对话框，单击按钮，新建图层，设置图层名称，例如道路中心线等。单击对应颜色的选项，打开“选择颜色”对话框，在该对话框中为新建图层选择颜色，如图 7-2 所示。

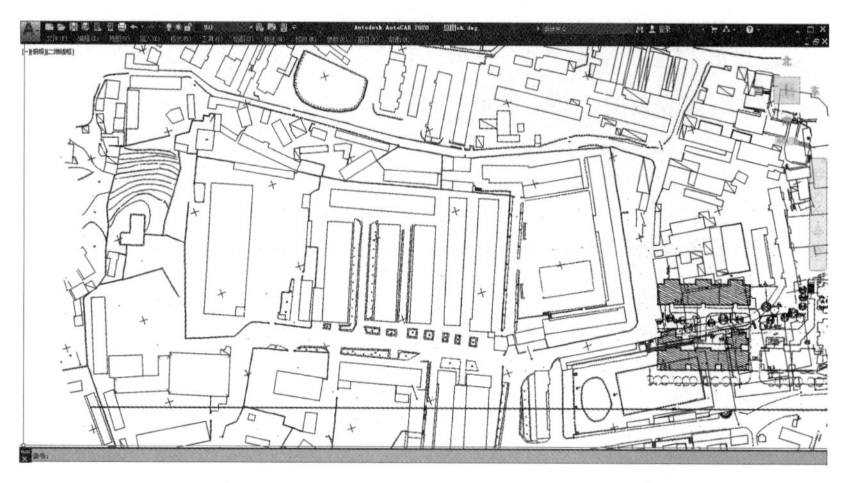

图 7-1　原始地形图

单击新建图层对应的“线型”选项，打开“线型选择”对话框。在该对话框中单击“加载”按钮，弹出“加载或重载线型”对话框，设置图层线型特性。根据规范，道路中心线图层线型应该选择 Center 线型，如图 7-3 所示。

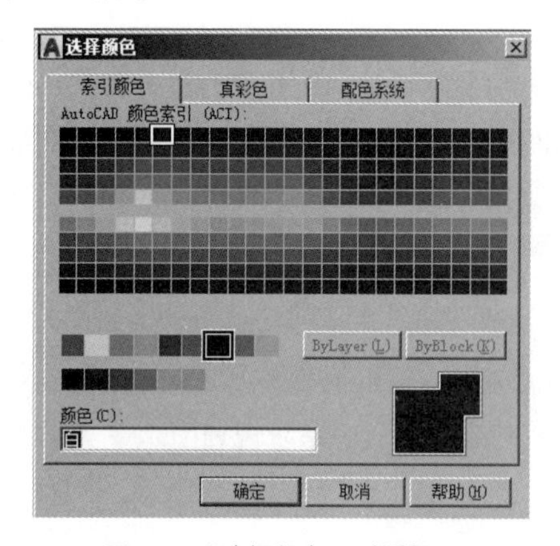

图 7-2　“选择颜色”对话框

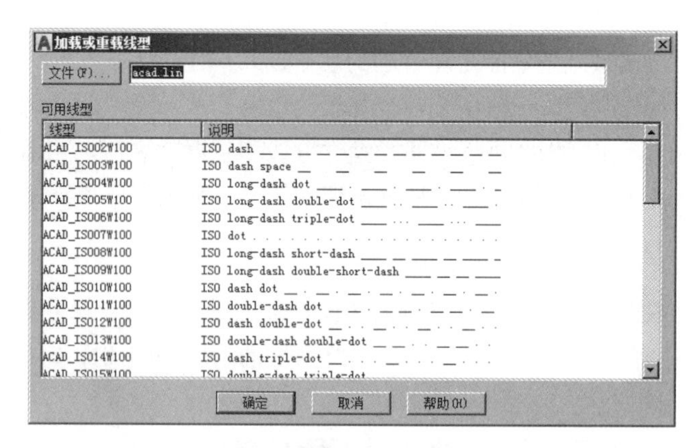

图 7-3　“加载式重载线型”对话框

可以在图层特性管理器中同时设置现状图需要的多个图层特性，如道路红线、道路缘石线、建筑基底线等。

关闭图层特性管理器，右击工具栏，选择“显示面板”，打开“特性”工具条，如图 7-4 所示。

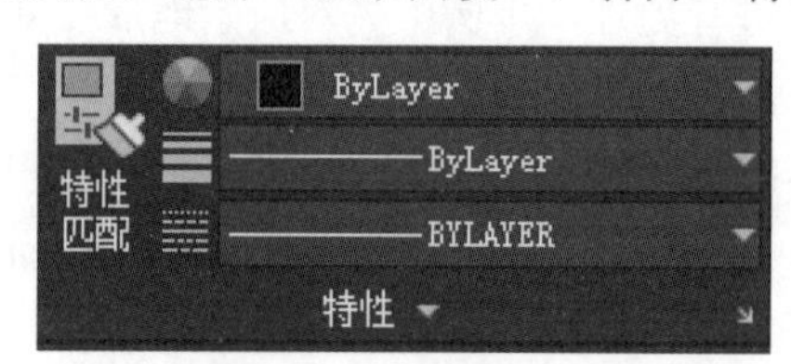

图 7-4　“特性”工具条

该工具条可以快捷地对对象的 3 个基本特性（颜色、线宽、线型）进行设置，本例分别在下拉菜单中选择 ByLayer 选项，如图 7-5 所示。

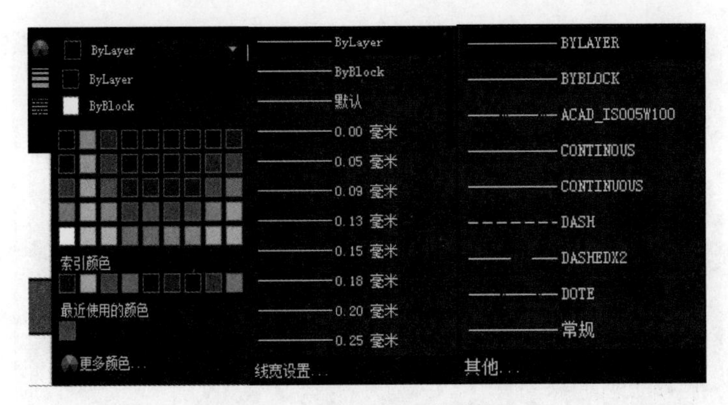

图 7-5　“特性”选项扩展菜单

在视图中选择图形中所有同一类型的线（如所有的建筑基底线等），打开图层下拉菜单，单击相应图层，则被选择对象全部成为该图层上的元素，同时被选择的对象拥有该图层的特性。

在选择对象线条的时候，如果选择了多余的线条，按住 Shift 键，再选择多余的线条，则多余的线条将取消选择。

通过现场勘查和查阅相关资料，使用 line 命令或 pline 命令，可以在图形中绘制出所需的其他图形要素，如道路缘石线等。图 7-6 为绘制的现状地形图。

图 7-6　现状地形图

7.3　要素分类分级与图层图例设置

使用 layer 命令，打开“图层特性管理器”选项卡，如图 7-7 所示。在该对话框中，设计者需要对不同的图层对象根据相关规范进行不同的图层信息设置，如图层颜色、线性等，并根据修建性详细规划的需要，新建各个要素的图层，如规划—建筑外轮廓线、规划—行道树、规划—景观小品等。

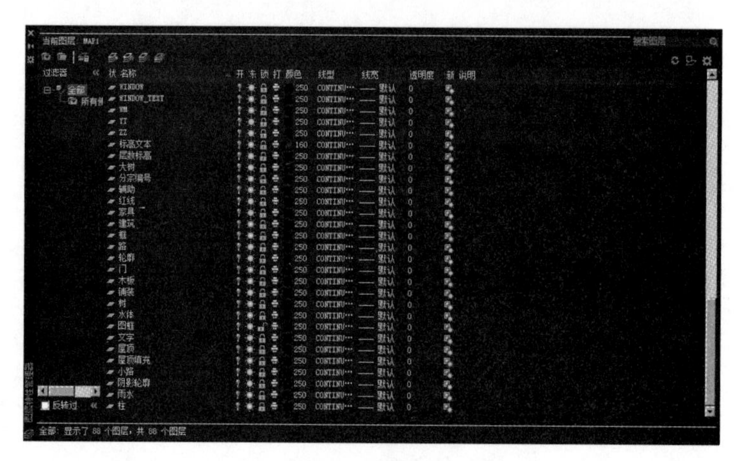

图 7-7 “图层特性管理器”选项卡

在设置线型前，可以首先使用 linetype（线型）命令加载所需线型，加载方法与步骤可参阅第 5 章讲述的内容。

对所需图层的特性设置完毕后，还应统筹考虑图框、风玫瑰及图例的绘制，具体绘制方法与步骤可参考第 4、5 章讲述的内容。

7.4 住宅单体绘制

7.4.1 绘制住宅平面

在进行居住区修建性详细规划前，先简单介绍建筑单体的绘制过程，这样对后面的任务和工作带来很大方便。

建筑单体设计即建筑的平面、立面和剖面的初始设计。在建筑单体设计阶段，可以利用 AutoCAD 2020 绘图、编辑等命令对建筑单体设计平面图等进行绘制和修改，并且可以利用查询功能对建筑的面积、开间和进深等进行查询，方便修建性详细规划中主要技术经济指标的计算。

建筑工程图与规划工程图不同，一般是使用 mm（毫米）为单位，因此利用 AutoCAD 2020 绘制建筑工程图，一般是一个单位表示 1mm，并且在建筑设计中要根据一定的模数（如 300、600、1200 等）进行设计。

在居住区规划设计中，住宅建筑设计占了很大的比例。在绘制规划总平面图之前，通常都要根据甲方的要求对住宅建筑进行初步设计，确定户型以及户型比例。户型的选定基本有两种方法：

（1）根据甲方（委托方）的要求选用已经设计好的户型。选用这种户型比较方便，不用自己再进行设计，但灵活性不够。

（2）自己设计户型。在实际设计过程中，往往由于地形的限制或甲方的特殊要求，户型库里的户型已经不能满足规划设计的需要，这时就需要自己设计户型了。

住宅建筑应能提供不同的套型居住空间供各种类型用户使用。户型是根据住宅家庭人口构成（如人口规模、代际数和家庭结构）的不同而划分的住户类型。套型是指为满足不同户型的生活居住需要而设计的不同类型的成套居住空间。

住宅套型设计的目的就是要满足不同住户的需要，为住户提供适宜的住宅套型空间。这既取决于住户家庭人口的构成和家庭生活模式，又与人对居住环境的心理和生理需求密切相关。同时，也受空间组合关系、技术经济条件以及社会意识形态的影响和制约。

户型设计必须考虑以下几点：

（1）在安全、坚固的基础上追求实用与美观。

（2）以人为本，必须考虑用户的使用要求和功能分区。

（3）朝向、通风良好。

（4）符合城市规划及居住区规划的要求，使建筑与周围环境相协调，创造方便、舒适、优美的生活空间。

（5）尽量避免黑房间（不能采光）的出现。

（6）应在满足近期使用要求的同时，兼顾今后改造的可能。

因此，需要设计人员不仅仅要满足委托方的要求，同时需要做大量的社会调查，才能设计出较好的住宅建筑。

建筑平面表示建筑物在水平方向房屋各部分的组合关系。建筑平面能比较集中地反映建筑功能方面的问题，特别是一些剖面关系比较简单的民用建筑，因此建筑平面的设计至关重要。

在开始设计的时候，一定要预先思考涉及对象的造型特征、体量等，用空间的设定条件制约平面布局的发展。

利用 AutoCAD 2020 绘制建筑平面图一般要经过以下步骤。

1. 绘制轴线

下面以一个单元式户型设计的标准层为例讲解在 AutoCAD 2020 中绘制建筑图的过程。

启动 AutoCAD 2020，使用 layer 命令打开“图层特性管理器”选项卡，创建轴线图层，如图 7-8 所示。

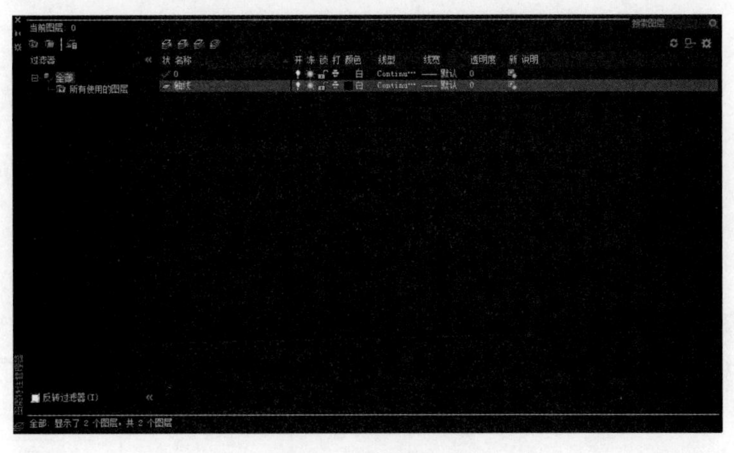

图 7-8 创建轴线图层

根据《建筑制图标准》，建筑定位轴线应使用“细单点线”。打开“选择线型”对话框，单击“加载”按钮，打开“加载或重载线型”对话框，在该对话框中选择符合规范要求的线型，然后单击“确定”按钮，如图 7-9 所示。

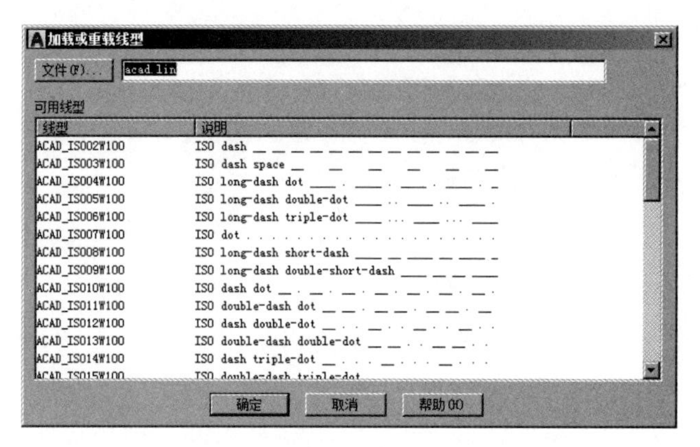

图 7-9 “加载或重载线型”对话框

关闭“选择线型”对话框。在“图层特性管理器”选项卡中设置轴线图层颜色等其他属性，并将轴线图层置为当前图层，然后关闭“图层特性管理器”选项卡，回到图形绘制图区域。

在新建的轴线图层上使用 line 命令，在视图区内绘制两条正交的轴线，使用 offset 命令根据轴线尺寸绘制墙体的定位轴线，如图 7-10 所示。

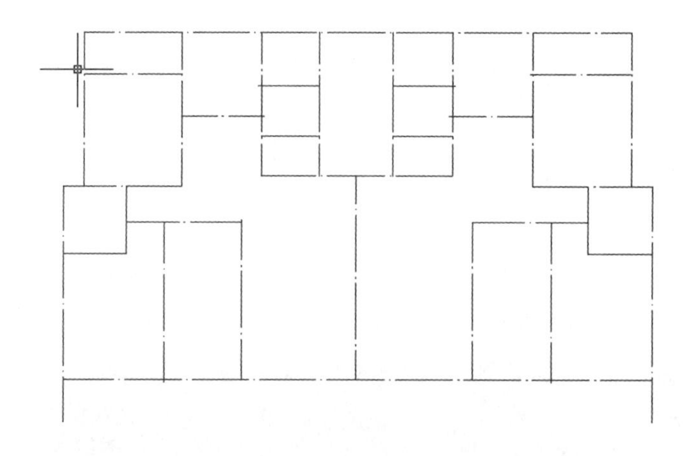

图 7-10 绘制墙体定位轴线

2. 绘制墙体

定位轴线绘制完成后，创建“墙体”图层，然后使用 mline 命令绘制墙体。在使用该命令前需要设置多线样式，在命令窗口中输入 mlstyle 命令，按 Enter 键，打开“多线样式”对话框，如图 7-11 所示。

单击修改(M)...按钮，打开“修改多线样式”对话框，设置偏移距离，一般南方住宅建筑墙厚为 240，北方住宅建筑墙厚为 370，根据实际情况设置偏移距离，本例中的设置如图 7-12 所示。

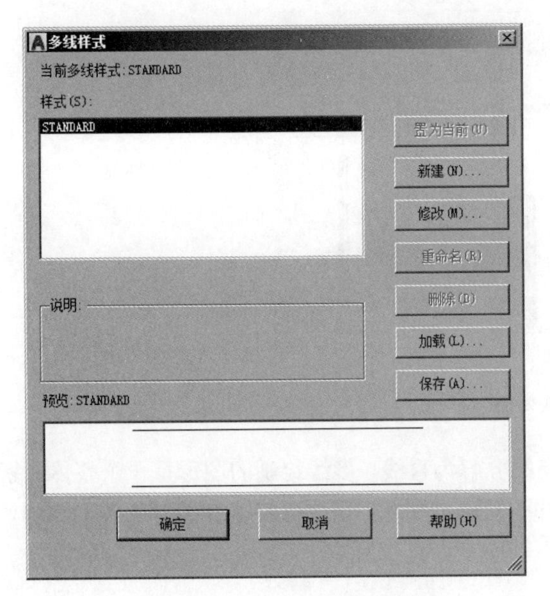

图 7-11 “多线样式”对话框

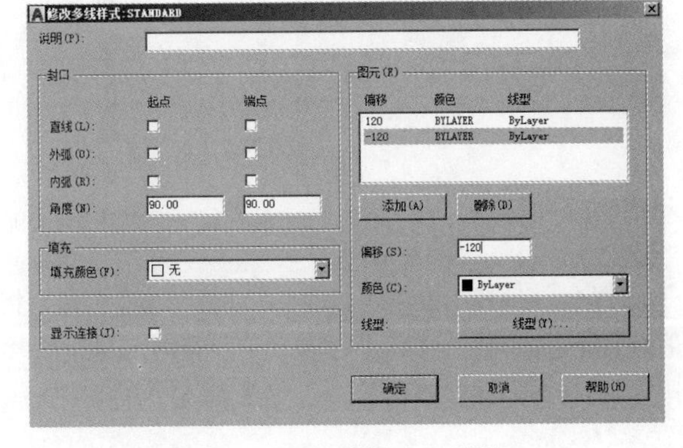

图 7-12 “修改多线样式”对话框

设置完成后单击“确定”按钮，关闭“修改多线样式”对话框，在“多线样式”对话框中单击“确定”按钮，关闭“多线样式”对话框，则新设置的多线样式为当前多线样式。在命令窗口中输入“mline”命令，命令窗口提示如下：

```
命令 : mline
当前设置 : 对正 = 上，比例 =20，样式 = STANDARD
指定起点或 [ 对正 (J) / 比例 (S) / 样式 (ST) ]:
```

命令窗口中的“对正（J）”选项决定绘制的多线是位于所选轴线的上侧或者下侧；选择无（Z），多线则以墙体定位轴线为中心轴线绘制；“比例（S）”选项决定多线的宽度，根据墙体的厚度输入相应的值。

单击状态栏“捕捉模式”选项，在下拉菜单中选择“捕捉”选项，或者在命令窗口中输入“ds”（DSETTINGS）草图设置命令，弹出“草图设置”对话框，如图 7-13 所示。

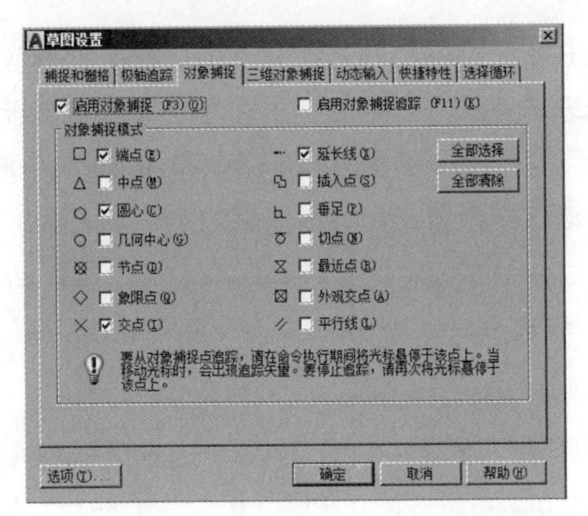

图 7-13 “草图设置”对话框

在视图区根据绘制好的定位轴线和建筑平面布局绘制墙线，效果如图 7-14 所示。

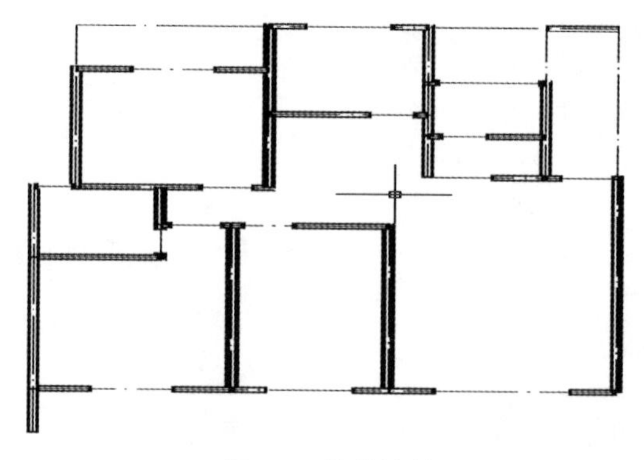

图 7-14 墙线绘制

选择全部墙线，单击“修改”工具栏的■按钮，将墙线分解为直线（多线绘制的图形是一个整体元素，一般使用 mledit 命令对其进行修改，但有时 mledit 命令并不能满足要求，需要先将多线绘制的图形分解），使用 trim 命令对墙线进行修改，效果如图 7-15 所示。

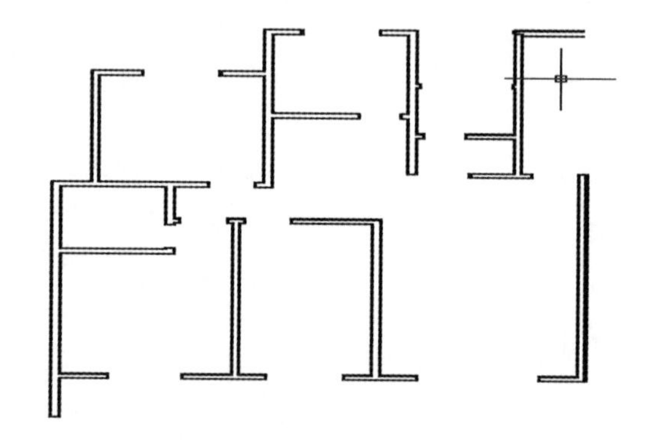

图 7-15 修改后的墙线

3. 门窗绘制

在完成墙体轮廓的绘制后，开始门窗的绘制。打开“图层特性管理器”选项卡，新建两个图层，分别命名为门和窗。在“图层特性管理器”选项卡中将门所在图层设置为当前图层，常使用 line 命令和 arc 命令绘制门；将窗所在图层设置为当前图层，常使用 line 命令和 offset 命令绘制窗。

门窗的绘制方法比较简单，这里不再赘述，最后效果如图 7-16 所示。

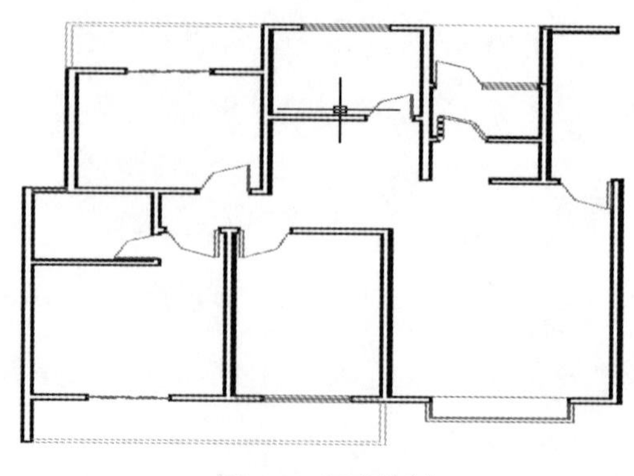

图 7-16 门窗绘制

4. 镜像操作

在本例中，绘制的是单元式住宅，已经绘制完成的只有整个住宅建筑平面图的一半，需要使用 mirror 命令绘制另外一半对称的建筑平面。打开定位轴线所在图层，在命令窗口中输入“mirror”命令，命令窗口提示如下：

```
命令 : mirror
选择对象 : 找到 1 个
选择对象 :
指定镜像线的第一点 : 指定镜像线的第二点 :
要删除源对象吗? [ 是 (Y) / 否 (N)] <N>: N
```

关闭定位轴线所在图层，并将镜像后重叠多余的对象删除，效果如图 7-17 所示。

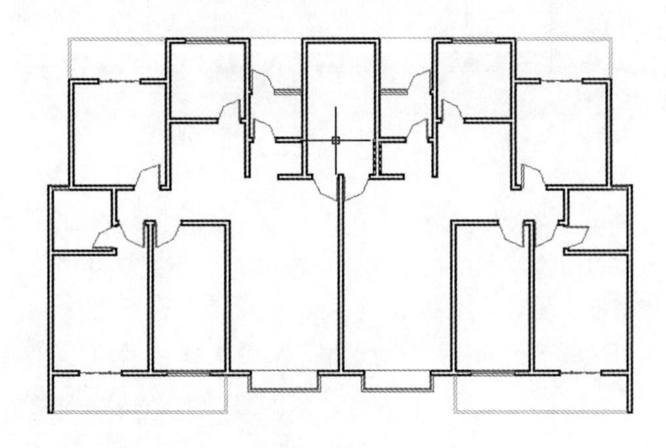

图 7-17　镜像后的住宅平面

5. 绘制楼梯

在完成镜像操作后需绘制楼梯。用 AutoCAD 2020 绘制楼梯比较简单，也是使用 line 命令、offset 命令以及 trim 命令。在绘制楼梯走向箭头的时候可以使用 pline 命令，合理设置多段线起点和终点的宽度，本例中将起点宽度设置为 0、终点宽度设置为 80，则可以绘制出箭头，楼梯绘制效果如图 7-18 所示。

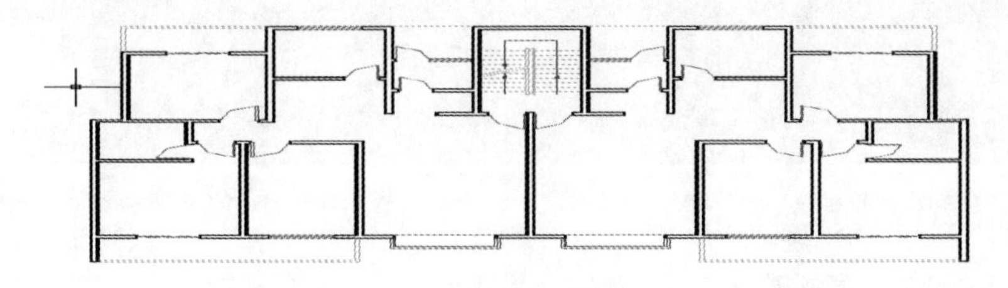

图 7-18　绘制楼梯

6. 标注

在建筑工程图中，标注是一项非常重要的工作，所有的平面定位数据都要在建筑平面图上得到体现，并能够反映房间的基本尺寸，如房间的开间和进深等。

首先，楼梯绘制完成后可以使用 text 命令标明每个房间的功能，在命令窗口中输入“text”命令，根据提示选择输入合适的子命令，效果如图 7-19 所示。

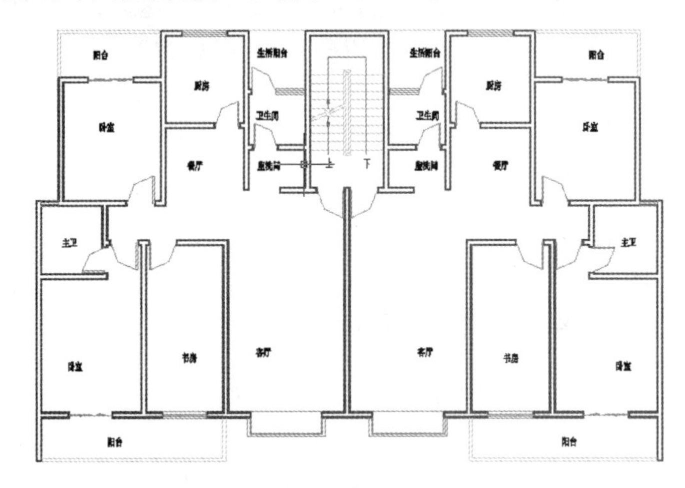

图 7-19 房间标注

在 AutoCAD 2020 中，提供了多种标注命令，用户可根据实际情况选择相应的标注命令。首先需要对标注样式进行修改，在命令窗口中输入“dimstyle”命令或单击“标注”菜单下的“管理标注样式”选项，打开“标注样式管理器”对话框，如图 7-20 所示。

单击“修改”按钮，打开“修改标注样式”对话框，如图 7-21 所示。

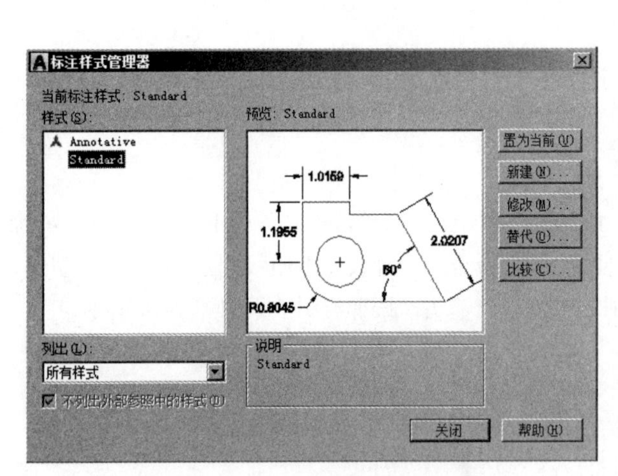

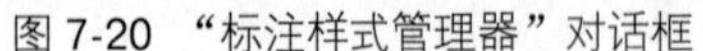

图 7-20 “标注样式管理器”对话框

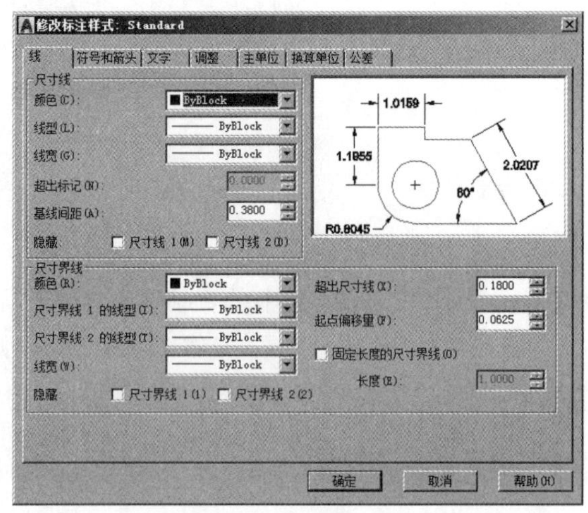

图 7-21 “修改标注样式”对话框

在该对话框中对当前标注样式进行修改，如标注箭头样式、文字样式等。标注样式参数修改完成后单击“确定”按钮，关闭“修改标注样式”对话框。在“标注样式管理器”对话框中，将修改后的标注样式置为当前，单击“关闭”按钮，关闭“标注样式管理器”对话框。

在本例中，选择“线性”命令进行标注操作。在“图层”菜单中打开定位轴线所在图层，将“标注”图层置为当前图层，选择“标注”菜单“线性”选项，根据提示选取两条相邻轴线的端点。重复使用该命令，直到完成标注工作。标注效果如图 7-22 所示。

“查询”命令在前面的章节已经介绍，可返回参阅；也可以在窗口中输入“area”命令，然后根据命令窗口的提示选择房间的 4 个顶点，按 Enter 键，命令窗口则会显示查询信息。

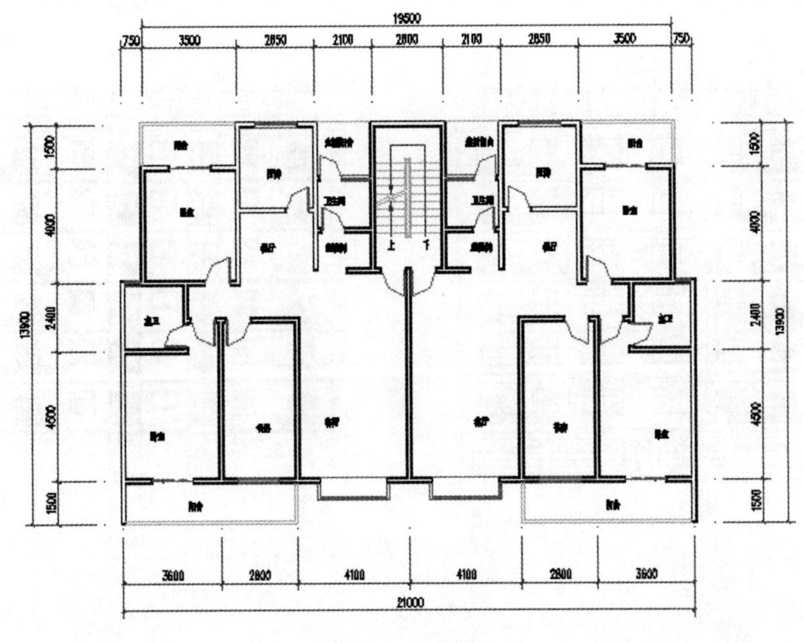

图 7-22 标注效果

7.4.2 绘制住宅立面

根据建筑平面的设计，完善建筑立面设计，如立面的轮廓、立面的材料和色彩等的处理以及各部分的比例和尺寸等。一个好的建筑设计需要体现建筑形式美，形成赏心悦目的立面外观。建筑的立面要充分表达建筑的个性，同时立面的形式要与建筑相符，还要与周围的环境相协调。要巧妙地利用立面的虚实变化，特别是合理利用门、窗的变化，以取得生动的立面效果。

绘制建筑立面图的方法与绘制建筑平面图的方法相似，使用 line、pline、trim、offset 等命令即可完成建筑立面图的绘制。绘制建筑立面图的主要步骤一般分为 3 步，即绘制建筑轮廓、绘制门窗以及立面细部修改。

（1）绘制建筑轮廓。根据已经绘制完成的建筑平面图和立面构思草图绘制建筑立面。一般需要通过平面图的辅助，即在平面图下方或上方通过绘制正交直线的方法确定立面的基本尺寸，根据层高和屋面平面绘制出立面的轮廓。

（2）绘制门窗。门窗的绘制也可以使用上述方法确定坐标，确定门窗位置后再根据门窗的不同类型进行更深入细致的绘制。

（3）绘制细部。细部处理包括屋顶、屋檐、台阶等建筑细部。根据构思草图绘制出建筑立面细部构造，这样才能绘制出一张完整的建筑立面图。

一般的住宅建筑立面每一层的变化不大，很多都是完全相同的造型，绘制标准层立面，使用 array 命令绘制其他楼层的立面。图 7-23 是根据住宅平面图绘制出的立面图。

完成了住宅建筑的设计后，就可以绘制规划总平面图了。根据委托方提供的地形图和设计人员收集、整理的相关资料设计出居住小区规划的设计草图，建议要有手绘方案设计阶段，一来可以锻炼方案构思能力，二来方便调整和修改。

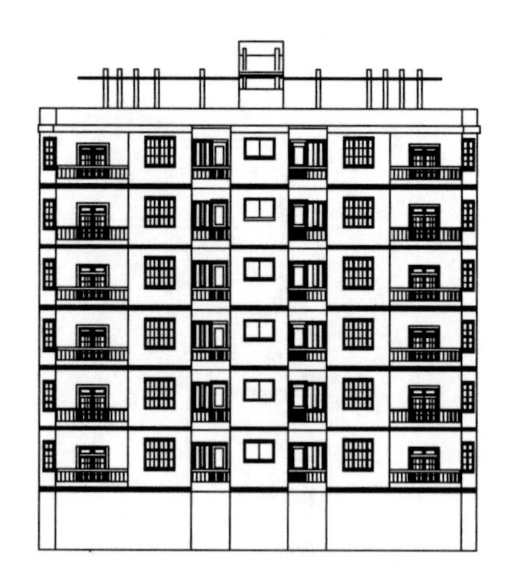

图 7-23 立面图

7.5 绘制规划道路网

一般在 AutoCAD 2020 中绘制规划工程图，首先根据地形图和规划设计草图绘制出小区主要道路网络。绘制道路主要还是使用直线、多段线、倒角等命令。

1. 道路中心线

在本例中，首先绘制小区周围的道路中心线。将新建的“道路中心线”图层置为当前图层，使用 pline 命令绘制出道路中心线。根据实际需要可以使用 pr（PROPERTIES）命令，在弹出的“特性”选项板中对中心线的线型比例、宽度等属性进行设置。然后使用 trim、explode、arc 等命令对道路中心线进行修改和完善，最终绘制效果如图 7-24 所示。

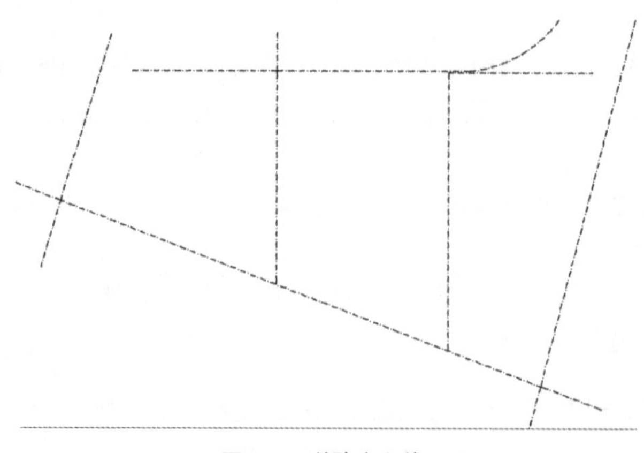

图 7-24 道路中心线

2. 道路缘石线

道路缘石线的绘制主要使用 offset 命令。单击按钮，打开“图层特性管理器”对话框，新建图层，命名为“道路缘石线”，并置为当前图层。根据设计道路宽度，使用 offset 命令将道路中心线进行偏移，并将偏移之后的对象全部转化为“道路缘石线”图层上的元素。在道路交叉口使用 fillet 命令绘制出道路圆角，命令提示如下：

```
命令：fillet
当前设置：模式 = 修剪，半径 = 20.0000
选择第一个对象或 [放弃 (U)/多段线 (P)/半径 (R)/修剪 (T)/多个 (M)]: R
指定圆角半径 <20.0000>: 1500
选择第一个对象或 [放弃 (U)/多段线 (P)/半径 (R)/修剪 (T)/多个 (M)]:
选择第二个对象，或按住 Shift 键选择要应用角点的对象：
```

对道路缘石线进行整理修改之后效果如图 7-25 所示。

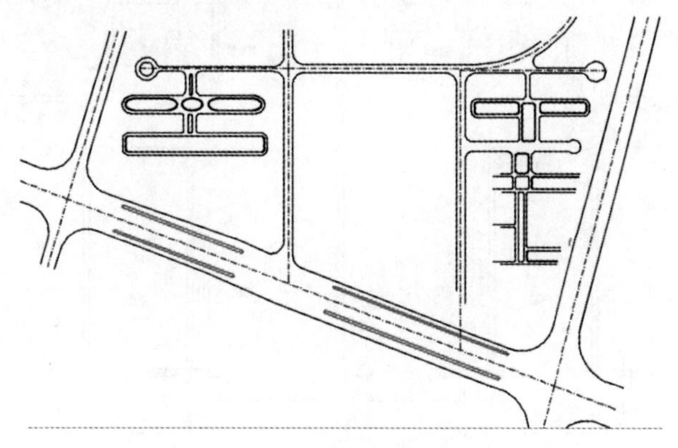

图 7-25　道路缘石线绘制

3. 道路红线

新建图层，命名为“道路红线”，使用 offset 命令绘制小区内主要道路和小区周边城市道路红线。绘制效果如图 7-26 所示。小区中部为上位规划，拟建体育大厦和小区绿地景观中心，其中的宅旁道路和景观步道会在后面的小节补充。

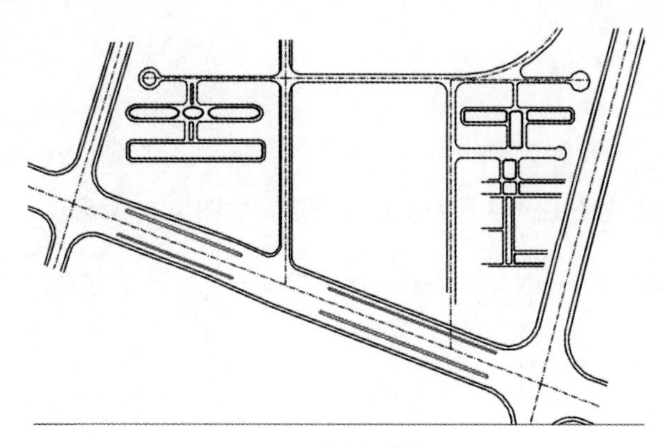

图 7-26　道路红线绘制

7.6 建筑布局

小区主要道路绘制完成后，需要进行住宅建筑的布局。绘制小区内部住宅主要有以下 3 种方法。

1. 复制、粘贴法

将已经绘制好的户型平面（或选定的户型平面）粘贴到总平面图中。首先将绘制好的户型平面进行描边，应注意只描建筑外轮廓线。输入 pline 命令，根据命令窗口的提示完成对选定户型外轮廓的描边。效果如图 7-27 所示。

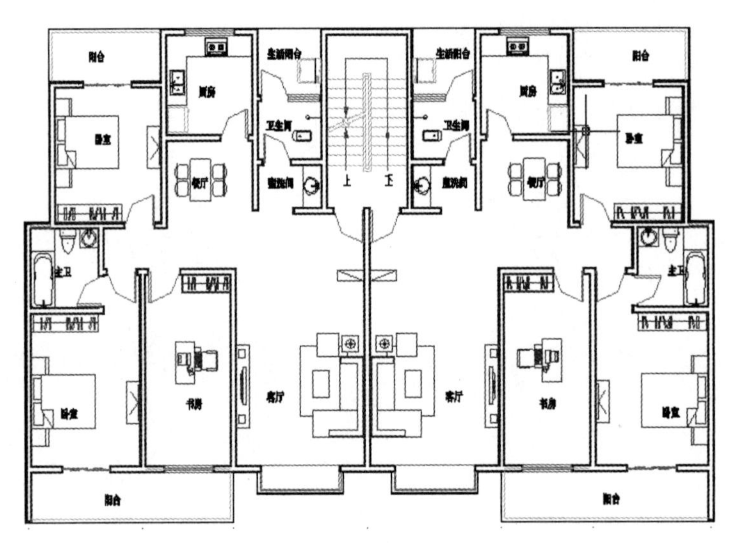

图 7-27 户型描边

因为建筑工程图使用单位为 mm（毫米），而规划工程图使用单位为 m（米），所以需要对所描绘的外轮廓线进行缩放。

首先将已经描好的建筑外轮廓线移动到方便操作的区域，输入“scale”命令，本例操作命令窗口提示如下：

```
命令： scale
选择对象： 找到 1 个
选择对象：
指定基点：
指定比例因子或 [ 复制 (C)/ 参照 (R)] <1.0000>:  0.001
```

本例中一共有 3 种户型，故分别对 3 种户型进行缩放，如图 7-28 所示。

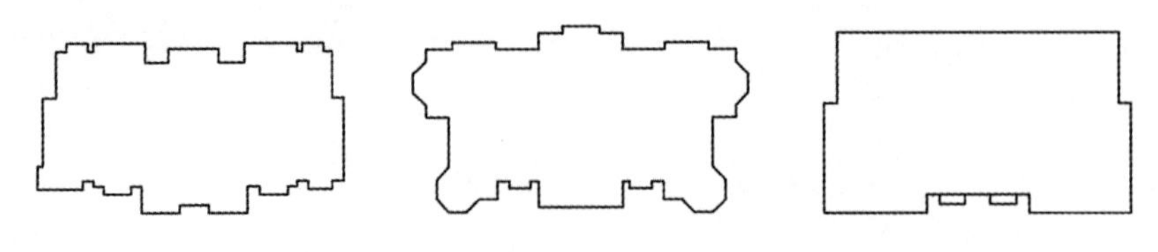

图 7-28 户型线框

在规划总平面图中，将这 3 种户型外轮廓线复制并粘贴到相应图层，并按照规划设计方案，摆放在相应位置，效果如图 7-29 所示。

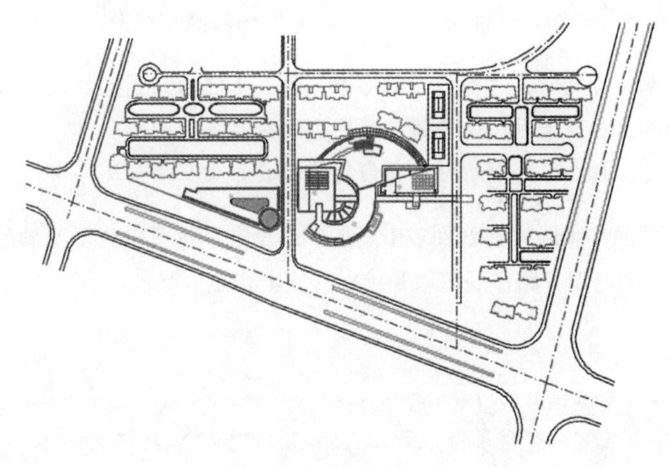

图 7-29　建筑布局

2. 创建成块法

绘制好的建筑外轮廓线也可以创建成块，以便以后绘制总平面的时候直接调用。

在命令窗口中输入“block”命令，打开“块定义”对话框，在对话框的“名称”栏中输入块的名称，单击“选择对象”按钮，暂时关闭“块定义”对话框，在视图区内框选对象，按 Enter 键，单击“基点”栏“拾取点”按钮，暂时关闭“块定义”对话框，在视图区内选择区块基点，一般点取图形中心点或其他常用捕捉点。本例设置如图 7-30 所示。

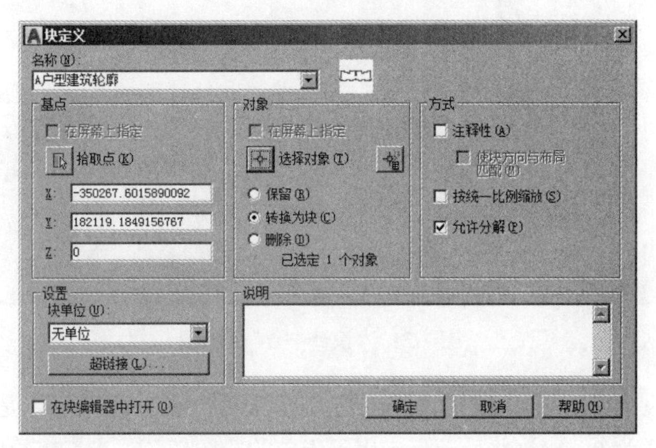

图 7-30　“块定义”对话框

设置完成后，单击“确定”按钮，块创建工作完成。其他户型外轮廓线也可以使用相同的方法创建成块，在以后的制图工作中可以直接调用。

3. 外部参照法

外部参照可以将整个图形作为外部参照附着到当前图形中。通过外部参照，参照图形中的更改将反映到当前图形中。附着的外部参照链接至另一个图形，并不真正插入。因此，使用外部参照可以生成图形而不会显著增加图形文件的大小。

AutoCAD 2020 将外部参照作为一种块定义类型，但外部参照与块有一些重要区别：

- 将图形作为块参照插入时，它存储在图形中，但并不随原始图形的改变而更新。
- 将图形作为外部参照附着时，会将该参照图形链接至当前图形。
- 打开外部参照时，对参照图形所做的任何修改都会显示在当前图形中。

一个图形可以作为外部参照同时附着到多个图形中。反之，也可以将多个图形做外部参照附着到单个图形。用于定位外部参照的已保存路径既可以是绝对（完全指定）路径，也可以是相对（部分指定）路径，或者没有路径。

外部参照必须是模型空间对象。可以以任何比例、位置和旋转角度附着这些外部参照。如果外部参照包含任何可变块属性，那么 AutoCAD 2020 将忽略它们。

输入“adcenter”命令，打开“设计中心”窗口（见图 7-31），可以进行简单附着、预览外部参照及其描述以及通过拖动快速地放置。另外，还可以通过“设计中心”窗口拖动外部参照，或通过单击快捷菜单中的“附着为外部参照”选项来附着外部参照。

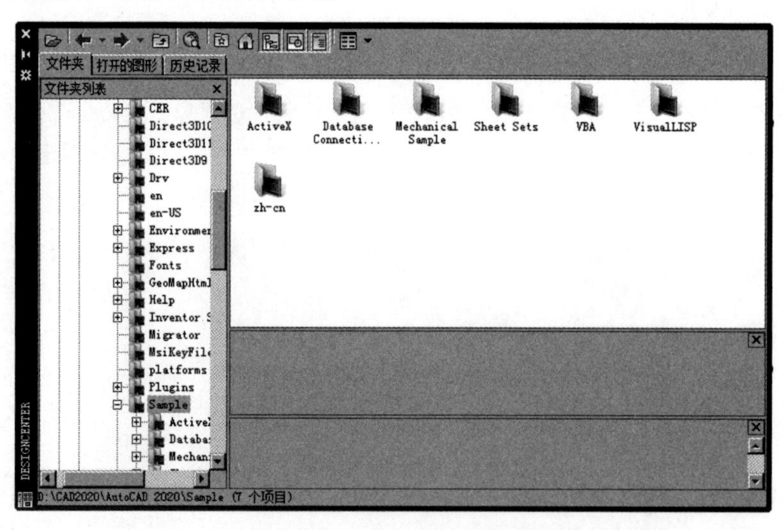

图 7-31 “设计中心”窗口

外部参照图层的可见性、颜色、线型和其他特性都可以控制，而且可以是临时或永久设置。如果 VISRETAIN 系统变量设置为 0，则这些修改仅应用于当前的绘图任务。当结束绘图任务、重载或拆离外部参照时，将放弃所做的修改。

在命令窗口中输入“xref”命令，打开“外部参照”选项板，如图 7-32 所示，单击（附着）按钮，打开“选择参照文件”对话框，如图 7-33 所示，在该窗口中选择作为外部参照插入图形的文件，本例中需要插入在此之前已绘制好的建筑图形。因为在居住小区规划图中只需要插入建筑外轮廓或建筑屋顶平面，所以需要先将建筑工程图做一些修改，把不需要的部分删除，另存一个文件，这样就可以作为外部参照直接使用了。

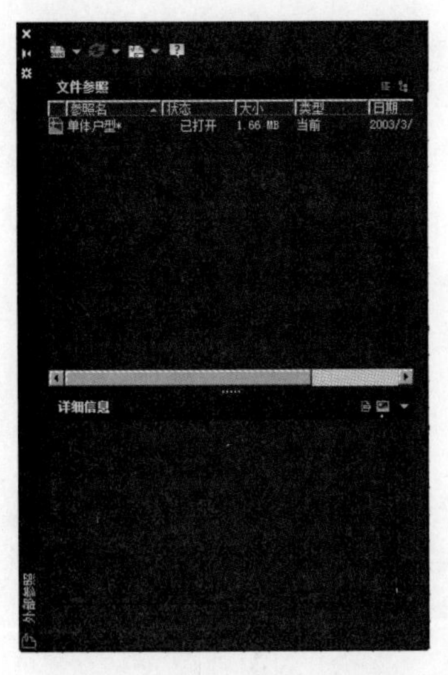

图 7-32 “外部参照”选项板

图 7-33 “选择参照文件”对话框

选择要插入的文件，单击“打开”按钮，打开“附着外部参照”对话框，在该对话框中进行外部参照插入点位置以及外部参照的比例等设置。本例中，因为建筑工程图中一般使用“毫米”作为单位，而规划工程图中一般以“米”为单位，所以在比例设置中 X、Y、Z 轴的参数设置为 0.001（勾选“统一比例”复选框可以只输入 X 轴的比例参数），如图 7-34 所示。

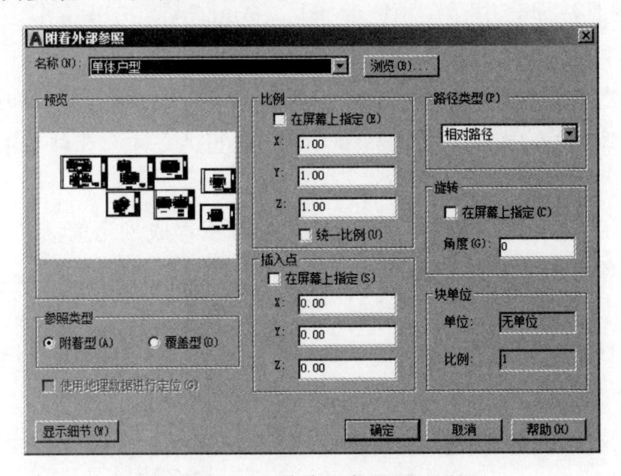

图 7-34 “附着外部参照”对话框

附着外部参照是指将图形作为外部参照附着时，会将该参照图形链接至当前图形；打开外部参照时，对参照图形所做的任何修改都会显示在当前图形中。

路径类型指定外部参照的保存路径是绝对路径、相对路径还是无路径：

- 指定绝对路径：绝对路径是确定外部参照位置的文件夹的完整指定层次结构。绝对路径包括本地硬盘驱动器号或网络服务器驱动器号。这是最明确的选项，但是缺乏灵活性。
- 指定相对路径：相对路径是使用当前驱动器号或宿主图形文件夹的部分指定文件夹路径。这是灵活性最大的选项，可以将图形集从当前驱动器移动到使用相同文件夹结构的其他驱动器中。将路径类型设置为“相对路径”之前，必须保存当前图形。

如果所参照的图形文件位于本地其他硬盘或位于网络服务器上，相对路径选项将无法使用。

- 指定相对文件路径的规则如下：
  - \：查看宿主图形驱动器的根文件夹。
  - 路径：从宿主图形的文件夹中按照指定的路径。
  - \路径：从根文件夹中按照指定的路径。
  - .\路径：从宿主图形的文件夹中按照指定的路径。
  - ..\路径：从宿主图形的文件夹中向上移动一层文件夹并按照指定的路径。
  - ..\..\路径：从宿主图形的文件夹中向上移动两层文件夹并按照指定的路径。
- 指定无路径：如果附着的外部参照没有保存的路径信息，搜索将按以下程序进行：
  - 宿主图形的当前文件夹。
  - 在“选项”对话框的“文件”选项卡以及 PROJECTNAME 系统变量中定义的工具搜索路径。
  - 在“选项”对话框的“文件”选项卡上定义的支持搜索路径。

将图形集移动到其他文件夹层次结构或未知的文件夹层次结构时，指定“无路径”选项是很有帮助的。

如果 AutoCAD 2020 在搜索路径指定的位置，将去掉路径中的前缀（如果有）。如果已经设置图形中的 PROJECTNAME 值，并且注册表中存在相应的条目，AutoCAD 2020 将沿工程搜索路径来搜索文件。如果仍未找到外部参照文件，将再次搜索 AutoCAD 2020 搜索路径。

也可以添加、删除或修改工程名称下的文件夹搜索路径，方法与对工程名称进行上述操作的方法相同。还可以修改文件夹搜索的顺序，但是只能在“选项”对话框的“文件”选项卡中编辑工程及其搜索路径，无法在命令行中编辑工程名称。

建立了工程名称及其相关联的搜索路径后，就可以使该工程成为当前活动工程。AutoCAD 2020 搜索与当前活动工程相关联的路径，以查找在全搜索路径、当前图形文件夹或 AutoCAD 2020 支持路径中未找到的外部参照。

完成“外部参照”对话框的参数设置后，单击“确定”按钮，关闭“外部参照”对话框，即可以在视图区内选取外部参照的插入点。

使用上述方法将所有需要插入的建筑图形插入到规划工程图中，再使用 copy 命令复制。参照图形到规划图中的相应位置，之后使用 rotate、move 等命令对图形进行适当调整，最终效果如图 7-35 所示。

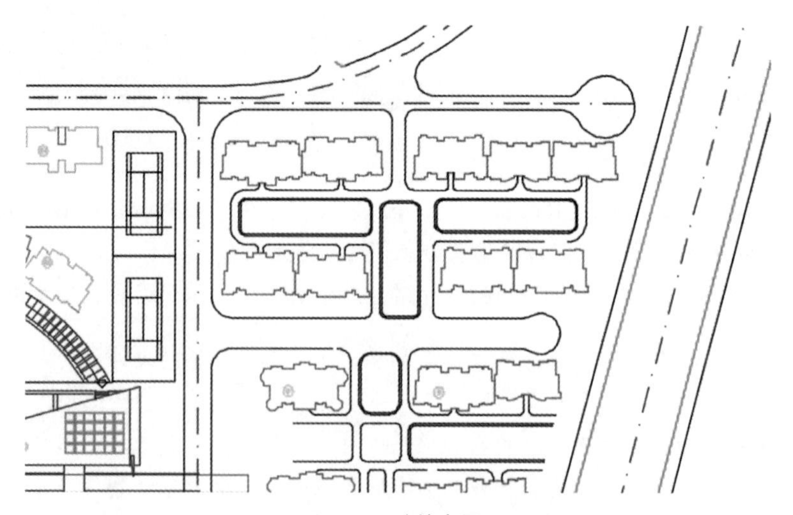

图 7-35 建筑布局

7.7 绘制宅旁道路及环境景观

1. 宅旁道路

小区内建筑布局完成后，需根据规划设计草图绘制小区组团内道路、宅旁道路以及其他道路，使用直线（line）、弧线（arc）、多段线（pline）、偏移（offset）、剪切（trim）等基本命令即可完成该操作。绘图过程中应特别在相应图层上操作，这样可以为后期的修改以及工作小组内的其他成员提供方便。绘制效果如图 7-36 所示。

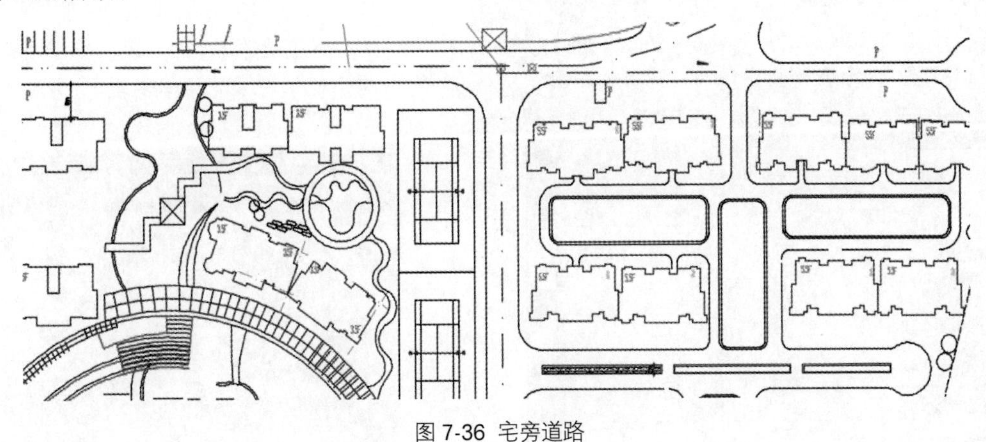

图 7-36 宅旁道路

2. 铺地

在小区规划设计中，为明确设计理念和增强图面效果，常常会对部分区域进行填充操作。首先也是创建相关图层，在命令窗口中输入“hatch”命令，选择“设置 [T]”，打开“图案填充和渐变色”对话框，在“图案填充“选项卡中单击[...]按钮，打开“填充图案选项板”对话框，在“其他预定义”选项卡（见图 7-37）中选择 ANGLE 选项。

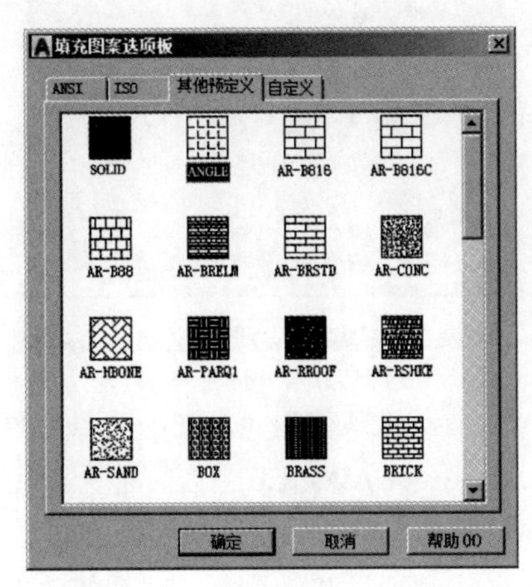

图 7-37 “其他预定义”选项卡

单击“确定”按钮，关闭“填充图案选项板”对话框。在“图案填充和渐变色”对话框中，如图 7-38

所示，在“比例”下拉列表中选择相关比例，合理地设置该数值，即可美化图面。

设置完成后，单击“拾取点”按钮，系统暂时关闭“边界图案填充”对话框，在视图区将光标移动到填充边界内部任意点，如果出现填充图案预览则边界选区成功。按 Enter 键确定预览填充图案，如果图案填充太密集，系统就会弹出“图案填充 - 密集填充图案”对话框，如图 7-39 所示。如果边界选区不成功，系统就会弹出“图案填充 - 边界定义错误”对话框，如图 7-40 所示。

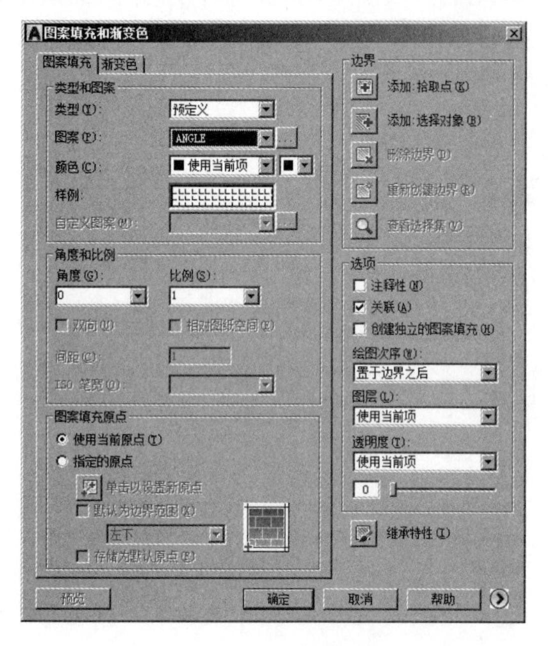

图 7-38 “图案填充和渐变色”对话框

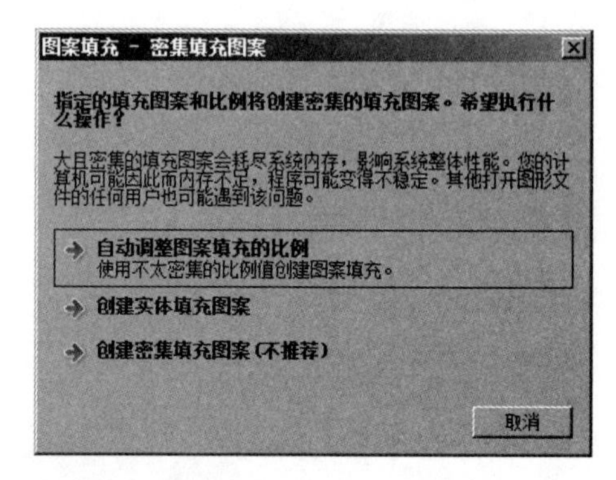

图 7-39 “图案填充 - 密集填充图案”对话框

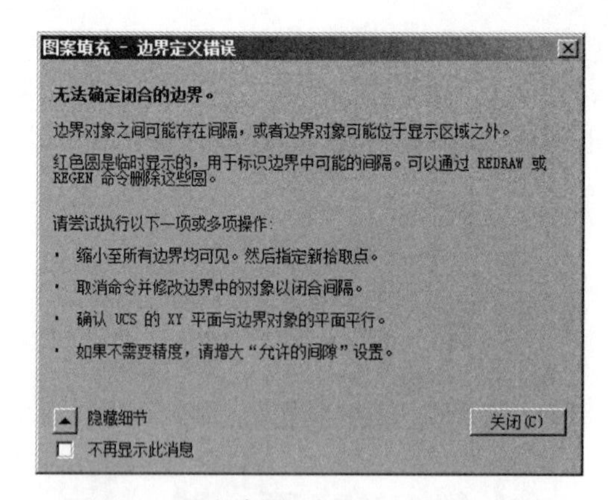

图 7-40 “图案填充 - 边界定义错误”对话框

如果填充不成功，就需要对边界进行修改或修改“允许的间隙”数值。如果边界比较复杂，由多个图层对象构成，或是多条直线重合，那么 AutoCAD 2020 系统可能无法完全识别，无法找到边界，因此在绘图过程中应规范作图，避免不必要的麻烦。

填充成功后一般需要对填充比例进行调整，以达到真实美观的效果。单击图案填充部分，在“图案填充编辑器”工具栏中输入新的图案填充比例进行调整，最后完成铺地的填充操作，如图 7-41 所示。

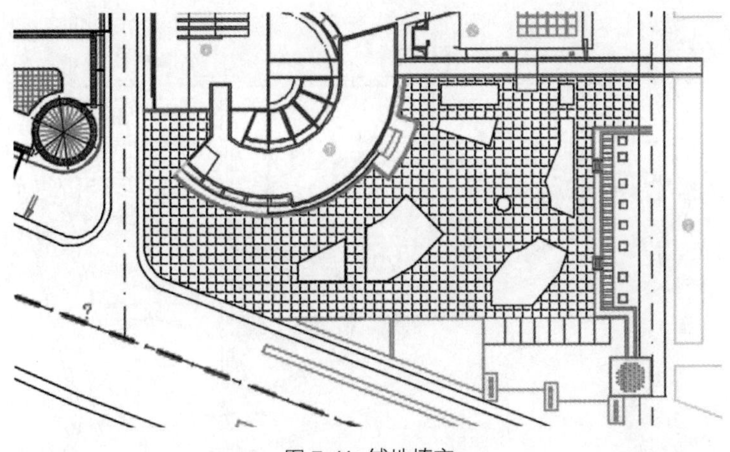

图 7-41　铺地填充

对需要填充区域逐一进行填充，并根据需要调整填充图案与效果，整体效果如图 7-42 所示。

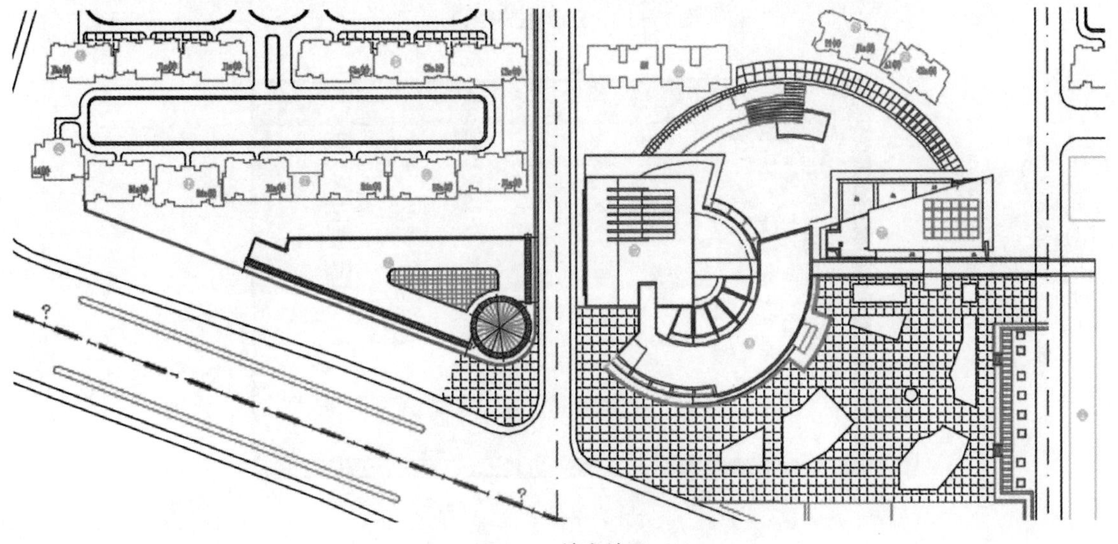

图 7-42　填充效果

3. 其他景观要素

绘制完组团、宅旁道路等后，住宅小区规划图的主要部分绘制完成，之后绘制小区内的景观小品，如花架、水体喷泉、休闲广场等。根据设计草图，使用图形绘制的基本命令即可完成。其中，有些硬质铺装以及水体等需要使用填充命令绘制，有些硬质铺装需要根据草图使用阵列等命令绘制。在绘图的过程中，根据实际情况合理选用相应命令，不仅可以提高绘图效率，还可以增强图面效果。环境景观绘制如图 7-43 所示。

小区树木的绘制与添加也是环境景观规划中的一个重要组成部分。设计人员需要根据小区所在地域的气候条件、地质环境以及周边环境进行合理的植物配置。根据植物不同的造型绘制不同的图形，如针叶树和阔叶树等。也可以使用 adcenter 命令打开“设计中心”窗口，将其中的相应图块插入规划图中，如图 7-44 所示。

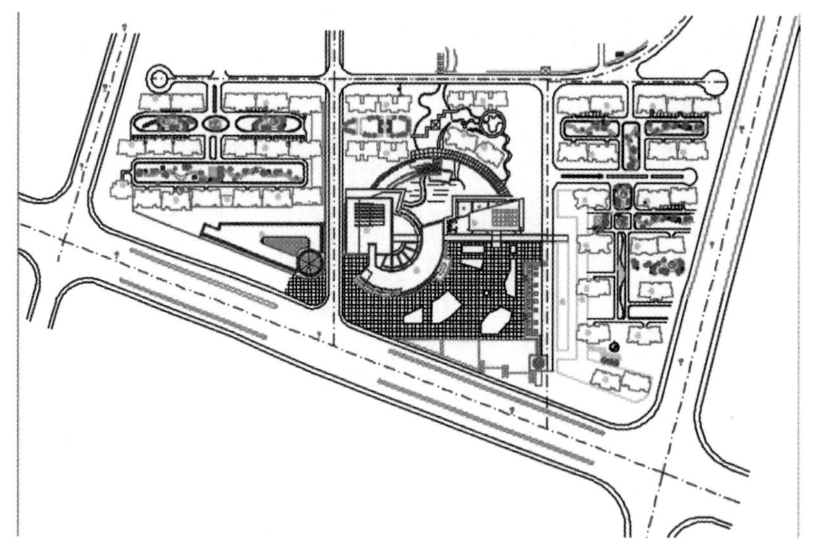

图 7-43 小区环境景观绘制 1

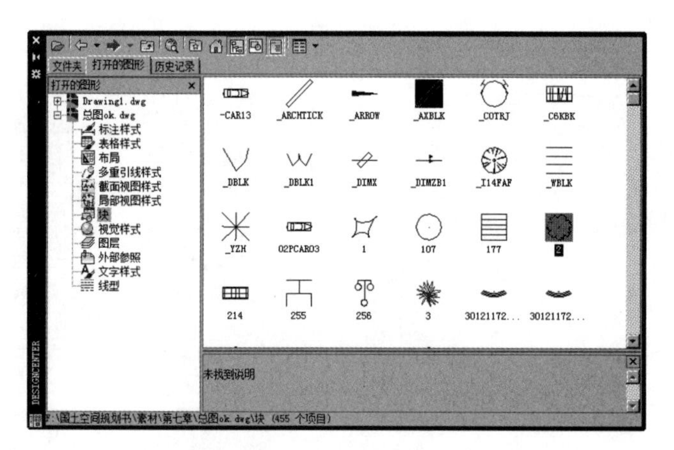

图 7-44 “设计中心”窗口

双击相应图块，打开“插入”对话框，如图 7-45 所示。

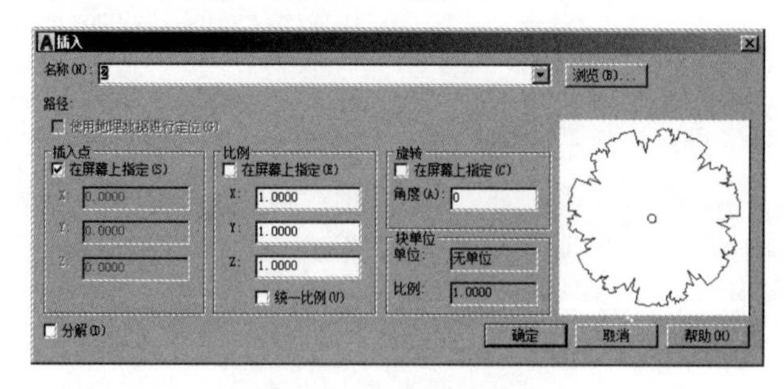

图 7-45 “插入”对话框

设置相关参数，单击“确定”按钮，关闭“插入”对话框，在视图区中选取插入点，使用 scale 命令将图块缩小或放大到合适的尺寸，再使用 copy 命令复制图块到相应位置。

行道树的绘制也可以使用 measure 命令绘制，measure 命令可以指定间隔标记对象。可以使用点或块标记间隔。在使用 measure 命令之前，应将选定的树木平面定义为块。本例操作命令窗口提示如下：

```
命令：measure
选择要定距等分的对象：
指定线段长度或 [块(B)]: b
输入要插入的块名：1
是否对齐块和对象？[是(Y)/否(N)] <Y>: y
指定线段长度：6000
```

这样绘制出的行道树规整但是缺乏灵活性，因此需要设计人员根据实际情况合理选用绘制方法，提高绘图效率，同时增强图面效果。本例中，还需要绘制一些绿化场地，一般使用 revcloud 命令绘制绿化意向图，单击“绘图”工具栏中的按钮或在命令窗口中输入“revcloud”命令，命令窗口提示如下：

```
命令：revcloud
最小弧长：300    最大弧长：900    样式：手绘
指定起点或 [弧长(A)/对象(O)/样式(S)] <对象>:
```

根据需要，设计者可以根据命令窗口提示对修订云线进行设置。最终环境景观绘制效果如图 7-46 所示。

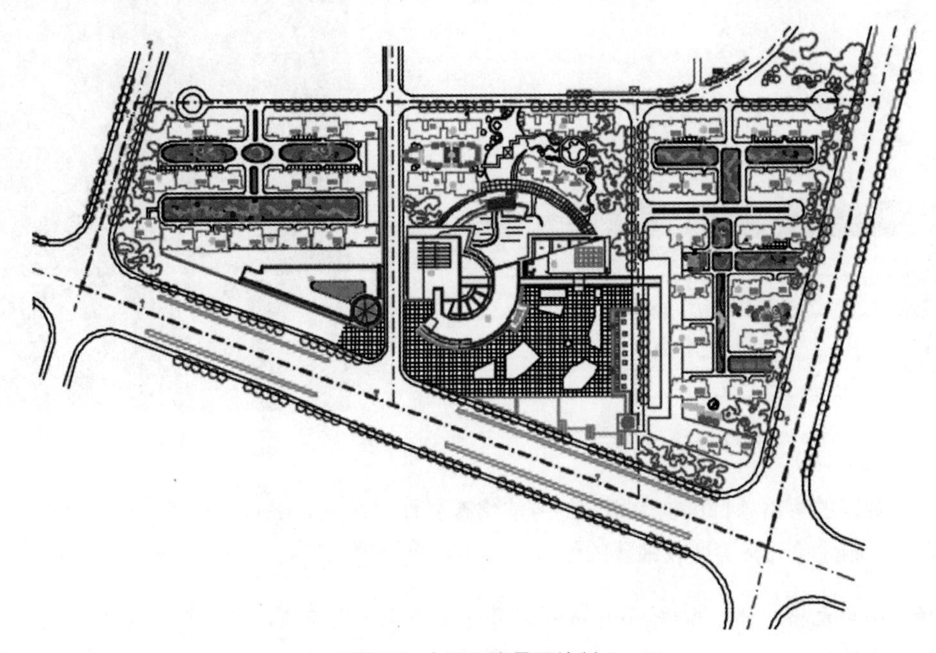

图 7-46 小区环境景观绘制 2

7.8 技术经济指标

小区规划设计中的技术经济指标是衡量小区品质的重要参考内容。技术经济指标通常以表格的形式列出。对于表格的绘制，在前面章节中已经详细讲述，这里不再赘述。

在绘图区插入设置好的表格。规划工程图中的表格相对比较复杂，需要对插入的表格进行较多修改，所以需要设计者对表格项目比较了解，设计者可以在草稿纸上绘制出表格草图，以便在 AutoCAD 中对表格进行有目的的修改。单击表格的边框直线，可以选择整体表格。点取任意一个标记点都可以随意拖动到指定位置，表格的样式随之改变，如图 7-47 所示。

在绘图区中右击，在弹出的快捷菜单中选择“特性”选项，打开“特性”选项板。单击表格标题栏内的空白处选择标题栏，“特性”选项板中会显示表格标题栏的各种参数属性。本例中的属性修改设置如图 7-48 所示。

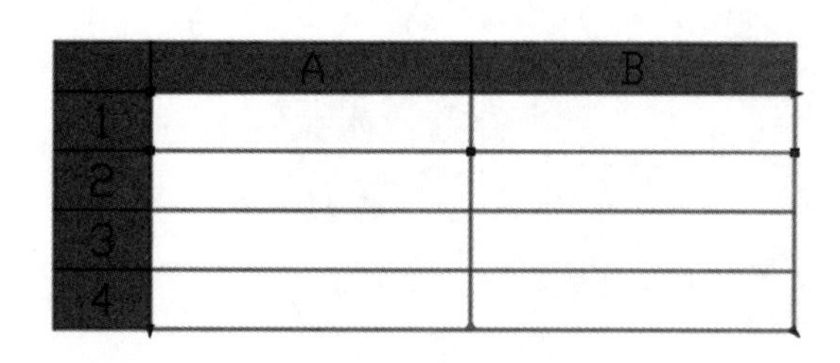

图 7-47 修改表格

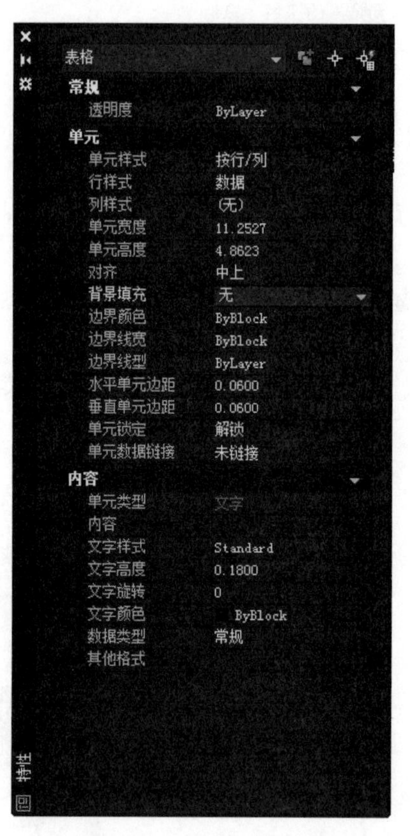

图 7-48 “特性”选项板

其他有特殊要求的表格项目可以用相同的方法修改属性。在 AutoCAD 2020 中，还可以进行合并单元格、添加单元格、删除单元格等比较细致的修改。其中，合并单元格有以下两种方法：

- 选择一个单元格，然后按住 Shift 键并在另一个单元格内单击，可以同时选中这两个单元格以及它们之间的所有单元格。在选定单元格中单击，拖动到要选择的单元格，然后释放鼠标。
- 选择需要合并的单元格，右击，然后在弹出的快捷菜单中选择“合并”命令。

要创建多个合并单元格，可使用以下选项：

- 按行：水平合并单元格，方法是删除垂直网格线，并保留水平网格线不变。
- 按列：垂直合并单元格，方法是删除水平网格线，并保留垂直网格线不变。

其他修改项目相对比较简单，用户可以根据需要对表格进行修改与操作，这里不做具体讲解。

技术经济指标表格制作比较简单，效果如图 7-49 所示。

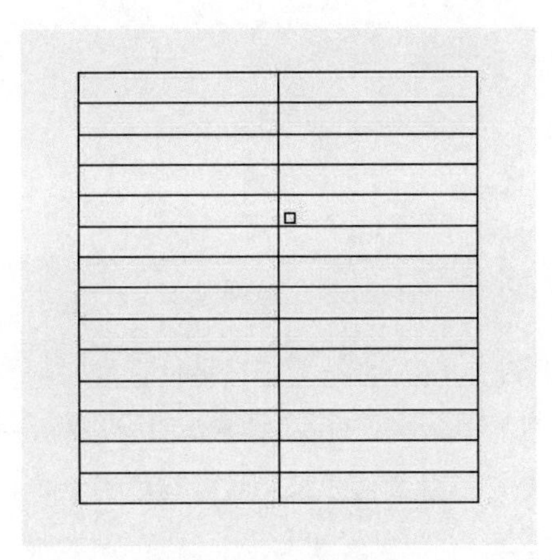

图 7-49　表格线框

双击表格单元格，该单元格背景颜色变为灰色，即可在表格单元格中输入文字、数据等，同时系统弹出“文字编辑器”窗口，如图 7-50 所示。

图 7-50　“文字编辑器”窗口

在该窗口中可以修改输入文字的样式、字体、高度等属性。输入完成后按 Enter 键，完成单元格的输入，系统将直接转入下一个单元格。按 Esc 键退出操作。

表格设置完成后，需要在 AutoCAD 2020 中查找表格中相关的数据，如面积、长度等。

在命令窗口中输入 list 命令，命令窗口提示如下：

```
命令： list
LIST
选择对象： 找到 1 个
选择对象：
                  圆             图层： 建筑外轮廓线
                                 空间： 模型空间
                 句柄 = 263
                圆心点， X=2455.6376  Y=1240.4682  Z=0.0000
                半径 79.9864
                周长 502.5693
                面积 20099.3546
```

使用 list 命令可以方便地对图形对象进行查询操作。完成相关数据的查询和计算工作后，将数据输入创建好的表格中，最后效果如图 7-51 所示。

最后是绘制图例、输入文字的工作，这些操作在前面的章节中已经有了比较详细的讲解，这里不再赘述。

很多时候，在规划图绘制完成后还需要对规划图进行修改，但是规划图的图形元素比较多，而且很杂，给修改带来了许多不便，特别是在选择图形对象的时候会给设计者带来很多麻烦。filter 命令可以有效解决这些问题。

简单地说，filter 命令就是创建一个条件列表，但是对象必须符合这些条件才能包含在选择集中。使用 filter 命令，可以完成以下功能：

- 使用编辑命令前选择对象。
- 执行编辑命令期间选择对象；在任何“选择对象”提示下，使用 filter 命令以选择要使用当前命令的对象。
- 创建命名过滤器，以便在任何“选择对象”提示下使用。

仅当将这些特性直接指定给对象时，filter 命令才根据特性查找对象。如果对象使用其所在图层的特性，则 filter 命令不查找它们，但可以使用 filter 命令查找随层或随块设置特性的对象。

在命令窗口中输入“filter”命令，打开“对象选择过滤器”对话框，如图 7-52 所示。

总用地面积	9.57公顷
总建筑面积	19.62万平方米
建筑基地总面积	2.07万平方米
总户数	1401户（3.5人/户）
总人口数	4905人
平均层数	8层
容积率	2.05
建筑密度	21.6%
绿地率	40%
总停车位	780个
地上停车位	78
地下停车位	702
停车率	55.7%

图 7-51 技术经济指标表

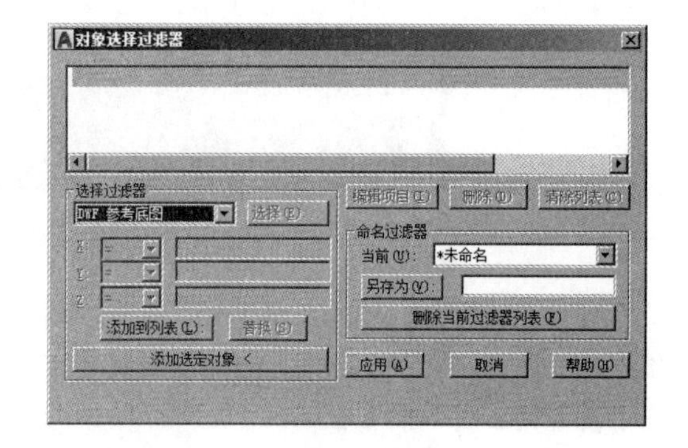

图 7-52 “对象选择过滤器”对话框

“对象选择过滤器”对话框中各选项的功能介绍如下：

- 过滤器特性列表：显示组成当前过滤器的过滤器特性列表。当前过滤器就是在“已命名的过滤器”的“当前”区域选择的过滤器。
- 选择过滤器：为当前过滤器添加过滤器特性。
- 选择：显示一个对话框，其中列出了图形中指定类型的所有项目，选择要过滤的项目。
- 添加到列表：向过滤器列表中添加当前的“选择过滤器”特性。除非手动删除，否则添加到未命名过滤器的过滤特性在当前 AutoCAD 2020 任务中仍然可以使用。
- 替换：用“选择过滤器”中显示的某一过滤器特性替换过滤特性列表中选定的特性。
- 添加选定对象：向过滤器列表中添加图形中的一个选定对象。单击此按钮，关闭“对象选择过滤器”对话框，在视图区内选择对象。
- 编辑项目：将选定的过滤器特性移动到“选择过滤器”选项组进行编辑。要编辑过滤器特性，可先选中它，然后单击“编辑项目”按钮，编辑过滤器特性并单击“替换”按钮，已编辑的过滤器将替换选定的过滤器特性。
- 删除：从当前过滤器中删除选定的过滤器特性。
- 清除列表：从当前过滤器中删除所有列出的特性。

- 命名过滤器：显示、保存和删除过滤器。
- 当前：显示保存的过滤器。选择一个过滤器列表将其置为当前，AutoCAD 2020 从默认的 filter.nfl 文件中加载已命名的过滤器及其特性列表。
- 删除当前过滤器列表：从默认过滤器文件中删除过滤器及其所有特性。
- 应用：退出对话框并显示“选择对象”提示，在该提示下创建一个选择集。AutoCAD 2020 在选定对象上使用当前过滤器。

7.9 数据交换与后期效果制图

在规划设计项目中，仅仅使用 AutoCAD 2020 很难完成高质量的规划工程图，还需要其他图形软件辅助完成，因此要解决各个软件文件之间的数据交换问题。

在众多的设计软件中，受到设计师的喜爱，使用比较广泛的设计软件主要有 AutoCAD、Adobe Photoshop、3D Max 以及专业性较强的天正系列软件等。在城市规划中设计师主要应用的是 AutoCAD、Adobe Photoshop 和 3D Max。AutoCAD 在前面已经有详细的讲解，这里我们将以小区规划图为例详细介绍一下后期彩色总平面图的处理及 Adobe Photoshop 软件的使用。

Adobe Photoshop 是由 Adobe 公司开发的图像处理软件，主要用于美术设计、摄影、平面广告设计、效果图后期制作等，凭借强大的图像处理功能和简便的操作成为应用最广泛的图形图像处理软件。在规划设计中，常常需要利用 Photoshop 强大的色彩功能填充色块来弥补 AutoCAD 在色彩上的不足，同时效果图的后期制作也主要是在 Photoshop 下完成的，利用 Photoshop 软件丰富的滤镜工具对效果图进行处理，可以产生水彩、油画、素描等多种表现形式，提高了效果图的艺术表现力。

7.9.1 导入 Photoshop 软件

打开 Adobe Photoshop CC 2017，工作界面如图 7-53 所示，主要由标题栏、菜单栏、工具栏、工具箱、调板、状态栏和图像窗口等几部分组成。

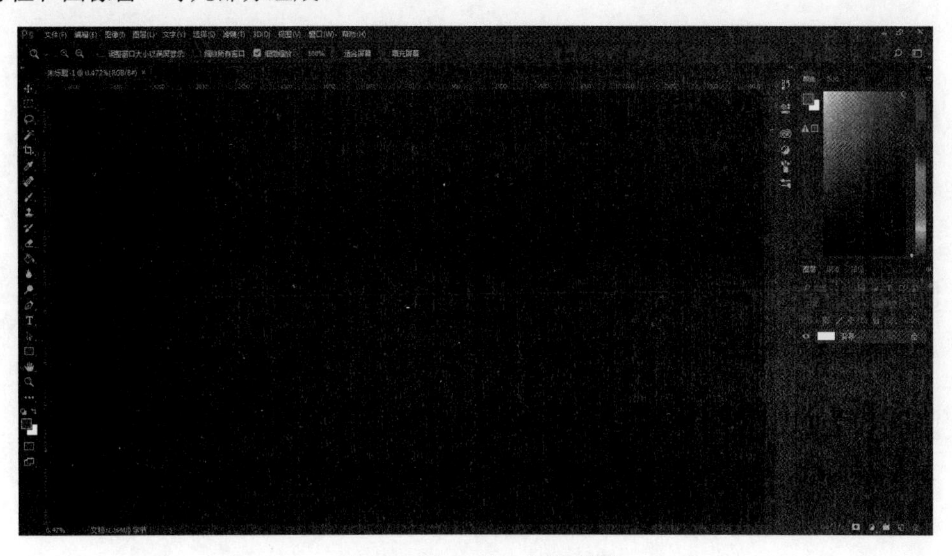

图 7-53 Photoshop 工作界面

属性栏根据所选取的命令不同出现不同的命令按钮，具体的功能这里不再赘述。下面将具体介绍基本的小区规划总平面图的绘制方法。

单击“文件”菜单中的“打开”选项，在“打开”窗口中选择保存的 EPS 文件（AutoCAD 导出 EPS 文件的方法与步骤将在第 8 章详细讲述），如图 7-54 所示。

本例中先打开“地形图”，并在此基础上新建图层，命名为“底图”，然后调整图层顺序，将底图拖至最下层。单击“底图”图层，按 Shift+F5 快捷键，弹出“填充”对话框，如图 7-55 所示。

图 7-54 打开 EPS 文件

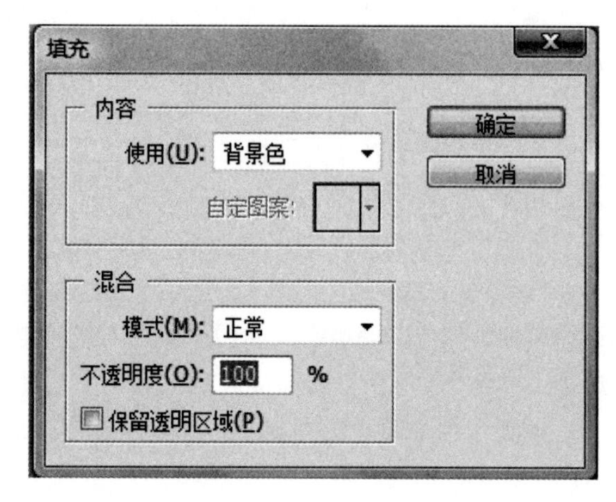

图 7-55 “填充”对话框

注意，此时颜色栏显示为■，背景色为白色，效果如图 7-56 所示。

图 7-56 导入地形图

Adobe Photoshop 功能强大，对同一种处理效果可以采用不同的操作方法，如对背景底色的填充，既可以使用 Ctrl+Backspace 组合键，也可以使用油漆桶工具，还可以使用 Shift+F5 快捷键填充。在绘制过程中应善于总结绘制方法，并选择快捷、合理的方式。

单击“文件”菜单，在下拉菜单中选择“打开”选项，打开道路 .EPS 文件，右击刚刚打开的道路图层，在快捷菜单中选择“复制图层”选项，弹出“复制图层”对话框，将需要复制的图层命名为“道路”，并将“目标”下的“文档”设置为第一次打开的“地形图”，如图 7-57 所示。

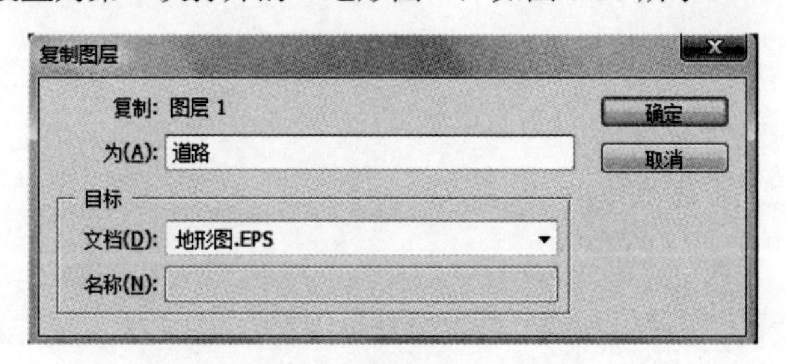

图 7-57 “复制图层”对话框

依照此方法，依次打开从 AutoCAD 2020 中导出的 EPS 文件。操作完成后，关闭其他文件，保留第一次打开的“地形图”光栅文件，并另存为 PSD 格式文件。调整图层顺序（此种方法不用按 Shift 键对齐图层，可以自动对齐所有图层，精确了图层对齐程度），在复制图层过程中应保持目标文件夹不变，最终效果如图 7-58 所示。

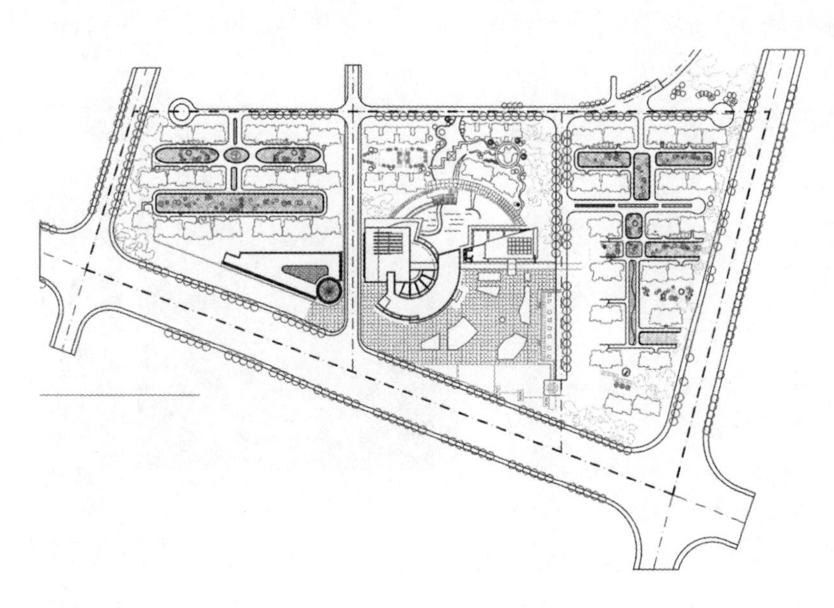

图 7-58 导入 EPS 文件

7.9.2 要素效果调整与填充

接下来的工作要分层对各个要素进行填充和调整。在 Photoshop 中，对象要素的填充或修改应在相应的图层上操作。例如，要对多层住宅进行填充，首先单击选中“多层住宅”图层，在这一层上进行填充，以方便后期调整和修改。下面以图 7-58 为基础进行 Adobe Photoshop 的绘图工作。

（1）调整地形图透明度。单击“地形图”图层，本例中在不透明度后输入“80%”，在填充后输入“80%”，如图 7-59 所示。

（2）根据需要调整色阶。例如，单击“道路图层”，按 Ctrl+L 快捷键，弹出“色阶”对话框，如图 7-60 所示。拖动底部黑色或白色光标，将“道路”图层的色阶调整至满意为止。

图 7-59 图层窗口

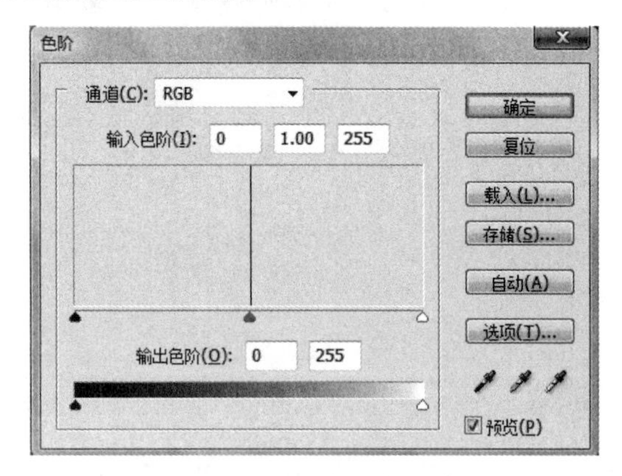

图 7-60 “色阶”对话框

（3）“道路”图层填充。选中“道路”图层，单击工具栏中的“魔棒”工具，对图中道路进行选区，此时所选区域出现虚线框。然后按 Shift+F5 快捷键，弹出“填充”对话框，如图 7-61 所示。在“使用”下拉列表框中选择“颜色”选项，弹出“拾色器”对话框，如图 7-62 所示。单击“确定”按钮，对“道路”进行填充，效果如图 7-63 所示。

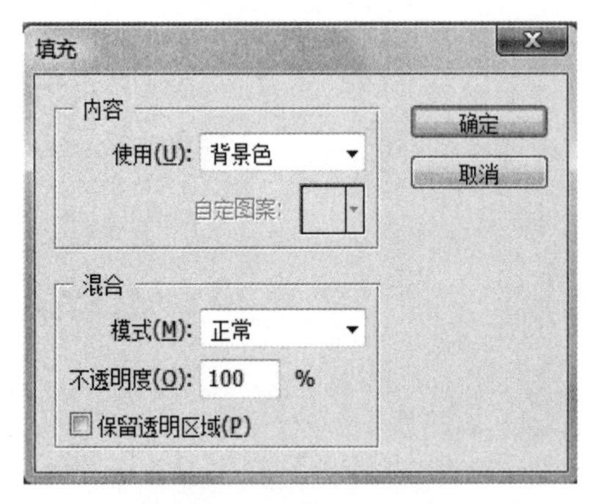

图 7-61 “填充”对话框

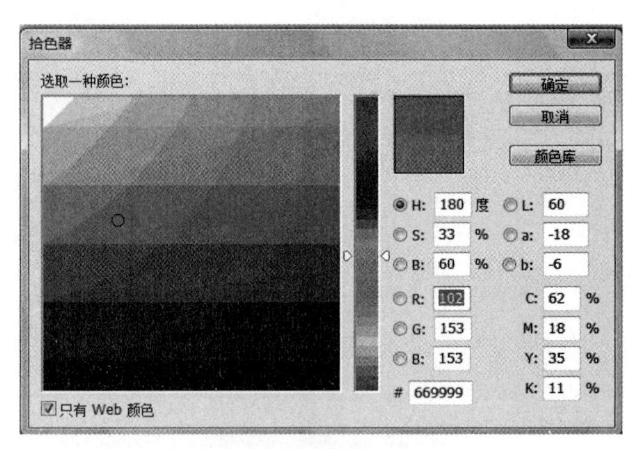

图 7-62 “拾色器”对话框

（4）多层住宅填充。选中“多层住宅”图层，单击工具栏中的“魔棒”工具，选中图中的多层住宅区域。按 Shift+F5 快捷键，弹出“填充”对话框，选择合适的颜色。最后单击“确定”按钮，对“多层住宅”进行填充，效果如图 7-64 所示。

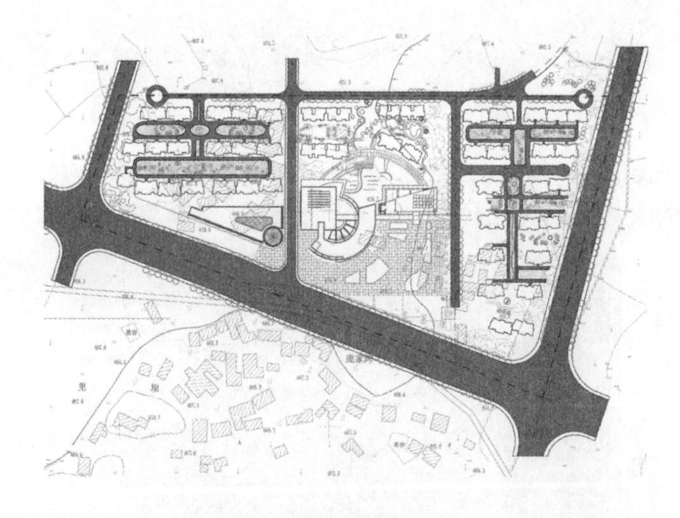

图 7-63 道路填充效果

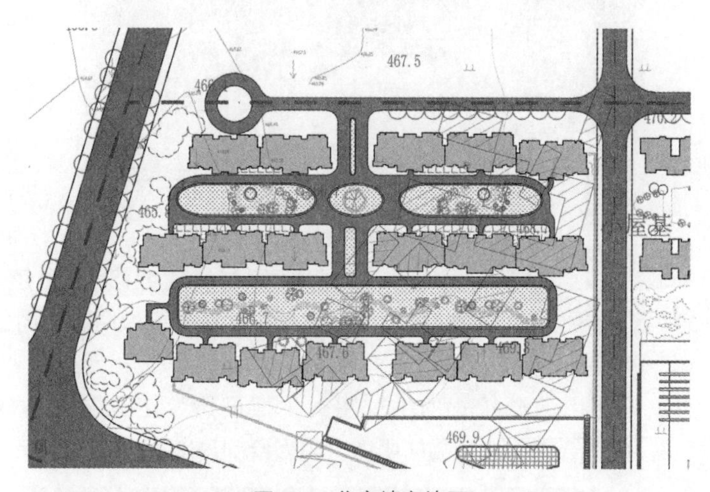

图 7-64 住宅填充效果

按照上述方法逐一对各个图层进行填充，最终效果如图 7-65 所示。

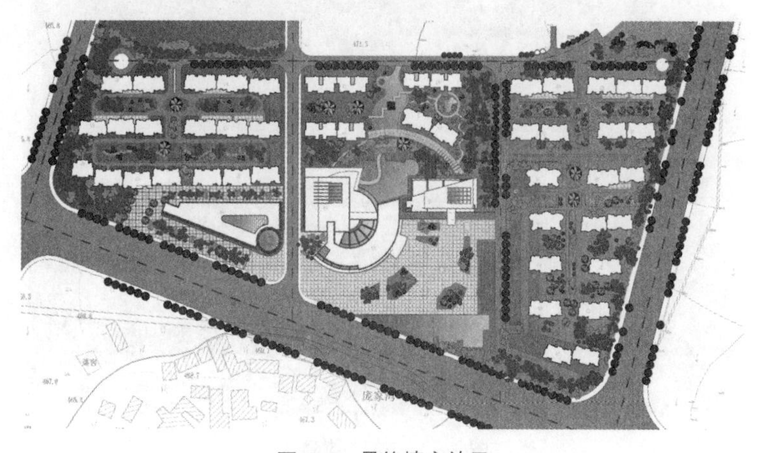

图 7-65 最终填充效果

选择区域时，配合 Shift、Alt 键可以方便、快捷地增加或减少选择区域。填充颜色最好与道路、住宅的线框层分为不同的图层。

至此，小区规划总平面图的主体部分已经完成，接下来需要做出建筑和树的阴影，丰富图面效果。双击“多层住宅”的填充图层，弹出“图层样式”对话框，选择“投影”选项，如图 7-66 所示。

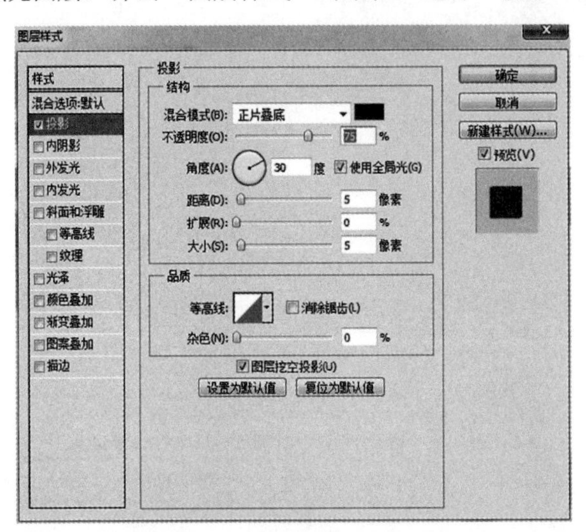

图 7-66 “图层样式”对话框

本例中设置“混合模式”选项为“正片叠底”、不透明度为 50%、角度为 -30 度，勾选“使用全局光”复选框，再设置距离为 5 像素、扩展为 0、大小为 5 像素。然后依次对需要做阴影的图层（如“行道树”图层、“景观小品”图层等）逐一进行如上操作，这里不再赘述。

对于建筑物的阴影，可使用湘源控规的“总图→生成阴影”工具制作建筑阴影，这种方法比 Photoshop 的阴影更加真实，更适合作为建筑物的阴影。阴影绘制局部如图 7-67 所示。

图 7-67 添加阴影效果

最后调整图层顺序，对图面细部进行修改和处理，确保图面质量。小区规划总平面效果如图 7-68 所示。

图 7-68　规划总平面效果

7.10　小结

本章首先介绍了城市详细规划中居住区规划图纸绘制的前期准备工作，基本图纸，图纸要素分类、分级方法，以及绘图环境设置；然后从住宅单体绘制开始，展示居住区规划图纸中道路、建筑群体组合、环境景观设计、场地设计、技术经济指标等的详细绘制过程；最后，针对规划方案后期处理进行了具体的讲解。

7.11　习题

1．简要叙述居住区规划设计图纸的绘制前期准备工作有哪些？
2．如何进行居住区图纸的图层分类设置？
3．如何进行住宅单体的设计绘制？
4．如何绘制住宅小区道路网？
5．进行建筑群体布局时，如何调整建筑之间的相互关系？
6．住宅小区环境景观设计图中块的使用应注意什么问题？
7．住宅小区后期处理的基本步骤有哪些？

第 8 章

AutoCAD 与三维设计基础

导言

本章通过一个别墅建筑三维实体创建的具体实例系统地介绍在 AutoCAD 2020 中三维实体的创建、编辑和渲染命令，在实例中将各类实体的创建、编辑和渲染命令融合讲述，并系统介绍创建实体模型的思路，为学习 AutoCAD 2020 三维建模提供一条捷径。在学习本章之后，不仅可以依照教程制作建筑的三维实体，更重要的是在理解其思路的基础上可以根据自己的设计创意制作更精彩的三维图像。

8.1 AutoCAD 2020 的三维建模概述

在实体建模的过程中，用户所要创建的模型物体都是由基本的几何实体构成的，所以了解基本几何体的创建和修改是进行实体创建的基础。

8.1.1 实体模型

实体模型是具有质量、体积、重心和惯性矩等特性的三维表示。

实体模型是包含信息最多，也是最不明确的三维建模类型。可以分析实体的质量特性，并输出数据以用于数控铣削或 FEM（有限元法）分析。将实体模型用作模型的构造块，可以从图元实体（例如圆锥体、长方体、圆柱体和棱锥体）开始创建。绘制自定义的多段体拉伸或使用各种扫掠操作来创建形状与指定的路径相符的实体，然后修改或重新组合对象以创建新的实体形状。

与传统线框模型相比，复杂的实体形状更易于构造和编辑。根据需要，用户也可以将实体分解为面域、体、曲面和线框对象。

8.1.2 曲面模型

曲面模型表示与三维对象的形状相对应的无限薄壳体。

可以使用某些用于实体模型的相同工具来创建曲面模型，例如可以使用扫掠、放样和旋转来创建曲面模型，区别在于曲面模型是开放模型，实体模型是闭合模型。

8.1.3 网格模型

网格模型由使用多边形表示（包括三角形和四边形）来定义三维形状的顶点、边和面组成。

与实体模型不同，网格没有质量特性。但是，与三维实体一样，在 AutoCAD 2020 中，用户可以创建诸如长方体、圆锥体和棱锥体等图元网格形式。然后，可以通过不适用于三维实体或曲面的方法来修改网格模型。例如，可以应用锐化、拆分以及增加平滑度。可以拖动网格子对象（面、边和顶点）使对象变形。要获得更细致的效果，可以在修改网格之前优化特定区域的网格。

使用网格模型可提供隐藏、着色和渲染实体模型的功能，而无须使用质量和惯性矩等物理特性。

8.1.4 三维建模的优点

在三维中建模有许多优点：

- 从任何有利位置查看模型。
- 自动生成可靠的标准或辅助二维视图。
- 创建截面和二维图形。
- 消除隐藏线并进行真实感着色。
- 检查干涉和执行工程分析。
- 添加光源和创建真实渲染。
- 浏览模型。
- 使用模型创建动画。
- 提取加工数据。

8.2 AutoCAD 2020 的三维绘图功能

8.2.1 创建三维实体和曲面概述

三维实体对象通常以某种基本形状或图元作为起点，之后对其修改或重新组合，也可以通过在三维空间中沿指定路径拉伸二维形状来获取三维实体或曲面。

在 AutoCAD 2020 中，可以创建多种基本三维形状（称为实体图元），比如长方体、圆锥体、圆柱体、球体、多段体、楔体、圆柱体、棱锥体和圆环体等，如图 8-1 所示。

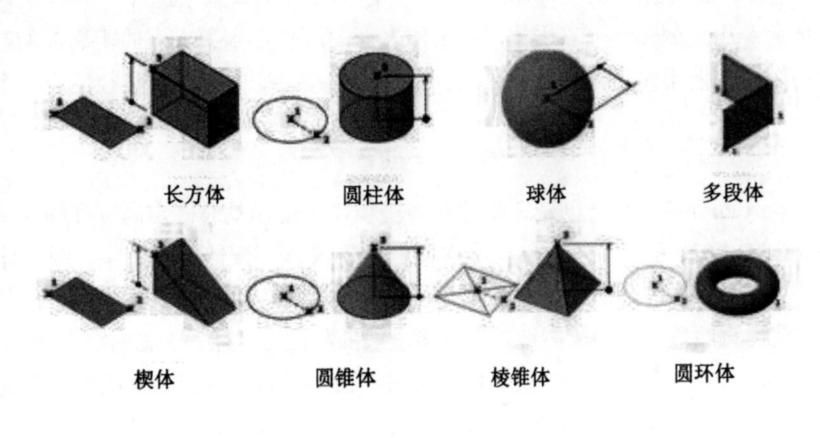

图 8-1　各种实体图元示例

关于基于其他对象的实体，还可以从现有对象创建三维实体和曲面，比如网络、放样、平面、拉伸、旋转、过渡、修补、偏移等，如图 8-2 所示。

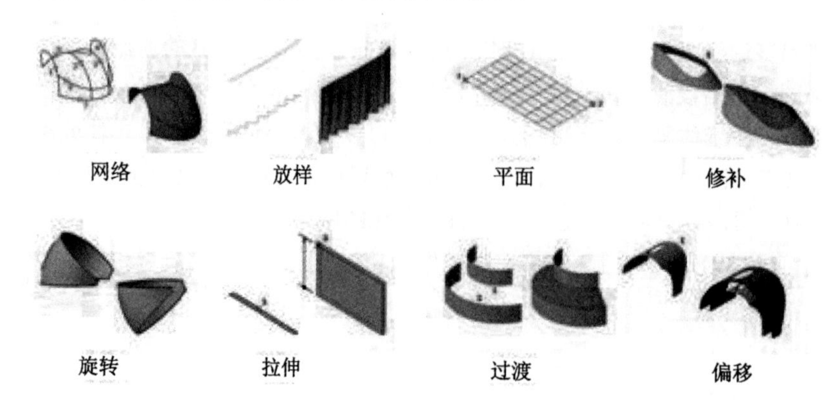

图 8-2 三维实体和曲面示例

8.2.2 基本几何体创建命令

1. 长方体（box）

box 命令用于创建长方体或正方体，可在三维建模工作间模式下选择“实体”菜单中的“长方体”命令执行操作。长方体的底面总是与当前用户坐标系的 X、Y 平面平行。可以使用两种方式创建长方体：指定长方形的中心点或指定一个角点。

2. 圆柱体（cylinder）

cylinder 命令用于创建圆柱体，可在三维建模工作间模式下选择“实体”菜单中的“圆柱体”命令进行操作。圆柱体命令用于创建两端直径相等的以圆或椭圆作为底面的圆柱体。可用两种方式创建圆柱体：输入底面的圆心点或选择“椭圆”命令选项绘制底面为椭圆的圆柱体。

3. 球体（sphere）

sphere 命令用于创建球体，可在三维建模工作间模式下选择“实体”菜单中的“球体”命令进行操作。球体命令用于创建一个三维体，三维体表面的所有点到中心点的距离都相等。创建球体只有一种方式，即中心轴与当前用户坐标的 Z 轴方向一致，通过指定球的中心和半径生成一个球体。

4. 多段体（polysolid）

polysolid 命令用于创造三维墙状多段体，可创作具有固定高度和固定宽度的直线段和曲线段的墙。在 AutoCAD 2020 中，多段体创建的内容包括多段体、楔体、圆锥体、圆环体、棱锥体、圆环体。可在三维建模工作间模式下选择“实体”菜单中的“多段体”命令进行操作。多段体与拉伸的宽多段线类似。事实上，使用直线段和曲线段能够以绘制多段线的相同方式绘制多段体。多段体与拉伸多段线的不同之处在于，拉伸多段线在拉伸时会丢失所有宽度特性，而多段体会保留其直线段的宽度。

以上命令都属于基本命令，均可在命令行直接输入，确定后进行实体创建的操作。

5. 楔体（wedge）

wedge 命令用于创建楔体，可在三维建模工作间模式下选择“实体”菜单中的“楔体”命令进行操作。楔体的底面平行于当前用户坐标系的 X、Y 平面，其倾斜面尖端沿 Z 轴正向。可用两种方式创建楔体：指定地面的中心点或一个角点。

6. 圆锥体（cone）

cone 命令用于创建圆锥体，可在三维建模工作间模式下选择“实体”菜单中的“圆锥体”命令进行操作。圆锥体命令用于创建圆锥体或椭圆锥体。圆锥体的底面平行于当前用户坐标系的 X、Y 平面，且对称地变细直至交于 Z 轴的一点。可用两种方式绘制圆锥体：输入底面的圆心点或选择“椭圆”命令选项绘制底面为椭圆的锥体。

7. 圆环体（torus）

torus 命令用于创建圆环体，可在三维建模工作间模式下选择“实体”菜单中选择“圆环体”命令进行操作。圆环体命令用于创建与轮胎内胎相似的圆环体。圆环体与当前用户坐标系的 X、Y 平面平行且被此平面平分。输入圆环体直径时，若为负值则将得到橄榄球状实体。

8. 棱锥体（pyramid）

pyramid 命令用于创建三维实体棱锥体。在默认的情况下使用基点的中心、边的中点和可确定高度的另一个点来定义棱锥体。可在三维建模工作间模式下选择“实体”菜单中的“棱锥体”命令进行操作。指定平面中心点，输入底面内接半径，再确定高度创建棱锥体。

8.2.3 布尔值命令

AutoCAD 对实体的操作分为三类：一是布尔运算，用两个或多个已有的实体来生成新的实体；二是修改，每次只在一个实体上操作；三是编辑，可修改三维实体中被选中的边和面。

1. union 命令

可在“实体”菜单中选择“布尔值”子菜单中的“并集”命令进行操作。union 命令用于根据一个或多个原始的实体生成一个新的复合实体，一次可选择多个对象，选择的对象（实体或面域）可以重叠、相邻或不相邻。

2. subtract 命令

可在“实体”菜单中选择“布尔值”子菜单中的“差集”命令进行操作。subtract 命令将两个或多个被选中的实体组合成一个单一的实体，用于从选定的实体中删除与另一个实体的公共部分。如果没有公共部分，则第二次选择的实体消失，不会去除任何部分。如果源对象包括在第二次选择集内，那么它们都将消失。

3. intersect 命令

可在“实体”菜单中选择“布尔值”子菜单中的“交集”命令进行操作。intersect 命令不容易理解但功能十分强大，在实体建模之前，首先要分析模型的结构，使用求交运算可以获得戏剧性的效果，通常则需要多次的“加”和“减”才能获得相同的结果。

8.2.4 实体命令

1. 拉伸（extrude）命令

此命令用于通过拉伸圆、闭合的多段线、多边形、椭圆、闭合的样条曲线、圆环和面域创建特殊的实体。可创建不规则的实体，此外还允许锥化拉伸的侧面。

2. 旋转（revolve）命令

此命令通过旋转或扫掠闭合的多段线、多边形、圆、椭圆、闭合的样条曲线、圆环和面域创建三维对象，不能旋转相交或自交的多段线。

3. 按住并拖动（presspull）命令

按住或拖动有边界区域，在选择为对象以及由闭合边界或三维实体面形成的区域后，在选择二维对象以及由闭合边界或三维实体面形成的区域后，在移动光标时可获取视觉反馈。按住或拖动行为响应所选择的对象类型以创建拉伸和偏移。可拉伸两个多段线的区域创建三维实体墙。

4. 扫掠（sweep）命令

此命令通过沿路径扫二维或三维曲线来创建三维实体或曲面，并使用 SURFACEMODELINGMODE 设定 sweep 是创建程序曲面还是 NURBS 曲面。

5. 放样（loft）命令

在数个横截面之间的空间中创建三维实体或曲面。通过指定一系列横截面来创建三维实体或曲面。横截面定义了结果实体或曲面的形状，必须至少指定两个横截面。放样横截面可以是开放或闭合的平面或非平面，也可以是边子对象。开放的横截面创建曲面，闭合的横截面创建实体或曲面(具体取决于指定的模式)。

8.2.5 实体编辑命令

1. slice（剖切）命令

此命令通过剖切或分割现有的对象创建新的三维实体或曲面。可以保留剖面两边的块或只保留其中的一块。可以通过 2 个或 3 个点定义剪切平面，方法是指定 UCS 的主要平面，或者选择某个平面或曲面对象（而非网格）。可以保留剖切对象的一个或两个侧面，可以使用指定的平面和曲面对象剖切三维实体对象；仅可以通过指定的平面剖切曲面对象；不能直接剖切网格或将其用作剖切曲面。

剖切对象将保留原始对象的图层和颜色特性，但是生成的实体或曲面对象不会保留原始对象的历史记录。

2. thicken（加厚）命令

此命令将原曲面转换为具有指定厚度的三维实体。创建复杂的三维曲线式实体的一种有用方法是：首先创建一个曲面，然后通过加厚将其转换为三维实体。如果选择要加厚某个网格面，则可以先将该网格对象转换为实体或曲面，再完成此操作。

DELOBJ 系统变量可以控制在此操作后是删除原始曲面还是保留原始曲面。

3. tmprint（压印）命令

将二维几何图形压印到三维实体上，从而在平面上创建更多的边。位于某个面上的二维几何图形或三维几何实体与某个面相交获得的形状，可以与这个面合并，从而创建其他边。这些边可以提供视觉效果，并可进行压缩或拉长以创建缩进和拉伸。为了使压印操作成功，被压印的对象必须与选定对象的一个或多个面相交。“压印”选项仅限于以下对象执行：圆弧、圆、直线、二维和三维多段线、椭圆、样条曲线、面域、体和三维实体。

4. interfere（干涉检查）命令

通过两组选定三维实体之间的干涉创建临时的三维实体。干涉通过表示相交部分的临时三维实体亮显，也可以选择保留重叠部分。

按 Enter 键将开始进行三维实体对的干涉测试，并显示“干涉检查”对话框。

5. xedge（提取边）命令

通过三维实体、曲面、网络、面域或子对象的边创建线框几何图形。

6. offstedge（偏移边）命令

创建闭合多段线或样条曲线对象，该对象在三维实体或曲面上从选定平整面的边以指定距离偏移。可以偏移三维实体或曲面上平整面的边。其结果会产生闭合多段线或样条曲线，位于与选定的面或曲面相同的平面上，而且可以是原始边的内侧或外侧。

7. filletedge（圆角边）命令

为实体对象的边制作圆角，倒圆边的横切面就是倒圆的圆弧，可以自定义半径。

8. chamferedge（倒角边）命令

为实体对象的边制作倒角，选择属于相同面的多条边，输入倒角距离值，或单击拖动倒角夹点。此命令是既基于边又基于面的命令，因为斜边可以在两个面上偏移不同的距离，所以执行时要定义基本的面。倒角会在基本面和与基本面相交的面间产生。

9. solidedit（倾斜面）命令

按指定的角度倾斜三维实体上的面。正角度将向里倾斜面，负角度将向外倾斜面，默认角度为 0，可以垂直于平面拉伸，选择集里所选定的面将倾斜相同的角度。

10. solidedit（抽壳）命令

将三维实体转换为中空壳体，其壁具有指定厚度。

8.3 AutoCAD 2020 的三维编辑功能

有许多三维建模工具，包括从“特性”选项板中用于输入精确测量单位的工具到更多自由的方法（例如夹点和小控件编辑）等。某些方法专用于三维实体或网格，某些方法适用于所有对象。

在某些情况下，可以将对象从一种类型转换为另一种类型，以利用特定的编辑功能。例如，可以将选定曲面、实体和传统网格类型转换为网格对象，以便可以利用平滑功能和建模功能。同样，可以将网格转换为三维实体和曲面，以完成仅可以针对复合对象执行的某些复合对象建模任务。开始执行仅可以针对实体和曲面执行的活动时，通常建议执行转换。

8.3.1 修改三维对象的特性

可以在“特性”选项板中通过更改三维对象的设置来修改三维对象。与其他对象一样，用户可以修改三维对象（例如实体、曲面和网格）的特性。此外，还可以修改特定部件（称为子对象），比如面、边和顶点。

（1）修改图元形状：图元实体形状包括长方体、楔体、棱锥体、球体、圆柱体、圆锥体和圆环体等基本形状。每种类型的图元实体均具有独特的特性，通过在“特性”选项板中更改设置，可以修改基本尺寸、高度和形状特征。

（2）设置是否保留复合对象历史记录：对于已重新组合为复合对象的三维实体，可以选择保留历史记录子对象，该子对象表示已删除的部件。“特性”选项板控制这些历史记录的可用性和显示。

（3）修改放样设置：对于放样实体或曲面，可以修改素线的数量以及轮廓通过横截面的方式等特性。“曲面法线”特性设置可更改放样对象的整体形状。

（4）修改三维对象和子对象特性：可以在“特性”选项板中修改三维实体、曲面和网格对象的特性。此外，还可以修改各个子对象（例如面、边和顶点）的特定特性。不同类型的子对象具有不同的特性。在某些情况下，特性的应用可能会根据对象类型而变化。

（5）通过更改特性修改网格形状：网格对象具有用于控制平滑度和锐化的其他特性。面、边和顶点子对象的锐化特性也在“特性”选项板中有所反映。

8.3.2 使用夹点和小控件修改三维模型

使用夹点和小控件可以更改实体和曲面的形状和大小。

1. 选择三维子对象

可以通过在选择三维对象时按Ctrl键选择面、边和顶点。这里的子对象是指实体、曲面或网格对象的面、边或顶点。

2. 使用夹点编辑三维实体和曲面

使用夹点可以更改某些单个实体和曲面的大小和形状。用于操作三维实体或曲面的方法取决于对象的类型以及创建该对象使用的方法。使用夹点编辑对象主要包括以下几个方面：

（1）图元实体形状和多段体

可以拖动夹点以更改图元实体和多段体的形状和大小。例如，可以更改圆锥体的高度和底面半径，而不丢失圆锥体的整体形状。拖动顶面半径夹点可以将圆锥体变换为具有平顶面的圆台。

（2）拉伸实体和曲面

可以使用EXTRUDE命令将二维对象转换为实体和曲面。选定拉伸实体和曲面时，将在其轮廓上显示夹点。轮廓是指用于定义拉伸实体或曲面的形状的原始轮廓。拖动轮廓夹点可以修改对象的整体形状。

（3）扫掠实体和曲面

扫掠实体和曲面将在扫掠截面轮廓以及扫掠路径上显示夹点。可以拖动这些夹点以修改实体或曲面。

（4）放样实体和曲面

根据放样实体和曲面的创建方式，实体或曲面在横截面、路径定义直线或曲线上显示夹点，拖动定义的任意直线或曲面上的夹点可以修改形状。如果放样对象包含路径，则只能编辑第一个和最后一个横截面之间的路径部分。

（5）旋转实体和曲面

旋转实体和曲面在位于其起点上的旋转轮廓上显示夹点。可以使用这些夹点来修改曲面的实体轮廓。在旋转轴的端点处也将显示夹点。通过将夹点拖动到其他位置，可以重新定位旋转轴。

3. 使用小控件修改对象

小控件可以帮助用户沿三维轴或平面移动、旋转或缩放三维对象和子对象。小控件分为以下几种类型：

- 三维移动小控件：沿轴或平面旋转选定对象。
- 三维旋转小控件：绕指定轴旋转选定对象。
- 三维缩放小控件：沿指定平面或轴或沿全部三条轴统一缩放选定对象。
- 三维无小控件：选定某个对象时不显示小控件。

8.3.3 其他方法修改三维对象

1. 修改三维实体子对象

移动、旋转和缩放三维实体上的各个子对象。使用与修改整个对象所用的方法相同的方法修改面、边或顶点，常采用以下方法：

- 拖动夹点。
- 使用小控件（3DMOVE、DROTATE和3DSCALE）。
- 输入对象编辑命令（MOVE、ROTATE和SCALE）。

2. 处理复杂三维实体和曲面

可以通过并集、差集、交集、圆角或倒角过程修改创建的复合实体。这里不再赘述。

3. 修改网格对象

对网格对象进行建模与对三维实体和曲面进行建模在某些重要方式上有一定差异。网格对象不具有三维实体的质量和体积特性。但是，网格对象确实具有独特的功能，如网格镶嵌面等，通过这些功能，用户可以设计角度更小、圆度更大的模型。

8.4 创建建筑物三维对象

本节将通过一个别墅建筑实体模型的制作过程讲解各种实体命令的具体应用。

8.4.1 视口控制命令

首先选择“可视化”菜单“模型视口”子菜单，选择“视口设置”，在弹出的菜单中选择视口类型。创建实体模型时需要从不同的角度对模型进行考察，所以用户需要创建一个适合自己的“视口”模式，如图 8-3 所示。

在“视口设置”对话框中选择一个适合自己绘图习惯的窗口，建议最好选择四个视口的工具窗口，这样有利于在绘图过程中查看模型的状态，便于对模型进行修改。

进行完视口操作后，AutoCAD 2020 工作界面如图 8-4 所示。

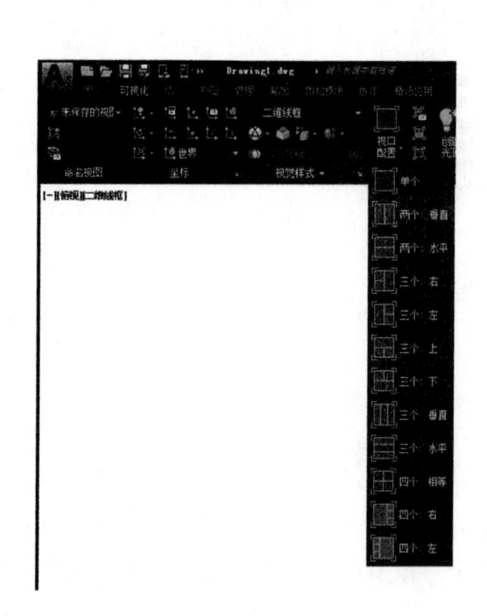

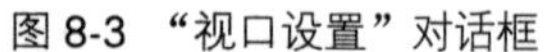
图 8-3 “视口设置”对话框

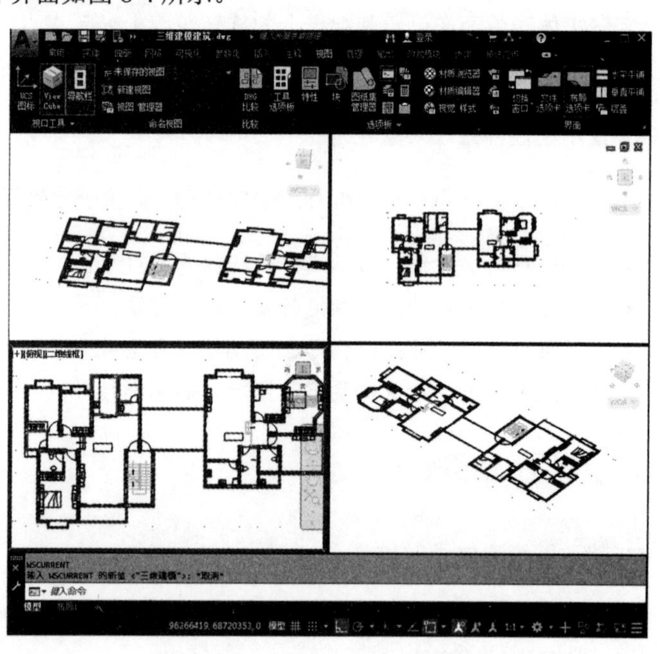
图 8-4 AutoCAD 2020 的工作界面

这样的视口布局对用户来说还需要进行调整，以便于从不同的角度进行实体模型的操作。使用“3DORBIT”命令对刚才所新建的视口进行调整。一般情况下可以选择一个俯视角度、一个透视角度、一个正面角度和一个侧面角度进行观察。也可以根据自己的习惯进行操作。在命令行中输入“3DORBIT”命令，提示如下：

```
命令：3DORBIT
按 ESC 或 ENTER 键退出，或者单击鼠标右键显示快捷菜单
```

当视口出现旋转辅助线时对相应的视口进行变换观察角度的操作，或者直接单击工具栏上的动态观察按钮，右击，在弹出的快捷菜单中进行选择，可进行视图的快速切换操作，同时还可以根据模型制作的情况选择模型显示的方式，单击“可视化”菜单“视觉样式”子菜单，如图 8-5 所示，在其中选择合适的显示样式。

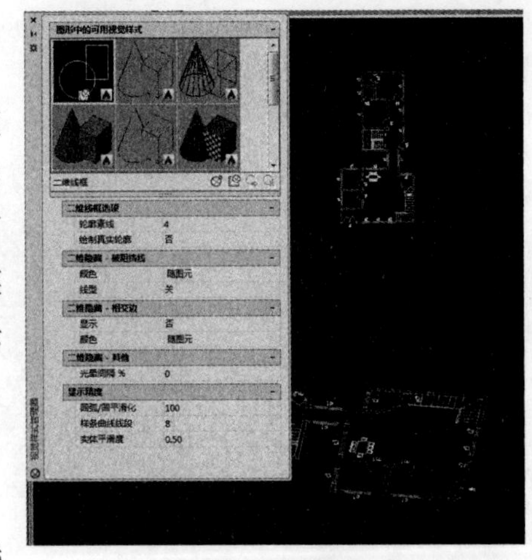

图 8-5 视觉样式

8.4.2 房屋主体建模

完成上述操作后开始进行房屋的建模过程。在俯视图中选择一层平面图，开始进行墙体建模的绘制。

1. 绘制外墙体

使用 box 命令绘制出一层外墙面。在绘制墙体时需要在端点捕捉的辅助下进行捕捉状态的切换，这样才能绘制出精确的模型，使用 F3 键可快速切换端点捕捉状态，帮助用户完成模型的创建。使用 box 命令绘出墙体轮廓，在命令行输入 box 命令，窗口提示如下：

```
命令：box
定第一个角点或 [ 中心 (C)]:
指定其他角点或 [ 立方体 (C)/ 长度 (L)]:
指定高度或 [ 两点 (2P)] <2.7228>: 2800
```

结合端点捕捉工具，沿外墙面绘制出长方体轮廓，单击鼠标左键完成轮廓绘制操作，完成后命令行会提示输入墙体高度，在命令行输入墙体高度后完成一堵墙的模型创建。使用同样的方法绘制出建筑其他外墙体。

注意，在墙体的交接点处需要绘制出重复的实体，为后面对墙面进行并集操作时提供合并的公共部分。在完成了外墙的创建后，会发现单个的长方体并没有和其他的长方体合并成为一个整体，在墙体的交接处有很多杂乱的边框线，利用 UNION 命令对绘制的墙体进行合并，在命令行输入“UNION”命令后按 Enter 键，选择所有创建的墙体，然后按 Enter 键完成操作，结束对墙体的合并操作。

使用有厚度的立方体作为房屋的墙壁能够使模型有较好的视觉效果。可以采用多段线拉伸的方式创建墙壁，使用 POLYSOLID 命令绘制出一层的外墙面。在绘制墙体时需要在端点捕捉的辅助下进行捕捉状态的切换，这样才能绘制出精确的模型，使用 F3 键可快速切换端点捕捉状态，帮助用户完成模型的创建。使用 POLYSOLID 命令绘出墙体轮廓，在命令行输入“POLYSOLID”命令，窗口提示如下：

```
命令：POLYSOLID
指定起点或 [ 对象 (O)/ 高度 (H)/ 宽度 (W)/ 对正 (J)] < 对象 >:
指定下一个点或 [ 圆弧 (A)/ 放弃 (U)]:
```

结合端点捕捉工具，沿外墙面绘制出长方体轮廓，单击鼠标左键选择闭合选项或直接输入“C”命令完成轮廓绘制操作。

越简单的模型在后期的操作中越能够更好地完成用户的编辑命令，按此造型简单的长方体比使用多段线拉伸的墙壁更能满足用户的需要。因为后期需要在墙壁上挖出门窗洞，合并后的墙体如图 8-6 所示。

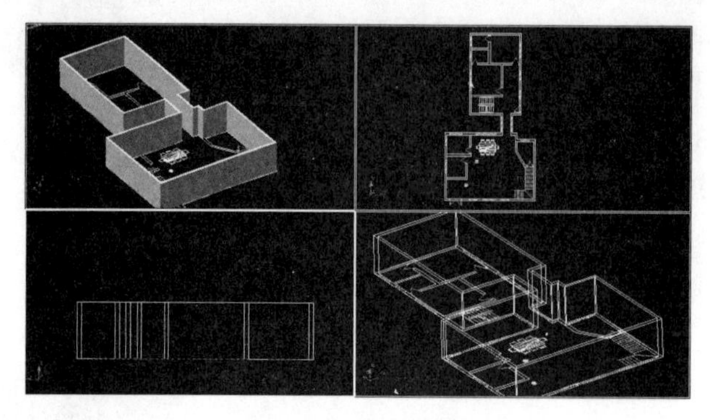

图 8-6 合并后的墙体

2. 绘制门窗洞口

接下来在绘制好的墙体上使用“差集”命令挖出窗洞。因为实体模型中 Z 轴不是标准坐标轴参照物，所以在其方向轴上不能进行精确的移动，虽然可以通过对 UCS 坐标进行重新定义，但是为了用户所绘制的模型与设计图纸上的设计有较高的精确度，绘制方式通过在挖窗洞之前的墙体绘制出一个参照实体，对所挖的窗洞物体进行精确的定位后进行操作。在俯视图中绘制出和窗体大小相同的长方体，在墙体边缘绘制一个长方体作为参照物。绘制好后使用 MOVE 命令将窗洞物体移动到参照物体的上方。绘制好需要挖出的墙洞物体后，在命令行输入“MOVE”命令，按 Enter 键，结合 F3 功能键，捕捉长方体端点，并将其移动到参照长方体上的参照点处。窗洞物体移动结果如图 8-7 所示。

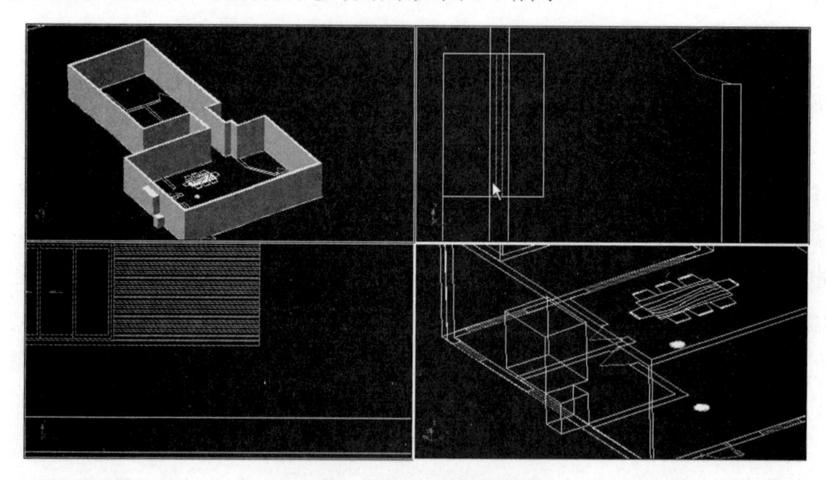

图 8-7 窗洞物体移动结果

完成窗洞物体的定位后使用 SUBTRACT 命令在墙体上将窗洞物体挖出，在命令行输入命令后，按 Enter 键后，选择墙体模型，再按 Enter 键确定选择结果，然后选择窗洞物体，按 Enter 键完成操作。形成窗洞的结果如图 8-8 所示。

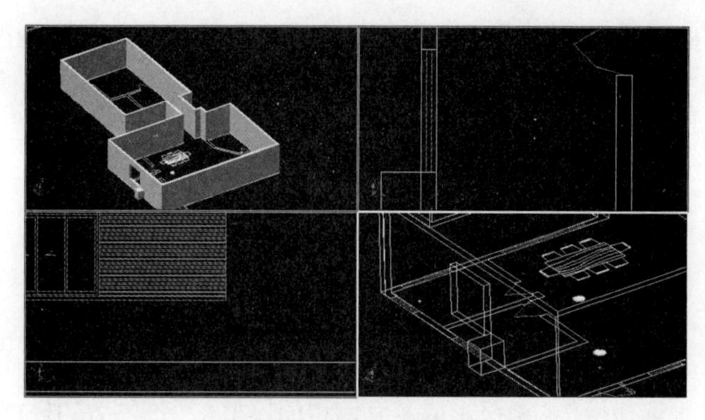

图 8-8　形成窗洞的结果

使用如上操作完成其他窗洞的创建过程。然后选择二层平面图，按照如上步骤完成墙体和窗洞的创建过程。

3. 创建阳台

在绘制完成的一层模型上绘制出建筑后部阳台模型，即一块长方体模型，为了所绘制的模型具有较高的真实感，使用 FILLET 命令进行一定的细部处理。在阳台模型进行 MOVE 操作时，没有较好的参照点进行操作，所以需要绘制出参照方体，多次使用 MOVE 命令，以期在模型空间中找出一个较好的参照点将阳台模型移动到上面，阳台模型边缘采取一定的圆角处理，数值不定，具体操作方式参看下面栏杆细部处理操作过程。

在完成的二层模型上使用 UNION 命令合并所有单个实体模型，使用 MOVE 命令将二层模型移动到一层模型上端，如果没有参照点，需要用户自己进行绘制参照点的操作，使用方体命令提供参照点。最终完成的建筑主体模型结果如图 8-9 所示。

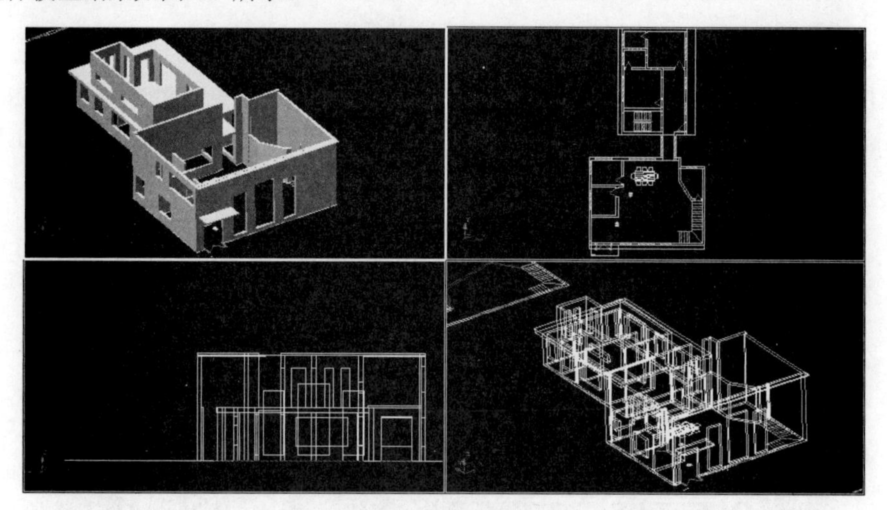

图 8-9　建筑主体模型

4. 创建栏杆

接下来开始创建二层栏杆模型。和创建墙体的模型相似，先创建出栏杆的整体轮廓，再挖出洞口。在此需要使用 FILLET 命令对挖出的轮廓进行修饰。在命令行中输入“FILLET”命令，命令窗口提示如下：

```
命令：FILLET
当前设置：模式 = 修剪，半径 = 2.0000
选择第一个对象或 [放弃(U)/多段线(P)/半径(R)/修剪(T)/多个(M)]：r
指定圆角半径 <2.0000>：3
选择第一个对象或 [放弃(U)/多段线(P)/半径(R)/修剪(T)/多个(M)]：
输入圆角半径 <3.0000>：3
选择边或 [链(C)/半径(R)]：
```

已拾取到边。选择需要倒圆角的边，选择后按 Enter 键确定，输入倒角的半径。如果相邻的边也要倒角，可以在按 Enter 键后进行选择操作。最终形成具有倒边的模型，经过倒边的模型能够反映出真实的感觉，所以细心地完成这个步骤用户将发现所创建的模型细部特征更加明显，具有更好的真实感。倒角后的栏杆轮廓如图 8-10 所示。

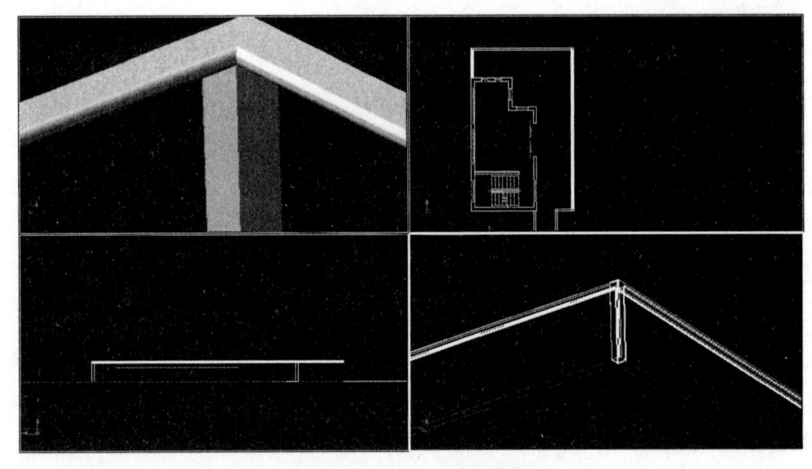

图 8-10 倒角后的栏杆轮廓

接下来使用 CYLINDER 命令创建栏杆细部，在命令行中输入“CYLINDER”命令，按 Enter 键，在二层平面图上确定圆柱体中心点，然后在命令行输入栏杆高度，完成单体栏杆的模型创建工作，如图 8-11 所示。

图 8-11 单体栏杆的模型创建

完成上述操作后，使用 ARRAY 阵列命令创建出其他的栏杆单体。在命令行中输入“ARRAY”命令，选择圆柱体单体，按 Enter 键，选择阵列方式，再根据实际更改相关数值，弹出的对话框如图 8-12 所示。

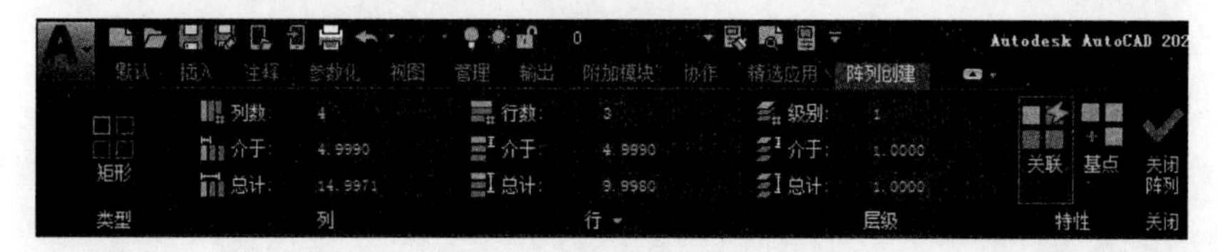

图 8-12 “阵列”选项板

在行命令输入栏中输入要阵列的数目，在行偏移输入栏中输入每个模型物体之间的间距即自动显示更改状况。使用同样的操作方法创建出其他栏杆。阵列完成后，使用 UNION 命令将所有的单体合并成为一个实体模型以方便移动、复制等其他操作，栏杆模型最终结果如图 8-13 所示。

AutoCAD 2020 还提供了另外一种阵列模式——路径：选择源对象，输入“ARRAY”命令按 Enter 键，选择路径（PA）命令，再根据提示选择曲线或折线，也就是需要阵列的路线，本图中选择栏杆折线，最后在命令输入栏中输入相关数值即自动显示更改状况。

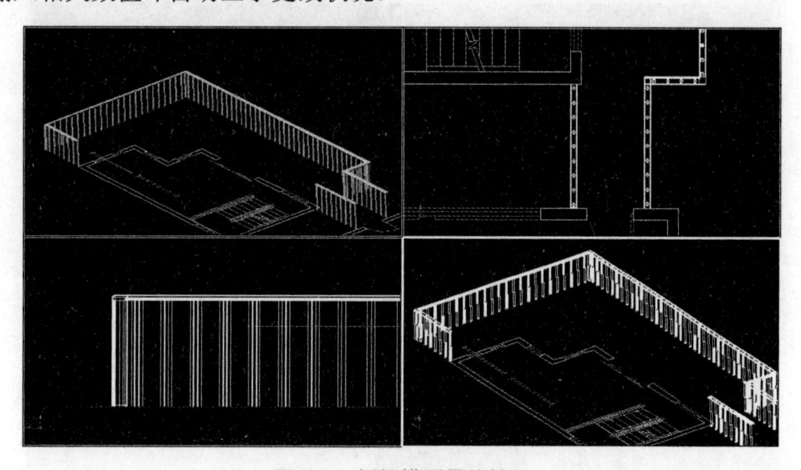

图 8-13 栏杆模型最终结果

完成栏杆的建模后，使用 MOVE 命令将栏杆移动到一层建筑上方。同理，如果经过合并操作后的建筑主体没有参照点，用户需要绘制一个方块体进行移动的参照物。栏杆移动结果如图 8-14 所示。

图 8-14 栏杆移动结果

使用阵列命令能够方便地创建出变化规则的复杂实体模型的集合，能够适当、熟练地利用阵列命令，将减少用户创建实体模型中的复杂操作步骤。需要注意的是，阵列命令需要依靠用户定义的 UCS 坐标进行方位的确定操作，所以要在所绘实体模型与 UCS 坐标相匹配的视口中进行以上操作，不然将得到错位的模型。

8.4.3 细部模型的创建

一个模型能够真实，关键就是细部上的细节体现，需要用足够的耐心来完成这项工作。

1. 创建窗户和门

根据窗洞尺寸绘制出一个适合的长方体，量出窗框的宽度，在窗体立方体上挖出窗框的形状，挖出时需要用户绘制一个立方体作为参照物体，在制作内框窗框时也需要制作一个参照物体，多次的差运算最终形成的挖出结果如图 8-15 所示。

图 8-15 挖出窗框

接下来创建一个长方体作为玻璃，将其移动到窗框中心部位。按照上一次窗框制作方法制作出窗体模型。在制作百叶窗条时，需要将所绘制的长方体进行旋转，这时系统所默认的 UCS 坐标 X、Y 轴与用户当前使用的进行旋转等操作的 X、Y 轴不同，所以需要自定义 UCS 坐标，完成百叶窗条的旋转操作。进行 UCS 坐标定义的操作如下：

选择一个视口作为操作视口，在命令行中输入“3DORBIT”命令，当操作窗口出现旋转辅助线时，右击，弹出快捷菜单，如图 8-16 所示。在弹出的快捷菜单中，可以方便地对视口进行切换操作，将所需要的视口切换到对操作对象的剖面视口。单击菜单栏中的“正交”菜单，在下拉菜单中选择“正交 UCS”菜单栏，然后在弹出的菜单栏中选择“后视”选项，就可以看到视口窗口的左下角 UCS 坐标发生了变化，这时可以对所要操作的百叶窗条进行旋转操作。

单击“修改”菜单中的“旋转”命令，或使用 RO 旋转快捷命令进行旋转操作。执行旋转操作后，首先要确定一个基点，让物体围绕这个基点进行旋转，确定百叶窗条的旋转角度后单击鼠标右键完成操作，也可使用键盘输入旋转角度，然后按 Enter 键完成操作。这样对百叶窗条进行一定角度的旋转，使其具有百叶窗的特点。在完成了一个百叶窗条的操作后，选择“修改”菜单中的“阵列”选项，打开阵列对话框。

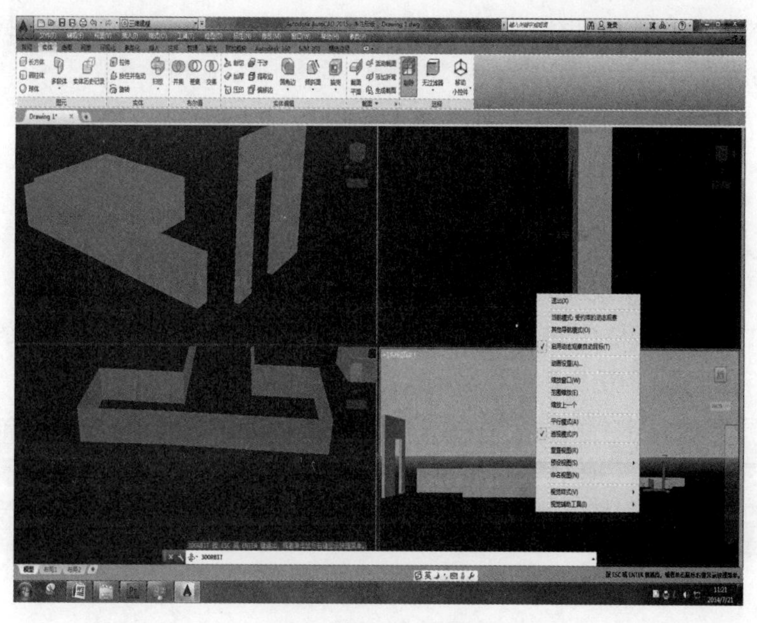

图 8-16 弹出快捷菜单

接下来进行门的建模，门的建模思路与窗户的建模思路应该是相反的，在进行窗户建模时大部分是采用挖出的命令形成窗框，而在进行门的建模时，应该采取的是合并的方式创建，在门的细部采用不同的细节处理，以期获得更好的模型效果。门的类型不同，采取的建模方式也不同，接下来将对几个有代表性的门进行实例操作，相信读者可以想出各种具有自己创意灵感的思路来制作模型。

首先根据设计数据挖出门套模型，在挖出门套模型时，根据所设计的门套尺寸，在门套模型边缘处绘制出一个参照方体，方体的尺寸需要根据不同的门洞模型进行处理。在进行差操作之前，需要将门主体模型进行复制，为后面门的具体细部模型的创建提供场所。

在命令行中输入“CO”命令，选择门主体模型后按 Enter 键，使用 F3 功能键捕捉门的端点，将其移动到参照方体旁。复制移动结果如图 8-17 所示。

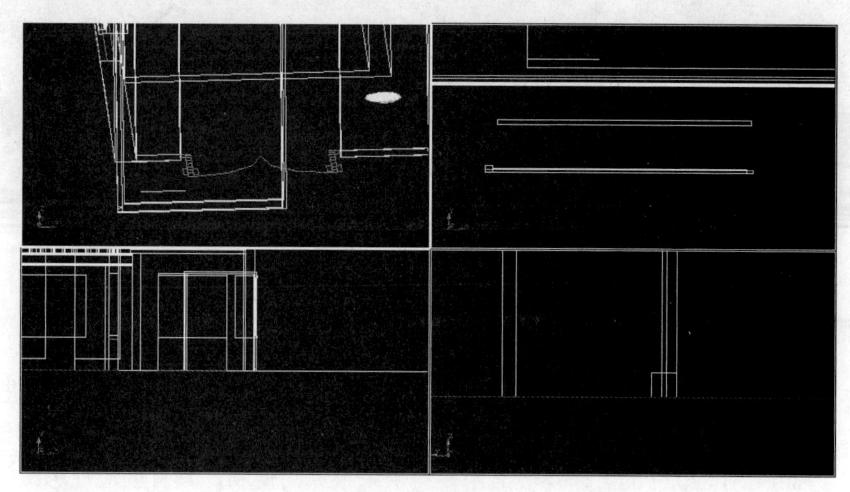

图 8-17 移动复制结果

完成门套创建的工作后，选择门主体模型，将其移动到操作方便的位置。使用 SLICE 命令对其进行切割，创建出两扇门的主体模型。在命令窗口中输入“SLICE”命令，提示如下：

```
命令： SLICE
选择要剖切的对象： 找到 1 个
选择要剖切的对象：
指定切面的起点或 [ 平面对象 (O)/ 曲面 (S)/Z 轴 (Z)/ 视图 (V)/XY(XY)/YZ(YZ)/ZX(ZX)/ 三点 (3)] < 三点 >:
指定平面上的第二个点： < 正交 关 >
在所需的侧面上指定点或 [ 保留两个侧面 (B)] < 保留两个侧面 >: B
```

完成门的切割工作后，使用 FILLET 命令对门框进行细部修饰，采用此命令的目的是将门框边缘制作成具有倒边的效果，这样才具有更加真实的效果。

根据现实中观察到的模型物体的特征对所创建的模型物体进行细部的详细处理，能够方便、有效地创建出具有真实感的模型物体。也可根据设计师的设计对模型物体进行变形等特殊处理，表达设计效果。总之，强调模型细部的创建工作，将建模工作与使用一般的实体命令搭积木进行区分开来，是进行建模工作的根本宗旨。

2. 创建门把手

完成门的主体模型创建后，接下来是门把手等细部物体的创建，使用圆柱体和球体相互结合的方式制作出门把手物体模型。制作完成后如图 8-18 所示。

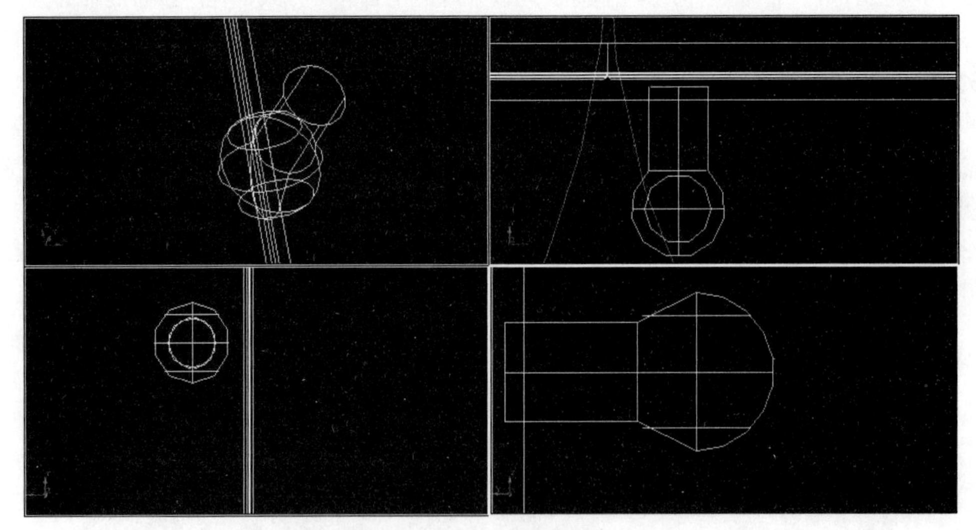

图 8-18 门把手物体模型

3. 创建大落地窗模型

完成了主体门的创建后，开始正面大落地窗模型的创建。这里可以采取另外一种思路进行模型的创建。因为模型的创建方式可以说并无任何特定的规则，所以用户应该根据实际情况选取更加简便的方式来完成模型的创建工作。AutoCAD 2020 的工作环境给用户提供了很大的便利，具有创造性思维的方式更能适应这样的工作。

使用前面门套的制作过程完成窗套的模型创建工作，观察大落地窗的构造，可以看到它是由不规则矩形形成的图案。按照以前的模型创建工作，需要对主窗体进行多次切割，而且需要用户绘制很多的参照方体来完成精确的切割工作。

采取逆向思维的模式，可以参照平面设计图的设计来完成这项工作，具体步骤如下：

（1）窗套的创建，方法同门套的创建。

（2）在平面图上使用方体命令绘制出各个不同规格的矩形，在绘制过程中可加入其他命令对所进行的操作进行简化。

在绘制过程中可以看到，窗体有左右对称的特点，利用其特点，采用镜像工具来简化建模过程。

合理地利用模型物体的特征，使用不同的命令能够大大减少用户在建模过程中所花费的时间。基本的操作命令在不同的建模过程中所起到的作用也不是完全一样的。往往采用一种方式很难完成，实体模型采用多种方式结合来创建能够大大地减少工作量。

前文所涉及的建模命令已经讲解了很多，只使用这些命令，而不考虑在使用过程中的建模思路，用户的使用效果将会大打折扣。只有时常思考不同的模型物体的特征、采用不同的思路进行模型创建的工作，才能更加高效地利用这些创建命令创建出高精度的模型实体。

结合 F3 键，捕捉方体端点绘制出具有一定厚度的方体，其中在对称中心的矩形，结合端点和中点的捕捉用户就能方便地完成方体的创建，方体创建结果如图 8-19 所示。

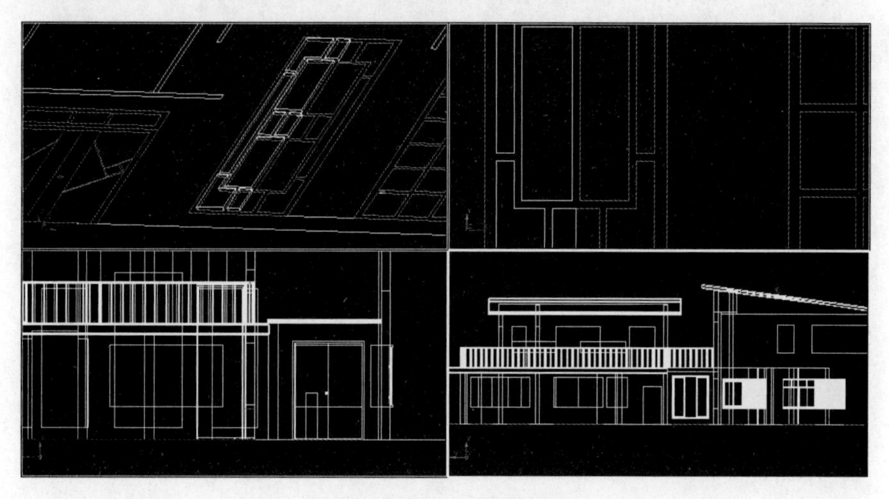

图 8-19　方体创建结果

对规则物体的创建没有任何难度可言，但是用户要注意在完成基本方体的创建工作后，记得使用 UNION 命令将所创建的方体进行合并操作，这样就能够避免在以后的切割工作中造成模型之间存在缝隙的情况。

接下来通过使用“镜像”命令对所绘制的模型进行镜像复制操作。在“修改”菜单中，选择“镜像”命令，也可直接在命令行中输入“MIRROR”命令直接进行操作。具体命令如下：

```
命令 : MIRROR
选择对象 : 找到 1 个
选择对象 :
指定镜像线的第一点 : 指定镜像线的第二点 :
要删除源对象吗? [ 是 (Y) / 否 (N)] <N>: n
```

在进行镜像线的捕捉时，打开对象捕捉工具捕捉所要绘制的对称模型的端点。这样镜像后的模型自动与原模型交接，避免缝隙的产生。

完成上述操作后，需要将在平面上的模型进行旋转，旋转在立面上才能与绘制的窗体主体模型进行其他操作。选择左视口，在菜单栏中选择工具菜单，在弹出的下拉菜单中选择正交 UCS 菜单，在扩展菜单中选择右视命令，完成 UCS 坐标的定义操作。

进行 UCS 坐标变换的操作能够方便地在不同的视口中对模型物体进行编辑操作。在所创建的视口中定义不同的 UCS 坐标，既能避免频繁地改变 UCS 坐标的操作，也能满足用户操作的需要。

在完成上述操作的前提下可以对所创建的模型进行旋转操作，选择“修改”菜单中的“旋转”选项，也可直接在命令行中输入“ROTATE”命令进行操作，具体操作步骤参见前面百叶窗体创建过程，旋转结果如图 8-20 所示。

完成旋转操作后就可以对窗体模型进行细部构造了。注意，在进行上述操作时所创建的窗体模型厚度一定要适中，这样可以避免在后面再创建一个模型充当窗体的玻璃模型，直接通过复制窗体模型而赋予不同的材质来完成窗体玻璃模型的创建。

同样创建一个参照方体，使用 CO 命令将窗体模型移动到窗体主体模型上，再使用差运算完成窗框模型的创建。窗框模型如图 8-21 所示。

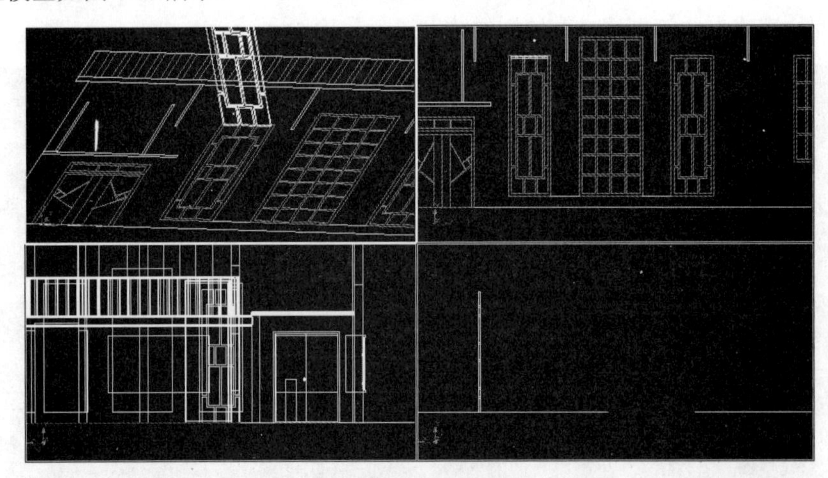

图 8-20 旋转结果

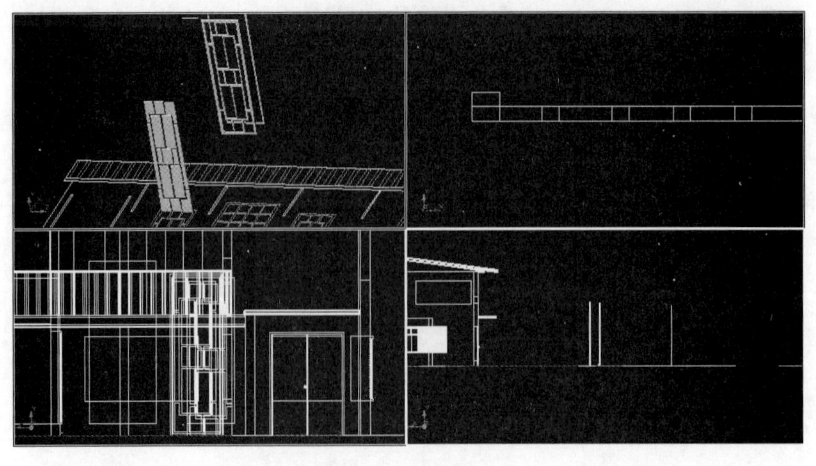

图 8-21 窗框模型

在完成以上操作后使用 FILLET 命令对窗框进行细部的修饰，使其更具有真实感，具体操作过程参见以上步骤，修饰结果如图 8-22 所示。

图 8-22　细部修饰结果

圆滑的边角不仅能够体现真实物体的感觉，还能够充分表现模型材质的特点，在建模过程中多花一点时间建成的模型所产生的感觉与用简单几何体搭建而成的模型之间的差别会很大。

完成细部操作后，将原来创建的窗体模型使用 MOVE 命令移动到窗框上，具体操作步骤如上所示。然后将移动后的模型移动到已经制作完成的窗套模型上，完成一扇大落地窗的创建。注意，在进行操作时，要有意识地进行一定空间层次感的移动，因为所移动的模型物体都是多个模型相互组合在一起的，并没有进行合并操作，这样在以后赋予材质和进行修改、移动时为了用户工作的方便应当有一定的空间感，避免对后期工作所产生的不利影响。大落地窗模型如图 8-23 所示。

图 8-23　大落地窗模型

为了模型之间不产生任何缝隙，在选取移动参照点时，应当选取没有进行过细部操作而产生了变形的点，这样才能保证所创建模型的精确闭合。

4. 创建主落地窗模型

接下来制作主落地窗模型。主落地窗是由大小相同的矩形阵列形成，也可采用阵列的方式制作。在平面图上绘制出一个矩形，然后使用“修改”菜单中的“阵列”选项制作出其他方体，阵列结果如图 8-24 所示。

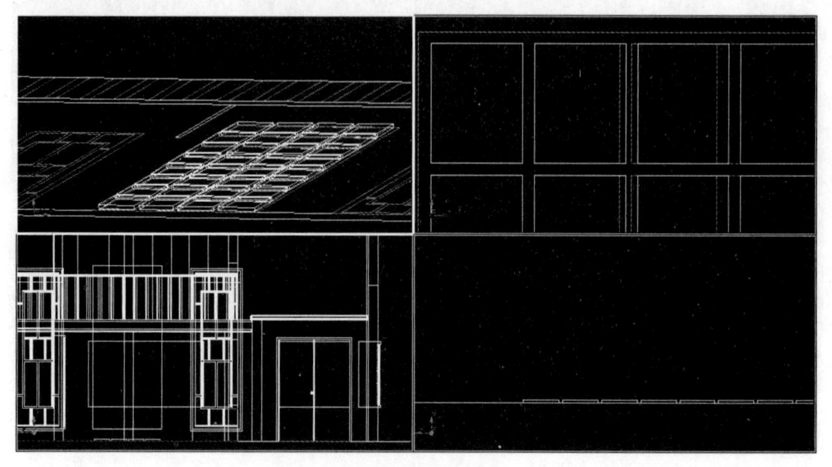

图 8-24 阵列结果

然后根据窗框外形绘制出主体窗体矩形，通过差运算挖出窗框模型。在进行差运算之前，先使用 UNION 命令将所有的方体合并成为一个实体模型，然后使用 CO 命令复制出另外一个矩形阵列。接下来可以挖出窗框模型。最后在修改过 UCS 坐标的视口中将所挖的窗框进行旋转。最终窗框效果如图 8-25 所示。

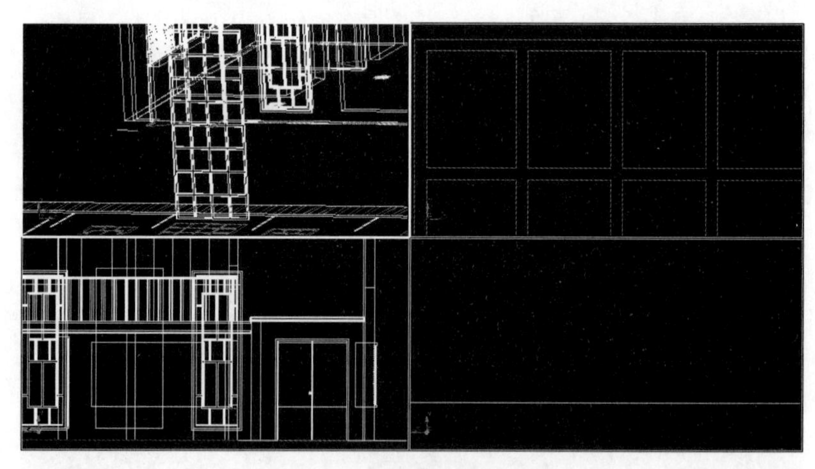

图 8-25 最终窗框效果

在进行旋转操作时，将正交命令打开。打开正交命令后，将根据所使用的 UCS 坐标进行匹配，这样在进行旋转时可以方便地完成 90 度角的旋转操作命令，避免手动操作对角度的影响。

将复制后的矩形阵列使用 MOVE 命令移动到窗框物体上，然后制作出窗套模型物体，最终完成主落地窗模型，如图 8-26 所示。

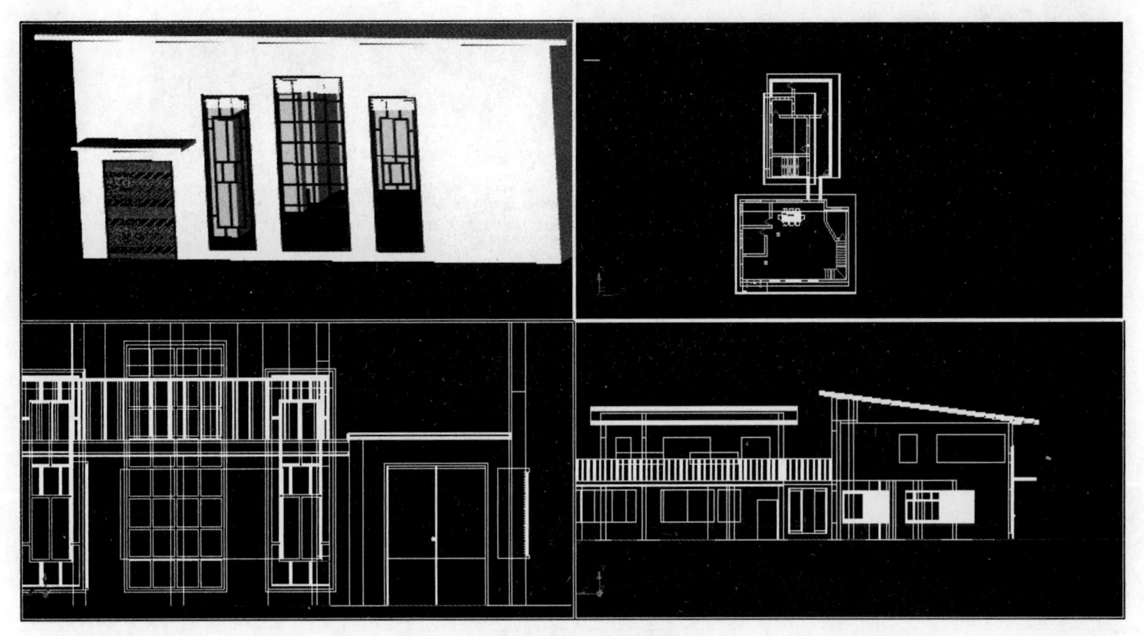

图 8-26 主落地窗模型

接下来使用相同的方法制作出其他窗和门的模型，就可以完成建筑整个主体的建模。

8.4.4 屋顶建模

接下来给房屋创建具有坡度的屋顶。在 AutoCAD 2020 中，不规则物体的创建难度较高，在熟悉了整个操作环境和操作过程后，再逐步讲解屋顶的建模，可使读者更加高效地学习后面部分。

屋顶的建模采用搭积木的方式来创建。在平面上使用方体命令绘制出屋顶模型，切换视口，在工具菜单中选择正交 UCS 坐标，选择合适的 UCS 坐标后，使用“修改”菜单的“旋转”命令或直接在命令行中输入“ROTATE”命令进行操作。

接下来为建筑主体和倾斜的屋顶之间进行模型的连接操作（使用到一个新的命令）。楔体命令能够在建筑主体和屋顶之间进行连接，可在“实体”选项卡中选择“楔体”选项或在命令行中输入“WEDGE”命令。楔体命令的具体操作如下所示：

```
命令 : WEDGE
指定第一个角点或 [ 中心 (C)]:
指定其他角点或 [ 立方体 (C)/ 长度 (L)]:
指定高度或 [ 两点 (2P)] <38.0301>: 50
```

需要注意的是，楔体的倾斜角度和旋转屋顶时的角度要一致，这样才能够让产生的模型合并起来。对于此例，因为建筑主体并不规则，所以在使用楔体的同时需要将其余部分使用方体进行连接，这样在合并之后才不会产生偏差。

完成屋顶模型的建模后，使用 MOVE 命令将其移动到建筑主体上，也可在命令行中直接输入“M”进行移动操作，模型最终完成效果如图 8-27 所示。

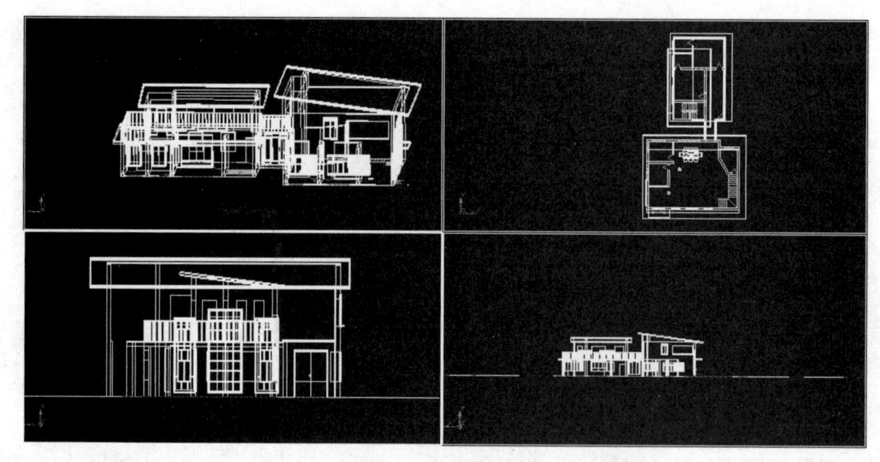

图 8-27 模型完成效果

8.5 渲染工具栏命令详解

在完成模型的创建工作后，接下来的工作需要为模型赋予材质、打上灯光和添加其他配景，这样才算最终完成渲染图纸的工作。

8.5.1 创建渲染材质

1.“渲染”工具栏

“渲染”工具栏可在“可视化”选项卡中直接打开，如图 8-28 所示。单击带有◪符号的下拉菜单，则显示高级渲染设置选项卡，如图 8-29 所示。

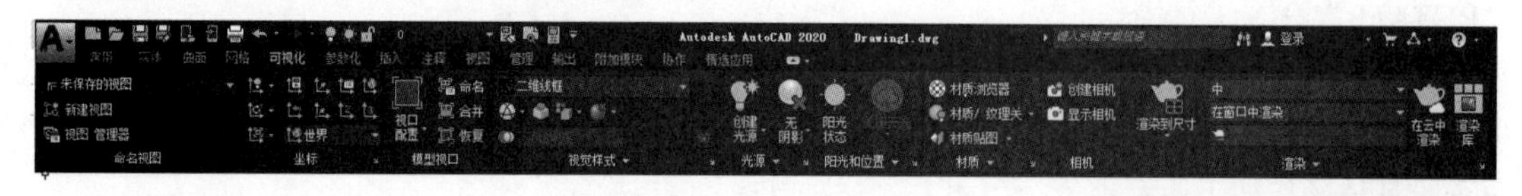

图 8-28 “渲染”工具栏

2. 材质的创建

“材质”工具栏也在“可视化”选项卡下。单击“可视化”选项卡的“材质”选项右侧的◪符号，弹出“材质编辑器”选项卡，如图 8-30 所示，并可同时单击“材质浏览器”选项，弹出如图 8-31 所示的选项卡。

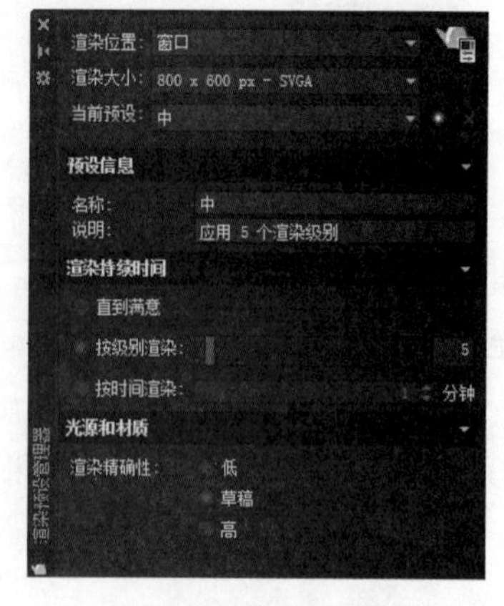

图 8-29 高级渲染设置

图 8-30　材质编辑器

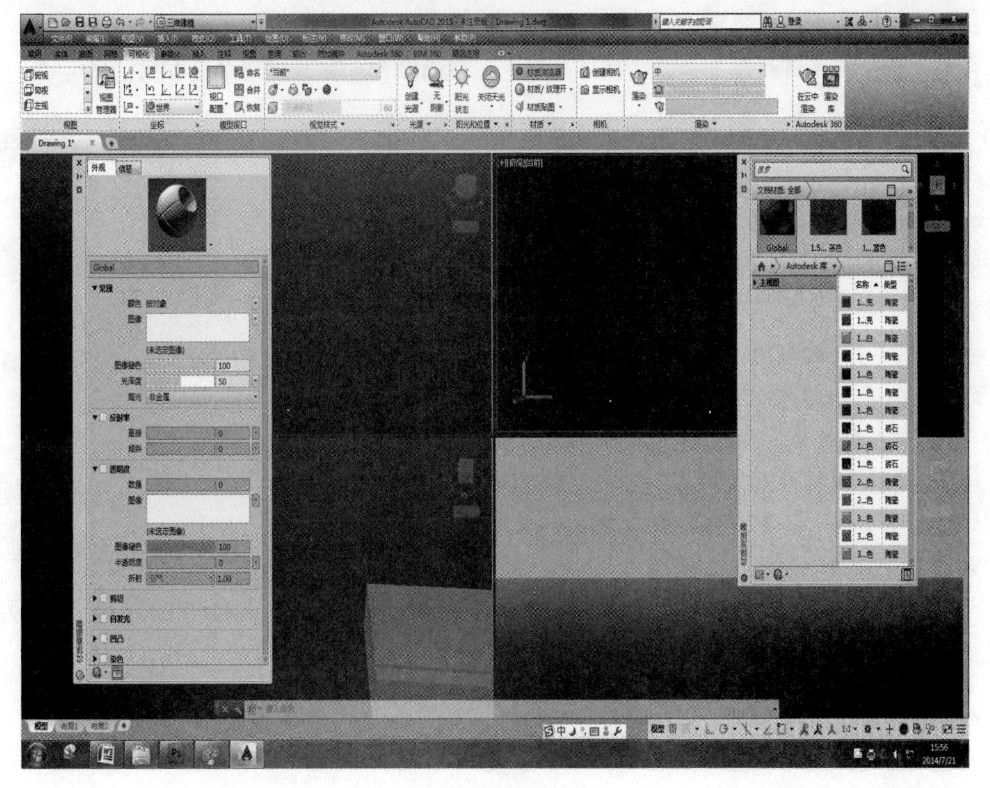

图 8-31　材质浏览器

接下来开始对模型物体进行赋予材质操作，在材质编辑器下单击按钮，或者直接在材质浏览器中选择所需要的材质缩略图，就可以在材质编辑器中编辑材质的属性。

3. 材质的属性调整

在“材质”窗口的“材质编辑器”部分可以选择材质类型和样板以创建新材质。设置这些特性后，用户可以使用贴图（例如纹理贴图或程序贴图）、“高级光源替代”“材质缩放与平铺”和“材质偏移与预览”设置进一步修改新材质。

（1）在“材质编辑器”面板中，可以设置以下特性：

- “真实”类型和“真实金属”类型。基于物理性质的材质，可以从预定义的材质（例如“瓷砖”“釉面”“织物”或“玻璃”等）列表中选择材质样板。
- “高级”类型和“高级金属”类型。具有多个选项的材质，包括可以用来创建特殊效果（例如模拟反射）的特性。“高级”类型和“高级金属”类型不提供材质样板。

新图形中始终有一个材质可用，即 GLOBAL。默认情况下，此材质使用“真实”样板，并将应用于所有对象，直到在对象上更改了材质。可以使用此材质作为创建新材质的基础。

对于颜色选项，对象上材质的颜色在该对象的不同区域各不相同，并可以为使用“高级”材质类型或者有两种颜色的“高级金属”材质类型的材质设置 3 种颜色：

- 漫射颜色，材质的主要颜色。
- 环境色，仅受环境光照亮的面所显现出的颜色。环境色可能与漫射颜色相同。
- 镜面颜色，有光泽材质上的高亮区域的颜色。镜面颜色可能与漫射颜色相同。

（2）贴图面板如图 8-32 所示。在该面板中，可为材质的漫射颜色指定图案或纹理。贴图的颜色将替换“材质编辑器”中材质的漫射颜色。对于“真实”材质类型和“真实金属”材质类型，“材质”窗口的“贴图”部分分为 3 个贴图通道部分：漫射贴图、不透明贴图和凹凸贴图。对于“高级”材质类型和“高级金属”材质类型，“贴图”部分分为 4 个贴图通道部分：漫射贴图、反射贴图、不透明贴图和凹凸贴图。在每个贴图通道中均可选择贴图类型纹理贴图或程序贴图中的一种。

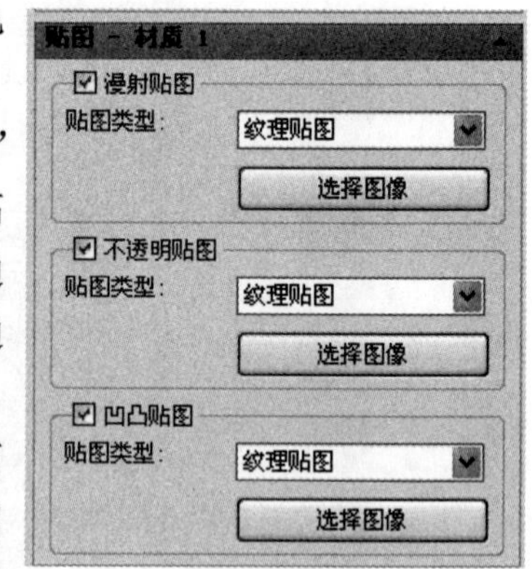

图 8-32 贴图面板

（3）“高级光源替代”面板如图 8-33 所示。“高级光源替代”面板提供了用于更改材质特性的控件，以影响渲染的场景。此控件仅可用于“真实”材质类型和“真实金属”材质类型。全局照明是一种间接发光技术，可以生成诸如颜色渗透之类的效果。光线照射到模型中的有色对象上时，光子将反弹到相邻的对象上并使其带有原对象的颜色。间接发光通过模拟场景中对象之间的光线辐射或相互反射来增强场景的真实感。可以设置以下参数：

- 颜色饱和度：增加或减少反射颜色的饱和度。
- 间接凹凸度：缩放由间接光源照亮的区域中基本材质的凹凸贴图的效果。

- 反射度：增加或减少材质反射的能量。反射度是指从材质反射的漫射光能量的百分比。
- 透射度：增加或减少材质传递的能量。透射度是透过材质传输的光源能量。完全不透明的材质的透射度为 0%。

（4）“材质缩放与平铺”面板如图 8-34 所示。该面板通过更改贴图设置可以修改贴图特性以创建复杂图案。以下是可用于控制材质缩放与平铺的设置：

- 平铺、镜像、无：可以对材质进行平铺或镜像，以创建图案；或选择“无”，以对贴图图案不做任何修改。
- 比例单位：可以指定真实世界单位，以用于缩放。选择“无”，以使用固定比例；或选择“适合物件”，以使图像适合面或对象的尺寸。
- U、V 平铺设置：可以控制样例中材质的坐标。对这些设置进行更改时，“材质偏移与预览”面板将显示预览。
- 同步设置：可以通过选择“同步”在所有贴图之间同步缩放和平铺。

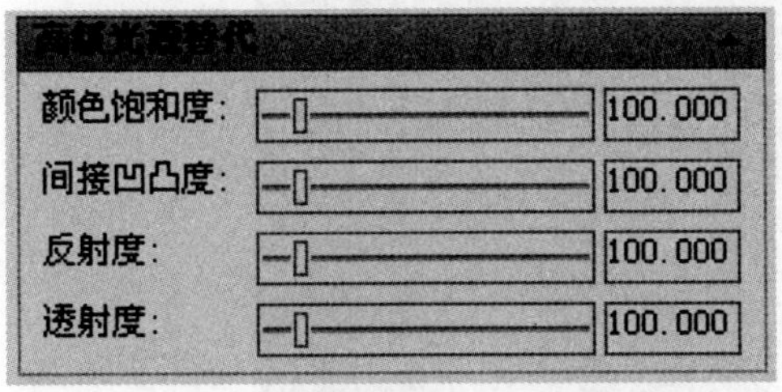

颜色饱和度:
100.000
间接凹凸度:
100.000
反射度:
100.000
透射度:
100.000

图 8-33 “高级光源替代”面板

比例单位:
无
U 平铺:
平铺
1.0000
V 平铺:
平铺
1.0000

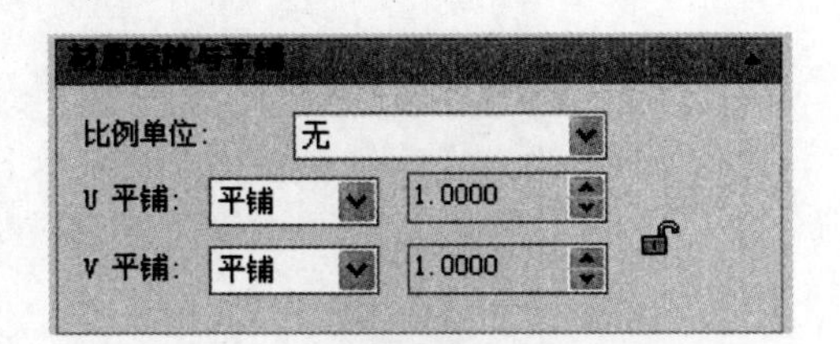

图 8-34 “材质缩放与平铺”面板

（5）材质纹理编辑器如图 8-35 所示。该面板可以为所有贴图级别的贴图指定材质偏移和预览设置。以下是用于控制材质偏移与预览的可用设置：

- 位置：控制材质在样例上的坐标和旋转。偏移。沿 X 轴或 Y 轴移动贴图的起始点。旋转。在 180 度至-180 度之间旋转贴图。旋转不适用于球面贴图和柱面贴图。使用 MATERIALMAP 可显示能够旋转长方体贴图、平面贴图、球面贴图和柱面贴图的贴图工具。
- 缩放：控制某些程序纹理的缩放。样例大小。 指定纹理的垂直或水平缩放。此设置仅在“方格”“渐变”和“平铺”纹理上可用。
- 重复：控制纹理图案的创建和修改。水平：沿 X 轴调整纹理的平铺。垂直：沿 Y 轴调整纹理的平铺。选择“平铺”可在材质中平铺或重复图案。选择“无”以指定不重复的图案。

12.00 in
12.00 in
平铺
4.00
4.00
1
1.00

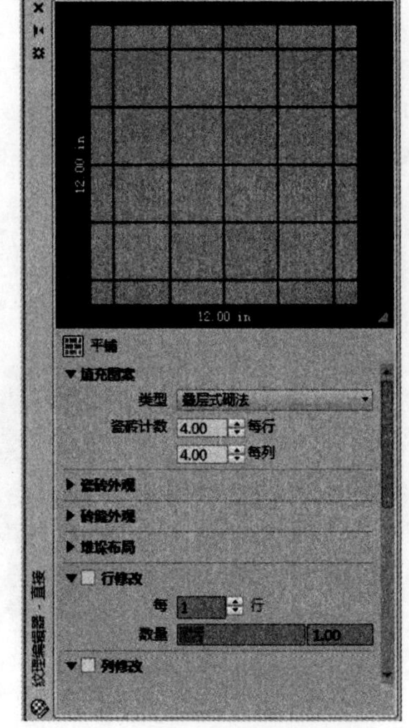

图 8-35 材质纹理编辑器

8.5.2 材质的修改与赋予

可以将一种材质应用到各个对象和面，或应用到一个图层上的对象。 要将材质应用到对象或面（曲面对象的三角形或四边形部分），可以将材质从工具选项板拖动到对象。材质将添加到图形中，还会作为样例显示在“材质”窗口中。

当在“材质”窗口中创建或修改材质时，用户可以执行以下操作：

- 将材质样例直接拖动到图形中的对象上。
- 将材质样例拖动到活动的工具选项板以创建材质工具。
- 将材质随层应用到对象（MATERIALATTACH）。材质将应用到该图层上的所有对象，并且该图层的“材质”特性将设置为 BYLAYER（默认设置）。
- 通过单击“材质”选项板中的“将材质应用到对象”按钮，将材质指定给对象。

可根据特性窗口和图层管理窗口对所绘制的模型物体进行图层分类。选项板操作如上所述。在“常用”选项卡中的“图层”栏上单击“图层特性”按钮，也可直接输入“LA”快捷命令打开图层特性管理器，如图 8-36 所示。

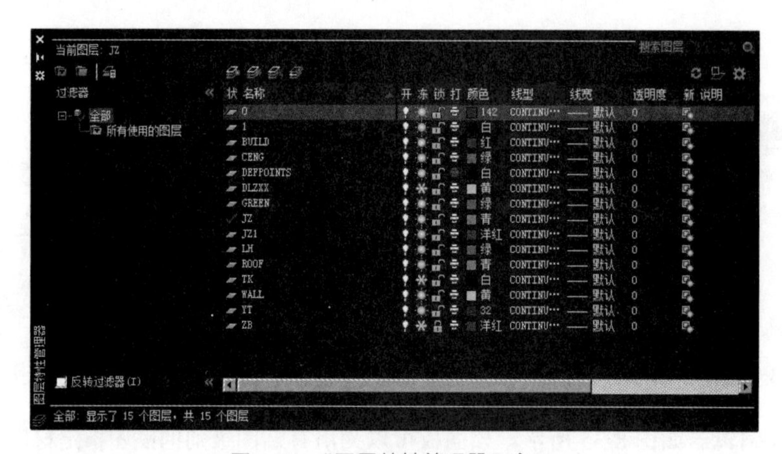

图 8-36 “图层特性管理器”窗口

在图层特性管理器中新建用户所需要的图层，只有在新建图层时才能够对模型物体进行分类操作。进行分类操作时，选择用户需要进行分类的模型物体，在图层工具栏中选择图层选项，在下拉菜单中选择所要进行分类的图层。选择图层示意图如图 8-37 所示。

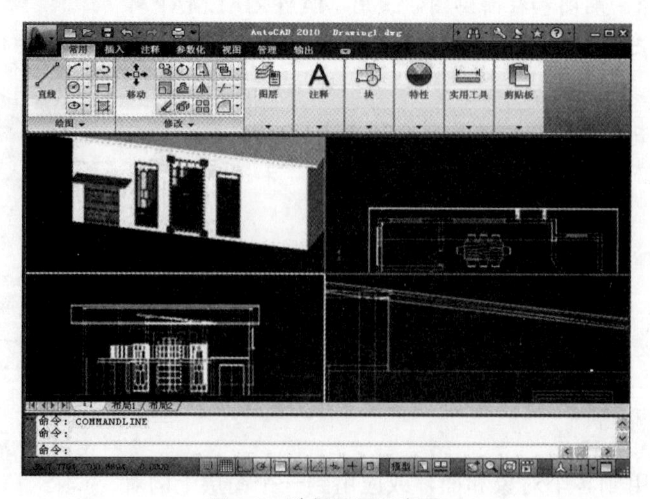

图 8-37 选择图层示意图

在完成对模型物体的分类工作后，进入根据图层附着材质窗口。根据图层进行材质赋予和根据颜色索引进行材质赋予类似，都是能够大批量地进行赋予材质工作的操作，有利于操作的简便，但是这样的操作并不能保证材质赋予工作 100% 准确，所以还要根据情况对其进行修改。修改设置时，设置将与材质样例一起保存。所做更改将显示在材质样例预览中。再次渲染图形时，所做更改将应用于所有具有已更改材质的对象。

8.5.3 灯光创建与修改

在三维场景处理过程中，灯光的设置尤其重要，对后期渲染效果有重要的影响。在 AutoCAD 2020 中，场景中没有光源时将使用默认光源对场景进行着色。来回移动模型时，默认光源来自视点后面的两个平行光源，模型中所有的面均被照亮，以使其可见，可以控制亮度和对比度，但不需要自己创建或放置光源。

单击“可视化”选项卡下光源选项栏中的创建光源，弹出创建光源类型菜单的窗口，再单击“点光源”，弹出如图 8-38 所示的对话框。

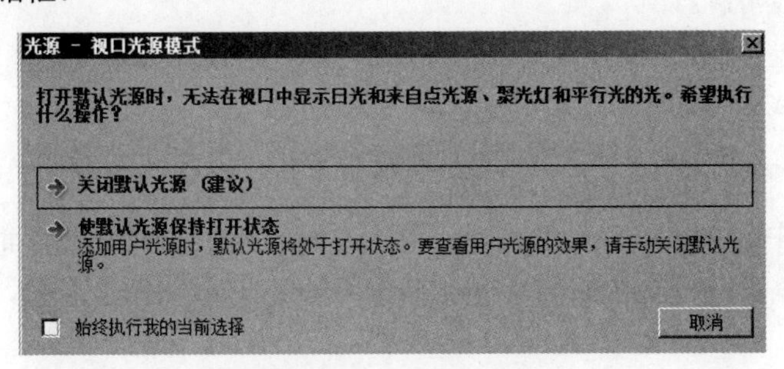

图 8-38 光源 – 视口光源模式

插入自定义光源或添加太阳光源时，可以禁用默认光源。可以仅将默认光源应用到视口，同时还可以将自定义光源应用到渲染。

光源的选择取决于场景是模拟自然照明还是人工照明。自然照明的场景（例如日光或月光）从单一光源获取最重要的照明。另外，人工照明的场景通常具有多种强度类似的光源。

“可视化”菜单中“创建光源”扩展菜单如图 8-39 所示，在其中可以选择所需的光源。

图 8-39 光源菜单

在 AutoCAD 2020 中，新建灯光时有 4 种灯光类型可选择：点光源、聚光灯、平行光、光域网灯光。这 4 种光源模式可以对不同的光学场景灯光进行模拟：点光源一般模拟室外的日光、白炽灯等点状光源；平行光通常在较为特殊的场景中使用，比如狭长的走廊的照明、天空的日光模拟等；聚光灯是比较接近人造光源的一种灯光类型，通常在室内使用，也可用来模拟室外照明用的路灯和汽车车灯；光域网灯光用于创建光源灯光强度分布的精确三维表示。值得注意的是，必须将 LIGHTINGUNITS 系统变量设定为除 0 以外的值，以创建和使用光域网灯光。

单击“创建光源”菜单中的一种光源，命令窗口提示如下：

```
命令：POINTLIGHT
指定源位置 <0,0,0>:
输入要更改的选项 [名称(N)/强度(I)/状态(S)/光度(P)/阴影(W)/衰减(A)/过滤颜色(C)/退出(X)] <退出>:
```

各选项功能介绍如下：

- 名称：指定光源名。名称中可以使用大小写字母、数字、空格、连字符 (-) 和下划线 (_)，最大长度为 256 个字符。
- 强度 / 强度因子：设置光源的强度或亮度，取值范围为 0.00 到系统支持的最大值。
- 状态：打开和关闭光源。如果图形中没有启用光源，则该设置没有影响。
- 阴影：使光源投射阴影。
- 光度（p）: 调整可见光源的照度。当 LIGHTINGUNITS 系统变量设置为 1 或 2 时可用。
- 衰减：控制光线如何随距离增加而减弱以及使用范围。
- 颜色 / 过滤颜色：控制光源的颜色，包括真彩色 RGB、索引颜色、HSL、配色系统。

不同的灯光在场景中所体现的气氛不尽相同，灯光颜色、强度和摆放的位置都能够对一个场景起到烘托主体的作用，而且根据不同的布光方式，相同的场景所体现的效果也是不同的，多多练习才能够达到一个比较高的水平。

灯光的类型根据使用的场景情况进行选择。在对灯光进行定位时，还是引用以前采用的方法，在绘制出参照物体后再对灯光进行移动，光凭肉眼定位很容易产生偏差，参照屋顶的移动方式对各个灯光显示体进行定位。

通常场景中的光源设置与现实中进行的灯光布置一致，为了更好地突出主题，通常采用三点布光的方式进行设置。这种方式应该是使用频率较高的模式，且不容易出错。

三点布光中通常采用 3 个光源作为整个场景的照明，在观察方向同侧布置一盏照度较大的灯光作为主要的照明光。需要注意的是，照度不能太大，也不能太小，不然起不到刻画主体的作用，同时照明的角度不能与观察的角度一致，这样容易产生炫光，直接影响到观察角度的观察效果。

第二盏灯光布置于主光源的同侧，与主光源分别位于观察角度两旁。第二盏灯光是作为补光来使用的，补光的作用在于在主光源照射不到的区域中，照亮没有直接接受主光源的模型物体，充分刻画模型物体的细部。根据这一要求补光的光照强度就不能设置得过高，如果主光源照度为1，那么补光应该为0.4~0.6之间。

接下来是第三盏灯光的布置。在大部分模型物体都已接受灯光的照射时，现在需要的是一盏用来充分刻画模型细部特征的灯光。在观察角度的前方、模型物体的后方设置一盏光源作为背景灯光。背景灯光的作用为刻画模型物体的背景轮廓，将模型物体与背景进行分离，这样才能充分地刻画模型的真实感。结合三盏灯光的作用基本上能够满足渲染灯光的需要。详细的三点布光图如图 8-40 所示。

除去三点布光外，还有其他很多布光方式。鉴于 AutoCAD 2020 提供的灯光照明中对不同的布光方式所产生的渲染结果没有本质上的差异，这里不做详细的介绍，不过在使用其他渲染软件时，虽然灯光类型较多，但总的来说还是没有逃开三点布光的范围，在大多数场景中使用这样的布光方式都能够满足用户的需要。

如果对于所创建的灯光不是很满意，单击光源右角的■符号，弹出光源特性修改选项板，如图 8-41 所示，选择所要进行调整的灯光，可对光源的特性进行修改。

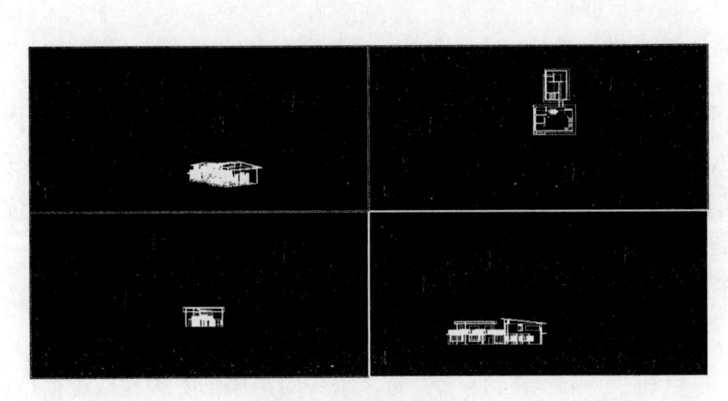

图 8-40 三点布光图

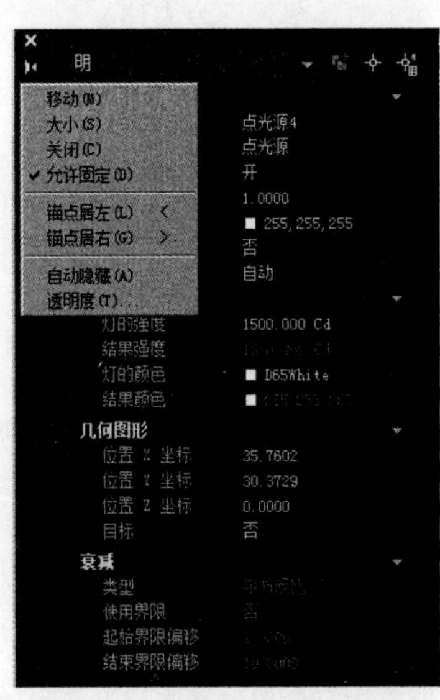

图 8-41 光源特性修改选项板

8.5.4 场景渲染

在完成了材质和灯光的设置之后，可以通过对场景的简单渲染来检查以前所做的调整工作的效果，以便进行及时的调整。在渲染工具栏中单击 按钮，弹出“渲染”窗口，如图 8-42 所示。

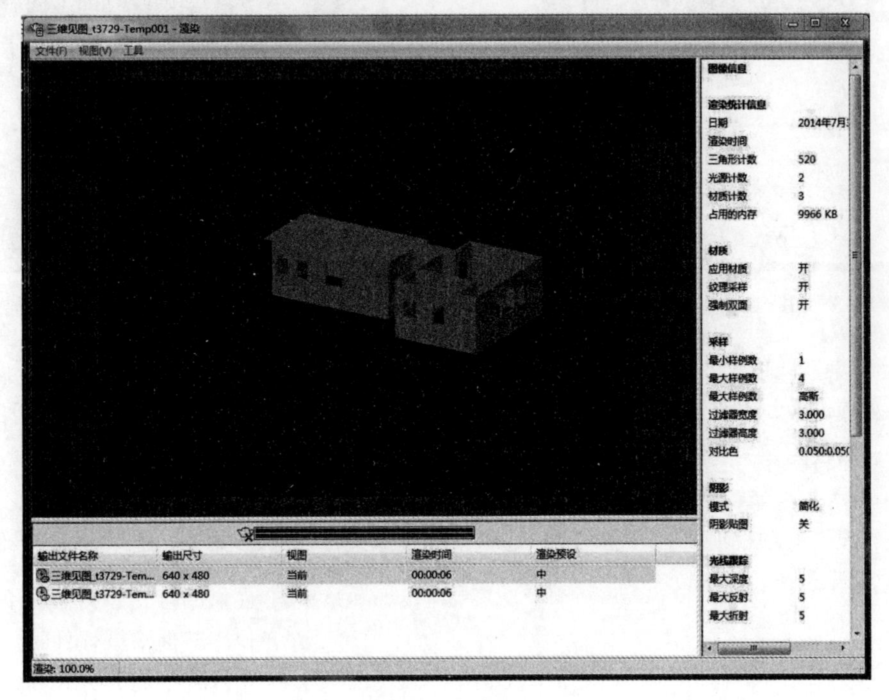

图 8-42 “渲染”窗口

在“渲染”窗口中，用户可以执行以下操作：

- 将图像保存为文件。
- 将图像的副本保存为文件。
- 查看用于当前渲染的设置。
- 追踪模型的渲染历史记录。
- 清理、删除或清理并删除渲染历史记录中的图像。
- 放大渲染图像的某个部分，平移图像，然后将其缩小。

在“渲染”窗口中选择“文件”菜单下的“保存”选项或在所需的历史记录条目上右击，在快捷菜单中选择“保存”选项，弹出“渲染输出文件”对话框，在文件类型框中选择相应的文件类型（BMP、TGA、TIF、PCX、JPG 或 PNG）。根据选定文件的格式，可以选择保存的灰度级或颜色深度，从 8 位到 32 位 / 像素（bpp）。

本例选择 JPEG 格式，单击“保存”按钮，弹出“JPEG 图像选项”对话框，如图 8-43 所示，在图中可以调整图像输出质量。

如果用户对所渲染图像效果不满意，可以在“渲染预设管理器”选项板中对渲染的各种参数进行设置。使用 RPREF 命令可以打开“渲染预设管理器”选项板，如图 8-44 所示。

图 8-43 “JPEG 图像选项”对话框

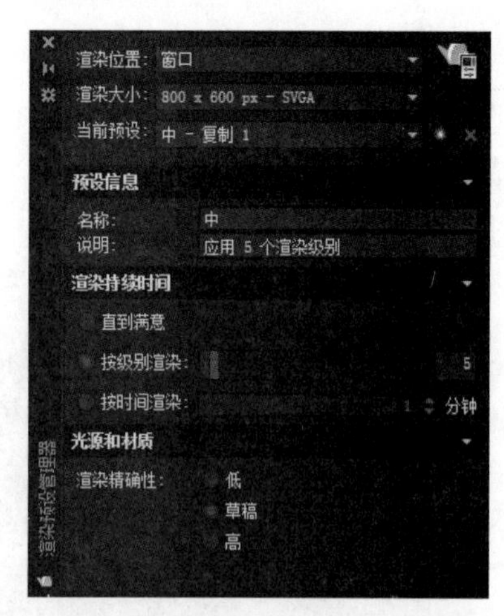

图 8-44 “渲染预设管理器”选项板

（1）在“渲染”选项板中，可以从顶部的下拉列表中选择一组预定义的渲染设置（称为渲染预设），通常包括草稿、低、中、高、演示几种类型。可以使渲染器产生不同质量的图像。标准预设的范围从草图质量（用于快速测试图像）到演示质量（提供真实照片级图像）。还可以打开渲染预设管理器，从中创建自定义预设。

在“渲染预设”选项板顶部的下拉列表中选择“管理渲染预设”选项，弹出“渲染预设管理器”对话框，如图 8-45 所示。

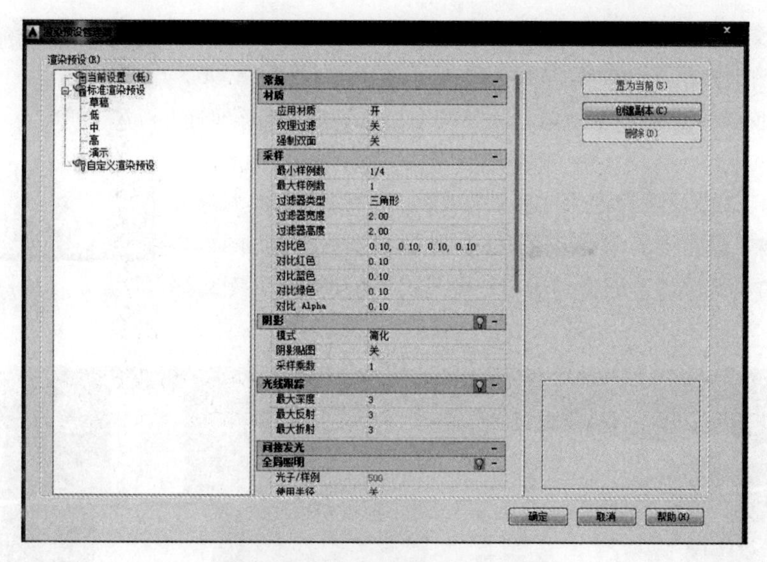

图 8-45 “渲染预设管理器”对话框

可以通过以下方式查看和更改图形中任意预设的渲染设置：

- 管理和组织现有的渲染预设。
- 更改标准预设或现有的自定义预设的参数。
- 创建、更新或删除自定义渲染预设。
- 设置渲染器使用的渲染预设。

“高级渲染设置”选项板中的许多渲染设置也可以在渲染预设管理器中进行设置。使用标准预设作为基础，可以对设置进行调整，然后查看渲染图像的外观。如果用户对渲染结果满意，则可以创建一个新的自定义预设。

（2）渲染过程为渲染图形内当前视图中的所有对象。如果没有打开命名视图或相机视图，则渲染当前视图。虽然在渲染关键对象或视图的较小部分时渲染速度较快，但是渲染整个视图可以让用户看到所有对象之间是如何相互定位的。

（3）渲染目标在“渲染描述”部分的“高级渲染设置”选项板中设置，默认的设置为“窗口”。

渲染目标设置为“窗口”时，渲染器将自动打开“渲染”窗口，然后处理图像。完成后，将显示图像并创建一个历史记录条目。随着更多渲染的出现，这些渲染将被添加到渲染历史记录中，从而使用户可以快速查看以前的图像并对其进行比较，以查看哪幅图像具有期望的结果。

如果将渲染目标设置为“视口”，就将直接在活动视口中渲染和显示生成的图像。实际上，由于没有可与以后的图像相比较的渲染历史记录条目，因此这是一个一次性渲染。

渲染到视口始终以用户设置的绘图区域背景色为背景进行渲染。“渲染”窗口的背景色与背景色相匹配，使用 REGEN 命令来刷新显示。

（4）可以在“输出尺寸”中以像素（图像元素的简称，是指图形图像中的单个点）为单位指定图像的宽度和高度以设置渲染图像的分辨率。在“输出尺寸”下拉列表中选择“指定输出尺寸”选项，弹出“输出尺寸”对话框，如图 8-46 所示。其中有 3 项分辨率设置控制渲染图像的显示外观：宽度（像素）、高度（像素）

和图像宽高比。宽度和高度设置控制渲染图像的大小（以像素为单位进行测量）。默认的输出分辨率为 640×480，最高可设置为 4096×4096。分辨率越高，像素越少并且细节越清楚。高分辨率图像花费的渲染时间较多。

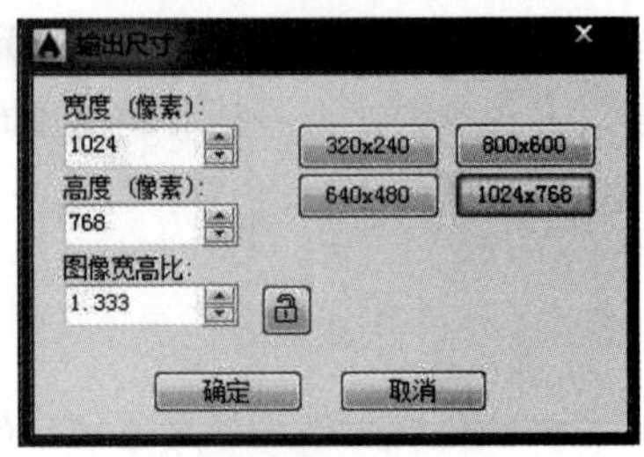

图 8-46 “输出尺寸”对话框

在渲染类型中，草图质量只提供比较粗糙的模型轮廓渲染，大部分细节不能够体现出来，最重要的是很多材质的细节得不到体现，如图 8-47 所示。真实照片级渲染是系统能够提供给用户的最好渲染选择，如图 8-48 所示。

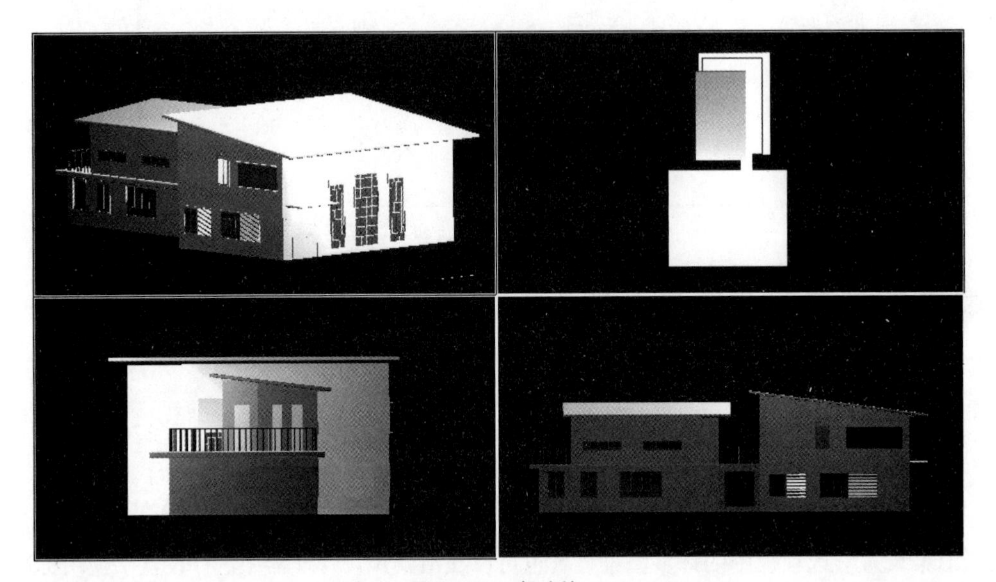

图 8-47 一般渲染

图 8-48 照片级光影追踪渲染

从两幅渲染图的结果可以看到，草图质量只能作为一个材质检查功能使用，因为其渲染速度是 3 种渲染方式中最快的，所以还是有应用价值的。真实照片级渲染效果是 3 个可能选项中最为突出的，对光影的表现基本到位，但是耗费的渲染时间也是 3 种当中最多的。因此，用户应根据需要选择合适的渲染类型，以提高绘图效率。

8.5.5 其他渲染栏工具介绍

在渲染过程中需要多个过程的综合，并且常常需要多次修改才能获得理想的效果，其他渲染命令在渲染过程中也发挥着重要的作用。其他常用渲染命令的介绍如下：

（1）单击“视图”选项，选择“渲染”中的“渲染环境”，弹出“渲染环境”对话框，如图 8-49 所示。该对话框主要用于定义对象与当前观察方向之间的距离效果处理。雾化和景深效果处理是同一效果的两个极端：雾化为白色，而传统的景深效果处理为黑色。可以使用其中的任意一种颜色。在“渲染环境”对话框中，部分选项介绍如下：

- 颜色：指定雾化颜色。单击“选择颜色”，打开“选择颜色”对话框，可以从 255 种颜色索引（ACI）颜色、真彩色和配色系统颜色中进行选择。
- 雾化背景：不仅对背景进行雾化，还可以对几何图形进行雾化。
- 近距离：指定雾化开始处到相机的距离。将其指定为到远处剪裁平面的距离百分比。可以通过在“近距离”字段中输入或使用微调控制来设置该值。近距离设置不能大于远距离设置。
- 远距离：指定雾化结束处到相机的距离。将其指定为到远处剪裁平面的距离的百分比。可以通过在“远距离”字段中输入或使用微调控制来设置该值。远距离设置不能小于近距离设置。
- 近处雾化百分比：指定近距离处雾化的不透明度。
- 远处雾化百分比：指定远距离处雾化的不透明度。

（2）单击“光源”工具栏右侧的■按钮，弹出“模型中的光源”选项板，如图 8-50 所示。

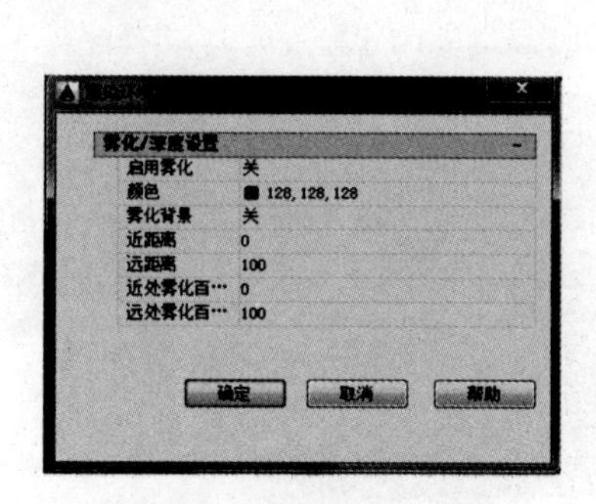

图 8-49　“渲染环境”对话框

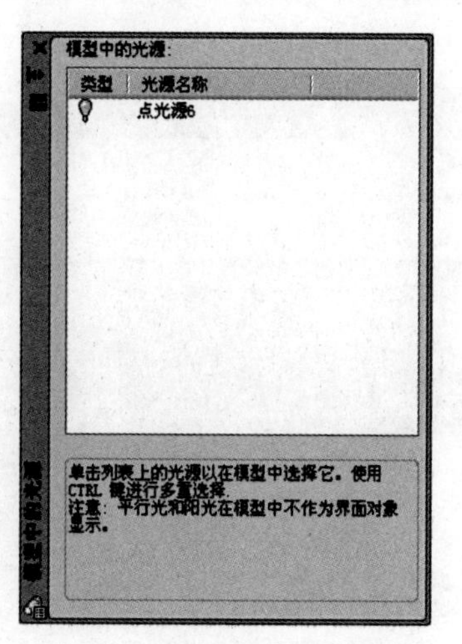

图 8-50　“模型中的光源”选项板

在选项板中列出了图形中的光源。在选定一个或多个光源的情况下，单击鼠标右键并使用快捷菜单可删除或更改选定光源的特性。

（3）单击“材质”工具栏按钮，显示材质贴图小控件，选择其中一个控件，命令窗口提示如下：

```
命令: _MaterialMap
选择选项 [长方体(B)/平面(P)/球面(S)/柱面(C)/复制贴图至(Y)/重置贴图(R)] <长方体>: _P
选择面或对象: 找到 1 个
选择面或对象:
接受贴图或 [移动(M)/旋转(R)/重置(T)/切换贴图模式(W)]:
```

各选项介绍如下：

- 移动：显示“移动”夹点工具以移动贴图。
- 旋转：显示“旋转”夹点工具以旋转贴图。
- 重置：将 UV 坐标重置为贴图的默认坐标。
- 切换贴图模式：重新显示选项的主命令提示。

材质被映射后，用户可以调整材质以适应对象的形状。将合适的材质贴图类型应用到对象，可以使之更加适合对象。各贴图介绍如下：

- 平面贴图：将图像映射到对象上，就像将其从幻灯片投影器投影到二维曲面上一样。图像不会失真，但是会被缩放以适应对象。该贴图最常用于面。
- 长方体贴图：将图像映射到类似长方体的实体上。该图像将在对象的每个面上重复使用。
- 球面贴图：将图像映射到球面对象上。纹理贴图的顶边在球体的“北极”压缩为一个点；同样，底边在“南极”压缩为一个点。
- 柱面贴图：将图像映射到圆柱形对象上，水平边将一起弯曲，但顶边和底边不会弯曲。图像的高度将沿圆柱体的轴进行缩放。

最终完成所有的材质、灯光、环境等操作后，对模型场景进行渲染，保存渲染文件，最终渲染效果如图 8-51 所示。

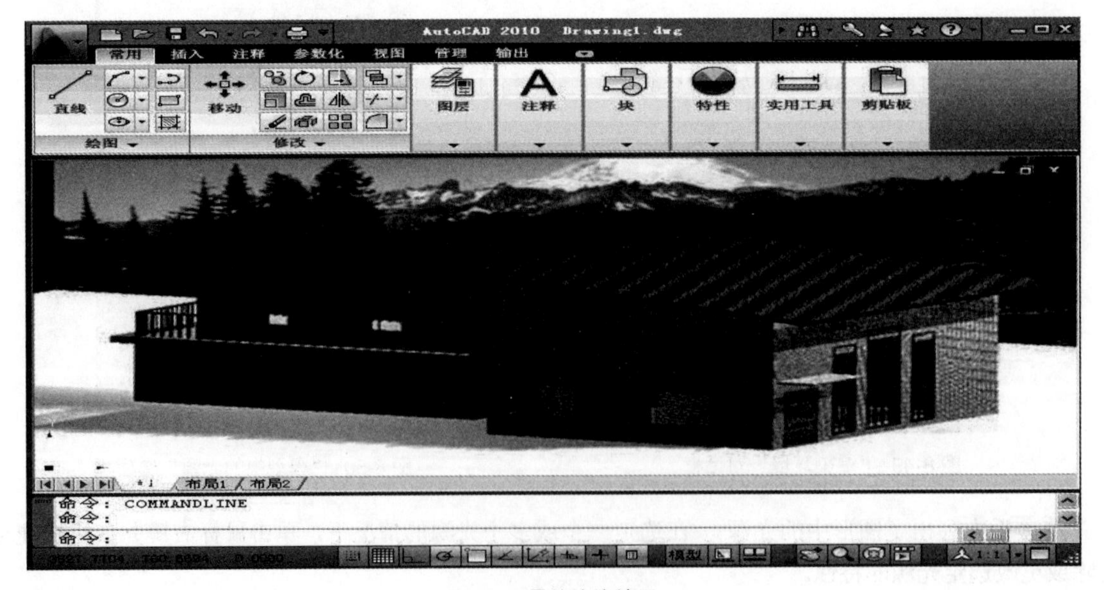

图 8-51 最终渲染效果

8.6 小结

本章首先介绍了 AutoCAD 2020 三维模型的基本类型、建模的基本原理、模型创建的基本命令、模型组合的主要布尔运算工具及三维模型的编辑修改方法，然后以建筑实例展示了常见命令与方法的具体运用。

8.7 习题

1. 在实体建模的过程中，用户所要创建的模型物体都是由 ________ 构成的，所以了解 ________ 的创建和修改是进行创建实体命令的基础。

2. 在 AutoCAD 2020 中，三维建模的基本类型包括 ________、________ 和网格模型 3 种。

3. 三维实体对象可以通过在三维空间中沿指定路径拉伸二维形状来获取三维实体或曲面，这些通过拉伸旋转的简单几何体称为图元，主要有 ________、________、________、________、________、________ 和圆环体。

4. AutoCAD 2020 中三维模型的布尔运算主要包括 ________、________、________ 及类布尔运算。

5. 简要叙述建筑墙体及门窗洞口的建模过程。

6. 简要叙述门窗的建模过程与注意事项。

7. 简要叙述屋顶的建模过程与注意事项。

8. 在 AutoCAD 2020 中进行三维模型渲染时，如何进行灯光的设计控制？

第 9 章

SketchUp 与城市设计

导言

伴随着传统制图方式的改进，计算机辅助建模技术在城市设计中的应用越来越广泛。主要的建模工具有 3ds Max、SketchUp 等，但是 3ds Max 在功能强大的同时操作也有一定的难度，需要专业制图人员才能顺利完成。同时也难以满足设计师在方案构思构成中只直观地观察所设计的内容，不能在方案设计过程中与客户轻松交流，使规划的公众直观参与意识略显不足。美国知名的软件开发商 @Last Software 公司开发的 SketchUp 软件（2006 年被 Google 公司收购，改名为 GoogleSketchUp，以下简称 SketchUp）具有快速建造可视三维模型，利用鼠标改变视线观察空间，帮助城市设计人员更好地观察空间的优势，也可以更好地观察设计对象、虚拟三维空间、反复推敲城市设计方案的空间特点。

本章将通过一些具体的实例系统地介绍如何将 AutoCAD 2020 绘制的图形导入到 SketchUp 软件中，并详细介绍通过三维建模对城市设计空间表现的过程。同时介绍城市设计中模型处理的一些经验技巧，以让读者在学习的过程中取得事半功倍的成效。

9.1 DWG 文件的整理

在绘制总平面时，建议使用“湘源控规 6.0”来绘制（“湘源控规 6.0”是基于 AutoCAD 平台开发的一款软件）。

9.1.1 图形 Z 轴归零

在导入 DWG 文件之前要把所有图层的纵坐标归零，以保证导入的图形在一个图上，方便模型的建立。

在命令提示行中输入“CHANGE”命令，然后框选所有图形，根据命令提示输入“p”→标高（E）→新高度 0，完成图像的 Z 轴归零操作，最终效果如图 9-1 所示。

```
命令： CHANGE
选择对象： 指定对角点： 找到 3025 个
选择对象：
指定修改点或 [ 特性 (P)]： p
输入要更改的特性 [ 颜色 (C)/ 标高 (E)/ 图层 (LA)/ 线型 (LT)/ 线型比例 (S)/ 线宽 (LW)/ 厚度 (T)/ 透明度 (TR)/ 材质 (M)/ 注释性 (A)]： e
指定新标高 < 多种 >： 0
```

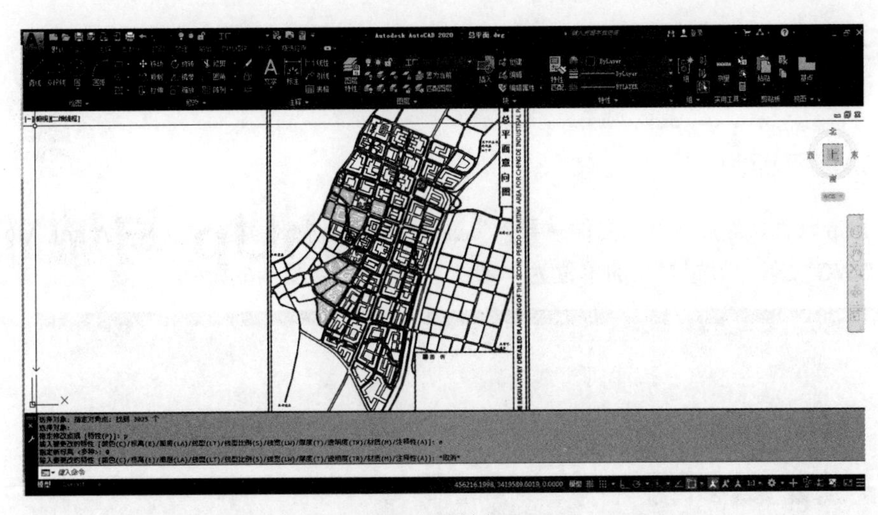

图 9-1 Z 轴归零

9.1.2 整理图层

新建多个 DWG 文件，然后将城市道路、建筑物、行道树等图形分别制作成单个 DWG 文件（每个 DWG 文件只有一种图形图层），以城市道路为例，新建一个 DWG 文件，然后将总平面图中的道路线选中并复制，然后在新建 DWG 文件中右击，在弹出菜单中依次单击“剪贴板”“粘贴”，粘贴到新建的文件夹中，并命名保存，如图 9-2 和图 9-3 所示。

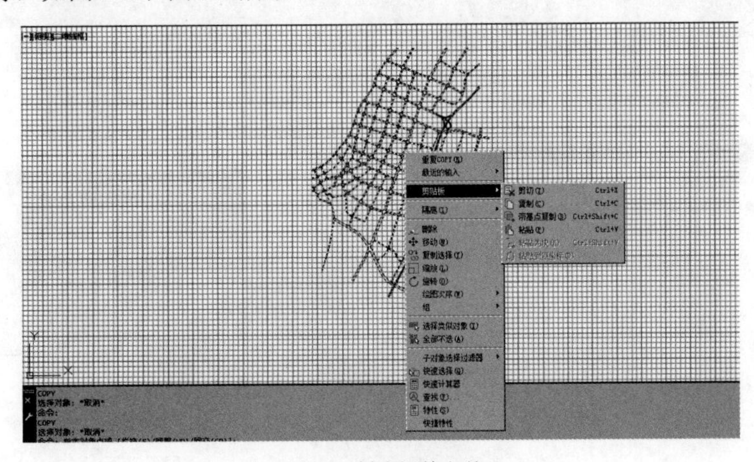

图 9-2 创建新的文件

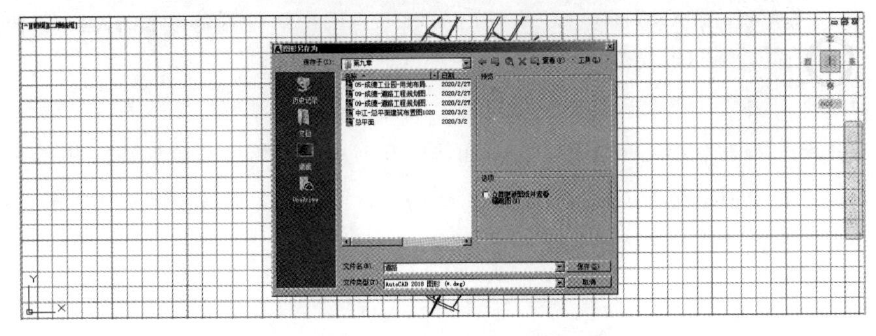

图 9-3 将各种类文件保存

9.2 DWG 文件的导入

9.2.1 导入 CAD 平面图

打开 SketchUp 软件，然后执行“文件→导入”菜单命令，在文件类型中选择“AutoCAD 文件（*.dwg，*.dxf）”导入 DWG 文件，设置导入的单位为“米”，如图 9-4~ 图 9-6 所示。

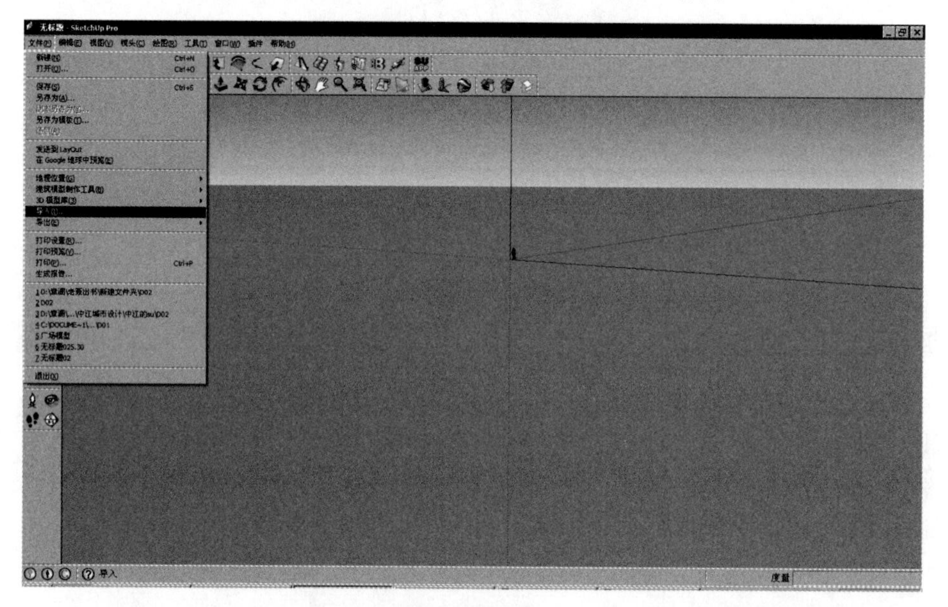

图 9-4 导入命令

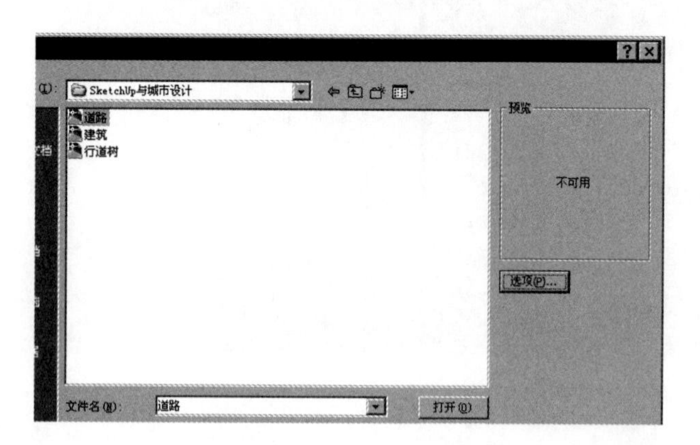

图 9-5 选择所需导入的文件

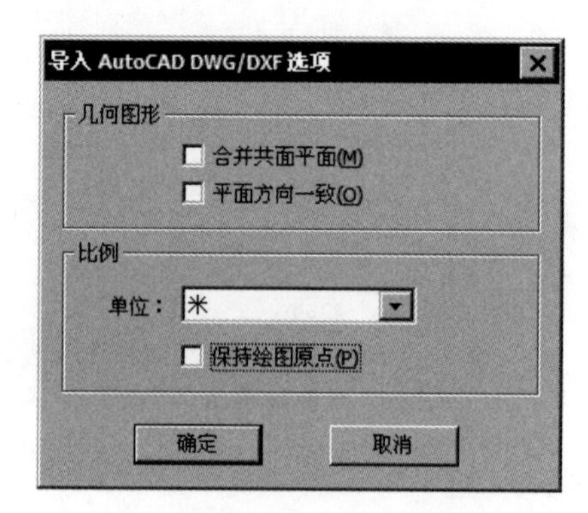

图 9-6 设置导入单位为“米”

本次操作需要文件中图形面域封闭完整，同时操作完成之后需要检查生成面域后的模型是否都是正面，如果存在反面则需要将面翻转，否则反面的物体在后期渲染中无法被渲染出来。此外，智能识别平面大小超过平方单位的图形，如果导入的模型只有单位长度的边线，由于是平方单位，因此将不能导入。

9.2.2 图层整理

导入图像后，单击“窗口→图层”，弹出“图层”对话框，按住 Ctrl 键选中所有图层，单击“图层”对话框上面的⊖按钮，在弹出的对话框中选择“将内容移至默认图层”。将所有的图层合并到 Layer0 图层，目的是为了保持场景中图层的整洁，如图 9-7 所示。

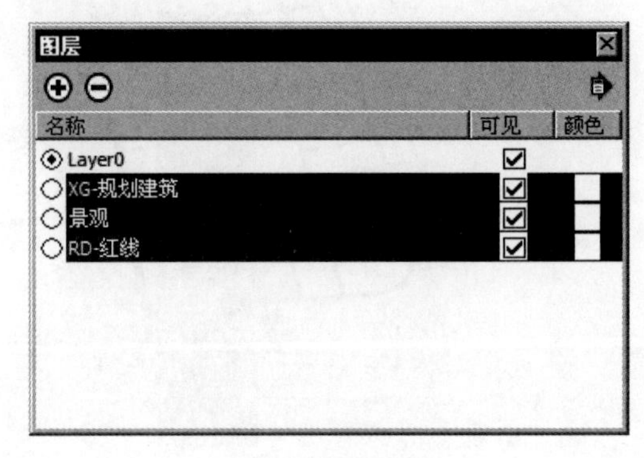

图 9-7 图层整理

9.2.3 生成面域

使用 SUAPP 插件对整个场景进行封面操作，选择“插件→线面工具→生成面域”菜单命令，完成后的效果如图 9-8 所示。

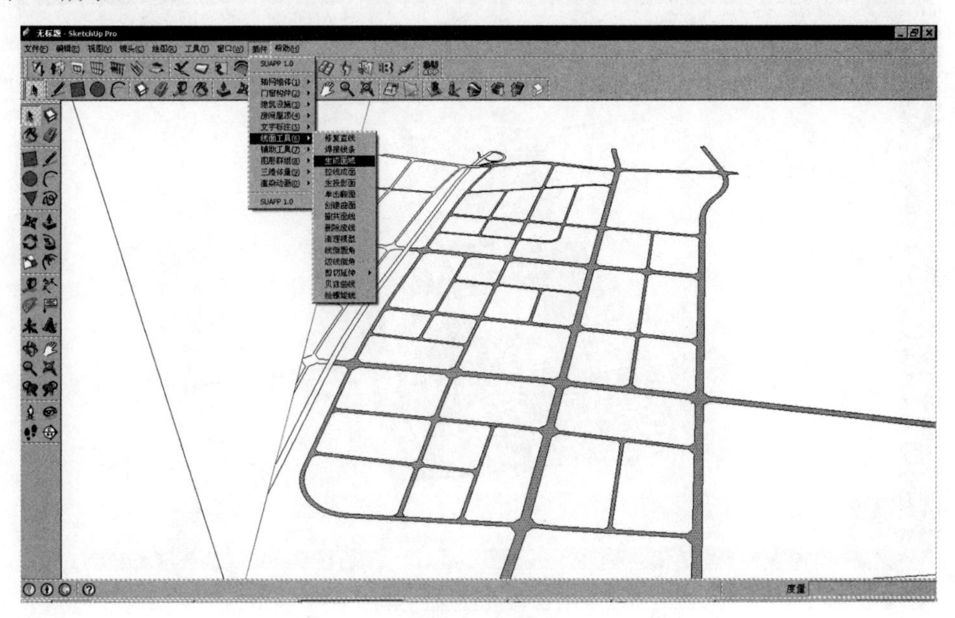

图 9-8 生成面域

9.2.4 将场地图形创建为群组

全选模型，然后右击，选择“创建组（G）”命令，将场地模型创建为群组，如图 9-9 所示。

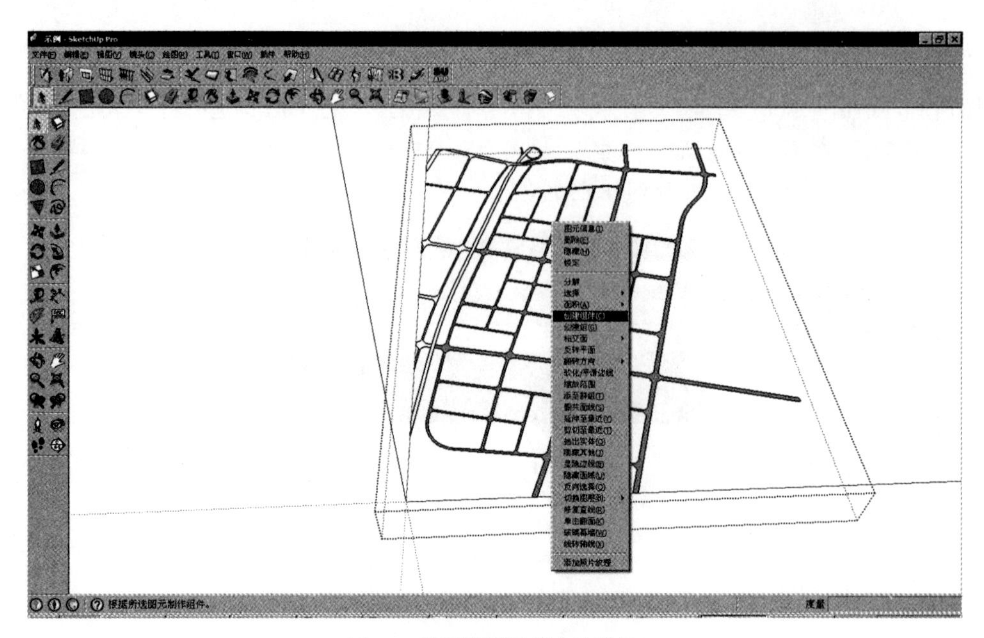

图 9-9 将场地模型创建为群组

采用相同的步骤将建筑、行道树以及绿化丛分别导入，并各自归层，如图 9-10 所示。

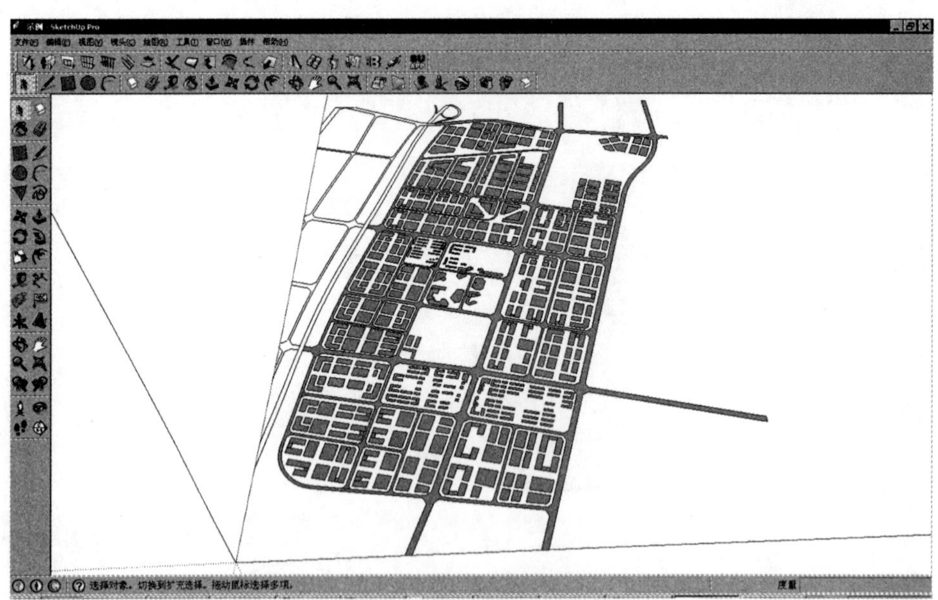

图 9-10 创建后的组

9.3 创建场地

将 DWG 文件导入 SketchUp 之后就开始创建场地了，在此着重讲解如何利用“推拉”工具（快捷键为 U）模拟构建规划场地。

9.3.1 推拉模拟场景道路

在本例中，地形相对较为平坦，没有较大的地形起伏，在此仅对道路进行拉伸。

（1）使用“推拉”工具将场地中的道路向下拉伸 0.3m，如图 9-11 所示。

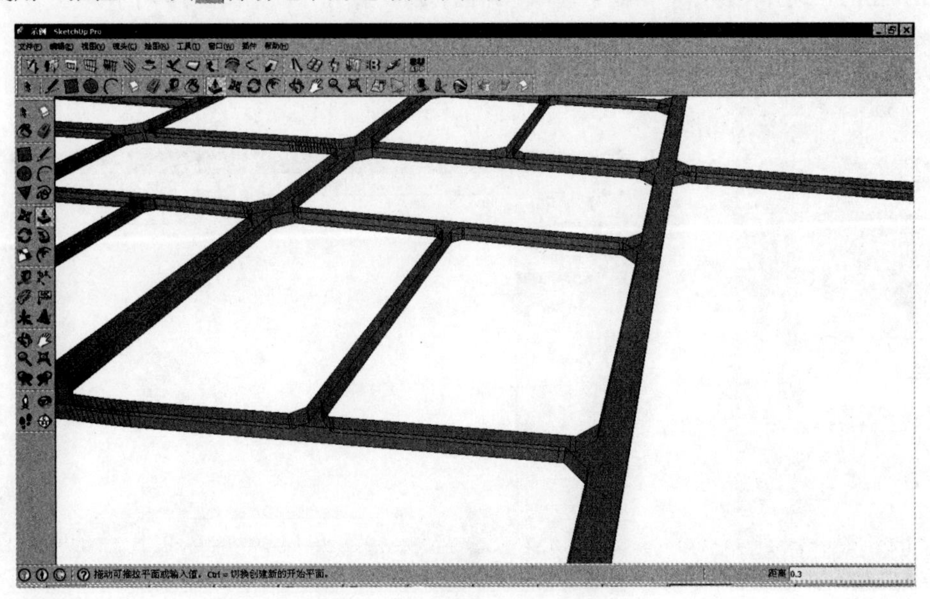

图 9-11 将道路向下拉伸 0.3m

（2）在道路面上双击鼠标左键（完成跟上一步骤相同高度的推拉操作），将道路的深度表现出来，如图 9-12 所示。

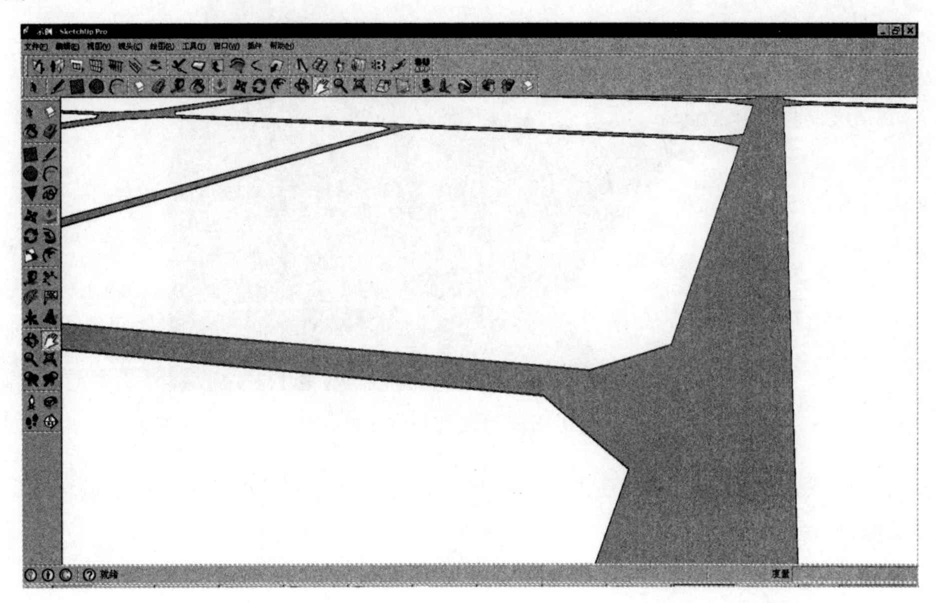

图 9-12 双击道路

9.3.2 为场景地块赋予材质

城市设计中存在大量需要赋予材质的场景，本案例中仅选择对道路赋予材质作为示例。

（1）选择“窗口→材质”命令，打开材质窗口，然后单击“创建材质”按钮，接着在弹出的“创建材质”对话框中勾选“使用纹理图像”选项，如图 9-13 所示。

（2）在弹出的“选择图像”对话框中选择“路面材质”并打开，如图 9-14 所示。

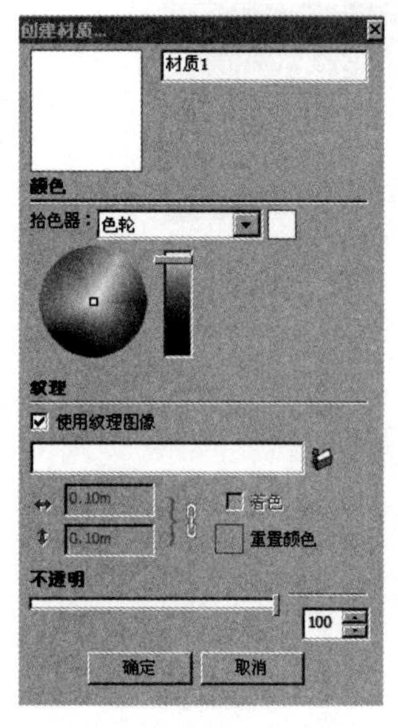

图 9-13 “创建材质”对话框

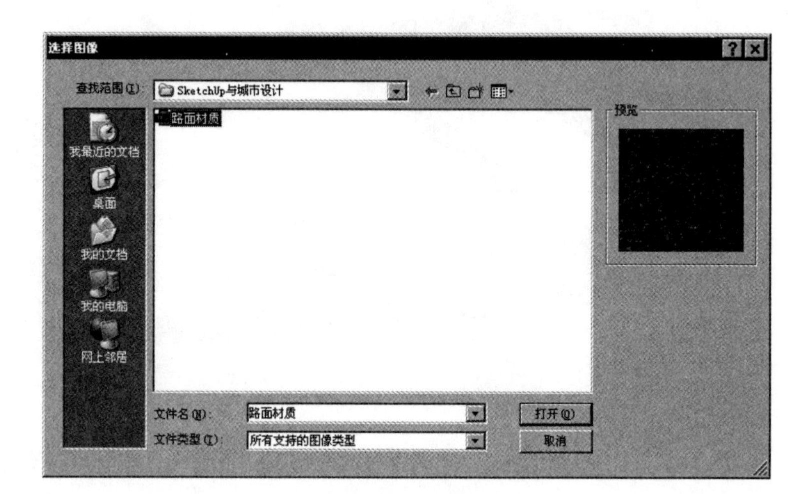

图 9-14 选择“材质”路面

（3）创建好材质之后，选择“颜料桶”工具，将所选材质赋予道路，如图 9-15 所示。

图 9-15 赋予道路后的效果

（4）完成材质的赋予后，如果发现所选材质纹理不符合设计需要，可以在“材质编辑器”的“编辑”选项中对纹理图像进行手动调整，如图 9-16 所示。

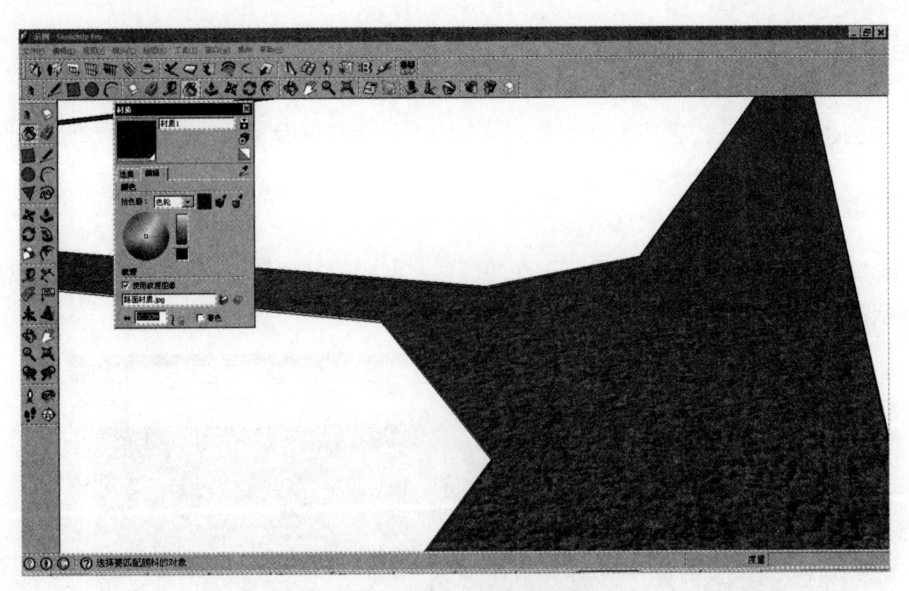

图 9-16 手动调整纹理图像

以同上的步骤完成整个场景的材质赋予后将整个场景创建为群组，效果如图 9-17 所示。

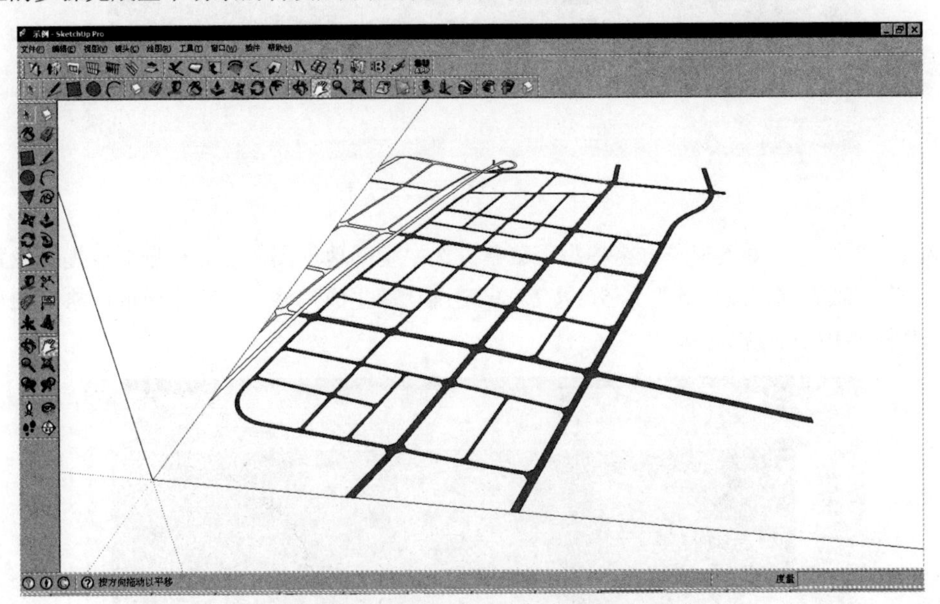

图 9-17 完成赋予材质后创建的群组

提　示

在较大的场景中赋予材质时比较容易漏掉局部面域的材质赋予，所以在赋予最后一个材质的时候往往会在按住 Ctrl 键的同时单击“颜料桶”工具，这样所有与目标相连接的正面都将赋予这个材质。如果按住 Shift 键的同时单击“颜料桶”工具，那么所有的正面都将赋予这个材质。

9.4 创建山体模型

完成场地的创建后，接下来是创建山体模型。在此利用“湘源控规 6.0”为大家讲解如何创建山体模型。

9.4.1 生成三维高程网格

（1）打开“湘源控规 6.0”，选择地形所在的图层，并删除其他图层，选择“地形→字转高程”菜单命令，生成现状高程点，如图 9-18 所示。

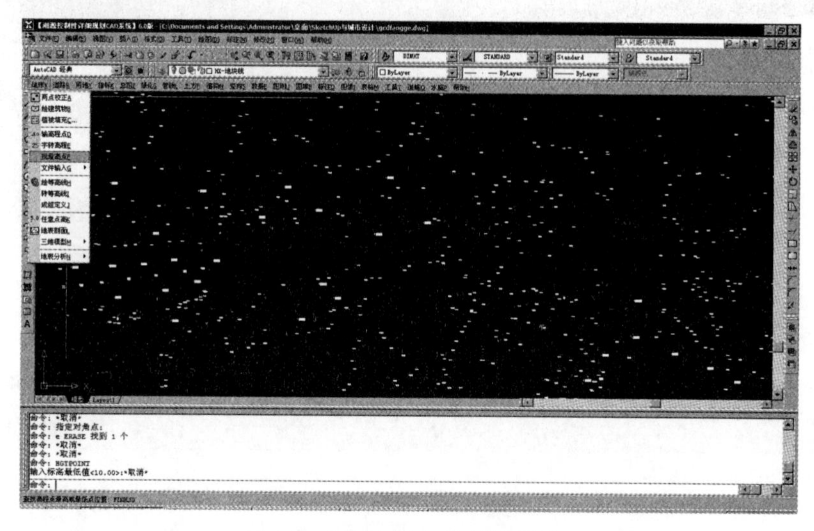

图 9-18 字转高程生成现状高程点

（2）选择“地形→三维模拟→方格模型”菜单，选中全部地形图，然后根据命令提示设置“网格间距”为 20、“沿 Z 轴方向缩放倍数”为 5，按 Enter 键确认后生成网格，并将生成的网格单独另存为一个 DWG 文件，如图 9-19 和图 9-20 所示。

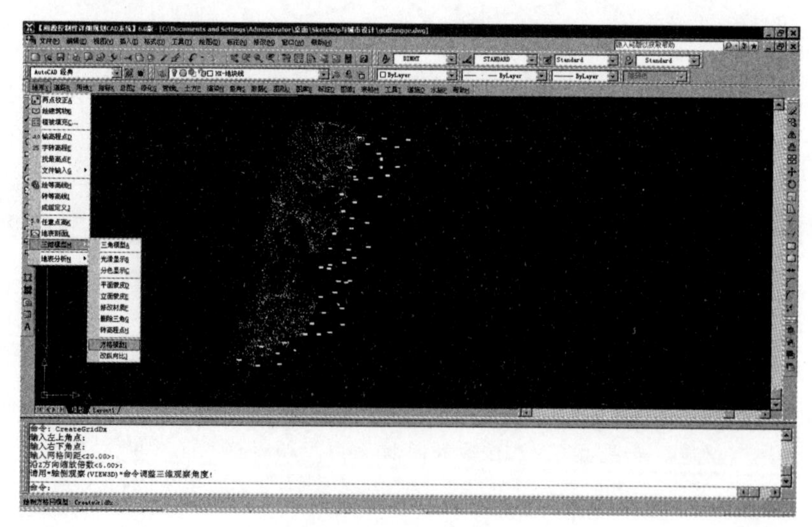

图 9-19 生成方格模型

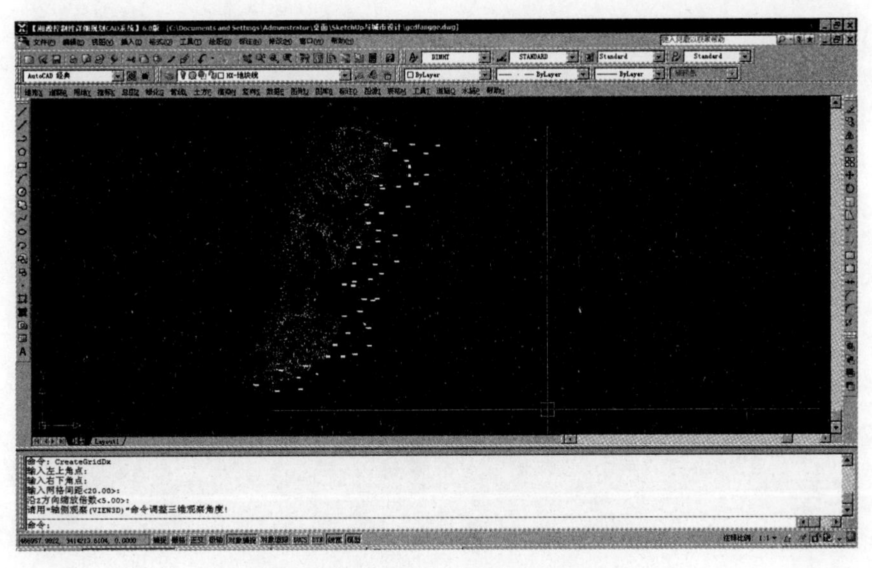

图 9-20 单独另存为一个 DWG 模型文件

9.4.2 将三维高程网格导入 SketchUp

将 9.3.1 小节生成的三维高程网格导入 SketchUp 中，导入成功后，可以看到出现的三维现状地图，如图 9-21 所示。

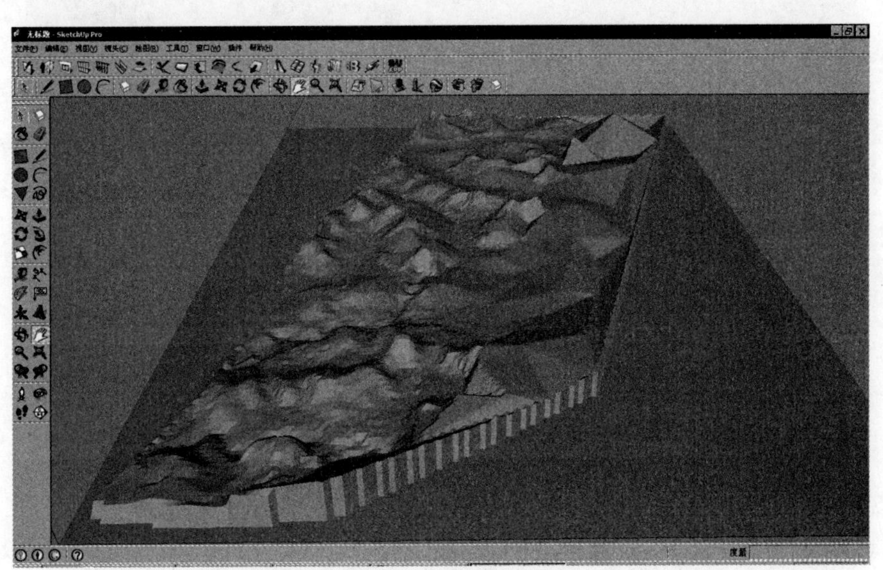

图 9-21 三维现状地图

（1）对三维网格地形进行柔化处理

①选择全部三维地形，然后右击，选择“软化 / 平滑边线”命令，如图 9-22 所示。

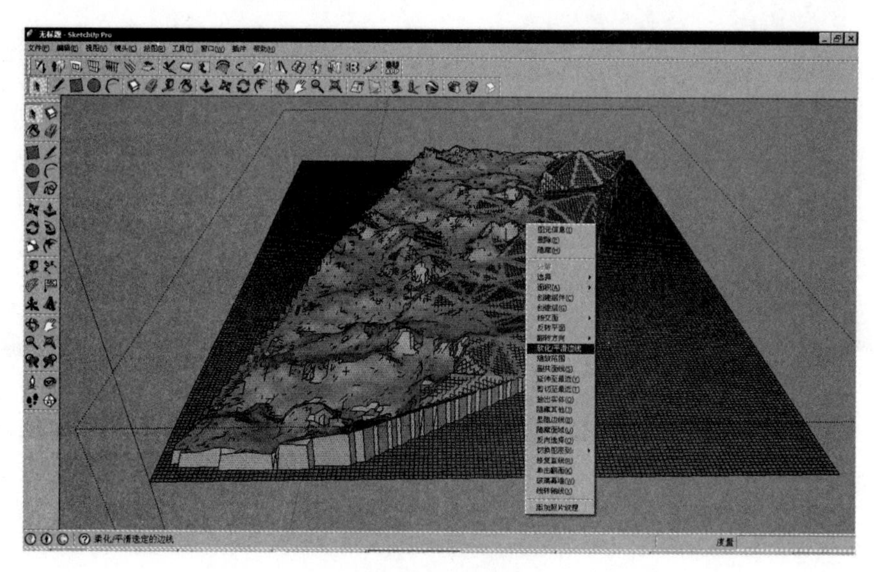

图 9-22 软化 / 平滑边线

②在弹出的“边线柔化”对话框中调整角度范围值直到满意，如图 9-23 所示。

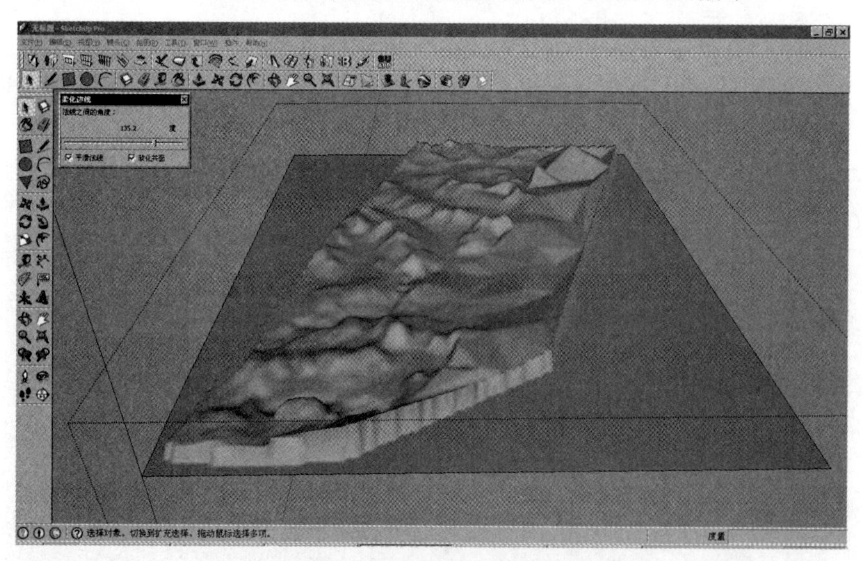

图 9-23 调整后的角度范围值

（2）在 SketchUp 中为山体模型上色

①导入合适的渐变色图片，导入的时候勾选右侧的“作为图像”选项，如图 9-24 和图 9-25 所示。

②利用“旋转”工具将图像竖立，然后利用“移动”工具移动图像，使图像与模型对应，如图 9-26 所示。

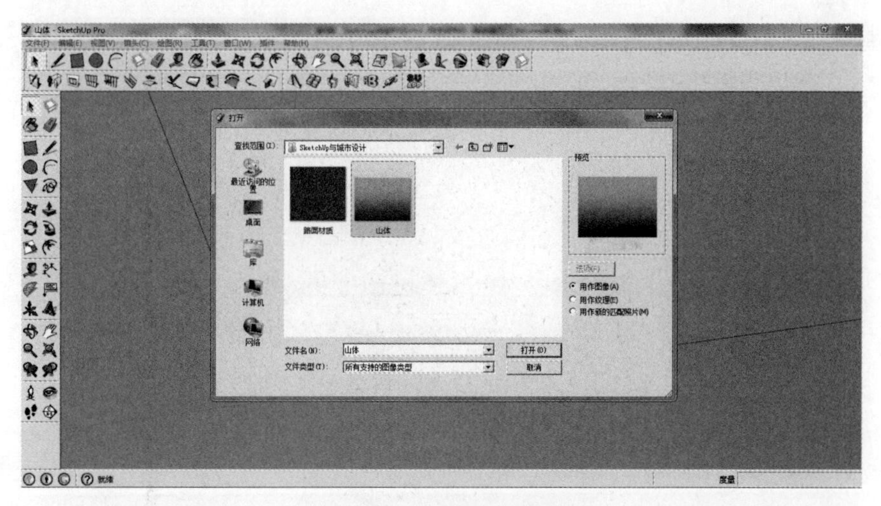

图 9-24　导入渐变色图像

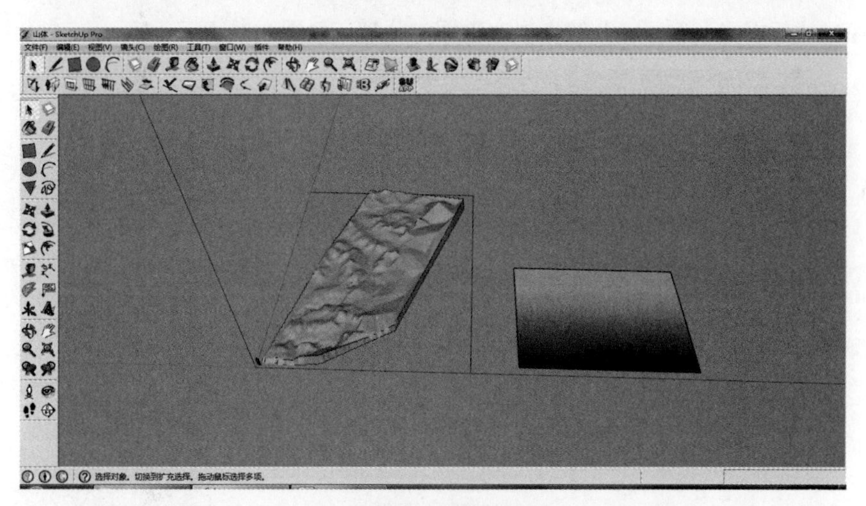

图 9-25　导入渐变色图像

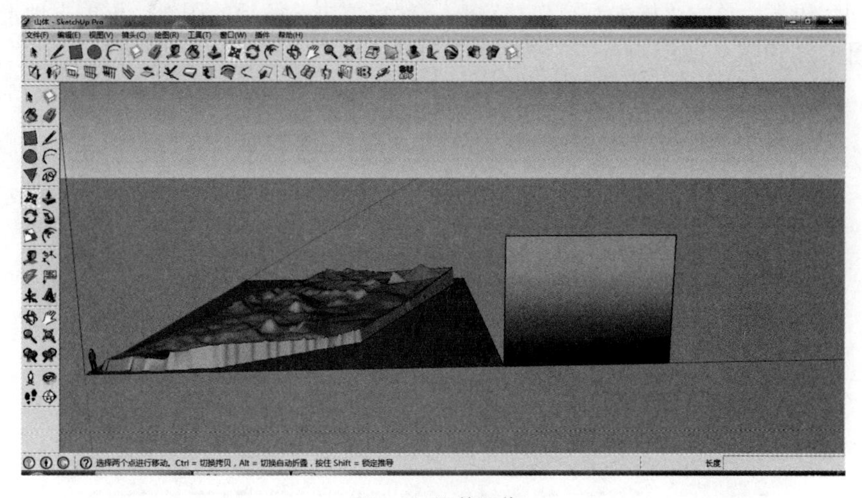

图 9-26　调整图像

③利用“拉伸”工具将图像调整到合适的高度，如图 9-27 所示。

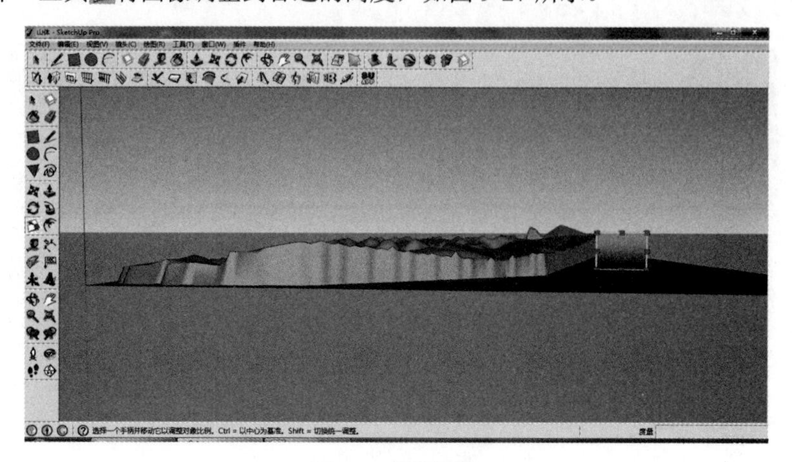

图 9-27 调整图像

④选择图像，然后右击，选择“分解”命令将图像分解，如图 9-28 所示。

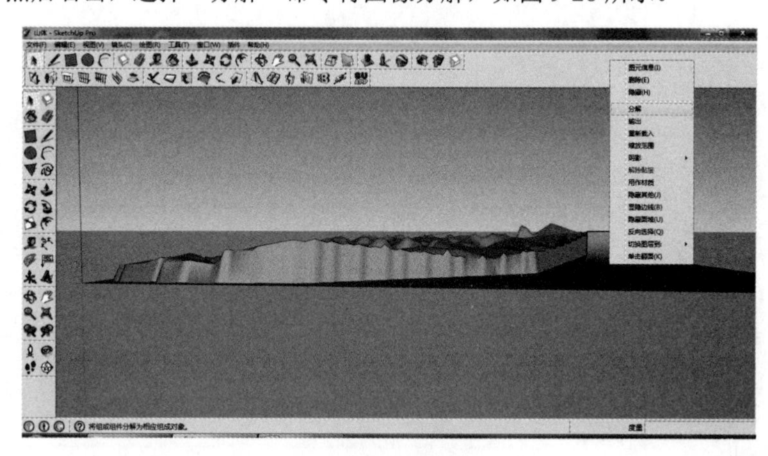

图 9-28 分解图像

⑤打开材质编辑器，单击“样本颜料”按钮，然后单击分解后的图像，再单击地形模型，完成模型的上色，如图 9-29 和图 9-30 所示。

图 9-29 从图像上取色

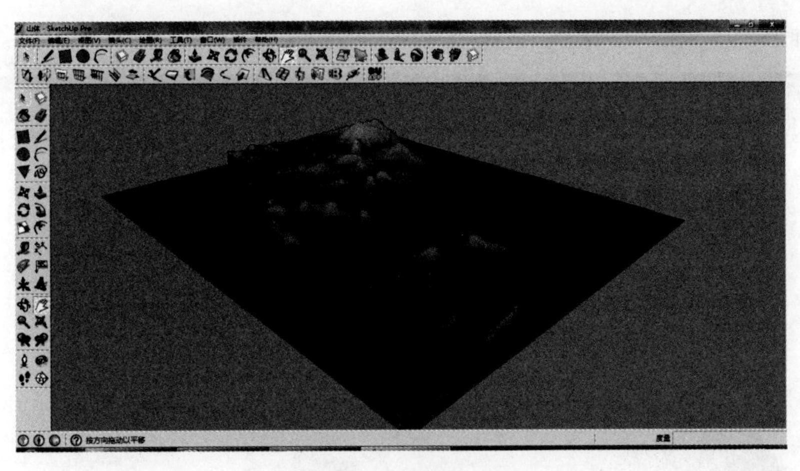

图 9-30 完成模型上色

通过此方法可以得到山体随高度的变化表现出过渡色彩的效果。

9.5 创建建筑模型

这里选择的案例建筑体块比较简单，模型构建工作较为容易。

（1）在 SketchUp 中只显示建筑层，然后隐藏其他的图层，如图 9-31 所示。

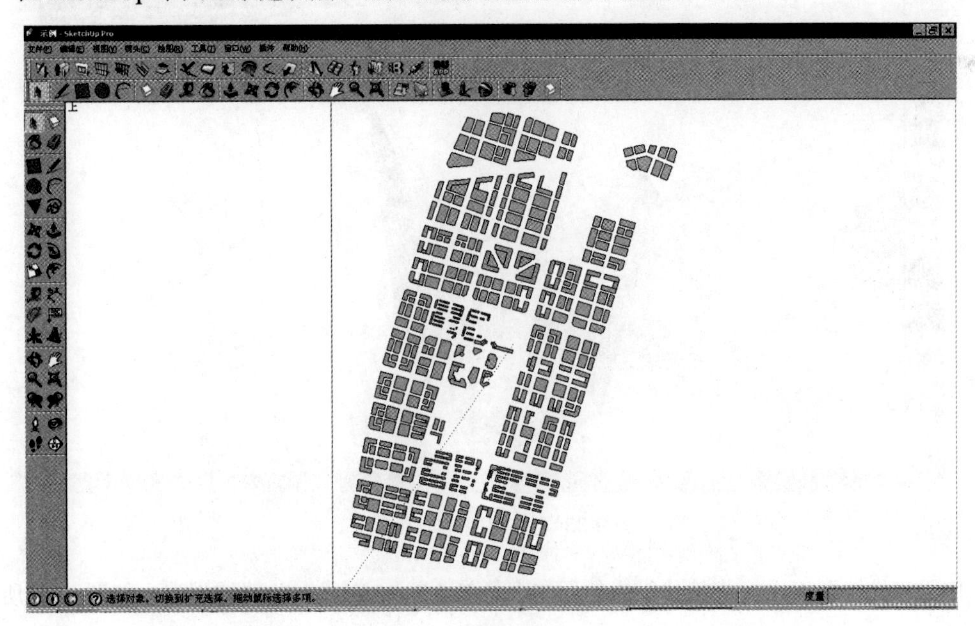

图 9-31 只显示建筑层

（2）由于先前已经使用 SUAPP 插件将图层全部封面，因此本步骤只需要利用“推拉”工具完成建筑体块的拉伸工作即可。该户型为多层住宅，一共 6 层，每层高度为 3m，因此只需要使用“推拉”工具将体块向上拉伸 18m，如图 9-32 所示。

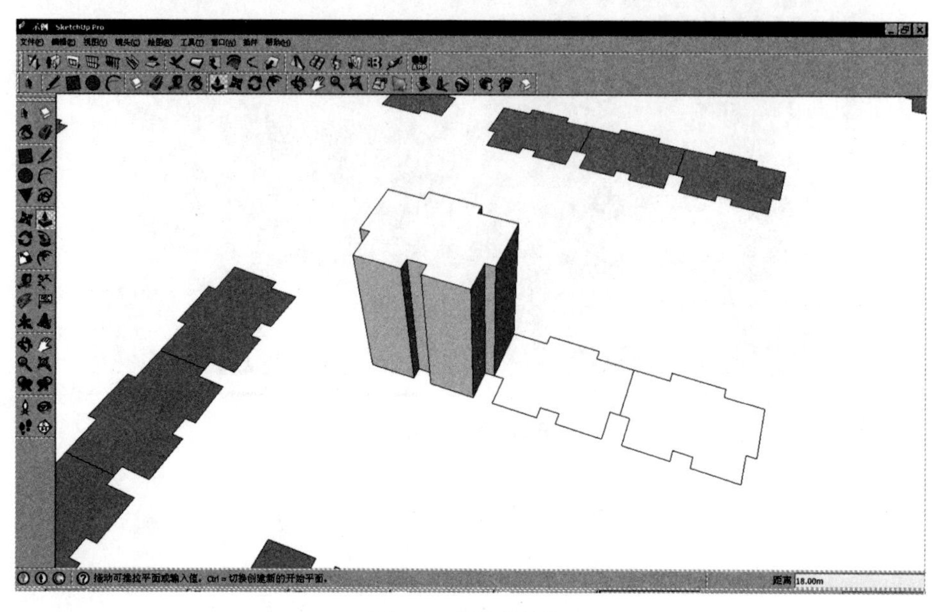

图 9-32 将体块拉伸

（3）使用“偏移”工具将住宅顶部的面向内偏移 0.3m，如图 9-33 所示。

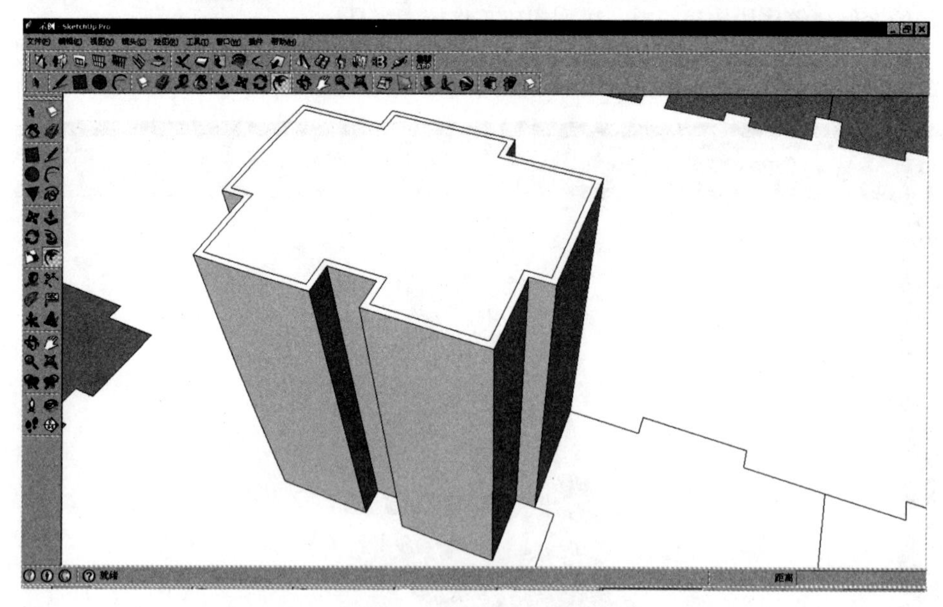

图 9-33 将住宅顶部向内偏移

（4）使用“推拉”工具将偏移生成的面向上拉伸 1.2m，完成女儿墙的创建，如图 9-34 所示。

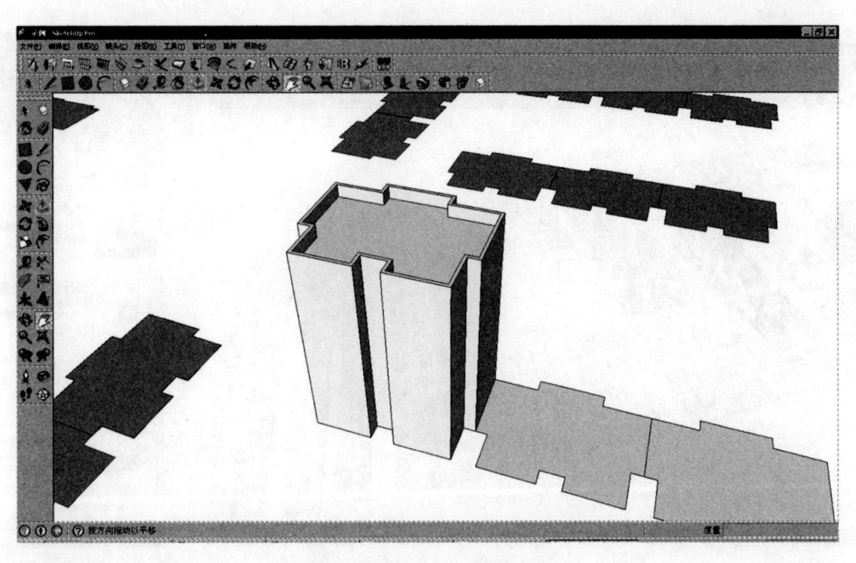

图 9-34　完成女儿墙的创建

（5）利用同样的方法完成场景中其他住宅的创建工作，如图 9-35 所示。

图 9-35　完成其他住宅的创建

（6）其他公共建筑也同样使用“推拉”工具和“偏移”工具完成创建，如图 9-36 所示。

（7）其他场地模型可以利用菜单“窗口→组件”命令来完成。在搜索栏中输入所需组件名称，在“Google 3D 模型库”进行搜索，利用“分解”命令将其分解后去除不需要的部分，进行合理利用。例如，需要足球场，就在搜索栏中输入“足球场”，下方会显示模型库中已有模型，选择其中一个进行利用，如图 9-37 所示。

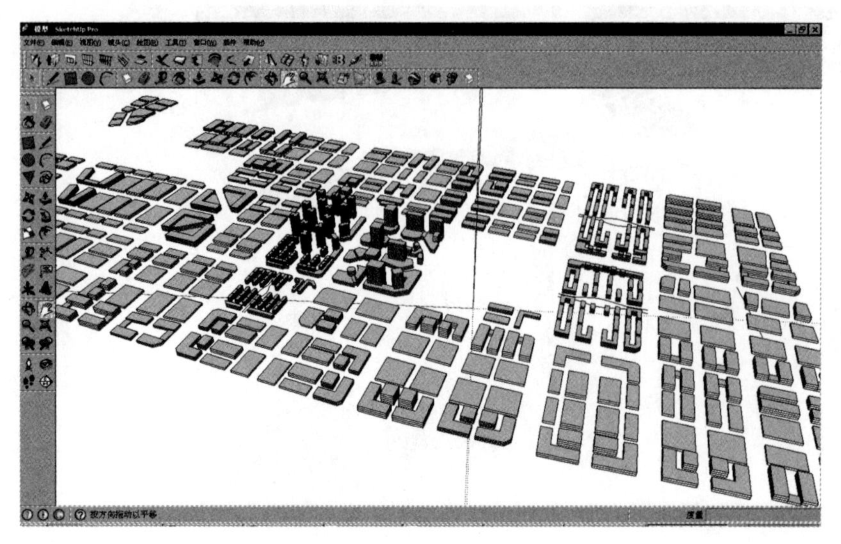

图 9-36 完成其他建筑物的创建

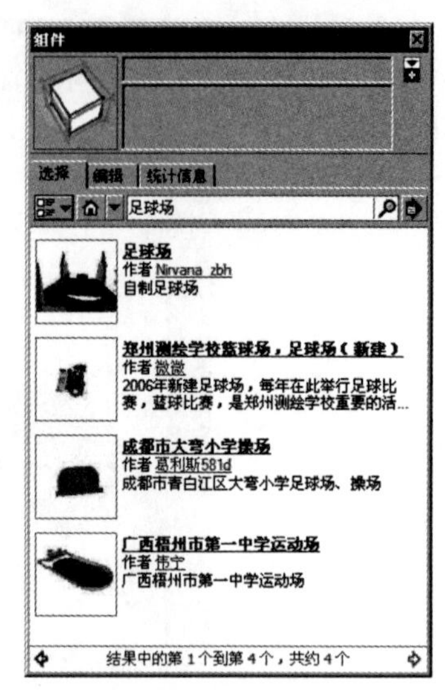

图 9-37 搜索所需组件

9.6 完善场景绿化景观

本节着重讲解行道树模型的创建，其他景观可以通过“颜料桶”工具和“推拉”工具进行贴图和场景模拟完成。

（1）在 SketchUp 中只显示“行道树”图层，并隐藏其他图层，如图 9-38 所示。

（2）选择“窗口→组件”菜单命令，在搜索栏中输入“树”，下方会显示模型库中已有的模型，选择一种满意的行道树模型插入编辑的块中，如图 9-39 所示。

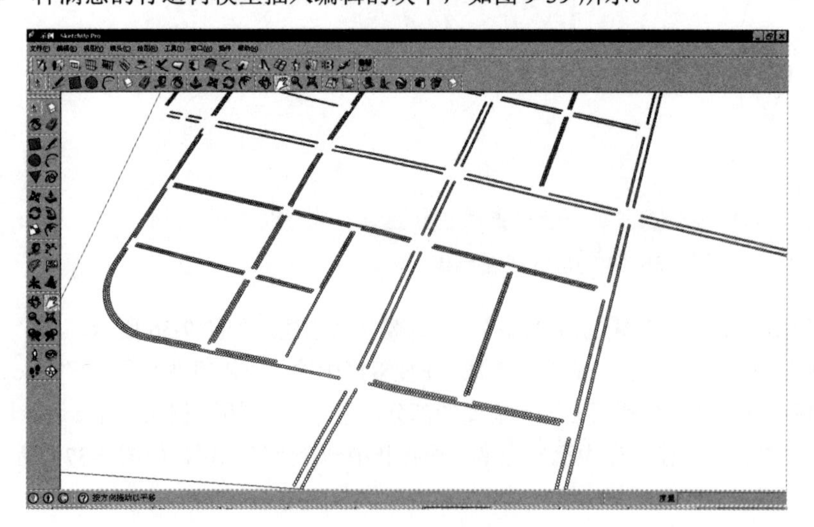

图 9-38 只显示行道树图层

图 9-39 搜索所需组件

在 AutoCAD 2020 中将行道树创建为块，只需要完成一棵树的创建就可以将整个场景中的行道树全部创建完成。

（3）使用“拉伸”工具将行道树缩放到合适的大小，如图 9-40 所示。

图 9-40　拉伸组件到合适大小

（4）将原来图块中的圆弧删除，然后退出组件编辑状态，如图 9-41 所示。

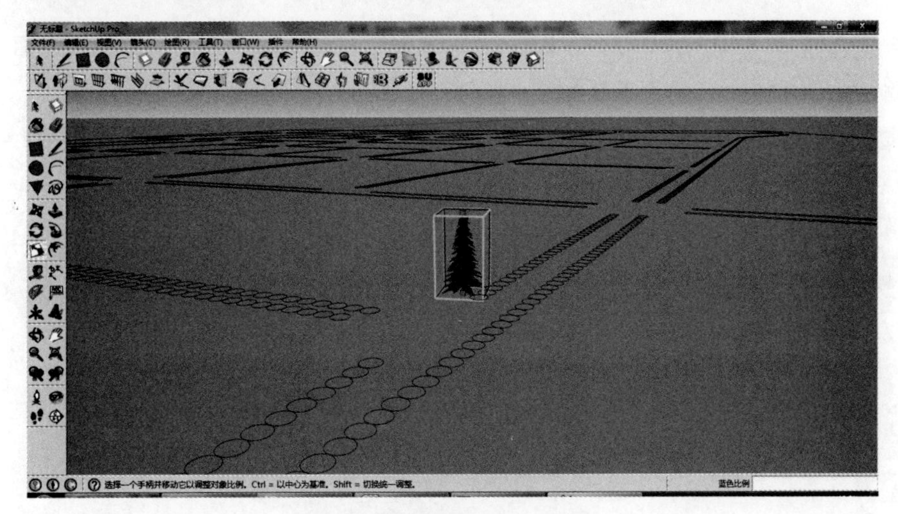

图 9-41 删除原图块中的圆弧

（5）完成行道树的创建操作，效果如图 9-42 所示。

图 9-42 创建完成后的树

9.7 拼合场景

9.7.1 合并彩色平面图

导入已经完成的彩色平面图片，导入的时候勾选右侧的“作为图像”选项，使用“拉伸”工具将图像调整到合适的大小，使用“移动”工具移动图像，使其对齐模型，如图 9-43 所示。

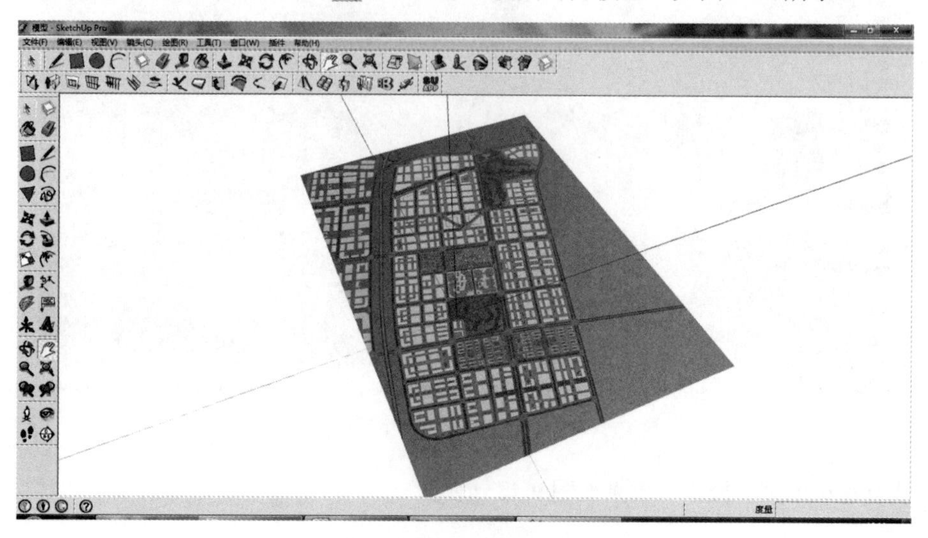

图 9-43 导入彩色平面图

9.7.2 合并道路

打开“道路”图层即可，如图 9-44 所示。

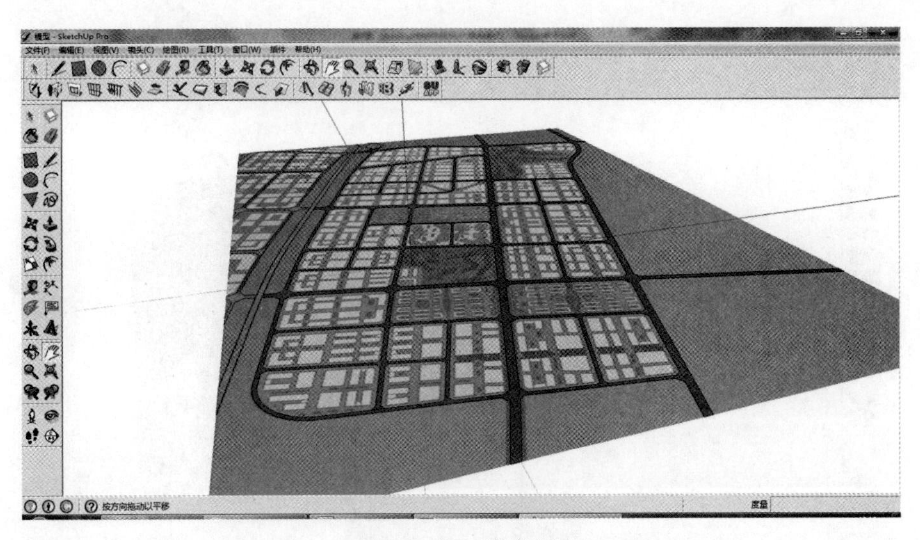

图 9-44 打开道路图层

9.7.3 合并建筑

打开“建筑”图层，如图 9-45 所示。

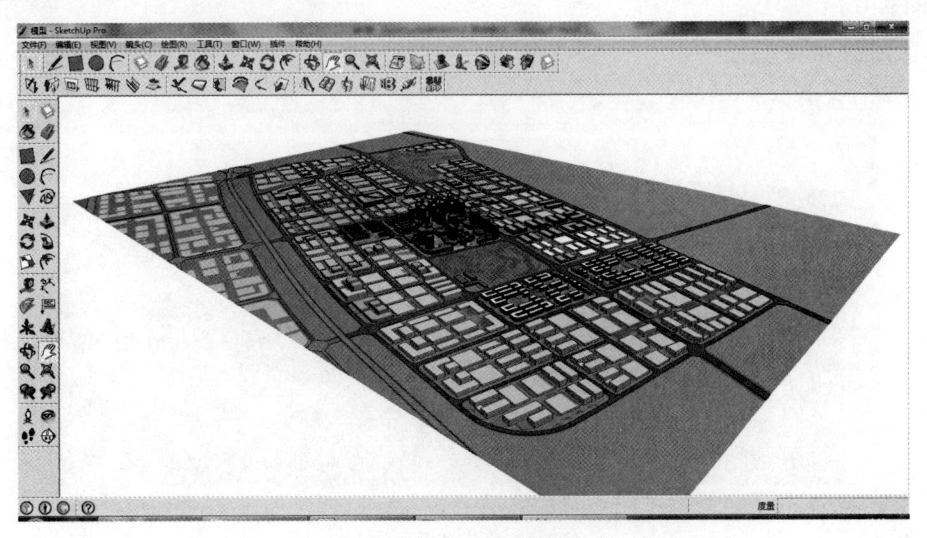

图 9-45 打开建筑图层

9.7.4 合并行道树

打开“行道树”图层，如图 9-46 所示。

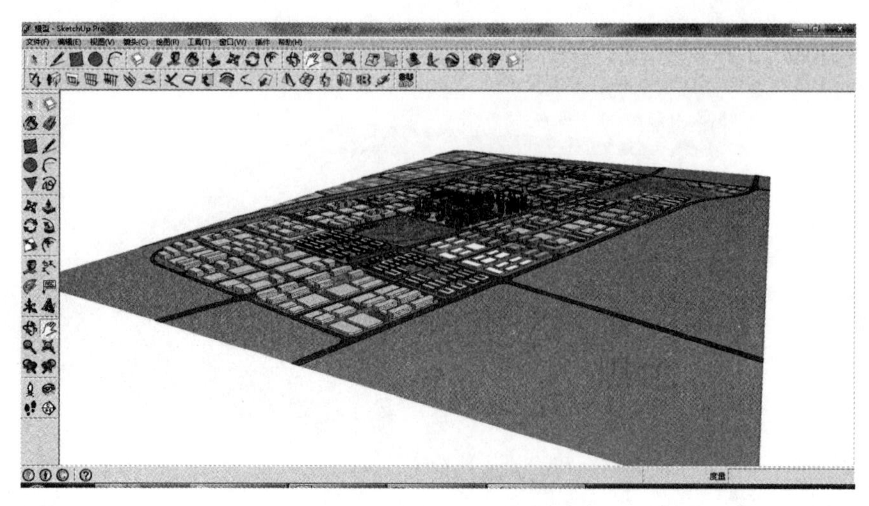

图 9-46 打开行道树图层

9.7.5 合并山体地形

将山体地形放入模型中，由于本案例中场地较为平整，因此只保留局部开敞空间模拟地形，完成后的场景效果如图 9-47 所示。

图 9-47 将山体模型放入

9.8 场景环境处理

导出图像前需要对场景的一些环境进行处理。

9.8.1 场景边线设置

选择“视图→边线样式”菜单命令，勾选“边线”选项，然后隐藏坐标轴（快捷键为 Alt+Y），如图 9-48

所示。

图 9-48 隐藏坐标轴

9.8.2 阴影设置

选择“视图→阴影”菜单命令，勾选“阴影”选项，显示阴影。然后选择“窗口→阴影”菜单命令，出现“阴影设置”窗口，根据需要调节“时间、日期、亮、暗”等范围值直至满意，如图 9-49 和图 9-50 所示。

图 9-49 显示阴影

图 9-50 调节阴影

9.9 导出图像

选择一个角度，然后选择“窗口→样式”菜单命令，出现“样式”窗口，在“样式”窗口中根据需要选择合适的样式，接着选择“文件→导出→二维图像”菜单命令，在“输出二维图形”窗口的右下角选项中设置导出 JPG 的“像素”等因素，如图 9-51 和图 9-52 所示。

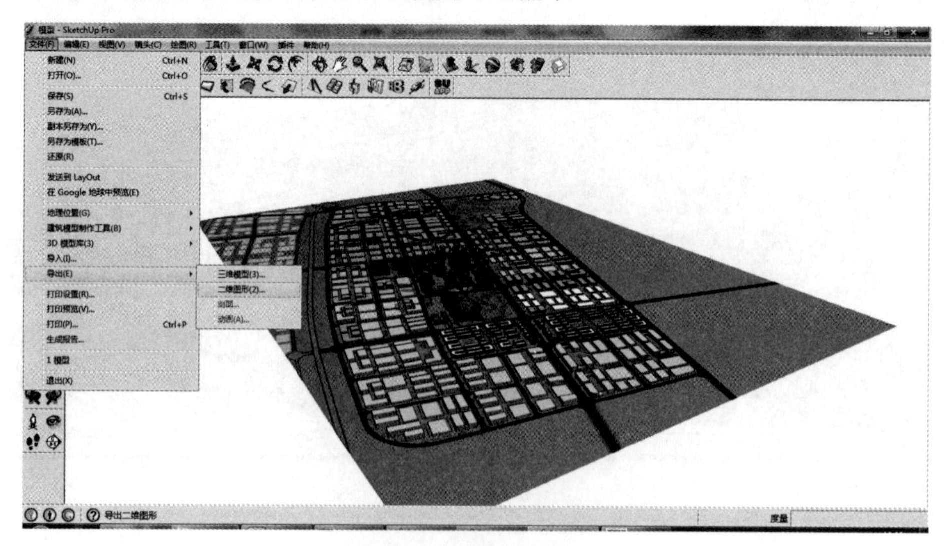

图 9-51 选择合适角度

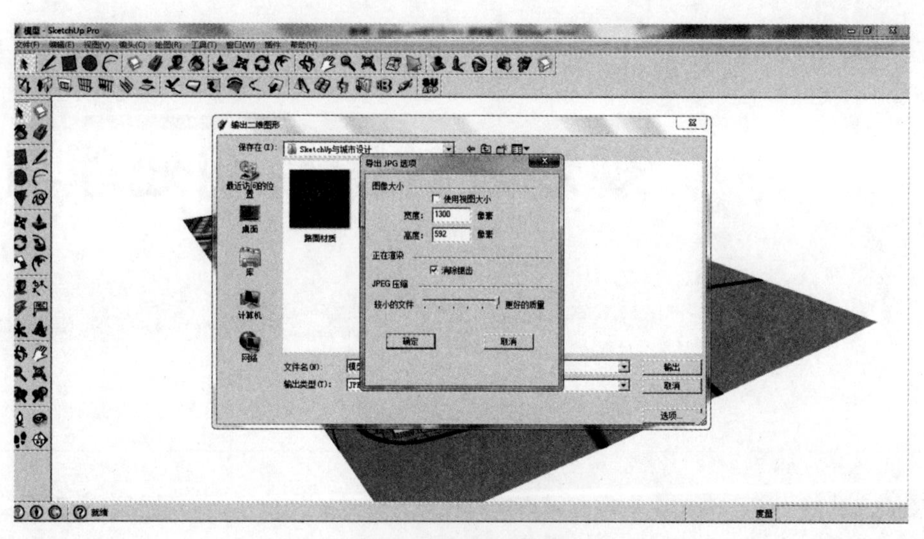

图 9-52 导出二维图像

9.10 小结

本章以城市片区城市设计为例介绍了 SketchUp 在城市设计中空间关系体现的运用，首先介绍了如何将 DWG 文件导入 SketchUp 中，接着介绍了三维地形的模拟过程，讲述了城市设计中道路、建筑、行道树等模型的构建，最后针对城市设计中场景的整合讲述了城市设计中各要素的拼合过程。

9.11 习题

1. 简要叙述利用“湘源控规 6.0”软件模拟三维地形模型的一些基本处理过程。
2. 在 SketchUp 中如何设置阴影、边线的效果？
3. 如何利用彩色总平面虚拟部分景观效果？
4. 简要叙述一下 SketchUp 中行道树的创建过程。
5. 如何根据个人需要赋予 SketchUp 中三维模型的表面材质？

第 10 章

规划设计图后期处理与扩展

导言

通过辛勤的工作终于将一套国土空间与城市规划图纸设计绘制完成了，如果能为这套图纸设计一个整体图纸风格和一套漂亮美观的外观包装，无疑是为自己的工作成果增添了一大亮点。本章将通过具体的实例系统地介绍将 AutoCAD 2020 绘制的图形导入到 Photoshop 等其他后期处理软件中，并详细介绍通过后期处理软件对图纸进行后期加工处理的过程。同时将介绍规划设计方案展板制作处理中的一些经验技巧，以让读者在学习的过程中取得事半功倍的成效。

10.1 DWG 文件与其他图形软件的数据转换

在规划设计项目中，仅仅使用 AutoCAD 很难完成高质量的规划工程图，还需要其他图形软件辅助完成，因此要解决各个软件文件之间的转换问题，就需要先对绘图数据进行转换。

10.1.1 常用设计软件介绍

如今市面上流行的各种设计软件有很多，其中有许多综合功能强大的大型设计软件，也有许多专业功能强大的专业设计软件。在众多的设计软件中，受到设计师推崇和喜爱、使用比较广泛的设计软件主要有 AutoCAD、3D Studio Max（以下简称为 3ds Max）、Photoshop 以及专业性较强的天正系列软件、3D Studio VIZ 和 Lightscape 等。在国土空间与城市规划中设计师主要应用的是 AutoCAD、3ds Max 和 Photoshop。AutoCAD 在前面已经有详细的讲解，这里我们将对其他常用图形软件做简单介绍。

3ds Max 是由 Autodesk 公司设计开发的图形软件系列，主要用于三维造型设计与动画制作。3ds Max 在二维图形的绘制方面没有 AutoCAD 方便、准确，但是在三维图形造型设计、贴图以及渲染效果和动画制作功能方面却是 AutoCAD 无法比拟的。在规划设计中经常利用 3ds Max 强大的三维图形绘制功能和渲染效果进行高层意向分析、制作效果图等。

Photoshop 是由 Adobe 公司开发推出的图像处理软件，主要用于美术设计、摄影、平面广告设计、效果图后期制作等，凭借其强大的图像处理功能和简便的操作成为应用最广泛的图形图像处理软件。在规划设计中，常常需要利用 Photoshop 强大的色彩功能填充色块来弥补 AutoCAD 在色彩上的不足，同时效果图的后期制作也主要是在 Photoshop 下完成的，利用 Photoshop 软件丰富的滤镜工具对效果图进行处理，可以产生水彩、油画、素描等多种表现形式，提高效果图的艺术表现力。Photoshop 将在下文中详细介绍。

10.1.2 AutoCAD 文件与 3ds Max 文件的转换

在规划设计中需要精确的图形图像，但是在 3ds Max 中很难精确绘制二维图形，AutoCAD 正好能弥补这个不足，因此通常是先在 AutoCAD 中完成精确的二维平面图形，再将图形导入 3ds Max 中进行三维编辑操作。

在 3ds Max 中导入 AutoCAD 的 DWG 文件之前首先要保存 DWG 文件，这里以一个居住小区平面图（见图 10-1）为例。

图 10-1 某小区平面设计图

为了在 3ds Max 中能更方便地编辑，需要将多余的图形冻结或删除，如绿化带、行道树等，再另存一个文件，删除多余图层后如图 10-2 所示。

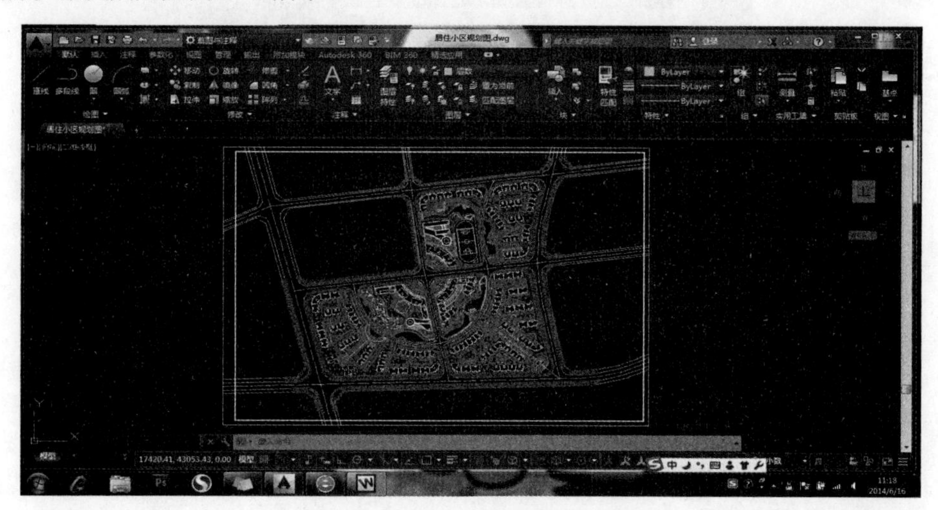

图 10-2 删除多余图层的小区平面图

完成 AutoCAD 的绘图工作后，打开 3ds Max 2012，进入主界面。因为 3ds Max 系统非常庞大，因此只有将显示器的分辨率调至 1280×1024 以上时，系统的工具才能完全显示，否则只能显示部分按钮（一般可以将分辨率设置为 1280×1024，Windows 7 系统设置为 1366×768，视用户计算机的配置而定），其余按钮只能靠光标拖动工具条，完全显示的主界面如图 10-3 所示。

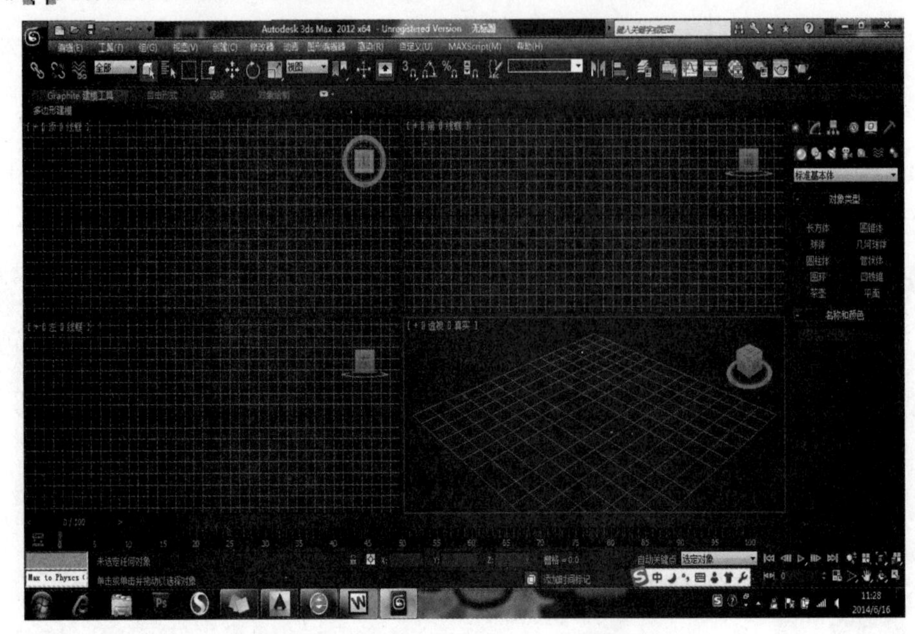

图 10-3 完全显示的 3ds Max 2012 主界面

在 3ds Max 的主界面中，视图区是其中面积最大的区域，是主要的工作区，默认设置的 4 个视图是 Top（顶视图）、Front（前视图）、Left（左视图）、Perspective（透视图）。

单击“文件”菜单，在菜单中选择“输入”选项，弹出“打开文件”对话框，如图 10-4 所示。

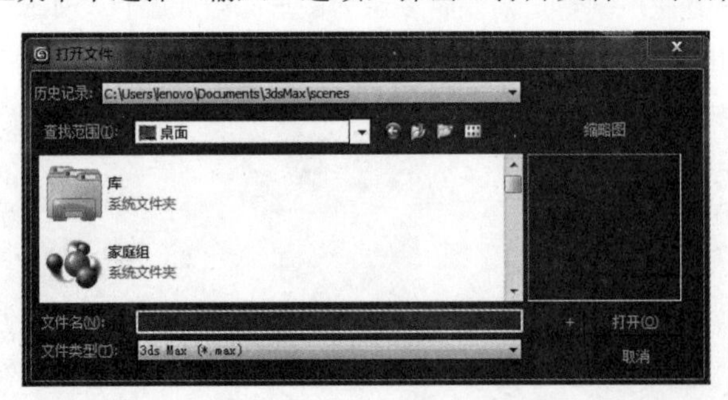

图 10-4 “打开文件”对话框

使用 3ds Max 软件时，根据所处理文件在 AutoCAD 软件中所具有的不同文件属性，在导入到其他软件时，因为所支持的格式不同，所以导入文件的格式也不同。

在“文件类型”下拉列表中选择所有文件，找到需要导入的 DWG 文件后单击“打开”按钮，系统弹出“AutoCAD DWG/DXF 导入选项”对话框，该对话框的各项属性设置，如图 10-5 所示。

AutoCAD 文件提供了多种文件格式，基本上包括了二维和三维方面比较有用的软件支持格式。在应用的软件不同时，需要将所要处理的文件保存为其他软件能够支持的格式，然后在其他软件中再进行导入。

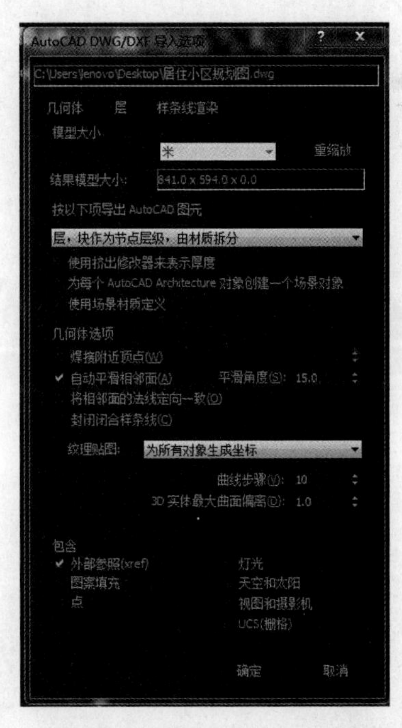

图 10-5 “AutoCAD DWG/DXF 导入选项”对话框

设置完成后，单击“确定”按钮，则 3ds Max 开始导入用户选择的 DWG 文件，状态栏显示导入进度。在导入文件的同时，还将提示导入文件时所处理的信息内容，如果导入失败，那么用户可进行相应的调整。导入进度显示如图 10-6 所示。

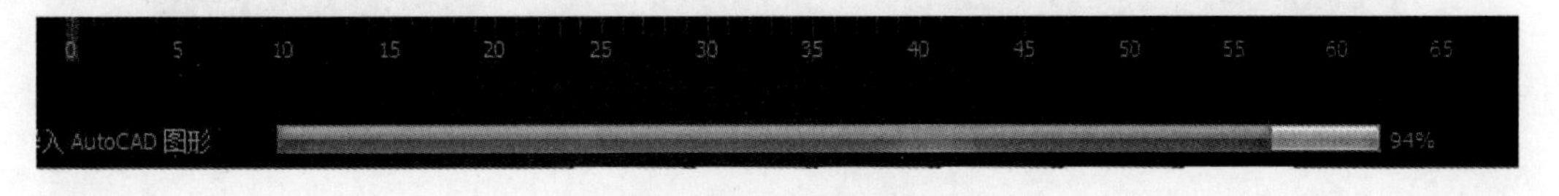

图 10-6 导入进度显示

3ds Max 导入 DWG 文件完成后，按 Ctrl+Shift+Z 快捷键（最佳视图快捷键），视图区中各视图全屏显示图形，导入的图形在顶视图和透视图中完全显示，而在另外两个视图中只显示一条直线，说明导入的图形为水平放置，如图 10-7 所示。

导入的 DWG 文件一般作为底图使用，为了使用方便，可以通过“组”管理的方式将导入的 DWG 图形组合为一个整体。在任意视图中选择全部图形，全部选中后的图形将全部变为白色，如图 10-8 所示。

单击“组”下拉菜单，在菜单中选择“成组”选项，系统弹出“组”对话框，在输入框内输入组的名称，如图 10-9 所示。

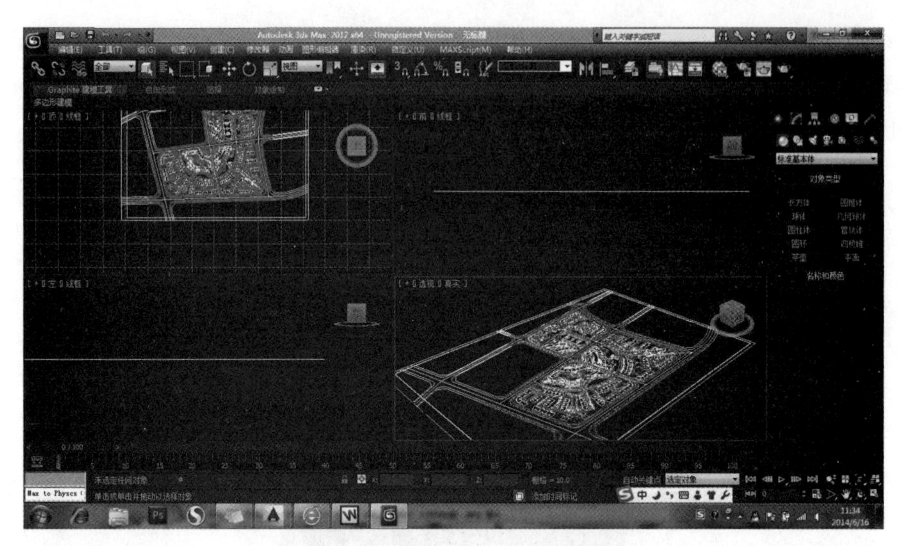

图 10-7 3ds Max 导入 DWG 文件效果

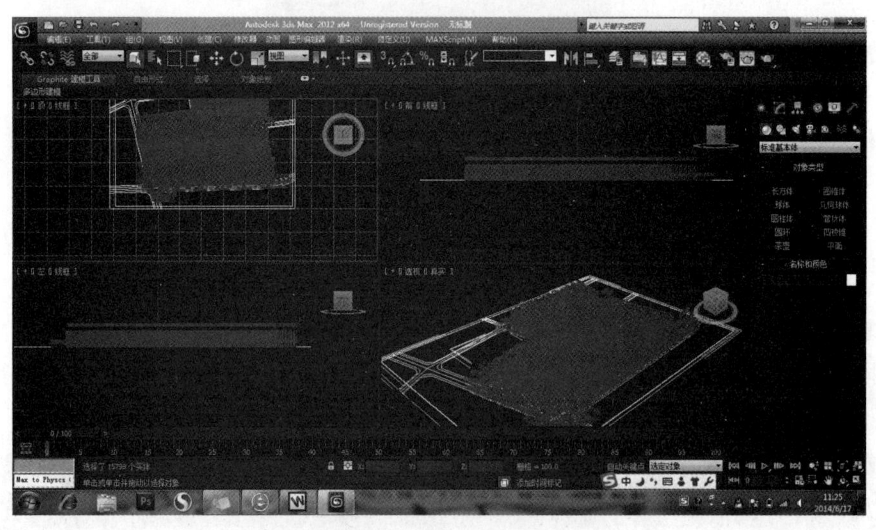

图 10-8 全部选中图形效果

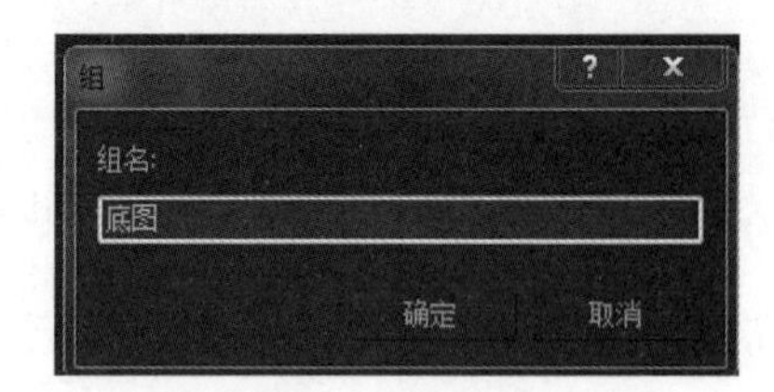

图 10-9 “组”对话框

输入“组名”后，单击“确定”按钮，完成图形分组的操作。导入的图形将作为一个整体被编辑修改。如果需要分解创建的组，就在视图区内选择组，在“组”下拉菜单中选择“解组”命令选项，被选择的组将被分解。此操作与 AutoCAD“块”中的创建与分解相似。

需要导入多个 DWG 文件时，一般还需要将已导入的图形组移动到指定位置，如原点等。选择图形组，在主工具栏中单击按钮，按钮变为蓝色（图形上出现移动坐标），并在按钮上右击，系统弹出“移动变换输入”窗口。在“绝对：世界”输入框内输入绝对坐标，本例中输入坐标（X:0.0，Y:0.0，Z:-0.0），被选择对象的中心点将移动到原点位置，如图 10-10 所示。

为了防止在编辑过程中移动底图，可以将底图冻结。在视图区内选择底图，同时右击，在弹出的快捷菜单中选择“冻结当前选择”命令，如图 10-11 所示。

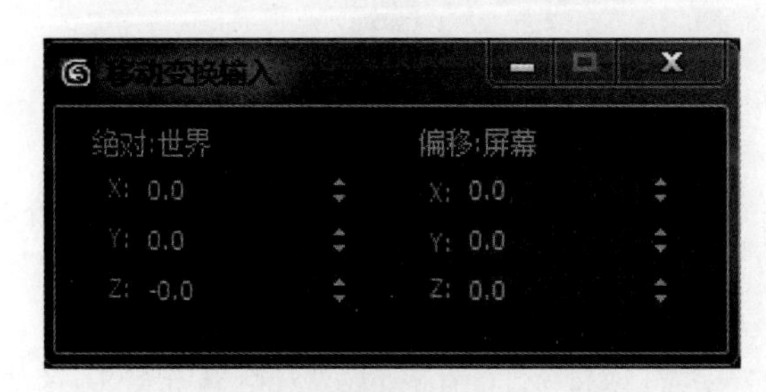

图 10-10 “移动变换输入”窗口

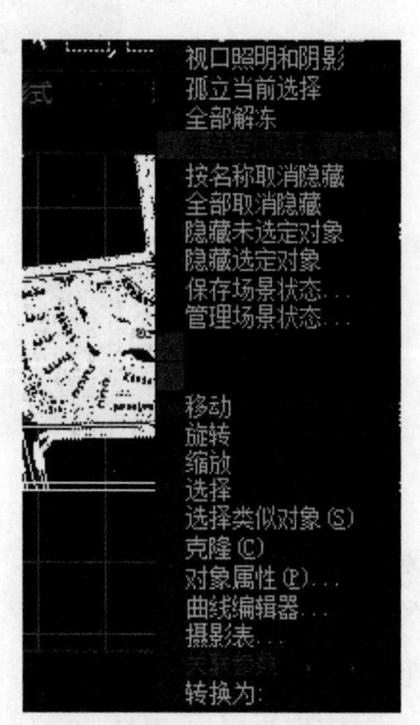

图 10-11 选择“冻结当前选择”命令

冻结被选择对象后的顶视图如图 10-12 所示。

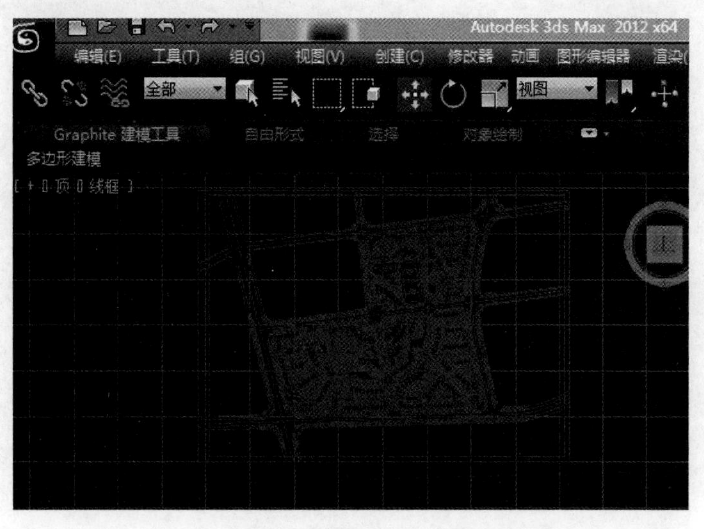

图 10-12 被选择对象冻结后的顶视图效果

冻结后的图形无法移动和编辑，如果要解除图形对象的冻结，就在要解冻图形上选择右键快捷菜单中的“全部解冻”选项，解除已冻结的所有图形。被冻结的图形变为灰色，与视图背景颜色相似，难以辨认，此时可以通过改变 3ds Max 主界面的颜色来解决。在“自定义”下拉菜单中选择“自定义用户界面”选项，系统弹出“自定义用户界面”对话框，如图 10-13 所示。

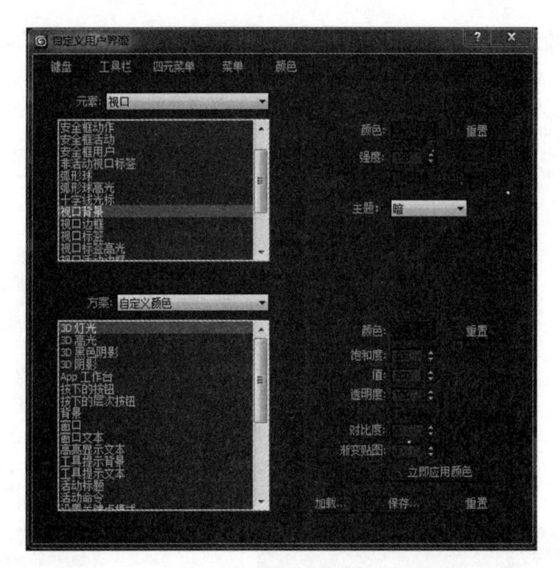

图 10-13 “自定义用户界面”对话框

在该对话框中选择“颜色”选项，在“元素”窗口下面选择“视口背景”选项，单击一下界面中右侧颜色框中的颜色就会出现“颜色选择器”，然后在其中选择自己喜欢的视图背景颜色，这里我们选择“黑色”；接下来单击“颜色选择器”中的“确定”按钮，并直接关闭“自定义用户界面”对话框。

3ds Max 主界面以及视图区背景将变为黑色，而被冻结的图形将变为白色（默认项为 Default UI.ui）。修改用户界面后的效果如图 10-14 所示。

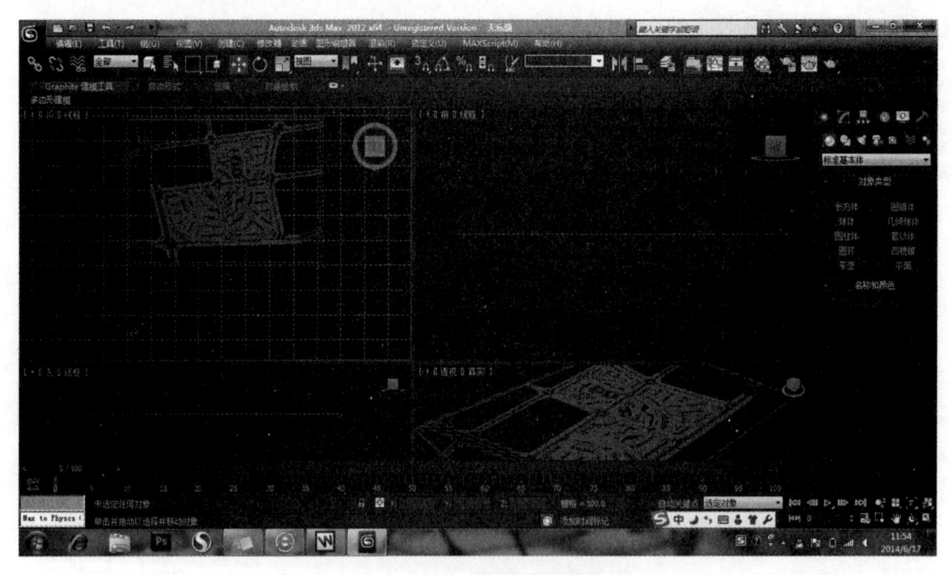

图 10-14 修改用户界面后的效果

完成导入工作后，就可以进行 3ds Max 的建模、渲染等操作了。

上述将 AutoCAD 的图形导入 3ds Max 是最常用、最简单的方法。另外，还有其他方法，如将 AutoCAD 中的图形以 DXF 文件格式导入 3ds Max、将 3ds Max 中的 DXF 格式的文件导入 AutoCAD 中等，此处不做具体介绍。

10.1.3 AutoCAD 文件与 Photoshop 文件的转换

在 AutoCAD 中直接填充色块往往层次不分明，颜色不够鲜艳，与 Photoshop 在色彩方面强大的功能相比，还是有很大差距的，利用 Photoshop 中的一些特效功能能够使图面效果更丰富。

在 AutoCAD 绘制并保存的图形文件（如 DWG、DXF 文件等），使用 Photoshop 无法直接打开，必须将 AutoCAD 绘制的图形打印成光栅图像并保存在指定位置。光栅图像是由一些称为像素的小方块或点的矩形栅格组成的。

将 AutoCAD 绘制的图形打印并保存为光栅图像的操作步骤如下：

（1）在 AutoCAD 2020 中，单击按钮，在下拉菜单中单击 右侧的小箭头，在弹出的菜单中选择“管理绘图仪”，弹出“绘图仪管理器”窗口，如图 10-15 所示。

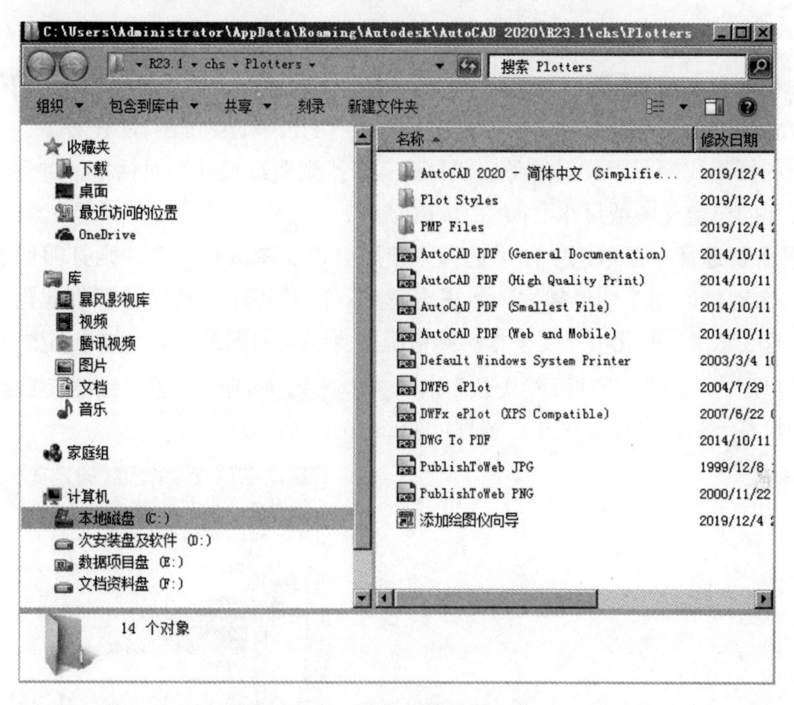

图 10-15　“绘图仪管理器”窗口

该窗口列出了用户安装的所有非系统打印机的绘图仪配置（PC3）文件。如果希望 AutoCAD 使用的默认打印特性不同于 Windows 所使用的打印特性，也可以为 Windows 系统打印机创建绘图仪配置文件。绘图仪配置设置指定端口信息、光栅图形和矢量图形的质量、图纸尺寸以及取决于绘图仪类型的自定义特性。绘图仪管理器包括“添加绘图仪向导”，此向导是创建绘图仪配置的基本工具。“添加绘图仪向导”提示用户输入关于要安装的绘图仪的信息。

（2）双击“添加绘图仪向导”快捷方式，系统弹出“添加绘图仪”对话框，单击“下一步”按钮，进入“添加绘图仪→开始”对话框，选择“我的电脑”选项，单击“下一步”按钮，进入“添加绘图仪 - 绘图仪型号”对话框，在“生产商”列表框中选择“光栅文件格式”选项，在“型号”列表框中选择“MS-Windows BMP（非压缩 DIB）”选项或选择“TIFF Version 6（不压缩）”选项（这两种光栅图像的效果相对比较好），如图 10-16 所示。

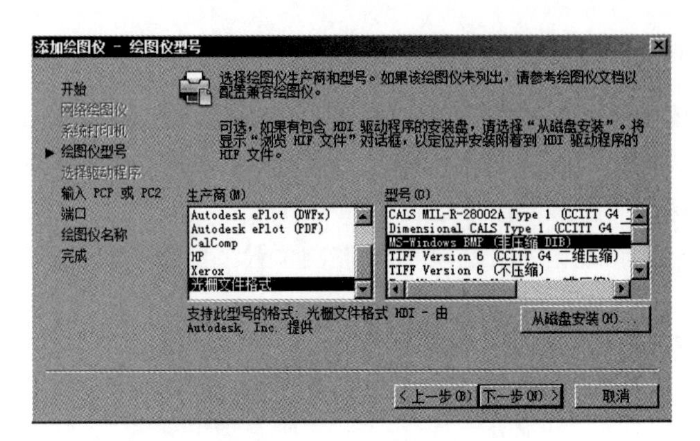

图 10-16 “添加绘图仪 - 绘图仪型号”对话框

单击“下一步”按钮直至完成，然后关闭绘图仪管理器（Plotters）窗口。

单击快捷菜单中的打印按钮，系统弹出“打印模型”对话框，在“打印机 / 绘图仪”栏的“名称”下拉菜单中选择“MS-Windows BMP（非压缩 DIB）”或“TIFF Version 6（不压缩）”。在本例中，由于图形不是标准的光栅图形比例，因此系统弹出“打印 - 未找到图纸尺寸”对话框，并列出了系统默认图纸尺寸和适合图形尺寸的自定义图纸尺寸，如图 10-17 所示。

用户可以根据需要选择，在本例中如果选择“使用自定义图纸尺寸”，则打印后的光栅图像尺寸为 2480×3507 像素，像素值越高，图像越大，效果也越好；同时还需要考虑计算机配置，像素越高，占用的内存越大，运算速度越慢，因此用户要根据实际情况选择不同的图纸尺寸。如果需要选用其他图纸尺寸，则任意选择一个选项后，单击“打印机 / 绘图仪”栏的 特性(R)... 按钮，打开“绘图仪配置编辑器”对话框，选择“设备和文档设置→自定义图纸尺寸”选项，如图 10-18 所示。

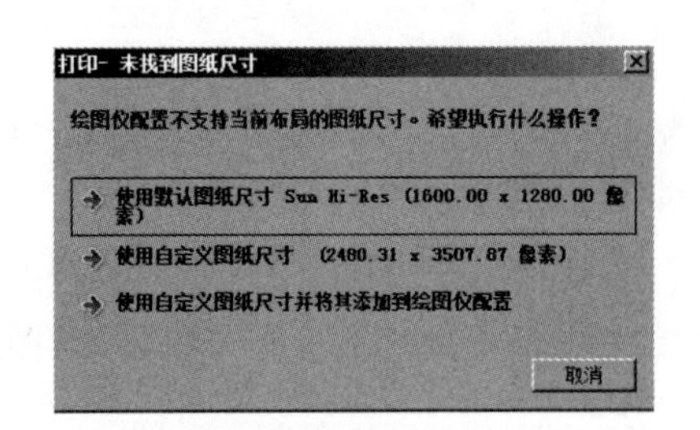

图 10-17 未找到图纸尺寸提示

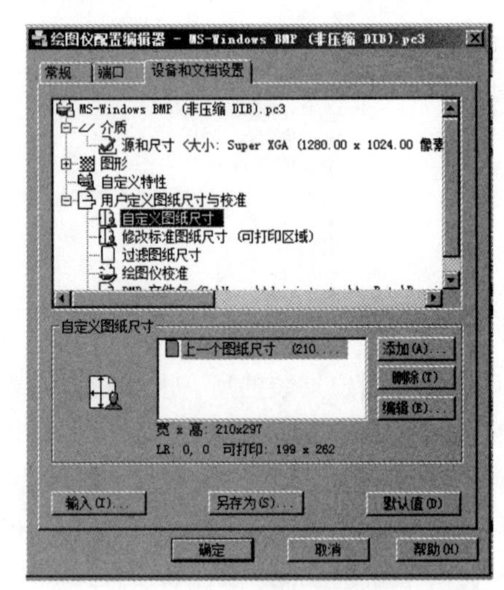

图 10-18 “绘图仪配置编辑器”对话框

在“自定义图纸尺寸”栏单击“添加”按钮，系统弹出“自定义图纸尺寸 - 开始”对话框，选择“创建新图纸”选项，单击“下一步”按钮，进入“自定义图纸尺寸 - 介质边界”对话框（见图 10-19），在宽度和高度输入框中输入适合图像大小比例的像素值，在本例中分别输入 1280 和 1024。

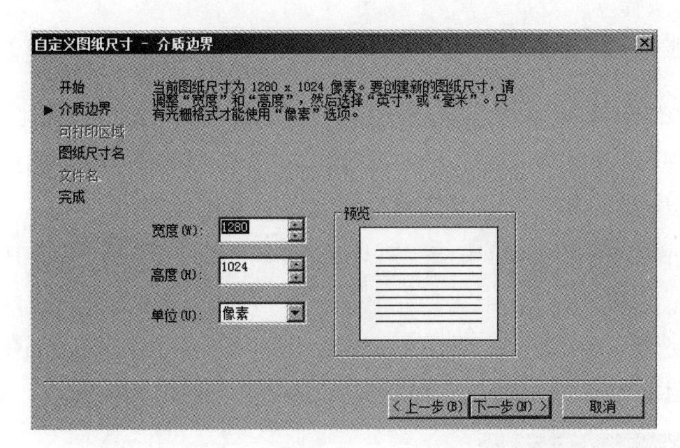

图 10-19　“自定义图纸尺寸 - 介质边界”对话框

输入用户需要的图纸尺寸后，单击“下一步”按钮，直至完成设置，关闭“自定义图纸尺寸”对话框，在“绘图仪配置编辑器”对话框中单击“确定”按钮，关闭“绘图仪配置编辑器”对话框。

在“打印”对话框的“图纸尺寸”栏的下拉菜单中选择刚刚创建的新图纸尺寸，在“打印区域”下拉菜单中选择“范围”选项，在“打印偏移”栏中勾选“居中打印”选项，单击“预览”按钮（按照执行 Preview 命令时在图纸上打印的方式显示图形。要退出打印预览并返回“打印”对话框，请按 Esc 键，然后按 Enter 键，或右击，然后在快捷菜单上选择“退出”命令），进入预览视图，如图 10-20 所示。

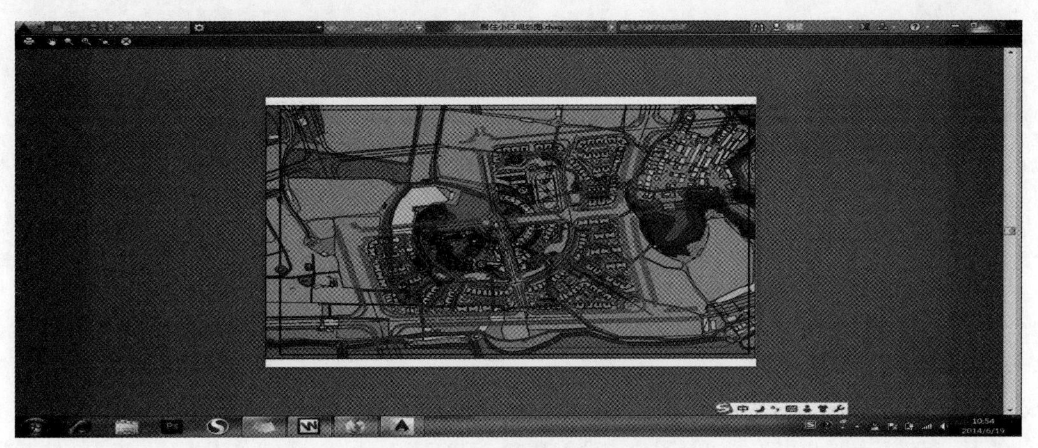

图 10-20 光栅图像打印预览

如果在“打印区域”下拉菜单中选择“窗口”选项，则关闭“打印”对话框。在视图区指定图形部分（使用定点设备指定要打印区域的两个角点，或输入坐标值），单击“预览”按钮，预览光栅图像。

在“打印”对话框中设置完成后，单击“确定”按钮，打开“浏览打印文件”窗口，在该窗口中指定光栅图像打印保存的地址，完成设置后单击“保存”按钮，系统将弹出“打印作业进度”对话框，该对话框提供了打印作业的状态和进度信息。光栅图像大小不同，需要的时间也不相同，完成打印作业后，在指定文件夹中保存了新生成的光栅图像。那么新生成的光栅图像就可以在 Photoshop 中编辑了。

单击 Windows“开始”菜单，选择“所有程序→ Adobe Photoshop CS 2017”命令，打开 Photoshop 软件。在“文件”菜单中选择“打开”选项，系统将弹出“打开”窗口，在该窗口中选择上面操作保存的图像文件就实现了 AutoCAD 与 Photoshop 的转换。

10.1.4 AutoCAD 导出 EPS 文件

后期处理时，为了能在 Photoshop 中以矢量化的方式导入 CAD 文件，在此介绍另一种转化为 EPS 格式的方式。Photoshop 可以打开 .EPS 格式的文件，所以借助 .EPS 格式的桥梁作用，将 CAD 文件转换为 .EPS 格式，并最终转换为 .JPG 格式。本部分以土地利用规划图为例进行讲解。

首先，用鼠标指向“应用程序”菜单中的“打印”选项，在弹出的子菜单中选择“管理绘图仪”，如图 10-21 所示。

接着，弹出一个文件选择的对话框，双击“添加绘图仪”，弹出“添加绘图仪 - 简介”对话框，单击“下一步”按钮，弹出“添加绘图仪 - 开始”对话框，选中“我的电脑”选项，如图 10-22 所示。

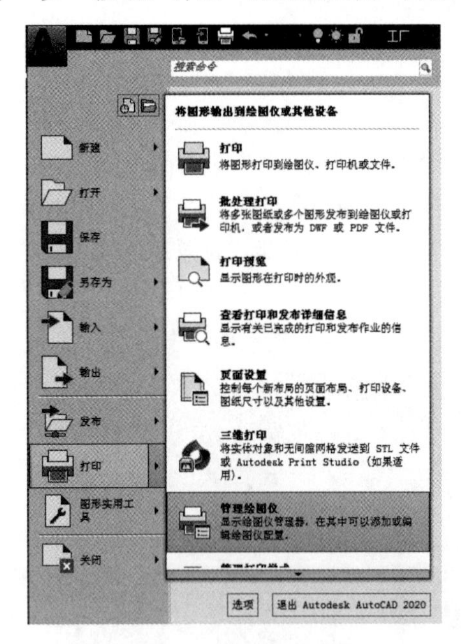

图 10-21 “打印”子菜单

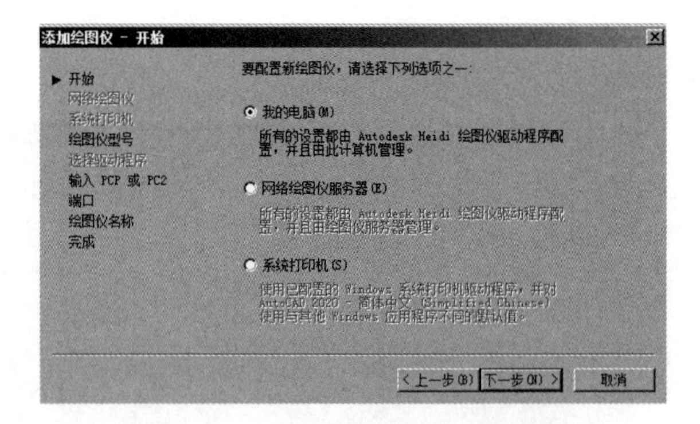

图 10-22 “添加绘图仪 - 开始”对话框

单击“下一步”按钮，弹出“添加绘图仪 - 绘图仪型号”对话框，选择 Adobe 生产商，以便和 Photoshop 相匹配，“型号”可以任意选择，如图 10-23 所示。

单击“下一步”按钮，弹出“添加绘图仪 - 输入 PCP 或 PC2”对话框，继续单击“下一步”按钮，弹出“添加绘图仪 - 端口”对话框（见图 10-24），这里很重要，一定要选择“打印到文件”。

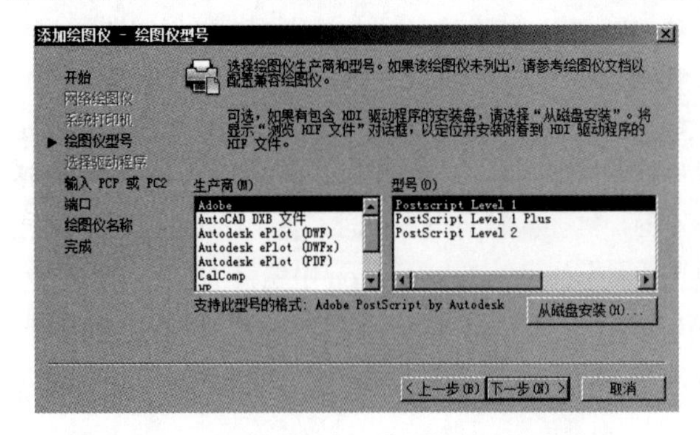

图 10-23 “添加绘图仪 - 绘图仪型号”对话框

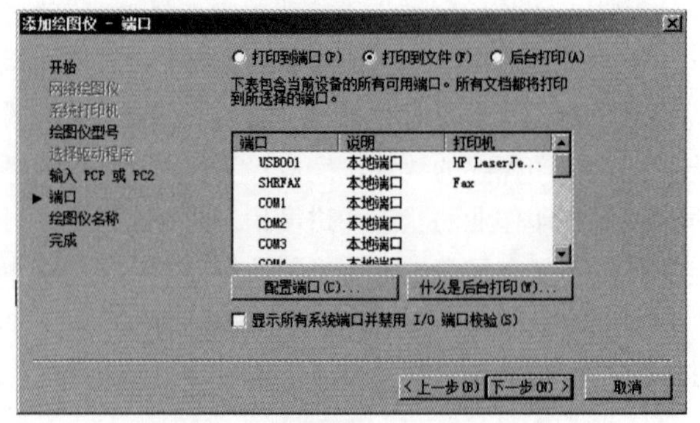

图 10-24 “添加绘图仪 - 端口”对话框

接着单击“下一步”按钮，弹出“添加绘图仪 - 绘图仪名称”对话框，本例中在“绘图仪名称”处输入“控制性规划”，单击“下一步”按钮，弹出“添加绘图仪 - 完成”对话框，单击“完成”按钮，这样虚拟打印机就设置好了。

使用 Ctrl+P 快捷键打开“打印 - 模型”对话框（见图 10-25），在“打印机 / 绘图仪”的“名称”下拉列表中选择我们设置的打印机“控制性规划 .PC3”。单击右下角的按钮，可以弹出完整的对话框。

在“打印样式表”下拉列表中选择打印样式：acad.ctb 是彩色打印的常用选项，monochrome.ctb 是黑白打印的常用选项。本例中选择“acad.ctb”，如图 10-26 所示。

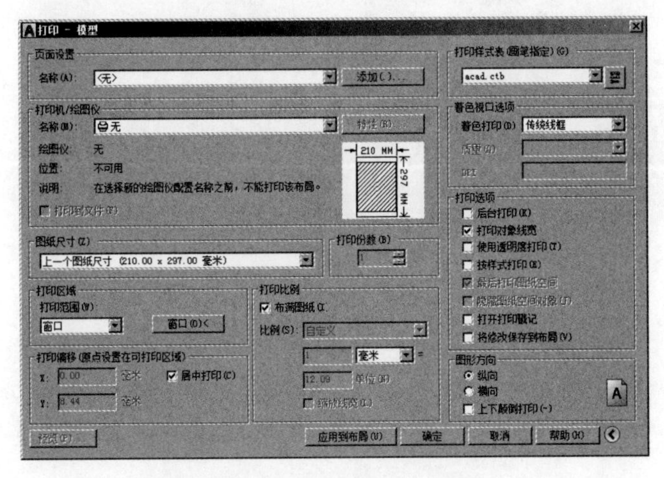

图 10-25 “打印 - 模型”对话框

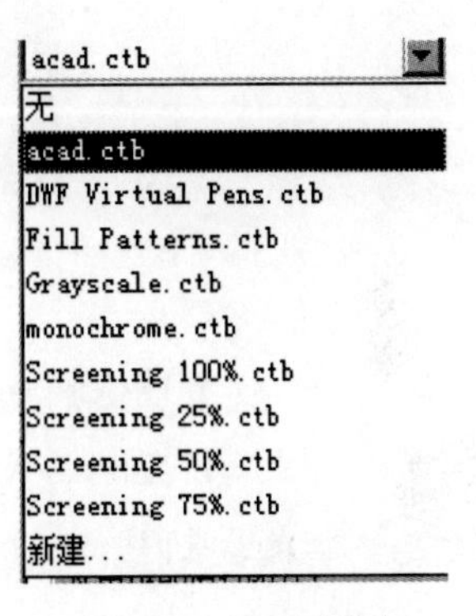

图 10-26 打印样式表

选择完打印格式后，旁边的按钮变为可用状态，单击按钮，弹出“打印样式表编辑器 -acad.ctb”对话框（见图 10-27），这里的每一种颜色都可以设置为打印的样式，如果图没有问题，但打印时线条粗细、深浅等有问题，很有可能是打印设置上出了问题，因此打印前一定把打印样式调整好。默认状态下，acad.ctb 样式都是使用对象的设置。本例按照默认的 acad.ctb 样式打印。

单击“保存并关闭”按钮回到“打印 - 模型”对话框，“打印区域”组合框中有一个“打印范围”下拉列表，可以选中“窗口”选项，再单击 窗口(O)< 按钮，然后在图上按住鼠标左键确定窗口大小，勾选“居中打印”选项，然后单击 应用到布局(U) 按钮，再在“打印范围”中选择“窗口”即可，如图 10-28 所示。

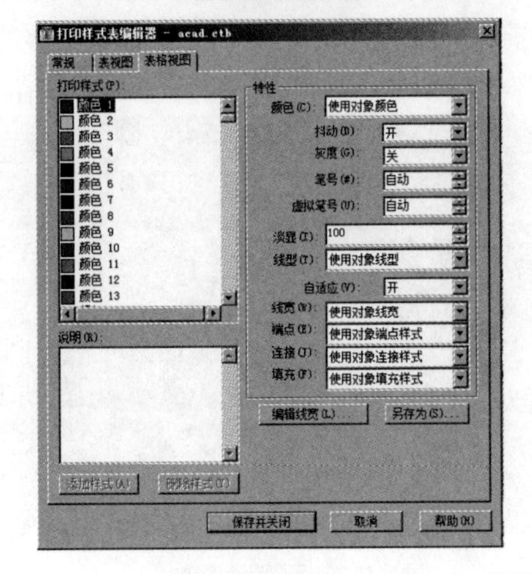

图 10-27 “打印样式表编辑器 -acad.ctb”对话框

图 10-28 打印范围设置

单击左下角的 预览(P)... 按钮，即可进入打印预览状态，然后右击，可选择“退出”或“打印”选项。选择“打印”选项，可打开“浏览打印文件”对话框，选择存储的位置，即可打印出 .EPS 格式的文件了，如图 10-29 所示。

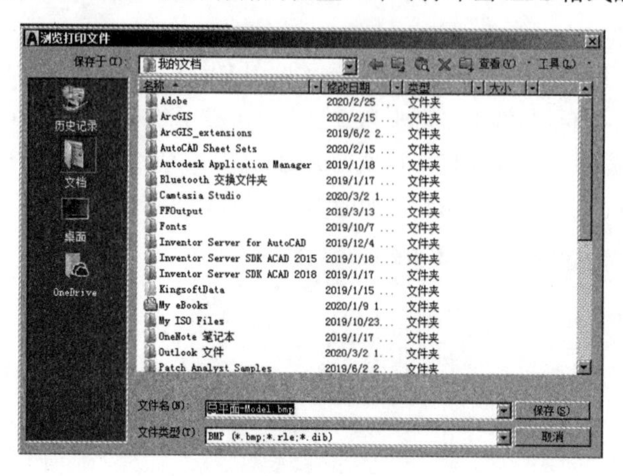

图 10-29 “浏览打印文件”对话框

提 示　为了更好地处理导入 Photoshop 中的图片，必须将 .DWG 格式的图纸分层导入，即一个图层打印成一张 .EPS 格式的图纸，而且不能变动打印的范围，最好使用布局打印。虽然这样做很麻烦，但是当我们明白 Photoshop 中对图形的处理要按照图层进行的时候这样的付出显然是必要的。

10.2 使用 Photoshop 处理 CAD 图纸

CAD 图纸是行业要求的规范图纸，但一般不作为普通查阅，而是用 JPG 图纸作为汇报和查阅。使用 Photoshop 对原始图文件进行加工处理，能在图面效果上更加出众。

10.2.1 Photoshop 存盘环境处理

Photoshop 处理后的图形往往很大，几百兆字节、几吉字节都有可能，若是 C 盘空间不够大，往往无法存储，最终报错，导致所有努力都白费。因此，绘图之前要先设置暂存盘，给 Photoshop 足够的存储空间。

打开 Photoshop CC 2017 后，单击“编辑”菜单，在子菜单中选择“首选项”里的“暂存盘”，将空间最大的盘作为第一暂存盘，然后单击“确定”按钮。

提 示　先退出 Photoshop，再重新打开，暂存盘设置才能生效，如图 10-30 所示（此图为设置好退出后重新登录的 Photoshop“首选项”界面）。

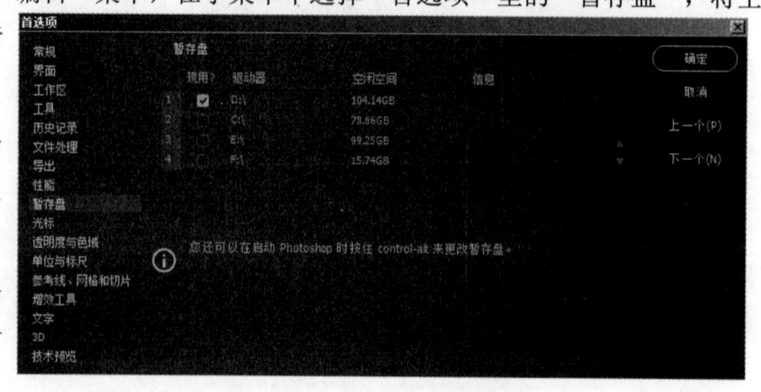

图 10-30 暂存盘设置

单击“窗口”，弹出下拉菜单，前面带“ √ ”的表示已经打开了的工具浮动面板。其中最重要的工具有“工具”“选项”“历史记录”“图层”“导航器”“颜色”，默认情况下是打开的，如果没有打开，需要读者自己操作将其打开。

10.2.2 打开 EPS 文件整理图层

单击“文件”菜单中的“打开”命令，选择我们存储的 .EPS 文件，可以几个文件一起打开，如图 10-31 所示。弹出“栅格化 EPS 格式”对话框（见图 10-32），将分辨率调整为 150、模式设置为 RGB，单击“确定”按钮。

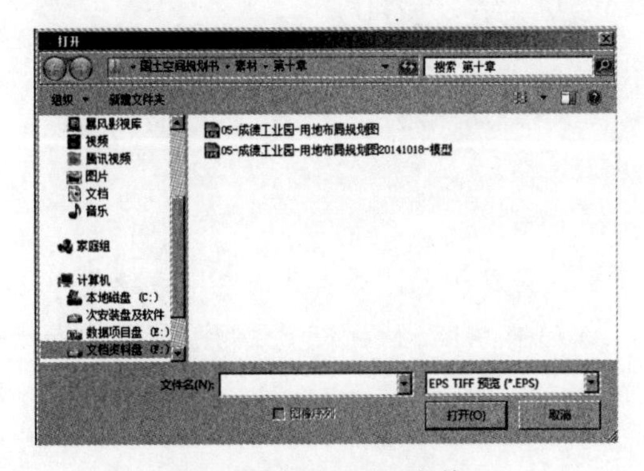

图 10-31　打开 .EPS 文件

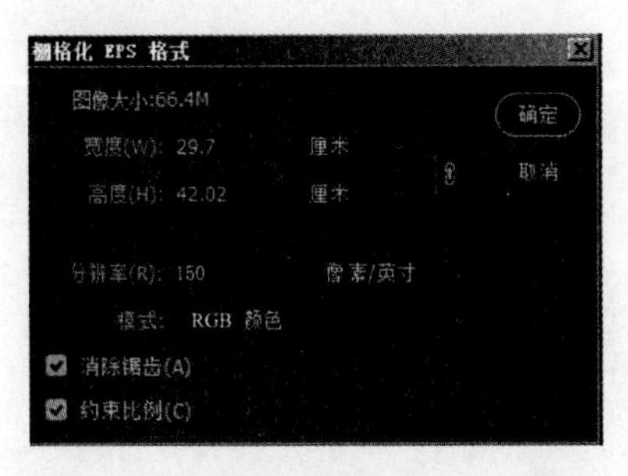

图 10-32　“栅格化 EPS 格式”对话框

分辨率一般选择在 100dpi 以上。分辨率很小的图，在放大以后会模糊，打印效果不太好，因此一般选择分辨率为 100~300dpi。分辨率越大，占用磁盘空间越多；文件越大，存储和打开就会越慢。

打开 EPS 文件后可以看到，“图层”选项卡上有一个图层，双击可修改图层名称，本例将两张图的图层名称分别修改为“居住”“道路”，如图 10-33 所示。

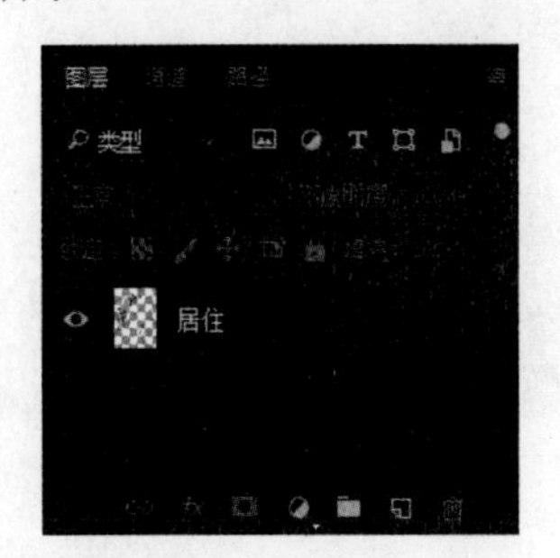

图 10-33　修改图层名称

两个分开的 EPS 文件需要放在一个 PSD 文件中，因此将一个图文件作为基准，单击文件中的“存储为”命令，弹出“另存为”对话框，本例中将道路 .EPS 文件，存储为 PSD 格式，在“存储选项”中勾选“图层”复选框，修改文件名称为“土地利用规划图”，如图 10-34 所示。

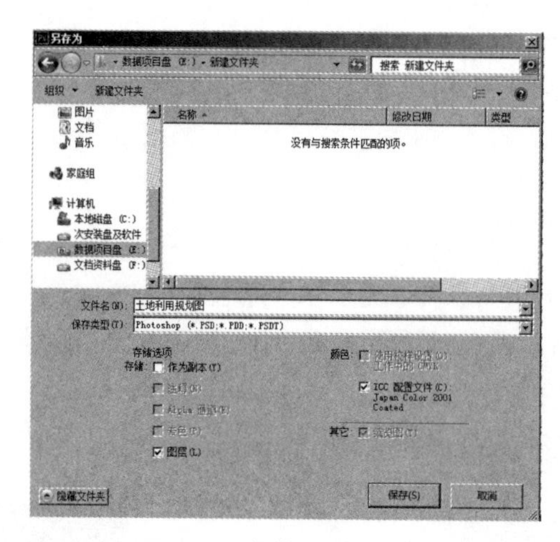

图 10-34 存储为 PSD 文件

背景色和前景色由工具栏中的■控制。在上方的是前景色，为黑色。在下方的是背景色，为白色。按 Ctrl+Delete 快捷键填充背景色，按 Alt+ Delete 快捷键或使用工具都能填充前景色。按 X 快捷键可以使前景色和背景色互换，十分快捷。双击背景色或前景色图标都能弹出识色器对话框，可以自己拾取并修改颜色。

用鼠标选中“居住”图层，同时按住 Shift 键，将其拖到“土地利用规划图 .PSD”文件上，这样可使两个图层的相对位置与 CAD 上的保持一致。移动过后，“土地利用规划图 .PSD”的图层变为两个，如图 10-35所示。

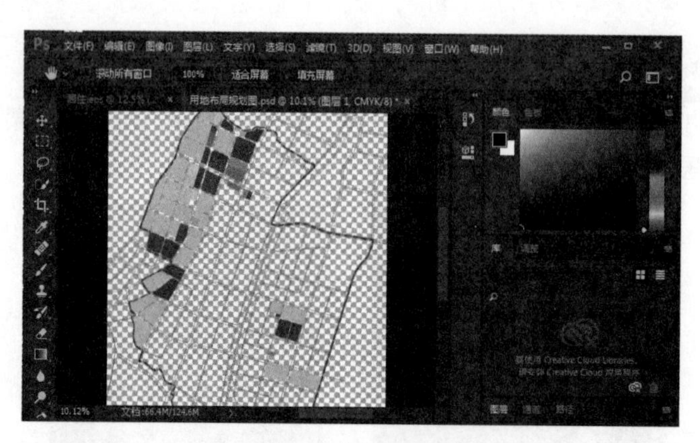

图 10-35 拖动图层后的效果

按照此方法可以把存储好的所有 EPS 文件全部拖到“土地利用规划图 .PSD”文件上。图层多了以后不好管理，把内容近似的图层放在一个集合里可以提高管理效率。Photoshop 提供了“组”的方法，这里的组就相当于集合。

单击“图层”选项卡中的按钮，创建一个组，双击组名可以修改名称。选中图层，拖放到组文件上，就将图层放到了组文件夹下，如图 10-36 所示。“居住”图层在“规划用地”组中，而“道路”图层与组平行，没有放入组中。另外，在组内还可以再建组，形成多层次包含关系。

当几个图层关联性很大，需要一起变动时，怎么办呢？方法很简单，只需要选中要链接的几个图层，单击“图层”选项卡中的 按钮，就能将图层链接起来。解除链接时只需要再次选中图层，单击 按钮即可。另外，图层和组、组与组之间也可以建立链接，如图 10-37 所示，“居住”和“道路”两个图层建立了链接。

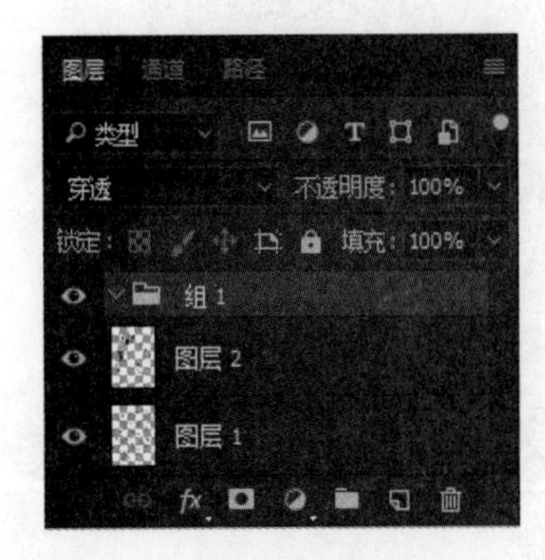

图 10-36 组

图 10-37 链接

图层的顺序是可以改变的，上方的图层有图的部分会盖住下面的图层，如果不想被遮挡，可以选中下面的图层拖到另一个图层的上方。

经过一些操作以后，“历史记录”选项卡中记录了很多步骤，如果想要恢复到以前的某个步骤，直接找到该步骤，单击即可。该步骤以下的内容全部变为灰色，如图 10-38 所示。但是历史记录的量是有限的，无法恢复太早以前的步骤。单击步骤最上面的图标，可将该图恢复到打开时的状态。在 Photoshop 中，Ctrl+Z 快捷键只能恢复一步，作用不大。因此，使用 Photoshop 作图，要注意经常保存。

图层整理好后的效果如图 10-39 所示。

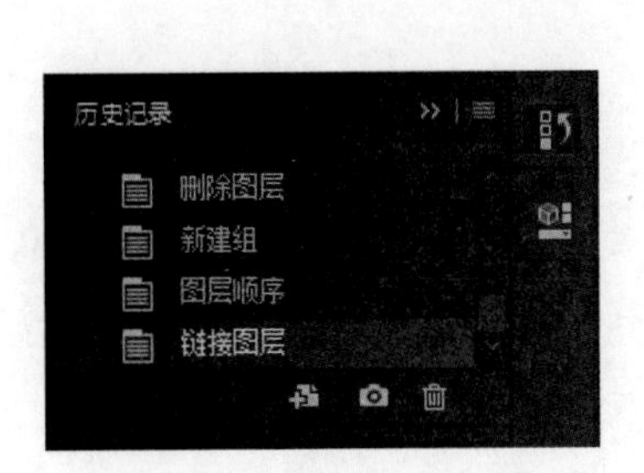

图 10-38 “历史记录”选项卡

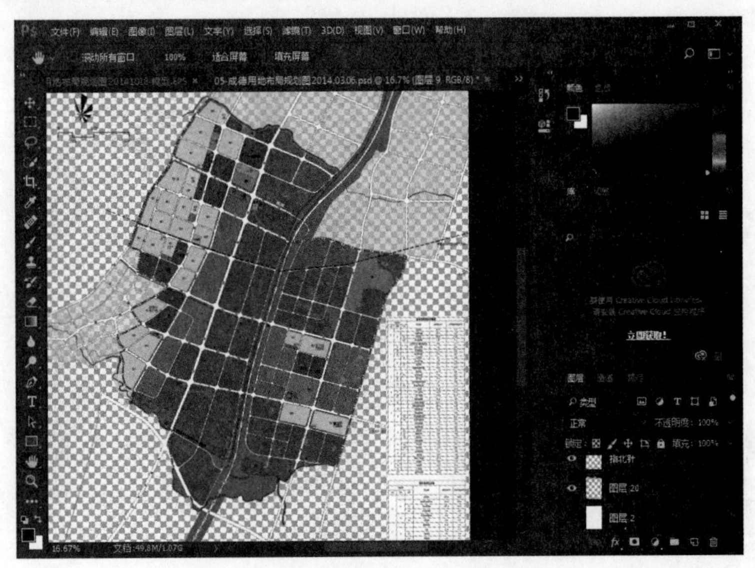

图 10-39 整理好后的效果

EPS 文件在 Photoshop 中打开都是透明的，因此还需要加上背景。新建图层，取名为“背景”，拖放到最下层，选中该层，使用 Ctrl+Delete 快捷键填充背景色，如图 10-40 所示。

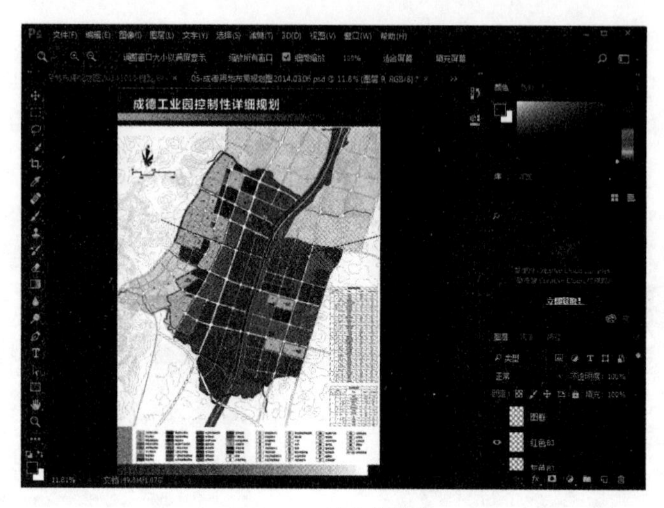

图 10-40 填充背景色

提 示

图层前的[图标]表示图层可视，单击一下可以关闭，关闭后图层不可编辑。再单击一下，图层打开。灵活调节图层的开闭，可以查看每个图层的效果。

数据表中的一部分看不清，因此在表格下面单独填充一小块背景。在表格组中新建表格底色图层，放在表格图层下方，并将两者关联。选择表格底色图层，单击矩形框选工具[图标]，绘制出适合大小的矩形框，然后填充上背景色。表格修改后的效果，如图 10-41 所示。

城乡用地汇总表					
用地代码			用地名称	用地面积(hm²)	占城乡用地比例(%)
大类	中类	小类			
H			建设用地	1393.36	99.25
	H1		城乡居民点建设用地	1383.52	98.55
		H11	城市建设用地	1382.18	98.46
		H14	村庄建设用地	1.34	0.10
	H2		区域交通设施用地	9.84	0.70
		H22	公路用地	9.84	0.70
E			非建设用地	10.50	0.75
	E1		水域	10.50	0.75
		E11	自然水域	5.95	0.42
		E13	坑塘沟渠	4.55	0.32
			城乡用地	1403.86	100.00

图 10-41 为表格填充上背景

提 示

Photoshop 中工具的使用技巧很简单，可是要做出千变的效果，必须要不断尝试使用不同的工具和不同的操作顺序。道路如果使用内阴影，就会使其他用地突显出来，产生层次感。边界使用投影和浮雕，就会加强界限感，使空间限定突出。

10.2.3 添加简单的效果美化图面

添加图层效果的方法非常简单，只需要双击需要添加效果的图层，就会弹出“图层样式”对话框，从中添加简单的图层效果，如图 10-42 所示。

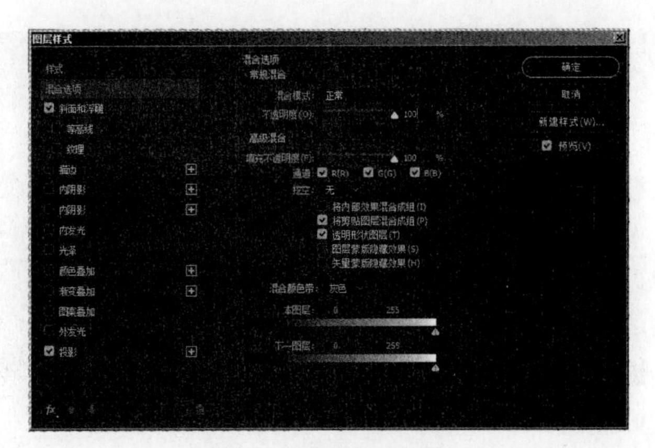

图 10-42　添加图层样式

如果要修改效果，则可双击该效果，在弹出的对话框中进行参数的修改。隐藏效果和隐藏图层的方法一样。如果要删除效果，则可以在效果上右击，选择“清除图层样式”命令。

修改后的规划图效果如图 10-43 所示。

图 10-43　土地使用规划图效果

色彩搭配是一门看似简单实则却很深奥的学问。查阅相关书籍如《色彩搭配原理与技巧》，可以帮助我们提升色彩的认知。在实践中，注意锻炼色彩认知能力，收集色彩搭配好的作品。

10.2.4 保存为 JPG 和 PSD 两种格式

PSD 格式为图层不能合并，可以方便修改。JPG 格式存储时图像品质要选择“最佳”。

规划图中对效果要求不高，太复杂的处理反而会影响图面清晰度，给人一种非专业的感觉，特别是在做控规等精确度高的图纸时，图纸不能过于花哨；但是意向图、概念图纸、分析图、城市设计图可以尽量发挥 Photoshop 的处理功能，做出富有创造力的图纸。

10.3 规划设计方案展板制作

展板是对设计作品的公开展示。制作展板的材料很多，有KT板、PVC板、亚克力、雪弗板、有机玻璃、各类塑料等。材料问题一般交给打印店解决，设计者只需要做好展板的内容设计即可。

关于设计类的展板，从内容上讲，不应该仅仅是罗列图纸成果，还需要把设计理念融入进去，清晰地展示出设计的重心和亮点。制作展板的核心是版面设计和版面布局。独特、显眼、可读性强的展板能够快速地吸引观者的眼球，传达设计意图。

制作展板时用 Photoshop、CorelDraw 软件均可，视个人的喜好而定。本次城市设计展板一共有 4 张，以第一张展板的制作为例，简单介绍一下使用 Photoshop 制作展板的过程。

10.3.1 分析并确定版面

1. 确定版面

本次要求制作的展板大小为 A0，相当于 8 张 A3 大小的纸张，这样大的版幅如果内容不充实就会显得很空，影响美观。为了让版面尽量紧凑，初步估计要放 10 张以上的规划图，另外还要准备一些分析小图、文字，用以填充空白。

版面可以使用横版、竖版，需要根据图纸的类型、甲方要求等实际情况进行选择。本例中选择横版。

为了版面统一，需要为展板确定一个主基调，包括主体风格、色彩。本次要求以黑色作为展板底色。黑色有一种浓缩的后退感，分析过后选择红色作为配合黑色的主色，灰色作为辅色，这些都是偏厚的颜色，降低了色彩落差感。红色是一种饱满冲动的色彩，可以突显欲表现的内容；灰色可以舒缓情绪，作为分隔线使用。这样的搭配能够形成沉稳、严谨的风格。

2. 确定展板主题

确定展板整体的主题依据就是设计理念和设计亮点，常常会提炼一个或几个抽象凝练但又能够表达设计意图的词来概括。

展板整体的主题确定以后，要为每一张展板赋予次级标题，所有图纸内容和文字都要为这一级标题提供论据与支撑。

10.3.2 展板制作

确定展板主题及展板设计构思之后，在 Photoshop 中制作展板需要以下几个步骤：

1. Photoshop 制作框架

展板框架通常依据人们的阅读习惯来制作，可以采用分栏、分块的方式，就像报纸、网页上的分栏、分块一样，要给读者清晰的阅读思路。

框架的制作可以先手绘出草图，把标题、次标题、分栏、栏目标题等要放入每一栏的具体内容确定好，再在 Photoshop 中绘出准确的框架。每张展板的整体感觉应该统一，但也要有变化，避免呆板。

打开 Photoshop CC 2017，先用 X 快捷键将背景色与前景色交换，再单击“文件”菜单下的“新建”命令。

在弹出的“新建”对话框（见图 10-44）中，根据 A0 图纸的大小设定宽度和高度，分辨率为 150dpi，颜色模式为 RGB 颜色，8 位或 16 位都可以，背景内容选择背景色。

图 10-44 新建文件

单击“工具栏”中的每一个工具，都有与之对应的“选项”工具条，该工具的所有潜在功能都在选项工具条中展现出来。读者可以自己尝试使用每个选项。

Photoshop 中的字体是引用 Windows 系统中的字体的，因此选入字体的方法很简单：将下载好的文字复制到 Windows 系统中的 Fonts 文件夹下即可。

单击“确定”按钮，可以建立一个黑色的名为“背景”的图层。这个图层是锁定状态，不能移动，如果要解锁，双击该图层，在弹出的“新建图层”对话框中单击“确定”按钮即可，一般不用解锁。

在背景上设计框架，一定要使用参考线（见图 10-45）。先使用 Ctrl+R 快捷键调出标尺，再按住鼠标右键，从标尺区往绘图区拖入，放开鼠标后即可生成一条青色的参考线。打印的时候参考线不被打印出来，但是可以帮助我们对齐标尺，提高作图的准确度。单击移动工具或按 V 键选中参考线，移动其位置，拖出标尺后即可将其删除。Alt+Ctrl+; 快捷键可以锁定 / 解锁参考线。在“视图”菜单下有参考线的一些用法，读者可以自己尝试。

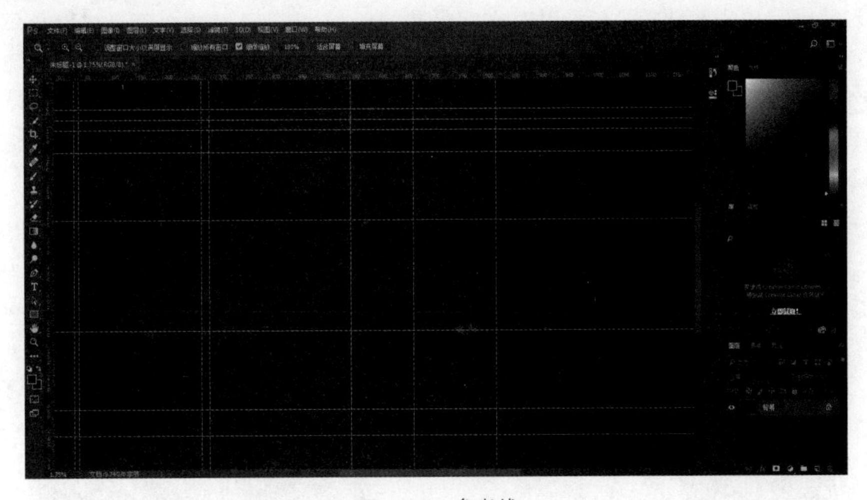

图 10-45 参考线

新建图层，命名为“框架”，使用工具绘出要填色的区域，调好前景色后，用填充工具填充，效果如图 10-46 所示。

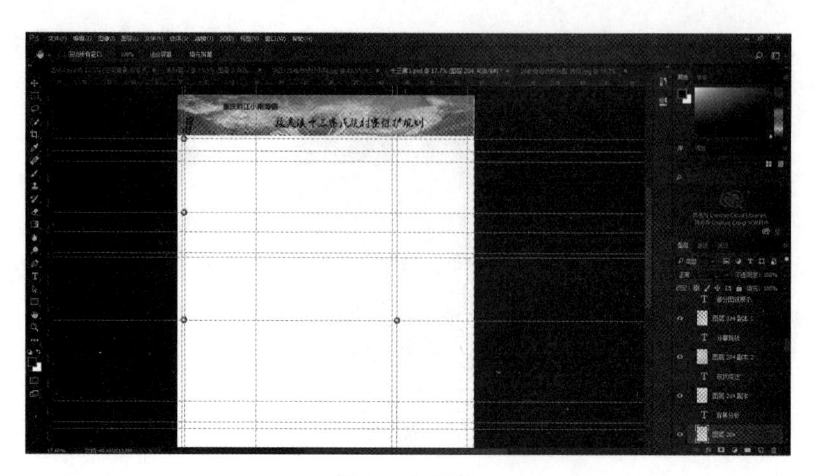

图 10-46 框架

提 示 使用 Photoshop 可以制作出图层的立体效果，就是使用“自由变换”中的扭曲工具将一张平面图扭曲成透视的效果。在第二张展板中有用到这一技巧，如图 10-47 所示。

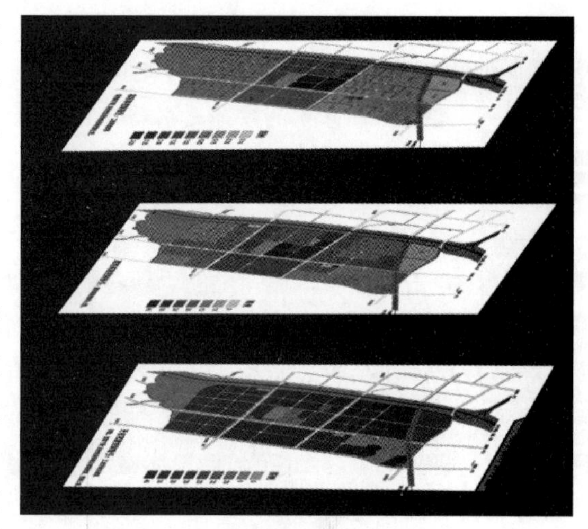

图 10-47 扭曲效果

2. 添加标题

使用工具栏中的文字编辑工具添加标题。单击T.按钮，选择“横排文字工具”，在图上单击一下，确定文字输入位置后即可输入。输入完成后，单击选项工具栏中的✔按钮，便可把内容保存成一个图层；单击⊘按钮，输入取消。修改文字内容，只需要单击绘图区域上的文字，就可以进入编辑。单击▤按钮，可以对文字做更多修改。

添加好标题后的框架如图 10-48 所示。

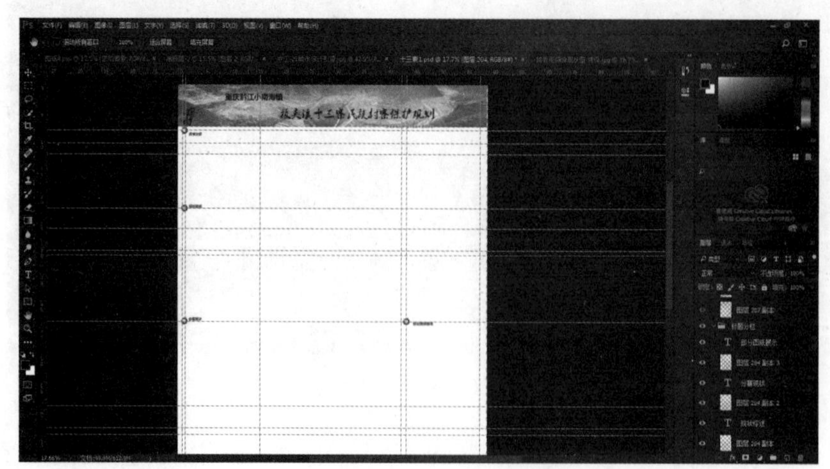

图 10-48 添加标题

3. 添加图片、文字

打开已经做好 PSD 格式的图纸，把需要的图层全部放进一个组，拖入“展板 .PSD”。大小根据展板需要进行缩放。选中组后，使用 Ctrl+T 快捷键调出自由变换工具，组内的所有东西都被带有架点的方框框住，按住 Shift 键同时拖动角点可调整图的大小，图 10-49 所示。

图 10-49　调整图形大小

图中河流的色彩很柔和。方法一：在蓝色的河流上选择一块区域，进行选区羽化，再将选中的区域使用 Delete 键删除。方法二：在河流上用减淡工具反复减淡。

加入图片、文字后的效果图 10-50 所示。

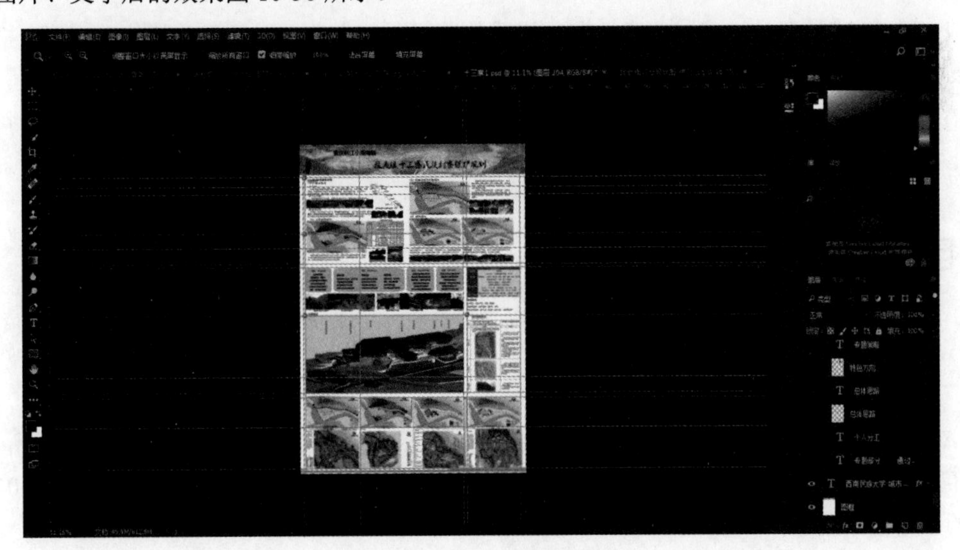

图 10-50　加入图片和文字

需要突出的部分可以在下面加入底图，加入箭头增强读图的顺序。单击按钮，在 形状: → 中选择合适的箭头，在图层中绘制即可；也可以单击按钮，在边数中输入 3，然后绘制正三角形作为箭头。最后清除参考线，效果图如图 10-51 所示。

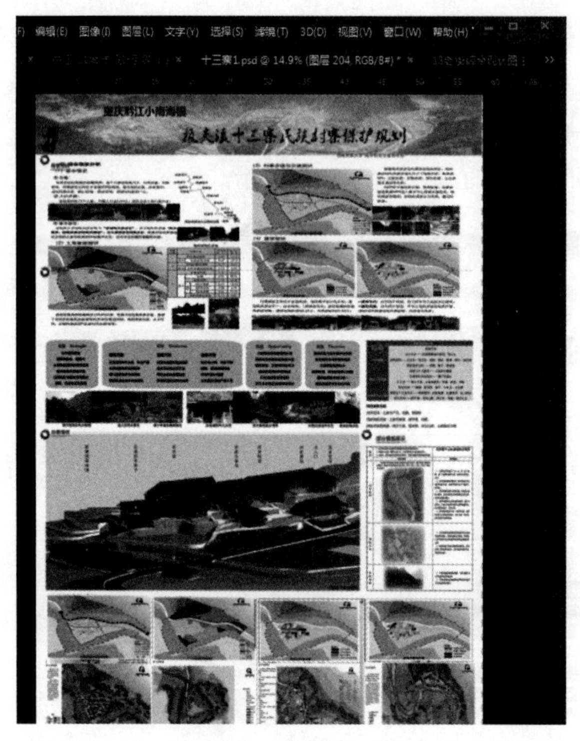

图 10-51 展板完成效果

4. 存储

保存成 JPG 和 PSD 两种格式。注意，PSD 格式的图层不能合并，以便于后期修改；JPG 格式存储时图像品质要选择“最佳”。

展板制作其实不复杂，重要的是设计版面的创意。平时多收集一些有关平面设计的知识，可以激发创作灵感，让我们在制作时得心应手。

10.4 相关功能的扩展介绍

10.4.1 AutoCAD 中的修改线型

找到 AutoCAD 2020 的标准线型文件 acad.lin 或 acadise.lin，这个文件位于 AutoCAD 所在路径的 Support 子目录下，用一般的文本编辑器（如记事本、写字板）即可打开，该文件的内容如图 10-52 所示。

文件的基本格式介绍：

文件中的“;;”代表注释行。我们可以利用它来添加一些注释性文字，增强文件的可读性。

每两行定义一种线型。第一行是线型说明，文件中“※”表示线型定义开始，后面是线型名称和线型的直观图示；第二行是线型代码，行首的“A”代表对齐方式，后面是用逗号隔开的数字。数字的意义是：正值表示落笔，AutoCAD 会画出一条相应长度的实线；0 表示画一个点；负值表示提笔，AutoCAD 会提笔空出相应长度。

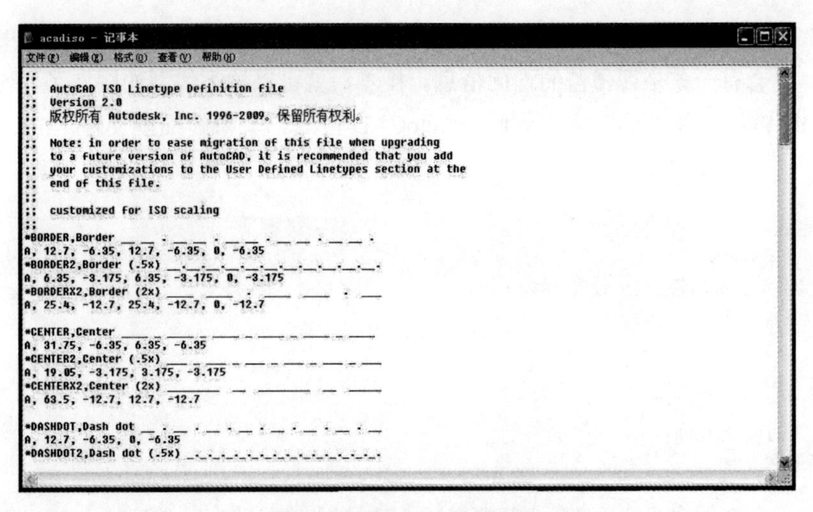

图 10-52 acadise 修改文件

以第一种 BORDER 线型为例，简单描述一下：

```
A,12.7,-6.35,12.7,-6.35,0,-6.35
```

开始设置线型，画出长 12.7 线，空 6.35 长度，画出长 12.7 线，空 6.35 长度，画一个点，空 6.35 长度

定义的程序就是这么简单，其中线型名称可以自己定义。需要注意的是，这些字符之间以半角的逗号隔开，每一行结束必须按 Enter 键，最后一行也不例外。另外，在 *.LIN 文件中，每个线型文件最多可容纳 280 个字符。

在 acad.lin 或 acadise.lin 文件中添加自己定义的线型程序后保存。回到 AutoCAD 中，就可以加载自己刚才画的线型了。

在 AutoCAD 中使用“-LINETYPE;”命令也可以实现线型的定义。首先在命令行中输入“-LINETYPE;”；输入“C”，新建一个线型，输入要创建的线型名称，比如 1，会弹出“创建或附加线型文件”对话框（见图 10-53），设置“文件名”为 1。

图 10-53 “创建或附加线型文件”对话框

单击“保存”按钮，此时命令行上显示“说明文字”，输入对线型的简单说明。如果保存线型文件已经包含了 1 线型，就会有一条是否覆盖的询问信息。接着，就可以输入线型的图案了，比如“A,1.0, -.1,0, -.1,0,-.1”，按 Enter 键结束线型的定义。此时，AutoCAD 生成一个新的线型文件 1.lin，整个操作过程中命令窗口提示如下：

```
命令：-linetype
当前线型：“ByLayer”
输入选项 [?/创建(C)/加载(L)/设置(S)]: c
输入要创建的线型名：1
创建新文件
说明文字：
输入线型图案（下一行）：
   A,10,-10,0,10,-10,0
新线型定义已保存到文件
```

使用“-linetype”命令加载线型，在命令行要求输入选项时，输入“L”，然后输入要加载的线型，如“1”，选择保存线型的文件，这里选择 1.lin 文件，命令行提示线型已经加载，使用 Enter 键退出命令。当然，也可以使用“线型管理器”来加载线型。使用刚刚定义的 1 线型，绘制效果如图 10-54 所示。

图 10-54 名为 1 的线型

在绘制工程管线的时候，我们常常因为找不到“——N——N”这类的线型而发愁。好在 AutoCAD 2020 不仅能定义由短线、间隔和点组成的简单线型，还可以绘制出较为复杂的线型，以满足特殊的需要，含字母的复杂线型就是其中的一种。

```
*2,——N——N
A,1.0,-.25,1.0,-.25,[“N”,STANDARD,S=.2,R=0,X=-.1,Y=-.1],-.25
```

第一行没有什么特别的，同简单线型定义一样，是线型名和线型的简单描述。

第二行的 A 是对齐符号，数字的意义仍然与前面一样，但是多了一个文本的嵌入，下面解释一下文本嵌入的用法：

- “N”是嵌入的文本，双引号必不可少。“STANDARD”是文本样式的名字，如果当前图形中没有该样式，则 AutoCAD 允许使用该线型。
- “S=.2”确定文本的比例系数为 0.2。如果使用固定高度的文本，AutoCAD 会将此高度乘以比例系数；如果使用的是可变高度的文本，则 AutoCAD 会把比例系统数看成绝对高度。
- “R=0”表示文本相对于当前线段方向的转角。0 表示文本与所给线段方向一致，这也是默认值。
- “X=-.1,Y=-.1”为可选项，它们确定相对于当前点的偏移量。AutoCAD 默认将文本字符串的左下角点放在当前点。X 是当前线段的方向，Y 是垂直于线段向上的方向。这两个偏移量将使文本的定位更精确。

复合线型的使用同简单线型的使用一样，也是先装入再调用，明白了复合线型的定义格式之后，我们就可以自己定义线型了。要创建复合线型，只能是编辑已有线型文件或者建立新的线型文件来达到目的，而不能像定义简单线型那样采用 AutoCAD 内部以命令行添加线型定义代码的方式。

10.4.2 AutoCAD 中的三维功能巧用

利用 AutoCAD 中的三维视图功能可以完成展板中的层叠透视效果。先在 AutoCAD 中绘制 3 个长方形（假设这是 3 张图纸），如图 10-55 所示。

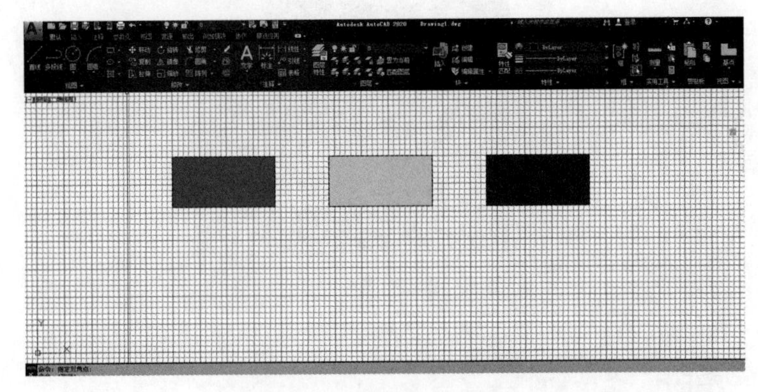

图 10-55 绘制 3 个长方形

单击“视图”菜单，在“三维视图”的子菜单中单击“西南等轴测”，视图变成三维角度，如图 10-56 所示。

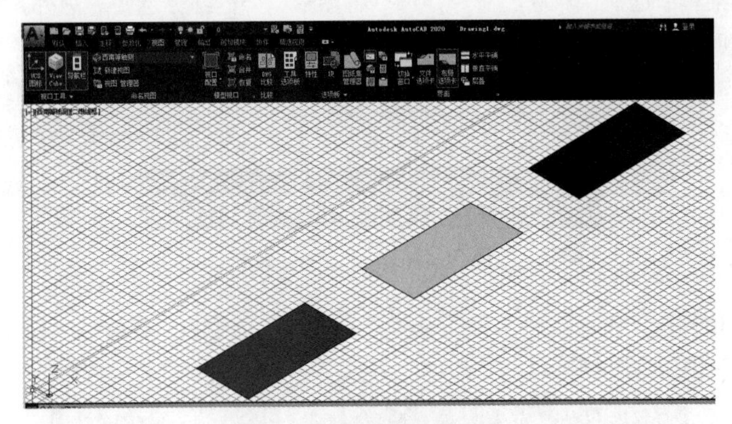

图 10-56 西南等轴测视图

使用 M 移动命令将黄色方块拖动到红色方块的垂直上方，如图 10-57 所示。

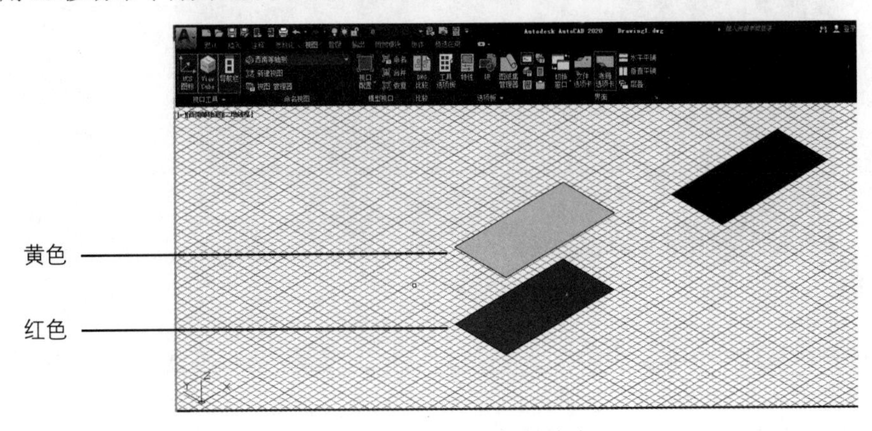

图 10-57 移动

3 个图层在 Z 轴方向垂直排列时，图层的层叠效果就出来了，单击“漫游和飞行器”工具条中的 漫游(K)，可以出现透视效果，如图 10-58 所示。按住鼠标右键不放可以调整透视角度。

图 10-58 透视效果

10.4.3 Photoshop 中的选择技巧

Photoshop 中选择的方法很多，可以选择容差范围内的相似色彩，是很快捷的选择方式。在选中区域内右击，在弹出的子菜单中选择“反选”命令，可以将图形以外的部分选中。另外，在选择菜单中有很多功能，比如“修改”可以实现选区的扩大、缩小等。按住 Shift 键，可实现加选；按住 Alt 键，可实现减选；按 Ctrl+D 快捷键可取消选择。子菜单中还有一个“羽化”选项，如图 10-59 所示。值得一提的是，单击该项后，可输入数值。

图 10-59 羽化选区设置

羽化的效果就是使周围产生朦胧感，让图形和背景的衔接更柔和，数值越大模糊范围越大。图 10-60 所示的鸟瞰图局部就使用了这个技巧。

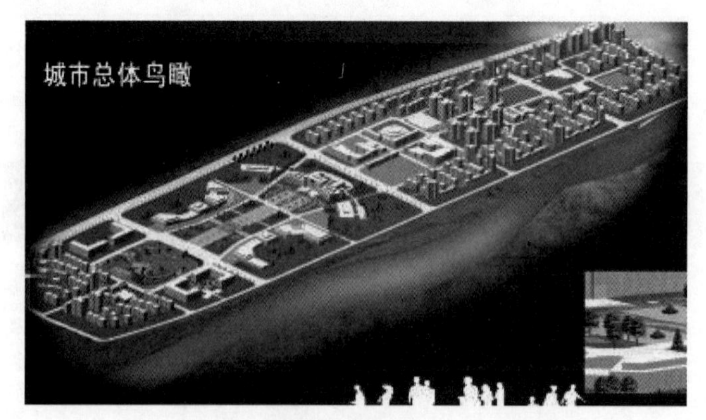

图 10-60 羽化技巧

如果在选中选区的同时按住 Ctrl 键，就相当于使用了移动工具，可以移动所选区域；同时按住 Ctrl 键和 Alt 键，可以实现选区在该图层上的复制。在 Photoshop 中，Ctrl+X、Ctrl+C、Ctrl+V 同样分别具有剪切、复制、粘贴功能，只不过使用 Ctrl+V 粘贴会建立起一个新的图层。另外，使用套索工具可以实现对不规则区域的选择，例如设计展板上的人物（见图 10-61）就是用多边形套索从其他图形上截选下来外形经过填色后制作而成的。

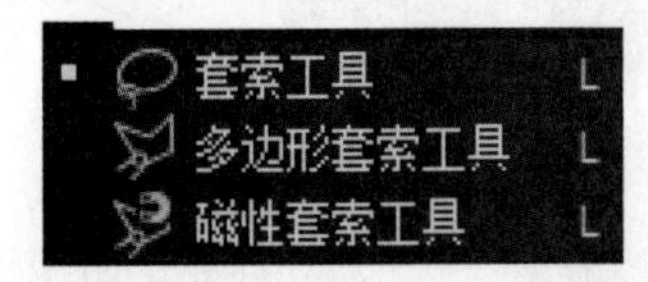

图 10-61　套索工具

提　示

渐变色填充可以产生很多奇妙的效果。比如，在“渐变色编辑器”的预设中选择第二项，就是一种颜色与透明色的搭配，效果很明显（见图 10-62）。

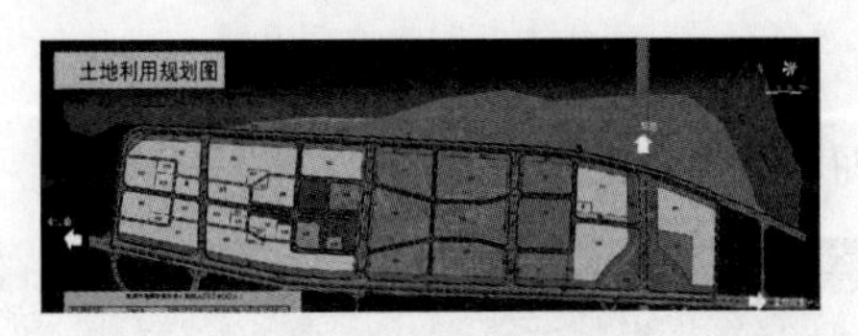

图 10-62　颜色与透明色搭配效果

10.4.4 Photoshop 中的填充技巧

Photoshop 中的填充技巧很重要，渐变色填充除了可以填充一种颜色外，还可以填充渐变色以及图案。

填充渐变色需要把前景色和背景色确定好，然后选择绘图工具栏上的■，在需要填充的区域按住鼠标右键拖动。如果要修改填充的两种颜色的比例，可以单击选项工具栏上的■，对其进行修改，如图 10-63 所示。

图 10-63　渐变色编辑器

提　示

路径上的每个点都是可以修改的，在钢笔工具■的子菜单中提供了修改锚点的诸多选项，读者可以自己尝试使用。

填充图案的用途很广泛，可以用于草坪、材质，让填充更为真实。首先需要定义图案。以定义草坪为例，打开一张有草坪的图像，用矩形选框工具选择一部分图案，单击“编辑”菜单中的定义图案，弹出“图案名称”对话框，输入“耕地”名称后单击“确定”按钮，如图 10-64 所示。

图 10-64 图案名称

选中倾倒油漆桶工具，将选项设置为“图案”，并找到刚才定义的图案，如图 10-65 所示。在填充区域倾倒油漆桶，即可填充上耕地。

图 10-65 图案选项设置

使用了图案填充功能后，平面图效果如图 10-66 所示。

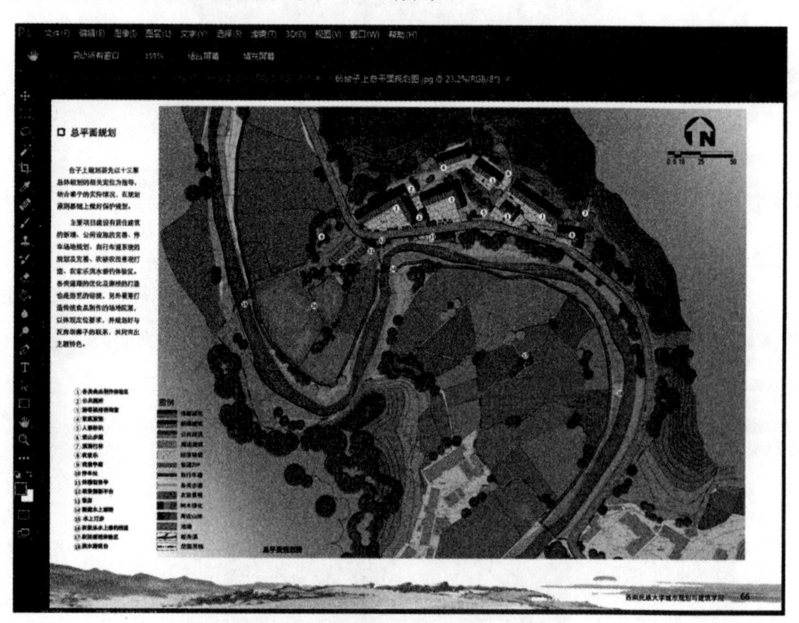

图 10-66 图案填充后的效果

10.4.5 Photoshop 中的钢笔工具

Photoshop 中对线有深刻的理解：线由点组成，密集的点连成线。使用钢笔工具绘制点运行的路径，再用画笔跟着路径移动就成了线，如果画笔画出的是矩形，矩形间的距离拉大了就成为虚线。根据这个思路，Photoshop 能画出许多不同的线型来。

①定义画笔。在画布上框出一个矩形并填色，使用魔棒工具选择此矩形，在“编辑”菜单中单击“定义画笔预设”命令，在弹出的对话框中将画笔名称改为“新画笔”，记住画笔下的序号，如图 10-67 所示。

②开始画路径。先单击钢笔工具，在钢笔选项中单击工具，然后新建图层，在新图层上绘制路径，如图 10-68 所示。

图 10-67 画笔名称

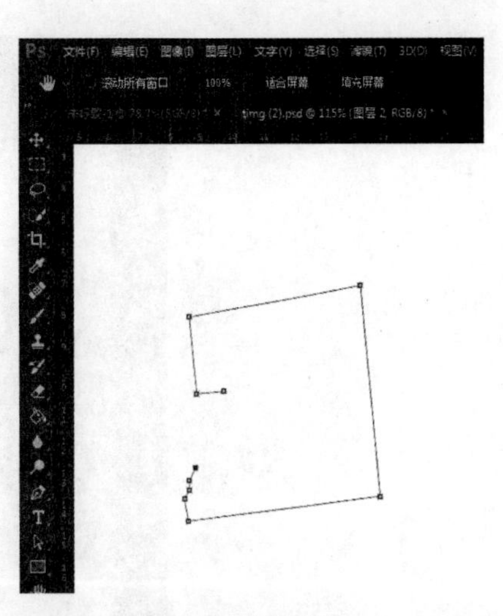

图 10-68 绘制路径

③单击画笔工具，在画笔选项卡的“画笔笔尖形状”中选择我们定义的画笔形状，将间距拉大，再在“形状动态”中的“角度抖动”的“控制”下拉列表中选择“方向”选项，如图 10-69 所示。

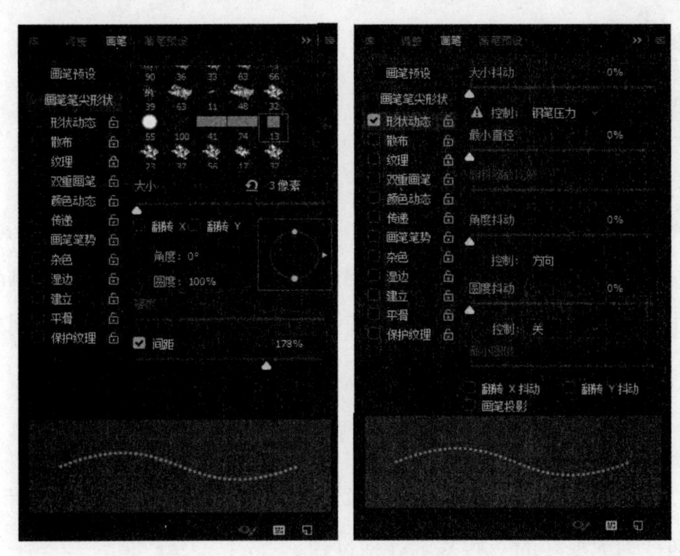

图 10-69 画笔设置

④切换到“路径”选项卡，在路径上右击，选择“描边路径”选项，弹出“描边路径”对话框，选择“画笔”工具，单击“确定”按钮，如图 10-70 所示。

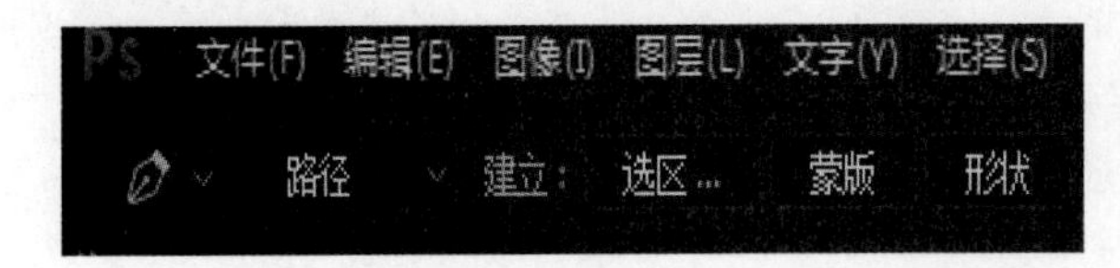

图 10-70 描边路径

在路径图层上右击，选择“删除”命令，可将其删除，绘制的虚线效果如图 10-71 所示。

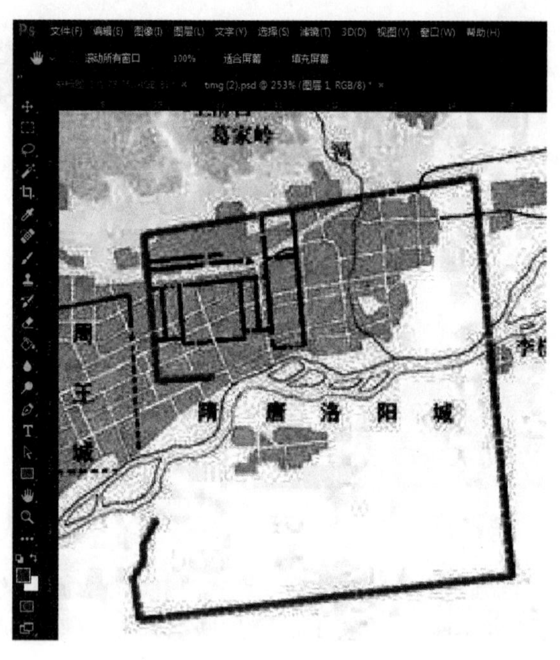

图 10-71 虚线效果

10.5 小结

本章以一个城市控制性详细规划图的绘制为例，首先介绍了 AutoCAD 文件与 3ds Max、Photoshop 软件的转换方法，以及针对规划图的 EPS 格式转换过程；然后讲述了规划图后期处理的一些基本方法；之后针对规划设计展示问题讲述了规划设计展板的制作过程；最后针对规划设计图后期处理最常见的内容进行了相关的扩展介绍。

10.6 习题

1. 简述控制性详细规划地形图的一些基本处理过程。
2. 从 AutoCAD 中转换文件到 Photoshop 中有几种常用的方法？各有什么特点？
3. 将 EPS 格式文件分图层导入 Photoshop 中如何对齐图层？
4. 在 Photoshop 中如何美化强调规划设计图的效果？
5. 简述规划设计展板的绘制过程。
6. 在规划图中如何表现河流山体的渐变与柔和过渡？

第 11 章 AutoCAD 图纸设置管理与发布

导言

在图形绘制完成之后将对图形进行打印或发布操作。在 AutoCAD 2020 中，“图纸集管理器”等功能能够使打印和发布操作更加简化。本章将以工作流的形式介绍对已经制作完成的图形进行整理与管理以及图纸打印和发布的操作过程。

11.1 图纸空间与布局

11.1.1 AutoCAD 的图纸空间

AutoCAD 中提供了两种不同的工作环境，分别用“模型”和“布局”选项卡表示。这些选项卡位于 AutoCAD 界面应用程序状态栏位置，如图 11-1 所示。

图 11-1 选项卡

在图 11-1 中“模型”选项被点亮，表示当前使用的是模型空间绘图。使用 AutoCAD 绘图的前期一般都是在模型空间中进行。使用此方法，通常以实际比例（1:1）绘制图形几何对象。虽然在模型空间中也能够进行图纸打印和发布等工作，但是存在着一些问题会给用户带来很多不便之处，比如在模型空间出图需要由用户自己设置图形边界以及标题栏，而且需要设置正确的比例才能进行打印、发布等工作。

为方便用户对绘制图形的打印与发布，AutoCAD 设立了布局空间工作环境，在布局空间里可以轻松地完成图形的打印与发布。在使用图纸空间时，所有不同比例的图形都可以按 1:1 比例出图（视图形的尺寸大小和用户需要的布局大小而定），而且图纸空间的视窗由用户自定义，可以使用任意尺寸和形状（而模型空间的视窗由 AutoCAD 设置）。

模型空间和布局空间都可以建立多个视窗，但布局空间可以给不同视窗中的图形制定不同的比例。在图层控制上，也可以在不同的视窗同时打开或冻结某一图层，并且互不干扰。

相对于模型空间，布局空间环境在打印出图方面更方便，也更准确。在布局空间中，不需要对标题栏图块以及文本标注等进行缩放操作，可以节省许多时间。

在使用布局空间时，如果状态栏中的“模型或图纸空间”按钮显示为“图纸”选项（见图 11-2），则在图纸空间中的对象为不可编辑状态；如果双击视图区或单击“模型或图纸空间”按钮，“模型或图纸空间”按钮显示为“模型”选项，则在图纸空间中的对象为可编辑状态。

图 11-2 状态栏托盘按钮

在 AutoCAD 2020 中提供了“最大化视口”工具。最大化视口使得图纸空间与模型空间之间的切换更加方便，在图纸空间中时，用户可以最大化布局视口并在模型空间中进行修改。要最大化视口，单击状态栏中的最大化视口按钮。最大化后的视口将覆盖整个屏幕，如图 11-3 所示。这样用户就可以使用整个绘图区域、随意缩放和平移对象，而不会更改布局视口中的视图和比例。最大化后的视口图层可见性和布局视口中设置的图层可见性相同，再单击最大化视口按钮则会回到布局视口。

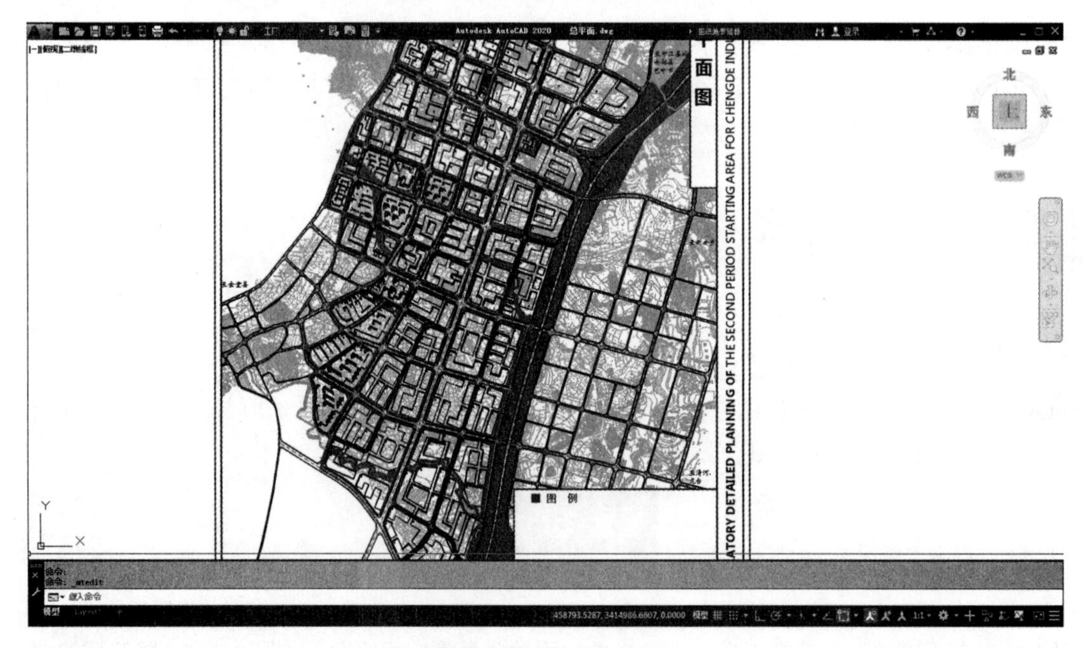

图 11-3 最大化视口效果

11.1.2 空间布局命令

布局用于构造或设计图形以便进行打印。它可以由一个标题栏、一个或多个视口和注释组成。一个布局也就是一个图纸空间的图形环境，它表明在模型空间中创建的图形对象与图纸绘制的关系。

在命令窗口中输入“layout”（布局）命令，命令窗口提示如下：

```
命令: layout
输入布局选项 [复制 (C)/删除 (D)/新建 (N)/样板 (T)/重命名 (R)/另存为 (SA)/设置 (S)/?]
<设置>:
```

提示中的各个选项命令介绍如下：

- 复制：复制布局。如果不提供名称，则新布局以被复制的布局的名称附带一个递增的数字（在括号中）作为布局名。新选项卡插到复制的布局选项卡之前。

- 删除：删除布局。默认值是当前布局（“模型”选项卡不能删除。要删除“模型”选项卡上的所有几何图形，就必须先选择所有的几何图形，然后使用 erase 命令）。
- 新建：创建新的布局选项卡。在单个图形中可以创建最多 244 个布局（布局名必须唯一，布局名最多可以包含 244 个字符，不区分大小写。布局选项卡上只显示最前面的 31 个字符）。
- 样板：基于样板（DWT）、图形（DWG）或图形交换（DXF）文件中现有的布局创建新布局选项卡。如果将系统变量 FILEDIA 设置为 1，就将显示“标准文件选择”对话框，用以选择 DWT、DWG 或 DXF 文件。选定文件后，AutoCAD 将显示“插入布局”对话框，它显示保存在选定文件中的布局。选择布局后，该布局和指定的样板或图形文件中的所有对象被插入到当前图形。
- 重命名：给布局重新命名。要重命名的布局的默认值为当前布局（布局名必须唯一，布局名最多可以包含 244 个字符，不区分大小写。布局选项卡上只显示最前面的 31 个字符）。
- 另存为：将布局另存为图形样板（DWT）文件，而不保存任何未参照的符号表和块定义信息。可以使用该样板在图形中创建新的布局，而不必删除不必要的信息。可参见《用户手册》中的重复使用布局和布局设置。要保存为样板的布局的默认值为上一个当前布局。如果 FILEDIA 系统变量设为 1，则显示“标准文件选择”对话框，用以指定要在其中保存布局的样板文件。默认的布局样板目录在“选项”对话框中指定。
- 设置：设置当前布局。
- ？：列出图形中定义的所有布局。

该命令中的部分提示选项也可以在布局状态栏的快捷菜单中选择（在布局状态栏上单击鼠标右键）。如图 11-4 所示。

“模型”和“布局”的快捷切换选项在绘图区域底部，如图 11-5 所示。

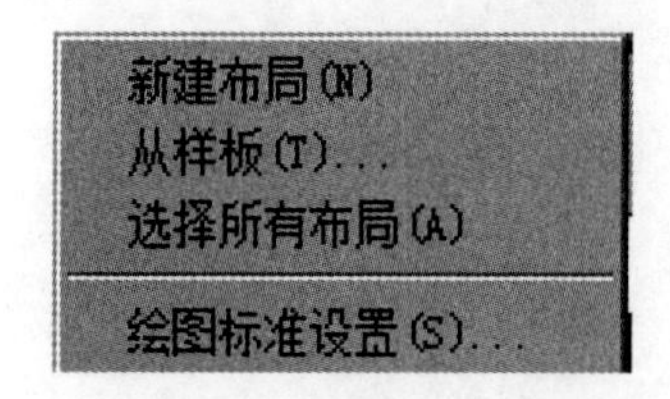

图 11-4 布局状态栏选项卡快捷菜单

图 11-5 “模型”和“布局”选项卡

右击其中一个布局选项卡，弹出的菜单如图 11-6 所示，快捷菜单部分选项与前面讲述的 layout 布局命令提示选项相同。

默认情况下，新图形最开始有两个布局选项卡，即“布局 1”和“布局 2”。如果使用样板图形或打开现有图形，图形中布局选项卡的命名可能不同。

还可以使用以下方法创建新的布局选项卡：

- 添加一个未进行设置的新布局选项卡，然后在页面设置管理器中指定各个设置。
- 使用“创建布局”向导创建布局选项卡并指定设置。
- 从当前图形文件复制布局选项卡及其设置。
- 从现有图形样板（DWT）文件或图形（DWG）文件输入布局选项卡。

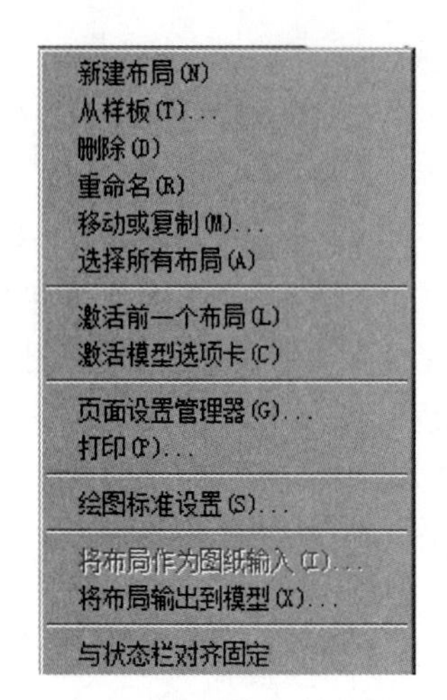

图 11-6 布局选项卡快捷菜单

可以在图形中创建多个布局，每个布局都可以包含不同的打印设置和图纸尺寸。但是，为了避免在转换和发布图形时出现混淆，通常建议每个图形只创建一个布局。

11.1.3 利用布局向导创建新布局

选择“插入”菜单“布局”子菜单中的“创建布局向导”选项或选择“工具”菜单“向导”子菜单中的“创建布局”选项，系统弹出“创建布局 - 开始”对话框，如图 11-7 所示。

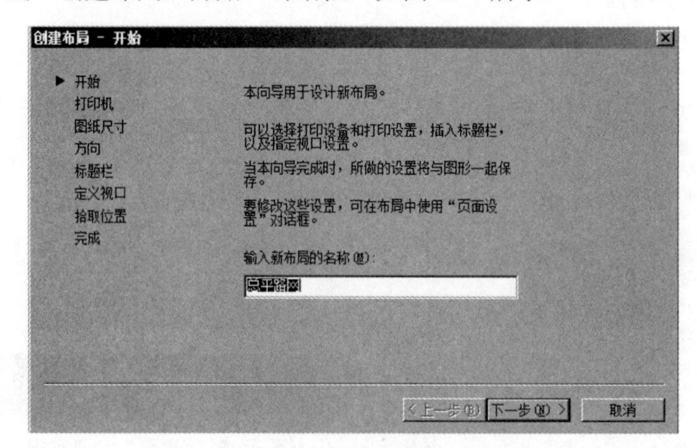

图 11-7 “创建布局 - 开始”对话框

在“输入新布局的名称”文本框中输入新布局的名称，如“总平路网”等。单击“下一步”按钮，进入“创建布局 - 打印机”对话框，在“为新布局选择配置的绘图仪”栏选择相应的绘图仪对象，再单击“下一步”按钮进入“创建布局 - 图纸尺寸”对话框，在“选择布局使用的图纸尺寸”下拉列表中选择相应的图纸尺寸，如图 11-8 所示，具体尺寸需要根据图形的需要和打印设备而定。

选择布局尺寸后，该对话框中的“图形单位”和“图纸尺寸”组合框将显示选择尺寸的单位和图纸尺寸大小，选择符合用户需要的选项后单击“下一步”按钮，进入“创建布局 - 方向”对话框，在该对话框中根据图形与图纸的关系选择合乎要求的布局方向，再单击“下一步”按钮，进入“创建布局 - 标题栏”对话框，在该对话框中选择需要的标题栏，如图 11-9 所示。根据“预览”栏中提供的样板图像预览，选择用户需要的标题栏，也可以选择“无”选项，则布局中不选用任何样板布局。

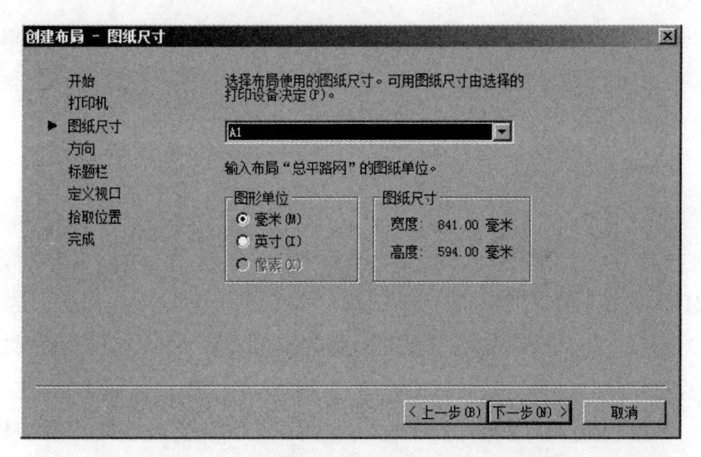

图 11-8 "创建布局 - 图纸尺寸"对话框

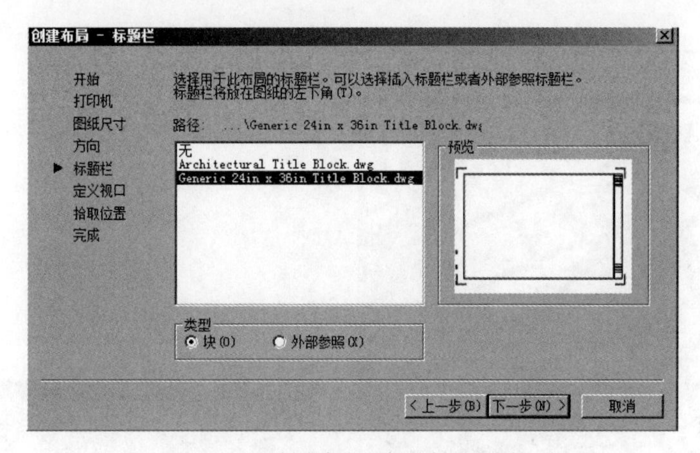

图 11-9 "创建布局 - 标题栏"对话框

单击"下一步"按钮，进入"创建布局 - 定义视口"对话框，如图 11-10 所示。在该对话框中可以在"视口比例"下拉列表中选择适当的视口比例。根据图形的实际尺寸与布局的关系，选择合适的视口比例非常重要。如果选择"按图纸空间缩放"选项，则图形对象将以充满布局的方式放置在布局中；如果图形是标准的图纸尺寸，可以选择该选项，否则不能选用该选项。

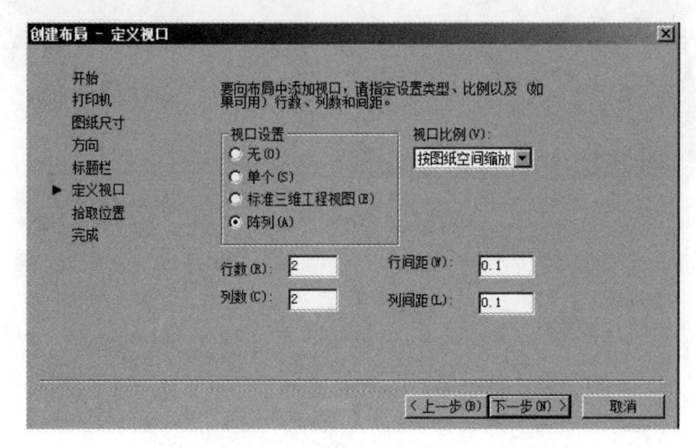

图 11-10 "创建布局 - 定义视口"对话框

完成设置后单击“下一步”按钮，进入“创建布局 - 拾取位置”对话框，如果单击“选择位置”按钮，则回到图纸空间，选择图形的对角线位置，但一般情况下不进行位置选择操作，直接单击“下一步”按钮，进入“创建布局 - 完成”对话框，完成布局的所有设置。

11.1.4 页面设置管理器

在规划工程图的制作中，有些图形无法用标准图纸布局，如图 11-11 所示，该图实际尺寸为 286×420，如果使用 210×286 的布局则无法完整放置，那么只能缩小视口比例。当使用 210×286 时，比例缩小一半，虽然能够完整放置，但是布局不合理，而且出图比例太小，不符合规划工程图出图规范，所以需要重新设置合理的布局。

新的布局可以通过“页面设置管理器”对话框创建。在布局状态栏右击，在快捷菜单中选择“页面设置管理器”选项，或者单击“文件”菜单中的“页面设置管理器”选项，弹出“页面设置管理器”对话框，如图 11-12 所示。

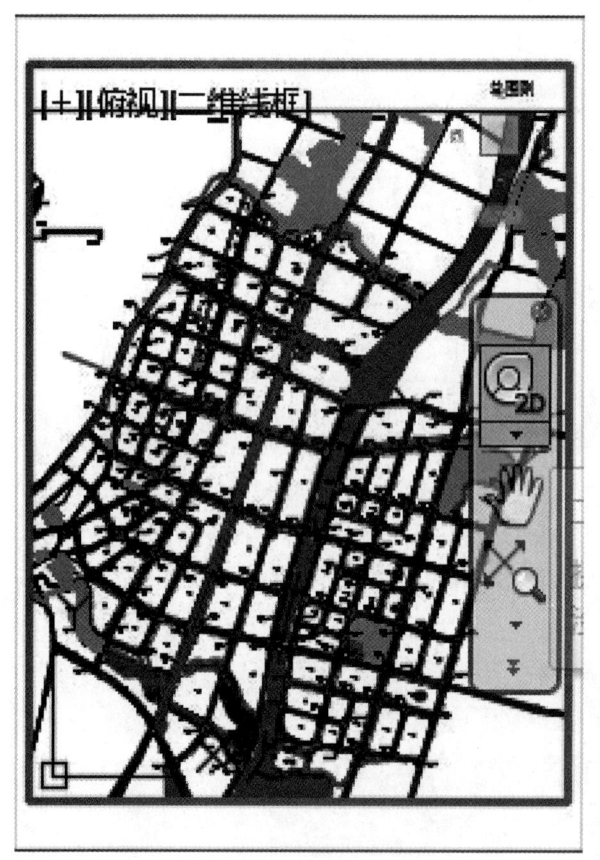

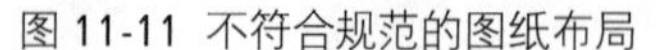

图 11-11 不符合规范的图纸布局

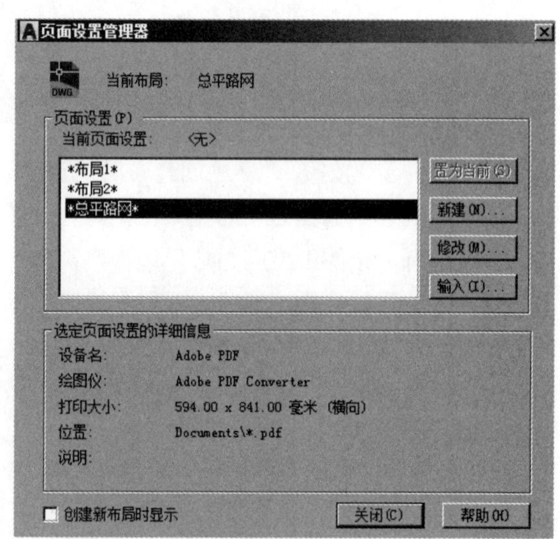

图 11-12 “页面设置管理器”对话框

单击该对话框中的“新建”按钮，进入“新建页面设置”对话框。在“新页面设置名”文本框中输入新建布局页面的名称，单击“确定”按钮，进入“页面设置 - 总平路网”对话框（如果单击“修改”按钮，则是对当前选择的布局进行修改，将不进入“新建页面设置”对话框，而是直接进入“页面设置”对话框），如图 11-13 所示。

在“页面设置 - 总平路网”对话框中可以对图纸尺寸、打印区域、打印比例等属性进行修改。在“打印机 / 绘图仪”选项组下的“名称”列表中选择打印机或绘图仪的名称（这里以图片文件的形式输出为例，用户可以根据实际情况选择所需打印机或绘图仪），单击“特性”按钮，系统弹出“绘图仪配置编辑器”对话框，如图 11-14 所示。

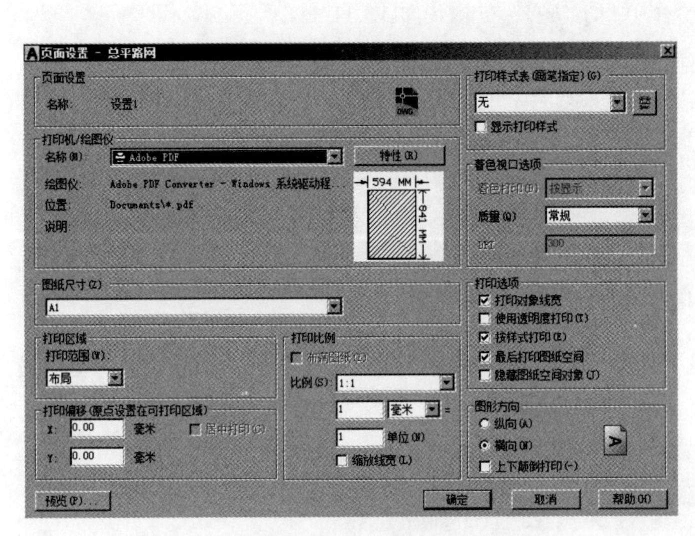

图 11-13 “页面设置 - 总平路网”对话框

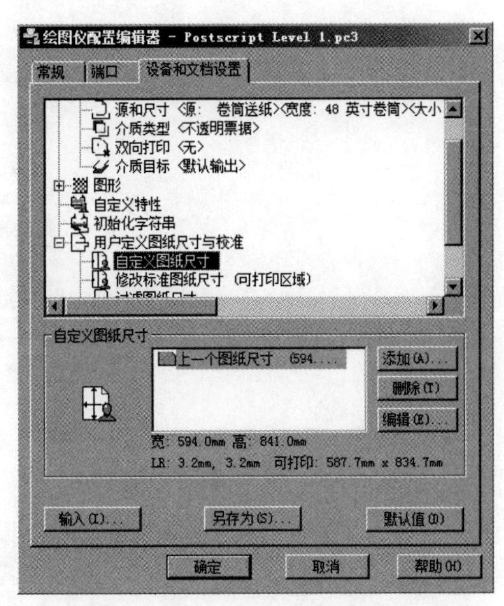

图 11-14 “绘图仪配置编辑器”对话框

在“绘图仪配置编辑器”对话框中可对绘图仪的属性设置进行调整，在“设备和文档设置”选项卡的上方列表框中选择“自定义图纸尺寸”选项，单击“自定义图纸尺寸”组合框中的“添加”按钮，系统弹出“自定义图纸尺寸 - 开始”对话框，因为要创建特殊尺寸的图纸，所以选择“创建新图纸”选项，如图 11-15 所示。

单击“下一步”按钮，进入“自定义图纸尺寸 - 介质边界”对话框，在“单位”下拉列表中选择图纸尺寸单位，一般为“毫米”，在“宽度”和“高度”输入框中输入用户需要的尺寸（在本例中，根据图形实际尺寸输入 620×1270），“预览”栏中将出现新图纸尺寸的预览图，如图 11-16 所示。

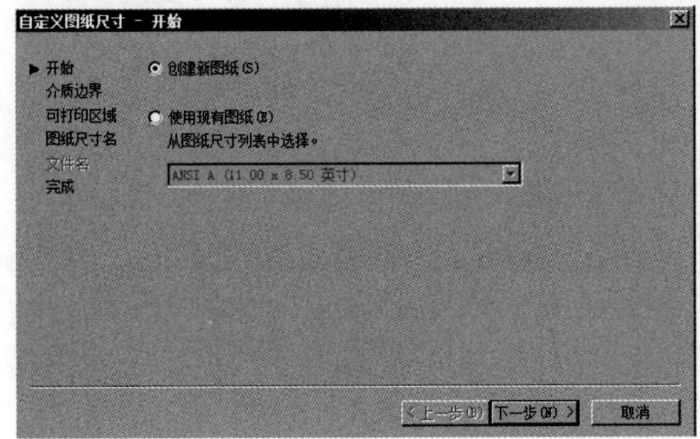

图 11-15 “自定义图纸尺寸 - 开始”对话框

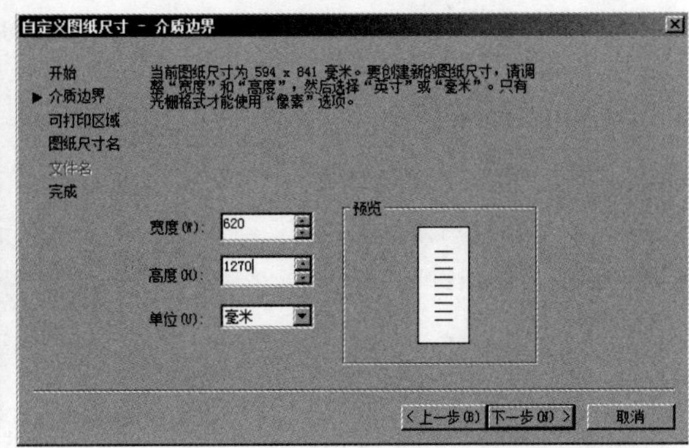

图 11-16 “自定义图纸尺寸 - 介质边界”对话框

完成边界设置后单击“下一步”按钮，进入“自定义图纸尺寸 - 可打印区域”对话框（见图 11-17），在该对话框中设置介质边界与打印区域之间的距离，具体尺寸需要根据实际情况和规划出图规范而定。完成设置后单击“下一步”按钮，进入“自定义图纸尺寸－图纸尺寸名”对话框，在输入框中输入新建图纸尺寸的名称，单击“下一步”按钮，完成自定义图纸尺寸的全部设置，单击“完成”按钮。“绘图仪配置编辑器”对话框的“自定义图纸尺寸”组合框中增加新创建的图纸尺寸及其他信息。

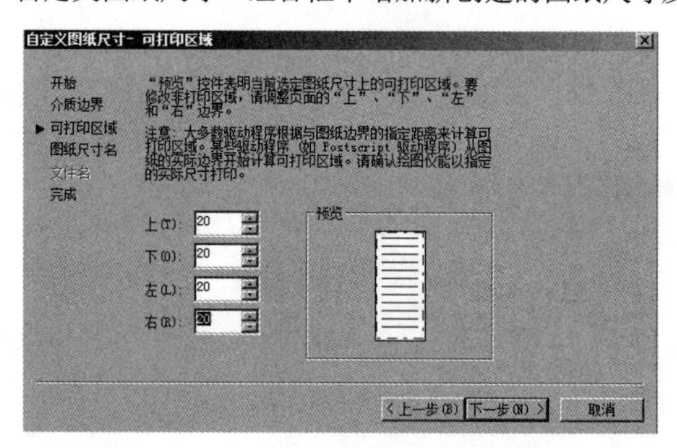

图 11-17 设置可打印区域

完成全部设置后，单击“确定”按钮，在“页面设置”对话框的“图纸尺寸”下拉列表中选择已经设置完成的新图纸尺寸，如图 11-18 所示。

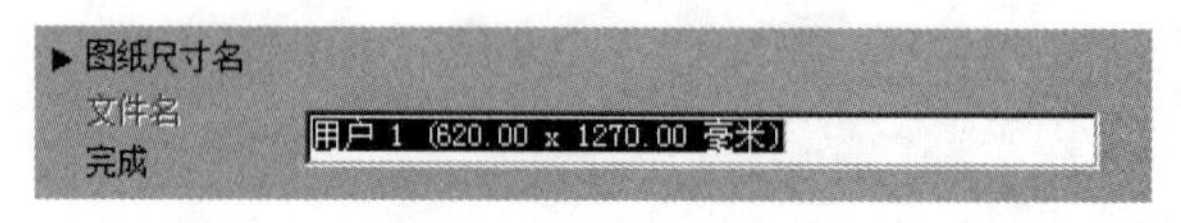

图 11-18 选择新建图纸尺寸

如果用户选择的是“新建”布局，单击“确定”按钮，在“页面设置管理器”对话框的“页面设置”组合框中增加新创建布局的名称，单击“关闭”按钮，则完成新建布局的设置。

用户可以通过“布局”和“模型”选项卡的右键快捷菜单删除不合理的布局，再通过前面所讲的使用布局向导的方法，根据新图纸尺寸重新创建一个合理的布局。

如果用户选择的是“修改”布局，则需要在“页面设置”对话框的“打印比例”组合框中选择新的比例，本例自定义比例为 1:1，即 1 毫米 =1 单位，单击“确定”按钮，关闭“页面设置管理器”对话框，则当前布局按修改设置自动调整，有时候也需要用户通过手动调整布局位置。调整后的布局效果如图 11-19 所示。

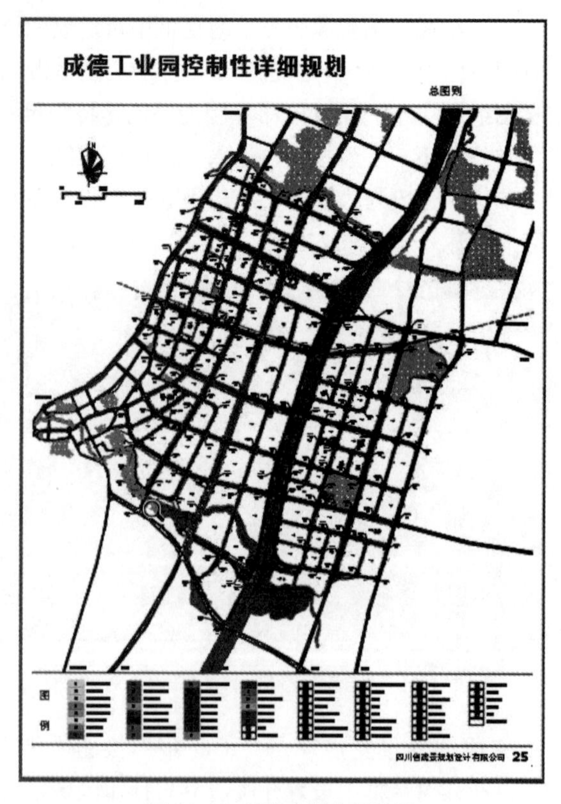

图 11-19 新建合理布局效果

规划图与建筑施工图不同，规划图对图面效果要求比较高，因此用户可以根据图形大小，在符合规范的情况下，比较自由地布局图纸。一般情况下，图纸内容较宽，一幅图纸底部难以放下图标的规划图，宜把图标等内容放到图纸的一侧，如图 11-20 左图所示；如果一幅图纸下部能放下图标的规划图，那么图标应放在图纸的下方，如图 11-20 右图所示。

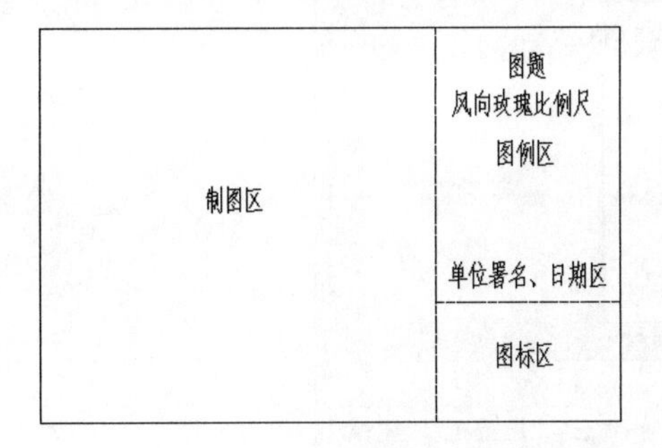

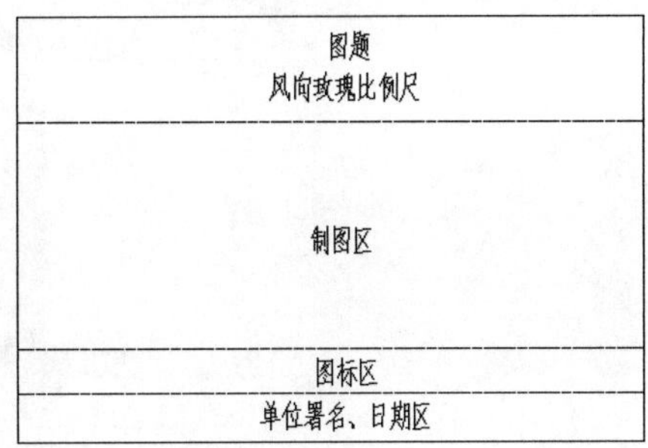

图 11-20 规划图一般图纸布局

11.1.5 多视口应用

视口是显示用户模型的不同视图的区域。使用“模型”选项卡，可以将绘图区域拆分成一个或多个相邻的矩形视图，称为模型空间视口。在大型或复杂的图形中，显示不同的视图可以缩短在单一视图中缩放或平移的时间。在一个视图中出现的错误可能会在其他视图中表现出来。

多个视口存在时，只能有一个视口被激活。要激活视口，只需将光标移至该视口单击即可。所有的绘图命令及编辑命令均可正常使用被激活的视口。多视口绘制规划图的效果如图 11-21 所示。

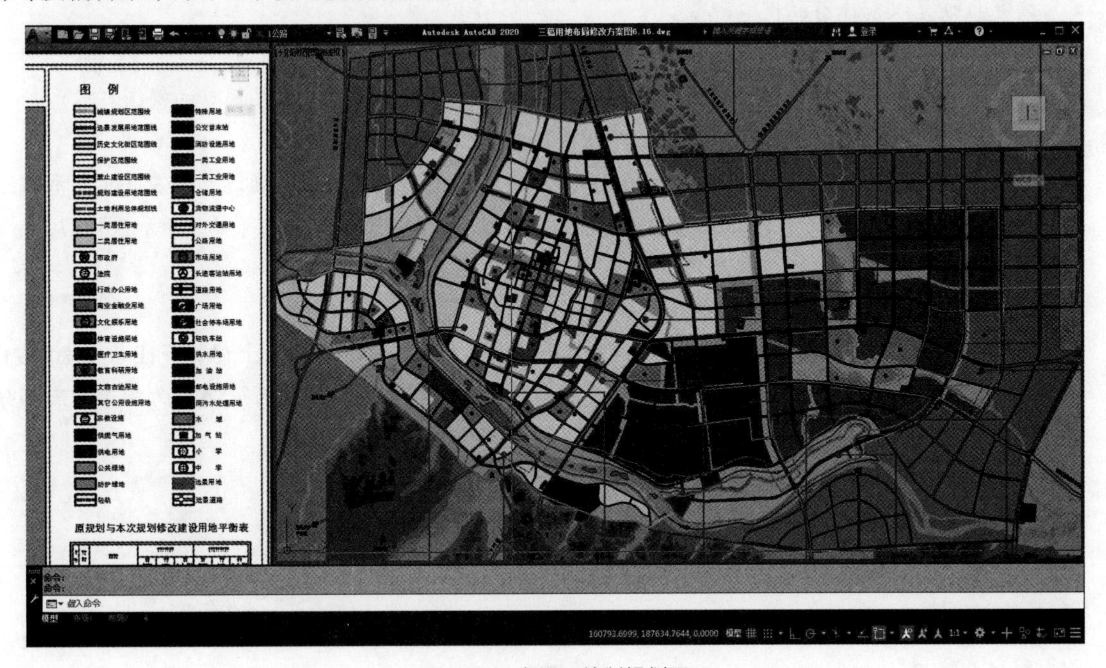

图 11-21 多视口绘制规划图

1. vports 命令

在模型空间中，在命令窗口中输入“vports”命令或单击“视图”菜单下的“视口”选项，在扩展菜单中选择“命名视口”选项，如图 11-22 所示。

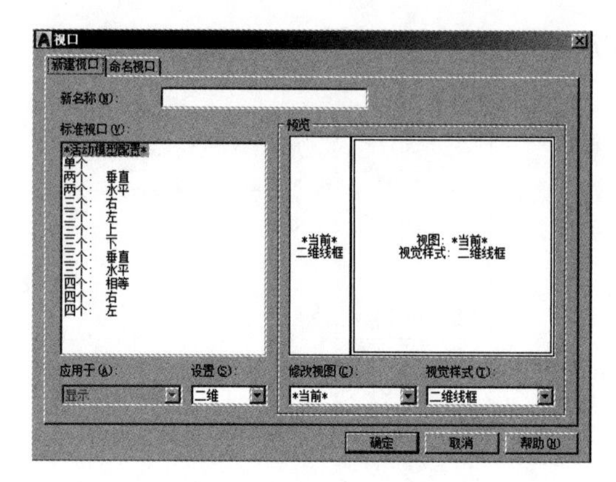

图 11-22 视口选项扩展菜单

系统弹出“视口”对话框，用户在该对话框中可以选择用户所需的多视口模式。如果在命令窗口中输入“-vports”命令，命令窗口提示如下：

```
命令：-vports
输入选项 [保存(S)/恢复(R)/删除(D)/合并(J)/单一(SI)/?/2/3/4/切换(T)/模式(MO)] <3>:
```

其中部分选项介绍如下：

- 保存：使用指定的名称保存当前视口配置。
- 恢复：恢复以前保存的视口配置。
- 删除：删除已命名的视口配置。
- 合并：将两个邻接的视口合并为一个较大的视口，得到的视口将继承主视口的视图。
- 单一：将图形返回到单一视口的视图中，该视图使用当前视口的视图。
- ?：列出视口配置：显示活动视口的标识号和屏幕位置。视口的位置通过它的左下角点和右上角点定义。对于这些角点，AutoCAD 使用（0.0,0.0）（用于绘图区域的左下角点）和（1.0,1.0）（用于右上角点）之间的值。首先列出当前视口。
- 2：将当前视口拆分为相等的两个视口。
- 3：将当前视口拆分为 3 个视口。提示输入配置选项 [水平(H)/垂直(V)/上(A)/下(B)/左(L)/右(R)] <右>时，请输入选项或按 Enter 键。“水平”和“垂直”选项将该区域拆分为相等的三部分。“上”“下”“左”和“右”选项指定较大视口的位置。
- 4：将当前视口拆分为大小相同的 4 个视口。

在图纸布局空间命令窗口中输入“-vports”命令，命令窗口提示如下：

```
命令：-vports
指定视口的角点或 [开(ON)/关(OFF)/布满(F)/着色打印(S)/锁定(L)/对象(O)/多边形(P)/恢复(R)/图层
(LA)/2/3/4] <布满>:
```

其中各选项介绍如下：

- 开：打开视口，将其激活并使它的对象可见。
- 关：关闭视口。当视口关闭时，其中的对象不再显示，并且不能使这个视口成为当前视口。
- 着色打印：指定如何打印布局中的视口。窗口提示“是否进行着色打印？[按显示(A)/线框(W)/

隐藏 (H)/ 视觉样式 (V)/ 渲染 (R)] <按显示>：输入着色打印选项”。其中，“按显示”表示按与显示相同的方式打印；“线框”表示打印线框，而不考虑显示设置；“隐藏”表示打印时删除隐藏线，而不考虑显示设置；“视觉样式”表示使用指定的视觉样式打印，列出图形中的所有视觉样式作为选项，无论该视觉样式是否正在使用；“渲染”表示渲染打印而不考虑显示设置。

- 锁定：锁定当前视口，与图层锁定类似。
- 对象：指定封闭的多段线、椭圆、样条曲线、面域或圆，以转换到视口中。指定的多段线必须是闭合的并且至少包含三个顶点。多段线可以是自交的，并且可以包含弧线段和直线段。
- 多边形：创建由一系列直线和圆弧段定义的非矩形布局视口。
- 恢复：恢复以前保存的视口配置。
- 2：将当前视口拆分为相等的两个视口。
- 3：将当前视口拆分为相等的 3 个视口。
- 4：将当前视口拆分为相等的 4 个视口。
- 布满：创建充满可用显示区域的视口。视口的实际大小由图纸空间视图的尺寸决定。

2. vplayer 命令

vplayer 命令用于设置视口中图层的可见性，可以使图层在一个或多个视口中可见，而在其他所有视口中都不可见。在“布局”选项卡上工作时，使用 vplayer 命令，命令窗口提示如下：

```
命令 : vplayer
输入选项 [?/ 颜色 (C) / 线型 (L) / 线宽 (LW) / 冻结 (F) / 解冻 (T) / 重置 (R) / 新建冻结 (N) / 视口默认可见性 (V)]:
```

主要选项介绍如下：

- ?：列出冻结图层，显示选定视口中冻结图层的名称。系统提示选择视口，命令行窗口显示选定视口中冻结的所有图层的名称。
- 冻结：在一个视口或多个视口中冻结一个或一组图层，不显示、不重生成或不打印冻结图层上的对象。冻结选项下系统提示输入要冻结的图层名时，请输入一个或多个图层名；提示输入选项 [全部 (A)/ 选择 (S)/ 当前 (C)] <当前>时，请输入选项或按 Enter 键。其中“全部（A）”表示将修改应用到所有视口中；“选择（S）”表示临时切换到图纸空间，允许用户选择可以应用图层设置的视口，并选择对象，也可选择一个或多个视口并按 Enter 键；“当前（C）”选项表示仅将修改应用到当前视口中。
- 解冻：解冻指定视口中的图层。
- 重置：将指定视口中图层的可见性设置为它们当前的默认设置。
- 新建冻结：创建在所有视口中都被冻结的新图层。
- 视口默认可见性：解冻或冻结在后续创建的视口中指定的图层。

在“模型”选项卡中，vplayer 命令有两个选项：新建冻结（N）和视口默认可见性（V）。

11.2 图纸集管理

整理图纸集是规划设计项目的一项重要工作，也是一项要消耗大量时间的烦琐工作。在图纸的打印和发布工作中，需要对图纸集有序、高效地管理，这样不仅有利于图纸的绘制，还有利于图纸的审验工作。

AutoCAD 2020 能够更合理、高效地对图纸集进行管理。图纸集是一个有序命名集合，其中的图纸来自几个图形文件。图纸是从图形文件中选定的布局。可以从任意图形将布局作为编号图纸输入到图纸集中。图纸集管理器就是一个协助用户将多个图形文件组织为一个图纸集的新工具。创建图纸集前，先得把各种封面、说明、地图、交通图、市政图等在模型空间中画好，并在布局里出好图、设置好页面设置等。

11.2.1 创建图纸集

创建图纸集前，应首先执行以下步骤：

（1）合并图形文件：建议将要在图纸集中使用的图形文件移动到少数几个文件夹中。这样可以简化图纸集管理。

（2）避免多个布局选项卡：建议在每个要用于图纸集的图形中仅包含一个用作图纸的布局。对于多用户访问的情况，这样做是非常必要的，因为一次只能在一个图形中打开一张图纸。

（3）创建图纸创建样板：创建或确定图纸集用来创建新图纸的图形样板（DWT）文件。此图形样板文件称作图纸创建样板。在“图纸集特性”对话框或“子集特性”对话框中指定此样板文件。

（4）创建页面设置替代文件：创建或指定 DWT 文件来存储页面设置，以便打印和发布。此文件称作页面设置替代文件，可用于将一种页面设置应用到图纸集中的所有图纸，并替代存储在每个图形中的各个页面设置。

虽然可以在图纸集中使用同一图形文件的若干个布局作为单独的图纸，但并不建议这样做，因为这会导致多个用户不能同时访问各布局，还会减少管理选项并使图纸集整理工作变得复杂。

在命令窗口中输入“sheetset”命令或选择菜单“工具→工具栏→ AutoCAD →标准”后单击弹出的工具条上的按钮，系统弹出“图纸集管理器”选项卡，如图 11-23 所示。

在“图纸集管理器”选项卡的“打开”下拉列表中选择“新建图纸集”选项或在“工具”菜单“向导”子菜单中选择“新建图纸集”选项，系统弹出“创建图纸集 - 开始”对话框，如图 11-24 所示。

图 11-23 “图纸集管理器”选项卡

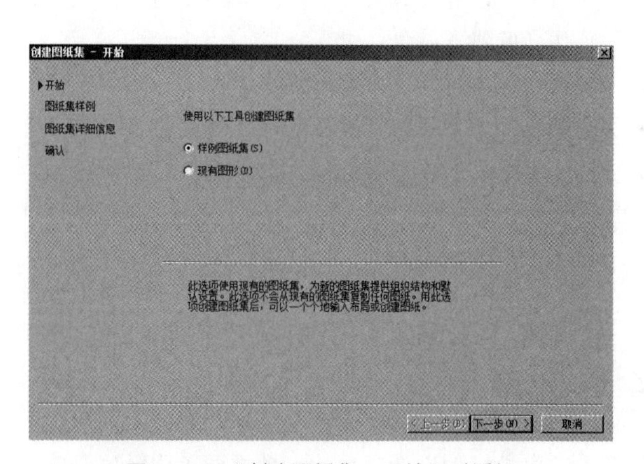

图 11-24 “创建图纸集 - 开始”对话框

如果选中“样例图纸集”选项，单击“下一步”按钮，就会进入“创建图纸集－图纸集样例”对话框，在该对话框的“选择一个图纸集作为样例”列表框中选择用户所需的图纸集样例，如图 11-25 所示。AutoCAD 2020 中提供了多种图纸集样例供用户选择。

如果用户不需要图纸集样例，则可以选中“浏览到其他图纸集并将其作为样例”选项，如图 11-26 所示。

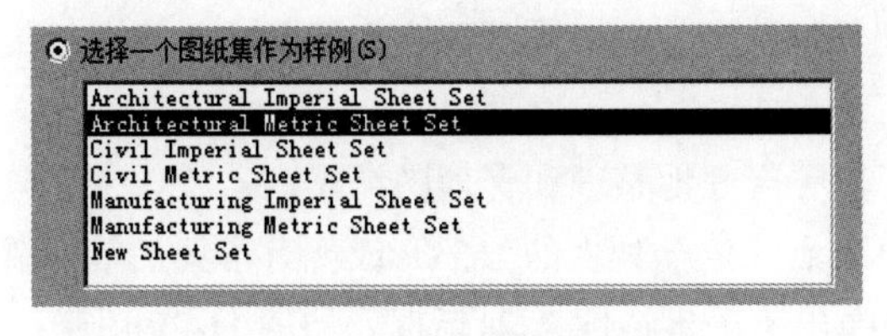

图 11-25 图纸集样例选择栏

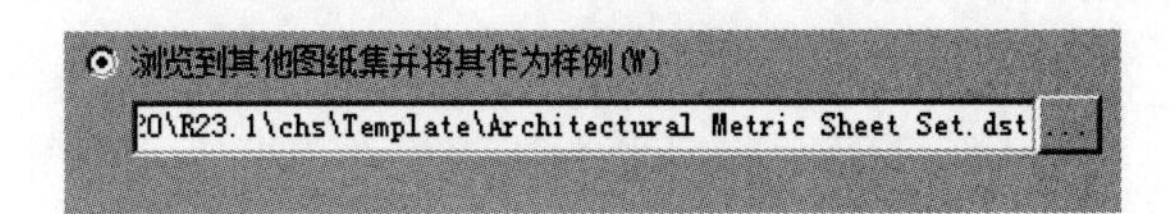

图 11-26 其他图纸集路径选择栏

在输入框中直接输入用户所需图纸集的路径，或单击 按钮，在“浏览图纸集”窗口中选择所需的图纸集作为样例。选择图纸集后，该对话框的“标题”栏和“说明”栏显示用户所选择的图纸集的名称和图纸尺寸等信息。

单击“下一步”按钮，进入“创建图纸集－图纸集详细信息”对话框，在“新图纸集名称”文本框中输入新创建图纸集的名称，在“在此保存图纸集数据文件”文本框中输入图纸集保存的绝对路径或单击 按钮，在弹出的“浏览图纸集文件夹”窗口中选择图纸集保存的绝对路径。单击“图纸集特性”按钮，弹出“图纸集特性”窗口，在该窗口中可以对新建图纸集的多种属性进行修改。

单击“下一步”按钮，进入“创建图纸集－确认”对话框，在该对话框中的“图纸集预览”栏中列出了新建图纸集属性的详细说明。确认后单击“完成”按钮，新图纸集的创建操作完成，在“图纸集管理器”选项卡的“图纸列表”栏显示新建图纸集。基于样例图纸集的新图纸集将继承该样例的组织结构和默认设置。

使用现有图形创建图纸集，可以指定让图纸集的子集组织复制图形文件的文件夹结构。这些图形的布局可自动输入到图纸集中。在“创建图纸集－开始”对话框中，选择“现有图形”选项，单击“下一步”按钮，进入“创建图纸集－图纸集详细信息”对话框，在“新图纸集的名称”文本框中输入新图纸集的名称，在“说明”文本框中输入新图纸集的信息说明，以便以后的选择和检查工作。在“在此保存图纸集数据文件”文本框中输入图纸集保存的路径或单击 按钮，在弹出的“浏览图纸集文件夹”窗口中选择图纸集保存的路径。

单击“下一步”按钮，进入“创建图纸集－选择布局”对话框，单击“浏览”按钮，在“浏览文件夹”窗口选择保存用户所需布局的文件夹，单击“确定”按钮，显示框内显示树状选项，如图 11-27 所示。

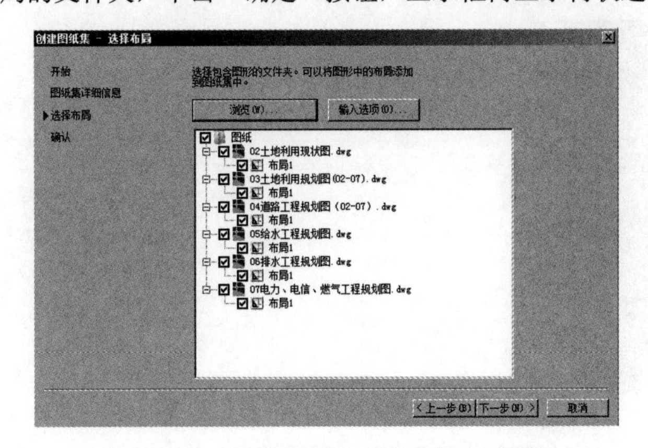

图 11-27 “创建图纸集－选择布局”对话框

完成选择后单击“下一步”按钮，进入“创建图纸集 - 确认”对话框，在该对话框中的“图纸集预览”栏中列出了新建图纸集属性的详细说明。确认后单击“完成”按钮，则新图纸集的创建操作完成，在“图纸集管理器”选项卡的“图纸列表”栏显示新建图纸集。如果用户想用图纸集的形式组织现有图纸，使用“现有图纸”创建新图纸集是一个很好的选择。

完成所有设置后单击“完成”按钮，在“图纸集管理器”选项卡的“图纸列表”栏显示新建图纸集，如图 11-28 所示。

在图纸集管理器中还可以任意创建图纸子集，这样可以更合理地整理和管理图纸集。

在图纸集管理器的“图纸列表”选项卡中，在图纸集节点（位于列表的顶部）或现有子集上单击鼠标右键，在弹出的快捷菜单中单击“新建子集”选项，系统弹出“子集特性” 对话框，如图 11-29 所示。

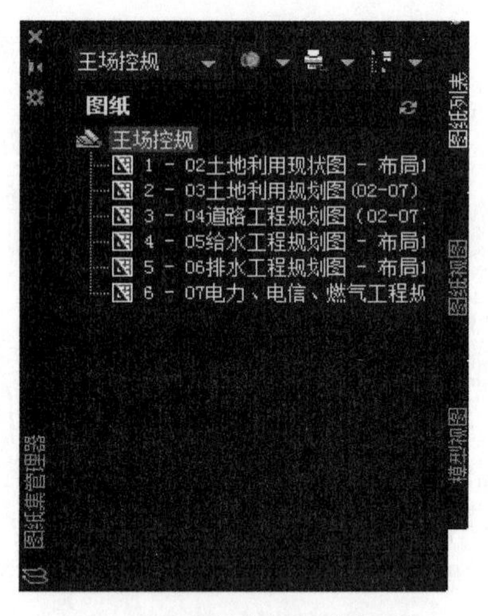

图 11-28 图纸集管理器选项卡

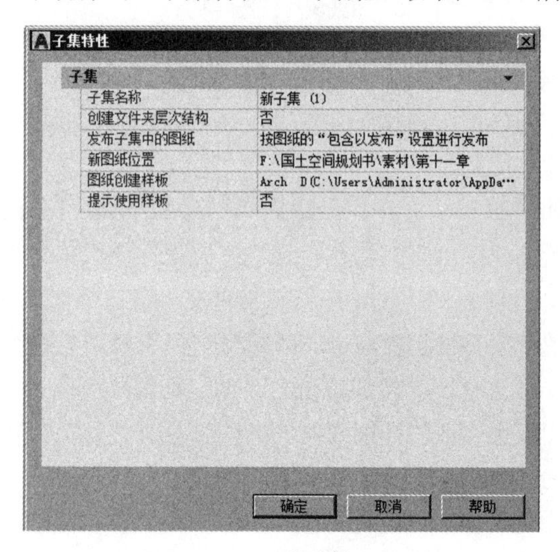

图 11-29 “子集特性”对话框

在“子集名称”输入框中输入新建子集的名称；单击“新图纸位置”栏的按钮，在弹出的“浏览文件夹”窗口中选择图纸集子集存储的位置（用户根据实际情况而定，一般不变）；单击“图纸创建样板”栏中的按钮，选择图纸样板的操作方法与新建图纸选择图纸样板的操作方法相同。设置完成后单击“确定”按钮，在图纸集管理器中新建一个图纸子集。

在图纸子集中可以创建新图纸，也可以将已经创建好的图纸拖曳到图纸子集中，效果如图 11-30 所示。

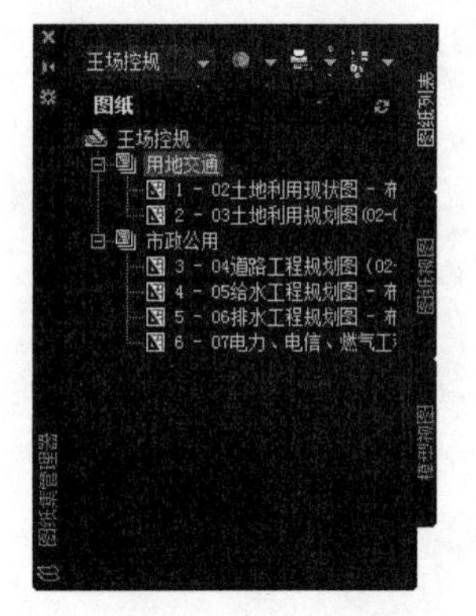

图 11-30 创建了子集的图纸集

如果要在某一个现有子集下创建子集，可在该现有子集上右击，在弹出的快捷菜单中选择“新建子集”命令。

11.2.2 查看与修改图纸集

创建图纸集后，可以在“图纸集管理器”选项卡中查看和修改已创建的图纸集。在“图纸集管理器”选项卡的“打开”下拉菜单中选择“打开”选项，系统弹出“打开图纸集”窗口，在该窗口中选择打开带有 .dst 后缀名的文件，这里以前一小节创建的图纸集为例。

由图 11-30 可知，图纸集已包含了 4 个编号的图纸，当光标移动到一个图纸名称上时，将弹出该图纸的相关信息，包括图纸状态、名称、大小、存储位置及布局预览图等内容。

在所选图纸选项上右击，在弹出的快捷菜单中选择“特性”选项，如图 11-31 所示。

系统弹出“图纸集特性 -”对话框，如图 11-32 所示，该对话框显示了所选定图纸的信息，例如图纸标题、图纸编号以及修订日期、用途等，并可以输入新值以修改任何可用图纸特性，最后单击“确定”按钮，完成修改设置。

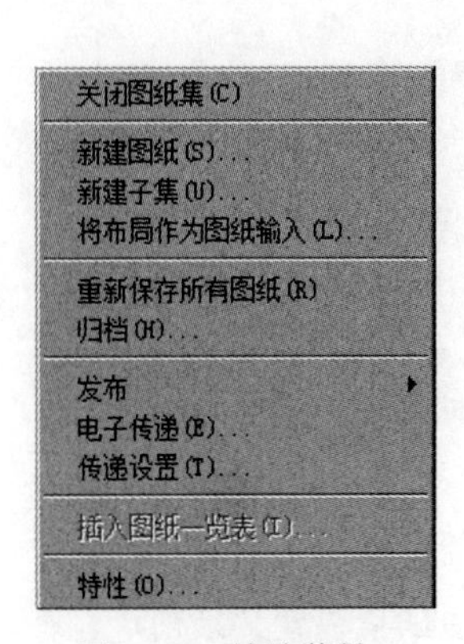

图 11-31　快捷菜单

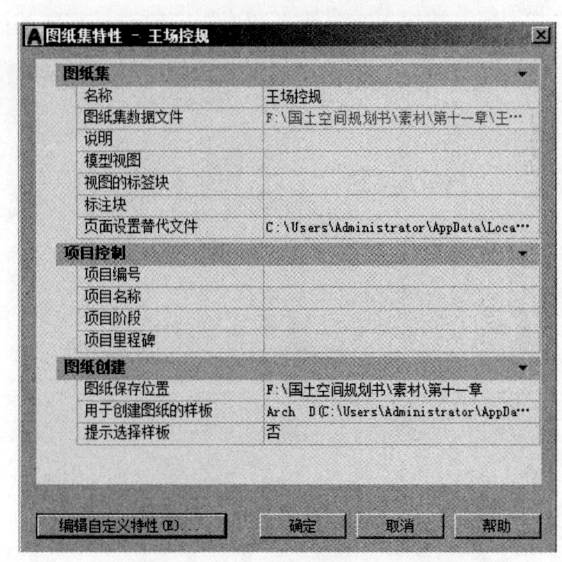

图 11-32　“图纸集特性 -”对话框

用于定义图纸集的关联和信息存储在图纸集数据(DST)文件中，这个新文件夹名为“AutoCAD Sheet Sets”，位于“我的文档”文件夹中。在使用“创建图纸集”向导创建新的图纸集时，可以修改图纸集文件的默认位置。建议用户将 DST 文件和图纸图形文件存储在同一个文件夹中。如果需要移动整个图纸集，或者修改了服务器或文件夹的名称，DST 文件仍然可以使用相对路径信息找到图纸。

可以使用“图纸集管理器”选项卡直接打开图纸集中的图形文件，以节约时间、提高绘图效率。也可以双击需要打开的图形文件。

在“图纸集管理器”中可以直接创建新图纸。右击，在弹出的快捷菜单中选择“新建图纸”选项，弹出“新建图纸”对话框，如图 11-33 所示。

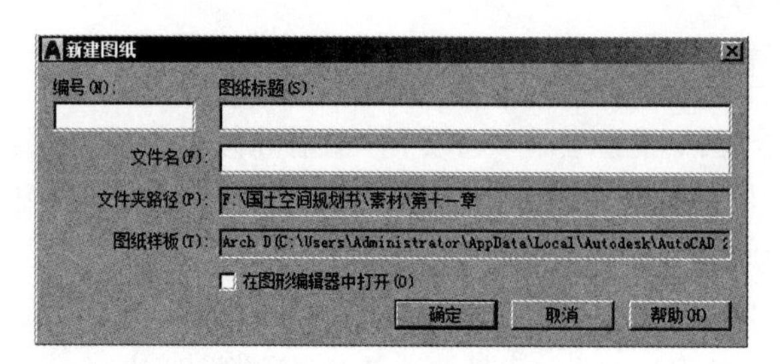

图 11-33 “新建图纸”对话框

在该对话框中输入新建图纸的编号、图纸标题、文件名，单击“确定”按钮，新建图纸操作完成。

AutoCAD 2020 中提供了一种快速将布局输入图纸集并指定要用作图纸的布局选项卡的方法。单击鼠标右键，在弹出的快捷菜单中选择“将布局作为图纸输入”选项，系统弹出“按图纸输入布局”对话框，单击“浏览图形”按钮，在“选择图形”窗口选择需要的图纸布局，作为新建图纸，如图 11-34 所示。

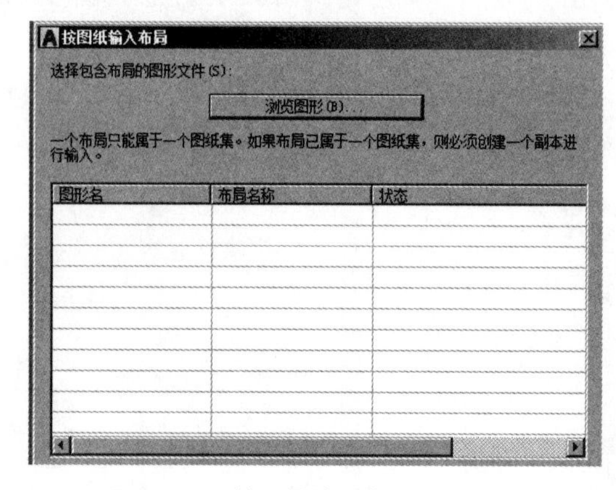

图 11-34 “按图纸输入布局”对话框

一个布局只能属于一个图纸集。如果一个布局已经属于一个图纸集，就必须创建包含该布局图形的副本才能输入该布局。

如果图纸集是通过样板图纸创建的，就可以直接创建新图纸（新图纸布局与已创建图纸布局相同）。完成全部设置后，图纸集管理器选项卡的“图纸”栏增添新建图纸标题，同时新建图纸文件存储在指定位置（与已创建图纸存储在同一文件夹下）。完成新建图纸后，就可以进行绘图工作了。

11.2.3 创建命名视图

在 AutoCAD 旧版中已可以使用命名视图，在这里介绍使用“图纸集管理器”创建视图的新方式，功能强大，操作简便。

在“图纸集管理器”窗口中，打开“图纸视图”选项卡，显示当前图纸集使用的、按顺序排列的视图列表，这些视图都将成为图纸视图。

1. 通过“视图”对话框创建命名视图

在命令窗口中输入“view”命令或单击视图工具条中的按钮，系统弹出“视图管理器”对话框，如

图 11-35 所示。

单击“新建”按钮，系统弹出“新建视图 / 快照特性”对话框，如图 11-36 所示。

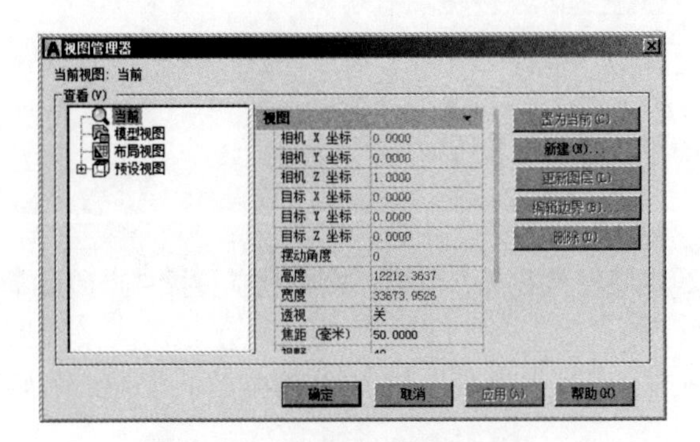

图 11-35 “视图管理器”对话框

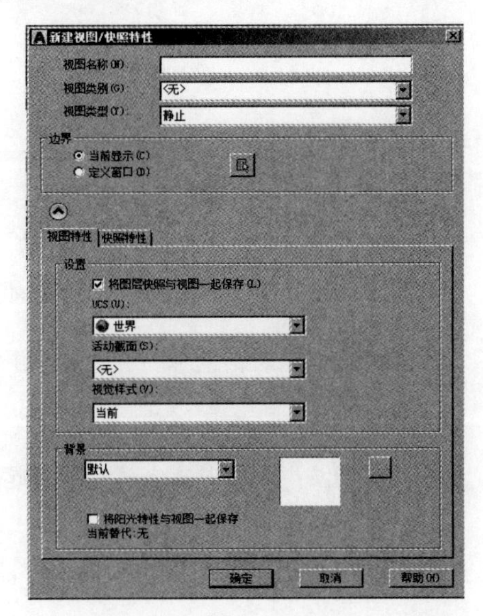

图 11-36 “新建视图 / 快照特性”对话框

“新建视图 / 快照特性”对话框中各选项介绍如下：

- 视图名称：新建视图的名称（视图名称中最多可以包含 244 个字符，并可包括字母、数字、空格和任何未被 Windows 和 AutoCAD 用作其他用途的特殊字符）。
- 视图类别：指定命名视图的类别，例如俯视图等。从列表中选择一个视图类别，输入新的类别或保留此选项为空。如果在图纸集管理器中更改了命名视图的类别，那么在下次打开该图形文件时所做的更改将显示在“视图”对话框中。
- 视图类型：指定命名视图的视图类型，可以从“电影式”“静止”或“录制的漫游”中选择。
- 当前显示：使用当前显示作为新视图。
- 定义窗口：用窗口作为新视图。单击按钮，通过在绘图区域指定两个对角点来定义。
- 设置：提供用于将设置与命名视图一起保存的选项。
  - 将图层快照与视图一起保存：在新的命名视图中保存当前图层可见性设置。
  - UCS：指定要与新视图一起保存的 UCS（适用于模型视图和布局视图）。
  - 活动截面：指定恢复视图时应用的活动截面（仅适用于模型视图）。
  - 视觉样式：指定要与视图一起保存的视觉样式（仅适用于模型视图）。
- 背景：控制应用三维视觉样式或渲染视图时命名视图的背景外观。

完成设置后单击“确定”按钮，返回“视图管理器”对话框，在该对话框中内显示新建视图信息，如图 11-37 所示。

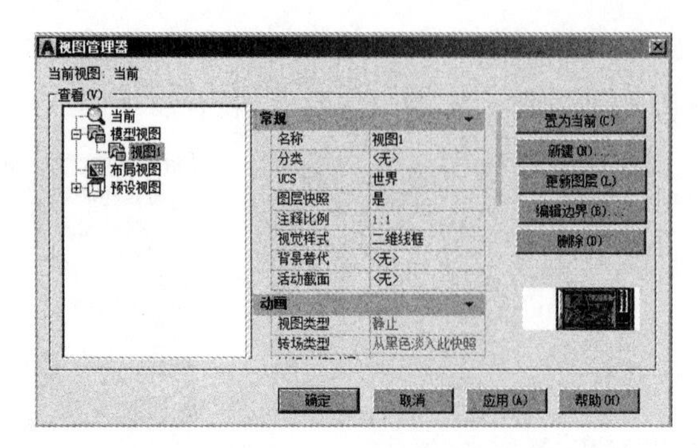

图 11-37 “视图管理器”对话框

“视图管理器”对话框中的置为当前更新图层、编辑边界分别介绍如下：

- 置为当前：恢复选定的视图。
- 更新图层：更新与选定的视图一起保存的图层信息，使其与当前模型空间和布局视口中的图层可见性匹配。
- 编辑边界：显示选定的视图，绘图区域的其他部分以较浅的颜色显示，从而显示命名视图的边界。

在对视图特性等内容修改设置完毕后，单击“确定”按钮，完成新建视图操作。

2. 通过“图纸集管理器”创建视图

创建新视图的一种方法是在图纸上放置图形的视图，同时 AutoCAD 会自动创建一个图纸视图。

使用“图纸集管理器”打开要在其中放置视图的图纸，本例中打开新建图纸“QL 总体规划图纸集”，如图 11-38 所示。

查找添加到该图纸中的视图。打开“模型视图”选项卡（见图 11-39），双击“添加新位置”按钮，系统弹出“浏览文件夹”窗口，在该窗口中选择存储图形文件的文件夹，单击“打开”按钮，则在“资源图形”选项卡中显示选择打开的文件夹内的图形文件（要添加的视图图形，只能在“资源图形”选项卡中选择需要添加到新图纸的视图图形）。

图 11-38 打开仅有标题的图纸

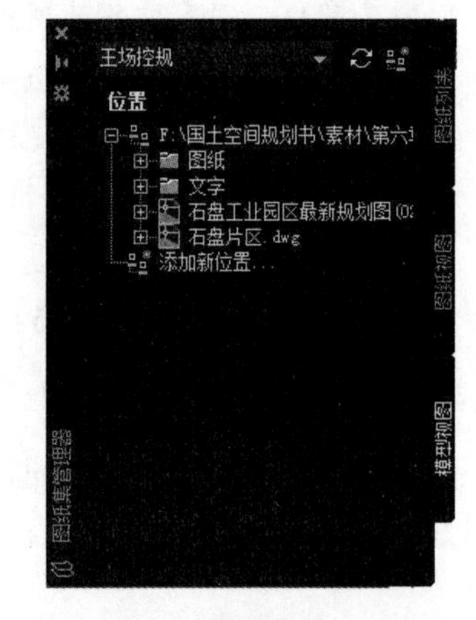

图 11-39 “模型视图”选项卡

在将选择的视图图形放置在图纸上之前，必须在选择的视图图形的 .DWG 文件中创建命名视图。双击所选择的视图图形文件，使用前面讲的创建命名视图的方法创建命名视图，并设置为当前视图，然后保存并关闭该图形文件。本例将用地布局规划图视图命名为“图纸”。同时该命名视图已经列在“模型视图”选项卡中，如图 11-40 所示。

在“模型视图”选项卡中列出的命名视图上右击，在弹出的快捷菜单中选择“放置到图纸上”选项，在放置图形之前右击，更改视图比例，根据命令窗口提示选择指定点，完成“图纸上放置图形的视图”操作，效果如图 11-41 所示。

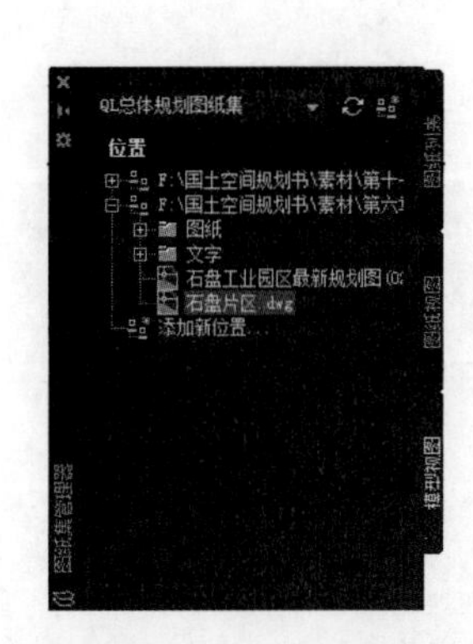

图 11-40 “模型视图”选项卡中列出的视图

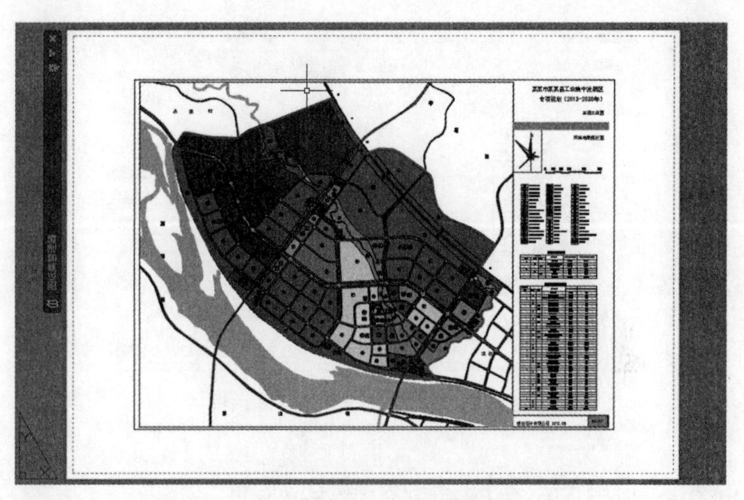

图 11-41 图纸上放置图形的视图效果

模型空间视图放置在图纸上之后，此视图将作为图纸空间视图列在“图纸视图”选项卡上（并且可以在右键快捷菜单中选择“重命名并重新编号”选项，给新图纸空间视图添加编号），如图 11-42 所示。

图 11-42 新添加视图列表

11.2.4 利用“图纸集管理器”创建图纸清单

列出图纸清单能够更清晰、更明了地反映该规划项目的所有图纸顺序和组织层次关系，有利于图纸的管理和审阅。在图纸集管理器选项卡中可以很方便地列出图纸集中的图纸清单，给图纸集的管理带来便利。

打开需要列出图纸清单的图纸，在本例中新建一个标题为“图纸清单”的图纸。打开该图纸，在图纸集上右击，在弹出的快捷菜单中选择“插入图纸一览表”选项，系统弹出“图纸一览表”对话框，如

图 11-43 所示。在“表格样式设置”组合框中可以预览到图纸清单的样式，可以勾选“显示小标题”选项，改变图纸清单的样式（也可以单击□按钮，进入“表格样式”对话框，在该对话框中修改表格样式或新建表格样式）。

设置完成后单击“确定”按钮，即可在图纸上的任意位置放置图纸清单，在该表格中列出图纸集中的所有子集及图纸，如图 11-44 所示。如果用户对图纸集新建或删除了图纸，以及更改了图纸编号或标题等，图纸清单列表就会随图纸集的变化而发生变化。

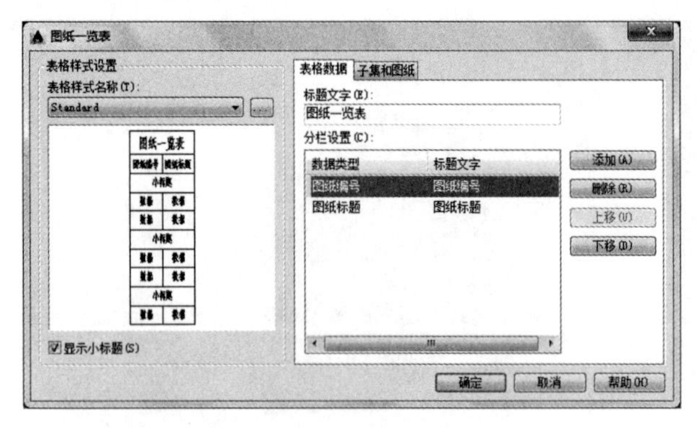

图 11-43 “图纸一览表”对话框

图纸一览表	
图纸编号	图纸标题
1	王场排水工程规划图 - Layout1
2	王场用地布局规划图 - Layout1
3	王场综合防灾规划图 - Layout1
4	王场雨水工程规划图 - Layout1

图 11-44 图纸一览表

11.2.5 利用图纸集管理器创建传递包

在一个规划项目的设计中，当需要将图纸传送给设计小组的其他人员或传送给审验单位时，可以通过创建传递包的方式传送图纸文件。如果只是采用普通方式传递图纸文件，就可能会使图纸信息（如字体信息、打印设置信息等）丢失，造成诸多不便。使用创建传递包的方式传送图纸文件，就可以避免一些不必要的麻烦，因为在传递包中自动包含了图纸集数据文件、字体、打印配置文件和外部参照文件等。

选择要包括在传递包内的图纸集（图纸子集或单个图纸文件也可以包括在传递包内，所有被选择的图纸文件必须是已经保存的文件，否则将无法建立传递包），在被选择的图纸集上右击，在弹出的快捷菜单中选择“电子传递”选项，系统弹出“创建传递”对话框，如图 11-45 所示。

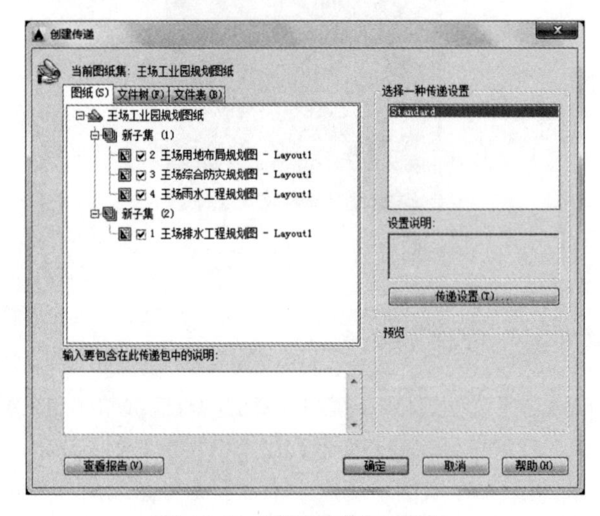

图 11-45 “创建传递”对话框

对话框中各选项卡的介绍如下：

- “图纸”选项卡：根据图纸集按层次结构列出要包含在传递包中的图纸。在此选项卡中，从图纸集、图纸子集或图纸创建一个传递包。创建时，必须在图纸集管理器中打开图纸集，且必须在图纸集、图纸子集或图纸节点的右键快捷菜单中选择“电子传递”命令。

如果该列表中的某个图纸不可用，那么该图纸将由传递包中的另一张图纸参照（作为外部参照），并且不可用的图纸自动包含在传递包中。

- “文件树”选项卡：以层次结构树的形式列出要包含在传递包中的文件。默认情况下，将列出与当前图形相关的所有文件（例如相关的外部参照、打印样式和字体）。用户可以向传递包中添加文件或从中删除现有文件。传递包不包含由 URL 引用的相关文件。本例中的“文件树”选项卡如图 11-46 所示。

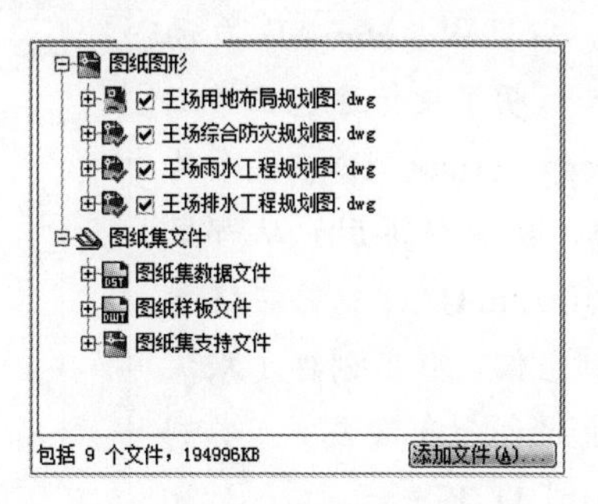

图 11-46 “文件树”选项卡

其中要传递的图形按以下类别列出：

- 图纸图形，列出与图纸集关联的图形文件。
- 图纸集文件，列出与图纸集关联的支持文件。
- 当前图形，列出与当前图形关联的文件。
- 用户添加的文件，列出已使用“添加文件”选项手动添加的文件。

- “文件表”选项卡：以表格的形式显示要包含在传递包中的文件。默认情况下，将列出与当前图形相关的所有文件（例如相关的外部参照、打印样式和字体）。用户可以向传递包中添加文件或从中删除现有文件。传递包不包含由 URL 引用的相关文件。本例“文件表”选项卡如图 11-47 所示。

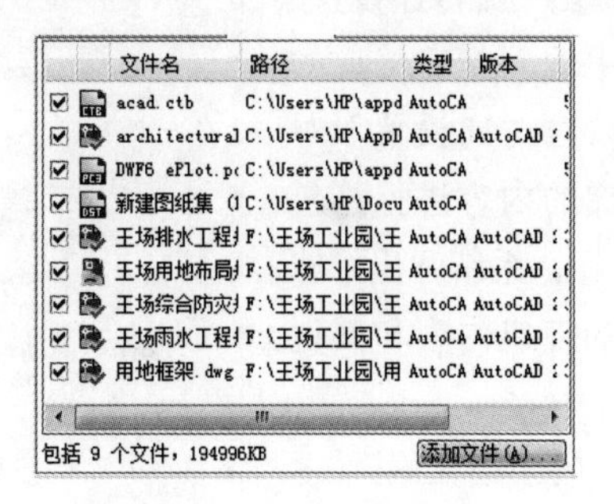

图 11-47 “文件表”选项卡

单击“文件树”或“文件表”选项卡中的“添加文件”按钮，打开“添加要传递的文件”对话框，从中可以选择要包括在传递包中的其他文件。此按钮在“文件树”选项卡和“文件表”选项卡上都可用。

- 输入要包含在此传递包中的说明：用户可在此输入与传递包相关的注释。这些注释被包括在传递报告中。通过创建 ASCII 文件，可以指定要包含在所有传递包中的默认注解样板，ASCII 的文件名为 etransmit.txt。保存此文件的位置必须使用“选项”对话框中的“文件”选项卡上的“支持文件搜索路径”选项进行指定。
- 选择一种传递设置：列出以前保存的传递设置。默认传递设置的名称是 STANDARD。单击以选择不同的传递设置。要创建一个新的传递设置或修改列表中现有的传递设置，可单击“传递设置”按钮。在“传递设置”列表框中，右击，显示具有若干选项的快捷菜单。
- 传递设置：单击该按钮后显示“传递设置”对话框，从中可以创建、修改和删除传递设置。
- 查看报告：显示包含在传递包中的报告信息，包含用户输入的所有传递注释，以及由 AutoCAD 自动生成的分发注释。分发注释说明了使传递包正常工作所需采取的详尽步骤。例如，AutoCAD 在某个传递图形中检测到 SHX 字体，就会告诉用户从哪里复制这些字体文件，从而使 AutoCAD 能够在将要安装传递包的系统上检测到它们。如果创建了默认注释的文本文件，则注释也将包含在报告中。本例“查看传递报告”对话框如图 11-48 所示。

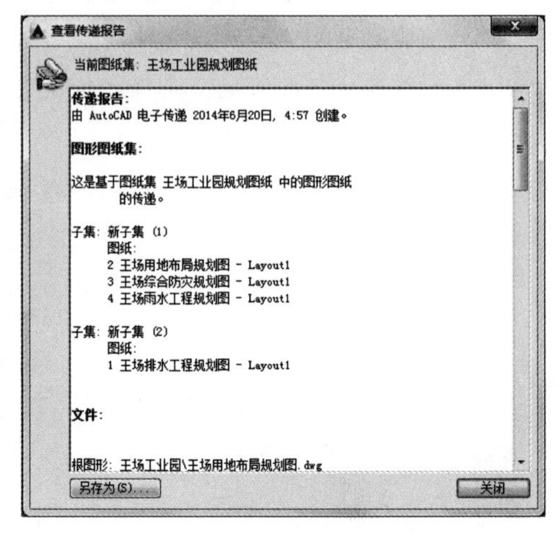

图 11-48 “查看传递报告”对话框

单击“另存为”按钮，打开“报告文件另存为”对话框，从中可以指定保存报告文件的位置。

提 示

用户生成的所有传递包都自动包含报告文件，通过单击“另存为”按钮，用户可以保存报告文件的一个副本，以用于存档。

单击“传递设置”按钮，弹出“传递设置”对话框，当前传递设置称为“标准”，可以更改并保存供以后使用；如果单击“新建”按钮，弹出“新传递设置”窗口，在“新传递设置名”输入框中输入新建传递的名称，单击“继续”按钮，弹出“修改传递设置”对话框，在该对话框中可以对新建传递的内容进行打包设置操作。在本例中单击“修改”按钮，系统弹出“修改传递设置”对话框，对当前传递的打包内容和其他属性进行修改，如图 11-49 所示。

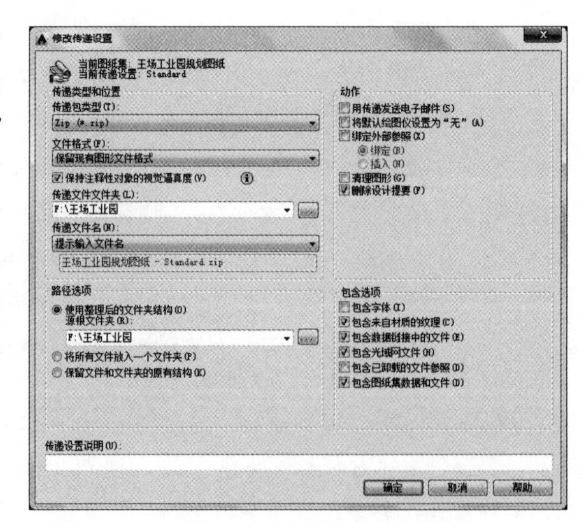

图 11-49 “修改传递设置”对话框

“修改传递设置”对话框中各选项介绍如下：

- 传递包类型：指定创建的传递包的类型。其中，“文件夹”类型表示在新的或现有文件夹中创建未压缩文件的传递包；“自解压可执行文件”类型表示将文件传递包创建为一个压缩的、自解压可执行文件。双击生成的 EXE 文件将对传递包进行解压缩，并将文件恢复至指定的文件夹位置；ZIP 类型表示将文件传递包创建为一个压缩的 ZIP 文件。要将文件恢复至指定的文件夹位置，需要一个解压缩实用程序，例如 PKZIP 或 WinZIP 等共享应用程序。

- 文件格式：指定传递包中包含的所有图形要转换的文件格式。可以从下拉列表中选择图形文件格式。
- 保持注释性对象的视觉逼真度：指定保存图形时是否保存注释性对象视觉逼真度。
- 传递文件文件夹：指定创建传递包的位置。单击“传递文件文件夹 (L):”右侧下拉箭头，下拉列表中列出创建传递包的最后九个位置。要指定一个新位置，可单击“浏览”按钮找到需要的位置。如果此字段保持不变，就将在包含第一个指定的图形文件的文件夹中创建传递文件。在图纸集上下文中，将在包含图纸集数据（DST）文件的文件夹中创建传递文件。
- 传递文件名：指定命名传递包的方法，显示传递包的默认文件名。如果将传递包的类型设置为“文件夹”，则此选项不可用。
- 路径选项：提供选项以便整理传递包中包含的文件和文件夹。
  - 使用整理后的文件夹结构：复制要传递的文件所在的文件夹结构。根文件夹在层次结构文件夹树中显示在最顶层。

（1）相对路径保持不变。源根文件夹之外的相对路径最多保留其上一级的文件夹路径并保存在根文件夹中。

（2）根文件夹树中的绝对路径转换为相对路径。源根文件夹之外的绝对路径最多保留其上一级的文件夹路径并保存在根文件夹中。

（3）根文件夹树外面的绝对路径转换为“无路径”，并移动到根文件夹中或根文件夹树内的文件夹中。

（4）必要时将创建一个 Fonts 文件夹。

（5）必要时创建一个 PlotCfgs 文件夹。

（6）必要时创建一个 SheetSets 文件夹，用来存放图纸集的所有支持文件，但图纸集数据（DST）文件保存在根文件夹中。

（7）如果要将传递包保存到 Internet 位置，那么此选项不可用。

  - 源根文件夹：定义图形相关文件的相对路径的源根文件夹，例如外部参照。传递图纸集时，源根文件夹也包含图纸集数据（DST）文件。单击“浏览”按钮，打开“指定文件夹位置”对话框，从中可以指定一个源根文件夹。
  - 将所有文件放入一个文件夹：安装传递包时，所有文件都被安装到一个指定的目标文件夹中。
  - 保留文件和文件夹的原有结构：保留传递包中所有文件的文件夹结构，从而简化在其他系统上的安装。如果要将传递包保存到 Internet 位置，则此选项不可用。
- 用传递发送电子邮件：创建传递包时启动默认的系统电子邮件应用程序，可以将传递包作为附件通过电子邮件形式发送。
- 将默认绘图仪设置为“无”：将传递包中的打印机 / 绘图仪设置更改为“无”。本地打印机 / 绘图仪设置通常与接收者无关。

- 绑定外部参照：将所有外部参照绑定到它们所附着的文件。
  - 绑定：将选定的 DWG 外部参照绑定到当前图形中。
  - 插入：用与拆离和插入参照图形相似的方法，可将 DWG 外部参照绑定到当前图形中。
- 清理图形：对传递包中的所有图形进行完全清理。
- 包含字体：包含与传递包关联的任何字体文件（TTF 和 SHX）。

TrueType 字体是专利产品，所以应当确保传递包的接收者也拥有 TrueType 字体。如果不确定接收者是否拥有 TrueType 字体，就清除此选项。如果接收者没有所需的 TrueType 字体，就使用 FONTALT 系统变量指定的字体来代替。

- 包含来自材质的纹理：包括带有附着到对象或面的材质的纹理。
- 包括数据链接中的文件：向传递包中添加由数据链接引用的外部文件。
- 包含光域网文件：包括与图形中的光域灯光相关联的光域网文件。
- 包含已卸载的文件参照：包括所有卸载的外部参照、图像和参考底图。已卸载的文件参照列在“文件树”“文件表”以及相应类别下的报告中。
- 传递设置说明：输入传递设置的说明。此说明显示在“创建传递”对话框的传递文件设置列表下。用户可以选择列表中的任何传递设置以显示其说明。

设置完成后单击“确定”按钮，关闭“传递”窗口，再在“创建传递”对话框中单击“确定”按钮。本例中，系统弹出“指定 Zip 文件”窗口，单击“保存”按钮，传递包创建完成，指定保存传递包的文件夹内就存储了新创建的 Zip 文件。这个传递包文就可以通过电子邮件或其他形式传递出去了。

11.2.6 图纸集归档

在工程项目设计的后期，可以创建图纸集的压缩归档。

在命令窗口中输入“archive”命令或在“图纸集管理器”选项卡的图纸集上右击，在弹出的快捷菜单中选择“归档”选项，系统弹出“归档图纸集”对话框，如图 11-50 所示。

“归档图纸集”对话框中各选项介绍如下：

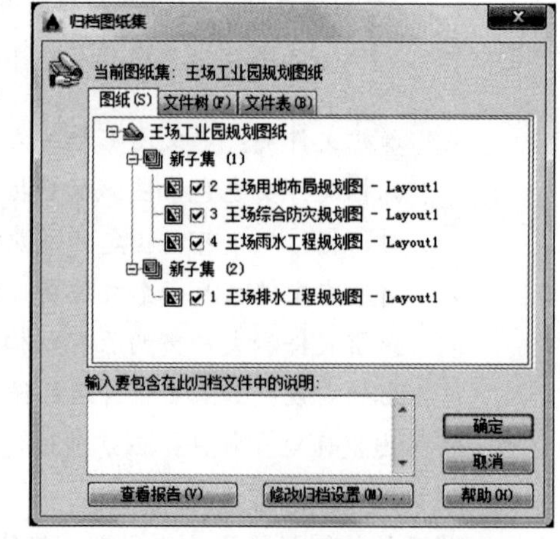

图 11-50 “归档图纸集”对话框

- “图纸”选项卡：按照图纸顺序和子集组织列出要包含在归档软件包中的图纸。必须在图纸集管理器中打开图纸集。可以在顶层图纸集节点上右击，然后从弹出的快捷菜单中选择“归档”，或者在命令行中输入“archive”命令。
- “文件树”选项卡：以层次结构树的形式列出要包含在归档软件包中的文件。默认情况下，将列出与当前图形相关的所有文件（例如相关的外部参照、打印样式和字体）。用户可以向归档软件包中添加文件或删除现有的文件。归档软件包不包含由 URL

引用的相关文件。

- “文件表”选项卡：以表格的形式显示要包含在归档软件包中的文件。默认情况下，将列出与当前图形相关的所有文件（例如相关的外部参照、打印样式和字体）。用户可以向归档软件包中添加文件或删除现有的文件。归档软件包不包含由 URL 引用的相关文件。

单击“文件树”或“文件表”选项卡中的“添加文件”按钮，打开“添加要归档的文件”对话框，从中可以选择要添加到归档软件包中的其他文件。此按钮在“文件树”选项卡和“文件表”选项卡上都可用。

- 输入要包含在此归档文件中的说明：用户可以在此处输入与归档软件包相关的注释。这些注释包含在归档报告中。通过创建名为 archive.txt 的文件，用户可以指定默认注解的模板，该模板将包含在所有归档软件包中。此文件必须保存到由“选项”对话框中“文件”选项卡上的“支持文件搜索路径”选项所指定的位置。

单击“修改归档设置”按钮，弹出“修改归档设置”对话框，从中可以指定归档软件包的选项，如图 11-51 所示。

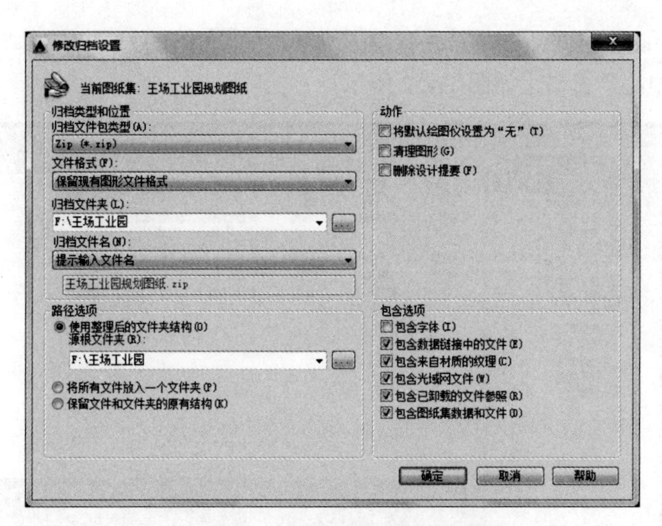

图 11-51　“修改归档设置”对话框

该对话框中的选项属性与“修改传递设置”对话框中的选项属性基本相同，这里不再介绍。

设置完成后单击“确定”按钮，在本例中系统会弹出“指定 Zip 文件”窗口，单击“保存”按钮，则归档文件创建完成，指定保存传递包的文件夹内就存储了新创建的 Zip 文件。归档文件中自动包括相关文件，如图纸集数据文件、外部参照和打印配置文件等。

11.3 设计中心

11.3.1 设计中心概述

通过设计中心，用户可以组织对图形、块、图案填充和其他图形内容的访问，可以将源图形（源图形可以位于用户的计算机上、网络位置或网站上）中的任何内容拖动到当前图形中，可以将图形、块和填充拖动到工具选项板上。另外，如果打开了多个图形，还可以通过设计中心在图形之间复制和粘贴其他内容（如图层定义、布局和文字样式）来简化绘图过程。

具体来说，设计中心具有以下几项功能：

（1）浏览用户计算机、网络驱动器和 Web 页上的图形内容（例如图形或符号库）。

（2）在定义表中查看图形文件中命名对象（例如块和图层）的定义，然后将定义插入、附着、复制和粘贴到当前图形中。

（3）更新（重定义）块定义。

（4）创建指向常用图形、文件夹和 Internet 网址的快捷方式。

（5）向图形中添加内容（例如外部参照、块和填充）。

（6）在新窗口中打开图形文件。

（7）将图形、块和填充拖动到工具选项板上，以便于访问。

11.3.2 设计中心窗口介绍

在命令窗口中输入“adcenter”命令或单击标准工具条上的按钮，或在“工具”菜单中选择“设计中心”选项，系统弹出“设计中心”窗口，如图 11-52 所示。

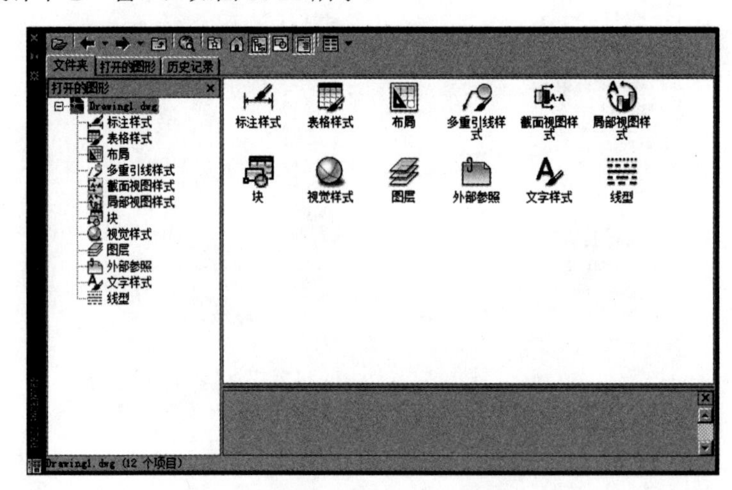

图 11-52 “设计中心”窗口

“设计中心”窗口分为两部分：左边为树状图，右边为内容区。可以在树状图中浏览内容的源，而在内容区显示内容。“设计中心”窗口左侧的树状图和 4 个设计中心选项卡可以帮助用户查找内容并将内容加载到内容区中。

- “文件夹”选项卡：显示导航图标的层次结构，包括网络和计算机、Web 地址（URL）、计算机驱动器、文件夹、图形和相关的支持文件、外部参照、布局、填充样式和命名对象，包括图形中的块、图层、线型、文字样式、标注样式和打印样式。
- “打开的图形”选项卡：显示当前已打开图形的列表。单击某个图形文件，然后单击列表中的一个定义表可以将图形文件的内容加载到内容区中。
- “历史记录”选项卡：显示设计中心中以前打开的文件列表。双击列表中的某个图形文件，可以在“文件夹”选项卡中的树状视图中定位此图形文件并将其内容加载到内容区中。

- “联机设计中心”选项卡：提供联机设计中心 Web 页中的内容，包括块、符号库、制造商内容和联机目录（此功能书中不进行介绍）。

设计中心提供了一种方法，可以帮助用户快速找到需要经常访问的内容。树状图和内容区均包括可激活“收藏夹”文件夹的选项。收藏夹文件夹可能包含指向本地、网络驱动器和 Internet 地址的快捷方式。同时，“打开的图形”“历史记录”和“联机设计中心”选项卡为查找内容也提供了一种替代方法。

选定图形、文件夹或其他类型的内容并选择“添加到收藏夹”时，即可在“收藏夹”文件夹中添加指向此项目的快捷方式。原始文件或文件夹实际上并未移动；事实上，创建的所有快捷方式都存储在“收藏夹”文件夹中。可以使用 Windows® 资源管理器移动、复制或删除保存在“收藏夹”文件夹中的快捷方式。

11.3.3 设计中心功能简介

可以在“设计中心”窗口右侧对显示的内容进行操作。双击内容区上的项目可以按层次顺序显示详细信息。例如，双击图形图像将显示若干图标，包括代表块的图标。双击“块”图标将显示图形中每个块的图像，如图 11-53 所示。

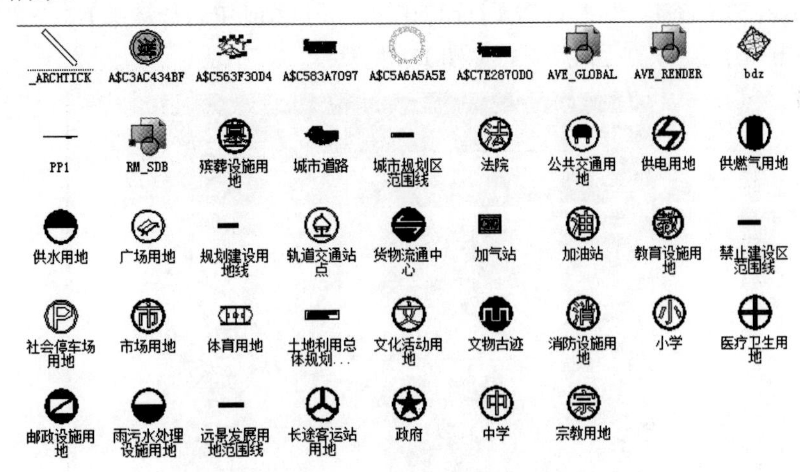

图 11-53 块图标详细内容

1. 向图形添加内容

使用以下方法可以在内容区中向当前图形添加内容：

- 将某个项目拖动到某个图形的图形区，按照默认设置（如果有）将其插入。
- 在内容区中的某个项目上右击，将显示包含若干选项的快捷菜单。
- 双击块将显示“插入”对话框，双击图案填充将显示“边界图案填充”对话框。

可以预览图形内容（例如内容区中的图形、外部参照或块），也可以显示文字说明等。

2. 通过设计中心更新块定义

当更改块定义的源文件时，包含此块的图形的块定义并不会自动更新。通过设计中心，可以决定是否更新当前图形中的块定义。块定义的源文件可以是图形文件或符号库图形文件中的嵌套块。在内容区中的块或图形文件上右击，然后在快捷菜单中选择“仅重定义”或“插入并重定义”命令，可以更新选定的块。

3. 打开图形

通过设计中心，可以使用以下方法在内容区中打开图形：使用快捷菜单、拖动图形时按 Ctrl 键或将图形图标拖至绘图区域的图形区以外的任何地方。图形名被添加到设计中心历史记录表中，以便在将来的任务中快速访问。

11.4 打印和发布

11.4.1 打印图纸图形

图纸绘制完成之后一般都需要将其打印出来，AutoCAD 软件提供了强大的打印功能，在 AutoCAD 的模型和布局两种绘图空间都可以很方便地进行打印。

要使用打印功能，首先在工作区打开需要打印的图纸，使用 Ctrl+P 快捷键或单击“文件”菜单中的“打印”选项，系统弹出“打印 - 模型”对话框，如图 11-54 所示。

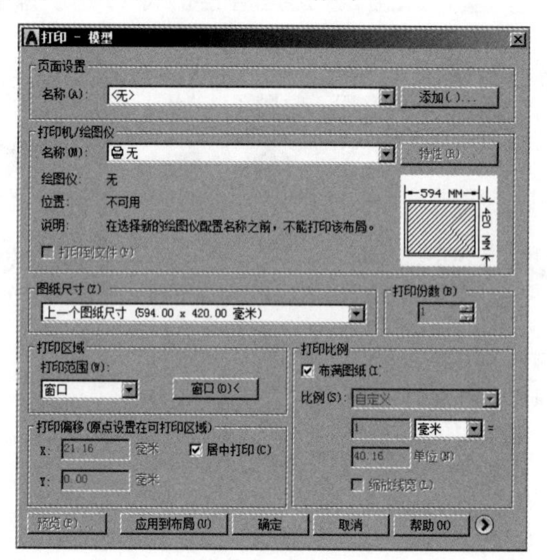

图 11-54 “打印 - 模型”对话框

在“打印 - 模型”对话框中要对各项参数进行设置，以保证打印的格式和效果，可以使用“页面设置”为打印作业指定设置。在“打印 - 模型”对话框中选择页面设置时，该页面设置中的设置将添加到“打印”对话框中。既可以选择使用那些设置进行打印，也可以单独修改设置后再打印。

在“打印机 / 绘图仪”组合框中选择打印机名称。打印图形前，必须选择打印机或绘图仪。选择的设备会影响图形的可打印区域。选择打印设备后，用户可以方便地使用“打印”对话框中默认的设置来打印图形。

在“图纸尺寸”下拉列表框中选择准备打印纸张的尺寸，这个尺寸与打印机的打印能力有关系，一般当选择好打印机之后，在“图纸尺寸”的下拉列表框里就会出现这台打印机能够支持打印的尺寸，只需要选择需要的出图尺寸就可以了。

“打印区域”组合框用于对打印范围进行设置，也就是设置绘图区域里哪些部分打印到图纸上。“打印”对话框在“打印区域”下提供了“窗口”“范围”“图形界限”“显示”“视图”选项。

- “视图”选项：打印以前使用 view 命令保存的视图。可以从提供的列表中选择命名视图。如果图形中没有已保存的视图，那么此选项不可用。
- “窗口”选项：在“打印范围”下拉列表框的旁边会多一个“窗口”按钮，如图 11-55 所示。

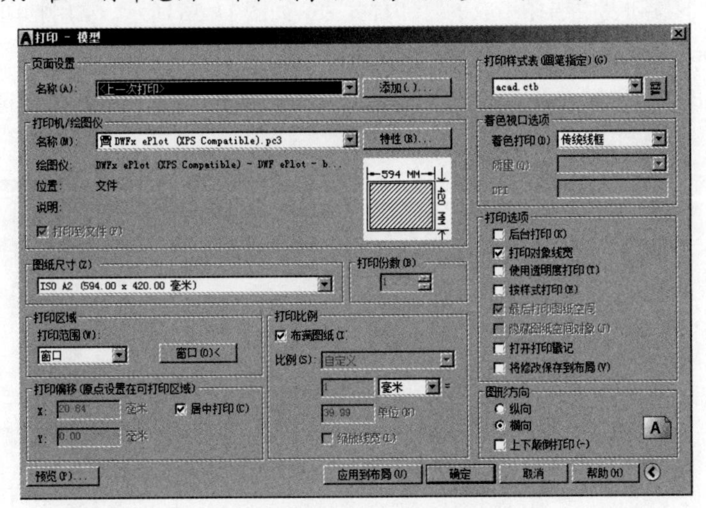

图 11-55 出现“窗口”按钮

单击“窗口”按钮，打印设置对话框消失，回到绘图环境中，这时使用鼠标框选图中需要打印的区域。选择时先在将要打印的区域左角点单击，拖动鼠标至右下角即可，和绘制矩形的方式相同。选择打印范围后，打印设置对话框会自动弹出，如果没有其他设置直接单击“打印”按钮就可以了，打印到图纸上就是刚刚框选的图形，没被框选的部分不会打印到图纸上。这里介绍一个技巧，如果是已经布局好的图纸，要对整张图纸进行打印，框选的时候就框选到图纸边框。建议打开对象捕捉操作，只需要捕捉两个对角点就可以了，十分精确。

- “范围”选项：打印包含对象的图形的部分当前空间。当前空间内的所有几何图形都将被打印。打印之前，AutoCAD 可能重生成图形，以便重新计算图形范围。
- “显示”选项：打印“模型”选项卡中当前视口中的视图或布局选项卡中的当前图纸空间视图。
- “图形界限”选项：打印布局时，将打印指定图纸尺寸的可打印区域内的所有内容，其原点从布局中的（0,0）点计算得出。打印“模型”选项卡时，将打印图形界限所定义的整个绘图区域。如果当前视口不显示平面视图，该选项与“范围”选项的效果相同。

“打印区域”设置好之后，对其下的“打印偏移”进行设置，打印偏移能够准确地将图形打印在图纸的指定位置上，使用这个功能时，根据显示的单位输入 X 或 Y 的值，或同时输入两者的值，然后单击“确定”按钮。如果想完全居中打印到图纸上就不需要设置 X 或 Y 的值，直接勾选“居中打印”选项，就会将绘制的图形居中打印到图纸上。

“打印比例”用来控制图形单位与打印单位之间的相对尺寸。打印布局时，默认缩放比例设置为 1:1。从“模型”选项卡打印时，默认设置为“布满图纸”。如果在“打印区域”指定“布局”选项，则

AutoCAD 将按布局的实际尺寸打印，而忽略在“比例”中指定的设置，也就是说这里的设置将没有任何效果。

如果在“打印比例”的设置中勾选“布满图纸”选项，软件将自动缩放打印图形，以布满所选图纸尺寸，并在“比例”“英寸＝”和“单位”框中显示自定义的缩放比例因子。如果不勾选“布满图纸”选项则可以自行设置打印比例，在“比例”下拉列表中选择合适的比例，也可以选择“自定义”选项，然后直接输入比例单位。在“打印比例”组合框下面还有一个“缩放线宽”选项，如果选中它，则软件将自动设置成与打印比例成正比来缩放线宽。线宽通常指定打印对象的线的宽度并按线宽尺寸打印，而不考虑打印比例。

在“打印样式表”下拉列表中选择相应的打印样式表，如图 11-56 所示。常用打印样式表有 acad.ctb（默认打印样式表）和 Monochrome.ctb（将所有颜色打印为黑色）。

单击按钮，打开“打印样式表编辑器”对话框，如图 11-57 所示，可对当前选择的打印样式表进行编辑。

图 11-56 “打印样式表”选项

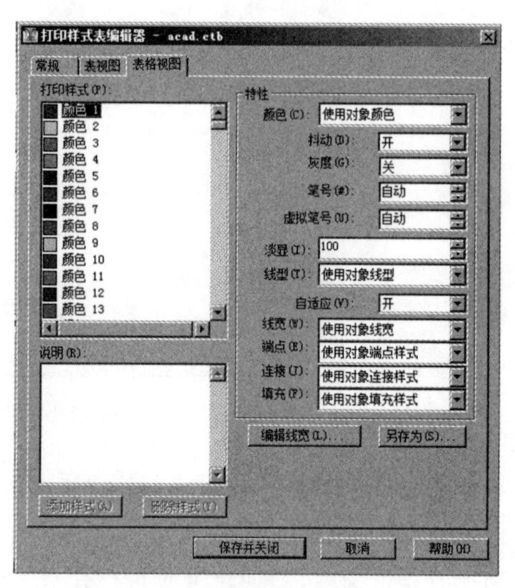

图 11-57 “打印样式表编辑器”对话框

所有设置完成后，单击“打印”设置对话框下面的“确定”按钮进行打印。建议在单击“确定”按钮之前进行打印预览，即单击“打印”设置对话框左下角的“预览”按钮，根据当前的设置生成一个打印预览图，如图 11-58 所示。

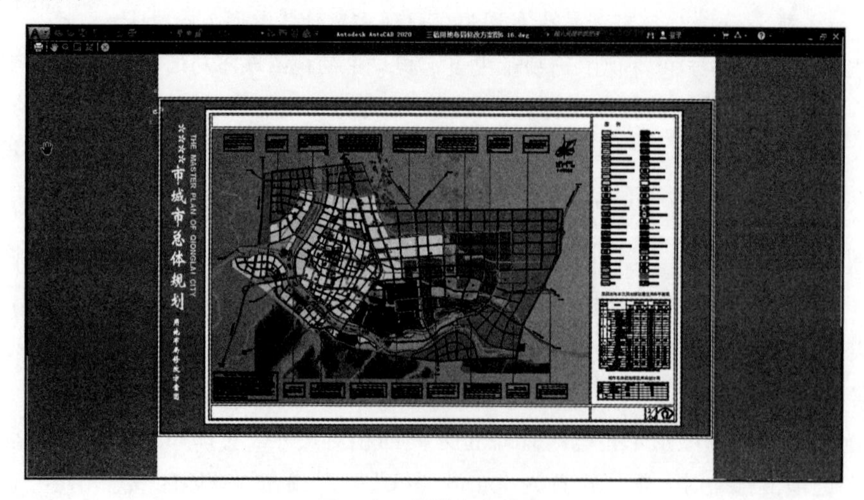

图 11-58 预览打印效果

一般来说，预览的效果和实际打印出来的效果一致，如果在预览的时候觉得有什么不对的地方，可以马上返回修改。单击打印预览界面工具栏上的“关闭预览窗口”按钮⊗或按 Enter 键，返回到“打印”设置对话框环境重新进行相关的设置。如果在预览中觉得没有问题，也可以在预览状态下直接打印，单击打印预览界面工具栏上的打印机按钮即可。

11.4.2 发布图纸图形

发布提供了一种简单的方法来创建图纸图形集或电子图形集。电子图形集是打印的图形集的数字形式。可以通过将图形发布至 Design Web Format 文件来创建电子图形集。

使用“发布”对话框，可以合并图形集，从而以图形集说明（DSD）文件的形式发布和保存该列表。可以为特定用户自定义该图形集合，并且可以随着工程的进展添加和删除图纸。在“发布”对话框中创建图纸列表后，即可将图形以 DWF 文件形式发布电子图形集，节省时间并提高效率，因为它以文件的形式为 AutoCAD 图形提供了精确的压缩表示，而该文件易于分发和查看，并且这种方式保留了原图形的完整性。

在命令窗口中输入“publish”命令或单击标准工具条上的按钮，也可以选择“文件”菜单中的“发布”选项，系统弹出“发布”对话框，如图 11-59 所示。

将用于发布的图纸（可对其进行组合、重排序、重命名、复制和保存）指定为多页图形集。可以将图形集发布为 DWF 文件，也可以将其发送到页面设置中命名的绘图仪，以供硬复制输出或用作打印文件。可以将此图纸列表另存为DSD(图形集说明)文件。保存的图形集可以替换或添加到现有列表中以进行发布。

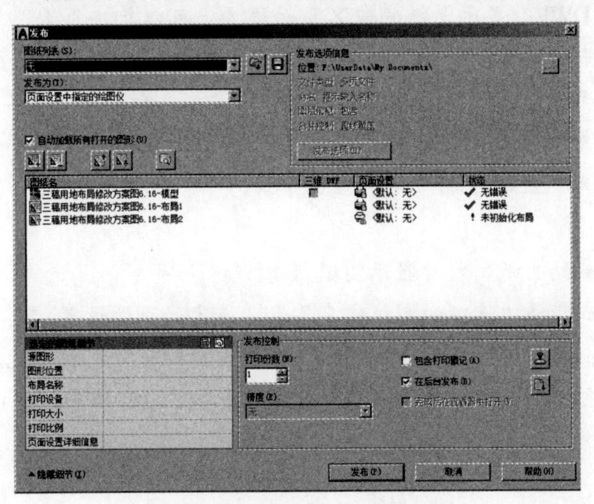

图 11-59 “发布”对话框

“发布”对话框中提供的选项介绍如下：

- 图纸列表：显示当前图形集（DSD）或批处理打印（BP3）文件。
- “加载图纸列表”按钮：打开“加载图纸列表”对话框，从中可以选择要加载的 DSD 文件或 BP3 文件。如果“发布图纸”对话框中列有图纸，就将显示“替换或附加”对话框。用户可以用新图纸替换现有图纸列表，也可以将新图纸附加到当前列表中。
- “保存图纸列表”按钮：打开“列表另存为”对话框，从中可以将当前图形列表另存为 DSD 文件（用于说明这些图形文件列表以及其中的选定布局列表）。

- 发布为：定义发布图纸列表的方式。可以发布为多页 DWF、DWFx 或 PDF 文件（电子图形集），也可以发布到页面设置中指定的绘图仪（图纸图形集或打印文件集）。“页面设置中指定的绘图仪”选项表明将使用页面设置中为每张图纸指定的输出设备。
- 自动加载所有打开的图形：选中此项后，所有打开文档（布局和 / 或模型空间）的内容将自动加载到发布列表中。如果未选中此项，就仅将当前文档的内容加载到发布列表中。
- “添加图纸”按钮：显示“选择图形”对话框（标准的文件选择对话框），从中可以选择要添加到图纸列表的图形。将从这些图纸文件中提取布局名，并在图纸列表中为每个布局和模型添加一张图纸。
- “删除图纸”按钮：从图纸列表中删除选定的图纸。
- “上移图纸”按钮：将列表中的选定图纸上移一个位置。
- “下移图纸”按钮：将列表中的选定图纸下移一个位置。
- “预览”按钮：按执行 preview 命令时在图纸上打印的方式显示图形。要退出打印预览并返回“发布”对话框，请按 Esc 键，然后按 Enter 键，或单击鼠标右键，然后选择快捷菜单上的“退出”命令。
- 图纸名：由用虚线（-）连接的图形名和布局名组成。如果选中了“添加图纸时包含模型选项卡”，则只包含“模型选项卡”。可以通过在快捷菜单上单击“复制所选图纸”复制图纸，也可以通过在快捷菜单上单击“重命名图纸”更改“图纸名”中显示的名称。在单个 DWF 文件中，图纸名必须唯一。快捷菜单还提供了从列表中删除所有图纸的选项。
- 页面设置 / 三维 DWF：显示图纸的命名页面设置。可以单击页面设置名称，然后从列表中选择另一个页面设置来更改页面设置。只有“模型”选项卡页面设置可以应用于“模型”选项卡图纸，只有图纸空间页面设置可以应用于图纸空间布局。在“输入用于发布的页面设置”对话框（标准文件选择对话框）中选择“输入”，从另一个 DWG 文件中输入页面设置。可以选择将模型空间图纸的页面设置为“三维 DWF”或“三维 DWFx”。“三维 DWF”选项对于图纸列表中的布局项不可用。
- 状态：将图纸加载到图纸列表时显示图纸状态。
- 显示细节：显示或隐藏“选定的图纸信息”和“选定的页面设置信息”区域。
- 选定的图纸细节：显示选定页面设置的打印设备、打印尺寸、打印比例和详细信息。
- “发布选项”按钮：打开“发布选项”对话框，如图 11-60 所示，从中可以指定发布选项。

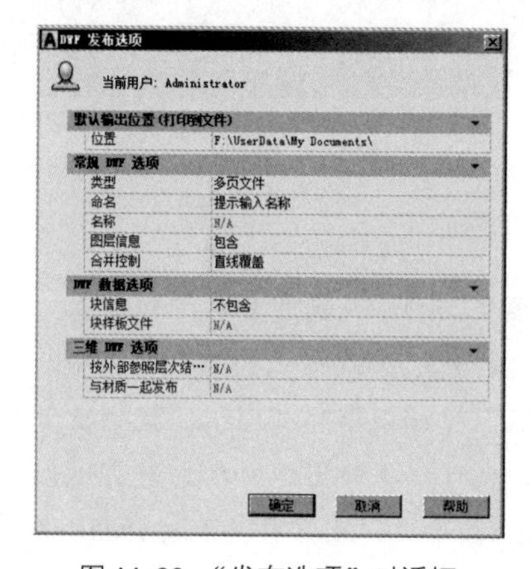

图 11-60 “发布选项”对话框

- 打印份数：指定要发布的份数。如果选中“发布为 DWF”选项，“打印份数”设置将默认为 1 且不能更改。如果图纸的页面设置指定打印到文件，那么将忽略此选项中设置的份数，只创建单个打印文件。
- 精度：为制造业、建筑或土木工程领域优化 DWF。也可以在精度预设管理器中配置自定义精度预设。
- 包含打印戳记：在每个图形的指定角放置一个打印戳记并将戳记记录在文件中。打印戳记的日期可以在“打印戳记”对话框中指定。
- “打印戳记设置”按钮：显示“打印戳记”对话框，从中可以指定要应用于打印戳记的信息，例如图形名、打印比例等。
- 在后台发布：切换选定图纸的后台发布。还可以在“打印和发布”选项卡中设置后台发布（“工具”菜单“选项”），勾选后台处理选项组中的“发布”复选框。
- “以反转次序将图纸发送到绘图仪”按钮：如果选定此选项，可将图纸按默认顺序的逆序发送到绘图仪。仅当选定了“页面设置中指定的绘图仪”选项时，此选项才可用。
- 完成后在查看器中打开：发布完成后，将在查看器应用程序中打开 DWF 文件。
- 发布：开始发布操作。根据“发布到”区域中选择的选项和“发布选项”对话框中选择的选项，创建一个或多个单页 DWF 文件，或一个多页 DWF 文件，或打印到设备或文件。

要显示已发布图形集的信息（包括错误信息和警告），可单击状态栏右侧状态托盘中的“可以打印 / 发布详细信息报告”图标。单击此图标将显示“打印和发布详细信息”对话框，其中提供了已完成的打印和发布作业的信息。这些信息也保存在“打印和发布”日志文件中。此图标的快捷菜单还提供了查看最新发布的 DWF 文件的选项。

11.4.3 通过图纸集管理器发布图纸集

通过图纸集管理器可以轻松地发布整个图纸集、图纸集子集或单张图纸。如果希望发布已在图纸集管理器中设置好的图纸集，则直接从图纸集管理器发布图纸集要比从“发布”对话框发布速度快得多。

在图纸集管理器中，将光标移动到需要发布的图纸集或子集上右击，或选择需要发布的图纸集后单击按钮，在快捷菜单中选择“发布为 DWF”选项，如图 11-61 所示。

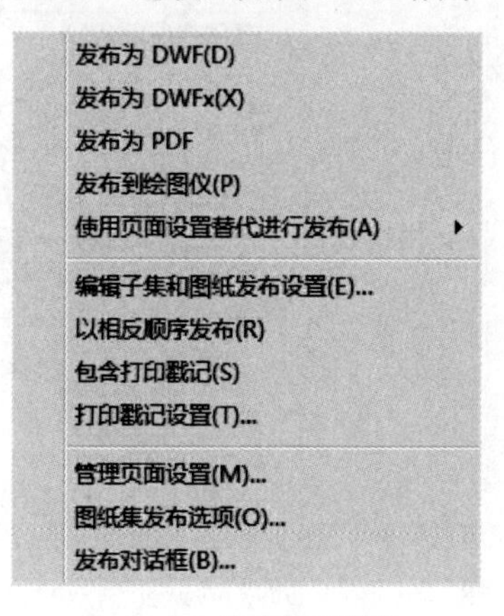

图 11-61　发布快捷菜单

系统弹出“选择 DWF 文件”窗口，在该窗口中选择储存 DWF 文件的地址，并可以为新发布的 DWF 文件命名，完成后单击“选择”按钮，开始发布工作。如果需要发布的图纸要包含图层信息，则在选择发布前设置图纸集发布选项。在快捷菜单中选择“图纸集发布选项”，系统弹出“图纸集 DWF 发布选项”对话框，如图 11-62 所示。在该对话框的“DWF 数据选项”中，列出并允许指定可以有选择性地包含在 DWF 文件中的数据，如块信息、图层信息等。

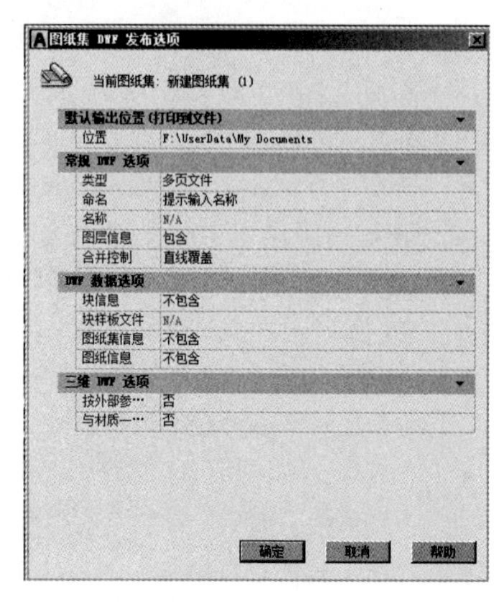

图 11-62 “图纸集 DWF 发布选项”对话框

状态栏托盘显示图标，则正在进行发布作业，将光标移动到该图标上，将显示发布作业进程信息。发布作业完成后，弹出“打印和发布作业已完成”消息提示窗，单击查看打印和发布详细信息的链接，打开“打印和发布详细信息”对话框，在该对话框内显示关于每个发布的图纸的信息（文件名、页面设置、图纸尺寸等）。

发布操作将生成 DWF 文件，这些文件是以基于矢量的格式创建的（插入的光栅图像内容除外），这种格式可以保证精确性。可以使用免费的 DWF 文件查看器 Autodesk DWF Viewer 来查看或打印 DWF 文件。DWF 文件可以通过电子邮件、FTP 站点、工程网站或 CD 等形式分发。默认情况下，发布的作业在后台处理，因此用户可以立即返回到图形。后台一次只能处理一个发布的作业。

将光标移动到状态栏托盘的图标上，右击，在弹出的快捷菜单中选择“查看已打印的文件”选项，将在 Autodesk DWF Viewer 中打开 Existing Conditions DWF 文件；或在 Windows“开始”菜单的“所有程序”中选择“Autodesk → Autodesk DWF Viewer”选项，打开 Autodesk DWF Viewer，在“文件”菜单中选择“打开”选项，打开“打开文件”窗口，在该窗口中选择打开 DWF 文件。该文件包含发布的图纸集中的所有图纸，如图 11-63 所示。

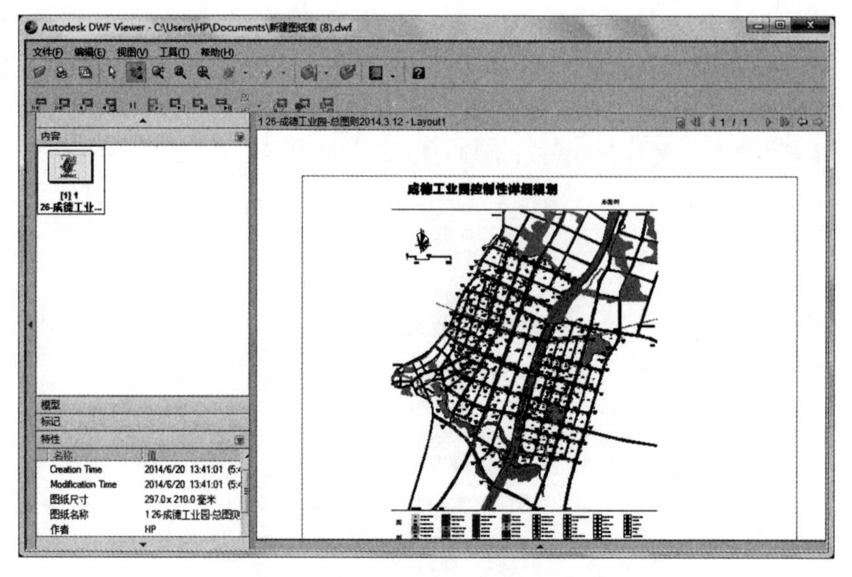

图 11-63 Autodesk DWF Viewer 浏览 DWF 文件

在 Autodesk DWF Viewer 中可以浏览和查看 DWF 文件，也可以直接打印 DWF 文件，但不能编辑和修改文件。在“文件”菜单中选择“打印”选项，打开“打印 - 新建图纸集”对话框，如图 11-64 所示。一般可以参照上一小节的内容进行打印属性设置。

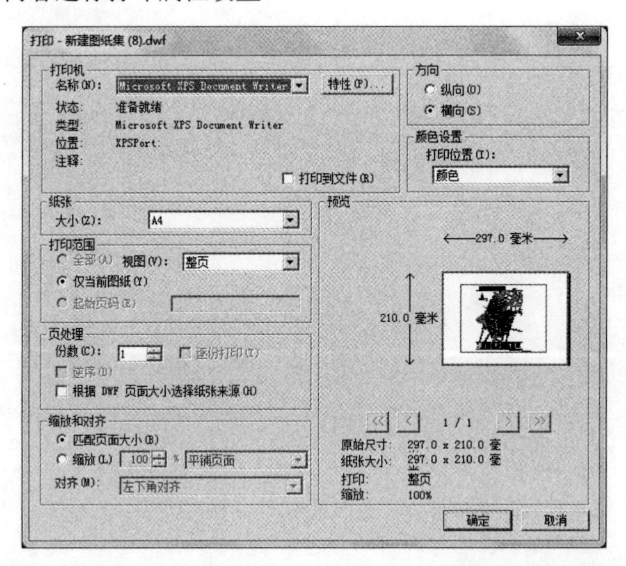

图 11-64 Autodesk DWF Viewer 的“打印 - 新建图纸集”对话框

11.5 小结

1. 了解模型空间和图纸空间的概念，运用模型空间绘制图形，学习多种创建图纸空间布局的方法，以便于图纸集管理以及图纸打印和发布。

2. 学习图纸集的创建、修改和编辑，利用图纸集有效地管理图纸，从而以工作流的方式绘制图形。熟练掌握“图纸集管理器”的各种功能，提高制图效率。

3. 简单了解“设计中心”的功能，掌握使用“设计中心”插入“块”文件以及查找相关文件的方法。

4. 学习使用 AutoCAD 2020 打印文件，熟练掌握多种发布图形文件的方法。

11.6 习题

1. AutoCAD 将绘图空间分为 ________ 空间和 ________ 空间两种形式。一般来说，绘制图形是在 ________ 空间中完成的，打印和发布图形一般是在 ________ 空间中完成的。

2. 如何使用“页面设置管理器”对当前图纸尺寸进行修改？

3. 简述利用布局向导创建一个新布局的步骤。

4. 如何使用“图纸集管理器”创建新图纸集？创建图纸视图的步骤有哪些？

5. 使用“图纸集管理器”发布图形的步骤有哪些？